W0263779

Heide · Praktische Statik

PRAKTISCHE STATIK

nach Cross, Steinman und Kani

Von HERBERT HEIDE, Leipzig

Prüfingenieur

7., überarbeitete Auflage · Mit zahlreichen Bildern

BSB B. G. TEUBNER VERLAGSGESELLSCHAFT
LEIPZIG 1989

Heide, Herbert:
Praktische Statik : nach Cross, Steinman u. Kani / von Herbert Heide. – 7., überarb. Aufl. – Leipzig : BSB Teubner, 1989.

ISBN-13: 978-3-322-84412-5 e-ISBN-13: 978-3-322-84411-8
DOI: 10.1007/978-3-322-84411-8

7., überarbeitete Auflage
VLN 294.375/115/89 · LSV 3023
Lektor: Dr. Hans Dietrich

Gesamtherstellung: INTERDRUCK Graphischer Großbetrieb Leipzig,
Betrieb der ausgezeichneten Qualitätsarbeit, III/18/97
Bestell-Nr. 666 529 4
02550

Vorwort zur 7. Auflage

Der Stoff der 6. Auflage ist, abgesehen von einigen Verbesserungen, erhalten geblieben. Der neue Abschnitt „Berücksichtigung der Querkraftverformung mit dem Cross-, Steinman- und Kani-Verfahren“ zeigt für alle drei Verfahren einfach handhabbare Lösungen dieser selten bearbeiteten Aufgabe. Hierbei wird die Größe des Einflusses aus der Querkraftverformung deutlich, so daß mit den angegebenen Formeln und Beispielrechnungen leicht erkannt werden kann, ob eine solche Untersuchung ratsam ist. Die Tafel 1: Stabendmomente für volle Einspannung wurde mit ausgewählten Formeln hierfür ergänzt.
Im Abschnitt „Schnittkraftkontrollen mit dem Reduktionssatz“ wurde die Verwendung der Tafeln 7 und 44 bis 91 für Verformungsberechnungen zusätzlich kurz behandelt.
Die Lösungen der Verformungsintegrale

$$EI_c\delta = \int_0^l M\bar{M}\frac{I_c}{I_{(x)}}\,\mathrm{d}x = (c)\,M\bar{M}l\frac{I_c}{I_1}$$

wurden in den Tafeln 7, 44 und 45 wesentlich erweitert und durch die Tafeln 90 und 91: Stäbe mit sprunghaft veränderlichem Trägheitsmoment ergänzt. Die Hilfsfunktionen (H) der Tafel 46 wurden zur Vermeidung von Interpolationen enger unterteilt und der Wert H_4, Momentenflächen aus Dreiecklasten betreffend, zusätzlich aufgenommen. Die Tafeln 48, 49, 54, 56, 57 und 62 erfuhren zugunsten breiterer Anwendungsmöglichkeiten für Verformungsberechnungen Ergänzungen.
Mit der 7., wesentlich erweiterten Auflage wurde das Grundanliegen des Buches, für Studium und Praxis anschauliche und effektive Arbeitsmittel anzubieten, wie bewährt weiter verfolgt. Berechnungen statisch unbestimmter Stabsysteme oder deren unabhängige Nachrechnungen bzw. Kontrolle sowie Verformungsberechnungen, lassen sich mit diesen Arbeitsmitteln in äußerst einfacher und zeitsparender Weise durchführen.
Für Hinweise, Anregungen und Mitarbeit von Fachkollegen, insbesondere der Herrn *Dr.-Ing. R. Drennig*, Wien, *Dipl.-Ing. J. S. Nieto*, Valencia, *Prüfingenieur K. T. Römhild*, Landau i. d. Pfalz, *Dipl.-Ing. K. Mladek*, Leipzig, und *Dr.-Ing. G. Näther*, Leipzig, spreche ich meinen Dank aus.

Möge das Buch auch im Zeitalter der Computer ein Helfer bleiben.

Leipzig, im März 1988 — *Herbert Heide*

Aus dem Vorwort zur 6. Auflage

Das *Momentenausgleichverfahren von Cross* ist zur Berechnung von Durchlaufträgern und Rahmen wegen seiner einfachen und anschaulichen Anwendung unentbehrlich geworden. Rechenvorteile ergeben sich durch die bei Symmetrie und Antimetrie möglichen Vereinfachungen. Bei Einbeziehung der Verschieblichkeit in den Momentenausgleich und damit auch bei proportionierten Rahmen werden diese Vorteile noch deutlicher.
Die Arbeit von *Steinman*: „*Momentenverteilung mittels gekoppelter Steifigkeiten*“ stellt durch Abkürzung der Ausgleichsrechnungen eine willkommene Ergänzung des *Cross-Verfahrens* dar. Das *Cross-Verfahren* und die Festpunktmethode wurden darin miteinander verknüpft.
Das *Kani-Verfahren* ist ebenfalls sehr anschaulich und außerdem wegen seiner Fehlerunempfindlichkeit bei den Zwischenrechnungen ein sicheres Arbeitsmittel. Es hat sich besonders zur Berechnung von Stockwerkrahmen durchgesetzt.
Dem gewachsenen Bedarf, Computerberechnungen zu kontrollieren, entsprechen neben den genannten Verfahren auch die *Schnittkraftkontrollen mit dem Reduktionssatz*. Durch Kontrollen an Teilsystemen kann damit die Richtigkeit der Gesamtrechnung bequem geprüft werden. Diese Kontrollmethode ist auch bei Einbeziehung von Normalkräften einfach anwendbar.
Ein umfangreiches Tafelwerk ermöglicht die Berechnung von Systemen aus Stäben mit gleichbleibenden und veränderlichen Trägheitsmomenten in gleich einfacher und zeitsparender Weise. Oft schrumpft dabei der Rechenaufwand so, daß diese Aufgaben mit der Computertechnik nicht schneller und billiger bearbeitet werden können.

Inhalt

1. Cross-Verfahren

1.1. Grundlagen

1.1.1. Deutung

Die Knoten eines biegefesten Stabsystems werden zunächst, mit Ausnahme der gelenkigen Auflager, unverdrehbar angenommen. Werden nun auf den einzelnen Stäben Belastungen aufgebracht, so sind für die Verformung an den Stabenden nur zwei Grenzfälle möglich. Die Stäbe sind entweder einseitig gelenkig gelagert und einseitig eingespannt (Endfeldstäbe), oder zweiseitig eingespannt (Mittelfeldstäbe). Es kann folglich jeder Stab einzeln betrachtet werden. Für diese einseitig bzw. zweiseitig eingespannten Einzelstäbe lassen sich für die häufigsten Belastungsfälle mit Hilfe einfacher Formeln (vgl. Abschn. 6 Tafeln) die Stabendmomente leicht errechnen.

Diese für den Zustand der festen Einspannung errechneten Stabendmomente halten das Tragwerk nur in Ausnahmefällen im Gleichgewicht, d. h., an den Knoten des Stabsystems ist die Bedingung $\sum M = 0$ nicht erfüllt, und es sind künstliche Festhaltekräfte, die wir uns als äußere Festschraubung vorstellen können, nötig.

Von Knoten zu Knoten wird dann diese Festschraubung gelöst und das Tragwerk damit schrittweise in den natürlichen Gleichgewichtszustand gebracht. Hierbei ist zu beachten, daß jeweils nur ein Knoten gelöst wird, während sämtliche anderen Knoten weiterhin als fest angenommen werden. Der beim ersten Ausgleich gelöste Knoten ist somit in seiner neuen Lage (die Stabenden haben sich um den Winkel φ verdreht) wieder festzuschrauben, ehe der zweite Ausgleich an einem anderen Knoten beginnt. Diese Ausgleiche in beliebiger Reihenfolge durchgeführt, verringern schrittweise die künstlich angebrachten Festhaltekräfte und ergeben so mit zunehmender Zahl jeden gewünschten Genauigkeitsgrad in der Berechnung und schließlich als Summe sämtlicher Momente Null.

Das *Cross-Verfahren* ist somit kein Näherungsverfahren, das auf Kosten vereinfachender Annahmen Rechenvorteile ermöglicht. Die gesuchten Stützen- bzw. Eckmomente statisch unbestimmter Tragwerke werden zwar durch schrittweise Näherung (Iteration) allmählich gewonnen, die Genauigkeit ist jedoch bei entsprechender Anzahl der Annäherungen die gleiche wie bei anderen exakten Verfahren. Das *Iterationsverfahren von Cross* kann sogar zu den genauesten Verfahren, die in der Praxis Verwendung finden, gerechnet werden, weil sich mit ihm der Einfluß veränderlicher Trägheitsmomente, elastischer Einspannungen und dgl. berücksichtigen läßt, ohne daß eine wesentliche Mehrarbeit bei der Berechnung entsteht. Durch die Verwendung des *Iterationsverfahrens von Cross* wird die Ermittlung der „n"-fachen statischen Unbestimmtheit und die Auflösung eines Gleichungssystems mit „n" Unbekannten umgangen und damit die Berechnung hochgradig statisch unbestimmter Stabsysteme mit wesentlich einfacheren theoretischen Hilfsmitteln ermöglicht.

1.1.2. Übertragungsfaktoren[1])

An einem Stab (*1.1*) greift am Gelenklager ein Moment M an. Gesucht ist das Einspannmoment M_E am eingespannten Lager A. Vorausgesetzt wird konstantes Trägheitsmoment I über die ganze Länge. Nach **Mohr** ist der Verdrehungswinkel am Balkenende gleich dem $1/EI$fachen Auflagerdruck infolge Belastung durch die Momentenfläche:

$$\varphi_A = \frac{A}{EI}$$

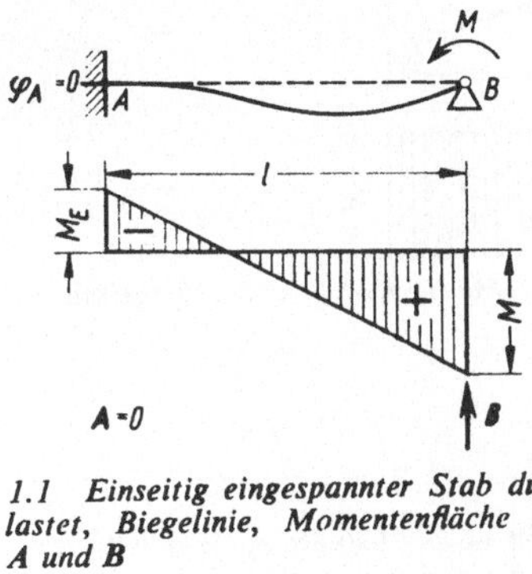

$\varphi_A = 0$ A B M l M_E − + M A = 0 B

1.1 Einseitig eingespannter Stab durch Moment M belastet, Biegelinie, Momentenfläche und Auflagerdrücke A und B

---

[1]) Für die Ableitungen in Abschn. 1.1. gilt die übliche Vorzeichenregel: Momente, die eine Ausbiegung der elastischen Linie nach unten erzeugen, sind positiv.

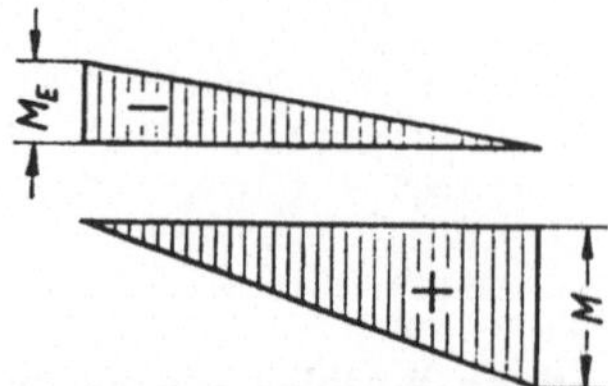

1.2 In zwei Einzelflächen zerlegte Momentenfläche aus Bild 1.1

Für volle Einspannung bei A ist $\varphi_A = 0$.
Die Momentenfläche in *Bild 1.1* läßt sich in zwei Dreiecke nach *Bild 1.2* zerlegen.
Folglich ist:

$$\varphi_A = \left(-\frac{1}{3} M_E l + \frac{1}{6} M l\right)\frac{1}{EI} = 0,$$

$$M_E = \tfrac{1}{2} M.$$

Das Verhältnis zwischen dem Einspannmoment M_E und dem gegebenen Moment M bezeichnet man als Übertragungsfaktor γ:

$$\gamma = \frac{M_E}{M}.$$

Für konstantes I ist folglich (nach Beachtung der Vorzeichenregeln in 1.1.5.)

a) bei voller Einspannung $\gamma = +0{,}5$,
b) bei gelenkiger Lagerung $\gamma = 0$,
c) bei teilweiser Einspannung $\gamma < +0{,}5$.

Kragträger bilden einen Sonderfall. Ein am Kragende angreifendes Moment (vgl. *Bild 1.3*) wird in voller Größe zur Einspannstelle übertragen, und es ergibt sich, entsprechend den Vorzeichenregeln in 1.1.5., ein Vorzeichenwechsel.

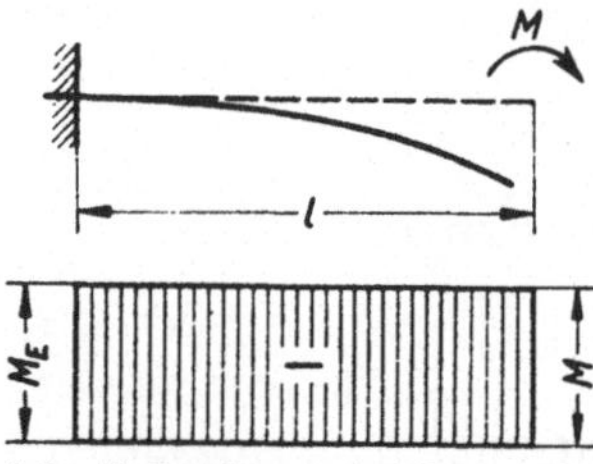

1.3 Krägträger mit Moment M belastet, Biegelinie und Momentenfläche

Es ist somit:

d) für Kragträger $\gamma = -1$.

1.1.3. Steifigkeiten und Verdrehungswiderstände

Die folgenden Ableitungen gelten nur für Tragwerke mit konstantem E und feldweise unveränderlichem I.

Es ist allgemein:

$$\text{Steifigkeit } k = \frac{\text{Trägheitsmoment}}{\text{Stablänge}} = \frac{I}{l}.$$

Für die gebräuchlichen Regel- und Sonderfälle werden nun die Verdrehungswinkel φ infolge Belastung durch Momente mit der Größe $M = 1$ bestimmt.

a) *Einseitige Einspannung und einseitig angreifendes Moment als Regelfall für Mittelfelder während des Momentenausgleiches (1.4).*

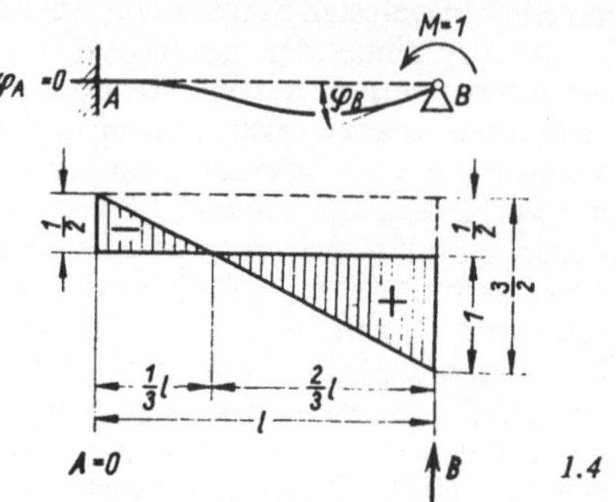

Nach Abschn. 1.1.2. ist für diesen Fall $\varphi_A = 0$, folglich auch $A = 0$, d. h., der Inhalt der Momentenfläche ist gleich B.
[Das Dreieck $^3/_2 l \cdot {}^1/_2$ wird mit dem Rechteck $(-{}^1/_2)\, l$ überlagert.]

$$\frac{B}{EI} = \varphi_B = \left(\frac{3}{2}\,\frac{l}{2} - \frac{1}{2} l\right)\frac{1}{EI},$$

$$\varphi_B = \frac{l}{4EI}.$$

b) *Gelenkige Lagerung und einseitig angreifendes Moment als Regelfall für Endfelder während des Momentenausgleiches (1.5)*

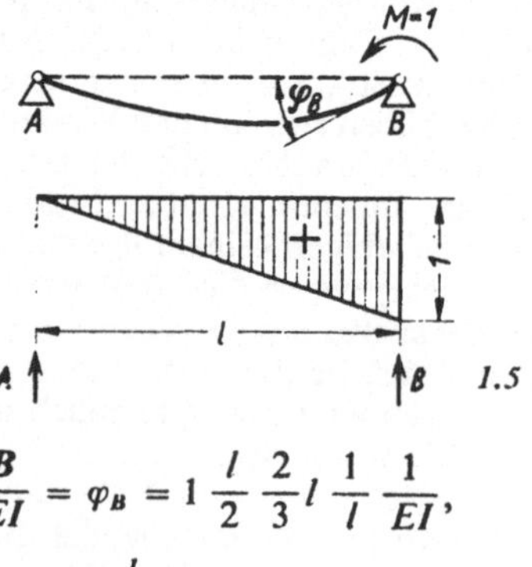

$$\frac{B}{EI} = \varphi_B = 1\,\frac{l}{2}\,\frac{2}{3} l\,\frac{1}{l}\,\frac{1}{EI},$$

$$\varphi_B = \frac{l}{3EI}.$$

c) *An beiden Auflagern während der Knotenlösung angreifende, entgegengesetzt gerichtete Momente als Sonderfall für Symmetrie von Tragwerk und Belastung (1.6)*

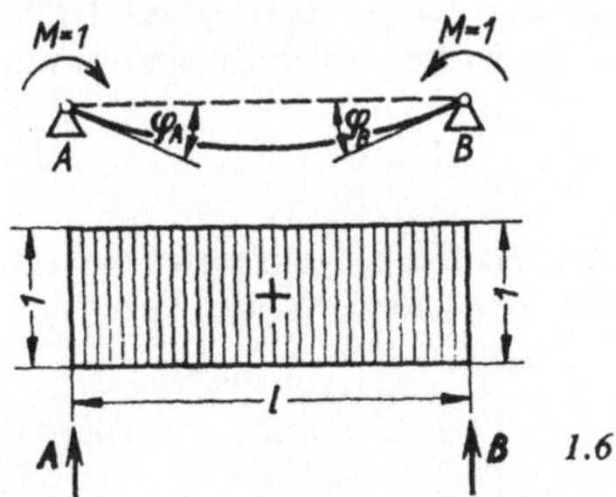

1.6

$$\frac{A}{EI} = \frac{B}{EI} = \varphi_A = \varphi_B = 1\,\frac{l}{2}\,\frac{1}{EI},$$

$$\varphi_B = \frac{l}{2EI}.$$

d) *An beiden Auflagern während der Knotenlösung angreifende, gleichgerichtete Momente als Sonderfall für Symmetrie des Tragwerkes und Antimetrie der Belastung (1.7)*

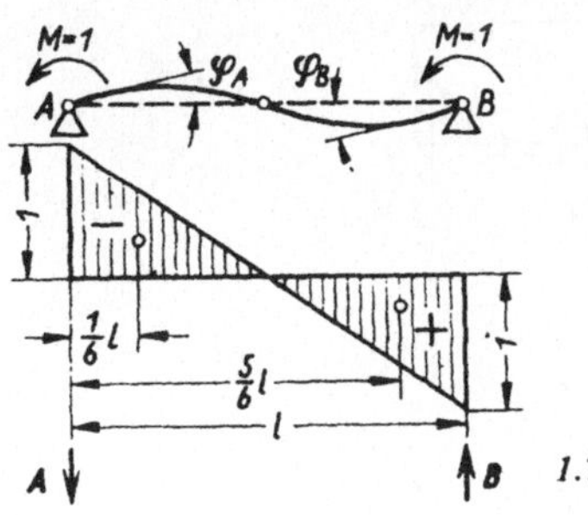

1.7

$$\frac{B}{EI} = \varphi_B = \left(1\,\frac{l}{2}\,\frac{1}{2}\,\frac{5}{6}\,l - 1\,\frac{l}{2}\,\frac{1}{2}\,\frac{1}{6}\,l\right)\frac{1}{l}\,\frac{1}{EI}$$

$$= \left(\frac{5l}{24} - \frac{1l}{24}\right)\frac{1}{EI} = \frac{4l}{24}\,\frac{1}{EI},$$

$$\varphi_B = \frac{l}{6EI}.$$

e) *Kragträger (1.8)*

$$\frac{B}{EI} = \varphi_B = 1l\,\frac{1}{EI},$$

$$\varphi_B = \frac{l}{EI}.$$

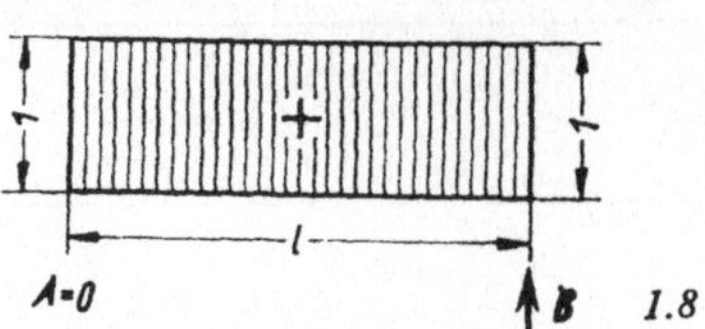

1.8

f) *Kragträger ohne Einspannung (1.9)*

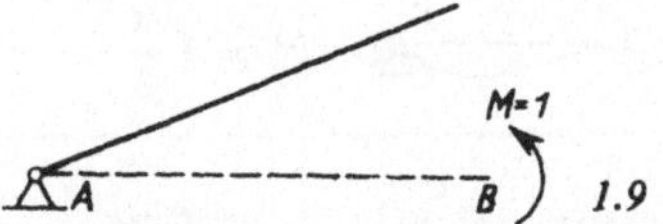

1.9

Infolge seiner labilen Lagerung ist kein Widerstand gegen Winkelverdrehungen vorhanden. Folglich ist für jedes angreifende Moment

$$\varphi_B = \infty.$$

Vergleichen wir die Ergebnisse der Fälle a) bis e), so ergibt sich der größte Verdrehungswinkel für den Kragträger und der kleinste Verdrehungswinkel für den antimetrisch belasteten Stab. Der Betrag der Winkeldrehung ist durch die im Nenner stehenden Zahlen 4, 3, 2, 6 und 1 bestimmt. Bei kleinem Verdrehungswinkel (Fall d) muß folglich der Widerstand gegen Auflagerverdrehungen (Verdrehungswiderstand) groß sein, und umgekehrt bei großem Verdrehungswinkel (Fall e) wirkt ein kleiner Verdrehungswiderstand. Bei unendlich großem Verdrehungswinkel (Fall f) kann daher kein Verdrehungswiderstand entstehen.

Der Verdrehungswiderstand k' ist der reziproke Wert des Verdrehungswinkels.

$$k' = \frac{1}{\varphi}.$$

Beispiel für Fall a):

$$k' = \frac{1}{\varphi_B} = \frac{1}{\dfrac{l}{4EI}} = \frac{4EI}{l}.$$

Es interessieren nur die Verhältniswerte der Verdrehungswiderstände; deshalb kann bei konstantem E durch $4E$ dividiert werden. Es ergibt sich dann für Fall a):

$$\frac{k'}{4E} = 1\,\frac{I}{l}.$$

Zur Vereinfachung wird anstatt $\frac{k'}{4E}$ nur k' geschrieben.

Nachstehend wurden die Verhältniswerte für Fall a) bis f) zusammengestellt.

Steifigkeit allgemein	$k = \frac{I}{l}$
Verdrehungs-widerstand allgemein	$k' = c\frac{I}{l}$
a) volle Einspannung	$k' = 1\frac{I}{l}$
b) gelenkige Lagerung	$k' = 0{,}75\frac{I}{l}$
c) Symmetrie	$k' = 0{,}5\frac{I}{l}$
d) Antimetrie	$k' = 1{,}5\frac{I}{l}$
e) Kragträger	$k' = 0{,}25\frac{I}{l}$
f) labiler Kragträger	$k' = 0$

1.1.4. Stabendmomente für volle Einspannung

Im Gegensatz zu anderen statischen Methoden werden beim *Cross-Verfahren* als Grundlagen nicht Belastungsglieder, sondern die *Momente für volle Einspannung* verwendet. Diese können als

Knotenmomente = am Knoten angreifende, d. h. äußere Momente

oder

Stabendmomente = innere Momente = Reaktionen der Knotenmomente

betrachtet werden. Die Frage, ob Knotenmomente oder Stabendmomente Verwendung finden, ist für die Festlegung der Vorzeichenregeln von Bedeutung. Der Berechnungsvorgang wird durch diese willkürliche Annahme nicht beeinflußt. Mit Rücksicht auf das Verfahren von *Kani* [48] und andere Literatur werden hier ebenfalls Stabendmomente verwendet (vgl. hierzu Abschn. 1.1.5. Vorzeichenregeln).

Die Stabendmomente M' für volle Einspannung können mit Hilfe des Satzes von *Mohr* leicht bestimmt werden. Es ist bei voller Einspannung:

$$\varphi_A = \frac{A}{EI} = 0, \quad \text{d. h.,} \quad A = 0.$$

Es ergibt sich so z. B. für die dargestellten Belastungsfälle ohne Berücksichtigung von Vorzeichenregeln

nach *Bild 1.10*

$$A = \frac{Pl}{4}\,\frac{l}{2}\,\frac{1}{2} - M'_{AB}\frac{l}{2} = 0$$

$$M'_{AB} = \frac{Pll}{4\cdot 2\cdot 2}\,\frac{2}{l} = \frac{Pl}{8}$$

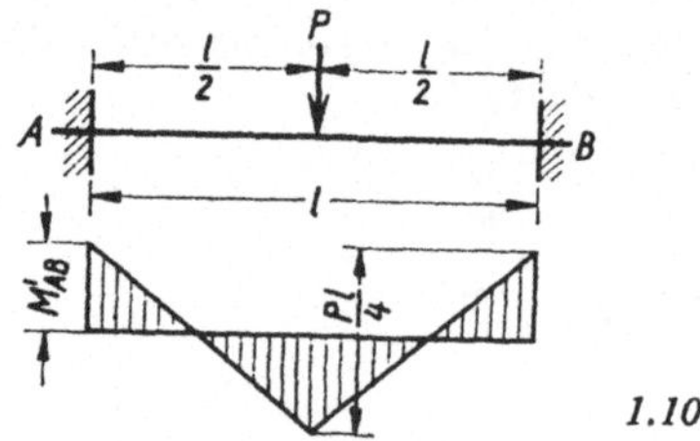

1.10

nach *Bild 1.11*

$$A = \frac{ql^2}{8}\,\frac{2}{3}\,l\,\frac{1}{2} - M'_{AB}\frac{l}{2} = 0$$

$$M'_{AB} = \frac{ql^2\cdot 2l}{8\cdot 3\cdot 2}\,\frac{2}{l} = \frac{ql^2}{12}$$

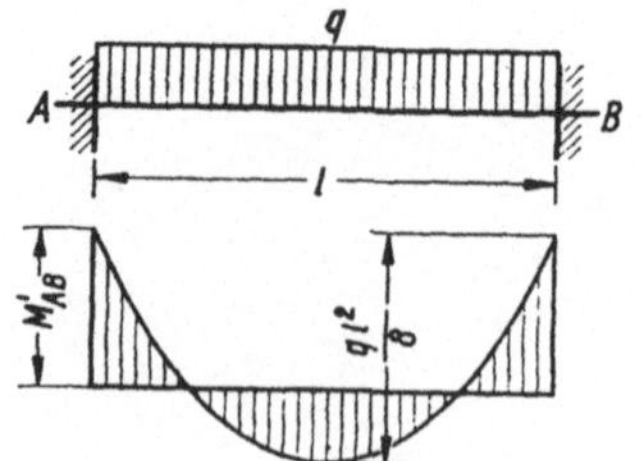

1.11

nach *Bild 1.12*

$$B = \frac{Pl}{4}\frac{l}{2}\frac{1}{2} - M'_{BA}\frac{l}{2}\frac{2}{3} = 0$$

$$M'_{BA} = \frac{Pl l \cdot 1}{4 \cdot 2 \cdot 2}\,\frac{2 \cdot 3}{l \cdot 2} = \frac{3}{16} Pl$$

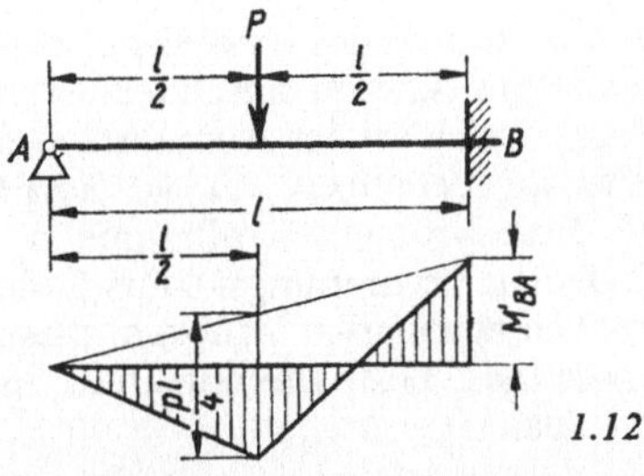

1.12

nach *Bild 1.13*

$$B = \frac{ql^2}{8}\frac{2}{3}l\frac{1}{2} - M'_{BA}\frac{l}{2}\frac{2}{3} = 0$$

$$M'_{BA} = \frac{ql^2 \cdot 2l}{8 \cdot 3 \cdot 2}\,\frac{2 \cdot 3}{l \cdot 2} = \frac{ql^2}{8}$$

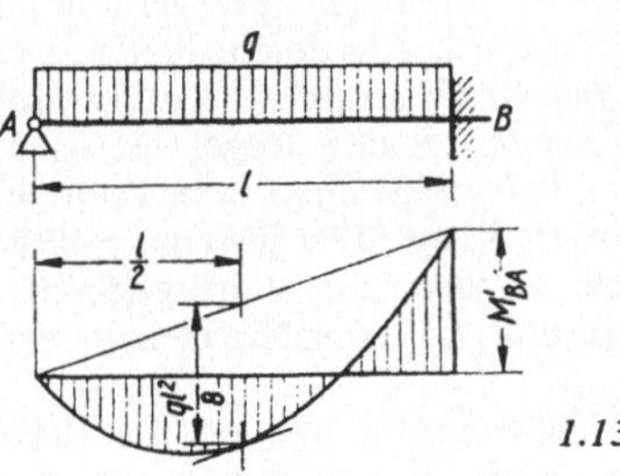

1.13

Für die häufigsten Belastungsfälle sind die Stabendmomente für volle Einspannung auf den Formeltafeln in Abschn. 6. angegeben.
Zwischen den Stabendmomenten für volle Einspannung eines einseitig eingespannten Stabes A ① B und den Stabendmomenten für volle Einspannung eines zweiseitig eingespannten Stabes A ② B besteht die Beziehung:

$$M'_{BA1} = M'_{BA2} - \tfrac{1}{2} M'_{AB2}.$$

Die Stabendmomente für volle Einspannung an einseitig eingespannten Stäben können somit aus den entsprechenden Momenten zweiseitig eingespannter Stäbe errechnet werden. Zum Beispiel für gleichmäßig verteilte Belastung:

$$M'_{BA} = +\frac{ql^2}{8} = +\frac{ql^2}{12} - \frac{1}{2}\left(-\frac{ql^2}{12}\right) = \left(\frac{2}{24} + \frac{1}{24}\right) ql^2 = +\frac{ql^2}{8}.$$

Zwischen den Stabendmomenten für volle Einspannung M'_{AB} und M'_{BA} und den Belastungsgliedern L und R bestehen die folgenden Beziehungen (es gelten die Vorzeichenregeln Abschn. 1.1.5.):

a) einseitig eingespannte Stäbe

$$M'_{BA} = \frac{R}{2}, \qquad (A \text{ gelenkig}, B \text{ eingespannt})$$

$$M'_{AB} = -\frac{L}{2}. \qquad (A \text{ eingespannt}, B \text{ gelenkig})$$

b) zweiseitig eingespannte Stäbe

$$M'_{AB} = \frac{R - 2L}{3}, \qquad M'_{BA} = \frac{2R - L}{3}.$$

Für symmetrische Belastungen gilt:

$$M'_{AB} = -M'_{BA} = -\frac{L}{3} = -\frac{R}{3}.$$

1.1.5. Vorzeichenregeln

Abweichend von den für die Kraftgrößenmethode gültigen Vorzeichenregeln[1]) wird ausschließlich Abschn. 5. festgelegt:
Die Momente für volle Einspannung werden, wie in Abschn. 1.1.4. erwähnt, als *Stabendmomente* verwendet. Rechtsdrehende Momente zählen positiv, linksdrehende Momente negativ. Die Lage der Stäbe ist hierbei beliebig, maßgebend ist der Knoten als Drehpunkt. Die Momentenflächen werden wie üblich auf der Zugseite des Stabes aufgetragen. Hieraus ergibt sich: *Der Richtungspfeil der Stabendmomente zeigt nach der Zugzone.*

[1]) Vgl. Fußnote 1) in 1.1.2.

Mit Hilfe der *Bilder 1.14* und *1.15* prägen sich die genannten Vorzeichen-Regeln leicht ein.

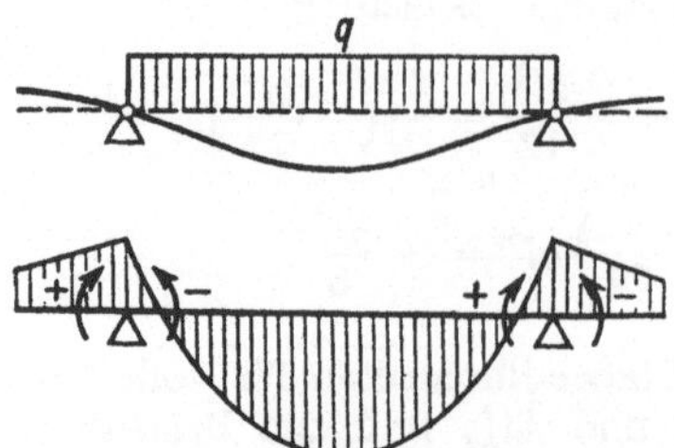

1.14 Mittelfeld eines Durchlaufträgers, Belastung q, Biegelinie, Momentenfläche mit Richtungssinn der Stabendmomente

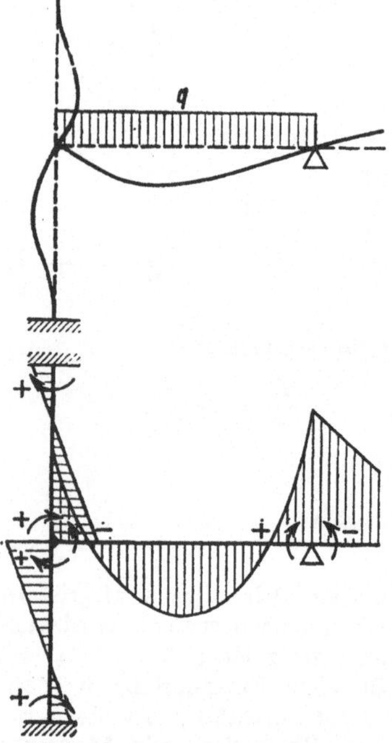

1.15 Rahmen, Belastung q, Biegelinie, Momentenfläche, mit Richtungssinn der Stabendmomente

1.1.6. Momentenausgleich

Wie schon in Abschn. 1.1.1. erwähnt, werden die Tragwerksknoten unverdrehbar festgeschraubt angenommen. Für diesen künstlichen Zustand errechnen wir die Stabendmomente für volle Einspannung. Hierbei ist infolge unterschiedlicher Größe der einzelnen Stabendmomente in der Regel kein Gleichgewicht am Knoten. Um die volle Einspannung ($\varphi = 0$) aufrechtzuerhalten, muß die gedachte Verschraubung des Knotens wirken. Das hierfür erforderliche Moment bezeichnet man als *Festhaltemoment.*
Das Festhaltemoment ist gleich der algebraischen Summe der Stabendmomente für volle Einspannung.
Wird nun die Verschraubung des Knotens gelöst, dann sind sämtliche am Knoten anschließenden Stabenden gezwungen, sich an der Aufnahme des Festhaltemomentes zu beteiligen. Es ist leicht verständlich, daß diese Momentenaufnahme anteilig der vorhandenen Verdrehungswiderstände erfolgt. Die *Verteilungszahlen v* drücken diese anteilige Aufnahme des Festhaltemomentes in Bruchteilen von 1 aus.
Folglich ist:

$$v = \frac{k'}{\sum k'} \quad \text{und} \quad \sum v = 1{,}00.$$

Die mit Hilfe der Verteilungszahlen v errechneten *Verteilungsmomente* oder Ausgleichmomente stellen das natürliche Gleichgewicht am Knoten her und *erhalten* deshalb *dem Festhaltemoment entgegengesetzte Vorzeichen.*
Nach jedem Ausgleich betrachten wir den betreffenden Knoten wieder als unverdrehbar festgeschraubt. An einem beliebigen anderen Knoten beginnt dann der nächste Ausgleich. Nach zwei- bis viermaligem Ausgleich an jedem Knoten sind die Festhaltemomente in der Regel so klein, daß der Ausgleich bei praktischen Berechnungen abgebrochen werden kann. Die jeweils größten Festhaltemomente werden zuerst ausgeglichen, damit ein Minimum an Ausgleicharbeit entsteht.
Am Schluß der Berechnung werden die Stabendmomente für volle Einspannung mit den Verteilungsmomenten addiert. Die an den Stabenden gebildeten Momentensummen sind die gesuchten *endgültigen Stabendmomente.* An jedem Knoten muß die Kontrolle $\sum M = 0$ vorhanden sein.
Zweckmäßig ist es, nach jeder Berechnung die Vorzeichen der Einzelmomente zu überprüfen. Die Kontrolle $\sum M = 0$ allein genügt nicht, um Fehler festzustellen.
Die *Bilder 1.16a* bis *g* zeigen den beschriebenen Ausgleichvorgang in seinen Einzelphasen an einem Zweifeldträger. Die Momentenparabeln wurden der Übersicht halber nicht gezeichnet.

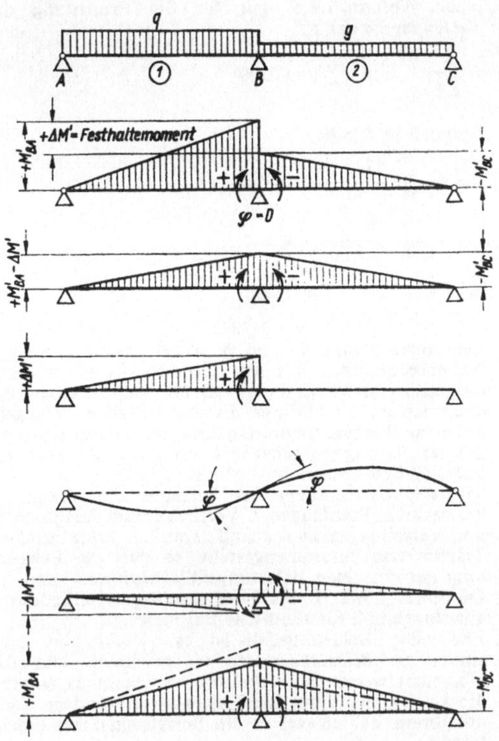

1.16a System und Belastung eines Zweifeldträgers

1.16b Stabendmomente für volle Einspannung am Knoten B. Es ist $\varphi = 0$.
Infolge unterschiedlicher Größe der Stabendmomente für volle Einspannung (M') muß durch das Festhaltemoment ($+\Delta M'$) Gleichgewicht geschaffen werden

1.16c Diese Momente sind im Gleichgewicht, ohne daß eine künstliche Einspannung erforderlich ist

1.16d bis f Das Differenzmoment $+\Delta M'$ bewirkt nach Lösung der Einspannung die Drehung der Stabenden um den Winkel φ. Die Stäbe ① und ② beteiligen sich anteilig ihrer Verdrehungswiderstände an der Aufnahme dieses Festhaltemomentes durch gemeinsame Bildung des inneren Gegenmomentes $-\Delta M'$ und gleichen so die Momentendifferenz aus

1.16g Durch Überlagerung der Momentenflächen (Bild 1.16b und 1.16f bzw. 1.16c, 1.16d und 1.16f) entsteht die endgültige Momentenfläche (Bild 1.16g)

1.2. Praktische Beispiele für Durchlaufträger und Rahmen ohne Knotenverschiebungen

Die Wahl der Beispiele erfolgte nach zwei Grundsätzen:

1. Mit einfachen, sogenannten Schulbeispielen, wird versucht, die Eigenheiten des Rechnungsganges leichtverständlich dazustellen.
2. Die verwendeten Beispiele sollen außerdem einen großen Prozentsatz der am häufigsten in der Praxis anfallenden Aufgaben erfassen.

Die Zahlenrechnungen wurden mit dem Rechenschieber ausgeführt und beschränken sich auf den für praktische Berechnungen erforderlichen Genauigkeitsgrad.
Sämtliche Beispiele wurden so dargestellt, wie es für statische Berechnungen zweckmäßig ist. Hieraus ergibt sich die Notwendigkeit, alle für die Einarbeitung in das Verfahren erforderlichen Erläuterungen getrennt vom Beispiel zu bringen.[1]) Die Beispiele gewinnen so infolge ihrer Geschlossenheit an Übersicht. Die Feldweiten der Systemskizzen der einzelnen Beispiele sind nicht maßstäblich gezeichnet, sondern richten sich nach dem jeweils erforderlichen Platz für die Rechnungen, so, wie es in der Praxis üblich ist.

Beispiel 1.1: Zweifeldträger, 3 Belastungsfälle

1. $$M'_{BA} = \frac{16{,}5 \cdot 4{,}50^2}{8} + \frac{34{,}0 \cdot 2{,}00 \cdot 2{,}50}{2 \cdot 4{,}50^2}(4{,}50 + 2{,}00) = 41{,}7 + 27{,}3 = 69{,}0\,\text{kNm},$$

$$M'_{BC} = -\frac{16{,}5 \cdot 3{,}00^2}{8} = -18{,}6\,\text{kNm}.$$

[1]) Lediglich bei Beispiel 1.24 wurde eine Ausnahme gemacht. Da es sich hierbei um einen etwas schwierigeren Rechnungsgang handelt, sind die einzelnen Erläuterungen in das Beispiel eingestreut worden.

2. $M'_{BA} = 41{,}7\,\frac{20{,}5}{16{,}5} + 27{,}3\,\frac{52{,}5}{34{,}0} = 94{,}0\,\text{kNm}.$

3. $M'_{BC} = -18{,}6\,\frac{20{,}5}{16{,}5} = -23{,}1\,\text{kNm}.$

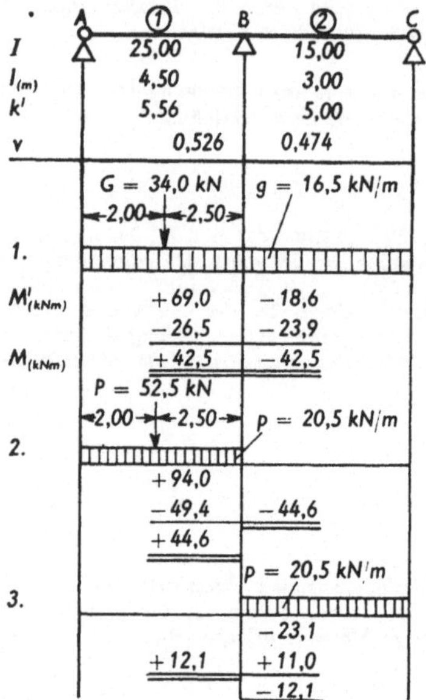

1.17 Rechenschema

Erläuterungen zu Beispiel 1.1

1. Das behandelte System, in diesem Falle ein Durchlaufträger auf drei Stützen mit gelenkiger Lagerung der Endfelder, ist zweckmäßig mit Hilfe einer *Systemskizze* eindeutig zu definieren. Dies wurde hier durch Bezeichnung der Felder mit den Positionsnummern ① und ②, den Auflagern *A*, *B* und *C* und der Kennzeichnung der Endauflager *A* und *C* als Gelenke erreicht.
2. In der ersten Zeile unter der Systemskizze sind die *Trägheitsmomente I* der einzelnen Stäbe eingeschrieben. Es ist hierbei gleichgültig, ob diese in cm^4, dm^4, m^4 usw. errechnet werden, es kommt lediglich auf die Verhältniswerte der Trägheitsmomente untereinander an.
3. In der folgenden Zeile sind die *Stablängen l* in m eingetragen.
4. Nach Abschn. 1.1.3. ergibt sich für die *Verdrehungswiderstände k'*

$$k' = c\,\frac{I}{l}.$$

Für gelenkig gelagerte Endfelder ist $c = 0{,}75$. Das System besteht nur aus Endfeldern, deshalb kann, da es lediglich auf die Verhältniswerte der Verdrehungswiderstände ankommt, für diesen Fall *c* weggelassen werden. Hieraus folgt:

$$k_{BA}' = \frac{25}{4{,}50} = 5{,}56 \quad \text{und} \quad k_{BC}' = \frac{15}{3{,}00} = 5{,}00.$$

5. Nach Abschn. 1.1.6. gilt für die Ermittlung der *Verteilungszahlen v*:

$$v = \frac{k'}{\sum k'} \quad \text{und} \quad \sum v = 1{,}00.$$

Folglich ist für *B*:

$$v_{BA} = \frac{5{,}56}{5{,}56 + 5{,}00} = 0{,}526$$

$$v_{BC} = \frac{5{,}00}{5{,}56 + 5{,}00} = 0{,}474$$

$$\sum v_B = 1{,}000.$$

Die unter Punkt 4. und 5. aufgeführten einfachen Nebenrechnungen können mit dem Rechenschieber ausgeführt werden, ohne daß ein Aufschreiben der einzelnen Zahlen nötig ist. Es sind lediglich die Ergebnisse im Rechenschema einzutragen. Hierdurch wird die Berechnung erheblich verkürzt und bleibt trotzdem übersichtlich und leicht prüfbar.
Mit der Bestimmung des Systems, der Trägheitsmomente *I*, Stablängen *l*, Verdrehungswiderstände *k'* und Verteilungszahlen *v* sind sämtliche erforderlichen Systemwerte zusammengestellt, so daß die Behandlung der einzelnen Belastungsfälle beginnen kann.
Die unter Punkt 1. bis 5. vorgeschlagene Gliederung gilt sinngemäß für sämtliche Beispiele.
6. Für jeden Belastungsfall ist es zweckmäßig, eine eindeutige *Belastungsskizze* zu zeichnen. Um die Übersicht weiter zu verbessern, erscheint es ratsam, die Lasten nicht nur mit Buchstaben, sondern auch mit ihrem Zahlenwert in die Belastungsskizze einzutragen.
7. Berechnung der *Stabendmomente für volle Einspannung* (M') mit Hilfe der Formeln in Abschn. 6. und Eintragung im Rechenschema.
8. *Momentenausgleich*
   a) Bildung des *Differenzmomentes* $\Delta M = +69{,}0 - 18{,}6 = +50{,}4$ kNm.
   b) *Errechnung der Verteilungsmomente*
   Die Verteilungsmomente erhalten dem Differenzmoment entgegengesetztes Vorzeichen.
   Für Belastungsfall 1:

$$+50{,}4 \cdot 0{,}526\,(-1) = -26{,}5\,\text{kNm}$$
$$+50{,}4 \cdot 0{,}474\,(-1) = -23{,}9\,\text{kNm}$$
$$-50{,}4\,\text{kNm}.$$

   $\sum M = +50{,}4 - 50{,}4 = 0$, folglich herrscht Gleichgewicht am Knoten.
   c) Eine *Übertragung der Verteilungsmomente* zu den Nachbarknoten *A* und *C* mit 50% entfällt infolge der dort vorhandenen Gelenke.
   d) Durch *Addition der Einzelmomente* auf jeder Seite des Knotens ergeben sich die *endgültigen Stabendmomente*. Auch hier muß $\sum M = 0$ sein.

Beispiel 1.2: Fünffeldträger, 6 Belastungsfälle

Die Ausrechnung der M'-Momente (für Endfelder $M' = \pm ql^2/8 + 3/16 \cdot Pl$ usw., für Mittelfelder $M' = \mp ql^2/12 \mp pl/8$ usw. nach Formeln Nr. 1, 24, 37 und 44 in Tafel 1 und 2, Abschn. 6.) wurde ihrer Einfachheit halber nicht aufgeschrieben.

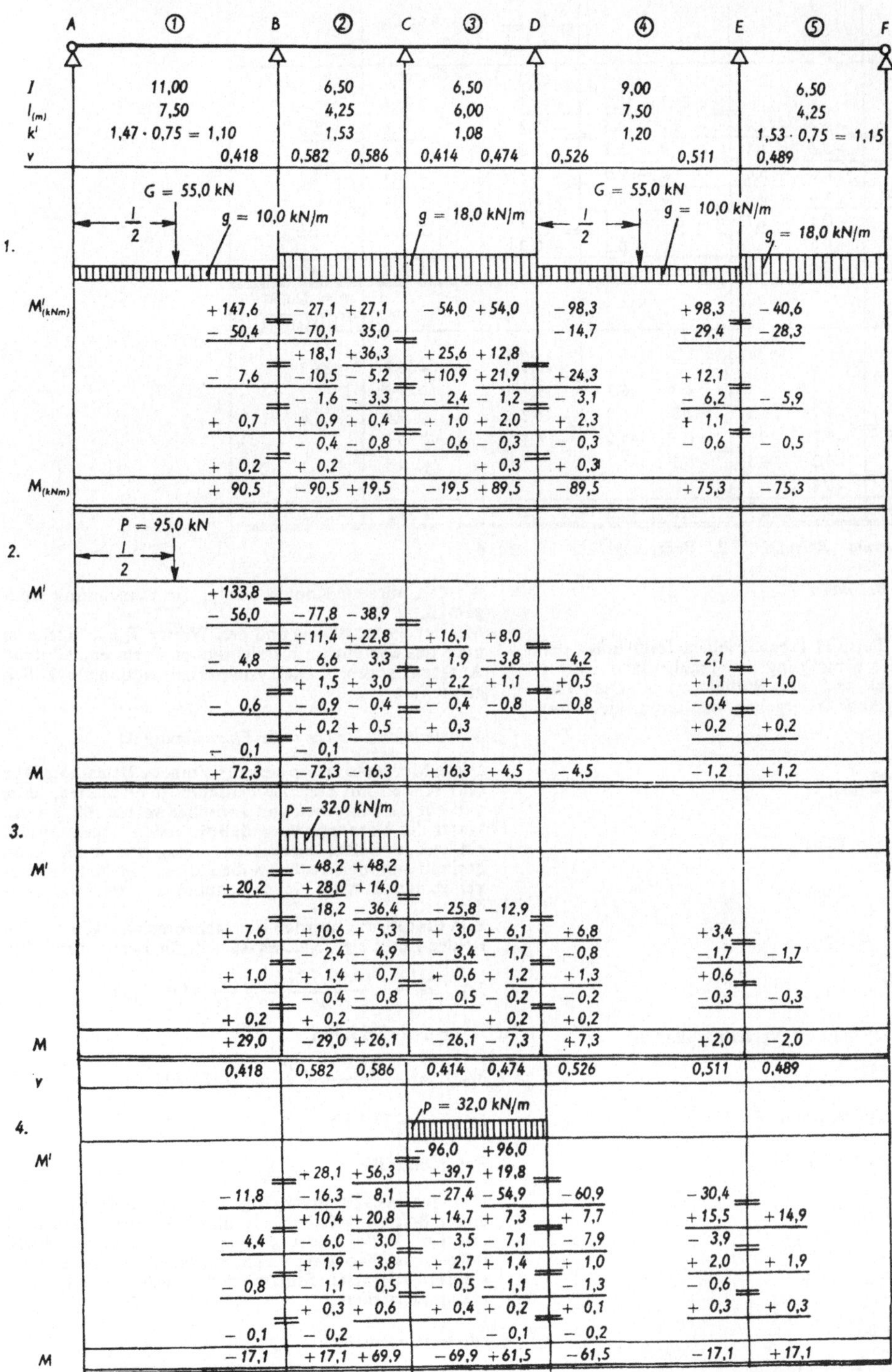

1.18a Rechenschema Beispiel 1.2, Belastungsfälle 1 bis 4

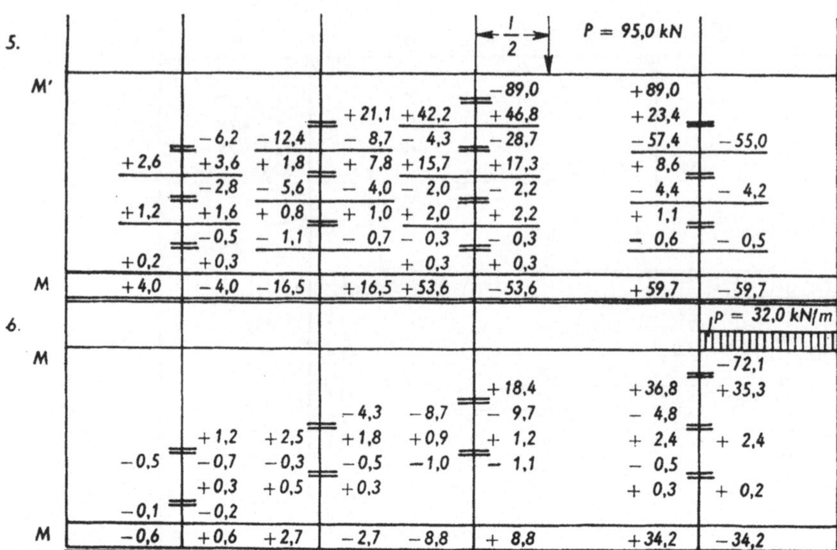

1.18b Rechenschema Beispiel 1.2, Belastungsfälle 5 und 6

Erläuterungen zu Beispiel 1.2

1. *Systemwerte*

Wie schon für Beispiel 1 beschrieben, folgt unter der Systemskizze die Eintragung der Trägheitsmomente I (Verhältniswerte) und der Stablängen l. Die Verdrehungswiderstände k' ergeben sich dann wie folgt:

$$k' = c\frac{I}{l},$$

$$k_1' = 0{,}75\,\frac{11{,}00}{7{,}50} = 1{,}10,$$

$$k_2' = 1{,}00\,\frac{6{,}50}{4{,}25} = 1{,}53,$$

$$k_3' = 1{,}00\,\frac{6{,}50}{6{,}00} = 1{,}08,$$

$$k_4' = 1{,}00\,\frac{9{,}00}{7{,}50} = 1{,}20,$$

$$k_5' = 0{,}75\,\frac{6{,}50}{4{,}25} = 1{,}15.$$

Hiermit errechnet man die Verteilungszahlen

$$v = \frac{k'}{\sum k'}.$$

Zum Beispiel am Knoten B:

$$v_{BA} = \frac{1{,}10}{1{,}10 + 1{,}53} = 0{,}418$$

$$v_{BC} = \frac{1{,}53}{1{,}10 + 1{,}53} = 0{,}582$$

$$\overline{\sum v_B} \qquad = \overline{1{,}000}.$$

Am Knoten C ergibt sich:

$$v_{CB} = \frac{1{,}53}{1{,}53 + 1{,}08} = 0{,}586$$

$$v_{CD} = \frac{1{,}08}{1{,}53 + 1{,}08} = 0{,}414$$

$$\overline{\sum v_C} \qquad = \overline{1{,}000}.$$

An den übrigen Knoten erfolgt die Berechnung sinngemäß.
Mit der Systemskizze und den Werten I, l, k' und v ist über das System in übersichtlicher Form erschöpfend Auskunft gegeben. Die Systemskizze ist unmaßstäblich gezeichnet.

2. *Stabendmomente für volle Einspannung M'*

Diese Momente lassen sich für einfache Belastungsfälle sehr schnell mit dem Rechenschieber errechnen, ohne daß ein Aufschreiben von Zwischenwerten nötig wird. Unter der Voraussetzung, daß für jeden Belastungsfall eindeutige Belastungsskizzen angegeben sind, kann deshalb auf das Aufschreiben dieser immer wiederkehrenden kurzen Nebenrechnungen verzichtet werden.
Zur Einführung werden die Nebenrechnungen für die Felder 1 und 2 gezeigt. Es ist z. B. für Belastungsfall 1:

$$M_{BA}' = +\frac{10{,}0 \cdot 7{,}50^2}{8} + \frac{3}{16}\,55{,}0 \cdot 7{,}50$$

$$= +147{,}6 \text{ kNm},$$

$$M_{BC}' = -\frac{18{,}0 \cdot 4{,}25^2}{12} = -27{,}1 \text{ kNm},$$

$$M_{CB}' = +27{,}1 \text{ kNm}.$$

3. *Belastungsfälle*

Um den Ausgleichvorgang zu beschleunigen, wurde außer Belastungsfall 1 (g in allen Feldern) je ein Feld mit der Verkehrslast p belastet. Aus diesen sechs Belastungsfällen lassen sich sämtliche für die Bemessung erforderlichen Stützmomente durch Überlagerung zusammenstellen.

4. *Momentenausgleich*

Im 1. Belastungsfall ist die größte Differenz der Stabendmomente für volle Einspannung am Knoten B vorhanden. Es wird deshalb, um die Iteration zu be-

schleunigen, dort der erste Momentenausgleich vorgenommen. Als Kennzeichnung des Momentenausgleiches bringen wir zwei kurze Striche unter den auszugleichenden Momenten an. Es folgen nun die Nebenrechnungen für Belastungsfall 1:
Das Differenzmoment am Knoten *B*,

$\Delta M = +147{,}6 - 27{,}1 = +120{,}5$ kNm,

wird mit den Verteilungszahlen *v* multipliziert. Es ergeben sich nach Umkehrung der Vorzeichen die Verteilungsmomente

$+120{,}5 \cdot 0{,}418(-1) = -50{,}4$ kNm,

$+120{,}5 \cdot 0{,}582(-1) = -70{,}1$ kNm.

Es muß nun am Knoten $\sum M = 0$ sein.

$+120{,}5 - 50{,}4 - 70{,}1 = 0{,}0$ kNm.

Der Abschluß dieses Ausgleichvorganges wird durch einfaches Unterstreichen der Verteilungsmomente vermerkt.
Anschließend sind die Verteilungsmomente mit 50% ihres Wertes nach den eingespannt angenommenen Nachbarknoten zu übertragen. Der Knoten *A* ist gelenkig gelagert, so daß hier eine Momentenübertragung entfällt. Zum Knoten *C* sind

$-70{,}1 \cdot 0{,}50 = -35{,}0$ kNm

zu übertragen.

Die nächstgrößere Momentendifferenz

$+98{,}3 - 40{,}6 = +57{,}7$ kNm

ist am Knoten *E* vorhanden. Es ergeben sich hier als Ausgleichmomente:

$+57{,}7 \cdot 0{,}511(-1) = -29{,}4$ kNm,

$+57{,}7 \cdot 0{,}489(-1) = -28{,}3$ kNm.

Zum Knoten *D* sind $-29{,}4 \cdot 0{,}50 = -14{,}7$ kNm zu übertragen, während zum gelenkig gelagerten Knoten *F* keine Momentenübertragung stattfindet.
Für den Momentenausgleich am Knoten *C* ergibt sich die Momentendifferenz

$+27{,}1 - 54{,}0 - 35{,}0 = -61{,}9$ kNm.

Mit den Verteilungszahlen multipliziert, erhält man die Verteilungs- bzw. Ausgleichmomente

$+36{,}3$ kNm und $+25{,}6$ kNm.

Hiervon sind 50% (18,1 kNm und 12,8 kNm) zu den Knoten *B* und *D* zu übertragen. Die restlichen Ausgleiche ergeben sich sinngemäß.
Nach 3 bis 4 Ausgleichen an jedem Knoten sind in der Regel die Ausgleichmomente relativ klein genug, so daß die Iteration abgebrochen werden kann. Sämtliche links und rechts neben dem Knoten eingetragenen Momente sind nun zu addieren und ergeben die gesuchten endgültigen Stabendmomente. An jedem Knoten muß $\sum M = 0$ sein.

Beispiel 1.3: Vereinfachter Cross-Ausgleich

Belastung 1.: Feld ①: $G = 55{,}0$ kN (bei $l/2$), $g = 10{,}0$ kN/m; Feld ② und ③: $g = 18{,}0$ kN/m; Feld ④: $G = 55{,}0$ kN (bei $l/2$), $g = 10{,}0$ kN/m; Feld ⑤: $g = 18{,}0$ kN/m

	A – ① – B	B – ②	② – C	C – ③	③ – D	D – ④	④ – E	E – ⑤ – F
I	11,00	6,50		6,50		9,00		6,50
$l_{(m)}$	7,50	4,25		6,00		7,50		4,25
k'	1,47 · 0,75 = 1,10	1,53		1,08		1,20		1,53 · 0,75 = 1,15
v	0,418	0,582	0,586	0,414	0,474	0,526	0,511	0,489
$v \cdot \gamma$	0,209	0,291	0,293	0,207	0,237	0,263	0,255	0,245
1. $M'_{(kNm)}$	+147,6	−27,1	+27,1	−54,0	+54,0	−98,3	+98,3	−40,6
			−35,0			−14,7		
		+18,1			+12,8			
			−5,2	+10,9			+12,1	
		−1,6			−1,2	−3,1		
			+0,4	+1,0			+1,1	
		−0,4			−0,3	−0,3		
$M' - \Delta M \cdot v \cdot \gamma$	+147,6	−11,0	−12,7	−42,1	+65,3	−116,4	+111,5	−40,6
$-\Delta M \cdot v$	−57,1	−79,5	+32,1	+22,7	+24,2	+26,9	−36,2	−34,7
$M_{(kNm)}$	+90,5	−90,5	+19,4	−19,4	+89,5	−89,5	+75,3	−75,3

1.19 **Rechenschema** *bei vereinfachtem Cross-Ausgleich*

Stab ① A–B: h = 0,12 m; Stab ② B–C (Lauf, schräg 4,70, horizontal 3,85): h = 0,14 m; Stab ③ C–D: h = 0,14 m

	A	B (Stab ①)	B (Stab ②)	C (Stab ②)	C (Stab ③)	D
I		17,3	27,4		27,4	
$l_{(m)}$		1,60	4,70 (3,85)		3,20	
k'		10,8 · 0,75 = 8,12	27,4 : 4,70 = 5,83		8,56 · 0,75 = 6,42	
v		0,582	0,418	0,476	0,524	
1.		q = 9,2 kN/m²	q = 7,1 kN/m²		q = 9,7 kN/m²	
$M'_{(kNm)}$		+2,9 +3,4 −0,3	−8,8 +2,5 +0,5 −0,2	+8,8 +1,2 +1,1	−12,4 +1,3	
$M_{(kNm)}$		+6,0	−6,0	+11,1	−11,1	
Q_0	+7,4					+15,5
ΔQ	−3,8					−3,5
max $Q_{(kN)}$	+3,6					+12,0
2.		g = 4,2	q = 12,1		g = 4,7	
M'		+1,3 +8,0 +1,6	−15,0 +5,7 −2,8 +1,2	+15,0 +2,8 −5,6 +0,6 −0,3	−6,0 −6,2 −0,3	
M		+10,9	−10,9	+12,5	−12,5	
Q_0	+3,4					+7,5
ΔQ	−6,8					−3,9
min Q	−3,4					+3,6
3.		q	q		g	
M'		+2,9 +7,0 +1,6	−15,0 +5,1 −2,7 +1,1	+15,0 +2,5 −5,5 +0,5 −0,2	−6,0 −6,0 −0,3	
M		+11,5	−11,5	+12,3	−12,3	
Q_0		+7,4	+23,3			
ΔQ		+7,2	−0,2			
max Q		+14,6	+23,1			
4.		g	q		q	
M'		+1,3 +8,0 +0,8	−15,0 +5,7 −1,3 +0,5	+15,0 +2,8 −2,6 +0,2 −0,1	−12,4 −2,8 −0,1	
M		+10,1	−10,1	+15,3	−15,3	
Q_0				+23,3	+15,5	
ΔQ				+1,3	+4,8	
max Q				+24,6	+20,3	

1.20

Erläuterungen zu Beispiel 1.3

Das Beispiel 1.2, Belastungsfall 1. (*Bild 1.18a*) wurde in verkürzter Schreibweise dargestellt. Hierbei wird auf die Notierung der Verteilungsmomente der einzelnen Momentenausgleiche verzichtet. Es werden zunächst nur die mit den Übertragungszahlen (γ) multiplizierten Verteilungsmomente ($-\Delta Mv$) an den Nachbarknoten im Rechenschema eingetragen. Nach Abschluß der Iteration werden die Stabendmomente für volle Einspannung (M') und die übertragenen Momente ($-\Delta Mv\gamma$) addiert. Diese Werte sind nun anstelle der vielen Einzelschritte der ausführlichen Schreibweise pauschal mit den Verteilungszahlen zu multiplizieren und mit umgekehrtem Vorzeichen zu versehen ($-\Delta Mv$). Durch Addition beider Zeilen ergeben sich die endgültigen Stabendmomente (M). Ein Vergleich beider Beispiele zeigt, daß die Einsparung bei vereinfachter Schreibweise wegen der zusätzlichen Zeilen $v\gamma$, $M' - \Delta Mv\gamma$ und $-\Delta Mv$ im Endeffekt gering ist. Bei den folgenden Beispielen wurde deshalb auf die vereinfachte Schreibweise verzichtet.

Beispiel 1.4: Dreifeldträger (Treppenlauf und Podeste), 4 Belastungsfälle

Erläuterungen zu den Beispielen 1.4 bis 1.6b

Erläuterungen zu Beispiel 1.4

Zur Ermittlung der Verdrehungswiderstände (k') ist die tatsächliche Stablänge, in diesem Falle die Schräglänge des Laufes (4,70 m), zu verwenden. Für die Errechnung der Stabendmomente für volle Einspannung (M') wird wie üblich die horizontale Spannweite (3.85 m) benutzt.

$$k_2' = \frac{I}{l} = \frac{27{,}4}{4{,}70} = 5{,}83,$$

$$M_{BC}' = -\frac{7{,}1 \cdot 3{,}85^2}{12} = -8{,}8 \text{ kNm}$$

(vgl. Belastungsfall 1).
Die Trägheitsmomente I wurden nur als Verhältniswerte (h^3) ohne Rücksicht auf die Dimension verwendet.
Außer der Errechnung der Stabendmo-

Beispiel 1.5: Durchlaufträger mit Kragarm und Einspannung eines Endlagers

	①	A	②	B	③	C
I			10,00		20,00	
l	1,50		4,00		8,00	
k'		2,50 · 0,75 = 1,88			2,50	
v			0,429	0,571		

g = 50,0 kN/m

	①	A	②	B	③
M'	+56,2	0,0	+100,0	−266,6	+266,6
	0,0	−56,2	− 28,1		
			+ 83,5	+111,2	+ 55,6
M	+56,2	−56,2	+155,4	−155,4	+322,2

1.21

Beispiel 1.6: Durchlaufträger mit teilweiser Einspannung, z. B. 60% im Endlager C

	①	A	②	B	③	C 60%
I			10,0		20,0	
l	1,50		4,00		8,00	
k'		2,50 · 0,75 = 1,88				
v			0,429	0,571	0,400	0,600

g = 50,0 kN/m

	①	A	②	B	③	C
M'	+56,2	0,0	+100,0	−266,6	+266,6	
	0,0	−56,2	− 28,1			
			+ 83,5	+111,2	+ 55,6	
				− 64,4	−128,9	−193,3
			+ 27,6	+ 36,8	+ 18,4	
				− 3,7	− 7,4	− 11,0
			+ 1,6	+ 2,1	+ 1,0	
				− 0,2	− 0,4	−0,6
			+ 0,1	+ 0,1		
M	+56,2	− 56,2	+184,7	−184,7	+204,9	−204,9

1.22

Beispiel 1.6a: Einspannung bei C ist 0%, Rechnungsgang wie Beispiel 1.6

	①	A	②	B	③	C 0%
v			0,429	0,571	1,000	0,000
M'	+56,2	0,0	+100,0	−266,6	+266,6	
	0,0	−56,2	− 28,1			
			+ 83,5	+111,2	+ 55,6	
				−161,1	−322,2	0,0
			+ 69,1	+ 92,0	+ 46,0	
				− 23,0	− 46,0	0,0
			+ 9,9	+ 13,1	+ 6,5	
				− 3,2	− 6,5	0,0
			+ 1,4	+ 1,8	+ 0,9	
				− 0,4	− 0,9	0,0
			+ 0,2	+ 0,2		
M	+56,2	−56,2	+236,0	−236,0	0,0	0,0

1.23

Beispiel 1.6b: gelenkige Lagerung bei C wird in üblicher Form berücksichtigt

	① A	②	B	③	C
I		10,0		20,0	
l	1,50	4,00		8,00	
k'		2,50		2,50	
v			0,5	0,5	
M'	+56,2	0,0	+100,0	−400,0	0,0
	0,0	−56,2	−28,1		
			+164,1	+164,0	
M	+56,2	−56,2	+236,0	−236,0	0,0

1.24

mente zeigt das Beispiel eine einfache Form zur Ermittlung der maximalen Querkräfte.
Es bedeuten:

Q_0 = Querkraftanteil des gelenkig gelagerten Stabes (*1.25*),

$\Delta Q = \frac{\Delta M}{l}$ = Querkraftanteil aus der Durchlaufwirkung (*1.26*).

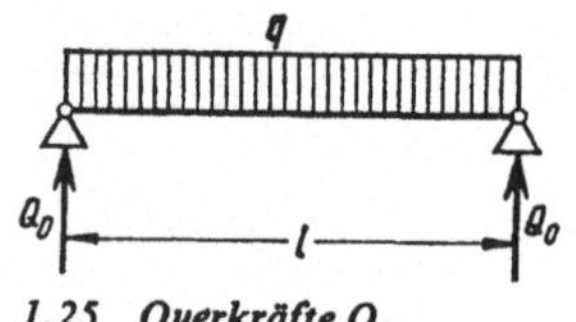

1.25 Querkräfte Q_0

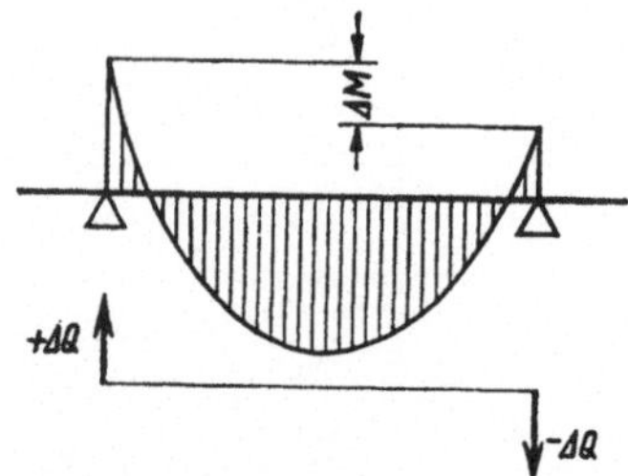

1.26 Querkräfte ΔQ

Zum Beispiel

$$\max Q_{AB} = +\frac{9{,}2 \cdot 1{,}60}{2} - \frac{6{,}0}{1{,}60} = +7{,}4 - 3{,}8$$

$$= +3{,}6 \text{ kN/m} \quad \text{(Belastungsfall 1)},$$

$$\max Q_{CB} = +\frac{12{,}1 \cdot 3{,}85}{2} + \frac{15{,}3 - 10{,}1}{3{,}85}$$

$$= +23{,}3 + 1{,}3 = +24{,}6 \text{ kN/m}$$

(Belastungsfall 4).

Erläuterungen zu Beispiel 1.5

a) *Sonderfall Kragarm*

Nach Belastung des Stabes ② verdreht sich das Stabende bei A ungehindert. Die Stabendmomente am Auflager A entstehen ausschließlich aus der Belastung des Kragarmes, d. h., das Kragmoment kann durch Belastung der übrigen Felder nicht beeinflußt werden. Das am Kragarm anschließende Feld ist aus den genannten Gründen als gelenkig gelagertes Endfeld zu betrachten.
Es ist somit:

$$k_2' = 0{,}75\frac{I}{l}, \qquad M_{AB}' = 0 \text{ kNm},$$

$$M_{BA}' = \frac{50{,}0 \cdot 4{,}00^2}{8} = +100{,}0 \text{ kNm}.$$

Das Kragmoment $+50{,}0 \cdot 1{,}50^2/2 = +56{,}2$ kNm erzeugt ein entgegengesetzt gerichtetes Moment $M_{AB} = -56{,}2$ kNm. Dieses Moment wird mit 50% seines Betrages zum Nachbarknoten übertragen (*1.27*).

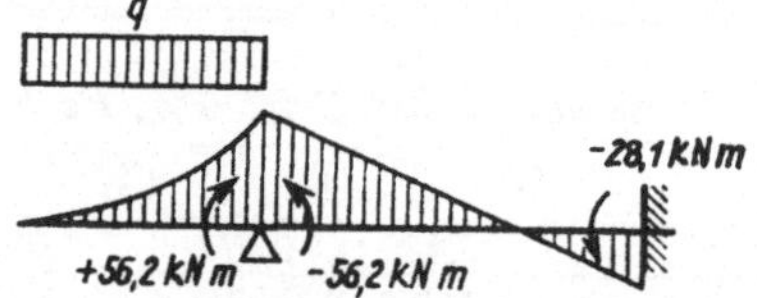

1.27 Momentenverteilung und Übertragung für Belastung eines Kragarmes mit q

b) *Volle Einspannung eines Endfeldes*

Bei voller Einspannung eines Stabendes ist keine Auflagerverdrehung möglich. An diesem Stabende können deshalb auch keine Momentenausgleiche, sondern nur Momentenübertragungen stattfinden.

Erläuterungen zu Beispiel 1.6

Bei teilweiser Einspannung eines Endfeldes ist der angenommene Einspannungsprozentsatz hinter der Einspannstelle und die Ergänzung zu 1,00 am Stabende in der Form von Verteilungszahlen anzuschreiben. Das teilweise eingespannte Stabende wird dann wie bei einem

Mittelfeldknoten behandelt, d. h., der Momentenausgleich erfolgt in bekannter Form entsprechend den Verteilungszahlen. Die Stabendmomente für volle Einspannung werden wie beim Mittelfeld für beiderseitige volle Einspannung bestimmt.

Zum Beispiel:

$$M_{BC}' = -\frac{50{,}0 \cdot 8{,}00^2}{12} = -266{,}6 \text{ kNm},$$

$$M_{CB}' = +266{,}6 \text{ kNm}.$$

Erläuterungen zu Beispiel 1.6a

Ein Grenzfall für teilweise Einspannung ist gelenkige Lagerung, d. h., die Einspannung beträgt 0%. Es gilt auch hier das für Beispiel 1.6 Gesagte.

Erläuterungen zu Beispiel 1.6b

Dieses Beispiel berücksichtigt die gelenkige Lagerung in üblicher Form. Infolge der vorhandenen zwei gelenkig gelagerten Endfelder kann, da es nur auf Verhältniswerte ankommt, bei der Ermittlung der Verdrehungswiderstände auf die Multiplikation mit $c = 0{,}75$ verzichtet werden. Unter der Voraussetzung, daß die gelenkige Lagerung bei C von vornherein berücksichtigt wird ($k' = 0{,}75I/l$), ist

$$M_{BC}' = -\frac{50{,}0 \cdot 8{,}00^2}{8} = 400{,}0 \text{ kNm und } M_{CB}' = 0 \text{ kNm}.$$

Beispiel 1.7: Geschlossener Rahmen, zweifache Symmetrie von Tragwerk und Belastung

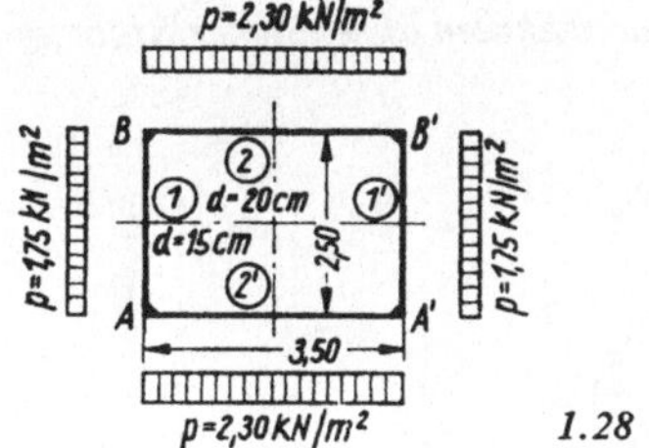

1.28

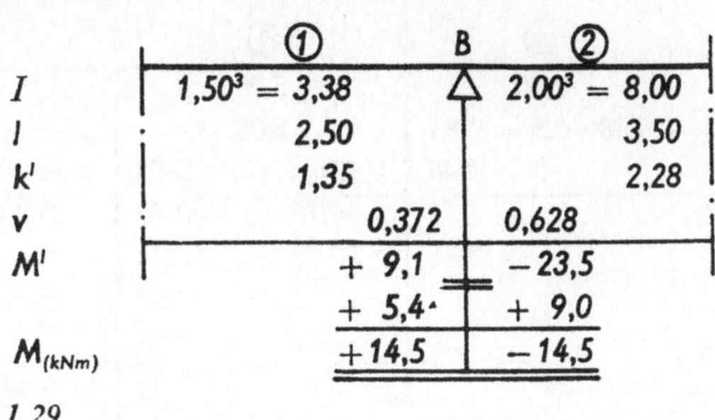

	①	B	②
I	$1{,}50^3 = 3{,}38$		$2{,}00^3 = 8{,}00$
l	2,50		3,50
k'	1,35		2,28
v	0,372		0,628
M'	+ 9,1		− 23,5
	+ 5,4		+ 9,0
$M_{(kNm)}$	+ 14,5		− 14,5

1.29

Beispiel 1.8: Geschlossener Rahmen, zweifache Symmetrie von Tragwerk und Belastung

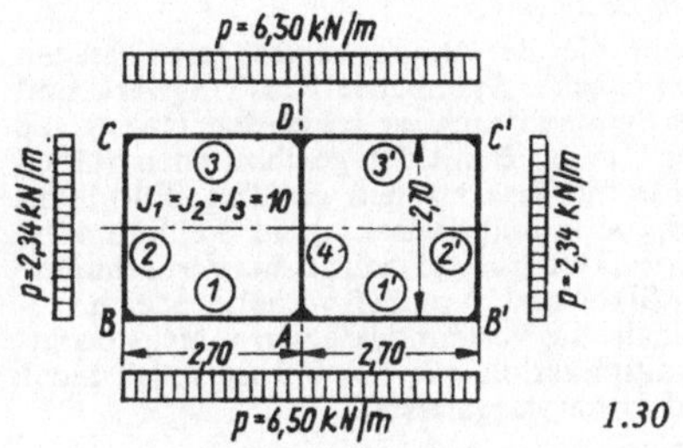

1.30

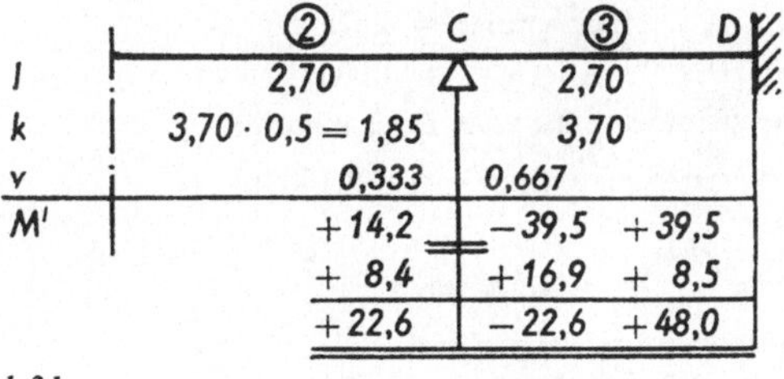

	②	C	③	D
l	2,70		2,70	
k	$3{,}70 \cdot 0{,}5 = 1{,}85$		3,70	
v	0,333		0,667	
M'	+ 14,2		− 39,5	+ 39,5
	+ 8,4		+ 16,9	+ 8,5
	+ 22,6		− 22,6	+ 48,0

1.31

Beispiel 1.9: Geschlossener Rahmen, zweifache Symmetrie von Tragwerk und Belastung

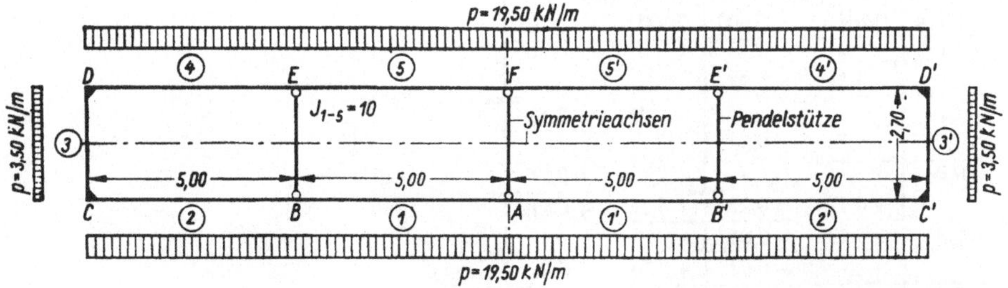

1.32

	③	D	④	E	⑤	F
l	2,70		5,00		5,00	
k'	3,70 · 0,5 = 1,85		2,00		2,00	
v	0,48	0,52		0,50	0,50	
M'	+ 2,12	−40,70		+40,70	−40,70	+40,70
	+18,50	+20,08		+10,04		
		− 2,51		− 5,02	− 5,02	− 2,51
	+ 1,20	+ 1,31		+ 0,65		
		− 0,16		− 0,32	− 0,33	− 0,16
	+ 0,08	+ 0,08		+ 0,04		
				− 0,02	− 0,02	− 0,01
$M_{(kNm)}$	+21,90	−21,90		+46,07	−46,07	+38,02

1.33

Erläuterungen zu den Beispielen 1.7 bis 1.9

Erläuterungen zu Beispiel 1.7

Beispiel 1.7 zeigt die Berechnung eines geschlossenen Rahmens bei zweifacher Symmetrie von Tragwerk und Belastung. Die Symmetrieachsen schneiden jeweils die Stabmitten. Der Knoten B mit den geschnittenen Stäben ① und ② wurde als Ersatzsystem gewählt. Für Symmetrie von Tragwerk und Belastung in Feldmitte ist $k' = 0{,}5I/l$. Der Faktor $c = 0{,}5$ würde die Verdrehungswiderstände der Stäbe und ① und ② verhältnisgleich verändern und deshalb die Verteilungszahlen v nicht beeinflussen. Die Multiplikation mit $c = 0{,}5$ ist somit nicht erforderlich und wurde weggelassen.

Verteilungszahlen:

$$v = \frac{k'}{\sum k'} = \frac{1{,}35}{1{,}35 + 2{,}28} = 0{,}372$$

$$\frac{2{,}28}{1{,}35 + 2{,}28} = \underline{0{,}628}$$

$$\sum v \qquad = 1{,}000.$$

Stabendmomente für volle Einspannung:

$$M' = \frac{ql^2}{12} = \frac{17{,}5 \cdot 2{,}50^2}{12} = +9{,}1 \text{ kNm}$$

bzw.

$$\frac{23{,}0 \cdot 3{,}50^2}{12} = -23{,}5 \text{ kNm}.$$

Erläuterungen zu Beispiel 1.8

Beispiel 1.8 ist ebenfalls zweifach symmetrisch. Die Symmetrieachsen schneiden horizontal die Stabmitten der Stäbe ②, ④ und ②' und vertikal die Auflager A und D. Als Ersatzsystem kann deshalb für den vorliegenden Belastungsfall der geschnittene Stab ② und der Stab ③ mit den Knoten C und D gewählt werden. Symmetrie in Auflagermitte ist gleichbedeutend mit voller Einspannung der Stabenden ($\varphi = 0$). Der Stab ④ erhält deshalb keine Momente. Infolge gleicher Trägheitsmomente in allen Feldern (angenommen $I = 10$) entfällt die erste Zeile im Arbeitsschema. Für Stab ② ist $k' = 0{,}5 \cdot 10/2{,}70 = 1{,}85$. Der übrige Rechnungsgang entspricht den bisherigen Beispielen.

Erläuterungen zu Beispiel 1.9

Für dieses Beispiel gelten die Voraussetzungen von Beispiel 1.8. Infolge einer größeren Stabzahl sind an den Knoten entsprechend einem Durchlaufträger mehrere Ausgleiche erforderlich. Die Beispiele 1.7 bis 1.9 zeigen, wie einfach und kurz der Rechnungsgang bei Ausnutzung der Vereinfachungen infolge Symmetrie wird.

Beispiel 1.10: Dreieckrahmen als endloser Stabzug

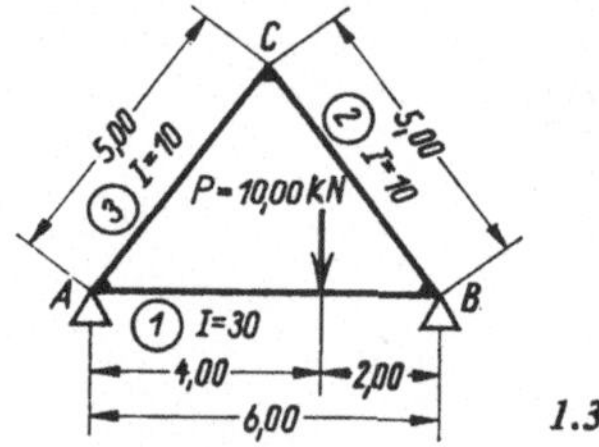

1.34

	③ A	①	B	②	C	③	A ①
I		30		10		10	
l		6,00		5,00		5,00	
k'		5,00		2,00		2,00	
v	0,714	0,714	0,286	0,500	0,500	0,286	
M'	−4,44	+8,88					
	−3,17	−6,34	−2,54	−1,27			
	+5,43	+2,71			+1,09	+2,18	
	−0,96	−1,93	−0,78	−0,39			
	+0,69	+0,34			+0,13	+0,27	
			+0,11	+0,22	+0,22	+0,11	
	−0,16	−0,32	−0,13	−0,06			
	+0,04			+0,03	+0,03	+0,01	
$M_{(kNm)}$	−2,57	+3,34	−3,34	−1,47	+1,47	+2,57	

1.35

$$M_{AB}' = -\frac{2}{27}\,10{,}0 \cdot 6{,}00 = -4{,}44 \text{ kNm},$$

$$M_{BA}' = +\frac{4}{27}\,10{,}0 \cdot 6{,}00 = +8{,}88 \text{ kNm}.$$

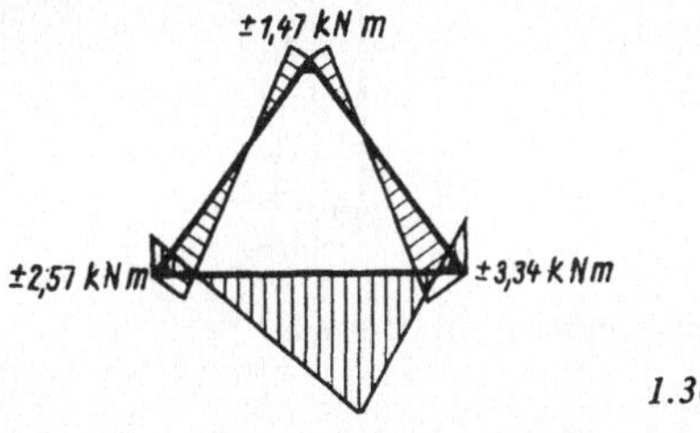

1.36

Beispiel 1.11: Dreieckrahmen, Symmetrie von Tragwerk und Belastung

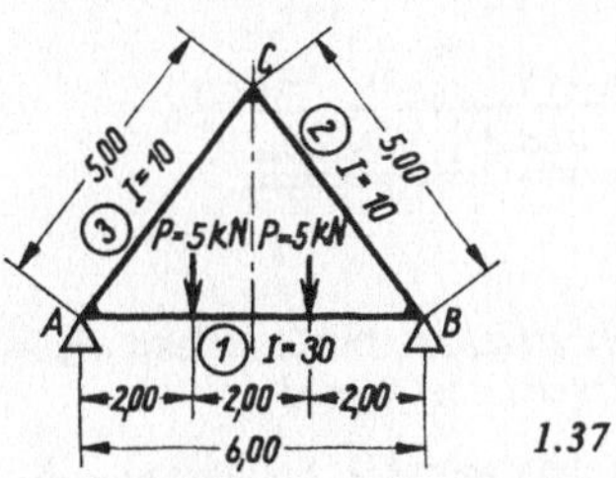

1.37

$$M_{BA}' = +\frac{2}{9}\,5{,}0 \cdot 6{,}00 = +6{,}67 \text{ kNm}.$$

	①	B	②	C
I	30		10	
l	6,00		5,00	
k'	5,00 · 0,5 = 2,50		2,00	
ν		0,556	0,444	
M'		+6,67		
M (kNm)		−3,71	−2,96	−1,48
		+2,96		

1.38

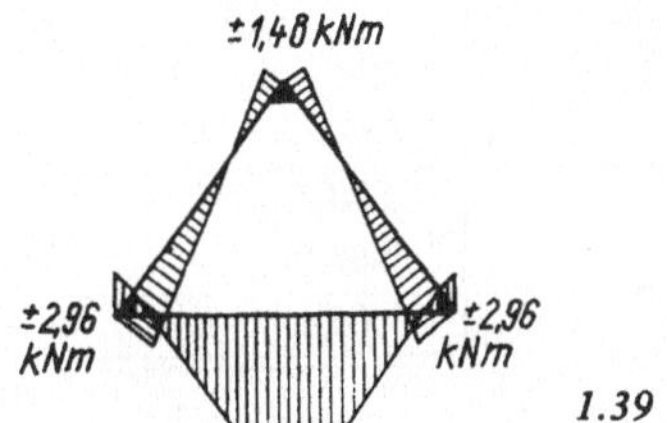

1.39

Beispiel 1.12: Dreieckrahmen, Symmetrie des Tragwerkes und Antimetrie der Belastung

Antimetrische Belastungen sind spiegelgegengleiche Belastungen, entsprechend *Bild 1.40.*

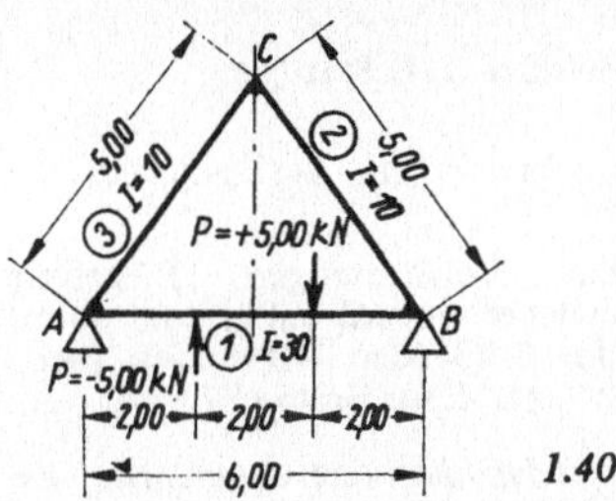

1.40

$$M_{BA}' = +\frac{2}{27}\,5{,}00 \cdot 6{,}00 = +2{,}22 \text{ kNm}.$$

	①	B	②	C
I	30		10	
l	6,00		5,00	
k'	5,00 · 1,5 = 7,50		2,00 · 0,75 = 1,50	
ν		0,833	0,167	
M'		+2,22		
M (kNm)		−1,85	−0,37	0,00
		+0,37		

1.41

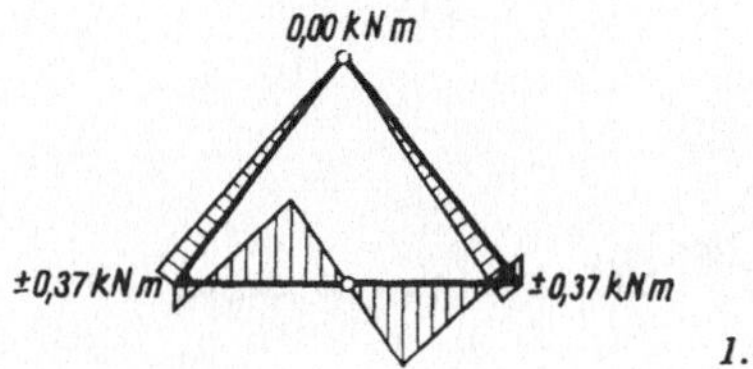

1.42

Erläuterungen zu den Beispielen 1.10 bis 1.12

Erläuterungen zu Beispiel 1.10

Beispiel 1.10 zeigt einen geschlossenen Dreieckrahmen mit asymmetrischer Belastung. Dieser Stabzug besteht ausschließlich aus Mittelfeldern und Mittelstützen. Das Rechenschema für Durchlaufträger gilt deshalb auch für dieses Beispiel, nur mit dem Unterschied, daß der Stabzug endlos ist.

Erläuterungen zu Beispiel 1.11 und 1.12

Die asymmetrische Belastung des Beispieles 1.10 kann in einen symmetrischen und einen antimetrischen Lastanteil zerlegt werden (vgl. *Bild 1.37* und *1.40*). Für diese Teilbelastungsfälle sind Vereinfachungen infolge Symmetrie (Beispiel 1.11) und Antimetrie (Beispiel 1.12) möglich. Die Überlagerung der Ergebnisse von Beispiel 1.11 und 1.12 ergibt die endgültigen Momente des Beispieles 1.10.

Bei Berücksichtigung der Vereinfachungen infolge symmetrischer und antimetrischer Belastung sind vier Möglichkeiten zu beachten:

1. *Die Symmetrieachse schneidet eine Stabmitte, die Belastung ist symmetrisch*

   Nach Abschn. 1.1.3. gilt:

   $$k' = 0{,}5\frac{I}{l} \quad \text{(betr. Beispiel 1.11, Stab ①)}.$$

2. *Die Symmetrieachse schneidet ein Auflager, die Belastung ist symmetrisch*

   Infolge spiegelgleicher Verformungen (Biegelinie *Bild 1.43*) ist das Auflager unverdrehbar und somit volle Einspannung der Stabenden vorhanden (betr. die Stabenden am Auflager *C* im Beispiel 1.11).

3. *Die Symmetrieachse schneidet eine Stabmitte, die Belastung ist antimetrisch*

   Infolge gleichgerichteter Verdrehungswinkel der Stabenden entsteht in Stabmitte ein Wendepunkt der Biegelinie und Momentennullpunkt (vgl. *Bild 1.44* und *1.42*). Es gilt deshalb nach Abschn. 1.1.3.:

   $$k' = 1{,}5\frac{I}{l} \quad \text{(betr. Stab ① im Beispiel 1.12)}.$$

4. *Die Symmetrieachse schneidet ein Auflager, die Belastung ist antimetrisch*

   Infolge gleichgerichteter und gleich großer Verdrehungen der Stabenden an diesem Knoten entsteht dort ein Momentennullpunkt und ein Wendepunkt der Biegelinie (vgl. *Bild 1.42* und *1.44*). Die betreffenden Stäbe sind als gelenkig gelagerte Endfelder zu behandeln. Es gilt deshalb:

   $$k' = 0{,}75\frac{I}{l} \text{(betr. die Stäbe ② und ③ im Beispiel 1.12)}.$$

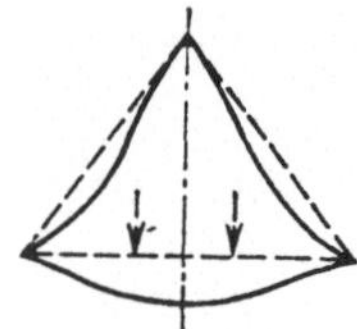

1.43 *Biegelinie für Beispiel 1.11*

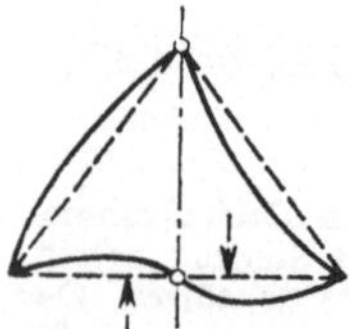

1.44 *Biegelinie für Beispiel 1.12*

Beispiel 1.13: Zweistieliger Rahmen, Symmetrie von Tragwerk und Belastung

$$M_{AB}' = -\frac{5{,}0 \cdot 4{,}50^2}{12} - \frac{22{,}0 \cdot 4{,}50^2}{20} = -30{,}7\ \text{kNm},$$

$$M_{BA}' = +\frac{5{,}0 \cdot 4{,}50^2}{12} + \frac{22{,}0 \cdot 4{,}50^2}{30} = +23{,}2\ \text{kNm},$$

$$M_{Bm}' = -\frac{25{,}0 \cdot 6{,}80^2}{12} - \frac{60{,}0 \cdot 6{,}80}{8} = -147{,}3\ \text{kNm}.$$

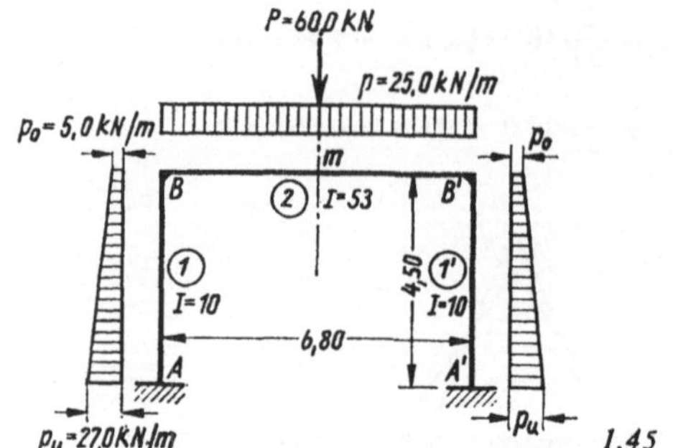

1.45 System und Belastung für Beispiel 1.13

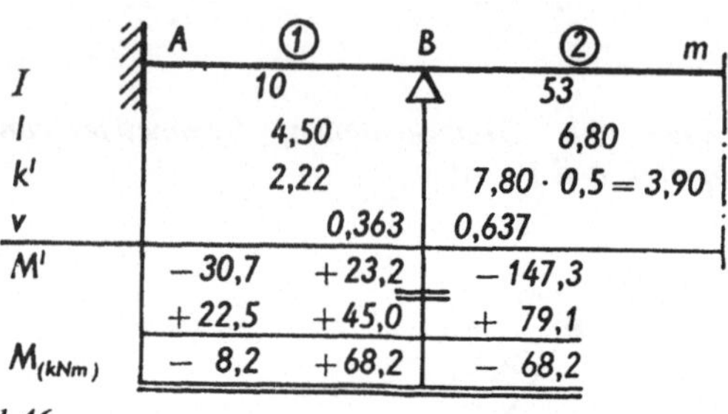

	A ①	B	②	m
I	10		53	
l	4,50		6,80	
k'	2,22		7,80 · 0,5 = 3,90	
v		0,363	0,637	
M'	−30,7	+23,2	−147,3	
	+22,5	+45,0	+ 79,1	
$M_{(kNm)}$	− 8,2	+68,2	− 68,2	

1.46

Beispiel 1.14: Symmetrischer zweistieliger Rahmen, Temperaturdifferenz im Riegel

In Riegel $\Delta_t = 75\ °C$ (oben wärmer), Stahlbeton z. B.: $E = 30000\ \text{N/mm}^2 = 30000000\ \text{kN/m}^2$, Riegelhöhe $h = 0{,}50$ m

$$M_{Bm}' = +\frac{30000000 \cdot 0{,}0053 \cdot 0{,}00001 \cdot 75}{0{,}50}$$

$$= +238{,}5\ \text{kNm}.$$

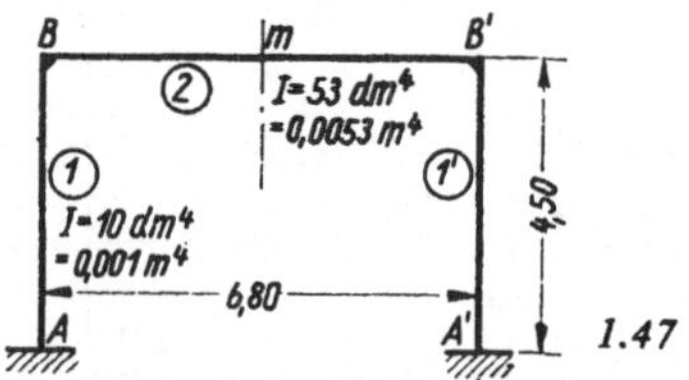

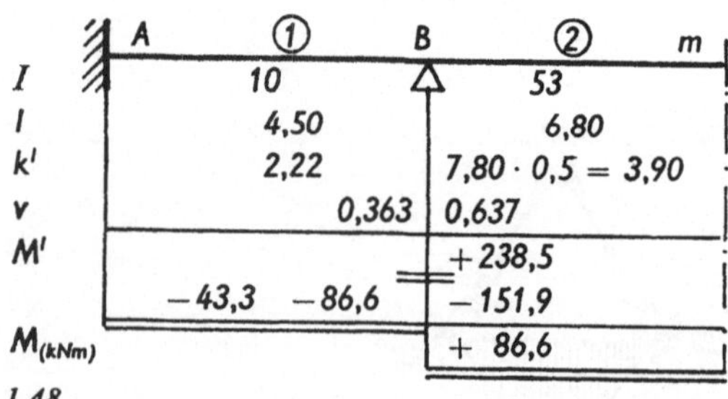

	A ①	B	②	m
I	10		53	
l	4,50		6,80	
k'	2,22		7,80 · 0,5 = 3,90	
v		0,363	0,637	
M'			+238,5	
	−43,3	−86,6	−151,9	
$M_{(kNm)}$			+ 86,6	

1.48

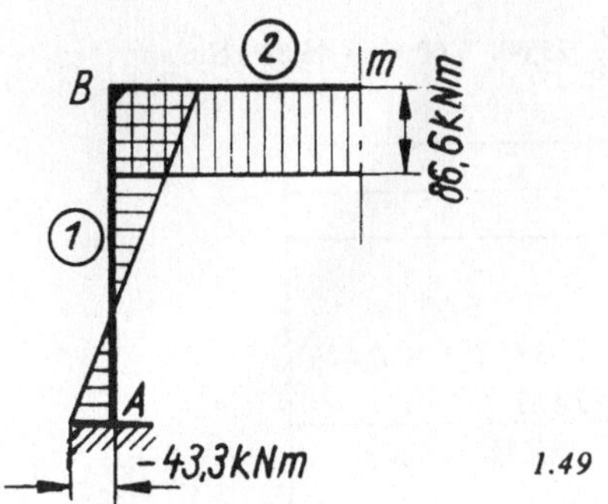

1.49

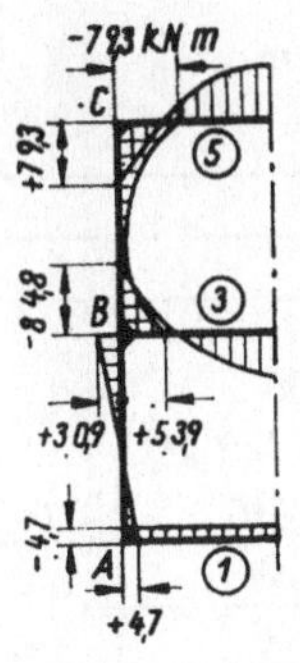

1.52

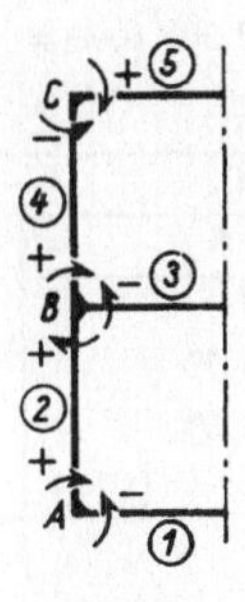

1.53
Drehsinn der Stabendmomente

Beispiel 1.15: Zweizelliger Rahmen, Symmetrie von Tragwerk und Belastung

I in allen Feldern gleich groß,
Zelle I allseitig mit $p = 32{,}5\ \text{kN/m}^2$ belastet,
Zelle II ohne Belastung.

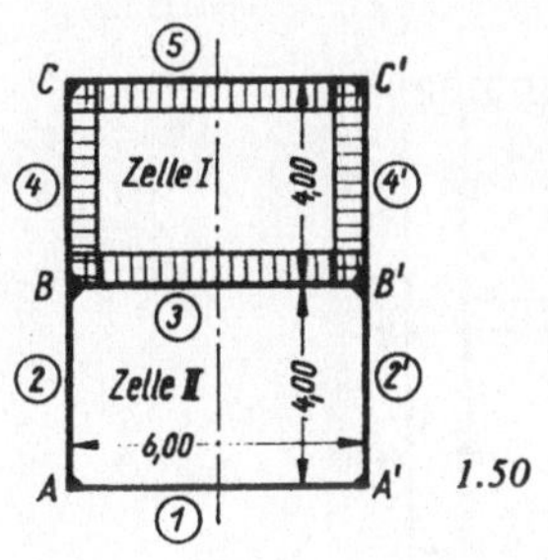

1.50

	A		B			C	
	1	2		3	4		5
l	6,00	4,00		6,00	4,00		6,00
k'	1,667 · 0,5 = 0,833	2,50		0,833	2,50		0,833
v	0,25	0,75	0,428	0,144	0,428	0,75	0,25
M'				−97,5	+43,3	−43,3	+97,5
					−20,3	−40,7	−13,5
		+15,9	+31,9	+10,7	+31,9	+15,9	
	−4,0	−11,9	− 5,9		− 5,9	−11,9	− 4,0
		+ 2,5	+ 5,0	+ 1,8	+ 5,0	+ 2,5	
	−0,6	− 1,9	− 0,9		− 0,9	− 1,9	− 0,6
		+ 0,4	+ 0,8	+ 0,2	+ 0,8	+ 0,4	
	−0,1	− 0,3				− 0,3	− 0,1
$M_{(kNm)}$	−4,7	+ 4,7	+30,9	−84,8	+53,9	−79,3	+79,3

1.51

Beispiel 1.16: Zweistieliger Stockwerkrahmen mit voller Fußeinspannung, Symmetrie von Tragwerk und Belastung

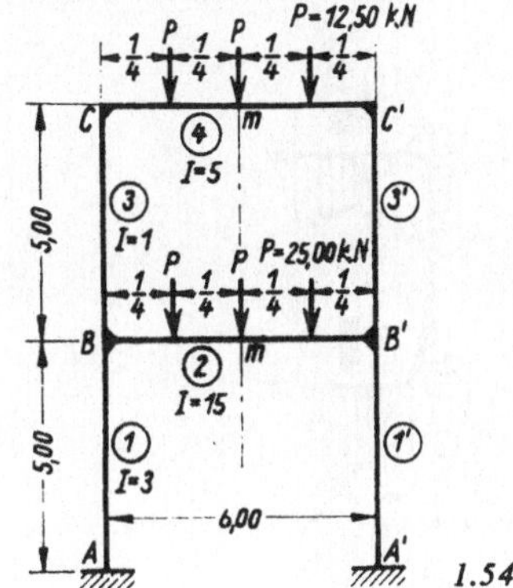

1.54

$M_{Cm}' = -\frac{5}{16}\,12{,}50 \cdot 6{,}00 = -23{,}44$ kNm, $\qquad M_{Bm}' = -\frac{5}{16}\,25{,}00 \cdot 6{,}00 = -46{,}88$ kNm.

	A		B			C
	1		2	3		4
I	3		15	1		5
l	5,00		6,00	5,00		6,00
k'	0,60		2,50 · 0,5 = 1,25	0,20		0,833 · 0,5 = 0,416
v		0,293	0,610	0,097	0,325	0,675
M'			−46,88			−23,44
	+6,86	+13,73	+28,60	+4,55	+2,27	
				+3,44	+6,87	+14,30
	−0,50	−1,01	−2,10	−0,33	−0,16	
					+0,05	+0,11
$M_{(kNm)}$	+6,36	+12,72	−20,38	+7,66	+9,03	−9,03

1.55

Beispiel 1.17: Dreistieliger Stockwerkrahmen mit gelenkiger Fußlagerung, Symmetrie von Tragwerk und Belastung

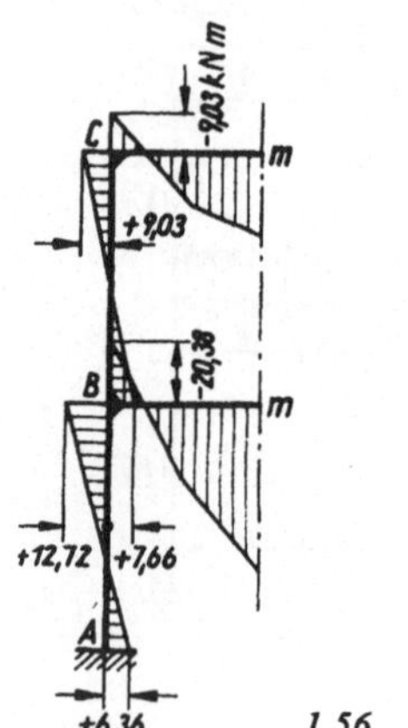

1.56

1.57

	A		B			C	F	E
	1		2	3		4		2
I	2		6	1		3		
l	5,00		5,00	4,00		5,00		
k'	0,40 · 0,75 = 0,30		1,20	0,25		0,60		
v		0,171	0,686	0,143	0,294	0,706		
			−16,67			−12,50	+12,50	+16,67
		+2,85	+11,44	+2,38	+1,19			+5,72
				+1,66	+3,33	+7,98	+3,99	
		−0,28	−1,14	−0,24	−0,12			−0,56
					+0,04	+0,08		
$M_{(kNm)}$	0,00	+2,57	−6,37	+3,80	+4,44	−4,44	+16,49	+21,83

1.58

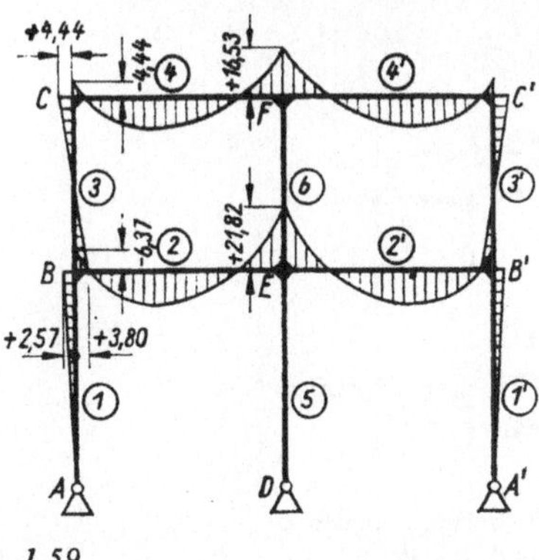

1.59

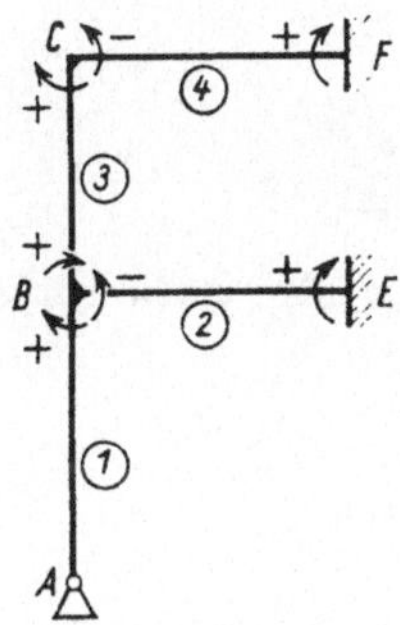

1.60 *Ersatzsystem und Drehsinn der Stabendmomente*

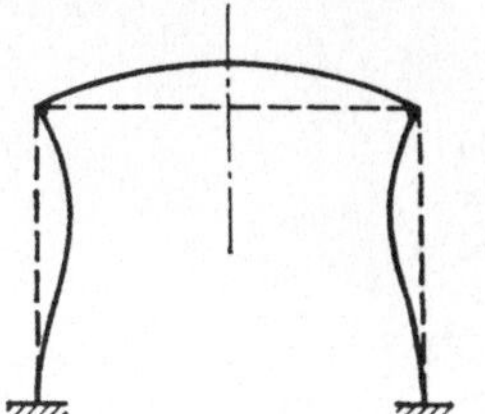

1.61 Biegelinie für Beispiel 1.14

Erläuterungen zu den Beispielen 1.15 bis 1.17

Diese Beispiele zeigen den Gang der Berechnung für symmetrische Tragwerke mit dreistäbigen Knoten. Im Gegensatz zu Durchlaufträgern und anderen Tragwerken mit zweistäbigen Knoten ist es nicht möglich, das Rechenschema in der Form eines durchlaufenden Stabzuges aufzubauen. Das Rechenschema erfährt deshalb einige Veränderungen. Jeder Stab wird weiterhin mit seiner Positionsnummer und den dazugehörigen Knotenbuchstaben bezeichnet. Die Reihenfolge der Stäbe kann beliebig gewählt werden. Aus Gründen der Vereinfachung und Übersicht ist jedoch ein möglichst zusammenhängender Aufbau der Tabelle anzustreben. Um die Einarbeitung zu erleichtern, wurden die gewählten Ersatzsysteme (*Bild 1.53, 1.56* und *1.60*) aufgezeichnet.
Rechengang und Vereinfachungen infolge Symmetrie und Antimetrie sind sinngemäß wie bei Durchlaufträgern.
Es soll nicht unerwähnt bleiben, daß der Ausgleichvorgang auch innerhalb der Systemskizze durchgeführt werden kann. Der Rechengang wird dann jedoch wesentlich unübersichtlicher und schwerer prüfbar.

Erläuterungen zu den Beispielen 1.13 bis 1.17

Erläuterungen zu Beispiel 1.13

Der Momentenausgleich für Beispiel 1.13 (*1.45*) kann infolge Symmetrie von Tragwerk und Belastung ebenfalls auf eine Systemhälfte beschränkt werden. Es ist entsprechend den Beispielen 1.7 bis 1.9 und 1.11 zu beachten, daß bei Symmetrie in Stabmitte der Verdrehungswiderstand $k' = 0{,}5I/l$ beträgt. Für praktische Berechnungen ist es zweckmäßig, sämtliche gleichzeitig wirkenden Belastungen als einen Belastungsfall zu behandeln.

Erläuterungen zu Beispiel 1.14

Bei Temperaturdifferenzen werden zur Errechnung der Stabendmomente für volle Einspannung die absoluten Größen der Trägheitsmomente benötigt. Als Dimension wurden auch hier m und kN bzw. kNm gewählt. Die *Bilder 1.49* und *1.61* zeigen die endgültige Momentenfläche und die Verformung (stark übertrieben) des Rahmens. *Der Riegel erhält infolge Ausdehnung der oberen Faser und Zusammenziehung der unteren Faser eine Krümmung nach oben. Dieser Ausdehnung wirken die Verdrehungswiderstände der Stäbe entgegen, und es entsteht deshalb im Riegel oben Druck und unten Zug.*
Siehe auch Beispiel 1.20: Temperaturdehnung.

Beispiel 1.18: Dreistieliger symmetrischer Stockwerkrahmen mit wechselnder Vertikallast

Um die Berechnung wesentlich zu vereinfachen, werden die Vertikallasten g und p in einen symmetrischen Lastanteil $g + p/2$ und einen antimetrischen Lastanteil $\pm p/2$ zerlegt.
Für die Errechnung der Momente aus dem symmetrischen Lastanteil $g + p/2$ ist das Ersatzsystem (*1.63*) maßgebend.
Die antimetrische Belastung $+p/2$ auf den Riegeln der linken Systemhälfte und $-p/2$ auf den Riegeln der rechten Systemhälfte ermöglicht ebenfalls eine Trennung des Systems. Nach Halbierung der Steifigkeit der Mittelstützen ($I/2$) entstehen zwei zweistielige Systeme (*1.64*). Für den hier vorliegenden Sonderfall gleicher Stielsteifigkeiten der Systeme nach *Bild 1.64* liegt Symmetrie von Tragwerk und Belastung vor, d. h., diese Systeme sind unverschieblich und können nochmals getrennt werden. Zur Berechnung der Momente aus der Belastung $+p/2$ bzw. $-p/2$ wird deshalb das Ersatzsystem *Bild 1.65* verwendet.
Durch Überlagerungen der Ergebnisse aus den berechneten Belastungsfällen 1 bis 10 lassen sich sämtliche für die Bemessung erforderlichen Momente bestimmen.
Berechnung der Momente aus Windbelastung siehe Beispiel 1.27.

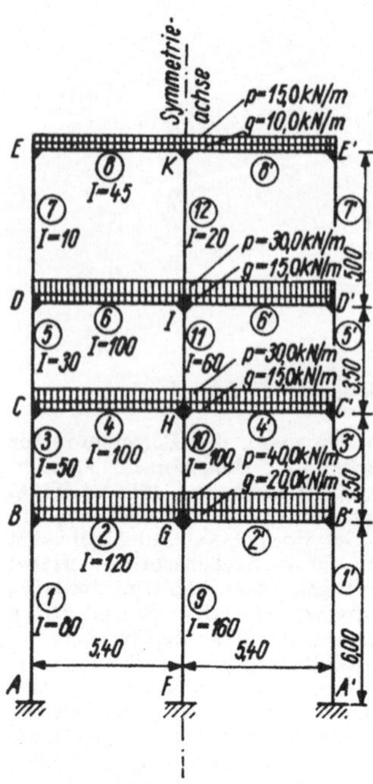

1.62 *Vollständiges System mit Trägheitsmomenten und Belastung g + p*

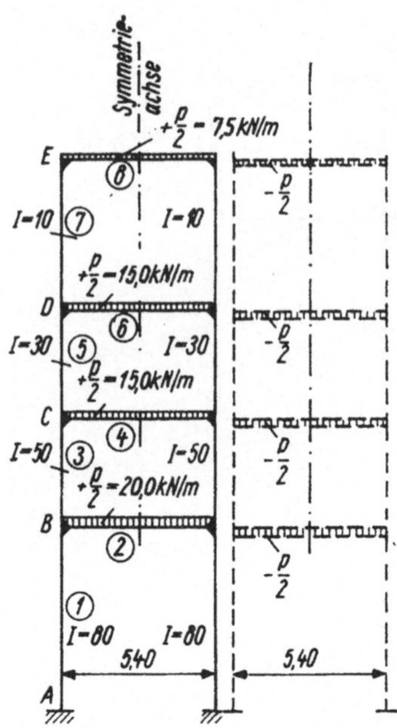

1.64 *Symmetrische Ersatzsysteme für antimetrische Belastung ±p/2*

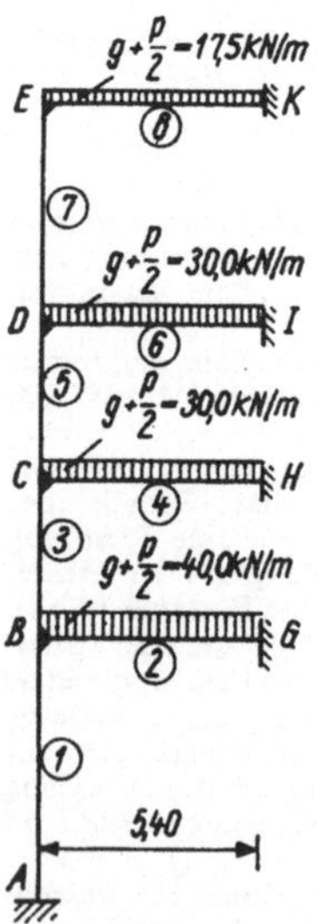

1.63 *Ersatzsystem mit symmetrischem Belastungsanteil g + p/2.* Volle *Einspannung der Riegel über den Mittelstützen*

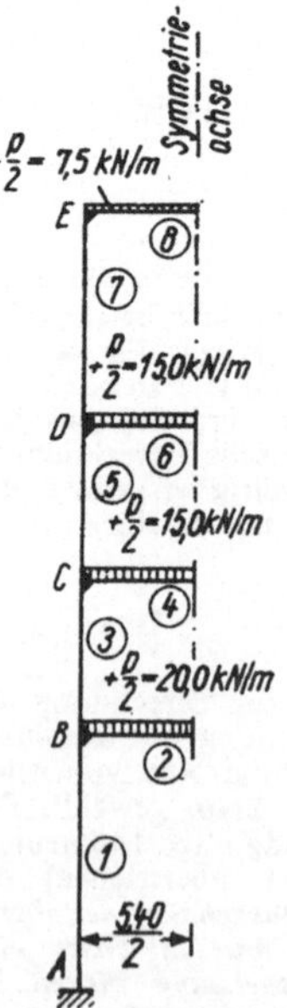

1.65 *Endgültiges Ersatzsystem für antimetrische Belastung nach Bild 1.64*

Fünf Belastungsfälle für symmetrische Belastung g + p/2 nach Bild 1.63

$$\frac{l^2}{12} = \frac{5{,}40^2}{12} = 2{,}43, \quad M' = \mp 17{,}5 \cdot 2{,}43 = \mp 42{,}5 \text{ kNm} \quad \text{bzw.} \quad 30{,}0 \cdot 2{,}43 = \mp 72{,}9 \text{ kNm}$$

$$\text{und} \quad 40{,}0 \cdot 2{,}43 = \mp 97{,}2 \text{ kNm}.$$

	A	B			C			D			E		K	I	H	G
	1		2	3		4	5		6	7		8		6	4	2
I	80		120	50		100	30		100	10		45				
l	6,00		5,40	3,50		5,40	3,50		5,40	5,00		5,40				
k'	13,30		22,20	14,30		18,50	8,57		18,50	2,00		8,33				
v		0,267	0,446	0,287	0,346	0,447	0,207	0,295	0,636	0,069	0,194	0,806				
1. $g + \frac{p}{2}$ auf sämtlichen Riegeln																
M'			−97,2			−72,9			−72,9			−42,5	+42,5	+72,9	+72,9	+97,2
	+13,0	+26,0	+43,3	+27,9	+13,9		+10,8	+21,5	+46,4	+5,0	+2,5			+23,1		+21,6
				+8,3	+16,7	+21,5	+10,0	+5,0		+3,9	+7,8	+32,2	+16,1		+10,7	
	−1,1	−2,2	−3,7	−2,4	−1,2		−1,3	−2,6	+5,7	−0,6	−0,3			−2,8		−1,8
				+0,4	+0,9	+1,1	+0,5	+0,2			−0,1	+0,2	+0,1		+0,5	
		−0,1	−0,2	−0,1				−0,1	−0,1							−0,1
$M_{(kNm)}$	+11,9	+23,7	−57,8	+34,1	+30,3	−50,3	+20,0	+24,0	−32,3	+8,3	+10,1	−10,1	+58,7	+93,2	+84,1	+116,9
2. $g + \frac{p}{2}$ auf Riegel 8												−42,5	+42,5			
M'										+4,1	+8,3	+34,2	+17,1			
							−0,6	−1,2	−2,6	−0,3				−1,3		
					+0,2	+0,3	+0,1									
M					+0,2	+0,3	−0,5	−1,2	−2,6	+3,8	+8,3	−8,3	+59,6	−1,3		
3. $g + \frac{p}{2}$ auf Riegel 6																
M'									−72,9					+72,9		
							+10,8	+21,5	+46,4	+5,0	+2,5			+23,1		
				−1,8	−3,7	−4,8	−2,3	−1,1		−0,2	−0,5	−2,0	−1,0		−2,4	
	+0,2	+0,5	+0,8	+0,5	+0,2		+0,2	+0,4	+0,8	+0,1				+0,4		+0,4
					−0,1	−0,2	−0,1									
M	+0,2	+0,5	+0,8	−1,3	−3,6	−5,0	+8,6	+20,8	−25,7	+4,9	+2,0	−2,0	−1,0	+96,4	−2,4	+0,4
4. $g + \frac{p}{2}$ auf Riegel 4																
M'						−72,9									+72,9	
				+12,6	+25,2	+32,6	+15,1	+7,5							+16,3	
	−1,7	−3,4	−5,6	−3,6	−1,8		−1,1	−2,2	−4,8	−0,5	−0,2			−2,4		−2,8
				+0,5	+1,0	+1,3	+4,6	+0,3				+0,2	+0,1		−0,6	
		−0,1	−0,3	−0,1				−0,1	−0,2					−0,1		−0,1
M	−1,7	−3,5	−5,9	+9,4	+24,4	−39,0	+14,6	+5,5	−5,0	−0,5	−0,2	+0,2	+0,1	−2,5	+89,8	−2,9
5. $g + \frac{p}{2}$ auf Riegel 2																
M'			−97,2													+97,2
	+13,0	+26,0	+43,3	+27,9	+13,9											+21,6
				−2,4	−4,8	−6,2	−2,9	−1,4							−3,1	
	+0,3	+0,6	+1,1	+0,7	+0,3		+0,2	+0,4	+0,9	+0,1				−0,4		+0,5
					−0,2	−0,2	−0,1									
M	+13,3	+26,6	−52,8	+26,2	+9,2	−6,4	−2,8	−1,0	+0,9	+0,1	0,0	0,0	0,0	+0,4	−3,1	+119,3

1.66

Fünf Belastungsfälle für antimetrische Belastung $+p/2$ nach Bild 1.64

$$\frac{l^2}{12} = \frac{5{,}40^2}{12} = 2{,}43, \quad M' = -7{,}5 \cdot 2{,}43 = -18{,}2 \text{ kNm} \quad \text{bzw.} \quad -15{,}0 \cdot 2{,}43 = -36{,}5 \text{ kNm}$$

$$\text{und} \quad -20{,}0 \cdot 2{,}43 = -48{,}6 \text{ kNm}.$$

Infolge Symmetrie nach *Bild 1.65* ist für die Riegel $k' = 0{,}5 \frac{I}{l}$

	A	B			C			D			E	
	1		2	3		4	5		6	7		8
I	80		120	50		100	30		100	10		45
l	6,00		5,40	3,50		5,40	3,50		5,40	5,00		5,40
k'	13,30		11,10	14,30		9,25	8,57		9,25	2,00		4,16
v		0,344	0,287	0,370	0,445	0,288	0,267	0,432	0,467	0,101	0,325	0,675
6. $+\frac{p}{2}$ auf sämtlichen Riegeln												
M'			−48,6			−36,5			−36,5			−18,2
	+8,3	+16,7	+14,0	+17,9	+8,9		+7,9	+15,8	+17,0	+3,7	+1,8	
				+4,4	+8,8	+5,7	+5,2	+2,6		+2,6	+5,3	+11,1
	−0,7	−1,5	−1,3	−1,6	−0,8		−1,1	−2,3	−2,4	−0,5	−0,3	
				+0,4	+0,8	+0,6	+0,5	+0,2			+0,1	+0,2
		−0,1	−0,1	−0,2				−0,1	−0,1			
M	+7,6	+15,1	−36,0	+20,9	+17,7	−30,2	+12,5	+16,2	−22,0	+5,8	+6,9	−6,9
7. $+\frac{p}{2}$ auf Riegel ⑧												
M'												−18,2
										+2,9	+5,9	+12,3
							−0,6	−1,3	−1,3	−0,3		
					+0,3	+0,2	+0,1					
M					+0,3	+0,2	−0,5	−1,3	−1,3	+2,6	+5,9	−5,9
8. $+\frac{p}{2}$ auf Riegel ⑥												
M'									−36,5			
							+7,9	+15,8	+17,0	+3,7	+1,8	
				−1,7	−3,5	−2,3	−2,1	−1,0		−0,3	−0,6	−1,2
	+0,3	+0,6	+0,5	+0,6	+0,3		+0,3	+0,6	+0,6	+0,1		
					−0,3	−0,2	−0,1					
M	+0,3	+0,6	+0,5	−1,1	−3,5	−2,5	+6,0	+15,4	−18,9	+3,5	+1,2	−1,2
9. $+\frac{p}{2}$ auf Riegel ④												
M'						−36,5						
				+8,1	+16,3	+10,5	+9,7	+4,8				
	−1,4	−2,8	−2,3	−3,0	−1,5		−1,0	−2,1	−2,2	−0,5	−0,3	
				+0,5	+1,1	+0,7	+0,7	+0,3			+0,1	+0,2
	−0,1	−0,2	−0,1	−0,2				−0,1	−0,2			
M	−1,5	−3,0	−2,4	+5,4	+15,9	−25,3	+9,4	+2,9	−2,4	−0,5	−0,2	+0,2
10. $+\frac{p}{2}$ auf Riegel ②												
M'			−48,6									
	+8,3	+16,7	+14,0	+17,9	+8,9							
				−1,9	−3,9	−2,6	−2,4	−1,2				
	+0,4	+0,7	+0,5	+0,7	+0,3		+0,2	+0,5	+0,6	+0,1		
					−0,2	−0,2	−0,1					
M	+8,7	+17,4	−34,1	+16,7	+5,1	−2,8	−2,3	−0,7	+0,6	+0,1	0,0	0,0

1.67

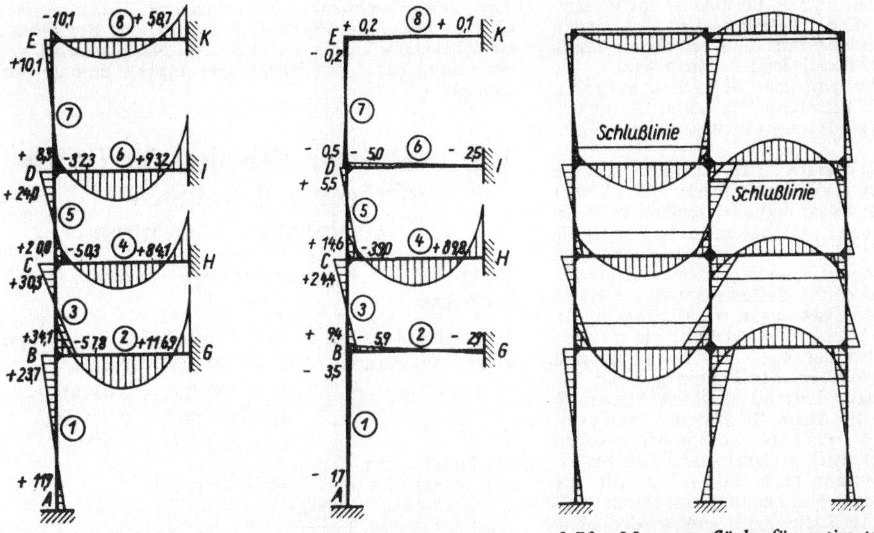

1.68 Momentenfläche für Belastungsfall 1

1.69 Momentenfläche für Belastungsfall 4

1.70 Momentenfläche für antimetrische Belastung $\pm p/2$ auf dem gesamten System (Belastungsfall 6). Infolge horizontaler Schlußlinien der Riegelmomente ist kein Verschiebungseinfluß vorhanden

Erläuterungen zu Beispiel 1.18

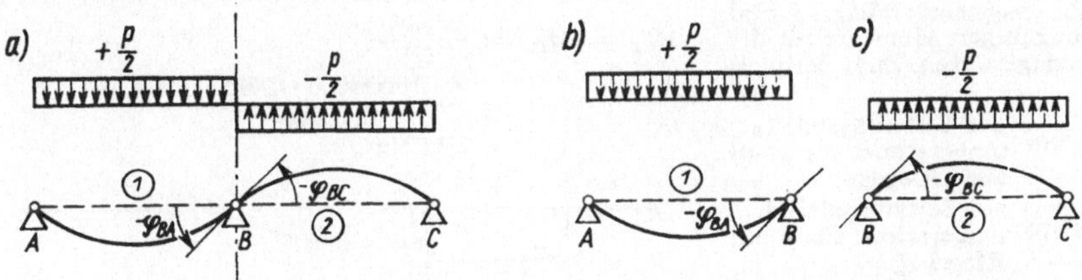

1.71 a bis c Antimetrische Belastung, Verdrehungswinkel und Biegelinien für einen symmetrischen Zweifeldträger vor und nach der Systemtrennung

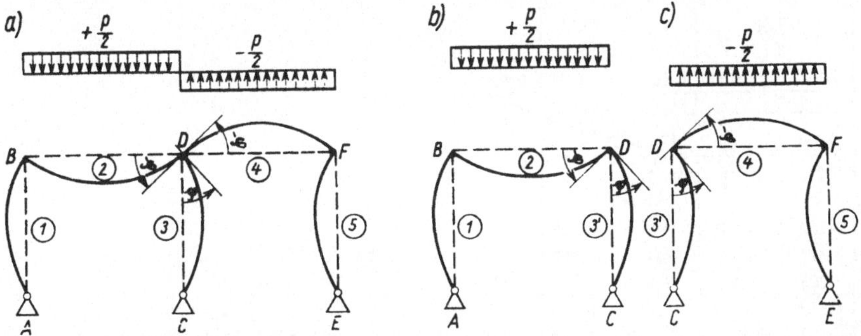

1.72 a bis c Antimetrische Belastung, Verdrehungswinkel und Biegelinien für einen symmetrischen Rahmen vor und nach der Systemtrennung

Mit den einleitenden Sätzen zum Beispiel ist das Wesentlichste bereits gesagt. Die vorgenommenen Systemtrennungen bei antimetrischer Belastung erfordern jedoch eine Begründung, die anschließend gebracht wird.
Am symmetrischen System nach *Bild 1.71 a* entstehen infolge antimetrischer Belastung der Stäbe ① und ② am Auflager *B* gleichgroße und gleich gerichtete Drehwinkel.
Es ist: $-\varphi_{BA} = -\varphi_{BC}$. Daraus ist zu erkennen, daß die Verformung des Stabes ① auf die Verformung des Stabes ② keinen Einfluß hat. Es ist deshalb möglich, in *B* ein Gelenk anzunehmen bzw. das System in zwei gelenkig gelagerte Einfeldträger (*1.71 b* und *c*) zu trennen, ohne daß sich die Biegelinien und Momentenflächen verändern.
Für die Riegel ② und ④ des Systems des *Bildes 1.72a* gelten die gleichen Voraussetzungen wie für *Bild 1.71 a*. Die Verformung des Stieles ③ entsteht je zu gleichen Anteilen aus der Belastung $+p/2$ auf Riegel ② und $-p/2$ auf Riegel ④. Wird bei der Trennung dieses Systems der Verdrehungswiderstand (k') des Stieles ③ halbiert, so erhalten die Stiele ③' mit der Steifigkeit $k_3'/2$ infolge Belastung $+p/2$ bzw. $-p/2$ je den gleichen Drehwinkel φ wie der Stiel ③ (vgl. *Bild 1.72b* bis *c*). Das symmetrische System nach Bild *1.72a* mit der antimetrischen Belastung $\pm p/2$ kann somit durch Halbierung der Steifigkeit des Stieles ③ getrennt werden, ohne daß sich die Biegelinien und Momentenflächen verändern.
Für den Sonderfall, daß die Steifigkeit des Mittelstieles eines dreistieligen Rahmens (Beispiel 1.18, *Bild 1.62*) die doppelte Größe der Steifigkeit der Randstiele hat, entstehen nach der Trennung zwei symmetrische Systeme (*1.64*). Infolge Symmetrie von Tragwerk und Belastung dieser Systeme ist eine nochmalige Trennnung (*1.65*) möglich, und außerdem ist für diesen Sonderfall (dies ist aus *Bild 1.70* leicht ersichtlich) der Verschiebungseinfluß Null. Für die Berechnung der Momente aus Vertikallasten genügen somit die Ersatzsysteme *Bild 1.63* und *1.65*. Die Errechnung der endgültigen Momente für die Bemessung erfolgt durch Überlagerungen. Zum Beispiel:

max M_{AC}

$= +84{,}1\,\frac{1{,}50}{3{,}00} = +\;42{,}0$ kNm — aus Belastungsfall 1, umgerechnet für *g* auf allen Riegeln

$+\;89{,}8\,\frac{3{,}00}{3{,}00} = +\;89{,}8$ kNm — aus Belastungsfall 4, umgerechnet für *p* auf Riegel ④

$+131{,}8$ kNm ($-131{,}8$ kNm nach alten Vorzeichenregeln),

max $M_{CH} = -50{,}3 - 30{,}2 = -80{,}5$ kNm (Belastungsfall 1 und 6).

Aus den Ergebnissen der einzelnen Belastungsfälle (2 bis 5 und 7 bis 10) ist zu erkennen, daß der Einfluß einer Riegelbelastung nur bis zum Nachbarriegel von Bedeutung ist. Übertriebene Genauigkeit deshalb vermeiden!

1.3. Praktische Beispiele für Durchlaufträger und Rahmen mit Knotenverschiebungen

Beispiel 1.19: Auflagersenkungen an einem Durchlaufträger

Auflagersenkung bei *B*: $\delta_B = 6$ mm, bei *C*: $\delta_C = 4$ mm;

Trägheitsmomente: $I_1 = 200\ \text{dm}^4 = 0{,}02\ \text{m}^4$,
$I_2 = 300\ \text{dm}^4 = 0{,}03\ \text{m}^4$,
$I_3 = 150\ \text{dm}^4 = 0{,}015\ \text{m}^4$,
$I_4 = 250\ \text{dm}^4 = 0{,}025\ \text{m}^4$.

Für Stahlbeton z. B.:
$E = 30000\ \text{N/mm}^2 = 30000000\ \text{kN/m}^2$.

$$M_{BA}' = \frac{3EI_1\delta_B}{l_1^2} = \frac{3\cdot 30000000\cdot 0{,}02\cdot 0{,}006}{6{,}00^2} = 300\ \text{kNm},$$

$$M_{BC}' = M_{CB}' = \frac{6EI_2(\delta_B-\delta_C)}{l_2^2} = \frac{6\cdot 30000000\cdot 0{,}03\cdot 0{,}002}{8{,}00^2} = 169\ \text{kNm},$$

$$M_{CD}' = M_{DC}' = \frac{6EI_3\delta_C}{l_3^2} = \frac{6\cdot 30000000\cdot 0{,}015\cdot 0{,}004}{4{,}00^2} = 675\ \text{kNm}.$$

1.73 Biegelinie und Drehsinn der Stabendmomente für volle Einspannung

	A	①	B	②	C	③	D	④	E
I		20		30		15		25	
l		6,00		8,00		4,00		5,00	
k'		3,33 · 0,75 = 2,50		3,75		3,75		5,00 · 0,75 = 3,75	

	B	B	C	C	D	D
v	0,40	0,60	0,50	0,50	0,50	0,50
M'	−300	+169	+169	+675	+675	
		−211	−422	−422	−211	
	+137	+205	+102	−116	−232	−232
		+ 3	+ 7	+ 7	+ 3	
	− 1	− 2			− 2	− 1
$M_{(kNm)}$	−164	+164	−144	+144	+233	−233

$\delta_b = 6$ mm $\delta_c = 4$ mm $\delta_b - \delta_c = 2$ mm

1.74 Rechenschema mit Biegelinie nach dem Momentenausgleich

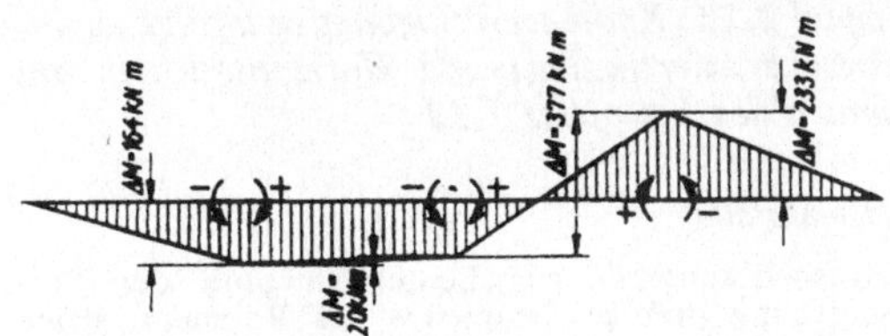

1.75 Momentenfläche und Drehsinn der Stabendmomente

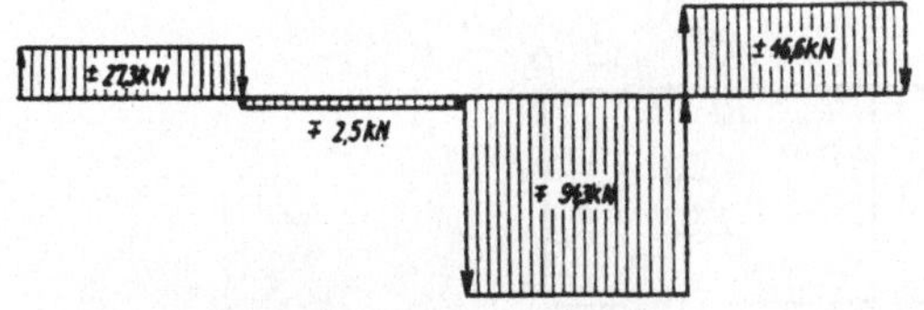

1.76 Querkraftfläche

Erläuterungen zu Beispiel 1.19

Auflagersenkungen (Knotenverschiebungen) erzeugen Momente. Für volle Einspannung sind diese als Stabendmomente nach den Formeln der Tafel 1 errechnet. Als Dimensionen für E, I, l und δ wurden m und kN gewählt. Der Momentenausgleich erfolgt in der bekannten Form. Die *Bilder 1.75* und *1.76* zeigen den Momenten- und Querkraftverlauf. Aus Beispiel 1.19 und dem folgenden Beispiel 1.20 ergibt sich, daß die Momente infolge Knotenverschiebungen bekannter Größe genauso einfach wie Momente an unverschieblichen Systemen errechnet werden können.

Beispiel 1.20: Temperaturdehnung im Riegel des Rahmens Beispiel 1.13

Temperaturdehnung infolge gleichmäßiger Temperaturzunahme im Riegel von $t = +50\ °C$.
Für Stahlbeton z. B.:
$E = 30000\ N/mm^2 = 30000000\ kN/m^2$, $\alpha_t = 0{,}00001$,
Knotenverschiebung nach jeder Seite:

$$\delta = \alpha_t t \frac{l}{2} = 0{,}00001 \cdot 50 \frac{680}{2} = 0{,}17\ cm = 0{,}0017\ m$$

$$I_1 = 10\ dm^4 = 0{,}001\ m^4,$$

$$M_{AB}' = M_{BA}' = \frac{6 \cdot 30000000 \cdot 0{,}001 \cdot 0{,}0017}{4{,}50^2} = 15{,}1\ kNm.$$

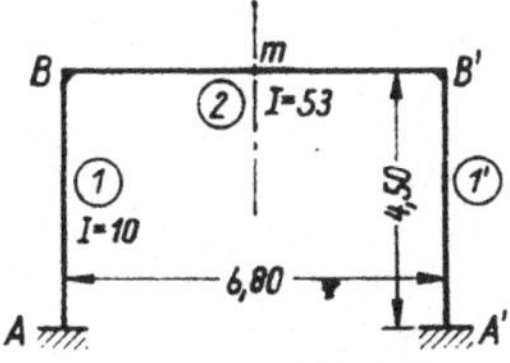

1.77 Statisches System

	A ①	B	② m
I	10		53
l	4,50		6,80
k'	2,22		7,50 · 0,5 = 3,90
v		0,363	0,637
M'	+15,1	+15,1	
	− 2,7	− 5,5	−9,6
$M_{(kNm)}$	+12,4	+ 9,6	

1.78 Rechenschema

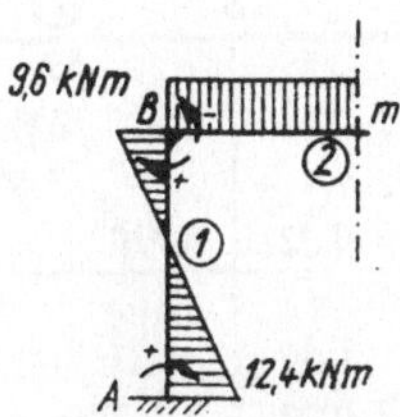

1.79 Momentenfläche und Drehsinn der Stabendmomente

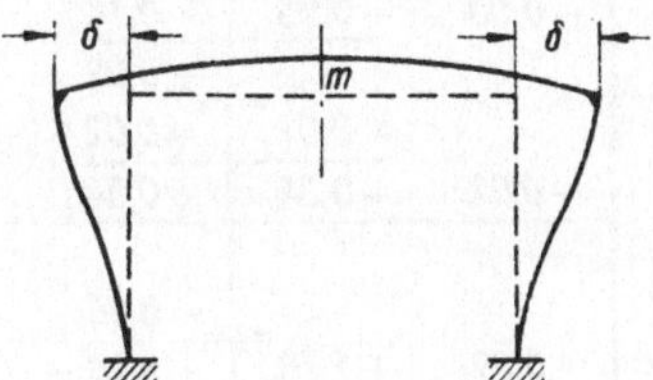

1.80 Verformung des Rahmens infolge symmetrischer Dehnung des Riegels

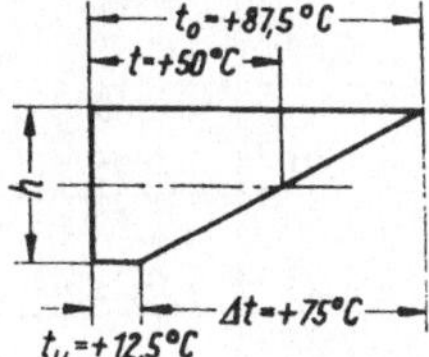

1.81 Gleichmäßige Temperaturzunahme t und Temperaturdifferenz Δt im Riegel der Beispiele 1.14 und 1.20

Erläuterungen zu Beispiel 1.20

In Beispiel 1.14 wurde der Einfluß von ungleichmäßiger Temperatureinwirkung (Temperaturdifferenz) und in Beispiel 1.20 der Einfluß gleichmäßiger Temperatureinwirkung (Temperaturdehnung) behandelt. *Bild 1.81* zeigt für den Riegel der genannten Beispiele mit der Querschnittshöhe h die für die Berechnung angenommenen Temperaturänderungen. Wird der Riegel in der oberen Faser um $t_0 = 87{,}5\ °C$ und in der unteren Faser um $t_u = 12{,}5\ °C$ erwärmt, so ergibt sich eine mittlere Temperaturzunahme $t = (t_0 + t_u)/2 = (87{,}5 + 12{,}5)/2 = 50\ °C$, die wir als gleichmäßige Temperaturzunahme bezeichnen (Beispiel 1.20). Den Temperaturunterschied $\Delta t = t_0 - t_u$ bezeichnen wir als Temperaturdifferenz (Beispiel 1.14). Der Rechnungsgang für Beispiel 1.20 weist infolge Symmetrie keine Besonderheiten auf.

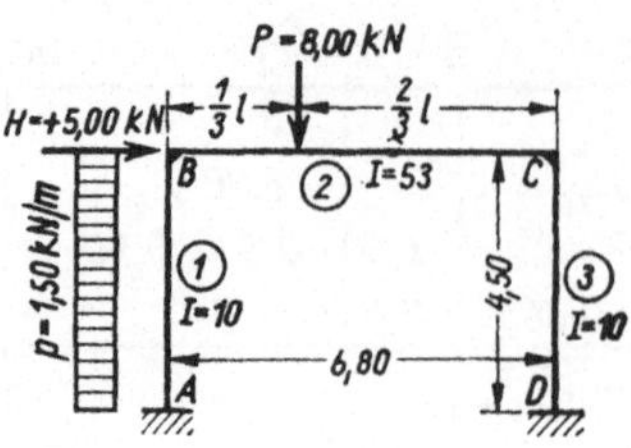

1.82

Beispiel 1.21: Knotenverschiebungen infolge asymmetrischer Vertikallast und Horizontallasten am Rahmen des Beispieles 1.13

Belastungsfälle

1. Hilfsbelastungsfall zur Berücksichtigung der Verschiebung (infolge Symmetrie des Rahmens gleich große Momente $M' = -1{,}00$ kN/m),
2. Vertikallast $P = 8{,}00$ kN,
3. Horizontallast $H = +5{,}00$ kN,
4. Horizontallast $p = 1{,}50$ kN/m.

		A ①	① B	B ②	② C	C ③	③ D
	I	10		53		10	
	l	4,50		6,80		4,50	
	k'	2,22		7,80		2,22	
	v		0,221	0,779	0,779	0,221	
1.	M'	−1,00	−1,00			−1,00	−1,00
		+0,11	+0,22	+0,78	+0,39		
				+0,23	+0,47	+0,14	+0,07
		−0,03	−0,05	−0,18	−0,09		
				+0,03	+0,07	+0,02	+0,01
			−0,01	−0,02			
	M_1	−0,92	−0,84	+0,84	+0,84	−0,84	−0,92
2.	M'			−8,06	+4,03		
		+0,89	+1,78	+6,28	+3,14		
				−2,79	−5,58	−1,59	−0,79
		+0,31	+0,62	+2,17	+1,08		
				−0,42	−0,84	−0,24	−0,12
		+0,04	+0,09	+0,33	+0,16		
				−0,06	−0,12	−0,04	−0,02
			+0,01	+0,05			
	M_0	+1,24	+2,50	−2,50	+1,87	−1,87	−0,93
+0,27	M_1	−0,25	−0,23	+0,23	+0,23	−0,23	−0,25
	M	+0,99	+2,27	−2,27	+2,10	−2,10	−1,18
3. M = +6,41	M_1	−5,89	−5,38	+5,38	+5,38	−5,38	−5,89
4.	M'	−2,53	+2,53				
		−0,28	−0,56	−1,97	−0,98		
				+0,38	+0,76	+0,22	+0,11
		−0,04	−0,08	−0,30	−0,15		
				+0,06	+0,12	+0,03	+0,01
			−0,01	−0,05			
	M_0	−2,85	+1,88	−1,88	−0,25	+0,25	+0,12
+4,16	M_1	−3,82	−3,49	+3,49	+3,49	−3,49	−3,82
	M	−6,67	−1,61	+1,61	+3,24	−3,24	−3,70

1.83

Zu 1:
Summe der Stieldifferenzmomente:

$$\sum \Delta M_1 = (-0{,}92 - 0{,}84) \cdot 2 = -3{,}52 \text{ kNm}.$$

Verschiebungskraft im Riegel:
Zu 2:

$$V_1 = -\sum \frac{\Delta M}{l} = -\frac{-3{,}52}{4{,}50} = +0{,}78 \text{ kN}.$$

$$M_{BC}' = -\frac{4}{27} \cdot 8{,}00 \cdot 6{,}80 = -8{,}06 \text{ kNm},$$

$$M_{CB}' = +\frac{2}{27} \cdot 8{,}00 \cdot 6{,}80 = +4{,}03 \text{ kNm},$$

$$\sum \Delta M_0 = +1{,}24 + 2{,}50 - 1{,}87 - 0{,}93 = +0{,}94 \text{ kNm},$$

$$V_0 = +\sum \frac{\Delta M_0}{l} = +\frac{+0{,}94}{4{,}50} = +0{,}21 \text{ kN}.$$

Proportionalitätsfaktor:

$$c = \frac{V_0}{V_1} = \frac{+0{,}21}{+0{,}78} = +0{,}27.$$

Endgültige Momente:
Zu 3:

$$M = M_0 + cM_1.$$

$$c = \frac{V_0}{V_1} = \frac{+5{,}00}{+0{,}78} = +6{,}41,$$

$$M = cM_1.$$

Zu 4:

$$M_{AB}' = -\frac{1{,}50 \cdot 4{,}50^2}{12} = -2{,}53 \text{ kNm},$$

$$M_{BA}' = +2{,}53 \text{ kNm},$$

$$\sum \Delta M_0 = -2{,}85 + 1{,}88 + 0{,}25 + 0{,}12 = -0{,}60 \text{ kNm},$$

$$V_0 = \frac{pl_1}{2} + \sum \frac{\Delta M}{l}$$

$$= \frac{1{,}50 \cdot 4{,}50}{2} + \frac{-0{,}60}{4{,}50} = +3{,}37 - 0{,}13$$

$$= +3{,}24 \text{ kN},$$

$$c = \frac{V_0}{V_1} = \frac{+3{,}24}{+0{,}78} = +4{,}16,$$

$$M = M_0 + cM_1.$$

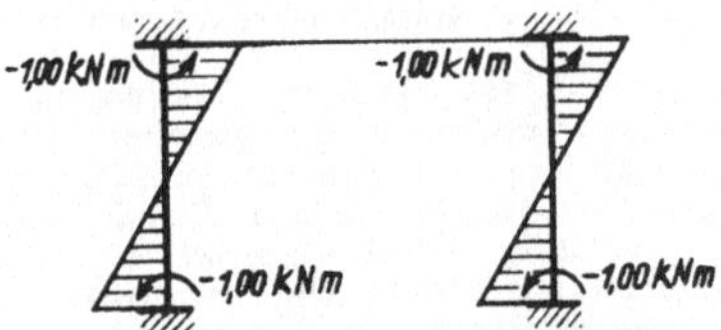

1.84 Stabendmomente für volle Einspannung (M') für Hilfsbelastungsfall. Infolge von gleichem I, l und Einspannungsgrad beider Stiele sind sämtliche Momente M' gleich.
M' wird, da es nur auf Verhältniswerte ankommt, mit −1,00 kNm *angenommen*

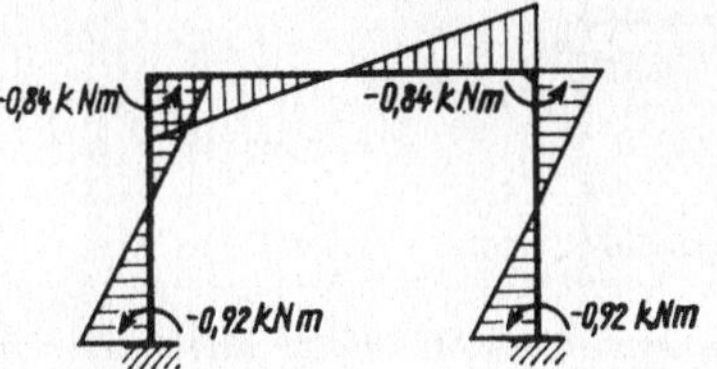

1.85 Momentenfläche des Hilfsbelastungsfalles (Momente M_1)

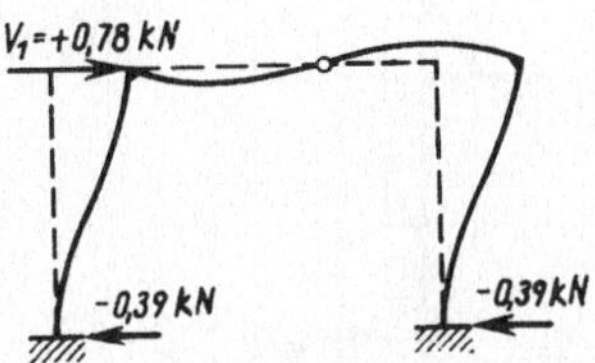

1.86 Biegelinie und Verschiebungskraft V_1 für Momente M_1

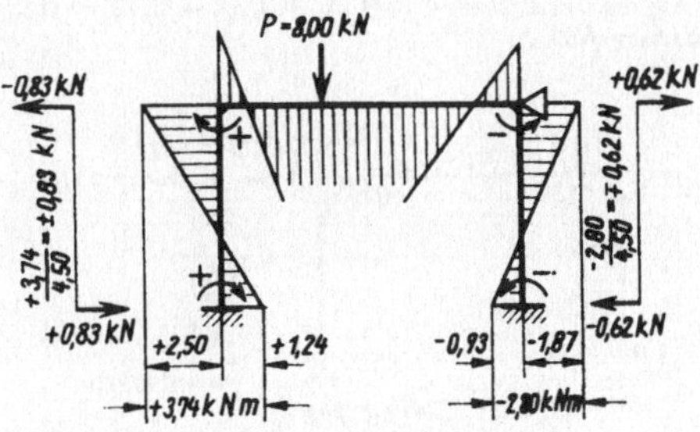

1.87 Momente (M_0) und Querkräfte am unverschieblichen Rahmen für Belastungsfall 2

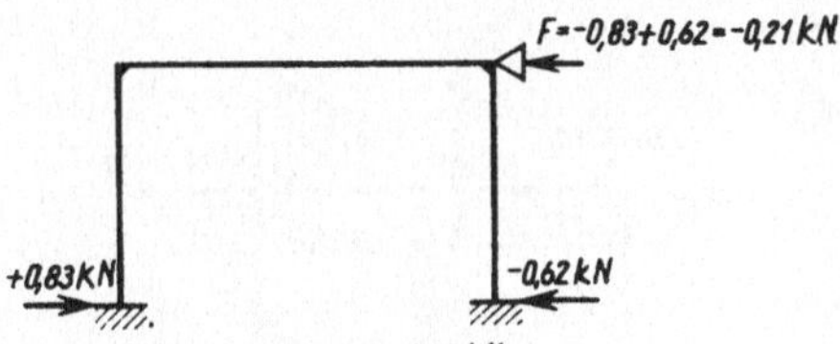

1.88 Auflagerreaktionen (Festhaltekräfte F) am unverschieblichen Rahmen für Belastungsfall 2

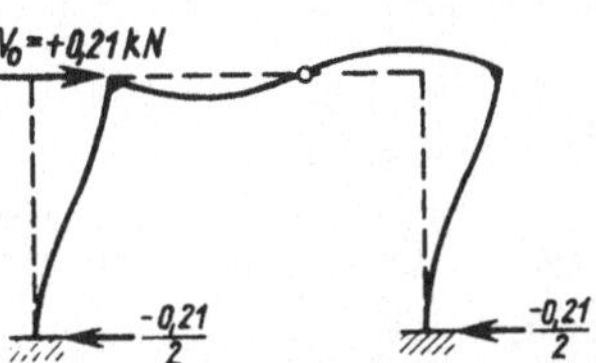

1.89 Knotenverschiebung infolge von Wegfall des festen Lagers bei C und Wirksamkeit der Verschiebungskraft $V_0 = +0{,}21$ kN *des Belastungsfalles 2*

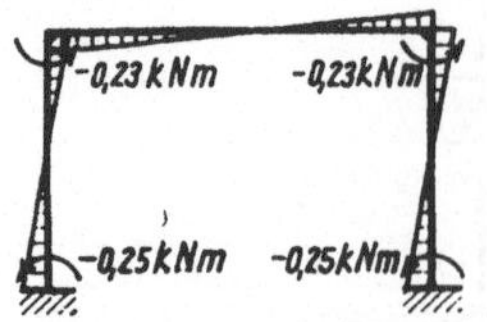

1.90 Zusätzliche Momente cM_1 infolge Knotenverschiebung durch Verschiebungskraft V_0 des Belastungsfalles 2

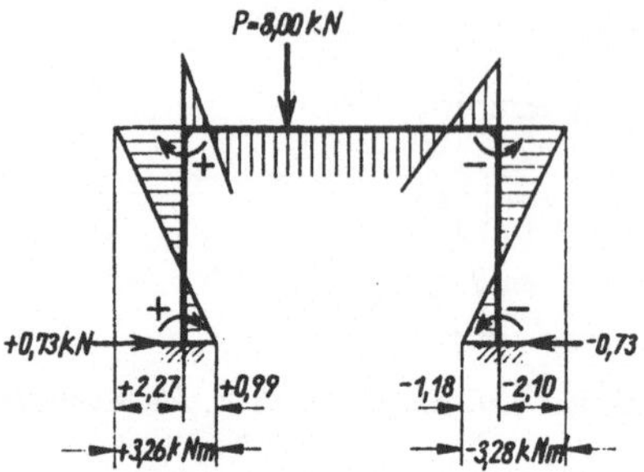

1.91 Endgültige Momentenfläche $M_0 + cM_1$ und horizontale Auflagerreaktionen $\sum H = +0{,}73 - 0{,}73 = 0$ kN für Belastungsfall 2

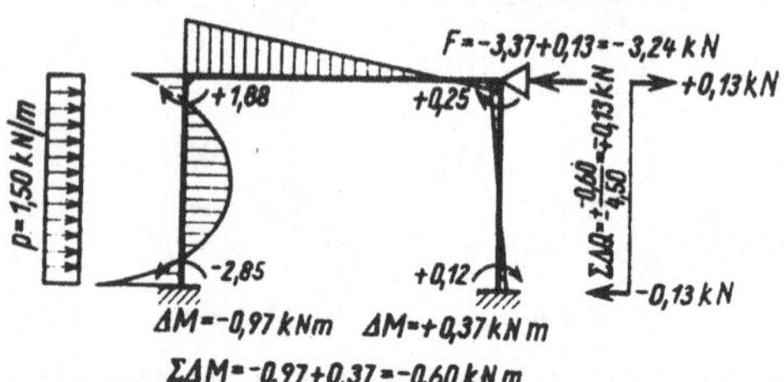

1.92 Momente M_0, Festhaltekraft F und $\sum \Delta Q$ für Belastungsfall 4

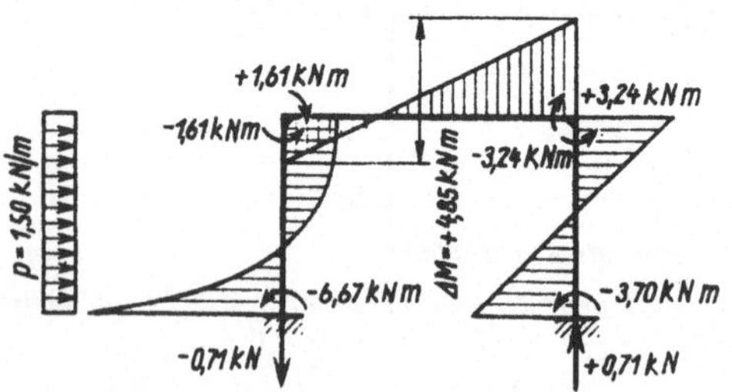

1.93 Endgültige Momentenfläche $M_0 + cM_1$ für Belastungsfall 4

Kontrollrechnungen für Belastungsfall 4:

$$\sum H = +\frac{1{,}50 \cdot 4{,}50}{2} + \frac{-6{,}67 - 1{,}61 - 3{,}70 - 3{,}24}{4{,}50}$$

$$= +3{,}37 - 3{,}37 = 0,$$

am Auflager D:

$$\sum M = +\frac{1{,}50 \cdot 4{,}50^2}{2} - 4{,}85 - 3{,}70 - 6{,}67 = 0.$$

(Das Moment $-4{,}85$ kNm entsteht aus der ↓ gerichteten Auflagerreaktion am Knoten A.

$+1{,}61 + 3{,}24 = +4{,}85$ kNm,

$+ 4{,}85 : 6{,}80 = 0{,}71$ kN,

$-0{,}71 \cdot 6{,}80 = -4{,}85$ kNm).

Erläuterungen zu Beispiel 1.21

a) *Allgemeines zur Berechnung verschieblicher Systeme*

Ist ein Bauwerk durch Decken- und Wandscheiben bzw. andere konstruktive Vorkehrungen (z. B. besondere Portale) ausreichend ausgesteift, so sind die einzelnen Tragsysteme (Binder, Stützen Rahmen usw.) unverschieblich festgehalten, d. h., Knotenverschiebungen können nicht auftreten. Für die Berechnung derartiger Tragwerke gelten die Grundlagen für unverschiebliche Systeme nach Abschn. 1.2., Beispiele 1.1 bis 1.18.
Sind die genannten konstruktiven Aussteifungen nicht vorhanden, so treten unter bestimmten Belastungen Knotenverschiebungen auf, deren Einfluß zu berücksichtigen ist. Dieser Verschiebungseinfluß kann im Vergleich mit den Momenten am unverschieblichen System von sehr unterschiedlicher Größe sein. An symmetrischen Systemen mit symmetrischen Belastungen entstehen z. B. keine Knotenverschiebungen. Bei mehrstieligen Stockwerkrahmen mit vertikalen Belastungen ist der Einfluß horizontaler Knotenverschiebungen in der Regel gering und kann vernachlässigt werden. An zweistieligen Rahmen dagegen wirkt sich dieser Einfluß stärker aus und kann für die Bemessung von Bedeutung sein. Horizontale Belastungen (z. B. aus Wind, Erddruck, Bremskräften usw.) erzeugen in der Regel wesentliche Zusatzmomente. Entscheidend dafür, ob eine genaue Berechnung des Einflusses von Knotenverschiebungen notwendig ist, wird der prozentuale Anteil der Verschiebungsmomente am Gesamtmomentenbild aus den übrigen Belastungen. Liegen z. B. die Momente aus sämtlichen gleichzeitig wirkenden Belastungen ohne Berücksichtigung des Verschiebungseinflusses in der Größenordnung ≈100 kNm und würde der Einfluß von Windbelastungen bzw. anderen Verschiebungskräften ≈5,00 kNm betragen, so kann auf einen genauen Nachweis dieser Momente verzichtet werden.
Es ist nicht erforderlich, langwierige statische Berechnungen zur Ermittlung der Einflüsse von Knotenverschiebungen aufzustellen, wenn von vornherein erkennbar ist, daß jene Einflüsse gering sind.

b) *Spezielles zur Berechnung einfach verschieblicher Systeme*

Die Momente für verschiebliche Systeme werden beim *Cross-Verfahren* für zwei Zustände getrennt ermittelt:

1. Es wird angenommen, daß sämtliche Knotenpunkte des Systems gegen Verschiebungen gesichert sind. Um dies zu gewährleisten, müßte am einfach verschieblichen System ein künstliches Lager angebracht werden, das jeder Verschiebungskraft (Druck bzw. Zug) Widerstand leistet. Die am Hilfslager drückenden bzw. ziehenden Kräfte, d. h. die an diesem Lager angreifenden Kräfte, bezeichnen wir als Verschiebungskräfte V_0. Diejenigen Kräfte, die das Hilfslager aufbringen muß, um eine Verschiebung zu verhindern, sind Auflagerreaktionen, die wir als Festhaltekräfte F bezeichnen. Verschiebungskräfte sind den Festhaltekräften entgegengerichtet. Aus den

für das unverschiebliche System errechneten Momenten M_0 lassen sich die Verschiebungskräfte (V_0) bzw. Festhaltekräfte (F) leicht errechnen.

2. Das Tragwerk ist verschieblich und wird mit den aus Absatz 1 errechneten Verschiebungskräften belastet. Nach Wegnahme des künstlichen festen Lagers (Hilfslager) erzwingen die Verschiebungskräfte (als Aktionskräfte) Knotenverschiebungen am Rahmen und erzeugen damit zusätzliche Momente, sog. Verschiebungsmomente. Diese lassen sich nicht unmittelbar bestimmen. Es ist hierzu ein Hilfsbelastungsfall erforderlich. Der Rahmen wird um ein beliebiges Maß δ verschoben, und die hieraus entstehenden Momente werden ermittelt. Aus diesen Momenten läßt sich dann diejenige Kraft bestimmen, die jene Verschiebung δ erzwingt. Diese aus dem Hilfsbelastungsfall gewonnene Verschiebungskraft wird mit V_1 bezeichnet. Nachdem nun V_1 mit der zugehörigen Momentenfläche und V_0 bekannt sind, können durch einfache Proportion die gesuchten Verschiebungsmomente errechnet werden.
Am Schluß der Berechnung werden die Momente am unverschieblichen System (M_0) mit den Verschiebungsmomenten überlagert und ergeben die endgültigen Momente am verschieblichen Rahmen.
Die für die Berechnung einfach verschieblicher Rahmen gültigen Grundlagen sind in 1.7.9. zusammengestellt und erläutert. Mit den Bildern *1.84* bis *1.93* wurde der Berechnungsgang in seinen Einzelabschnitten dargestellt.

Beispiel 1.22: Asymmetrischer, zweistieliger, einfach verschieblicher Rahmen

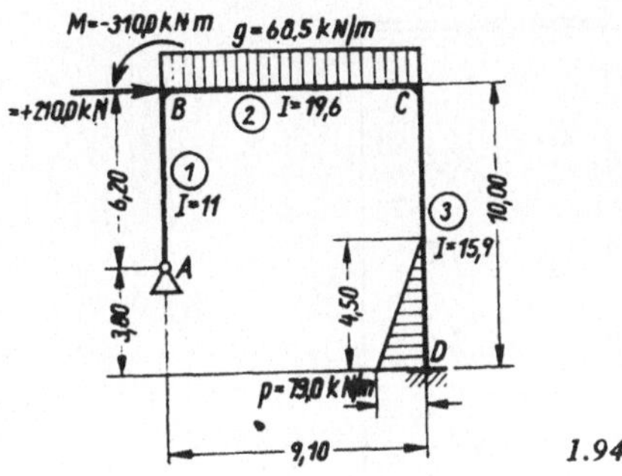

1.94

Belastungsfälle:

1. Hilfsbelastungsfall für Berücksichtigung der Verschiebung,
2. Horizontallast in Riegelhöhe: $H = +210{,}0$ kN,
3. Gleichlast $g = 68{,}5$ kN/m auf dem Riegel ②,
4. Äußeres Moment $M = -310{,}0$ kNm am Knoten B,
5. Dreieckslast aus Erddruck auf dem Stiel ③ $p = 79{,}0$ kN/m,
6. Gleichmäßige Temperaturzunahme im Riegel ②, $t = +30$ °C.

Zu 1:
Momente für volle Einspannung infolge Verschiebung des Riegels ② nach rechts um $\delta = 1$ (ohne Dimension).

$$M_{BA}' = -\frac{3I_1}{l_1^2} = -\frac{3 \cdot 11}{6{,}20^2} = -0{,}858,$$

$$M_{DC}' = M_{CD}' = -\frac{6I_3}{l_3^2} = -\frac{6 \cdot 15{,}9}{10{,}0^2} = -0{,}954.$$

Verschiebungskraft im Riegel:

$$V_1 = -\frac{-0{,}613}{6{,}20} - \frac{-0{,}633 - 0{,}794}{10{,}00} = +0{,}242.$$

Zu 2:

$$c = \frac{V_0}{V_1} = \frac{+210{,}0}{+0{,}242} = +868, \quad M = cM_1.$$

Zu 3:

$$M_{BC}' = -\frac{68{,}5 \cdot 9{,}10^2}{12} = -473{,}0 \text{ kNm},$$

$$M_{CB}' = +473{,}0 \text{ kNm},$$

$$V_0 = +\frac{255{,}5}{6{,}20} + \frac{-288{,}7 - 144{,}3}{10{,}00}$$
$$= +41{,}2 - 43{,}3 = -2{,}1 \text{ kN},$$

$$c = \frac{V_0}{V_1} = \frac{-2{,}1}{+0{,}242} = -8{,}68, \quad M = M^0 + cM_1$$

Zu 4:

$$V_0 = +\frac{-129{,}6}{6{,}20} + \frac{+44{,}7 + 22{,}3}{10{,}00}$$
$$= -20{,}9 + 6{,}7 = -14{,}2 \text{ kN}.$$

$$c = \frac{V_0}{V_1} = \frac{-14{,}2}{+0{,}242} = -58{,}7, \quad M = M_0 + cM_1.$$

Zu 5:

$$M_{DC}' = -\frac{79{,}0 \cdot 4{,}50^2}{60 \cdot 10{,}00^2}(10 \cdot 10{,}00^2$$
$$- 10 \cdot 4{,}50 \cdot 10{,}00 + 3 \cdot 4{,}50^2)$$
$$= -0{,}2665(1000 - 450 + 61) = -162{,}8 \text{ kNm}$$

bzw. nach Tafel 5

$$\text{für } \frac{a}{l} = \frac{4{,}50}{10{,}00} = 0{,}45$$

$$M_{DC}' = -0{,}0206 \cdot 79{,}0 \cdot 10{,}00^2 = -162{,}8 \text{ kNm},$$

$$M_{CD}' = +\frac{79{,}0 \cdot 4{,}50^3}{60 \cdot 10{,}00^2}(5 \cdot 10{,}00 - 3 \cdot 4{,}50),$$
$$= +1{,}2(50{,}00 - 13{,}50) = +43{,}8 \text{ kNm}$$

bzw. $M_{CD}' = +0{,}0055 \cdot 79{,}0 \cdot 10{,}00^2 = +43{,}5$ kNm,

$$V_0 = +\frac{79{,}0 \cdot 4{,}50}{2}\,\frac{1{,}50}{10{,}00} + \frac{+5{,}2}{6{,}20}$$
$$+ \frac{23{,}4 - 172{,}9}{10{,}00}$$
$$= +26{,}7 + 0{,}8 - 15{,}0 = +12{,}5 \text{ kN},$$

$$c = \frac{V_0}{V_1} = \frac{+12{,}5}{+0{,}242} = +51{,}7, \quad M = M_0 + cM_1.$$

	A	①	B		②	C	③	D
I		11,00			19,60		15,90	
l		6,20			9,10		10,00	
k'		1,77 · 0,75 = 1,33			2,15		1,59	
ν		0,382	0,618		0,575	0,425		
1. M'		−0,858				−0,954	−0,954	
		+0,328	+0,530		+0,265			
			+0,198		+0,396	+0,293	+0,146	
		−0,076	−0,122		−0,061			
			+0,017		+0,035	+0,026	+0,013	
		−0,007	−0,010		−0,005			
					+0,003	+0,002	+0,001	
M_1		−0,613	+0,613		+0,633	−0,633	−0,794	
2. $M = 868 M_1$		−532,0	+532,0		+549,0	−549,0	−689,0	
3. M'			−473,0		+473,0			
		+181,0	+292,0		+146,0			
			−178,0		−356,0	−263,0	−131,5	
		+68,0	+110,0		+55,0			
			−15,8		−31,6	−23,4	−11,7	
		+6,0	+9,8		+4,9			
			−1,4		−2,8	−2,1	−1,0	
		+0,5	+0,9		+0,4			
					−0,2	−0,2	−0,1	
M_0		+255,5	−255,5		+288,7	−288,7	−144,3	
$-8{,}68\,M_1$		+5,3	−5,3		−5,5	+5,5	+6,9	
M		+260,8	−260,8		+283,2	−283,2	−137,4	
4.			(+310,0)					
		−118,0	−192,0		−96,0			
			+27,6		+55,2	+40,8	+20,4	
		−10,6	−17,0		−8,5			
			+2,4		+4,9	+3,6	+1,8	
		−0,9	−1,5		−0,7			
			+0,2		+0,4	+0,3	+0,1	
		−0,1	−0,1					
M_0		−129,6	−180,4		−44,7	+44,7	+22,3	
$-58{,}7\,M_1$		+36,0	−36,0		−37,2	+37,2	+46,6	
M		−93,6	−216,4		−81,9	+81,9	+68,9	

1.95a

Zu 6:

$I_1 = 1100\ \text{dm}^4 = 0{,}11\ \text{m}^4$,

für Stahlbeton z. B.:

$E = 30000\ \text{N/mm}^2 = 30000000\ \text{kN/m}^2$,

$I_3 = 1590\ \text{dm}^4 = 0{,}159\ \text{m}^4$,

$t = 30\ °\text{C}$, $\delta = 0{,}00001 \cdot 30 \cdot 910 = 0{,}273\ \text{cm}$
$= 0{,}00273\ \text{m}$.

Diese Längenänderung wird als Knotenverschiebung am Knoten B angenommen.

$$M_{BA}' = + \frac{3 \cdot 30000000 \cdot 0{,}11 \cdot 0{,}00273}{6{,}20^2} = 703\ \text{kNm},$$

$$V_0 = + \frac{408}{6{,}20} + \frac{100 + 50}{10{,}0} = +65{,}8 + 15{,}0 = +80{,}8\ \text{kN},$$

$$c = \frac{V_0}{V_1} = \frac{+80{,}8}{+0{,}242} = 334, \quad M = M_0 + cM_1.$$

v	0,382	0,618	0,575	0,425	
5. M'				+43,8	−162,8
		−12,6	−25,2	−18,6	− 9,3
	+ 4,8	+ 7,8	+ 3,9		
		− 1,1	− 2,2	− 1,7	− 0,8
	+ 0,4	+ 0,7	+ 0,3		
			− 0,2	− 0,1	
M_0	+ 5,2	− 5,2	−23,4	+23,4	−172,9
$+51{,}7\ M_1$	−31,7	+31,7	+32,7	−32,7	− 41,1
M	−26,5	+26,5	+ 9,3	− 9,3	−214,0
6. M'	+703				
	−269	−434	−217		
		+ 62	+125	+ 92	+ 46
	− 24	− 38	− 19		
		+ 5	+ 11	+ 8	+ 4
	− 2	− 3			
M_0	+408	−408	−100	+100	+ 50
$+334\ M_1$	−205	+205	+212	−212	−265
M	+203	−203	+112	−112	−215

1.95b

Kontrollrechnungen:

Für Belastungsfall 2 (*1.96*)

$$\sum H = +210{,}0 + \frac{-532{,}0}{6{,}20} + \frac{-549{,}0 - 689{,}0}{10{,}00}$$

$$= +210{,}0 - 85{,}8 - 123{,}8 = +0{,}4 \approx 0,$$

für Belastungsfall 3 (*1.97*)

$$\sum H = + \frac{+260{,}8}{6{,}20} + \frac{-283{,}2 - 137{,}4}{10{,}00}$$

$$= +42{,}1 - 42{,}1 = 0,$$

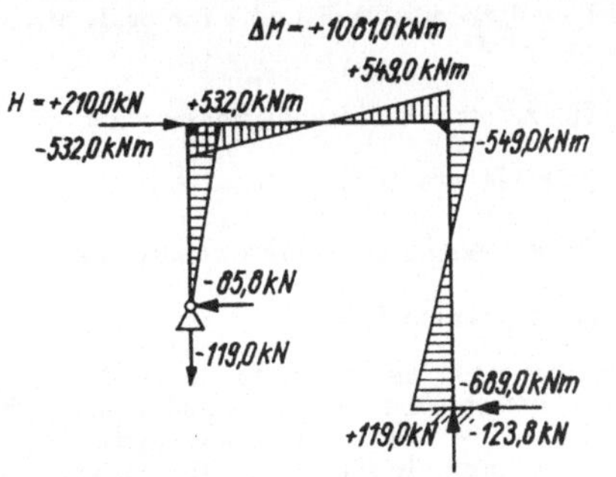

1.96 Momentenfläche und Auflagerreaktionen für Belastungsfall 2

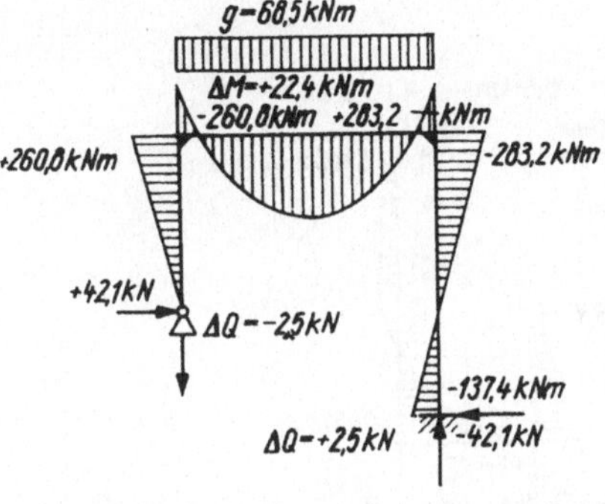

1.97 Momentenfläche und Auflagerreaktionen für Belastungsfall 3

am Knoten D:

$$\sum M = +210{,}0 \cdot 10{,}00 - 1081{,}0 - 85{,}8 \cdot 3{,}80 - 689{,}0$$

$$= +210{,}0 - 1081 - 326 - 689$$

$$= +4 \approx 0,$$

am Knoten D:

$$\sum M = -22{,}4 + 42{,}1 \cdot 3{,}80 - 137{,}4$$

$$= -159{,}8 + 159{,}8 = 0,$$

für Belastungsfall 4 (*1.98*)

$$\sum H = + \frac{-93{,}6}{6{,}20} + \frac{81{,}9 + 68{,}9}{10{,}00}$$
$$= -15{,}1 + 15{,}1 = 0,$$

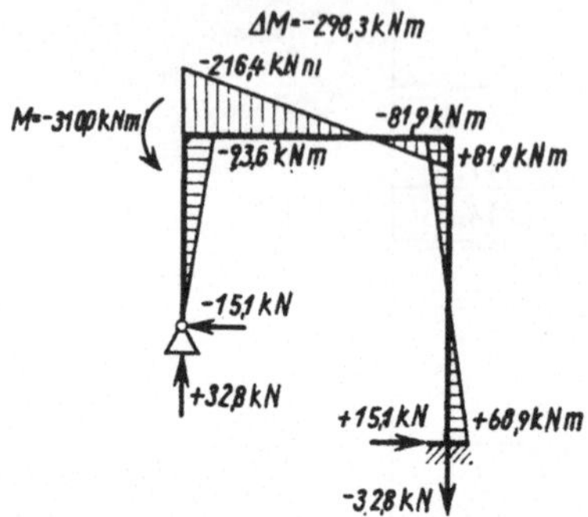

1.98 Momentenfläche und Auflagerreaktionen für Belastungsfall 4

am Knoten D:

$$\sum M = -310{,}0 + 298{,}3 - 15{,}1 \cdot 3{,}80 + 68{,}9$$
$$= -367{,}3 + 367{,}2 \approx 0,$$

für Belastungsfall 5 (*1.99*)

$$\sum H = + \frac{-26{,}5}{6{,}20} + \frac{-9{,}3 - 214{,}0}{10{,}00} + \frac{79{,}0 \cdot 4{,}50}{2} \frac{1{,}50}{10{,}00}$$
$$= -4{,}3 - 22{,}3 + 26{,}6 = 0,$$

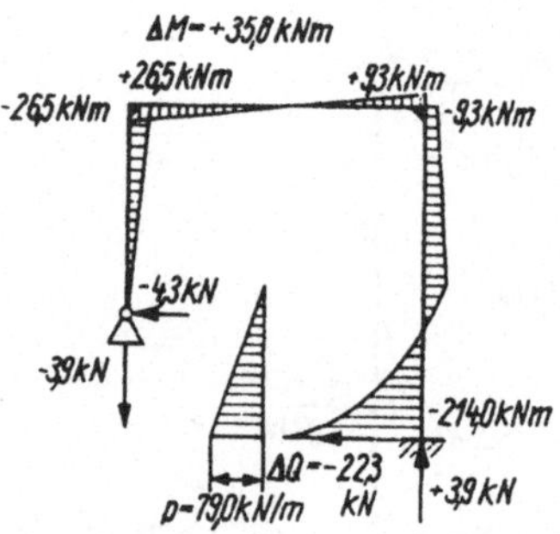

1.99 Momentenfläche und Auflagerreaktionen für Belastungsfall 5

am Knoten D:

$$\sum M = -35{,}8 - 4{,}3 \cdot 3{,}80 - 214.0 + \frac{79{,}0 \cdot 4{,}50}{2}\, 1{,}50$$
$$= -266{,}1 + 266{,}0 \approx 0,$$

für Belastungsfall 6 (*1.100*)

$$\sum H = \frac{203}{6{,}20} + \frac{-112 - 215}{10{,}00}$$
$$= +32{,}7 - 32{,}7 = 0,$$

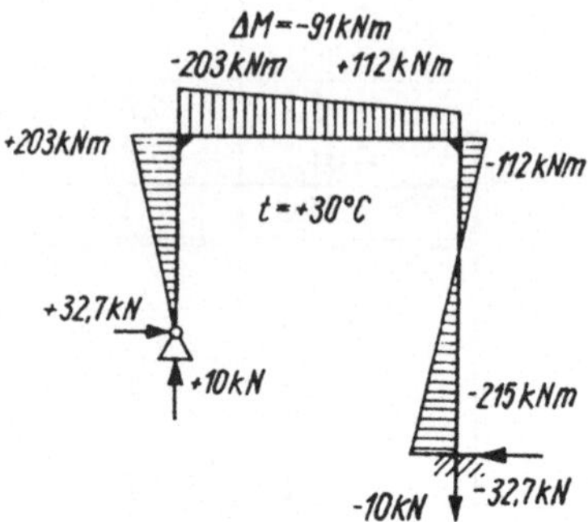

1.100 Momentenfläche und Auflagerreaktionen für Belastungsfall 6

am Knoten D:

$$\sum M = +91 + 32{,}7 \cdot 3{,}80 - 215$$
$$= +215 - 215 = 0.$$

Erläuterungen zu Beispiel 1.22:

Der Rahmen des Beispieles 1.22 ist einfach verschieblich. Ein Hilfslager, z. B. am Knoten C, würde den Rahmen unverschieblich machen. Zur Berücksichtigung des Einflusses der Knotenverschiebungen ist deshalb ein Hilfsbelastungsfall erforderlich. Für Knotenverschiebungen bei B und C nach rechts (je $\delta = 1$) sind zur Errechnung der Momente für volle Einspannung die Formeln 33 und 54 der Tafel 1 maßgebend. Da E und δ für beide Stiele gleich groß sind, wird:

$M' = \frac{3I}{l^2}$, für Knotenverschiebung am einseitig gelenkig gelagerten Stab.

$M' = \frac{6I}{l^2}$; für Knotenverschiebung am zweiseitig eingespannten Stab.

Es kommt hierbei nicht auf die absolute Größe bzw. Dimension der errechneten Werte, sondern lediglich auf Verhältnisse an. Würden z. B. beide Stiele eingespannt sein, so könnten die Faktoren 6 infolge Gleichheit weggelassen werden. Die Verhältniswerte der Momente sind dann $M' = I/l^2$. Sind nun, wie für Beispiel 1.21, die Trägheitsmomente und Stielhöhen beider Stiele von gleicher Größe, so ergeben sich vier gleich große Momente M'. Da es nur auf Verhältniswerte ankam, wurden deshalb im Beispiel 1.21 die Momente M' mit $-1{,}00$ kNm angenommen.
Nachdem die Momente M' des Hilfsbelastungsfalles ausgeglichen und die Einzelwerte addiert sind, ist das Momentenbild für die Verschiebung $\delta = 1$ bekannt, und es läßt sich die Verschiebungskraft $V_1 = -\Delta M_1/h_1$

$-\Delta M_3/h_3$ errechnen. Für eine nach rechts gerichtete Verschiebung muß die Verschiebungskraft positiv sein.
Die Momente des Belastungsfalles 2 ($H = +210{,}0$ kN) lassen sich mit Hilfe des Proportionalitätsfaktors ($c = V^0/V_1$) unmittelbar errechnen ($M = cM_1$).
Die endgültigen Momente der Belastungsfälle 3 bis 6 ergeben sich aus den Anteilen M_0 (Momente am unverschieblichen System) und den Berichtigungsanteilen cM_1 (Momentenanteile infolge freier Wirksamkeit der Verschiebungskräfte V_0).
Das äußere (angreifende) Moment $-310{,}0$ kNm des Belastungsfalles 4 kann man sich an einem Kragarm wirkend vorstellen. Das Kragmoment $-310{,}0$ kNm erzeugt am Kragende ein Stabendmoment $+310{,}0$ kNm, das mit den Stabendmomenten der Stäbe ① und ② im Gleichgewicht sein muß ($\sum M = 0$).
Die Verschiebungskraft V_0 für Belastungsfall 5 (Dreieckslast auf Stiel ③ ergibt sich aus der Auflagerkraft des als gelenkig angenommenen Stabes ③ $[+(79{,}0 \cdot 4{,}50/2) \times (1{,}50/10{,}00) = +26{,}7 \text{ kN}]$ und den Anteilen aus den Differenzmomenten beider Stiele $[+5{,}2/6{,}20 + (23{,}4 - 172{,}9)/10{,}00 = +0{,}8 - 15{,}0 = -14{,}2 \text{ kN}]$.
Belastungsfall 6 behandelt eine gleichmäßige Temperaturzunahme $t = +30$ °C im Riegel ②. Die gesamte Längenänderung ($\delta = \alpha_t t l$) des Riegels wurde willkürlich als Knotenverschiebung bei B angenommen und hierfür das Moment $M_{BA} = +703$ kNm errechnet. Wird die Längenänderung δ in voller Größe als Knotenverschiebung bei C angenommen, so ergeben sich zwar andere Momente M_0, die endgültigen Momente würden jedoch mit der ersten Lösung übereinstimmen. Die Verschiebungskraft V_0 berichtigt die willkürliche Annahme der Verschiebung und bringt damit das System ins Gleichgewicht. Die Längenänderung δ wird sich nicht, wie als Extremfall angenommen wurde, in voller Größe nach links bzw. nach rechts in Form einer Knotenverschiebung auswirken, sondern jeder Stiel beteiligt sich anteilig entsprechend seinem Verschiebungswiderstand an dieser Verformungsarbeit. Ist nun der sog. Verschiebungsnullpunkt bekannt, d. h. der Punkt im Riegel, von dem aus die Verschiebungen nach rechts und links beginnen (im Beispiel 1.20 infolge Symmetrie die Riegelmitte Punkt m), so erübrigt sich eine nachträgliche Berichtigung durch die Verschiebungskraft, d. h., von vornherein ist $\sum V_0 = 0$.
Mit Hilfe der Kontrollrechnungen $\sum H = 0$ und $\sum M = 0$ wurde die Richtigkeit der errechneten Momente überprüft. Die belastenden Kräfte und Momente müssen mit den Reaktionskräften und Momenten an den Auflagern A und D im Gleichgewicht sein. Die Kontrolle $\sum P = 0$ ergibt sich hierbei zwangsläufig.

Beispiel 1.23: Temperaturdehnung im Riegel eines mehrstieligen asymmetrischen Rahmens

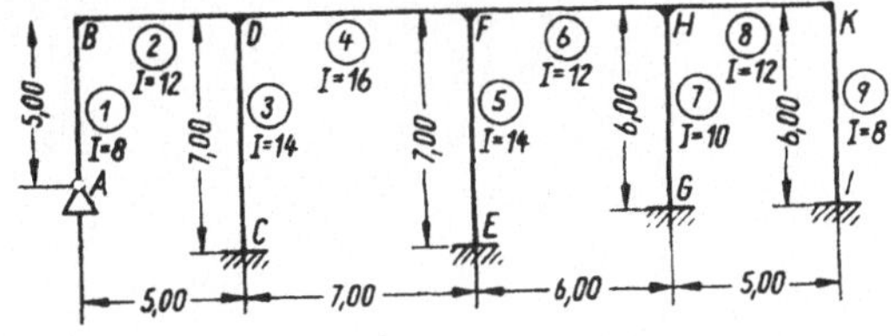

1.101

Gleichmäßige Temperaturzunahme im Riegel von $t = +20$ °C.

Für Stahlbeton z. B.:
$E = 30000$ N/mm² $= 30000000$ kN/m², $\alpha_t = 0{,}00001$.

$I_1 = I_9 = 0{,}08$ m⁴, $I_2 = I_6 = I_8 = 0{,}12$ m⁴,
$I_3 = I_5 = 0{,}14$ m⁴, $I_4 = 0{,}16$ m⁴, $I_7 = 0{,}10$ m⁴.

1. *Hilfsbelastungsfall zur Berücksichtigung der Verschiebung*

Momente M' infolge Verschiebung des Riegels nach rechts um $\delta = +1$ (ohne Dimension):

$$M_{BA}' = -\frac{3I_1}{l_1^2} = -\frac{3 \cdot 8}{5^2} = -0{,}960,$$

$$M_{CD}' = M_{DC}' = M_{EF}' = M_{FE}' = -\frac{6I_3}{l_3^2} = -\frac{6 \cdot 14}{7^2} = -1{,}715,$$

$$M_{GH}' = M_{HG}' = -\frac{6 \cdot 10}{6^2} = -1{,}665,$$

$$M_{IK}' = M_{KI}' = -\frac{6 \cdot 8}{6^2} = -1{,}333.$$

2. $t = +20$ °C *im Riegel*

Als Nullpunkt der Riegeldehnung wird der Knoten F angenommen.

$\delta = \alpha_t t l$, $\delta_D = -0{,}00001 \cdot 20 \cdot 7{,}00 = -0{,}0014$ m,
$\delta_B = -0{,}00001 \cdot 20 \cdot 12{,}00 = -0{,}0024$ m.
$\delta_F = 0{,}00$, $\delta_H = +0{,}00001 \cdot 20 \cdot 6{,}00 = +0{,}0012$ m,
$\delta_K = +0{,}00001 \cdot 20 \cdot 11{,}00 = +0{,}0022$ m.

$$M_{BA}' = +\frac{3 \cdot 30000000 \cdot 0{,}08 \cdot 0{,}0024}{5{,}00^2} = +692 \text{ kNm},$$

$$M_{CD}' = M_{DC}' = +\frac{6 \cdot 30000000 \cdot 0{,}14 \cdot 0{,}0014}{7{,}00^2} = +720 \text{ kNm},$$

$$M_{GH}' = M_{HG}' = -\frac{6 \cdot 30000000 \cdot 0{,}10 \cdot 0{,}0012}{6{,}00^2} = -600 \text{ kNm},$$

$$M_{IK}' = M_{KI}' = -\frac{6 \cdot 30000000 \cdot 0{,}08 \cdot 0{,}0022}{6{,}00^2} = -880 \text{ kNm},$$

$$M_{EF}' = M_{FE}' = 0.$$

$$V_0 = \frac{493}{5{,}00} + \frac{564 + 642 + 11 + 5}{7{,}00} + \frac{-509 - 555 - 589 - 734}{6{,}00}$$
$$= 98{,}6 + 174{,}6 - 397{,}8 = -124{,}6 \text{ kN},$$

$$c = \frac{V_0}{V_1} = \frac{-124{,}6}{+1{,}777} = -70{,}12, \quad M = M_0 + cM_1.$$

Kontrollrechnung:

$$\sum H = +\frac{543}{5{,}00} + \frac{658 + 749 + 102 + 111}{7{,}00} + \frac{-413 - 449 - 524 - 654}{6{,}00}$$
$$= +108{,}6 + 231{,}4 - 340{,}0 = 0,$$

	A–B	B	D	D	D	F	F	F	H	H	H	K	K	J	C	E	G
	1	2		3	4		5	6		7	8		9		3	5	7
I	8	12		14	16		14	12		10	12		8				
l	5,00	5,00		7,00	7,00		7,00	6,00		6,00	5,00		6,00				
k	1,60 · 0,75 = 1,20	2,40		2,00	2,29		2,00	2,00		1,67	2,40		1,33				
v	0,333	0,667	0,359	0,299	0,342	0,364	0,318	0,318	0,330	0,275	0,395	0,643	0,357				
1. M	− 0,960			− 1,715			− 1,715			− 1,665			− 1,333	− 1,333	− 1,715	− 1,715	− 1,665
		+ 0,307	+ 0,615	+ 0,514	+ 0,586	+ 0,293		+ 0,275	+ 0,550	+ 0,458	+ 0,657	+ 0,328			+ 0,257		+ 0,229
	+ 0,218	+ 0,435	+ 0,217		+ 0,208	+ 0,417	+ 0,365	+ 0,365	+ 0,183		+ 0,323	+ 0,646	+ 0,359	+ 0,179		+ 0,183	
		− 0,076	− 0,153	− 0,127	− 0,145	− 0,072		− 0,083	− 0,167	− 0,139	− 0,200	− 0,100			− 0,063		− 0,069
	+ 0,025	+ 0,051	+ 0,025		+ 0,028	+ 0,057	+ 0,049	+ 0,049	+ 0,024		+ 0,032	+ 0,064	+ 0,036	+ 0,018		+ 0,024	
		− 0,009	− 0,019	− 0,016	− 0,018	− 0,009		− 0,009	− 0,018	− 0,016	− 0,022	− 0,011			− 0,008		− 0,008
	+ 0,003	+ 0,006	+ 0,003		+ 0,003	+ 0,006	+ 0,006	+ 0,006	+ 0,003		+ 0,003	+ 0,007	+ 0,004	+ 0,002		+ 0,003	
			− 0,002	− 0,002	− 0,002				− 0,002	− 0,002	− 0,002				− 0,001		− 0,001
M_1	− 0,714	+ 0,714	+ 0,686	− 1,346	+ 0,660	+ 0,692	− 1,295	+ 0,603	+ 0,573	− 1,364	+ 0,791	+ 0,934	− 0,934	− 1,134	− 1,530	− 1,505	− 1,514

1.102

$$V_1 = -\frac{-0{,}714}{5{,}00} - \frac{-1{,}346 - 1{,}530 - 1{,}295 - 1{,}505}{7{,}00} - \frac{-1{,}364 - 1{,}514 - 0{,}934 - 1{,}134}{6{,}00}$$
$$= +0{,}143 + 0{,}810 + 0{,}824 = +1{,}777$$

2.

	A–B	B	D	D	D	F	F	F	H	H	H	K	K	I	C	E	G
	1	2		3	4		5	6		7	8		9		3	5	7
v	0,333	0,667	0,359	0,299	0,342	0,364	0,318	0,318	0,330	0,275	0,395	0,643	0,357				
M'	+692			+720						−600			−880	−880	+720		−600
	−230	−462	−231								+283	+566	+314	+157			
		− 88	−176	−146	−167	− 83		+52	+105	+ 87	+125	+ 62			− 73		+ 43
	+ 29	+ 59	+ 29		+ 5	+ 11	+ 10	+10	+ 5		− 20	− 40	− 22	− 11		+ 5	
		− 6	− 12	− 10	− 12	− 6		+ 3	+ 5	+ 4	+ 6	+ 3			− 5		+ 2
	+ 2	+ 4				+ 1	+ 1	+ 1				− 2	− 1				
	+493	−493	−390	+564	−174	− 77	+ 11	+66	+115	−509	+394	+589	−589	−734	+642	+ 5	−555
70,12·M_1	+ 50	− 50	− 48	+ 94	− 46	− 49	+ 91	−42	− 40	+ 96	− 56	− 65	+ 65	+ 80	+107	+106	+106
M	+543	−543	−438	+658	−220	−126	+102	+24	+ 75	−413	+338	+524	−524	−654	+749	+111	−449

1.103

$$\begin{aligned}\sum M &= 749 + 111 - 449 - 654 + 108{,}6 \cdot 1{,}00\\ &\quad - (201 + 30{,}4) \cdot 1{,}00\\ &\quad + 196{,}2 \cdot 23{,}00 + (-196{,}2 + 49{,}4) \cdot 18{,}00\\ &\quad + (-49{,}2 - 16{,}5) \cdot 11{,}00 + (16{,}5 - 172{,}4) \cdot 5{,}00\\ &= 749 + 111 - 449 - 654 + 108{,}6 - 231{,}4\\ &\quad + 4512{,}6 - 2642{,}4 - 724{,}9 - 779{,}5\\ &= 5481{,}2 - 5481{,}2 = 0.\end{aligned}$$

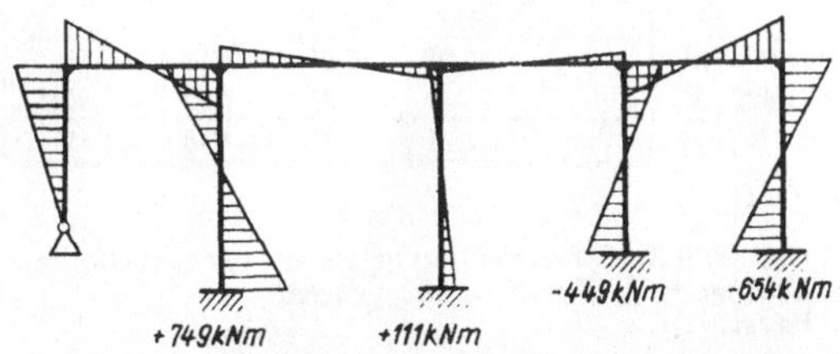

1.104 Momentenfläche für gleichmäßige Temperaturzunahme im Riegel von t = +20 °C

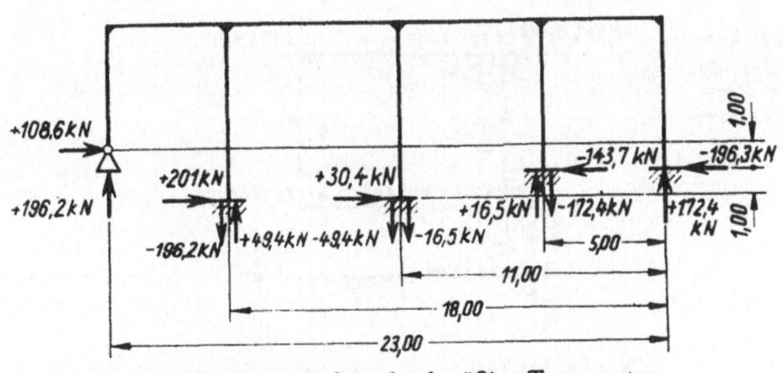

1.105 Auflagerreaktionen für gleichmäßige Temperaturzunahme im Riegel von t = +20 °C

Erläuterungen zu Beispiel 1.23

Für Beispiel 1.23 gelten sinngemäß die Erläuterungen zu Beispiel 1.22 Belastungsfall 1 und 6. Der Nullpunkt für die Temperaturdehnung kann willkürlich angenommen werden. Für diesen Fall ist jedoch eine nachträgliche Berichtigung der Momente erforderlich. Diese Berichtigung erfolgt mit den Momenten cM_1, d. h. dem Einfluß der Verschiebungskraft. Aus praktischen Gründen (Verringerung der Fehlerempfindlichkeit) ist es zweckmäßig, den Nullpunkt für die Temperaturdehnung möglichst in der Nähe der Systemmitte anzunehmen. Diese Schätzung kommt der wirklichen Lage nahe, so daß nur eine relativ geringfügige Berichtigung cM_1 erforderlich wird.

Beispiel 1.24: Geschlossener zweifach symmetrischer Rahmen

Vorbemerkungen

Zu den Teilbelastungen P, H und p (*1.106*) gehören noch die entsprechenden Bodenpressungen, die anschließend für jeden Belastungsfall einzeln errechnet werden. Diese Zug- bzw. Druckspannungen ($\pm p$) in der Bodenfuge haben zur Voraussetzung, daß aus anderen gleichzeitig wirkenden Belastungen eine ausreichende Druckspannung vorhanden ist, so daß sämtliche Zugspannungen von Druckspannungen überlagert sind. Im Gegensatz zu den übrigen Beispielen wird das etwas schwierigere Beispiel 1.24 schon während des Rechnungsganges ausführlich erläutert.

Belastungsfälle:

1. Hilfsbelastungsfall zur Berücksichtigung der Verschiebung (*1.107*). Infolge zweifacher Symmetrie des Systems sind sämtliche Stabendmomente von gleicher Größe. Sie betragen für $V_1 = +1{,}00$ kN/m als Verschiebungskraft:

$$M_1 = \pm 1{,}00 \cdot \frac{3{,}20}{4} = \pm 0{,}80 \text{ kNm/m}.$$

Der Einfluß einer beliebigen Verschiebungskraft kann damit einfach errechnet werden.

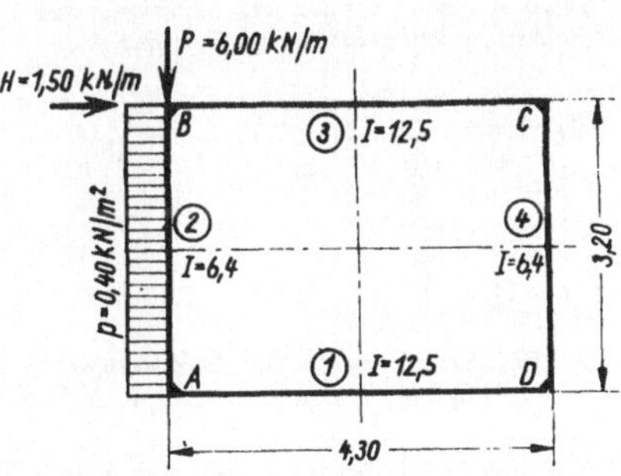

1.106 System und Belastung ausschließlich Gegendruck daraus auf Stab ①

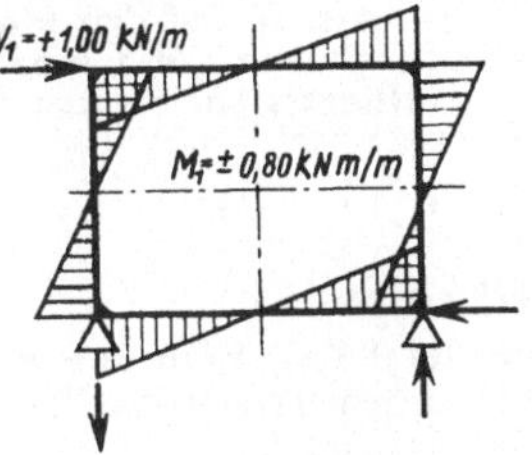

1.107 Momentenfläche und Auflagerreaktionen für Hilfsbelastungsfall

2. Horizontalkraft $H = 1{,}50$ kN/m:
Die Horizontalkraft (H) erzeugt eine antimetrische Belastung in der Bodenfuge von

$$p = \pm \frac{M}{W} = \pm \frac{1{,}50 \cdot 3{,}20}{\frac{1{,}00 \cdot 4{,}30^2}{6}}$$

$$= \frac{1{,}50 \cdot 3{,}20 \cdot 6}{1{,}00 \cdot 4{,}30^2} = \pm 1{,}56 \text{ kN/m}^2$$

(vgl. *Bild 1.111*).
Aus dieser Belastung ergibt sich für volle Einspannung das Stabendmoment:

$$M_{AD}' = -\frac{1{,}56 \cdot 4{,}30^2}{60} = -0{,}48 \text{ kNm/m}$$

(vgl. Formel 69 in Tafel 1). Für den Momentenausgleich kann infolge Symmetrie des Systems und Antimetrie der Belastung (*1.108*) das System halbiert werden (*1.109*).

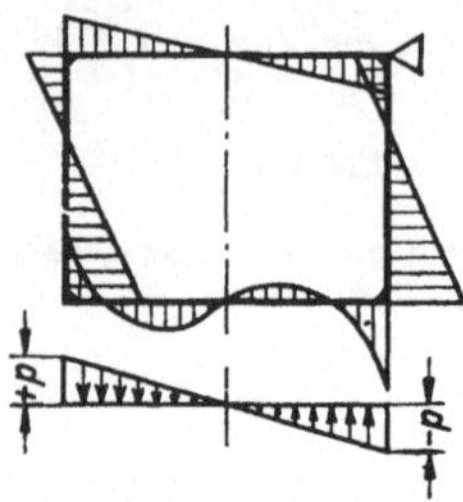

1.108 Belastung und Momente am unverschieblichen System (M_0) aus Gegendruck des Belastungsfalles 2. Diese Momentenfläche gilt unter Beachtung der Vorzeichen auch für die M_0-Momente aus antimetrischer Belastung im Belastungsfall 3 und 4

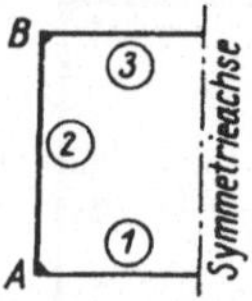

1.109 Ersatzsystem für Belastungsfälle 2 und 3 sowie antimetrische Belastung des 4. Belastungsfalles

Für die in Feldmitte getrennten Stäbe ① und ③ ist somit der Verdrehungswiderstand $k' = 1{,}5I/l$.
Nachdem die Verteilungszahlen v errechnet und die Momente M_1 im Rechenschema eingetragen sind, beginnt der Ausgleich des Einspannmomentes $M_{AD}' = -0{,}48$ kNm/m. Unter der Voraussetzung, daß das System unverschieblich gelagert ist (*1.108*), ergeben sich die Stabendmomente M_0. Aus H und den Momenten am unverschieblichen System (M_0) erhält man nach Wegnahme des Hilfslagers am Knoten C (*1.108*) eine freie Verschiebungskraft:

$$V_0 = 1{,}50 + \frac{0{,}05 + 0{,}15}{3{,}20} \cdot 2$$

$$= 1{,}50 + 0{,}125 = 1{,}625 \text{ kN/m}.$$

Mit Hilfe des Belastungsfalles 1 (V_1) kann nun der Einfluß der Verschiebung mit dem Proportionalitätsfaktor

$$c = \frac{V_0}{V_1} + \frac{1{,}625}{1{,}00} = 1{,}625$$

errechnet werden. Die endgültigen Stabendmomente ergeben sich somit zu:

$$M = M_0 + cM_1.$$

		③	B ②	A	①
	I	12,50	6,40		12,50
	l	4,30	3,20		4,30
	k'	2,91 · 1,5 = 4,36	2,00		4,36
	v	0,685	0,315	0,315	0,685
1.	M_1	+0,80	−0,80	−0,80	+0,80
2.	M'				−0,48
			+0,07	+0,15	+0,33
		−0,05	−0,02		
	M_0	−0,05	+0,05	+0,15	−0,15
+1,625	M_1	+1,30	−1,30	−1,30	+1,30
	M	+1,25	−1,25	−1,15	+1,15

1.110

Am Schluß der Berechnung ist es zweckmäßig, die Bedingung $\sum H = 0$ zu überprüfen.
Es ist:

$$\sum H = 1{,}50 + \frac{-1{,}15 - 1{,}25}{3{,}20} \cdot 2$$

$$= +1{,}50 - 1{,}50 = 0.$$

Es wird vorausgesetzt, daß die Gleitsicherheit gewährleistet ist.

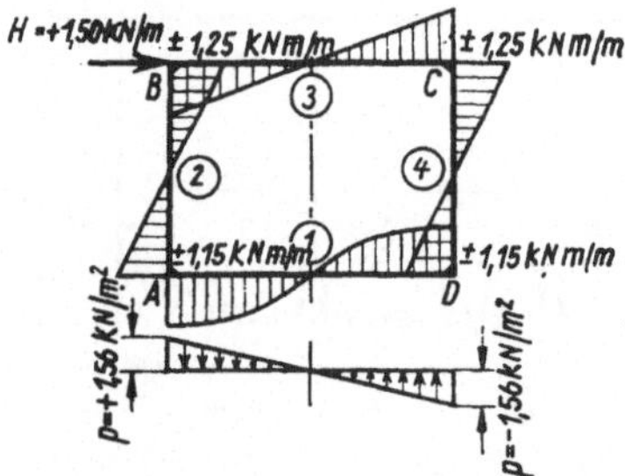

1.111 Belastung und Momentenfläche für Belastungsfall 2

3. Vertikalkraft $P = +6{,}00$ kN/m über B: Die endgültigen Momente aus P werden aus drei Teilbelastungen errechnet.

a) Symmetrischer Bodendruck (*1.112*)

$$p_1 = -\frac{P}{A} = -\frac{6{,}00}{4{,}30 \cdot 1{,}00} = -1{,}40 \text{ kN/m}^2.$$

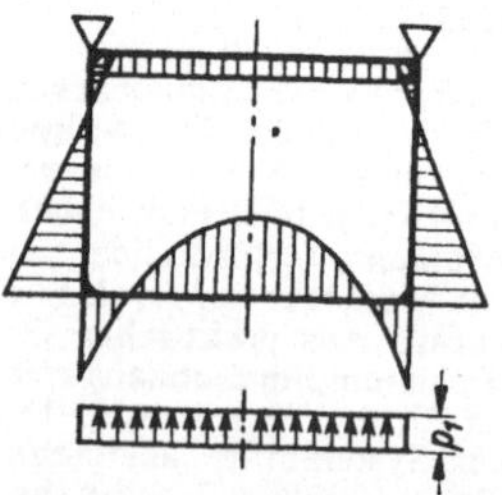

1.112 Symmetrische Belastung und Momentenfläche für M_{01} des Belastungsfalles 3

Für volle Einspannung ergibt sich:

$$M_{AD}' = +\frac{1{,}40 \cdot 4{,}30^2}{12} = +2{,}16 \text{ kNm/m}.$$

Für den Momentenausgleich kann infolge Symmetrie von System und Belastung das System wiederum getrennt werden (*1.109*). Für die in Feldmitte getrennten Stäbe ① und ③ ist jedoch der Verdrehungswiderstand $k' = 0{,}5\, I/l$ (*1.112*). Nach Ausgleich des Einspannmomentes ergeben sich die Teilmomente M_{01}. Der Verschiebungseinfluß aus dieser Teilbelastung ist 0.

b) Antimetrischer Bodendruck ohne Berücksichtigung der Verschiebungskraft (vgl. auch *Bild 1.108*)

$$p_2 = \pm \frac{M}{W} = \pm \frac{6{,}00 \cdot 2{,}15 \cdot 6}{1.00 \cdot 4{,}30^2}$$

$$= \pm 4{,}18 \text{ kN/m}^2.$$

Für volle Einspannung ergibt sich

$$M_{AD}' = +\frac{4{,}18 \cdot 4{,}30^2}{60} = +1{,}29 \text{ kNm/m}.$$

Für den Momentenausgleich werden die Verteilungszahlen, d. h. das Ersatzsystem des Belastungsfalles 2, wieder verwendet.
Nach Addition der Ausgleichmomente ergeben sich die Teilmomente M_{02}.

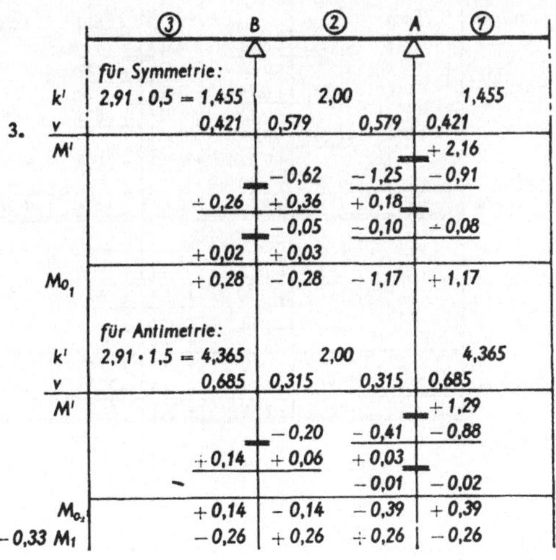

	③	B ②	② A	①
	für Symmetrie:			
k'	2,91 · 0,5 = 1,455	2,00		1,455
3. v	0,421	0,579	0,579	0,421
M'				+2,16
		−0,62	−1,25	−0,91
	+0,26	+0,36	+0,18	
		−0,05	−0,10	−0,08
	+0,02	+0,03		
M_{01}	+0,28	−0,28	−1,17	+1,17
	für Antimetrie:			
k'	2,91 · 1,5 = 4,365	2,00		4,365
v	0,685	0,315	0,315	0,685
M'				+1,29
		−0,20	−0,41	−0,88
	+0,14	+0,06	+0,03	
			−0,01	−0,02
M_{02}	+0,14	−0,14	−0,39	+0,39
−0,33 M_1	−0,26	+0,26	+0,26	−0,26

1.113

c) Berücksichtigung der Verschiebungskraft aus der Teilbelastung unter b).
Aus den Momenten M_{02} ergibt sich:

$$V_0 = +\frac{-0{,}14 - 0{,}39}{3{,}20}\, 2 = -0{,}33 \text{ kN/m},$$

$$c = \frac{V_0}{V_1} = \frac{-0{,}33}{1{,}00} = -0{,}33.$$

Die endgültigen Stabendmomente ergeben sich somit zu (*1.114*):

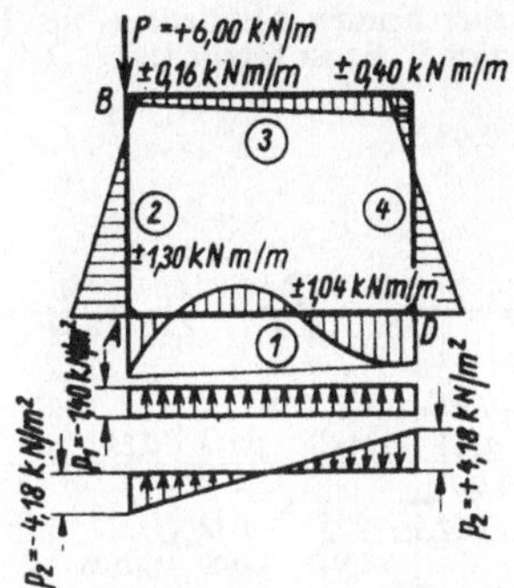

1.114 Belastung und Momente für Belastungsfall *3*

$$M = M_{01} + M_{02} + cM_1$$
$$M_{BA} = -0{,}28 - 0{,}14 + 0{,}26 = -0{,}16 \text{ kNm/m}$$
$$M_{AB} = -1{,}17 - 0{,}39 + 0{,}26 = -1{,}30 \text{ kNm/m}$$
$$M_{CD} = +0{,}28 - 0{,}14 + 0{,}26 = +0{,}40 \text{ kNm/m}$$
$$M_{DC} = +1{,}17 - 0{,}39 + 0{,}26 = +1{,}04 \text{ kNm/m}$$

Stielmomente: $\sum M \approx 0{,}00$,
folglich ist auch $\sum H \approx 0$.

4. Horizontallast $p = +0{,}40$ kN/m²:
Für volle Einspannung ist

$$M_{BA}' = +\frac{0{,}40 \cdot 3{,}20^2}{12} = +0{,}34 \text{ kNm/m}.$$

Für das Rechenschema gilt *Bild 1.115* als Ersatzsystem. Infolge Symmetrie von System und Belastung ist für Stab ② und ④ $k' = 0{,}5 I/l$.

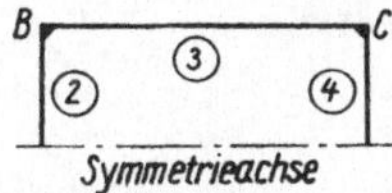

1.115 Ersatzsystem zur Errechnung der Momente M_{01} für Belastungsfall 4

Die Momentenfläche (M_{01}-Momente) ohne Einfluß der Verschiebungskraft zeigt *Bild 1.116*. Außerdem werden noch durch die Bodenpressung

$$p = \pm \frac{M}{W} = \pm \frac{0{,}40 \cdot 3{,}20^2 \cdot 6}{2 \cdot 1{,}00 \cdot 4{,}30^2}$$
$$= \pm 0{,}67 \text{ kN/m}^2$$

Momente erzeugt.

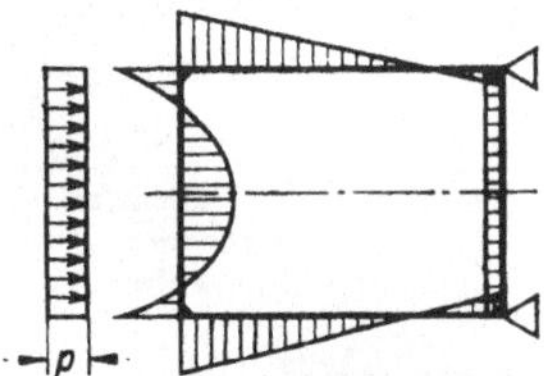

1.116 Belastung p und Momente M_{01} für Belastungsfall 4

Diese sind den entsprechenden Momenten aus Belastungsfall 2 proportional. Es ist folglich:

$$M_{02} = \frac{0{,}67}{1{,}56} M_0 = 0{,}43 M_0.$$

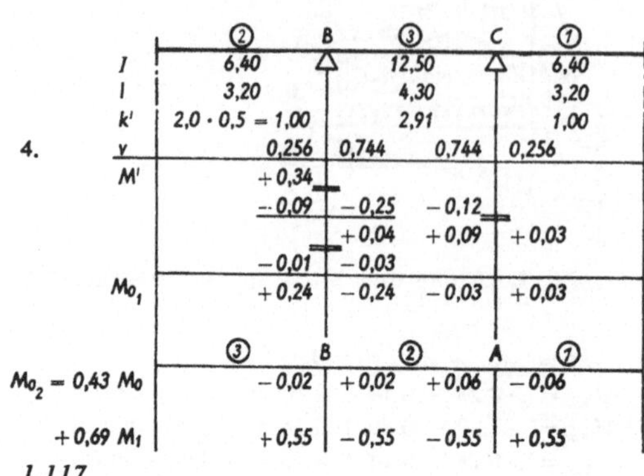

	②	B	③	C	①
I	6,40		12,50		6,40
l	3,20		4,30		3,20
k'	2,0 · 0,5 = 1,00		2,91		1,00
4. v	0,256	0,744		0,744	0,256
M'	+0,34				
	−0,09	−0,25		−0,12	
		+0,04		+0,09	+0,03
	−0,01	−0,03			
M_{0_1}	+0,24	−0,24		−0,03	+0,03
	③	B	②	A	①
$M_{0_2} = 0{,}43\, M_0$	−0,02	+0,02		+0,06	−0,06
$+0{,}69\, M_1$	+0,55	−0,55		−0,55	+0,55

1.117

Aus der Belastung p und den Teilmomenten M_{02} ergeben sich Verschiebungskräfte, deren Einfluß noch zu berücksichtigen ist. Es ist (*1.118*):

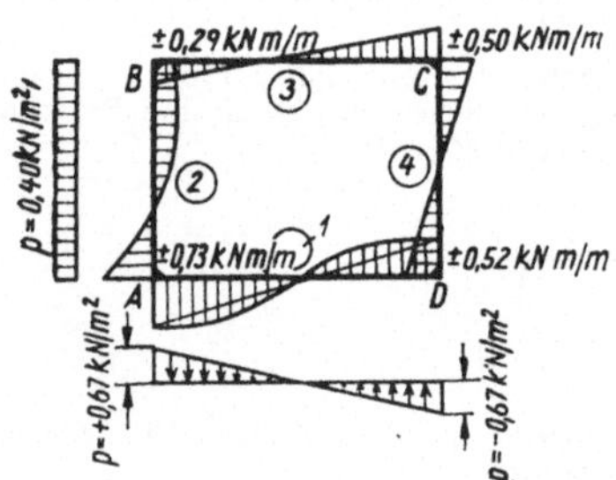

1.118 Belastung und Momente für Belastungsfall 4

$$V_0 = + \frac{0{,}40 \cdot 3{,}20}{2} + \frac{0{,}02 + 0{,}06}{3{,}20} 2$$

$$= +0{,}64 + 0{,}05 = +0{,}69 \text{ kN/m},$$

$$c = \frac{V_0}{V_1} = + \frac{0{,}69}{1{,}00} = +0{,}69,$$

$$M = M_{01} + M_{02} + cM_1,$$

$$M_{BA} = +0{,}24 + 0{,}02 - 0{,}55 = -0{,}29 \text{ kNm/m}$$

$$M_{AB} = -0{,}24 + 0{,}06 - 0{,}55 = -0{,}73 \text{ kNm/m}$$

$$M_{CD} = +0{,}03 + 0{,}02 - 0{,}55 = -0{,}50 \text{ kNm/m}$$

$$M_{DC} = -0{,}03 + 0{,}06 - 0{,}55 = -0{,}52 \text{ kNm/m}$$

Stielmomente $\sum M = -2{,}04$ kNm/m,

$$\sum H = + \frac{0{,}40 \cdot 3{,}20}{2} + \frac{-2{,}04}{3{,}20}$$

$$= +0{,}64 - 0{,}64 = 0.$$

Die für Beispiel 1.24 gezeigte Berechnung ist verhältnismäßig umfangreich. Es ist deshalb zweckmäßig, sie in kürzerer Form nach dem sog. Sonderverfahren, entsprechend Beispiel 1.32, durchzuführen.

Beispiel 1.25: Einseitige Konsolbelastung an einem zweistieligen Rahmen

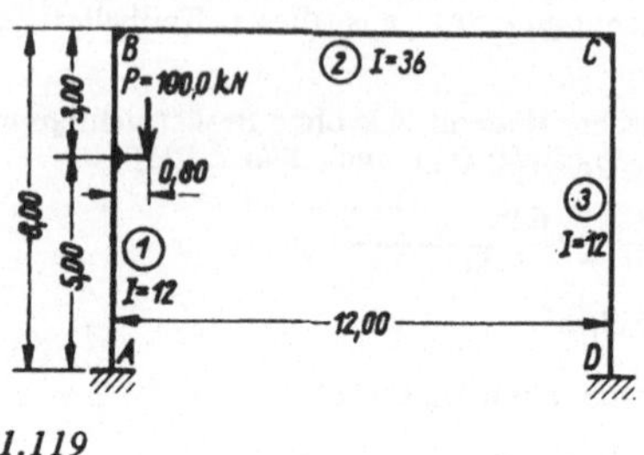

1.119

	A	①	B	②	C	③ D
I		12		36		12
l		8,00		12,00		8,00
k'		1,50		3,00		1,50
v		0,333	0,667	0,667	0,33	
1. M'	−1,000	−1,000			−1,000	−1,000
	+0,166	+0,333	+0,667	+0,333		
			+0,222	+0,445	+0,222	+0,111
	−0,037	−0,074	−0,148	−0,074		
			+0,024	+0,049	+0,025	+0,012
	−0,004	−0,008	−0,016	−0,008		
			+0,003	+0,005	+0,003	+0,002
		−0,001	−0,002			
M_1	0,875	−0,750	+0,750	+0,750	−0,750	−0,875
2. M'	+26,3	+ 6,3				
	− 1,0	− 2,1	− 4,2	− 2,1		
			+ 0,7	+ 1,4	+ 0,7	+ 0,4
	− 0,1	− 0,2	− 0,5	− 0,3		
				+ 0,2	+ 0,1	
M_0	+25,2	+ 4,0	− 4,0	− 0,8	+ 0,8	+ 0,4
$+34{,}0\ M_1$	−29,7	−25,5	+25,5	+25,5	−25,5	−29,7
M	− 4,5	−21,5	+21,5	+24,7	−24,7	−29,3

1.120

1. *Hilfsbelastungsfall zur Berücksichtigung der Verschiebung*

   Infolge Symmetrie $M' = -1{,}00$ kNm

   $$V_1 = - \frac{(-0{,}875 - 0{,}750) \cdot 2}{8{,}00} = +0{,}406 \text{ kN}.$$

2. *Kragmoment infolge $P = 100{,}0$ kN*

   $$M = 100{,}0 \cdot 0{,}80 = +80{,}0 \text{ kNm},$$

   $$M_{AB}' = + \frac{80{,}0 \cdot 3{,}00}{8{,}00^2} (2 \cdot 8{,}00 - 3 \cdot 3{,}00)$$

   $$= +26{,}3 \text{ kNm}$$

   bzw. nach Tafel 3

für $\frac{a}{l} = \frac{5{,}00}{8{,}00} = 0{,}625,$

$M_{AB}' = +0{,}3280 \cdot 80{,}0 = +26{,}3 \text{ kNm},$

$M_{BA}' = +\frac{80{,}0 \cdot 5{,}00}{8{,}00^2}(2 \cdot 8{,}00 - 3 \cdot 5{,}00) = +6{,}3 \text{ kNm}$

bzw. $M_{BA}' = +0{,}0780 \cdot 80{,}0 = +6{,}3 \text{ kNm},$

$V_0 = +\frac{80{,}0}{8{,}00} + \frac{25{,}2 + 4{,}0 + 0{,}8 + 0{,}4}{8{,}00} = +13{,}8 \text{ kN},$

$c = \frac{V_0}{V_1} = \frac{+13{,}8}{+0{,}406} = +34{,}0,$

$M = M_0 + cM_1.$

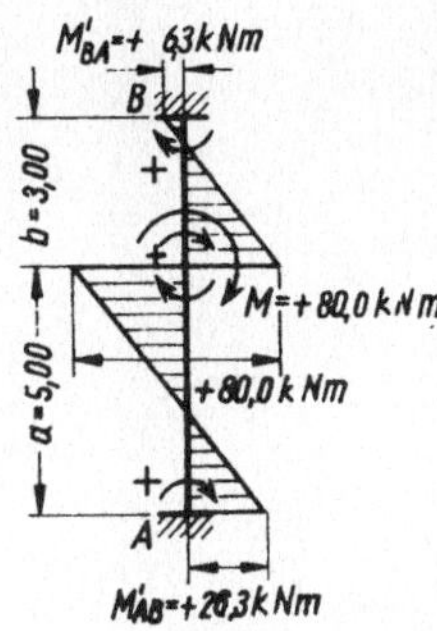

1.121 Stabendmomente (M') und Momentenfläche aus Moment am Stab 1 für volle Einspannung in A und B

Kontrollrechnung:

$\sum H = +\frac{100{,}0 \cdot 0{,}80}{8{,}00} + \frac{-4{,}5 - 21{,}5 - 24{,}7 - 29{,}3}{8{,}00}$

$= +10{,}0 - 10{,}0 = 0,$

Knoten D:

$\sum M = +100{,}0 \cdot 0{,}80 - 4{,}5 - 29{,}3 - (+21{,}5 + 24{,}7)$

$= +80{,}0 - 80{,}0 = 0.$

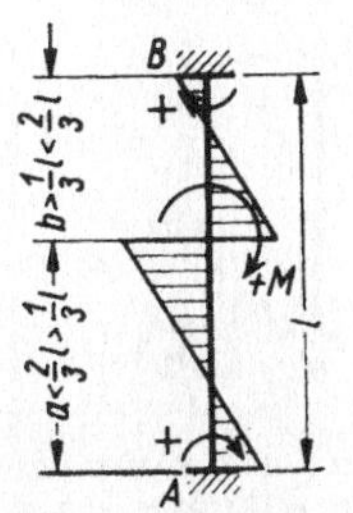

1.122

Erläuterungen zu Beispiel 1.25

Für den Hilfsbelastungsfall gelten die gleichen Voraussetzungen wie für Beispiel 1.21 Aus der Vertikallast $P = 100{,}0$ kN ergibt sich ein am Stiel Pos. ① angreifendes äußeres Moment $M = 100{,}0 \cdot 0{,}80 = +80{,}0$ kNm. Die Stabendmomente für volle Einspannung (M') wurden mit den Formeln 64 der Tafel 1 errechnet (*1.121*).
Die *Bilder 1.122 bis 1.126* zeigen (unabhängig von diesem Beispiel) für verschiedene Ansatzpunkte des äußeren Momentes die Momentenflächen. Die sich hierbei ergebenden Vorzeichenwechsel sind besonders zu beachten.
Bild 1.127 zeigt die Momentenfläche und die Auflagerreaktionen für den unverschieblichen Rahmen. Die Verschiebungskraft V_0 ergibt sich aus $M/h = +80{,}0/8{,}00 = +10{,}0$ kN und dem Anteil aus den Stabendmomenten beider Stiele.
Das Moment $M = +100{,}0 \cdot 0{,}80 = +80{,}0$ kNm erzeugt folglich eine nach rechts gerichtete Horizontalkraft $+10{,}0$ kN, die den Rahmen als Aktionskraft belastet. Diese Kraft ist bei der Kontrollrechnung $\sum H = 0$ ebenfalls zu beachten. Die endgültigen Momente und Auflagerreaktionen sind in *Bild 1.128* dargestellt.
Die Momente am Momentenangriffspunkt m (*1.128*) lassen sich, nachdem die Stabendmomente und Auflagerreaktionen für Stab ① bekannt sind, leicht errechnen. Der Einheitlichkeit halber werden die Momente am Punkt m ebenfalls als Stabendmomente betrachtet, d. h. mit den entsprechenden Vorzeichen versehen.

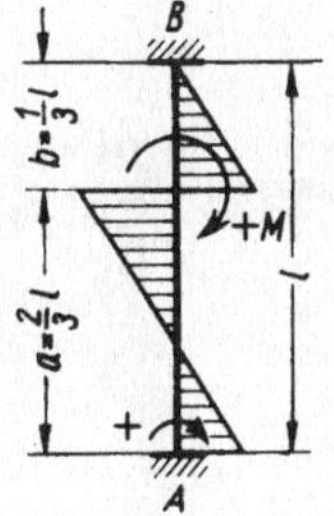

1.123

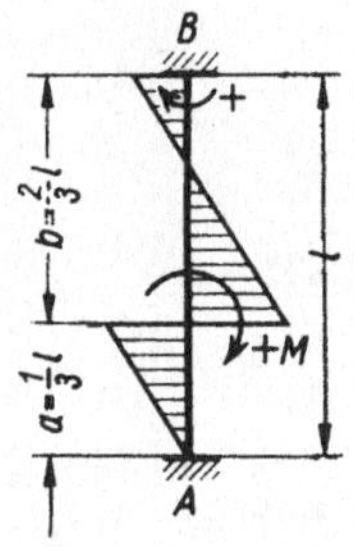

1.124

$M_{mA} = [(+10{,}0 - 3{,}25)(-5{,}00)$
$\quad - 4{,}5](-1) = +33{,}7 + 4{,}5 = +38{,}2 \text{ kNm}$

$M_{mB} = [(+10{,}0 - 3{,}25)(-3{,}00)$
$\quad - 21{,}5](-1) = +20{,}3 + 21{,}5 = +41{,}8 \text{ kNm}$

$\sum M_m = \qquad +80{,}0 \text{ kNm}.$

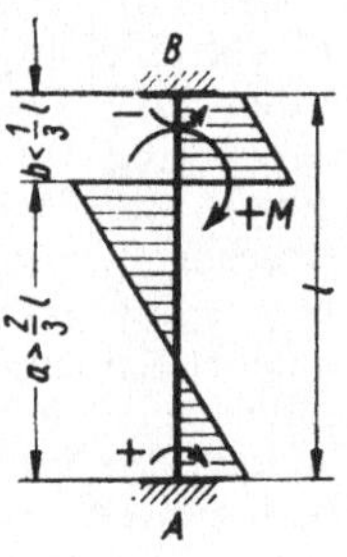

1.125

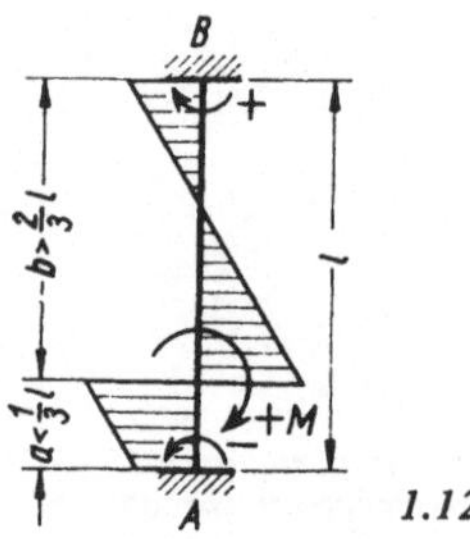

1.126

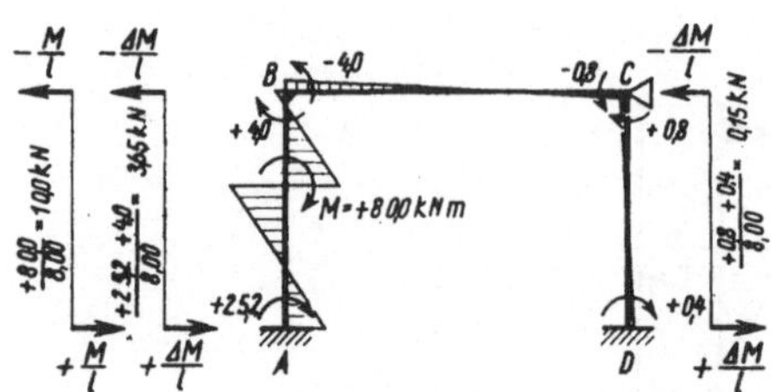

1.127 *Momentenfläche (M_0-Momente) und horizontale Auflagerreaktionen für den mit einem Hilfslager unverschieblich gemachten Rahmen*

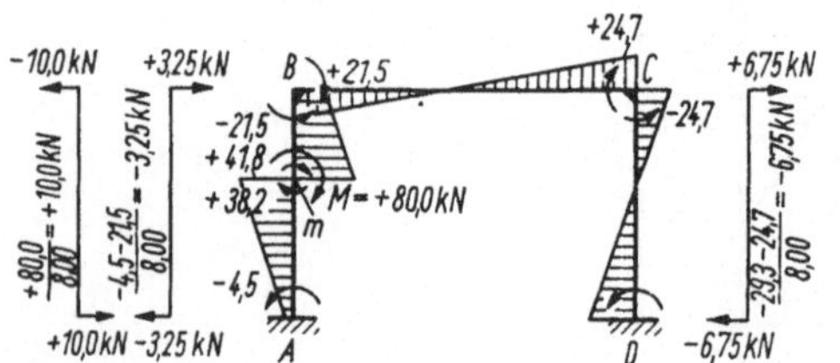

1.128 *Endgültige Momentenfläche und horizontale Auflagerreaktionen*

1.4. Praktische Beispiele verschieblicher Rahmen – Sonderverfahren

Beim üblichen *Cross-Ausgleich* (s. bisherige Beispiele) wird nur die Knotendrehung freigegeben. Das *Cross-Verfahren* ist auch für den Fall anwendbar, daß Drehung und Verschiebung der Knoten gleichzeitig frei werden [42]. Die Praxis bevorzugt jedoch zur Berechnung verschieblicher Systeme das *Kani-Verfahren*.. Der Sonderfall zweistieliger symmetrischer Stockwerkrahmen, antimetrisch belastet, ergibt aber bei Einbeziehung der (horizontalen) Knotenverschiebung in den Momentenausgleich ein außerordentlich einfaches und schnell konvergierendes, dem *Kani-Verfahren* überlegenes Iterationsverfahren [37, S. 70]. Die besonders vorteilhafte und vielseitige Anwendungsmöglichkeit dieser mit „Sonderverfahren" bezeichneten Methode wird mit der folgenden Beispielauswahl und auch im Abschn 1.5. Proportionierte Rahmen gezeigt.

Beispiel 1.26: Symmetrischer zweistieliger Rahmen mit antimetrischen Belastungen

Belastungsfälle:

1. Horizontalkraft $H = +3{,}00$ kN am Knoten B:

$$M_{BA}' = M_{AB}' = -\frac{Hh}{4} = -\frac{3{,}00 \cdot 4{,}50}{4} = -3{,}37 \text{ kNm}.$$

2. Antimetrische Lasten $P = \pm 5{,}00$ kN auf dem Riegel:

$$M_{Bm}' = -\frac{2}{27}\, 5{,}00 \cdot 6{,}80 = -2{,}52 \text{ kNm}.$$

3. Äußeres Moment $M = +12{,}00$ kNm in Riegelmitte:

$$M_{Bm}' = +\frac{12{,}00}{4} = +3{,}00 \text{ kNm}.$$

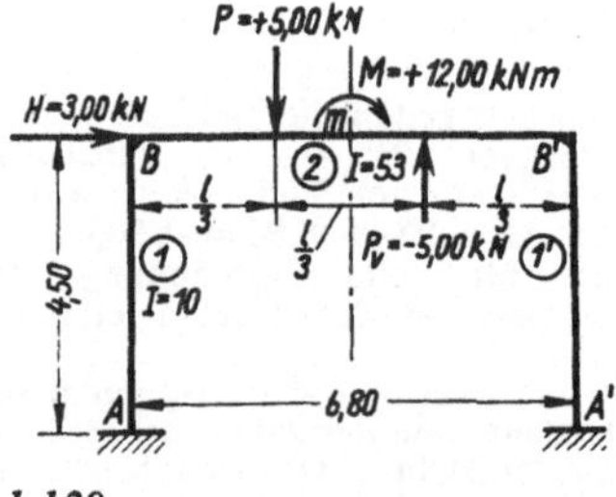

1.129

		A	①	B	② m
	I	10			53
	l	4,50			6,80
	k'	2,22 · 0,25 = 0,555			7,80 · 1,5 = 11,70
	v		0,045		0,955
1.	M'	−3,37	−3,37		
	M	−0,15	+0,15		+3,22
		−3,52	−3,22		
2.	M'				−2,52
	M	−0,11	+0,11		+2,41
					−0,11
3.	M'				+3,00
	M	+0,14	−0,14		−2,86
					+0,14

1.130

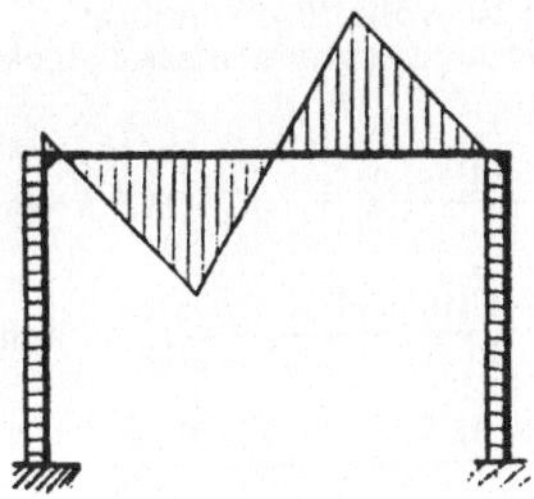

1.131 Momentenfläche für Belastungsfall 2

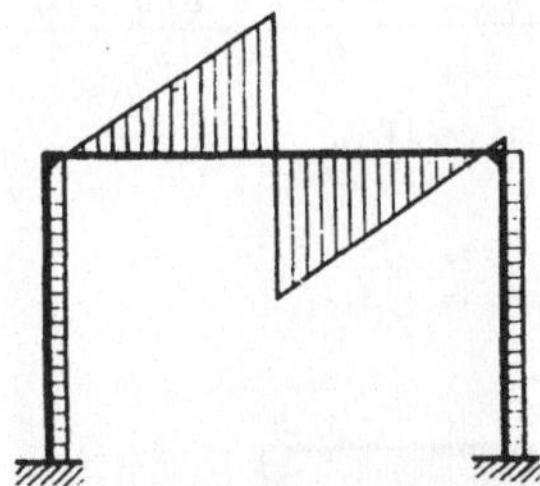

1.132 Momentenfläche für Belastungsfall 3

Erläuterungen zu Beispiel 1.26

Für Horizontalkräfte H ergeben sich bei Annahme voller Einspannung der Stielenden die Stabendmomente (vgl. hierzu *1.133* und *1.134*):

$$M_{AB}' = M_{BA}' = M_{DC}' = M_{CD}' = -\frac{Hh}{4}.$$

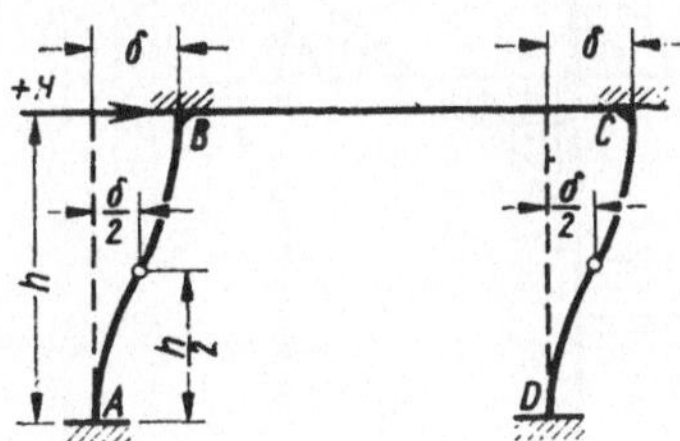

1.133 Verformung aus Belastung H bei voller Einspannung der Stabenden

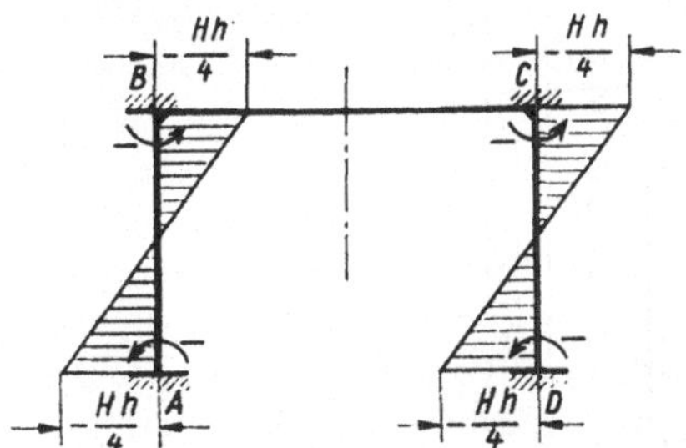

1.134 Momentenfläche aus Belastung H bei voller Einspannung der Stabenden

Für andere antimetrische Belastungen auf den Stäben sind zur Errechnung der Stabendmomente für volle Einspannung die entsprechenden Formeln im Abschn 6. zu verwenden.

Während des Momentenausgleiches wird nicht nur die Einspannung der Stabenden im Knoten gelöst, sondern gleichzeitig die freie Verschieblichkeit der Knoten in horizontaler Richtung angenommen. Unter diesen Voraussetzungen können die Rahmenstiele als Kragträger entsprechend *Bild 1.3* bzw. *Bild 1.8* betrachtet werden (vgl. auch *Bild 1.135* und *1.136*). Folglich sind für die *Stiele* maßgebend:

Übertragungsfaktoren: $\gamma = -1,$

Verdrehungswiderstände: $k' = 0{,}25 \frac{I}{l}.$

Für die *Riegel* gilt bei antimetrischer Belastung unverändert als

Verdrehungswiderstand: $k' = 1{,}5 \frac{I}{l}.$

Der Einfluß von Knotenverschiebungen wird damit unmittelbar berücksichtigt, d. h., es erübrigt sich die schrittweise Berechnung mit Hilfsbelastungsfällen.

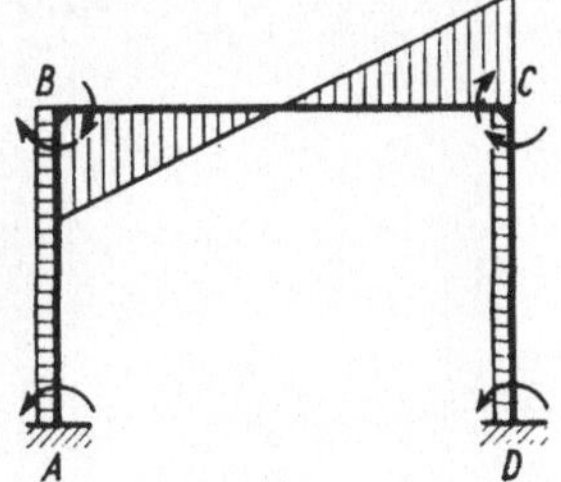

1.135 Ausgleichmomente für Belastungsfall 1

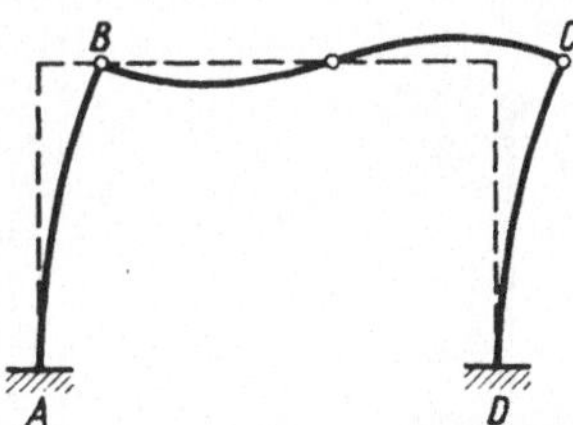

1.136 Verformung unter Einwirkung der Ausgleichmomente des Belastungsfalles 1 (während des Momentenausgleiches sind die Knoteneinspannungen gelöst und zusätzlich freie Verschieblichkeit gegeben)

Beispiel 1.27: Symmetrischer dreistieliger Stockwerkrahmen mit Windbelastung

Die Trägheitsmomente der Mittelstiele sind doppelt so groß wie die Trägheitsmomente der Randstiele. Nach Halbierung der Trägheitsmomente der Mittelstiele entstehen zwei Ersatzsysteme (*1.64*). Diese Ersatzsysteme können als zweistielige symmetrische Stockwerkrahmen nach dem beschriebenen Sonderverfahren berechnet werden. Für die Berechnung kann somit entsprechend *1.135* und *1.136* das Ersatzsystem *1.138* verwendet werden.

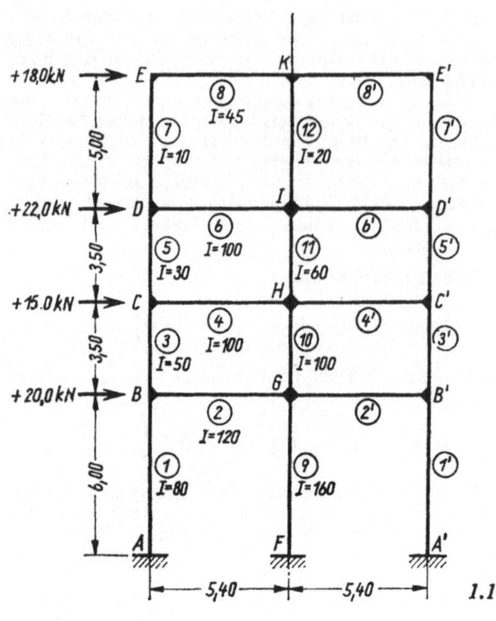

1.137

Stabendmomente der Stiele für volle Einspannung: $M' = -\sum Hh/4$ (betrifft zweistielige symmetrische Stockwerkrahmen)

$$M_{ED}' = M_{DE}' = -\frac{18{,}0 \cdot 5{,}00}{4}\,\frac{1}{2} = -11{,}3 \text{ kNm},$$

$$M_{DC}' = M_{CD}' = -\frac{(18{,}0 + 22{,}0)\,3{,}50}{4}\,\frac{1}{2} = -17{,}5 \text{ kNm}.$$

$$M_{CB}' = M_{BC}' = -\frac{(18{,}0 + 22{,}0 + 15{,}0)\,3{,}50}{4}\,\frac{1}{2}$$

$$= -24{,}1 \text{ kNm},$$

$$M_{BA}' = M_{AB}' = -\frac{(18{,}0 + 22{,}0 + 15{,}0 + 20{,}0)\,6{,}00}{4}$$

$$\times \frac{1}{2} = -56{,}3 \text{ kNm}.$$

Für Riegel gilt: $k' = 1{,}5k$, $(k = I/l)$,
für Stiele gilt: $k' = 0{,}25k$, $\gamma = -1{,}0$.

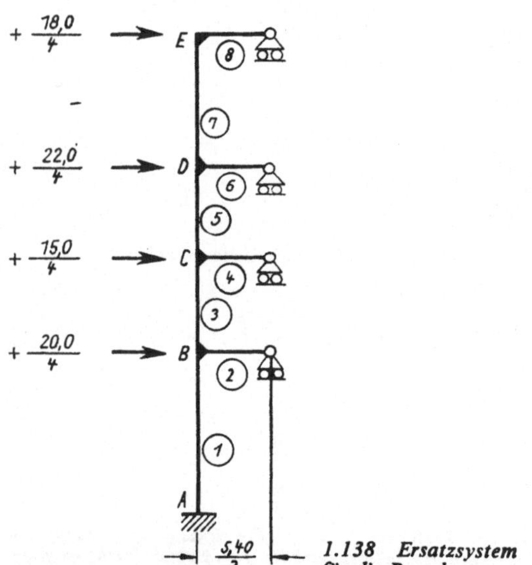

1.138 Ersatzsystem für die Berechnung

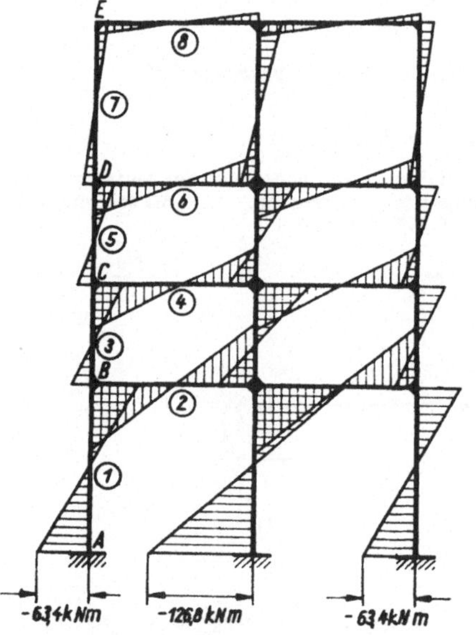

1.140 Momentenfläche

	A	B		B	C		C	D		D	E	
	1		2	3		4	5		6	7		8
I	80		120	50		100	30		100	10		45
l	6,00		5,40	3,50		5,40	3,50		5,40	5,00		5,40
k	13,33		22,22	14,28		18,50	8,57		18,50	2,00		8,33
k'	3,33		33,33	3,57		27,75	2,14		27,75	0,50		12,50
v		0,083	0,828	0,089	0,106	0,830	0,064	0,070	0,914	0,016	0,039	0,961
M'	− 56,3	− 56,3		− 24,1	− 24,1		− 17,5	− 17,5		− 11,3	− 11,3	
	− 6,7	+ 6,7	+ 66,5	+ 7,2	− 7,2		− 2,0	+ 2,0	+ 26,3	+ 0,5	− 0,5	
				− 5,4	+ 5,4	+ 42,2	+ 3,2	− 3,2		− 0,5	+ 0,5	+ 11,3
	− 0,4	+ 0,4	+ 4,5	+ 0,5	− 0,5		− 0,3	+ 0,3	+ 3,3	+ 0,1	− 0,1	
				− 01	+ 0,1	+ 0,7	0,0				0,0	+ 0,1
		0,0	+ 0,1	0,0								
M	− 63,4	− 49,2	+ 71,1	− 21,9	− 26,3	+ 42,9	− 16,6	− 18,4	+ 29,6	− 11,2	− 11,4	+ 11,4

1.139

Kontrollrechnungen ($\sum H = 0$):

$$+18{,}0 + \frac{(-11{,}2 - 11{,}4)\,4}{5{,}00} = +180 - 180 = 0,$$

$$+18{,}0 + 22{,}0 + \frac{(-16{,}6 - 18{,}4)\,4}{3{,}50}$$

$$= +40{,}0 - 40{,}0 = 0,$$

$$+18{,}0 + 22{,}0 + 15{,}0 + \frac{(-21{,}9 - 26{,}3)\,4}{3{,}50}$$

$$= +55{,}0 - 55{,}0 = 0,$$

$$+18{,}0 + 22{,}0 + 15{,}0 + 20{,}0 + \frac{(-63{,}4 - 49{,}2)\,4}{6{,}00}$$

$$= +75{,}0 - 75{,}0 = 0.$$

Beispiel 1.28: Symmetrischer zweistieliger Stockwerkrahmen mit gelenkiger Fußlagerung und Windbelastung

Für zweiseitige Einspannung ist: $M' = -\sum Hh/4$,

$$M_{CB}' = M_{BC}' = -\frac{30{,}0 \cdot 6{,}00}{4} = -45{,}0 \text{ kNm}.$$

Für einseitige Einspannung ist: $M' = -\sum Hh/2$,

$$M_{BA}' = -\frac{(+30{,}0 + 50{,}0)\,8{,}00}{2} = -320{,}0 \text{ kNm},$$

$$M_{AB}' = 0.$$

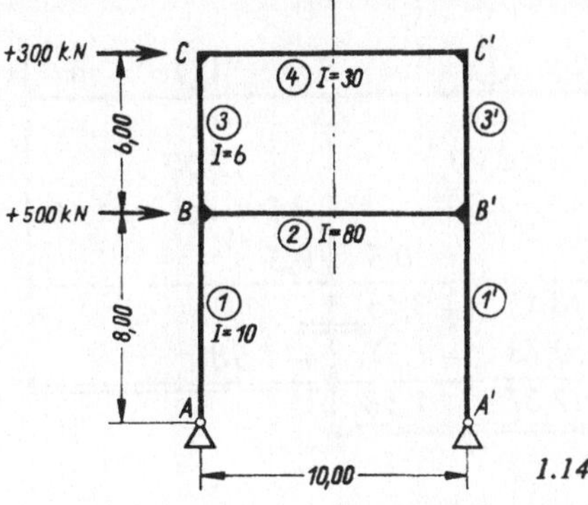

1.141

	B			C	
	1	2	3		4
I	10	80	6		30
l	8,00	10,00	6,00		10,00
k'	0	8 · 1,5 = 12	1 · 0,25 = 0,25		3 · 1,5 = 4,5
v	0,00	0,98	0,02	0,053	0,947
M'	−320,0		−45,0	−45,0	
	0,0	+357,7	+ 7,3	− 7,3	
			− 2,8	+ 2,8	+49,5
	0,0	+ 2,7	+ 0,1	− 0,1	
				0,0	+ 0,1
M	−320,0	+360,4	−40,4	−49,6	+49,6

1.142

Für Riegel ist: $k' = 1{,}5k$,

für Stiel ③ ist: $k' = 0{,}25k$, $\gamma = -1$,

für Stiel ① ist: $k' = 0$, $\gamma = 0$.

$$\sum H = +30{,}0 + \frac{(-40{,}4 - 49{,}6)\,2}{6{,}00} = 0,$$

$$\sum H = +30{,}0 + 50{,}0 + \frac{-320{,}0 \cdot 2}{8{,}00} = 0.$$

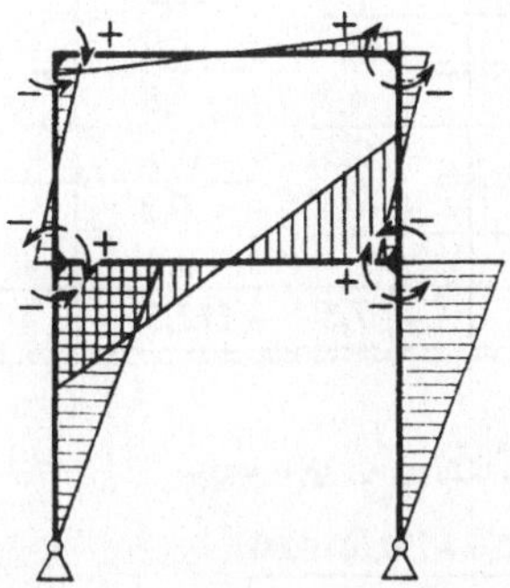

1.143 *Momentenfläche und Drehsinn der Stabendmomente*

Beispiel 1.29: Symmetrischer zweistieliger Rahmen mit gelenkig angeschlossenem Riegel und Windbelastung

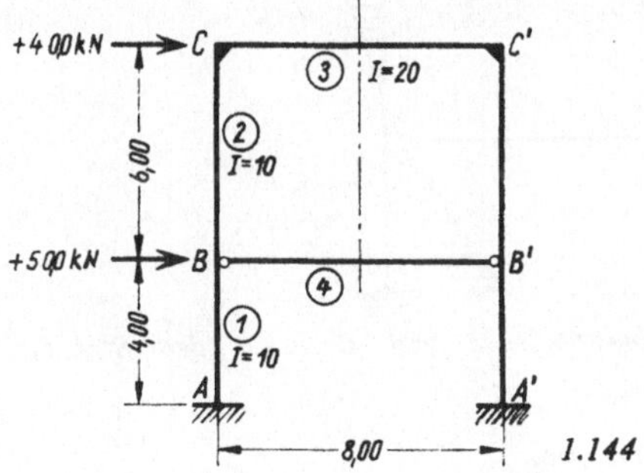

1.144

	A	B	B	C	C
	1		2		3
I	10		10		20
l	4,00		6,00		8,00
k'	2,50 · 0,25 = 0,625		1,667 · 0,25 = 0,417		2,50 · 1,50 = 3,75
ν		0,60	0,40	0,10	0,90
M'	− 90,0	− 90,0	− 60,0	− 60,0	
	− 90,0	+ 90,0	+ 60,0	− 60,0	
			− 12,0	+ 12,0	+ 108,0
	− 7,2	+ 7,2	+ 4,8	− 4,8	
			− 0,5	+ 0,5	+ 4,3
	− 0,3	+ 0,3	+ 0,2	− 0,2	
				0,0	+ 0,2
M	− 187,5	+ 7,5	− 7,5	− 112,5	+ 112,5

1.145

$$M_{CB}' = M_{BC}' = -\frac{40{,}0 \cdot 6{,}00}{4} = -60{,}0 \text{ kNm},$$

$$M_{BA}' = M_{AB}' = -\frac{(+40{,}0 + 50{,}0)\ 4{,}00}{4} = -90{,}0 \text{ kNm}$$

für Riegel ③: $k' = 1{,}5k$, für Riegel ④: $k' = 0$, für Stiele ① und ②: $k' = 0{,}25k$, $\gamma = -1$.

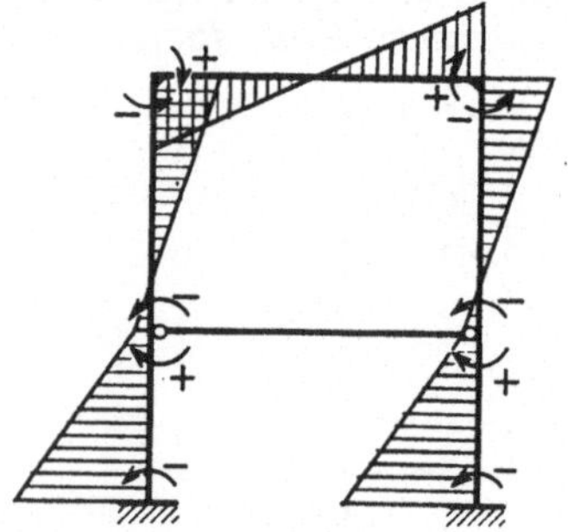

1.146 *Momentenfläche und Drehsinn der Stabendmomente*

Kontrollrechnungen:

$$\sum H = +40{,}0 + \frac{(-7{,}5 - 112{,}5)\ 2}{6{,}00} = 0,$$

$$\sum H = +40{,}0 + 50{,}0 + \frac{(-187{,}5 + 7{,}5)\ 2}{4{,}00} = 0.$$

Beispiel 1.30: Symmetrische Konsollasten auf dem Rahmen des Beispieles 1.25

Kragmomente infolge

$P = +50{,}0$ kN; $M = \pm 50{,}0 \cdot 0{,}80 = \pm 40{,}0$ kNm.

$$M_{AB}' = +\frac{40{,}0 \cdot 3{,}00}{8{,}00^2}(2 \cdot 8{,}00 - 3 \cdot 3{,}00) = +13{,}15 \text{ kNm},$$

$$M_{BA}' = +\frac{40{,}0 \cdot 5{,}00}{8{,}00^2}(2 \cdot 8{,}00 - 3 \cdot 5{,}00) = +31{,}5 \text{ kNm}.$$

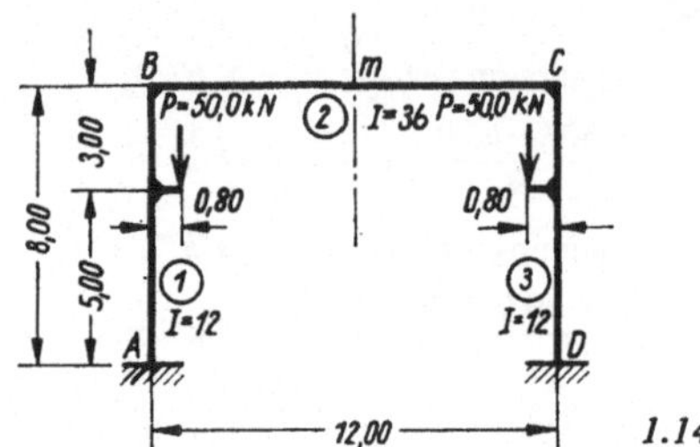

1.147

	A	B	B	m
	①		②	
I	12		36	
l	8,00		12,00	
k'	1,50		3,00 · 0,5 = 1,50	
ν		0,5	0,5	
M'	+ 13,15	+ 3,15		
	− 0,78	− 1,57	− 1,58	
M	+ 12,37	+ 1,58		

1.148

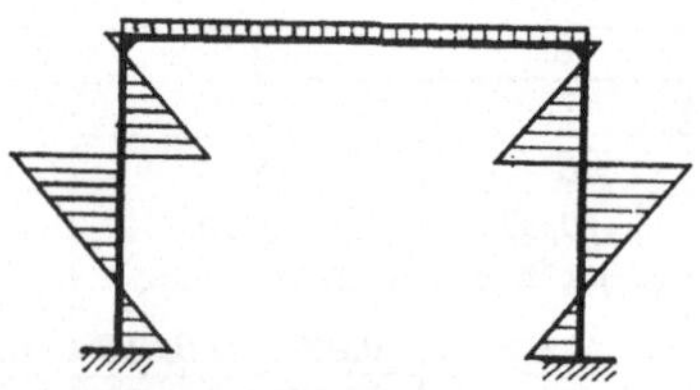

1.149 *Momentenfläche*

Beispiel 1.31: Antimetrische Konsollasten auf dem Rahmen des Beispieles 1.25

Kragmomente infolge

$P = \pm 50{,}0$ kN; $M = +50{,}0 \cdot 0{,}80 = +40{,}0$ kNm.

Stabendmomente für volle Einspannung ohne Berücksichtigung der horizontalen Verschiebungskräfte:

$M_{AB}' = +13{,}15$ kNm, $M_{BA}' = +31{,}5$ kNm

(vgl. Beispiel 1.30).

Verschiebungskraft aus Kragmomenten und Stabendmomenten für volle Einspannung:

$$V = \frac{+40{,}0 \cdot 2}{8{,}00} + \frac{(13{,}15 + 3{,}15)\,2}{8{,}00} = +14{,}07 \text{ kN}.$$

Stabendmomente für volle Einspannung aus Belastung durch Kragmoment und Verschiebungskraft:

$$M_{AB}' = +13{,}15 - \frac{14{,}07 \cdot 8{,}00}{4} = -14{,}99 \text{ kNm},$$

$$M_{BA}' = +3{,}15 - 28{,}14 = -24{,}99 \text{ kNm}.$$

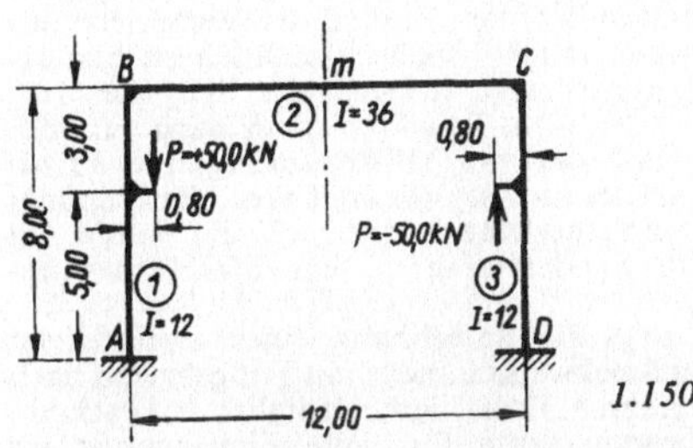

1.150

	A	①	B	②	m
I		12		36	
l		8,00		12,00	
k'	1,50 · 0,25 = 0,375			3,00 · 1,5 = 4,50	
v			0,077	0,923	
M'	−14,99		−24,99		
	−1,93		+1,93	+23,06	
M	−16,92		−23,06		

1.151

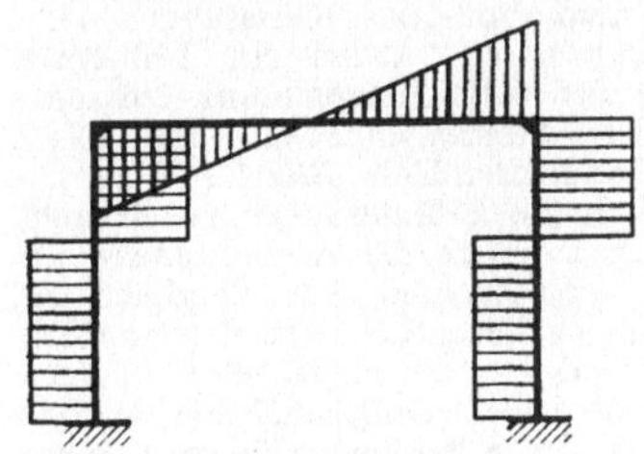

1.152 Momentenfläche

Überlagerung der Stabendmomente aus Beispiel 1.30 und 1.31 (vgl. *Bild 1.128*):

Beispiel 1.32: Geschlossener zweifach symmetrischer Rahmen des Beispieles 1.24

(Vgl. Vorbemerkungen zu Beispiel 1.24)

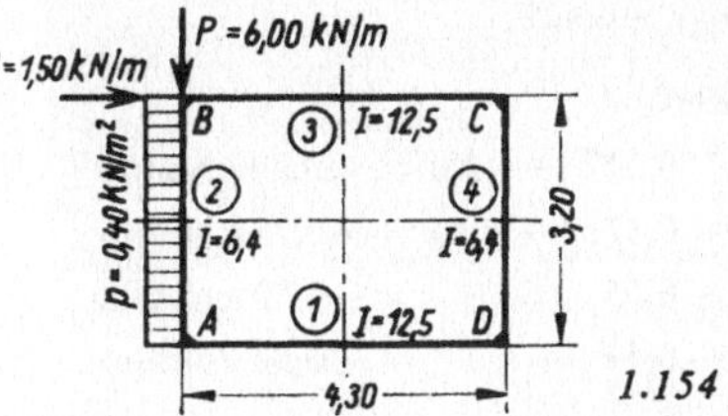

1.154

Belastungfälle:

1. Horizontalkraft $H = +1{,}50$ kN/m:
   H erzeugt eine antimetrische Belastung in der Bodenfuge von:

   $$p = \pm\frac{M}{W} = \pm\frac{1{,}50 \cdot 3{,}20 \cdot 6}{1{,}00 \cdot 4{,}30^2} = \pm 1{,}56 \text{ kN/m}^2.$$

   Hierfür ist:

   $$M_{AD}' = -\frac{1{,}56 \cdot 4{,}30^2}{60} = -0{,}48 \text{ kNm/m},$$

   aus Verschiebungskraft $H = +1{,}50$ kN/m:

   $$M_{AB}' = M_{BA}' = -\frac{1\,50 \cdot 3{,}20}{4} = -1{,}20 \text{ kNm/m}.$$

   Momentenfläche siehe *Bild 1.111*.

2. Vertikalkraft $P = +6{,}00$ kN/m über B:

   a) symmetrischer Bodendruck:

   $$p_1 = -\frac{P}{A} = -\frac{6{,}00}{4{,}30 \cdot 1{,}00} = -1{,}40 \text{ kN/m}^2,$$

   $$M_{AD}' = +\frac{1{,}40 \cdot 4{,}30^2}{12} = +2{,}15 \text{ kNm/m}.$$

   b) antimetrischer Bodendruck:

   $$p_2 = \pm\frac{M}{W} = \pm\frac{6{,}00 \cdot 2{,}15 \cdot 6}{1{,}00 \cdot 4{,}30^2} = \pm 4{,}18 \text{ kN/m}^2.$$

   $$M_{AD}' = +\frac{4{,}18 \cdot 4{,}30^2}{60} = +1{,}29 \text{ kNm/m}.$$

   Momentenfläche siehe *Bild 1.114*.

3. Horizontallast $p = +0{,}40$ kN/m:

   $$M_{BA}' = +\frac{0{,}40 \cdot 3{,}20^2}{12} = +0{,}34 \text{ kNm/m},$$

   Verschiebungskraft:

   $$V = +\frac{0{,}40 \cdot 3{,}20}{2} = +0{,}64 \text{ kN/m}.$$

	A	①	B	②	C	③ D
Symmetrie: M	+12,37	+1,58	−1,58	+1,58	−1,58	−12,37
Antimetrie: M	−16,92	−23,06	+23,06	+23,06	−23,06	−16,92
∑ M	−4,55	−21,48	+21,48	+24,64	−24,64	−29,29

1.153 Die überlagerten Momente der Beispiele 1.30 und 1.31 (Bilder 1.148 und 1.151 bzw. 1.149 und 1.152) ergeben die gleichen Momente wie in Beispiel 1.25 (Bilder 1.120 bzw. 1.128)

Für eine Verschiebungskraft von

$H = +1{,}50$ kN/m

sind die endgültigen Stabendmomente bekannt (Belastungsfall 1). Es ist somit:

$$c = \frac{+0{,}64}{+1{,}50} = +0{,}427,$$

$$M = M_0 + cM_1,$$

$$M_{BA} = +0{,}24 + 0{,}427\,(-1{,}25) = -0{,}29 \text{ kNm/m},$$

$$M_{AB} = -0{,}24 + 0{,}427\,(-1{,}15) = -0{,}73 \text{ kNm/m},$$

$$M_{CD} = +0{,}03 - 0{,}53 \qquad = -0{,}50 \text{ kNm/m},$$

$$M_{DC} = -0{,}03 - 0{,}49 \qquad = -0{,}52 \text{ kNm/m}.$$

Momentenfläche siehe *Bild 1.118*.

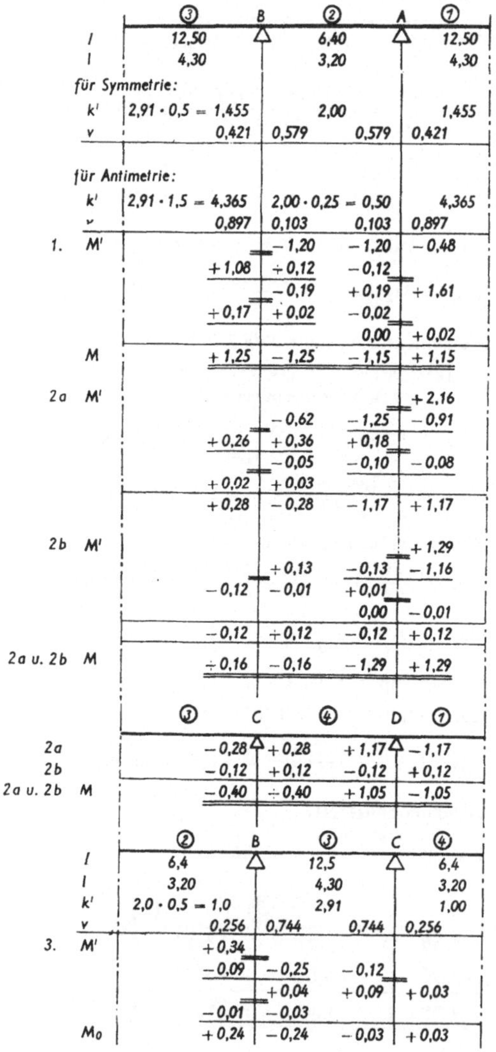

		③	B ②	② A	①
	l	12,50	6,40		12,50
	I	4,30	3,20		4,30
für Symmetrie:					
	k'	2,91 · 0,5 = 1,455	2,00		1,455
	v	0,421	0,579	0,579	0,421
für Antimetrie:					
	k'	2,91 · 1,5 = 4,365	2,00 · 0,25 = 0,50		4,365
	v	0,897	0,103	0,103	0,897
1.	M'		−1,20	−1,20	−0,48
		+1,08	+0,12	−0,12	
			−0,19	+0,19	+1,61
		+0,17	+0,02	−0,02	
				0,00	+0,02
	M	+1,25	−1,25	−1,15	+1,15
2a	M'				+2,16
			−0,62	−1,25	−0,91
		+0,26	+0,36	+0,18	
			−0,05	−0,10	−0,08
		+0,02	+0,03		
		+0,28	−0,28	−1,17	+1,17
2b	M'				+1,29
			+0,13	−0,13	−1,16
		−0,12	−0,01	+0,01	
				0,00	−0,01
		−0,12	+0,12	−0,12	+0,12
2a u. 2b	M	+0,16	−0,16	−1,29	+1,29

		③	C ④	④ D	①
2a		−0,28	+0,28	+1,17	−1,17
2b		−0,12	+0,12	−0,12	+0,12
2a u. 2b	M	−0,40	+0,40	+1,05	−1,05

		②	B ③	③ C	④
	l	6,4	12,5		6,4
	I	3,20	4,30		3,20
	k'	2,0 · 0,5 = 1,0	2,91		1,00
	v	0,256	0,744	0,744	0,256
3.	M'	+0,34			
		−0,09	−0,25	−0,12	
			+0,04	+0,09	+0,03
		−0,01	−0,03		
	M_0	+0,24	−0,24	−0,03	+0,03

1.155

Erläuterungen zu den Beispielen 1.27 bis 1.32

Der dreistielige Stockwerkrahmen (*1.62*) wurde im Beispiel 1.18 für vertikale Lasten berechnet. Hierbei zeigte sich, daß infolge Symmetrie und doppelter Steifigkeit der Mittelstiele, im Vergleich zu den Randstielen, wesentliche Vereinfachungen in der Berechnung möglich sind und keine Verschiebungskräfte auftreten.
Beispiel 1.27 zeigt die Berechnung dieses Systems für die Windbelastungen (Verschiebungskräfte) nach dem mit Beispiel 1.26 erläuterten Sonderverfahren. Wie schon in Beispiel 1.27 beschrieben, sind auch hier Systemtrennungen möglich, so daß sich ein äußerst einfacher und kurzer Rechnungsgang ergibt. Für zweistielige symmetrische Stockwerkrahmen bzw. mehrstielige Rahmen, die sich auf zweistielige zurückführen lassen, ist es somit nicht mehr erforderlich, den Einfluß der Verschiebungskräfte schrittweise mit Hilfsbelastungsfällen zu berücksichtigen. Der vierstöckige Rahmen des Beispieles 1.27 ist vierfach verschieblich. Es wären somit nach dem üblichen *Cross-Verfahren* vier Hilfsbelastungsfälle aufzustellen und ein Gleichungssystem mit vier Unbekannten zu lösen. Der erforderliche Rechenaufwand würde, im Vergleich zum Sonderverfahren, ein Mehrfaches betragen.
Beispiel 1.28 zeigt die Berechnung eines zweistieligen symmetrischen Stockwerkrahmens mit Fußgelenken nach dem Sonderverfahren. Es ist hierbei lediglich zu beachten, daß die Stabendmomente für volle Einspannung im unteren Stockwerk infolge der vorhandenen Fußgelenke $M' = -\sum Hh/2$ betragen und die Stiele ① und ①' nach Absatz 1.1.3.f) als labile Kragträger betrachtet werden und damit einen Verdrehungswiderstand $k' = 0$ haben.
Für Beispiel 1.29 gilt sinngemäß das für Beispiel 1.28 Gesagte. Der Koppelstab ④ kann infolge seiner gelenkigen Lagerung keine Momente aufnehmen und hat einen Verdrehungswiderstand $k' = 0$.
Die einseitige Konsolbelastung des Beispieles 1.25 wurde für die Beispiele 1.30 und 1.31 in einen symmetrischen und einen antimetrischen Anteil zerlegt. Infolge Symmetrie von Rahmen und Belastung ist Beispiel 1.30 ohne Verschiebungseinfluß und deshalb der Rechnungsgang sehr einfach.
Die Momente für die antimetrische Belastung (*1.150*) wurden mit dem Sonderverfahren berechnet. Es ist hierbei zu beachten, daß die Konsolbelastungen Verschiebungskräfte erzeugen, aus denen ein Teilbetrag der Stabendmomente für volle Einspannung entsteht. Die Überlagerung der Momentenflächen *Bild 1.149* und *1.152* ergibt die Momentenfläche *Bild 1.128*.
Für Beispiel 1.32 gelten die Erläuterungen zu Beispiel 1.24 sinngemäß. Es ist lediglich die Anwendungsweise des Sonderverfahrens zu beachten. Im Vergleich zu Beispiel 1.24 zeigt sich eine wesentliche Arbeitsersparnis. Die Belastungsfälle 1 und 3 treten in der Regel gleichzeitig auf. Es ist deshalb zweckmäßig, auch die Berechnung der Momente aus diesen beiden Lasten mit einem Belastungsfall zu erfassen, um den Rechnungsgang weiter zu verkürzen.

Beispiel 1.33: Vierendeelbinder

Belastungsfälle:

1. Symmetrische Einzellasten: $P_1 = +10{,}00$ kN:

$$M_{CB}' = M_{BC}' = -\frac{10{,}00}{2}\,\frac{5{,}00}{4} = -6{,}25 \text{ kNm},$$

$$M_{BA}' = M_{AB}' = -\frac{(5{,}00 + 10{,}00) \cdot 5{,}00}{4}$$

$$= -18{,}75 \text{ kNm}.$$

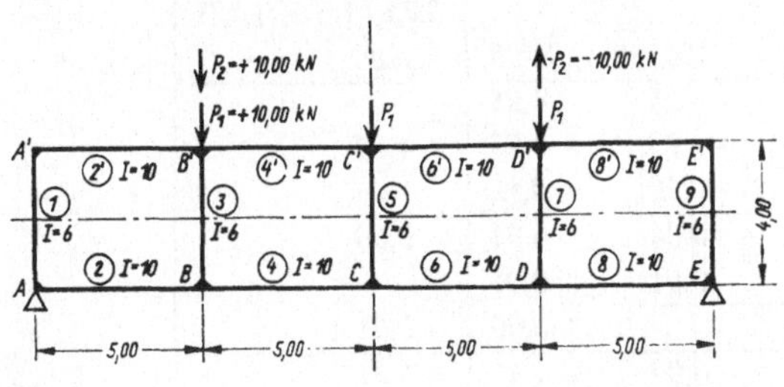

1.156

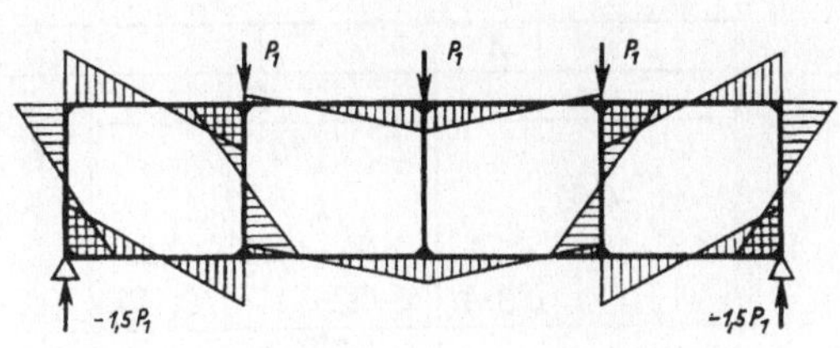

1.159 Momentenfläche für Belastungsfall 1

2. Antimetrische Einzellasten: $P_2 = +10{,}00$ kN, $-P_2 = -10{,}00$ kN:

$$M_{CB}' = M_{BC}' = +\frac{5{,}00 \cdot 5{,}00}{4} = +6{,}25 \text{ kNm},$$

$$M_{BA}' = M_{AB}' = -\frac{5{,}00 \cdot 5{,}00}{4} = -6{,}25 \text{ kNm}.$$

1.157 Ersatzsystem für Belastungsfall 1, symmetrische Belastung des Gesamtsystems mit drei Einzellasten von je $P_1 = +10{,}00$ kN.
Der Knoten C ist hierbei unverdrehbar, aber verschieblich gelagert. Stab ⑤ erhält somit keine Momente, und Stab ④ ist bei C voll eingespannt

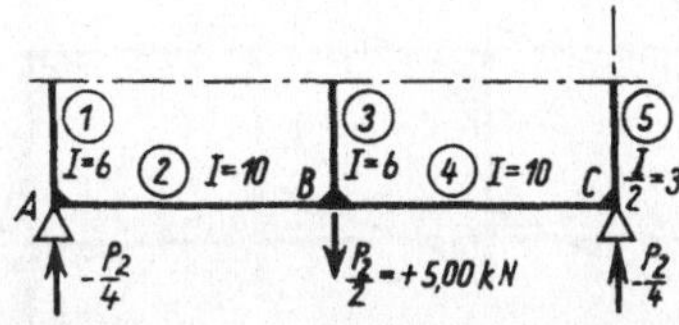

1.160 Ersatzsystem für Belastungsfall 2, antimetrische Belastung des Gesamtsystems mit zwei Einzellasten von 10,00 kN.
Der Knoten C ist hierbei verdrehbar, aber unverschieblich gelagert. Infolge Trennung des Systems wird das Trägheitsmoment des Stabes 5 halbiert

Kontrollrechnung

$$\sum V = \frac{-1{,}75 - 10{,}75}{5{,}00} + \frac{5{,}00}{2} = 0,$$

$$\sum V = \frac{-19{,}04 - 18{,}46}{5{,}00} + \frac{10{,}00 + 5{,}00}{2} = 0.$$

Kontrollrechnung

$$\sum V = \frac{8{,}09 + 4{,}41}{5{,}00} - \frac{5{,}00}{2} = 2{,}50 - 2{,}50 = \frac{P_2}{4} - \frac{P_2}{4} = 0,$$

$$\sum V = \frac{-5{,}00 - 7{,}50}{5{,}00} + \frac{5{,}00}{2} = -2{,}50 + 2{,}50 = -\frac{P_2}{4} + \frac{P_2}{4} = 0.$$

	A		B			C
	1	2		3	4	
I	6	10		6	10	
l	4,00	5,00		4,00	5,00	
k'	1,5 · 1,5 = 2,25	2,00 · 0,25 = 0,50		2,25	0,50	
v	0,818	0,182	0,154	0,692	0,154	
1. M'		−18,75	−18,75		−6,25	−6,25
		−3,85	+3,85	+17,30	+3,85	−3,85
	+18,50	+4,10	−4,10			
		−0,63	+0,63	+2,84	+0,63	−0,63
	+0,52	+0,11	−0,11			
		−0,02	+0,02	+0,07	+0,02	−0,02
	+0,02	+0,00				
M	+19,04	−19,04	−18,46	+20,21	−1,75	−10,75

1.158

	A		B			C	
	1	2		3	4		5
I	6	10		6	10		3
l	4,00	5,00		4,00	5,00		4,00
k'	1,5 · 1,5 = 2,25	2,00 · 0,25 = 0,50		2,25	0,50		0,75 · 1,5 = 1,125
v	0,818	0,182	0,154	0,692	0,154	0,308	0,692
2. M'		−6,25	−6,25		+6,25	+6,25	
	+5,11	+1,14	−1,14		+1,93	−1,93	−4,32
		+0,12	−0,12	−0,55	−0,12	+0,12	
	−0,10	−0,02	+0,02		+0,04	−0,04	−0,08
		+0,01	−0,01	−0,04	−0,01	+0,01	
	−0,01	0,00				0,00	−0,01
M	+5,00	−5,00	−7,50	−0,59	+8,09	+4,41	−4,41

1.161

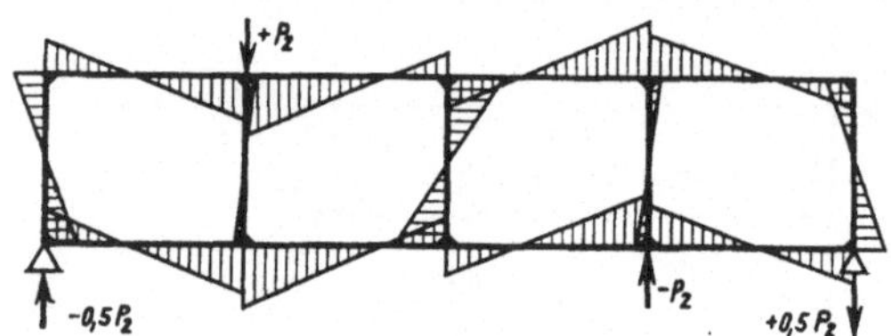

1.162 *Momentenfläche für Belastungsfall 2*

Erläuterungen zu Beispiel 1.33

Das Sonderverfahren zur Berechnung zweistieliger symmetrischer Stockwerkrahmen mit antimetrischer Belastung eignet sich besonders gut für doppelt symmetrische Vierendeelbinder. Der Vierendeelbinder wird hierbei als liegender Stockwerkrahmen betrachtet. Infolge horizontaler und vertikaler Symmetrie kann der Rechnungsgang auf ein Viertel des Systems beschränkt werden.

Asymmetrisch angreifende Belastungen werden zweckmäßigerweise in einen symmetrischen und einen antimetrischen Lastanteil zerlegt. Für die Berechnung sind deshalb zwei verschiedenartige Belastungsfälle maßgebend:

1. *Symmetrische Belastung*
   Bei symmetrischer Belastung verformt sich der Binder symmetrisch zur vertikalen Symmetrieachse. Die Knoten C und C' sind somit unverdrehbar und die anschließenden Ober- und Untergurtstäbe voll eingespannt. Der Vertikalstab ⑤ verbiegt sich nicht und erhält folglich auch keine Momente. Die Knoten B, C und D, sowie B', C' und D' sind vertikal verschieblich, und es gilt deshalb die Betrachtungsweise wie für Stockwerkrahmen. Zur Berechnung der Momente aus symmetrischen Belastungen kann somit das Ersatzsystem nach *Bild 1.157* verwendet werden. Für die Vertikalstäbe (Riegel des Stockwerkrahmens) ist $k' = 1{,}5I/l$, während für die Ober- und Untergurte (Stiele des Stockwerkrahmens) $k' = 0{,}25I/l$ gilt. Für die Errechnung der Stabendmomente für volle Einspannung und den Momentenausgleich gelten sinngemäß die Grundlagen der vorhergehenden Beispiele.
2. *Antimetrische Belastung*
   Bei antimetrischer Belastung verformt sich der Binder antimetrisch zur vertikalen Symmetrieachse. Die Knoten C und C' sind somit verdrehbar und unverschieblich. Der mittlere Vertikalstab ⑤ beteiligt sich an der Momentenaufnahme. Er erhält aus der Belastung der beiden Systemhälften gleiche Momentenanteile. Im Ersatzsystem *Bild 1.160* ist deshalb für Stab ⑤ $I/2$ einzusetzen und am Schluß der Berechnung das Moment zu verdoppeln. Es ist:

$$M_{CC'} = M_{C'C} = -4{,}41 \cdot 2 = -8{,}82 \text{ kNm}.$$

Im Ersatzsystem *Bild 1.160* ist lediglich der Knoten B vertikal verschieblich. Für den Rechnungsgang gilt sinngemäß Belastungsfall 1, d. h., für Stab ①, ③ und ⑤ ist $k' = 1{,}5I/l$ und für Stab ② und ④ $k' = 0{,}25I/l$.

Der hier nicht berücksichtigte Formänderungsanteil der Normal- und Querkräfte kann bei Vierendeelbindern von beachtlichem Einfluß auf die Schnittkräfte sein. Nach [91] führen diese Einflüsse jedoch in den meisten Fällen zu einer Entlastung der kritischen Querschnitte.

1.5. Praktische Beispiele verschieblicher Rahmen – Proportionierte Rahmen

Mit Beispiel 1.27 wurde bereits gezeigt, daß auch mehrstielige Stockwerkrahmen in einfachster Weise berechnet werden können, wenn gewisse konstruktive Voraussetzungen erfüllt sind. Durch Verdoppelung der Mittelstielsteifigkeiten ergab sich, daß bei Wind- und anderen antimetrischen Lasten die Wendepunkte der Biegelinie und damit auch die Momentennullpunkte in den Riegelmitten liegen. Somit konnte die Berechnung auf einen Stützenstrang, d. h. auf das Ersatzsystem (*1.138*) beschränkt werden. Die Anwendung dieser Vereinfachung hat *Ehlers* für Rahmen mit beliebig vielen Stielen und unterschiedlichen Spannweiten der Riegel gezeigt [29]. Unter den Voraussetzungen, daß alle zu einem Geschoß gehörenden Knotenpunkte die gleiche horizontale Verschiebung δ und die gleiche Knotendrehung φ ausführen, liegen die Momentennullpunkte und Wendepunkte der Biegelinie in den Riegelmitten (*1.163*). Diese Voraussetzungen sind erfüllt, wenn die Verformungen der Riegel infolge Normalkraft vernachlässigbar klein, und die Steifigkeiten der Stiele den Steifigkeiten der an den Knoten anschließenden Riegel proportional sind. Für geschoßweise gleiche Stielhöhen und unterschiedliche Riegelspannweiten gilt somit entsprechend den Bezeichnungen von *Bild 1.163*:

$$I_1 : I_5 : I_9 : I_{13} = \frac{I_2}{l_2} : \left(\frac{I_2}{l_2} + \frac{I_6}{l_6}\right) : \left(\frac{I_6}{l_6} + \frac{I_{10}}{l_{10}}\right) : \frac{I_{10}}{l_{10}}.$$

Rahmen, die diesem Proportionsgesetz genügen, werden *proportionierte Rahmen* genannt [21].

Die Wahl der Trägheitsmomente nach obiger Gleichung bringt neben der Vereinfachung der Rechenarbeit wesentliche konstruktive Vorteile. Wird diese *Richtlinie für die Konstruktion* eingehalten, so erfolgt bei Windbelastung keine gegenseitige Beeinflussung der Stützenstränge durch Formänderungen, d. h., die Kräfte werden auf dem kürzesten Wege in die Fundamente geleitet. Jedes andere Steifigkeitsverhältnis ergibt längere Kraftwege und damit eine ungünstigere Konstruktion.

Bei Abweichungen der Steifigkeiten gegenüber dieser Richtlinie bis etwa ±20% ist das Verfahren noch ausreichend genau. Ist der Anteil der Windmomente an den Bemessungsmomenten gering, z. B. bei hohen Deckenlasten, so können noch größere Abweichungen in Kauf genommen werden.

Für den Sonderfall gleicher Riegelspannweiten und geschoßweise gleicher Riegelträgheitsmomente (I_R) ergibt sich mit den Bezeichnungen von *Bild 1.163*:

$$I_1 : I_5 : I_9 : I_{13}$$

$$= \frac{I_R}{l} : \frac{I_R + I_R}{l} : \frac{I_R + I_R}{l} : \frac{I_R}{l} = I_R : 2I_R : 2I_R : I_R$$

$$= 1 : 2 : 2 : 1,$$

d. h. die Verdoppelung der Mittelstielträgheitsmomente wie für Beispiel 1.27.

Rahmen, deren Steifigkeitsverhältnisse stark von den genannten Voraussetzungen abweichen, können in gleicher Weise wie beschrieben berechnet werden, wenn Berichtigungen der entstehenden Ungenauigkeiten erfolgen. Das von *Mandl* [60] angegebene, auf Arbeiten von *Csonka* aufbauende Verfahren ist hierfür gut geeignet, wenn nicht zu extreme Disproportionen vorliegen. Es wird deshalb hier im wesentlichen kurz dargestellt. Zunächst ist die Berechnung so durchzuführen, als ob ein proportionierter Rahmen vorliegt, d. h., ein Stützenstrang wird, wie im Beispiel 1.34 gezeigt, für die aus den Stielsteifigkeiten sich anteilig ergebenden Horizontallasten berechnet. Die übrigen Stielendmomente sind, ebenfalls wie in Beispiel 1.34, proportional den Steifigkeiten zu ermitteln. Die Riegelendmomente werden nun aus der halbierten Summe der an beiden Stabenden angrenzenden anteiligen Stielendmomente gebildet (Vorzeichenwechsel!). Während beim proportionierten Rahmen die Berechnung damit abgeschlossen ist, bestehen hier Momentendifferenzen an den einzelnen Knoten ($\sum M \neq 0$), die um so größer sind, je mehr die Stabsteifigkeiten disproportioniert sind. Der Ausgleich dieser Momentendifferenzen erfolgt nun am unverschieblich angenommenen

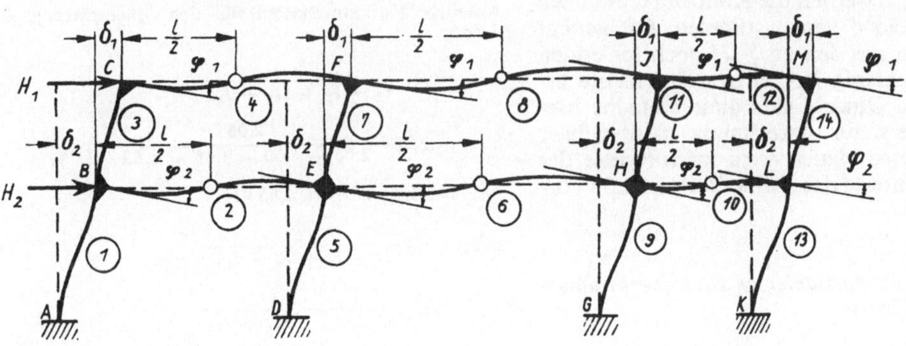

1.163 Verformung eines proportionierten Rahmens

Gesamtrahmen mit Hilfe des *Cross-Verfahrens* in bekannter Weise, wie in 1.2. beschrieben. Bei nicht allzu stark von den Proportionsgesetzen abweichenden Steifigkeitsverhältnissen werden die Kontrollrechnungen

$$\sum H + \frac{\sum M}{h} = 0$$

ausreichend genau stimmen, so daß schon dieser erste Näherungsschritt für praktische Berechnungen genügt. Verbleiben wesentliche Differenzen zwischen $\sum H$ und $\frac{\sum M}{h}$, so ist die Berechnung mit den an $\sum H$ noch fehlenden Kräften von vorn, d. h. von der Berechnung des anteilig verschieblichen Stützenstranges bis zum Ausgleich der wiederum auftretenden Differenzen am unverschieblichen Gesamtsystem durchzuführen. Nach Überlagerung der Momente aus beiden Näherungsrechnungen werden die Kontrollrechnungen praktisch genügend genau stimmen. Oft genügt es schon, wenn aus den an $\sum H$ noch fehlenden Kräften überschlägig Berichtigungsmomente ermittelt werden. Obwohl sich diese einfache Methode besonders zur Berechnung mehrstieliger Stockwerkrahmen eignet, wird im Interesse der leichten Erarbeitung das kleine Beispiel 1.35 vorgeführt.

Beispiel 1.34: Proportionierter Stockwerkrahmen mit Horizontallasten

Auf Grund überschlägiger Berechnungen werden z. B. als bekannt vorausgesetzt (*1.164*):
Riegelträgheitsmomente: $I_2 = 20$, $I_6 = 25$, $I_{10} = 10$,
Stielträgheitsmomente: $I_5 = 10$, $I_7 = 4$.
Es muß sein:

$$I_1 : I_5 : I_9 : I_{13} = \frac{I_2}{l_2} : \left(\frac{I_2}{l_2} + \frac{I_6}{l_6}\right) : \left(\frac{I_6}{l_6} + \frac{I_{10}}{l_{10}}\right) : \frac{I_{10}}{l_{10}},$$

$$I_1 : 10 : I_9 : I_{13} = \frac{20}{9{,}00} : \left(\frac{20}{9{,}00} + \frac{25}{12{,}00}\right) : \left(\frac{25}{12{,}00} + \frac{10}{6{,}00}\right) : \frac{10}{6{,}00}$$

$$= 2{,}22 : 4{,}30 : 3{,}75 : 1{,}67.$$

Folglich

$$I_1 = 10\frac{2{,}22}{4{,}30} = 5{,}16, \quad I_9 = 10\frac{3{,}75}{4{,}30} = 8{,}72,$$

$$I_{13} = 10\frac{1{,}67}{4{,}30} = 3{,}88, \quad I_3 = 4\frac{2{,}22}{4{,}30} = 2{,}06,$$

$$I_{11} = 4\frac{3{,}75}{4{,}30} = 3{,}48, \quad I_{14} = 4\frac{1{,}67}{4{,}30} = 1{,}55,$$

$$I_4 = 20\frac{4}{10} = 8, \quad I_8 = 25\frac{4}{10} = 10,$$

$$I_{12} = 10\frac{4}{10} = 4.$$

Anteilige Horizontallasten für den Stützenstrang *Bild 1.165*:

$$\Delta H_1 = H_1 \frac{I_3}{I_3 + I_7 + I_{11} + I_{14}}$$

$$= 25{,}0\,\frac{2{,}06}{2{,}06 + 4{,}00 + 3{,}48 + 1{,}55}$$

$$= 25{,}0 \cdot 0{,}186 = 4{,}65 \text{ kN},$$

$$\Delta H_2 = H_2 \frac{I_1}{I_1 + I_5 + I_9 + I_{13}}$$

$$= H_2 \frac{I_3}{I_3 + I_7 + I_{11} + I_{14}}$$

$$= 65{,}0 \cdot 0{,}186 = 12{,}10 \text{ kN},$$

$$\sum \Delta H = 4{,}65 + 12{,}10 = 16{,}75 \text{ kN}.$$

Stielendmomente für volle Einspannung (vgl. Beispiele 1.26 und 1.27):

$$M_{CB}' = M_{BC}' = -\ 4{,}65\frac{4{,}00}{2} = -\ 9{,}3 \text{ kNm};$$

$$M_{BA}' = M_{AB}' = -16{,}75\frac{5{,}00}{2} = -41{,}9 \text{ kNm}.$$

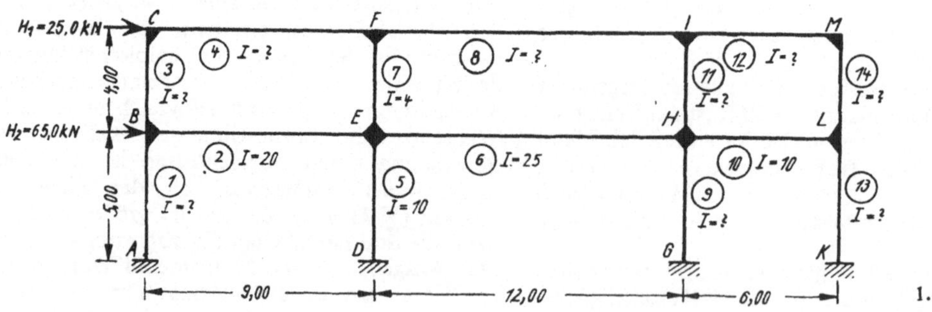

1.164

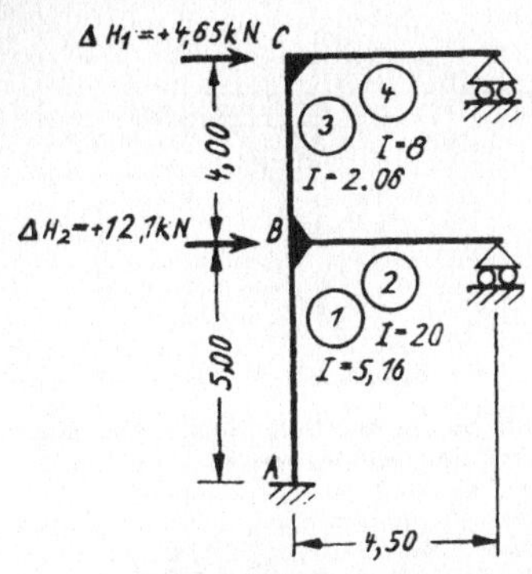

1.165 Stützenstrang als Ersatzsystem

Momentenausgleich sinngemäß wie für Beispiel 1.27:

	A	B	B	B	C	C
	1		2	3		4
I	5,16		20	2,06		8
l	5,00		9,00	4,00		9,00
k	1,03		2,22	0,515		0,888
k'	0,257		3,33	0,129		1,332
v		0,069	0,896	0,035	0,088	0,912
M'	−41,9	−41,9		−9,3	−9,3	
	−3,5	+3,5	+45,9	+1,8	−1,8	
				−1,0	+1,0	+10,1
	−0,1	+0,1	+0,9	0,0		
M	−45,5	−38,3	+46,8	−8,5	−10,1	+10,1

1.166

Die übrigen Momente sind den Steifigkeiten bzw. Stielträgheitsmomenten proportional und können somit leicht errechnet werden. Es ist:

$$M_{DE} = M_{AB}\frac{I_5}{I_1} = -45{,}5\frac{10}{5{,}16} = -45{,}5 \cdot 1{,}94$$
$$= -88{,}3\text{ kNm},$$
$$M_{ED} = M_{BA} \cdot 1{,}94 = -38{,}3 \cdot 1{,}94 = -74{,}3\text{ kNm},$$
$$M_{EF} = M_{BC} \cdot 1{,}94 = -8{,}5 \cdot 1{,}94 = -16{,}5\text{ kNm},$$
$$M_{FE} = M_{CB} \cdot 1{,}94 = -10{,}1 \cdot 1{,}94 = -19{,}6\text{ kNm},$$
$$M_{GH} = M_{AB}\frac{I_9}{I_1} = -45{,}5\frac{8{,}72}{5{,}16} = -45{,}5 \cdot 1{,}69$$
$$= -76{,}8\text{ kNm},$$
$$M_{HG} = -38{,}3 \cdot 1{,}69 = -64{,}7\text{ kNm},$$
$$M_{HI} = -8{,}5 \cdot 1{,}69 = -14{,}4\text{ kNm},$$
$$M_{IH} = -10{,}1 \cdot 1{,}69 = -17{,}1\text{ kNm},$$
$$M_{KL} = M_{AB}\frac{I_{13}}{I_1} = -45{,}5\frac{3{,}88}{5{,}16} = -45{,}5 \cdot 0{,}75$$
$$= -34{,}2\text{ kNm},$$
$$M_{LK} = -38{,}3 \cdot 0{,}75 = -28{,}7\text{ kNm},$$
$$M_{LM} = -8{,}5 \cdot 0{,}75 = -6{,}4\text{ kNm},$$
$$M_{ML} = -10{,}1 \cdot 0{,}75 = -7{,}6\text{ kNm},$$
$$M_{EB} = M_{BE} = +46{,}8\text{ kNm},$$
$$M_{EH} = M_{HE} = -(M_{EB} + M_{ED} + M_{EF})$$
$$= -46{,}8 + 74{,}3 + 16{,}5 = +44{,}0\text{ kNm},$$
$$M_{HL} = M_{LH} = -(M_{HE} + M_{HG} + M_{HI})$$
$$= -44{,}0 + 64{,}7 + 14{,}4 = +35{,}1\text{ kNm},$$
$$M_{FE} = M_{CF} = +10{,}1\text{ kNm},$$
$$M_{FI} = M_{IF} = -(M_{FC} + M_{FE})$$
$$= -10{,}1 + 19{,}6 = +9{,}5\text{ kNm},$$
$$M_{IM} = M_{MI} = -M_{ML} = +7{,}6\text{ kNm}.$$

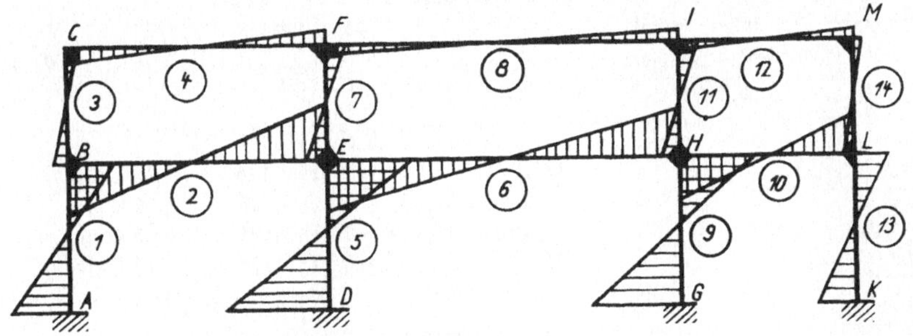

1.167 Momentenfläche

Kontrollrechnung:

$$\sum H = +25{,}0 + \frac{-8{,}5 - 10{,}1 - 16{,}5 - 19{,}6 - 14{,}4 - 17{,}1 - 6{,}4 - 7{,}6}{4{,}00}$$

$$= +25{,}0 - \frac{100{,}2}{4{,}00} \approx 0,$$

$$\sum H = +25{,}0 + 65{,}0 + \frac{-45{,}5 - 88{,}3 - 38{,}3 - 74{,}3 - 76{,}8 - 64{,}7 - 34{,}2 - 28{,}7}{5{,}00}$$

$$= 9{,}00 - \frac{45{,}08}{5{,}00} \approx 0.$$

Beispiel 1.35: Schlecht proportionierter Rahmen mit Horizontallast

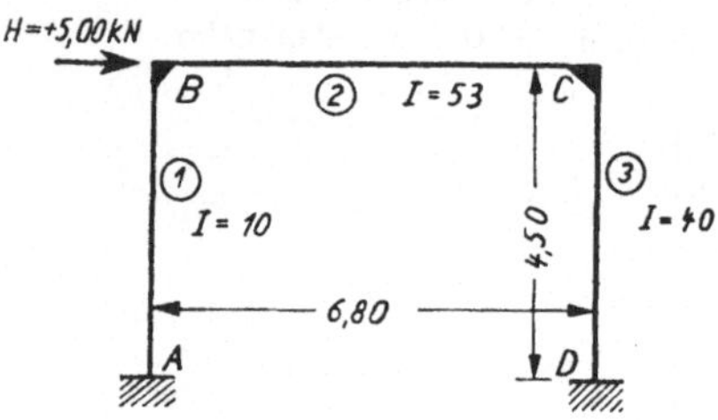

1.168

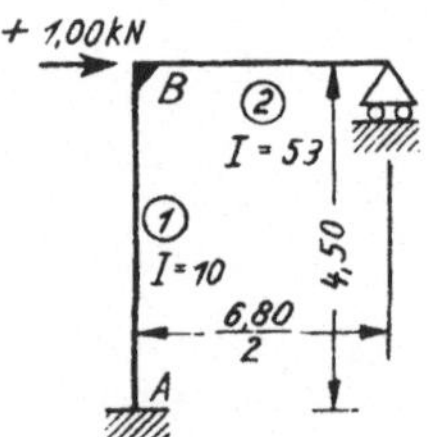

1.169 *Ersatzsystem*

$$H\frac{I_1}{I_1 + I_3} = 5{,}00\frac{10}{10 + 40} = 1{,}00 \text{ kN},$$

$$M_{AB}' = M_{BA}' = -\frac{1{,}00 \cdot 4{,}50}{2} = -2{,}25 \text{ kNm}$$

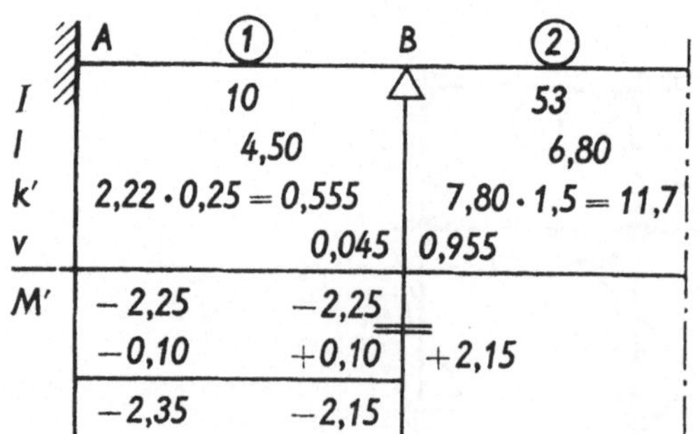

	A	①	B	②
I		10		53
l		4,50		6,80
k'	2,22·0,25 = 0,555		7,80·1,5 = 11,7	
v		0,045	0,955	
M'	−2,25	−2,25		
	−0,10	+0,10	+2,15	
	−2,35	−2,15		

1.170

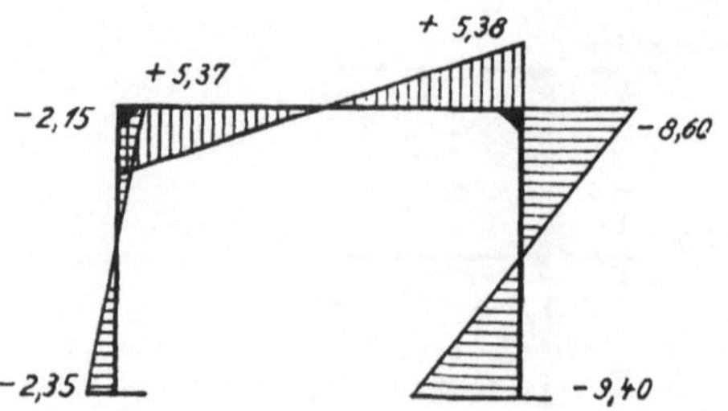

1.171 Momentenfläche vor dem Momentenausgleich am zeitweilig unverschieblich angenommenen System

$$M_{DC} = M_{AB}\frac{I_3}{I_1} = -2{,}35\frac{40}{10} = -9{,}40 \text{ kNm},$$

$$M_{CD} = M_{BA}\frac{I_3}{I_1} = -2{,}15 \cdot 4 = -8{,}60 \text{ kNm},$$

$$M_{BC} = M_{CB} = \frac{M_{BA} + M_{CD}}{2}(-1) = \frac{+2{,}15 + 8{,}60}{2}$$

$$= +5{,}38 \text{ kNm} \quad \text{bzw.} \quad +5{,}37 \text{ kNm}.$$

	A	① B	B	② C	C ③	D
I		10		53		40
l		4,50		6,80		4,50
k'		2,22		7,80		8,88
v		0,221	0,779	0,467	0,533	
	−2,35	−2,15	+5,37	+5,38	−8,60	−9,40
	−0,35	−0,71	−2,51	−1,25		
			+1,04	+2,09	+2,38	+1,19
	−0,11	−0,23	−0,81	−0,40		
			+0,09	+0,19	+0,21	+0,10
	−0,01	−0,02	−0,07	−0,04		
				+0,02	+0,02	+0,01
M_I	−2,82	−3,11	+3,11	+5,99	−5,99	−8,10

1.172

Kontrollrechnung:

$$\Delta H = \sum H + \frac{\sum M}{h} = +5{,}00 + \frac{-2{,}82 - 3{,}11 - 5{,}99 - 8{,}10}{4{,}50}$$

$$= +5{,}00 - 4{,}44 = +0{,}56 \text{ kN},$$

$$M = M_I + M_I\frac{\Delta H}{H}\frac{H}{\frac{\sum M}{h}} = M_I\left(1 + \frac{\Delta H}{\frac{\sum M}{h}}\right)$$

$$= M_I\left(1 + \frac{0{,}56}{4{,}44}\right) = M_I \cdot 1{,}126,$$

$$M_{AB} = -2{,}82 \cdot 1{,}126 = -3{,}18 \text{ kNm}$$

$$M_{BA} = -M_{BC} = -3{,}11 \cdot 1{,}126 = -3{,}50 \text{ kNm}$$

$$M_{CD} = -M_{CB} = -5{,}99 \cdot 1{,}126 = -6{,}75 \text{ kNm}$$

$$M_{DC} = -8{,}10 \cdot 1{,}126 = -9{,}12 \text{ kNm}$$

$$\sum M = -22{,}55 \text{ kNm},$$

$$\sum H = +5{,}00 + \frac{-22{,}55}{4{,}50} = +5{,}00 - 5{,}00 = 0.$$

Erläuterungen zu Beispiel 1.35

Der Stützenstrang *Bild 1.169* des vorläufig proportioniert angenommenen Rahmens wird für die anteilige Horizontallast, wie im Beispiel 1.34 beschrieben, berechnet. Die übrigen Stielendmomente (Stab 3) sind den Trägheitsmomenten proportional. Die Riegelendmomente des „proportionierten“ Rahmens müssen gleich groß sein, d. h., sie werden aus der halben Summe der bisherigen Riegelendmomente (anteilige Stielendmomente mit umgekehrten Vorzeichen) bestimmt. Ein Blick auf *Bild 1.171* zeigt, daß die so errechneten Momente an den Knoten *B* und *C* nicht im Gleichgewicht sind. Am nunmehr unverschieblich angenommenen Rahmen werden die Momente in bekannter Weise nach dem *Cross-Verfahren* ausgeglichen. Eine Kontrollrechnung zeigt, daß die Momentensumme der Stiele noch nicht der angreifenden Horizontallast entspricht. Bei Stockwerkrahmen wäre die Berechnung nun mit den restlichen Horizontallasten zu wiederholen, und die Überlagerung ergibt dann meist schon nach dieser zweiten Näherung ausreichend genaue Endwerte. Die Momente der zweiten und weiterer Näherungen sind bei einstöckigen Rahmen denen der ersten Näherung (M_I) proportional, so daß weitere Berichtigungen durch Multiplikation mit einem Berichtigungsfaktor erfolgen können. Die Multiplikation des Berichtigungswertes $\left(M_I \frac{\Delta H}{H}\right)$ mit $\left(\frac{H}{\frac{\sum M}{h}}\right)$ ergibt den Berichtigungsanteil der weiteren Näherungen.

1.6. Berechnung von Systemen mit Stäben veränderlichen Trägheitsmomentes

1.6.1. Erläuterungen

Die bisherigen Ausführungen galten nur für Durchlaufträger und Rahmen, die sich aus Stäben mit feldweise konstanten Trägheitsmomenten zusammensetzen. Stäbe, deren Trägheitsmomente im Bereiche ihrer Stablänge veränderlich sind, können jedoch ebenfalls ohne prinzipielle Änderung mit dem *Cross-Verfahren* berechnet werden. Es sind lediglich die für diese Stäbe in den Zahlentafeln 6.2. angegebenen Verdrehungswiderstände k', Übertragungsfaktoren γ und Stabendmomente für volle Einspannung M' zu verwenden. Zu beachten ist hierbei, daß diese Werte bei unsymmetrischen Stäben an jedem Stabende verschieden sind.

Die Tafeln 14 bis 43 sind zur besseren Übersicht so dargestellt, daß auf der nach links aufgeschlagenen Buchseite die für das linke Stabende und auf der nach rechts aufgeschlagenen Buchseite die für das rechte Stabende maßgebenden Zahlenwerte enthalten sind.

Die in Kursivschrift gedruckten Zahlen $\frac{k^*l}{I_1}$, a^* und c^* sind für Berechnungen nach dem *Kani-Verfahren*.

Die in 6.2. angegebenen Zahlenwerte gelten mit Ausnahme der Tafeln 44 und 45 strenggenommen nur für Stäbe mit rechteckigem Querschnitt und mit geradlinig veränderlicher Stabhöhe. Für Stäbe mit anderen Querschnittsformen, z. B. T- und I-Profilen, ist die Genauigkeit jedoch ausreichend. Stäbe mit gekrümmten Vouten können, wenn die Krümmung durch eine Ausgleichsgerade ersetzt wird, ebenfalls ausreichend genau berechnet werden. In den Tafeln nicht enthaltene Belastungsbilder lassen sich genügend genau durch entsprechende Einzellasten in den Zehntelpunkten der Stablänge ersetzen. Damit dürften alle in der Regel vorkommenden praktischen Fälle erfaßt werden können. Interpolationen zwischen den Tafelwerten brauchen nicht mit übertriebener Genauigkeit durchgeführt zu werden. In den meisten Fällen genügt eine geradlinige Interpolation. Bei stark voneinander abweichenden Zahlen empfiehlt es sich, grafisch zu interpolieren.

Die Abstufung der Tafelwerte $n = \frac{I_1}{I_2}$ entspricht bei Rechteckquerschnitten gleicher Breite folgenden Verhältnissen der Trägerhöhen:

n	1,0	0,6	0,4	0,2	0,1	0,06	0,03	0,01
$\frac{h_2}{h_1}$	1	1,186	1,357	1,709	2,155	2,558	3,215	4,651
$\frac{h_1}{h_2}$	1	0,843	0,737	0,585	0,464	0,391	0,311	0,215

Mit diesem Fächer dürfte der praktisch vorkommende Bereich der Verhältnisse $n = \frac{I_1}{I_2}$ ausreichend erfaßt sein.

Die Zahlenwerte der Tafeln 6.2. wurden mit Hilfe der nach dem Mohrschen Satz errechneten Endtangentenwinkel am frei aufliegenden Träger bzw. mit dem Formänderungsintegral $EI_c\delta = \int_0^l M\bar{M} \frac{I_c}{I_{(x)}} \mathrm{d}x$ ermittelt.

1.6.2. Hinweise zur Berechnung der Werte der Tafeln 8 bis 89 Abschnitt 6.2.

Zur Berechnung der Grundwerte des *Cross-Verfahrens*,

Übertragungsfaktoren γ,
Verdrehungswiderstände k'
Stabendmomente für volle Einspannung M'

und für Verformungsberechnungen werden die Endtangentenwinkel am frei aufliegenden belasteten Träger benötigt.
Es bedeuten:

α, β Endtangentenwinkel frei aufliegender Träger für $M = 1$ am Stabende (s. 1.6.2.1.),

$\bar{\alpha}, \bar{\beta}$ $(EI_1 : l)$-fach verzerrte Endtangentenwinkel frei aufliegender Träger für $M = 1$ am Stabende (s. 1.6.2.1.),

α° Endtangentenwinkel frei aufliegender belasteter Träger (s. 1.6.2.2.),

$\bar{\alpha}^0$ $(EI_1 : lm)$-fach verzerrte Endtangentenwinkel frei aufliegender belasteter Träger (s. 1.6.2.2.).

Die Berechnung dieser Endtangentenwinkel erfolgt z. B. mit dem Satz von *Mohr*, der für einen Stab mit gleichbleibendem Elastizitätsmodul E, einem beliebig veränderlichen Trägheitsmoment $I_{(x)}$ und einem Vergleichsträgheitsmoment I_c lautet:

Die EI_c-fachen Endtangentenwinkel der Biegelinie eines Stabes sind gleich den Auflagerdrücken der als Belastung aufgefaßten $I_c : I_{(x)}$-fach verzerrten Momentenfläche dieses Stabes.

Die so ermittelten Endtangentenwinkel

$EI_c\alpha, \quad EI_c\beta, \quad EI_c\alpha^0$

sind identisch mit den bekannten Verformungswerten

$$EI_c\delta = \int_0^l M\bar{M}\frac{I_c}{I_{(x)}}\,dx = (c)\,M\bar{M}l\frac{I_c}{I}.$$

Das Vergleichsträgheitsmoment I_c kann sowohl ein bestimmtes frei gewähltes Trägheitsmoment des mit veränderlichem Trägheitsmoment versehenen Stabes als auch ein Trägheitsmoment eines anderen Bezugsstabes sein. In den Formeln und Tafeln des Buches wurde das jeweilige I_1 als Vergleichs- (bzw. Bezugs-) Trägheitsmoment I_c festgelegt. Bei der Anwendung des Reduktionssatzes der Kraftgrößenmethode (s. Abschn. 5.) müssen alle Stäbe des untersuchten Systems auf ein I_c bezogen werden.
Die in 1.6.2.1., 1.6.2.2. und in den Tafeln 47 bis 91 angegebenen (c)-Werte können auf vielfältige Weise als Grundwerte für Verformungsberechnungen und zur Berechnung weiterer Grundwerte verschiedener Berechnungsverfahren dienen.
Sie gelten für den Sonderfall

$M = \bar{M} = l = 1,$

und dafür ist

$EI_1\delta = EI_1\alpha = (c).$

Bei der praktischen Verwendung müssen deshalb die realen Werte für

$M, \bar{M}, l$ und $I_c : I_1$

noch eingesetzt werden.
Zum Zwecke der besseren Übersicht sind die Beziehungen zwischen den verzerrten Endtangentenwinkeln $\bar{\alpha}$, $\bar{\beta}$, $\bar{\alpha}^0$ und den Formel- bzw. Tafelwerten (c) jeweils angegeben.
Die aus [24] übernommenen Tafeln 44 und 45 gelten für Biegestäbe mit einseitigen und symmetrischen Vouten mit beliebig stetig veränderlichem Trägheitsmoment. Diese Vouten können ein- oder ausspringend sein. Die Hilfsfunktionen (H) sind in Tafel 46 für den Sonderfall des rechteckigen Stabes mit linear veränderlicher Stabhöhe angegeben. In den Tafeln 44 bis 46 ist für ausspringende Vouten $n = I_1 : I_2 \leqq 1$ und für einspringende Vouten $n = I_1 : I_2 \geqq 1$. Im Gegensatz hierzu ist für den dachförmigen Träger, als Sonderfall des Trägers mit einspringenden Vouten, in den Tafeln 8 und 47 bis 54 immer das kleinste Trägheitsmoment als I_1 festgelegt. Bei Übernahme der Werte aus den Tafeln 44 bis 46 in die Tafeln 8 und 47 bis 54 wurde deshalb $n \Rightarrow \frac{1}{n}$ und $c \Rightarrow cn$ gesetzt. Die Tafeln 44 und 45 gelten entsprechend den Einschränkungen in [24] bis [26] nicht für Einzellasten im Voutenbereich. Dieser Wertebereich wurde mit Hilfe numerischer Integration nach *Gauß* berechnet (s. [27] S. 1173 und [104]). In den Tafeln 50 bis 54, 58 bis 62 und 66 bis 74 konnte damit diese Lücke geschlossen werden.
Die Arbeit [24] wurde durch [25] und [26] für weitere Voutenformen ergänzt. Nach der in [25] und [26] gegenüber [24] etwas veränderten Schreibweise ist für den rechteckigen Stab mit linear veränderlicher Stabhöhe

$$H_i = \frac{1}{2}n^{1/3}\left(\frac{\lambda}{n^{1/3}-1}\right)^{i+1}\bar{H}_i - \frac{\lambda^{i+1}}{i+1},$$

$(i = 0, 1, 2, 3, \ldots),$

wobei

$$\bar{H}_0 = (n^{1/3} - 1)(n^{1/3} + 1),$$
$$\bar{H}_1 = (n^{1/3} - 1)(n^{1/3} - 1),$$
$$\bar{H}_2 = (n^{1/3} - 1)(-3n^{1/3} + 1) + 2n^{2/3} \ln n^{1/3},$$
$$\bar{H}_3 = (n^{1/3} - 1)(2n^{2/3} + 5n^{1/3} - 1) - 6n^{2/3} \ln n^{1/3}.$$
$$\bar{H}_4 = (n^{1/3} - 1)(n - 7n^{2/3} - 7n^{1/3} + 1) + 12n^{2/3} \ln n^{1/3}.$$

Für rechteckige Stäbe mit sprunghaft veränderlichem I ist nach [25] und [26] sowohl für veränderliche Stabbreite als auch für veränderliche Stabhöhe:

$$H_i = (n - 1)\frac{\lambda^{i+1}}{i + 1}, \quad (i = 0, 1, 2, 3, \ldots).$$

Mit diesen Hilfswerten und den Lösungen in den Tafeln 44 und 45 können die Werte (c) der Tafeln 76 bis 78 und 81 bis 89 ebenfalls berechnet werden, soweit Einzellasten nicht im Voutenbereich stehen.

1.6.2.1, Lösungen der Formänderungsintegrale $M\bar{M}$ für ◸ ◸, ◹ ◹ und ◸ ◹ als Tafelwerte (c) für $M = \bar{M} = l = 1$, bzw. Endtangentenwinkel $\bar{\alpha}_l$, $\bar{\alpha}_r$ und β frei aufliegender Träger mit $l = 1$, bei $M = 1$ am Stabende

$$\lambda = v : l, \qquad n = I_1 : I_2.$$

$$c = \bar{\alpha} = \alpha\frac{EI_1}{l} = \frac{0{,}125n}{(1 - \sqrt[3]{n})^3} \times \left[3 - 2\ln\sqrt[3]{n} + 2\sqrt[3]{n} - (\sqrt[3]{n})^2 - \frac{6}{\sqrt[3]{n}} + \frac{2}{(\sqrt[3]{n})^2}\right],$$

$$c = \bar{\beta} = \beta\frac{EI_1}{l} = \frac{0{,}25n}{(1 - \sqrt[3]{n})^2} \times \left[-1 + \sqrt[3]{n} - \frac{1}{\sqrt[3]{n}} + \frac{1}{(\sqrt[3]{n})^2}\right] - \bar{\alpha},$$

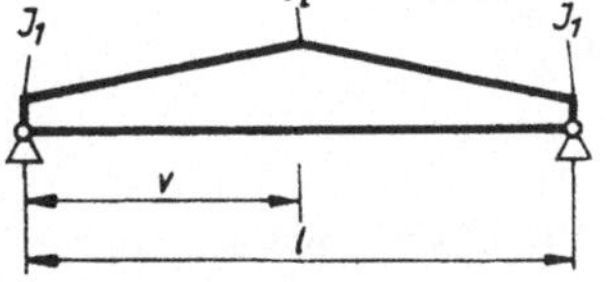

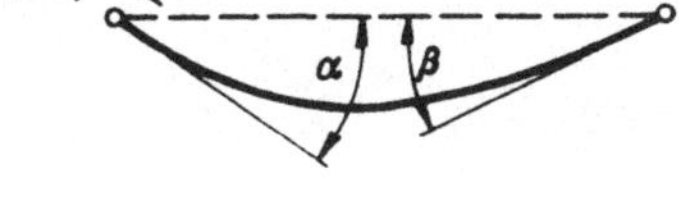

$$c = \bar{\alpha} = \alpha\frac{EI_1}{l} = \frac{n\lambda^3}{(\sqrt[3]{n} - 1)^3} \times \left[\ln\sqrt[3]{n} + \frac{2}{\sqrt[3]{n}} - \frac{1}{2(\sqrt[3]{n})^2} - 1\frac{1}{2}\right] + \frac{1}{3}[(1 - \lambda)^3 - \lambda^3] - \frac{n\lambda^3}{(\sqrt[3]{n} - 1)^3}$$
$$\times \left[\ln\lambda + \frac{2[\sqrt[3]{n} - (1 - \lambda)]}{\lambda} - \frac{[\sqrt[3]{n} - (1 - \lambda)]^2}{2\lambda^2} - \left(\ln\lambda\sqrt[3]{n} + \frac{2[\sqrt[3]{n} - (1 - \lambda)]}{\lambda\sqrt[3]{n}} - \frac{[\sqrt{n} - (1 - \lambda)]^2}{2(\lambda\sqrt[3]{n})^2}\right)\right],$$

$$c = \bar{\beta} = \beta\frac{EI_1}{l} = \frac{n\lambda^2}{(\sqrt[3]{n} - 1)^2}\left[-\frac{1}{\sqrt[3]{n}} + \frac{1}{2(\sqrt[3]{n})^2} + \frac{1}{2}\right] + \frac{1}{2}[1 - 2\lambda]$$
$$+ \frac{n\lambda^3}{(\sqrt[3]{n} - 1)^2}\left[-\frac{1}{\lambda} + \frac{\sqrt[3]{n} - (1 - \lambda)}{2\lambda^2} - \left(-\frac{1}{\lambda\sqrt[3]{n}} + \frac{\sqrt[3]{n} - (1 - \lambda)}{2(\lambda\sqrt[3]{n})^2}\right)\right] - \bar{\alpha};$$

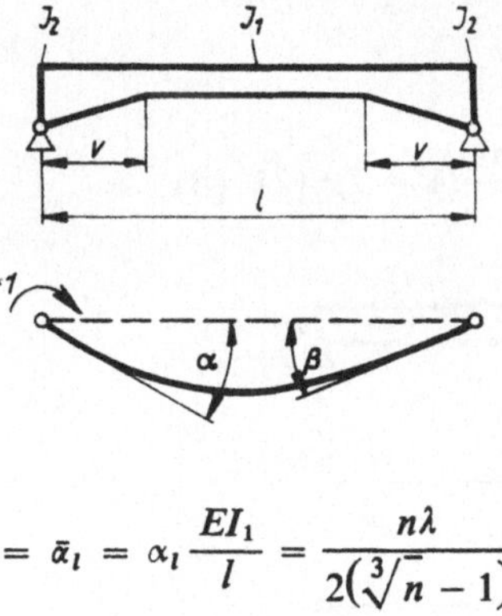

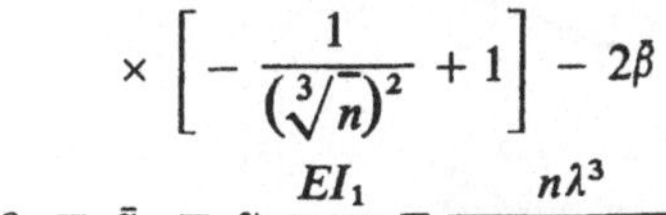

$$c_l = \bar{\alpha}_l = \alpha_l\frac{EI_1}{l} = \frac{n\lambda}{2(\sqrt[3]{n} - 1)} \times \left[-\frac{1}{(\sqrt[3]{n})^2} + 1\right] - 2\bar{\beta} - \bar{\alpha}_r + (1 - \lambda),$$

$$c_r = \bar{\alpha}_r = \alpha_r\frac{EI_1}{l} = \frac{n\lambda^3}{(\sqrt[3]{n} - 1)^3} \times \left(\ln\sqrt[3]{n} + \frac{2}{\sqrt[3]{n}} - \frac{1}{2(\sqrt[3]{n})^2} - 1{,}5\right) + \frac{1}{3}(1 - \lambda^3),$$

$$c = \beta = \beta \frac{EI_1}{l} = \frac{n\lambda^2}{(\sqrt[3]{n}-1)^2}$$
$$\times \left(-\frac{1}{\sqrt[3]{n}} + \frac{1}{2(\sqrt[3]{n})^2} + \frac{1}{2}\right)$$
$$+ \frac{1}{2}(1-\lambda^2) - \bar{\alpha}_r;$$

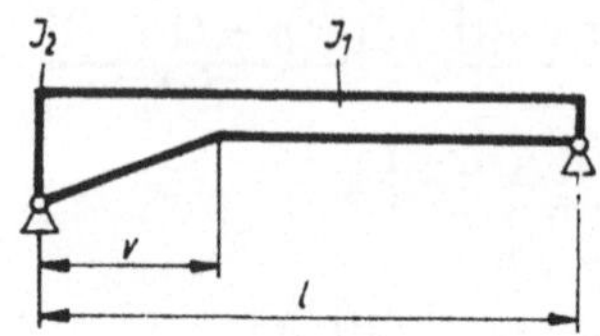

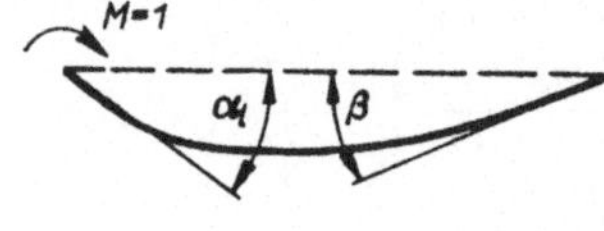

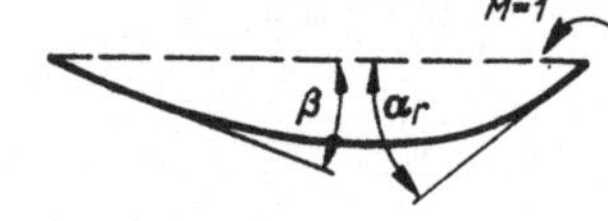

$$c_l = \bar{\alpha}_l' = \alpha_l \frac{EI_1}{l} = \frac{n}{3} + \frac{(1-n)}{3}(1-\lambda)^3,$$

$$c_r = \bar{\alpha}_r = \alpha_r \frac{EI_1}{l} = \frac{1}{3} - \frac{(1-n)}{3}\lambda^3,$$

$$c = \beta = \beta \frac{EI_1}{l}$$
$$= \frac{n}{6} + \frac{(1-n)}{6}(1-\lambda)^2(2\lambda+1).$$

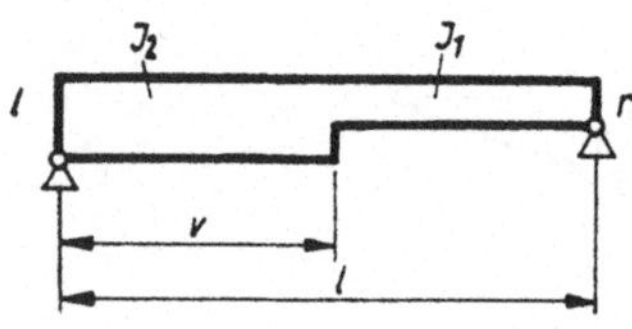

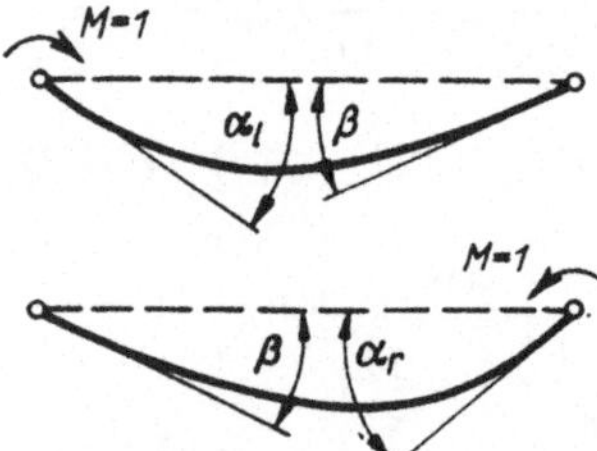

Weitere Formeln für (c)-Werte der Voutenträger siehe Tafeln 44 bis 46. Für die dargestellten Stabformen sind die $EI_1 : l$-fach verzerrten Endtangentenwinkel α_l, α_r und β in den Tafeln 47, 55, 63 und 76 angegeben. Für Stäbe mit gleichbleibendem Trägheitsmoment I ergibt sich

$$\bar{\alpha}_l = \bar{\alpha}_r = \bar{\alpha} = \tfrac{1}{3}, \qquad \beta = \tfrac{1}{6}.$$

Diese Werte finden wir auch in Tafel 7 für die Integrationen

$$\triangleright\ \triangleright\ c = \tfrac{1}{3}, \quad \triangleright\ \triangleleft = \triangleleft\ \triangleright\ c = \tfrac{1}{6}.$$

Diese (c)-Werte entsprechen somit den $\bar{\alpha}$,β-Werten.
Es ist damit generell $\bar{\alpha}_l = c_{\triangleright\triangleright}$, $\bar{\alpha}_r = c_{\triangleleft\triangleleft}$ und $\beta = c_{\triangleright\triangleleft}$.

1.6.2.2. Lösungen der Formänderungsintegrale $M\bar{M}$ für einige Belastungsfälle als Tafelwerte (c) für $M = \bar{M} = l = 1$, bzw. als Endtangentenwinkel $\bar{\alpha}_l^0$ und $\bar{\alpha}_r^0$ frei aufliegender belasteter Träger mit $l = 1$

In den Tafeln 47 bis 91 ist

$$\alpha_l^0 = c_l \frac{Ml}{EI_1}, \qquad \alpha_r^0 = c_r \frac{Ml}{EI_1} \quad \text{bzw.}$$

$$c_l = \alpha_l^0 \frac{EI_1}{Ml}, \qquad c_r = \alpha_r^0 \frac{EI_1}{Ml},$$

für Gleichlast q ist

$$\bar{\alpha}_l^0 = \alpha_l^0 \frac{EI_1}{ql^3}, \qquad \bar{\alpha}_r^0 = \alpha_r^0 \frac{EI_1}{ql^3},$$

daraus folgt

$$c_l = \alpha_l^0 EI_1 \frac{8}{ql^3} = 8\bar{\alpha}_l^0, \qquad c_r = 8\bar{\alpha}_r^0;$$

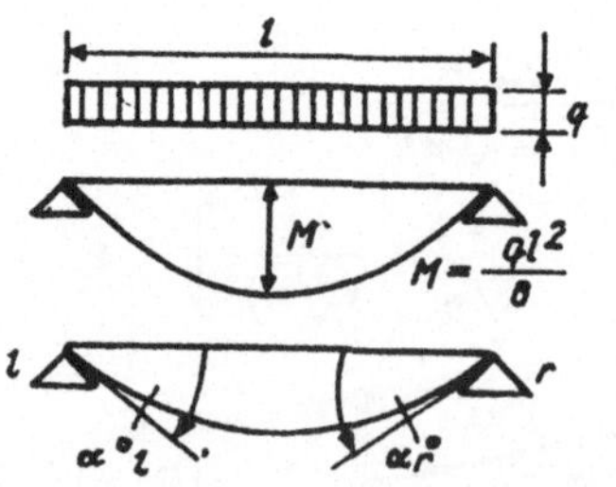

desgl. ergibt sich für Dreiecklast q

$$\bar{\alpha}_l^0 = \alpha_l^0 \frac{EI_1}{ql^3}, \qquad \bar{\alpha}_r^0 = \alpha_r^0 \frac{EI_1}{ql^3},$$

$$c_l = \alpha_l^0 EI_1 \frac{9\sqrt{3}}{ql^3} = 9\sqrt{3}\,\bar{\alpha}_l^0, \qquad c_r = 9\sqrt{3}\,\bar{\alpha}_r^0;$$

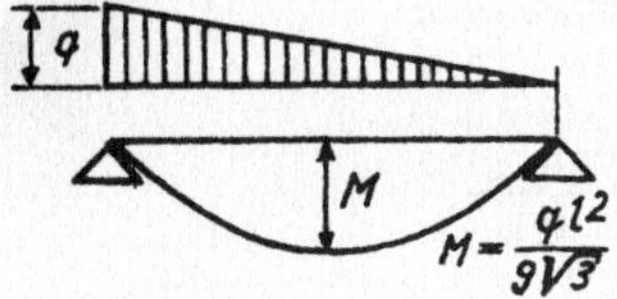

für Einzellast P wird

$$\bar{\alpha}_l^0 = \alpha_l^0 \frac{EI_1}{Pl^2}, \qquad \bar{\alpha}_r^0 = \alpha_r^0 \frac{EI_1}{Pl^2},$$

$$c_l = \alpha_l^0 EI_1 \frac{1}{\gamma\delta Pl^2} = \frac{\bar{\alpha}_l^0}{\gamma\delta}, \qquad c_r = \frac{\bar{\alpha}_r^0}{\gamma\delta},$$

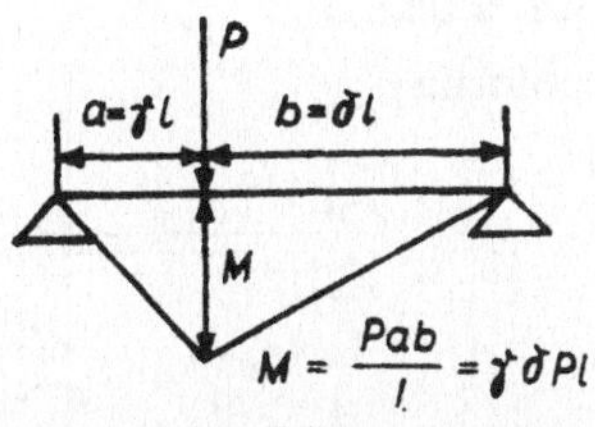

desgl. für Einzellast P in Feldmitte

$$c_l = 4\bar{\alpha}_l^0, \qquad c_r = 4\bar{\alpha}_r^0.$$

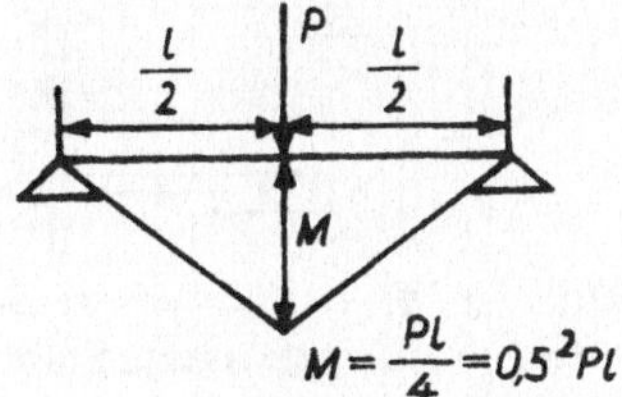

Aus diesen Vergleichen ergibt sich, daß im Gegensatz zu den (c)-Werten in den $\bar{\alpha}^0$-Werten die Zahlen $\frac{1}{8}$, $\frac{1}{9\sqrt{3}}$, $\gamma\delta$, $\frac{1}{4}$ usw. bereits enthalten sind.

Für den Stab mit Voutenlänge $v = l$ ist z. B. für Belastung mit dem Moment $M = 1$ und $n = I_1 : I_2$:

$$c_l = \bar{\alpha}_l^0 = \alpha_l^0 \frac{EI_1}{Ml} = \bar{\alpha}_l - \frac{1}{2} \times \left\{ n^{2/3} - \frac{(1-\gamma)^2}{\left[1 + \left(\frac{1}{n^{1/3}} - 1\right)(1-\gamma)\right]^2} \right\},$$

$$c_r = \bar{\alpha}_r^0 = \alpha_r^0 \frac{EI_1}{Ml} = -\bar{\alpha}_r + \frac{\left[2 + \left(\frac{1}{n^{1/3}} - 1\right)(1-\gamma)\right](1-\gamma) - (1-\gamma)^2}{2\left[1 + \left(\frac{1}{n^{1/3}} - 1\right)(1-\gamma)\right]^2}.$$

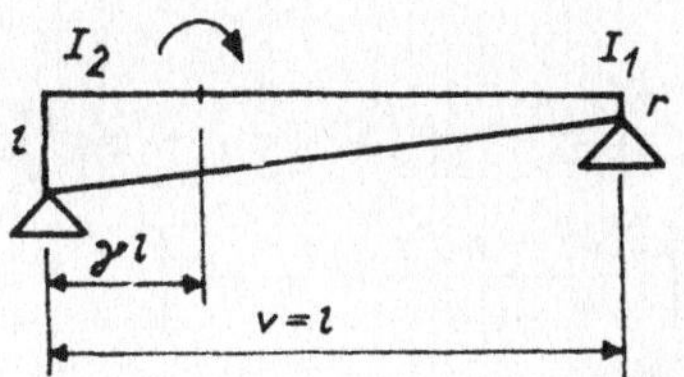

Für den Stab mit sprunghaft veränderlichem Trägheitsmoment I ergibt sich nach dem o. g. Satz von *Mohr* umgerechnet auf (c)-Werte:

$$\lambda = \frac{v}{l}, \qquad n = \frac{I_1}{I_2},$$

$$c_l = 8\bar{\alpha}_l^0 = \alpha_l^0 \frac{8EI_1}{ql^3} = \frac{n}{3} + (1-n)(1-\lambda)^3 \times \left(\frac{1}{3} + \lambda\right),$$

$$c_r = 8\bar{\alpha}_r^0 = \alpha_r^0 \frac{8EI_1}{ql^3} = \frac{1}{3} - (1-n)\left(\frac{4}{3}\lambda^3 - \lambda^4\right);$$

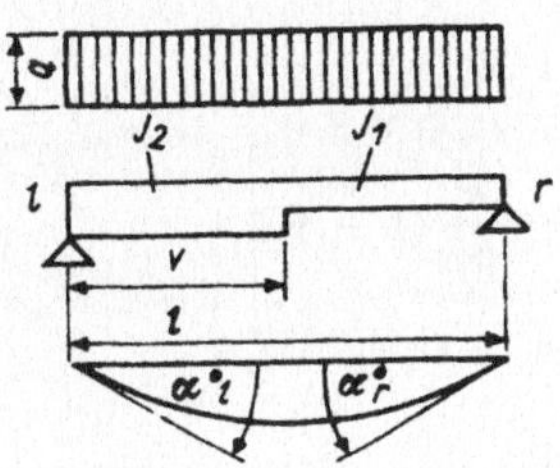

$$c_l = 9\sqrt{3}\,\bar{\alpha}_l^0 = \alpha_l^0 \frac{9\sqrt{3}\,EI_1}{ql^3} = \frac{\sqrt{3}}{10} \times \{(1-n)(1-\lambda)^3[5 - 3(1-\lambda)^2] + 2n\},$$

$$c_r = 9\sqrt{3}\,\bar{\alpha}_r^0 = \alpha_r^0 \frac{9\sqrt{3}\,EI_1}{ql^3} = 9\sqrt{3}\left\{\frac{1-n}{6}\left[\frac{(1-\lambda)^2}{2} - \frac{(1-\lambda)^3}{3} - \frac{(1-\lambda)^4}{4} + \frac{(1-\lambda)^5}{5}\right] + \frac{7n}{360}\right\};$$

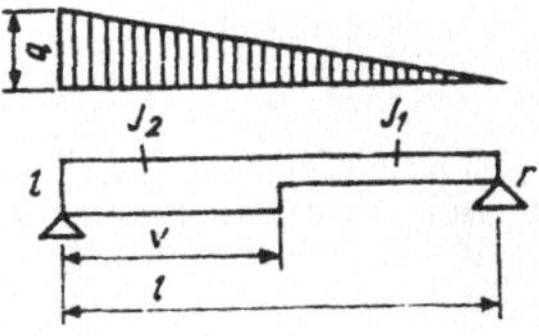

$\gamma l \geqq v$

$$c_l = \frac{\bar{\alpha}_l^0}{\gamma\delta} = \alpha_l^0 \frac{EI_1}{\gamma\delta P l^2} = \frac{1}{3\delta}\left(1 - \frac{3}{2}\gamma + \frac{1}{2}\gamma^2\right) + \frac{\gamma - 1}{3\gamma\delta}\left[\frac{3(\lambda^2 - n\lambda^2)}{2}\lambda^3 + n\lambda^3\right],$$

$$c_r = \frac{\bar{\alpha}_r^0}{\gamma\delta} = \alpha_r^0 \frac{EI_1}{\gamma\delta P l^2} = \frac{1}{6\delta}(1 - \gamma^2) + \frac{\gamma - 1}{3\gamma\delta}(\lambda^3 - n\lambda^3);$$

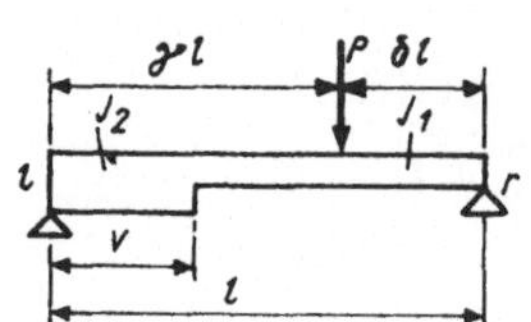

$\gamma l \leqq v$

$$c_l = \frac{\bar{\alpha}_l^0}{\gamma\delta} = \alpha_l^0 \frac{EI_1}{\gamma\delta P l^2} = \frac{n}{3\delta}\left(1 - \frac{3}{2}\gamma + \frac{1}{2}\gamma^2\right) + \frac{1 - n}{3\delta}(1 - \lambda)^3,$$

$$c_r = \frac{\bar{\alpha}_r^0}{\gamma\delta} = \alpha_r^0 \frac{EI_1}{\gamma\delta P l^2} = \frac{n}{6\delta}(1 - \gamma^2) + \frac{1 - n}{6\delta}(1 - 3\lambda^2 + 2\lambda^3);$$

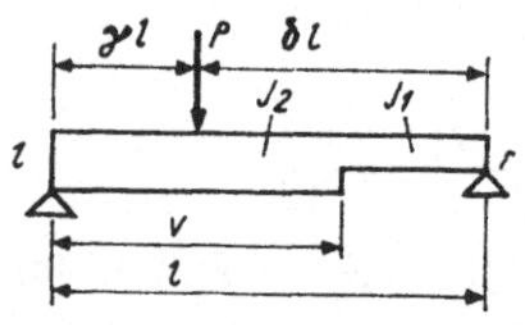

$$c_l = \bar{\alpha}_l^0 = \alpha_l^0 \frac{EI_1}{Ml} = \frac{(1 - \lambda)^3}{3} + \frac{n\lambda^3}{3} - \frac{n\lambda^2}{2},$$

$$c_r = \bar{\alpha}_r^0 = \alpha_r^0 \frac{EI_1}{Ml} = \frac{1}{6} - \frac{\lambda^2}{2} + (1 - n)\frac{\lambda^3}{3}.$$

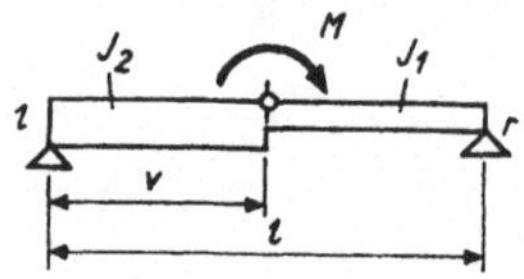

Formeln für (*c*)-Werte der Voutenträger siehe Tafeln 44 bis 46.

1.6.2.3. Übertragungsfaktoren

Es ist allgemein

$$\gamma_{l\to r} = \frac{\beta}{\alpha_r} = \frac{\bar{\beta}}{\bar{\alpha}_r} = \frac{c_{\triangleright\triangleleft}}{c_{\triangleright\triangleright}},$$

$$\gamma_{r\to l} = \frac{\beta}{\alpha_l} = \frac{\bar{\beta}}{\bar{\alpha}_l} = \frac{c_{\triangleright\triangleleft}}{c_{\triangleleft\triangleleft}},$$

z. B. für Stäbe mit konstantem Trägheitsmoment I:

$$\gamma_{l\to r} = \gamma_{r\to l} = \frac{0{,}166\,667}{0{,}333\,333} = 0{,}5.$$

1.6.2.4. Verdrehungswiderstände k'

Es ist für beliebige Stabformen

$$\frac{k_l' l}{I_1} = \frac{\bar{\alpha}_r}{4(\bar{\alpha}_l\bar{\alpha}_r - \bar{\beta}^2)}$$

$$\frac{k_r' l}{I_1} = \frac{\bar{\alpha}_l}{4(\bar{\alpha}_l\bar{\alpha}_r - \bar{\beta}^2)}$$

$$\frac{k_l' l}{I_1} = \frac{1}{4\bar{\alpha}_l}$$

$$\frac{k_r' l}{I_1} = \frac{1}{4\bar{\alpha}_r}$$

Wie bereits vermerkt, ist $\bar{\alpha}_l = c_{\triangleright\triangleright}$, $\bar{\alpha}_r = c_{\triangleleft\triangleleft}$, $\bar{\beta} = c_{\triangleright\triangleleft}$. Für gelenkig gelagerte Stäbe mit konstantem I ergibt sich z. B.

$$\frac{k' l}{I} = \frac{1}{4\bar{\alpha}} = \frac{1}{4 \cdot 0{,}333\,333} = 0{,}75,$$

desgl. für den eingespannten Stab

$$\frac{k' l}{I} = \frac{\bar{\alpha}}{4(\bar{\alpha}^2 - \bar{\beta}^2)} = \frac{0{,}333\,333}{4(0{,}333\,333^2 - 0{,}166\,667^2)} = \frac{0{,}333\,333}{0{,}333\,333} = 1.$$

1.6.2.5. Stabendmomente für volle Einspannung M'

Es ist für beliebige Stabformen:
für den beidseitig eingespannten Stab mit beliebiger Belastung

$$\frac{M_l'}{m} = -\frac{\bar{\alpha}_r\bar{\alpha}_l^0 - \bar{\beta}\bar{\alpha}_r^0}{\bar{\alpha}_l\bar{\alpha}_r - \bar{\beta}^2},$$

$$\frac{M_r'}{m} = \frac{\bar{\alpha}_l\bar{\alpha}_r^0 - \bar{\beta}\bar{\alpha}_l^0}{\bar{\alpha}_l\bar{\alpha}_r - \bar{\beta}^2},$$

für den beidseitig eingespannten symmetrischen Stab mit beliebiger Belastung

$$\frac{M_l'}{m} = -\frac{\bar{\alpha}\bar{\alpha}_l^0 - \bar{\beta}\bar{\alpha}_r^0}{\bar{\alpha}^2 - \bar{\beta}^2},$$

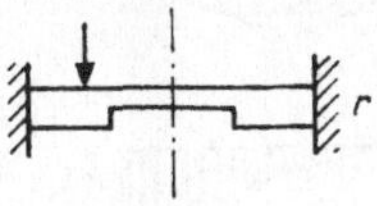

$$\frac{M_r'}{m} = \frac{\bar{\alpha}\bar{\alpha}_r^0 - \bar{\beta}\bar{\alpha}_l^0}{\bar{\alpha}^2 - \bar{\beta}^2},$$

für den beidseitig eingespannten symmetrischen Stab mit beliebiger symmetrischer Belastung

$$\frac{M_l'}{m} = -\frac{M_r'}{m} = -\frac{\bar{\alpha}^0}{\bar{\alpha} + \bar{\beta}}$$

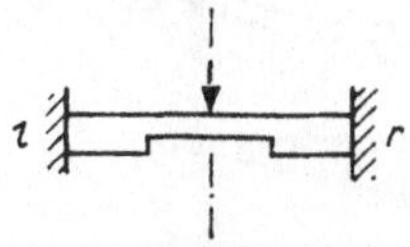

und den einseitig eingespannten Stab mit beliebiger Belastung

$$\frac{M_l'}{m} = -\frac{\bar{\alpha}_l^0}{\bar{\alpha}_l}, \qquad \frac{M_r'}{m} = \frac{\bar{\alpha}_r^0}{\bar{\alpha}_r}.$$

m = Verzerrungsfaktor, z. B. für Gleichlast, Streckenlast und Dreiecklast q: $m = ql^2$, für Einzellast P: $m = Pl$ und für Moment M: $m = M$.

Die angegebenen Formeln gelten auch bei Verwendung der Werte (c) der Tafeln 44 bis 91 anstelle der $\bar{\alpha}^0$-Werte. Hierbei muß als Verzerrungsfaktor $m = M$ gesetzt werden. M ist das maximale Feldmoment des belasteten gelenkig gelagerten Stabes. Es ist ohnehin $\bar{\alpha}_l = c_{\triangleright\triangleright}$, $\bar{\alpha}_r = c_{\triangleleft\triangleleft}$ und $\bar{\beta} = c_{\triangleright\triangleleft}$. Zum Beispiel beidseitig eingespannter Stab mit konstantem I und Gleichlast q:

$$\frac{M_l'}{m} = -\frac{\bar{\alpha}^0}{\bar{\alpha} + \bar{\beta}} = -\frac{0{,}041\,667}{0{,}333\,333 + 0{,}166\,667}$$

$$= -0{,}083\,333, \quad m = ql^2,$$

$$M_l' = -0{,}083\,333ql^2,$$

desgl. bei Verwendung des (c)-Wertes anstelle des $\bar{\alpha}^0$-Wertes

$$\frac{M_l'}{M} = -\frac{c_{\triangleright\triangleright}}{\bar{\alpha} + \bar{\beta}} = -\frac{0{,}333\,333}{0{,}333\,333 + 0{,}166\,6667}$$

$$= -0{,}666\,667, \quad M = 0{,}125ql^2,$$

$$M_l' = -0{,}666\,667M = -0{,}666\,667 \cdot 0{,}125ql^2$$

$$= -0{,}083\,333ql^2.$$

Es ist allgemein für Verschiebungen und Drehungen der Stabenden:

$$\frac{M_l' l^2}{\delta EI_1} = -\frac{\bar{\alpha}_r + \bar{\beta}}{\bar{\alpha}_l\bar{\alpha}_r - \bar{\beta}^2},$$

$$\frac{M_r' l^2}{\delta EI_1} = -\frac{\bar{\alpha}_l + \bar{\beta}}{\bar{\alpha}_l\bar{\alpha}_r - \bar{\beta}^2};$$

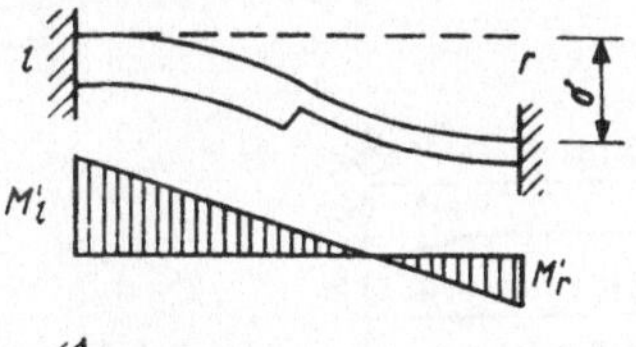

$$\frac{M_l' l^2}{\delta EI_1} = -\frac{1}{\bar{\alpha}_l};$$

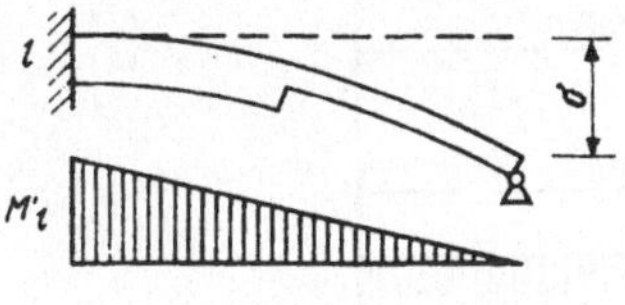

$$\frac{M' l^2}{\delta EI_1} = -\frac{1}{\bar{\alpha}_r};$$

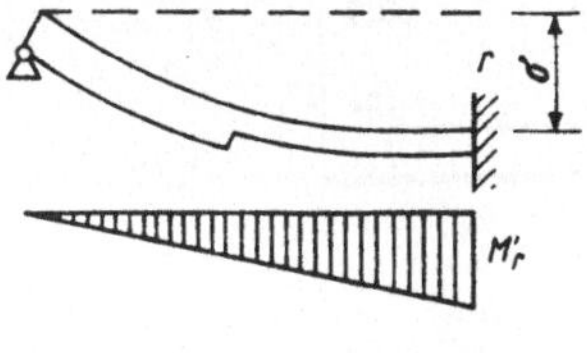

$$\frac{M_l' l}{\varphi_l EI_1} = \frac{\bar{\alpha}_r}{\bar{\alpha}_l\bar{\alpha}_r - \bar{\beta}^2},$$

$$\frac{M_r' l}{\varphi_l EI_1} = \frac{\bar{\alpha}_r}{\bar{\alpha}_l\bar{\alpha}_r - \bar{\beta}^2}\,\frac{\bar{\beta}}{\bar{\alpha}_l};$$

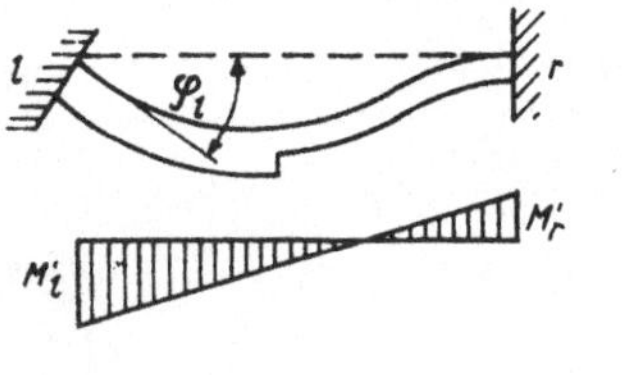

$$\frac{M_r' l}{\varphi_r E I_1} = -\frac{\bar{\alpha}_l}{\bar{\alpha}_l \bar{\alpha}_r - \beta^2},$$

$$\frac{M_l' l}{\varphi_r E I_1} = -\frac{\bar{\alpha}_l}{\bar{\alpha}_l \bar{\alpha}_r - \beta^2} \frac{\beta}{\bar{\alpha}_r};$$

$$\frac{M_l' l}{\varphi_l E I_1} = \frac{1}{\bar{\alpha}_l},$$

$$\frac{M_r' l}{\varphi_r E I_1} = -\frac{1}{\bar{\alpha}_r}.$$

1.6.3. Praktische Beispiele

Beispiel 1.36: Durchlaufträger mit Kragarm und einseitiger Einspannung

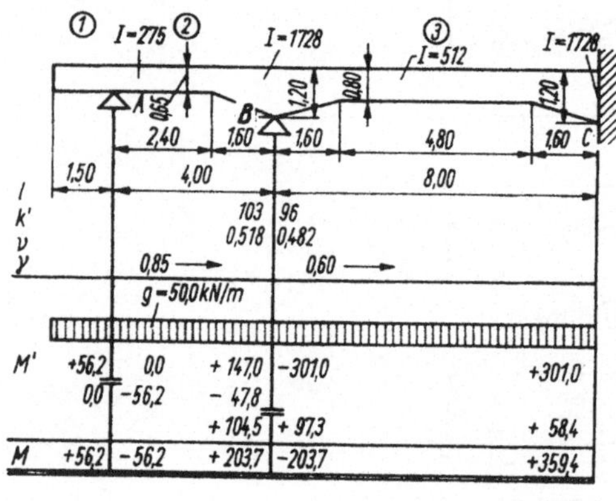

1.173

Nebenrechnungen (vgl. hierzu Beispiel 1.5)

Stab 1: $M_A' = 0{,}5 \cdot 50{,}0 \cdot 1{,}50^2 = 56{,}2$ kNm.

Stab 2: $n_2 = \frac{275}{1728} = 0{,}16, \quad \frac{v}{l} = \frac{1{,}60}{4{,}00} = 0{,}4,$

aus Tafel 20: $k_{BA}' = 1{,}50 \frac{275}{4{,}00} = 103,$

aus Tafel 21: Übertragungsfaktor zur Weiterleitung des Kragmomentes nach $B \quad \gamma_{AB} = 0{,}85,$

aus Tafel 20: $M_{BA}' = 0{,}184 \cdot 50{,}0 \cdot 4{,}00^2$
$= 147{,}0$ kNm.

Stab 3: $n_3 = \frac{512}{1728} = 0{,}296 \approx 0{,}3$,

$\frac{v}{l} = \frac{1{,}60}{8{,}00} = 0{,}2$,

aus Tafel 10: $k_{BC}' = 1{,}50 \frac{512}{8{,}00} = 96$,

$\gamma_{BC} = 0{,}60$,

$M_{BC}' = -M_{CB}' = -0{,}094 \times 50{,}0 \cdot 8{,}00^2 = -301{,}0$ kNm,

Verteilungszahlen: $v_{BA} = \frac{103}{103+96} = 0{,}518$

$v_{BC} = \frac{96}{103+96} = 0{,}482$

$\sum v_B = 1{,}000.$

Erläuterungen:

Gegenüber dem Beispiel 1.5 sind keine prinzipiellen Abweichungen vorhanden. Es ist lediglich erforderlich, die Zahlenwerte k', γ und M' der Stäbe mit veränderlichen Trägheitsmomenten mit Hilfe der Zahlentafeln 6.2. zu bestimmen. Mit diesen Werten werden die Verteilungszahlen v und die Momentenausgleiche wie bisher errechnet. Es ist sinngemäß zu Beispiel 1.5 zu beachten, daß das Kragmoment nach der Multiplikation mit γ_{AB} von A nach B zu übertragen ist. Dieser Vorgang entspricht einem Momentenausgleich am Auflager A. Für die Bestimmung des Übertragungsfaktors γ_{AB} ist deshalb Tafel 21 zu verwenden.

Beispiel 1.37: Zweigelenkrahmen mit einseitiger Belastung

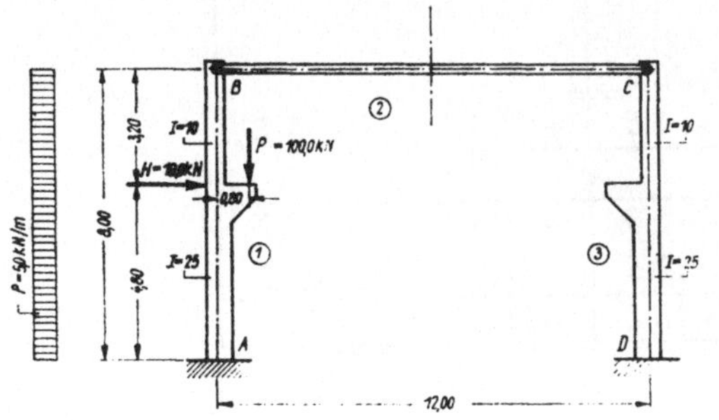

1.174

$\frac{v}{l} = \frac{4{,}80}{8{,}00} = 0{,}60$, $n = \frac{10}{25} = 0{,}4$ Beiwerte aus Tafel 36.

Belastungsfälle:

1. Gleichlast $p = 5{,}0$ kN/m:

$M_{AB}' = -0{,}145 \cdot 5{,}0 \cdot 8{,}00^2 = -46{,}4$ kNm,

Koppelkraft $H_{BC} = \left(\frac{5{,}0 \cdot 8{,}00}{2} - \frac{46{,}4}{8{,}00}\right) 0{,}5 = 7{,}1$ kN,

$M_{AB} = -46{,}4 - 7{,}1 \cdot 8{,}00 = -103{,}2$ kNm,

$M_{DC} = -7{,}1 \cdot 8{,}00 = -56{,}8$ kNm.

Kontrolle: $\sum M = 5{,}0 \cdot 0{,}5 \cdot 8{,}00^2 - 103{,}2 - 56{,}8 = 0.$

2. Außermittige Vertikallast auf dem Konsol $P = 100{,}0$ kN

Konsolmoment $M = 100{,}0 \cdot 0{,}80 = 80{,}0$ kNm,

$M_{AB}' = 0{,}15 \cdot 80{,}0 = 12{,}0$ kNm,

Koppelkraft $H_{BC} = \left(\frac{80{,}0 + 12{,}0}{8{,}00}\right) 0{,}5 = 5{,}75$ kN,

$M_{AB} = 12{,}0 - 5{,}75 \cdot 8{,}00 = -34{,}0$ kNm,

$M_{DC} = -5{,}75 \cdot 8{,}00 = -46{,}0$ kNm.

Kontrolle: $\sum M = 80{,}0 - 34{,}0 - 46{,}0 = 0.$

3. Horizontallast $H = 10{,}0$ kN:

$M_{AB}' = -0{,}206 \cdot 10{,}0 \cdot 8{,}00 = -16{,}5$ kNm,

Koppelkraft $H_{BC} = \left(\frac{10{,}0 \cdot 4{,}80 - 16{,}5}{8{,}00}\right) 0{,}5 = 1{,}97$ kN,

$M_{AB} = -16{,}5 - 1{,}97 \cdot 8{,}00 = -32{,}3$ kNm,

$M_{DC} = -1{,}97 \cdot 8{,}00 = -15{,}8$ kNm.

Kontrolle: $\sum M = 10 \cdot 4{,}80 - 32{,}3 - 15{,}8 \approx 0.$

Das sehr häufig verwendete einfach statisch unbestimmte System läßt sich mit Hilfe der Tafelwerte der Stabendmomente für volle Einspannung unmittelbar berechnen. Das Beispiel zeigt besonders deutlich, daß im Vergleich zu einem Rahmen mit Stäben unveränderlicher Trägheitsmomente keine Mehrarbeit entsteht.

Beispiel 1.38: Symmetrischer zweistieliger Rahmen mit einseitiger Konsolbelastung

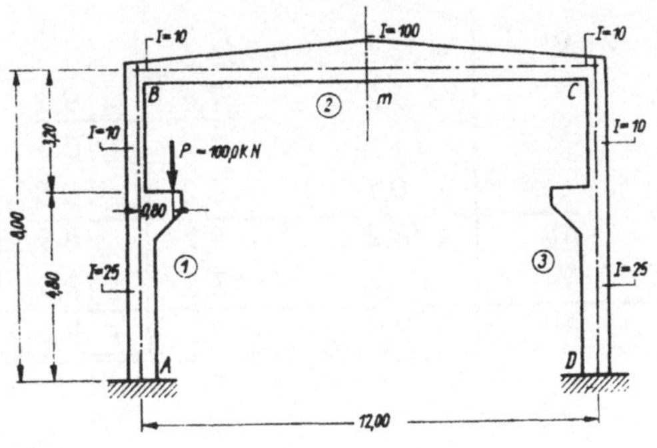

1.175

Nebenrechnungen und Erläuterungen (vgl. hierzu Beispiel 1.25)

Stab 1: $\frac{v}{l} = \frac{4{,}80}{8{,}00} = 0{,}60$,

$n = \frac{10}{25} = 0{,}4$, Beiwerte aus Tafeln 36 und 37.

$k_{BA}' = 1{,}14 \frac{10}{8{,}00} = 1{,}43$, $\gamma_{BA} = 0{,}697$.

Stab 2: $n = \frac{10}{100} = 0{,}1$, Beiwerte aus Tafel 8,

$$k_{BC}' = 2{,}11\,\frac{10}{12{,}00} = 1{,}76, \quad \gamma_{BC} = 0{,}303.$$

Verteilungszahlen: $v_{BA} = \frac{1{,}43}{1{,}43 + 1{,}76} = 0{,}448$

$$v_{BC} = \frac{1{,}76}{1{,}43 + 1{,}76} = 0{,}552$$

$$\sum v_B = 1{,}000.$$

2. Kragmoment aus $P = 100{,}0$ kN:

$M = 100{,}0 \cdot 0{,}80 = 80{,}0$ kNm,
aus Tafel 29: $M_{AB}' = 0{,}293 \cdot 80{,}0 = 23{,}5$ kNm,
aus Tafel 30: $M_{BA}' = 0{,}206 \cdot 80{,}0 = 16{,}5$ kNm.
Aus dem Momentenausgleich ergibt sich die Verschiebungskraft

$$V_0 = \frac{80{,}0}{8{,}00} + \frac{18{,}2 + 8{,}9 + 1{,}3 + 0{,}9}{8{,}00}$$

$$= 10{,}0 + 3{,}66 = 13{,}66 \text{ kN}.$$

	A ①	B	②	C	③	D
I	25	10	10 100	10	10	25
l	8,00		12,00			8,00
k'		1,43	1,76	1,76	1,43	
v		0,448	0,552	0,552	0,448	
γ	←	0,697	0,303 →	← 0,303	0,697 →	
1. M'	−12,20	−7,74			−7,74	−12,20
	+2,42	+3,47	+4,27	+1,29		
			+1,08	+3,56	+2,89	+2,02
	−0,34	−0,48	−0,60	−0,18		
			+0,03	+0,10	+0,08	+0,06
		−0,01	−0,02			
M_1	−10,12	−4,76	+4,76	+4,77	−4,77	−10,12
2. M'	+23,5	+16,5				
	−5,2	−7,4	−9,1	−2,8		
			+0,5	+1,5	+1,3	+0,9
	−0,1	−0,2	−0,3			
M_0	+18,2	+8,9	−8,9	−1,3	+1,3	+0,9
+3,67 M_1	−37,2	−17,5	+17,5	+17,5	−17,5	−37,2
M	−19,0	−8,6	+8,6	+16,2	−16,2	−36,3

1.176

Belastungsfälle:

1. Hilfsbelastung zur Berücksichtigung der Verschiebung:

Die Stabendmomente für volle Einspannung infolge Verschiebung interessieren nur als Verhältniswerte. Bei Symmetrie ergibt sich aus Tafel 36: $M_{AB}' = -12{,}20$ und aus Tafel 37: $M_{BA}' = -7{,}74$. Aus dem Momentenausgleich errechnet sich die Verschiebungskraft

$$V_1 = -\frac{(-10{,}12 - 4{,}76)\,2}{8{,}00} = +3{,}72.$$

Proportionalitätsfaktor zur Berücksichtigung der Verschiebung:

$$c = \frac{V_0}{V_1} = \frac{13{,}66}{3{,}72} = 3{,}67.$$

Endgültige Stabendmomente $M = M_0 + cM_1$

Kontrolle:

$$\sum H = \frac{100{,}0 \cdot 0{,}80}{8{,}00} + \frac{-19{,}0 - 8{,}6 - 16{,}2 - 36{,}3}{8{,}00}$$

$$= 0.$$

Beispiel 1.39: Symmetrischer zweistieliger Rahmen mit symmetrischer Konsolbelastung

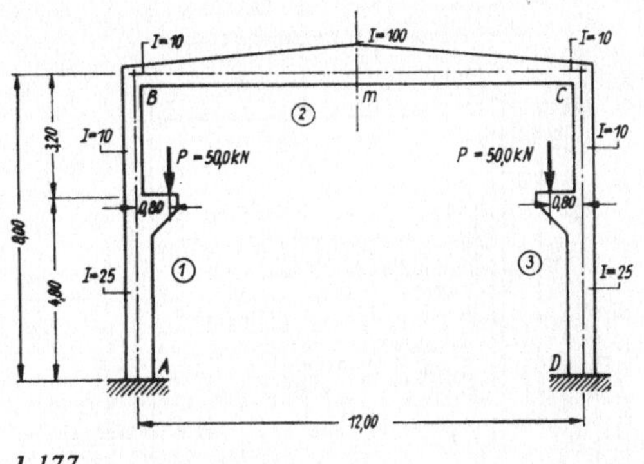

1.177

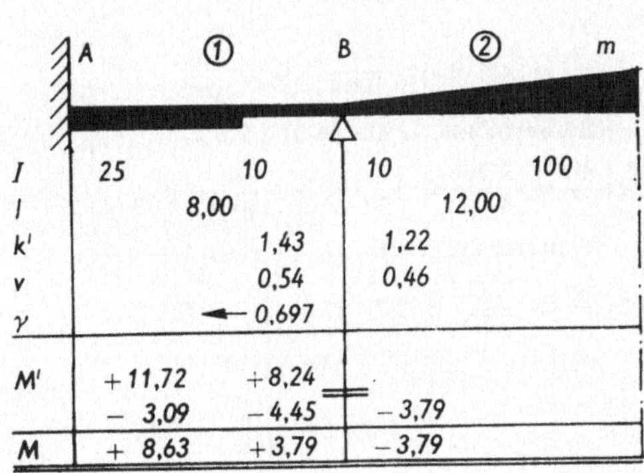

	A	①	B	②	m
I	25	10	10	100	
l		8,00		12,00	
k'		1,43	1,22		
v		0,54	0,46		
γ		← 0,697			
M'	+11,72	+8,24			
	− 3,09	−4,45	−3,79		
M	+ 8,63	+3,79	−3,79		

1.178

Nebenrechnungen und Erläuterungen (vgl. hierzu Beispiel 1.30):

Stab 1: $\frac{v}{l} = \frac{4,80}{8,00} = 0,60$, Beiwerte aus Tafeln 36 und 37,

für

$$n = \frac{10}{25} = 0,4:$$

$$k_{BA}' = 1,14\,\frac{10}{8,00} = 1,43, \quad \gamma_{BA} = 0,697.$$

Stab 2: Beiwert nach Tafel 8 für $n = \frac{10}{100} = 0,1$

bei symmetrischer Belastung:

$$k_{Bm}' = 1,47\,\frac{10}{12,00} = 1,22.$$

Verteilungszahlen:

$$v_{BA} = \frac{1,43}{1,43 + 1,22} = 0,54$$

$$v_{Bm} = \frac{1,22}{1,43 + 1,22} = 0,46$$

$$\sum v_B = 1,00.$$

Kragmoment infolge $P = 50,0$ kN:
$M = 50,0 \cdot 0,80 = 40,0$ kNm,
aus Tafel 36: $M_{AB}' = 0,293 \cdot 40,0 = 11,72$ kNm,
aus Tafel 37: $M_{BA}' = 0,206 \cdot 40,0 = 8,24$ kNm.

Aus Beispiel 1.39 ist ersichtlich, daß gegenüber Beispiel 1.30 keine Besonderheiten zu beachten sind.

Beispiel 1.40: Symmetrischer zweistieliger Rahmen mit antimetrischer Konsolbelastung

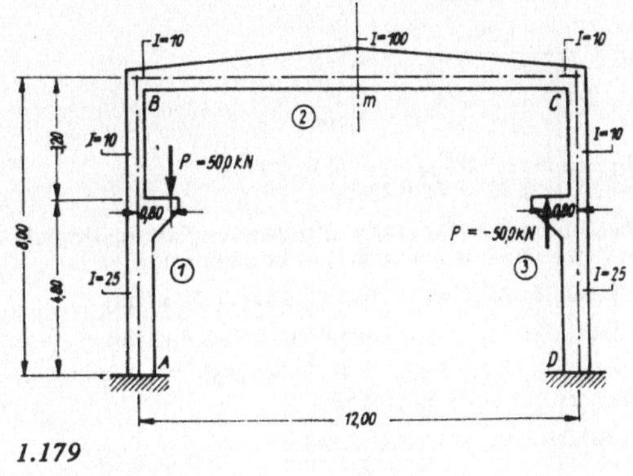

1.179

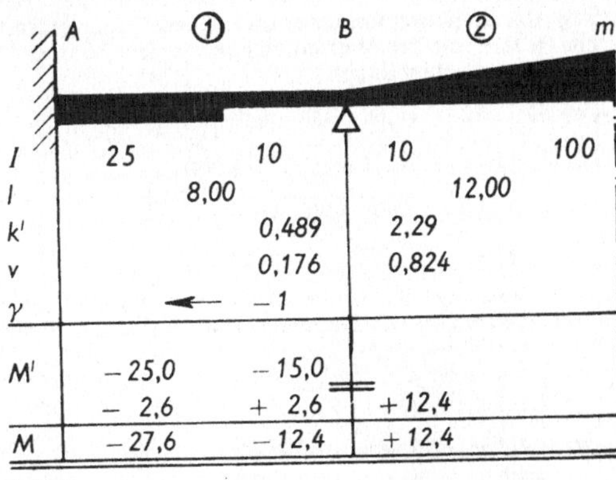

	A	①	B	②	m
I	25	10	10	100	
l		8,00		12,00	
k'		0,489	2,29		
v		0,176	0,824		
γ		← −1			
M'	−25,0	−15,0			
	− 2,6	+ 2,6	+12,4		
M	−27,6	−12,4	+12,4		

1.180

Nebenrechnungen und Erläuterungen (vgl. hierzu Beispiel 1.31):

Stab 1: $\frac{v}{l} = \frac{4,80}{8,00} = 0,60$, Beiwerte aus Tafeln 36 und 37

für $n_1 = \frac{10}{25} = 0,4$.

Für den Fall der freien Verschieblichkeit des Stabes 1 während des Momentenausgleiches (entspricht Kragträger Fall *e* in 1.1.3. sinngemäß) ist nach Tafel 37:

$$k_{BA}' = 0,391\,\frac{10}{8,00} = 0,489.$$

Die Übertragung des Ausgleichmomentes nach Knoten *B* erfolgt beim statisch bestimmten Kragträger unabhängig vom Verlauf der Trägheitsmomente dieses Stabes. Es ist deshalb in diesem Falle wie bisher $\gamma_{BA} = -1$.

Stab 2:

Beiwert nach Tafel 1 für $n_2 = \frac{10}{100} = 0,1$,

bei antimetrischer Belastung:

$$k_{Bm}' = 2,75\,\frac{10}{12,00} = 2,29.$$

Verteilungszahlen:

$$v_{BA} = \frac{0,489}{0,489 + 2,29} = 0,176$$

$$v_{Bm} = \frac{2,29}{0,489 + 2,29} = 0,824$$

$$\sum v_B = 1,000.$$

Kragmomente infolge $P = \pm 50,0$ kN:
$M = 50,0 \cdot 0,80 = 40,0$ kNm.

Stabendmomente für volle Einspannung ohne Berücksichtigung der horizontalen Verschiebungskräfte

aus Tafel 36: $M_{AB}' = 0,293 \cdot 40,0 = 11,72$ kNm,

aus Tafel 37: $M_{BA}' = 0,206 \cdot 40,0 = 8,24$ kNm.

Verschiebungskraft aus Kragmomenten und Stabendmomenten für volle Einspannung:

$$V = \frac{40,0 \cdot 2}{8,00} + \frac{(11,72 + 8,24)\,2}{8,00} = 10,0 + 4,99$$
$$= 14,99 \text{ kN}.$$

Die Stabendmomente für volle Einspannung aus Belastung durch Kragmomente und Verschiebungskraft errechnen sich mit den Werten aus den Tafeln 36 und 37 für Auflagerverschiebungen:

$$M_{AB}' = +11,72 - 14,99 \cdot 8,00 \cdot 0,5\,\frac{12,2}{12,2 + 7,74}$$
$$= +11,72 - 36,72 = -25,0 \text{ kNm},$$

$$M_{BA}' = +8,24 - 14,99 \cdot 8,00 \cdot 0,5\,\frac{7,74}{12,2 + 7,74}$$
$$= +8,24 - 23,24 = -15,0 \text{ kNm}.$$

Die Überlagerung der Stabendmomente der Beispiele 1.39 und 1.40 ergibt die Stabendmomente des Beispieles 1.38:

$M_{AB} = +8,6 - 27,6 = -19,0$ kNm,

$M_{BA} = +3,8 - 12,4 = -8,6$ kNm,

$M_{CD} = -3,8 - 12,4 = -16,2$ kNm,

$M_{DC} = -8,6 - 27,6 = -36,2$ kNm.

Beispiel 1.41: Symmetrischer Stockwerkrahmen mit symmetrischen und antimetrischen Lasten

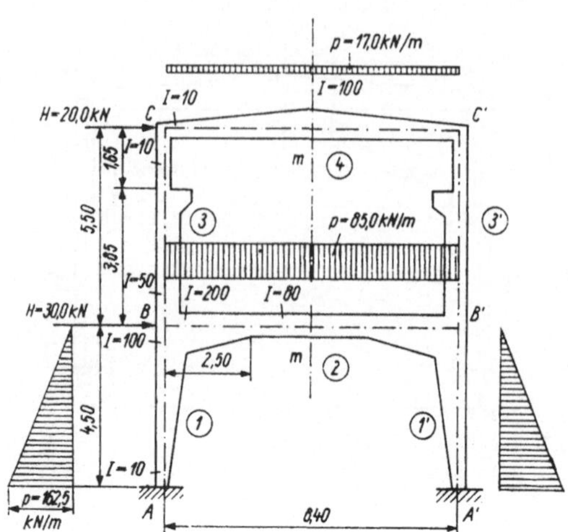

1.181

Nebenrechnungen und Erläuterungen:

Stab 1: $\frac{v}{l} = 1,0$, $n_1 = \frac{10}{100} = 0,1$,

Beiwerte aus Tafeln 24 und 25.

Stab 2: $\frac{v}{l} = \frac{2,50}{8,40} = 0,3$, $n_2 = \frac{80}{200} = 0,4$,

Beiwerte aus Tafel 11.

Stab 3: $\frac{v}{l} = \frac{3,85}{5,50} = 0,7$, $n_3 = \frac{10}{50} = 0,2$,

Beiwerte aus Tafeln 38 und 39.

Stab 4: $n_4 = \frac{10}{100} = 0,1$,

Beiwerte aus Tafel 8.

Für Symmetrie von Tragwerk und Belastung ist:

$$k_{BA}' = 5,77\,\frac{10}{4,50} = 12,80 \qquad \gamma_{BA} = 0,278,$$

$$k_{Bm}' = 0,638\,\frac{80}{8,40} = 6,08$$

$$k_{BC}' = 4,32\,\frac{10}{5,50} = 7,85 \qquad \gamma_{BC} = 0,257,$$

$$\sum k_B' = 26,73,$$

$$v_{BA} = \frac{12,80}{26,73} = 0,479,$$

$$v_{Bm} = \frac{6,08}{26,73} = 0,227,$$

$$v_{BC} = \frac{7,85}{26,73} = 0,294$$

$$\sum v_B = 1,000;$$

	A	B			C	
	1		2	3		4
J	10	100	200	100	10	10
l	4,50		8,40	5,50		8,40
k'		12,80	6,08	7,85	2,40	1,75
v		0,479	0,227	0,294	0,578	0,422
γ		← 0,278		0,257 →	← 0,841	
1. M'						− 69,6
				+ 33,8	+ 40,2	+ 29,4
	− 4,5	− 16,2	− 7,7	− 9,9	− 2,5	
				+ 1,2	+ 1,4	+ 1,1
	− 0,2	− 0,6	− 0,3	− 0,3		
M	− 4,7	− 16,8	− 8,0	+ 24,8	+ 39,1	− 39,1
2. M'			− 564,0			
	+ 75,0	+ 270,0	+ 128,0	+ 166,0	+ 42,7	
				− 20,8	− 24,7	− 18,0
	+ 2,8	+ 10,0	+ 4,7	+ 6,1	+ 1,6	
				− 0,8	− 0,9	− 0,7
	+ 0,1	+ 0,4	+ 0,2	+ 0,2		
M	+ 77,9	+ 280,4	− 431,1	+ 150,7	+ 18,7	− 18,7
3. M'	− 108,6	+ 187,5				
	− 24,9	− 89,7	− 42,6	− 55,2	− 14,2	
				+ 6,9	+ 8,2	+ 6,0
	− 0,9	− 3,3	− 1,6	− 2,0	− 0,5	
					+ 0,3	+ 0,2
M	− 134,4	+ 94,5	− 44,2	− 50,3	− 6,2	+ 6,2
k'		1,63	24,20	1,03	1,03	3,27
v		0,061	0,901	0,038	0,240	0,760
γ		← − 1		− 1 →	← − 1	
4. M'	− 35,7	− 76,8		− 38,0	− 17,0	
	− 7,0	+ 7,0	+ 103,4	+ 4,4	− 4,4	
				− 5,1	+ 5,1	+ 16,3
	− 0,3	+ 0,3	+ 4,6	+ 0,2	− 0,2	
						+ 0,2
M	− 43,0	− 69,5	+ 108,0	− 38,5	− 16,5	+ 16,5

1.182

$$k_{CB}' = 1{,}32\,\frac{10}{5{,}50} = 2{,}40 \qquad \gamma_{CB} = 0{,}841,$$

$$k_{Cm}' = 1{,}47\,\frac{10}{8{,}40} = 1{,}75$$

$$\sum k_C' = \qquad 4{,}15,$$

$$v_{CB} = \frac{2{,}40}{4{,}15} = 0{,}578$$

$$v_{Cm} = \frac{1{,}75}{4{,}15} = 0{,}442$$

$$\sum v_C = \qquad 1{,}000.$$

Belastungsfälle:

1. $p = 17{,}0$ kN/m auf Stab 4:

$$M_{Cm}' = -0{,}058 \cdot 17{,}0 \cdot 8{,}40^2 = -69{,}6 \text{ kNm}.$$

2. $p = 85{,}0$ kN/m auf Stab 2:

$$M_{Bm}' = -0{,}094 \cdot 85{,}0 \cdot 8{,}40^2 = -564{,}0 \text{ kNm}.$$

3. $p = 162{,}5$ kN/m auf Stab 1 und 1':

$$M_{AB}' = -0{,}033 \cdot 162{,}5 \cdot 4{,}50^2 = -108{,}6 \text{ kNm},$$

$$M_{BA}' = +0{,}057 \cdot 162{,}5 \cdot 4{,}50^2 = +187{,}5 \text{ kNm}.$$

Für Symmetrie des Tragwerkes und Antimetrie der Belastung ist:

$$k_{BA}' = 0{,}735\,\frac{10}{4{,}50} = 1{,}63 \qquad \gamma_{BA} = -1,$$

$$k_{Bm}' = 2{,}54\,\frac{80}{8{,}40} = 24{,}20$$

$$k_{BC}' = 0{,}568\,\frac{10}{5{,}50} = 1{,}03 \qquad \gamma_{BC} = -1,$$

$$\sum k_B' = \qquad 26{,}86,$$

$$v_{BA} = \frac{1{,}63}{26{,}86} = 0{,}061$$

$$v_{Bm} = \frac{24{,}20}{26{,}86} = 0{,}901$$

$$v_{BC} = \frac{1{,}03}{26{,}86} = 0{,}038$$

$$\sum v_B = \qquad 1{,}000;$$

$$k_{CB}' = 0{,}568\,\frac{10}{5{,}50} = 1{,}03 \qquad \gamma_{CB} = -1,$$

$$k_{Cm}' = 2{,}75\,\frac{10}{8{,}40} = 3{,}27$$

$$\sum k_C' = \qquad 4{,}30,$$

$$v_{CB} = \frac{1{,}03}{4{,}30} = 0{,}240$$

$$v_{Cm} = \frac{3{,}27}{4{,}30} = 0{,}760$$

$$\sum v_C = \qquad 1{,}000.$$

4. $H = 20{,}0$ kN am Knoten C und $H = 30{,}0$ kN am Knoten B:

Die Stabendmomente für volle Einspannung werden mit Hilfe der für Knotenverschiebungen angegebenen Tafelwerte proportional verteilt:

$$M_{CB}' = -20{,}0 \cdot 5{,}50 \cdot 0{,}50\,\frac{9{,}71}{9{,}71 + 21{,}7} = -17{,}0 \text{ kNm},$$

$$M_{BC}' = -20{,}0 \cdot 5{,}50 \cdot 0{,}50\,\frac{21{,}7}{9{,}71 + 21{,}7} = -38{,}0 \text{ kNm},$$

$$M_{BA}' = -(20{,}0 + 30{,}0) \cdot 4{,}50 \cdot 0{,}5\,\frac{29{,}5}{29{,}5 + 13{,}7} = -76{,}8 \text{ kNm},$$

$$M_{AB}' = -(20{,}0 + 30{,}0) \cdot 4{,}50 \cdot 0{,}5\,\frac{13{,}7}{29{,}5 + 13{,}7} = -35{,}7 \text{ kNm}.$$

Kontrolle:

$$\sum H = +20{,}0 + \frac{(-38{,}5 - 16{,}5)\,2}{5{,}50} = +20{,}0 - 20{,}0 = 0,$$

$$\sum H = +20{,}0 + 30{,}0 + \frac{(-43{,}0 - 69{,}5)\,2}{4{,}50} = +50{,}0 - 50{,}0 = 0.$$

Beispiel 1.42: Asymmetrischer zweistieliger Rahmen mit vertikalen und horizontalen Lasten (vgl. hierzu Beispiel 1.22)

Nebenrechnungen und Erläuterungen:

Stab 1: $\frac{v}{l} = 1{,}0, \qquad n_1 = \frac{20}{100} = 0{,}2,$

Beiwerte aus Tafel 24.

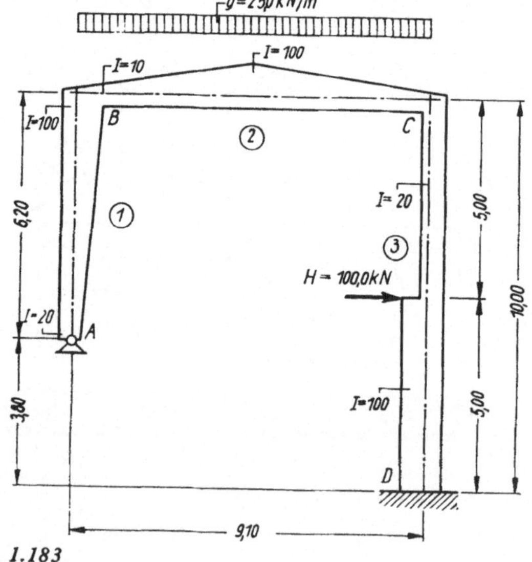

1.183

Stab 2: $n_2 = \frac{10}{100} = 0{,}1,$

Beiwerte aus Tafel 8.

Stab 3: $\frac{v}{l} = \frac{5{,}00}{10{,}00} = 0{,}5, \qquad n_3 = \frac{20}{100} = 0{,}2,$

Beiwerte aus Tafeln 34 und 35.

$$k_{BA}' = 2{,}55\,\frac{20}{6{,}20} = 8{,}22$$

$$k_{BC}' = 2{,}11\,\frac{10}{9{,}10} = 2{,}32 \qquad \gamma_{BC} = 0{,}303,$$

$$\sum k_B' = \quad 10{,}54,$$

$$v_{BA} = \frac{8{,}22}{8{,}22 + 2{,}32} = 0{,}780$$

$$v_{BC} = \frac{2{,}32}{8{,}22 + 2{,}32} = 0{,}220$$

$$\sum v_B = \quad 1{,}000;$$

$$k_{CB}' = 2{,}11\,\frac{10}{9{,}10} = 2{,}32 \qquad \gamma_{CB} = 0{,}303,$$

$$k_{CD}' = 1{,}25\,\frac{20}{10{,}00} = 2{,}50 \qquad \gamma_{CD} = 1{,}00,$$

$$\sum k_C' = \quad 4{,}82,$$

	A – ① – B	B – ②	② – C	C – ③	D
I	20 … 100	10 … 100	10	20	100
l	6,20	9,10		10,00	
k'	8,22	2,32	2,32	2,50	
v	0,780	0,220	0,482	0,518	
γ		0,303 →	← 0,303	100 →	
1. M'	− 5,31			− 2,00	− 4,00
	+ 4,14	+ 1,17	+ 0,36		
		+ 0,29	+ 0,79	+ 0,85	+ 0,85
	− 0,23	− 0,06	− 0,02		
			+ 0,01	+ 0,01	+ 0,01
M_1	− 1,40	+ 1,40	+ 1,14	− 1,14	− 3,14
2. M'		− 120,0	+ 120,0		
		− 17,5	− 57,8	− 62,2	− 62,2
	+ 107,3	+ 30,2	+ 9,1		
		− 1,3	− 4,4	− 4,7	− 4,7
	+ 1,0	+ 0,3			
M_0	+ 108,3	− 108,3	+ 66,9	− 66,9	− 66,9
+ 6,3 M_1	− 8,8	+ 8,8	+ 7,2	− 7,2	− 19,8
M	+ 99,5	− 99,5	+ 74,1	− 74,1	− 86,7
3. M'				+ 83,0	− 208,0
		− 12,1	− 40,0	− 43,0	− 43,0
	+ 9,4	+ 2,7	+ 0,8		
		− 0,1	− 0,4	− 0,4	− 0,4
	+ 0,1				
M_0	+ 9 5	− 9,5	− 39,6	+ 39,6	− 251,4
+ 46,4 M_1	− 65,0	+ 65,0	+ 52,9	− 52,9	− 145,7
M	− 55,5	+ 55,5	+ 13,3	− 13,3	− 397,1

1.184

$$v_{CB} = \frac{2{,}32}{2{,}32 + 2{,}50} = 0{,}482$$

$$v_{CD} = \frac{2{,}50}{2{,}32 + 2{,}50} = 0{,}518$$

$$\sum v_C = \qquad 1{,}000.$$

Belastungsfälle:

1. Hilfsbelastung für Berücksichtigung der Verschiebung:

$$M_{BA}' = -10{,}2\,\frac{20}{6{,}20^2} = -5{,}31,$$

$$M_{CD}' = -10{,}0\,\frac{20}{10{,}00^2} = -2{,}00,$$

$$M_{DC}' = -20{,}0\,\frac{20}{10{,}00^2} = -4{,}00.$$

Verschiebungskraft im Riegel:

$$V_1 = -\frac{-1{,}40}{6{,}20} - \frac{-1{,}14 - 3{,}14}{10{,}00} = +0{,}654.$$

2. $g = 25{,}0$ kN/m auf Stab 2:

$$M_{BC}' = -M_{CB}' = -0{,}058 \cdot 25{,}0 \cdot 9{,}10^2$$
$$= -120{,}0 \text{ kNm}.$$

Verschiebungskraft im Riegel:

$$V_0 = +\frac{108{,}3}{6{,}20} + \frac{-66{,}9 - 66{,}9}{10{,}00} = +4{,}12 \text{ kN}$$

$$c = \frac{V_0}{V_1} = \frac{+4{,}12}{+0{,}654} = 6{,}3 \qquad M = M_0 + cM_1.$$

3. $H = 100{,}0$ kN am Stab 3:

$$M_{CD}' = +0{,}083 \cdot 100{,}0 \cdot 10{,}00 = +83{,}0 \text{ kNm},$$

$$M_{DC}' = -0{,}208 \cdot 100{,}0 \cdot 10{,}00 = -208{,}0 \text{ kNm},$$

$$V_0 = +\frac{100{,}0 \cdot 5{,}00}{10{,}00} + \frac{9{,}5}{6{,}20} + \frac{39{,}6 - 251{,}4}{10{,}00}$$
$$= +30{,}35 \text{ kN},$$

$$c = \frac{V_0}{V_1} = \frac{+30{,}35}{+0{,}654} = +46{,}4, \qquad M = M^0 + cM_1.$$

Kontrolle:

$$\sum H = \frac{100{,}0 \cdot 5{,}00}{10{,}00} + \frac{-55{,}5}{6{,}20} + \frac{-13{,}3 - 397{,}1}{10{,}00}$$
$$= 50{,}0 - 8{,}96 - 41{,}04 = 0.$$

1.7. Das Wesentlichste zusammengefaßt

1.7.1. Übertragungsfaktoren

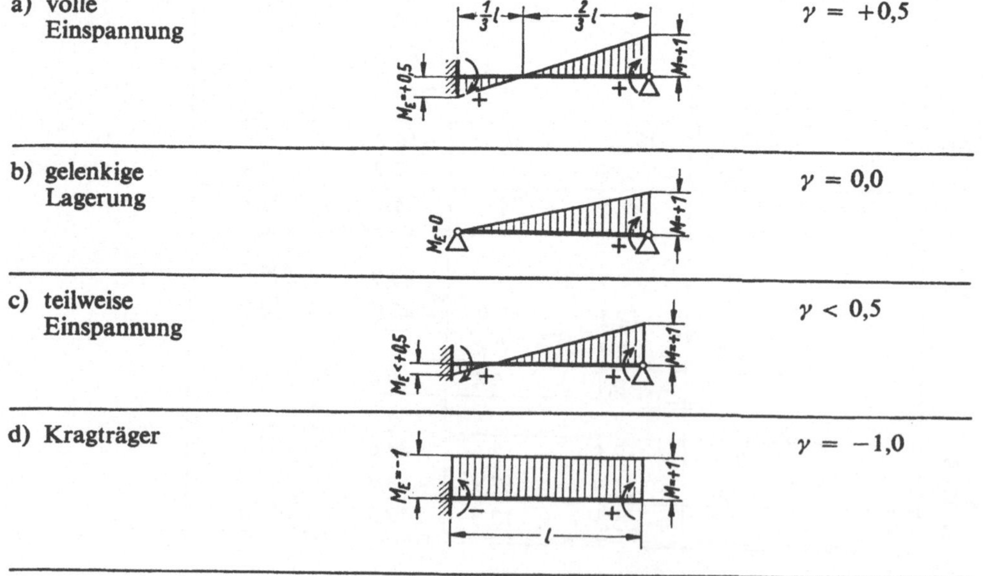

1.7.2. Verdrehungswiderstände

Verdrehungswiderstand allgemein	$k' = c\,\frac{I}{l}$
a) volle Einspannung	$k' = 1\,\frac{I}{l}$
b) gelenkige Lagerung	$k' = 0{,}75\,\frac{I}{l}$
c) Symmetrie	$k' = 0{,}5\,\frac{I}{l}$
d) Antimetrie	$k' = 1{,}5\,\frac{I}{l}$
e) Kragträger	$k' = 0{,}25\,\frac{I}{l}$
f) labiler Kragträger	$k' = 0$

1.7.3. Stabendmomente für volle Einspannung

Stabendmomente sind innere Momente, d. h., sie sind die Reaktionen der am Knoten angreifenden sog. Knotenmomente. Für die häufigsten Belastungsfälle sind die Stabendmomente für volle Einspannung in den Tafeln Abschn. 6. angegeben. Sie betragen z. B. für gleichmäßig verteilte Belastung q:

Mittelfelder:

$$M'_{BC} = -\frac{ql^2}{12},$$

gelenkig gelagerte Endfelder:

$$M'_{BA} = +\frac{ql^2}{8}.$$

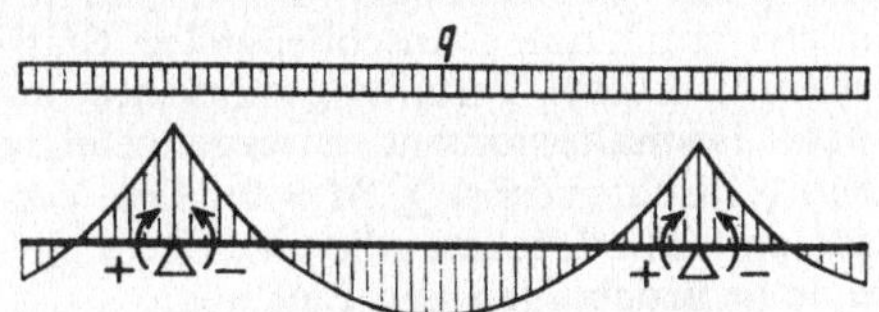

1.185 Momentenfläche und Richtungssinn der Stabendmomente beim Durchlaufträger infolge Belastung q

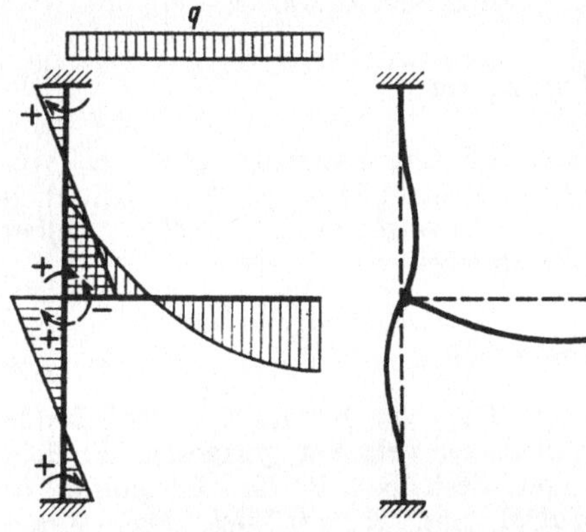

1.186 Momentenfläche, Richtungssinn der Stabendmomente und Biegelinie an einem Rahmen infolge Belastung q auf dem Riegel

1.7.4. Vorzeichenregeln

Linksdrehende Momente sind negativ, rechtsdrehende positiv. Unabhängig von der Lage der Stäbe gilt immer der Knoten als Drehpunkt. Der Richtungspfeil der Stabendmomente zeigt nach der Zugzone.

	A–B ①	B	②	C	③	D	④	E ⑤–F
	B links	B rechts	C links	C rechts	D links	D rechts	E links	E rechts
I	7,50	10,00		15,00		12,50		5,00
$l_{(m)}$	2,00	5,00		3,00		4,50		2,50
k'	2,81	2,00		5,00		2,78		1,50
v	0,584	0,416	0,286	0,714	0,642	0,358	0,650	0,350
	g in allen Feldern 5,00 kN m							
$M'_{(kNm)}$	+2,50	−10,42	+10,42	−3,75	+3,75	−8,42	+8,42	−3,90
	+4,62	+3,30	+1,65			−1,47	−2,94	−1,58
		−1,19	−2,38	−5,94	−2,97			
				+2,92	+5,85	+3,26	+1,63	
		−0,42	−0,84	−2,08	−1,04	−0,53	−1,06	−0,57
	+0,94	+0,67	+0,33	+0,50	+1,01	+0,56	+0,28	
		−0,12	−0,24	−0,59	−0,29	−0,09	−0,18	−0,10
	+0,07	+0,05	+0,02	+0,12	+0,24	+0,14	+0,07	
			−0,04	−0,10			−0,05	−0,02
$M_{(kNm)}$	+8,13	−8,13	+8,92	−8,92	+6,55	−6,55	+6,17	−6,17

1.187

1.7.5. Momentenausgleich

Das Festhaltemoment ist gleich der algebraischen Summe der Stabendmomente für volle Einspannung. Beim Momentenausgleich (Lösung der Knoteneinspannung) wird dieses Festhaltemoment anteilig den Verdrehungswiderständen (k') auf sämtliche am Knoten anschließenden Stabenden verteilt. Diese Verteilungsmomente erhalten dem Festhaltemoment entgegengesetzte Vorzeichen (Gleichgewicht, $\sum M = 0$). Die Verteilungszahlen (v) drücken die Verdrehungswiderstände in Bruchteilen von Eins aus.

Verteilungszahlen:

$$v = \frac{k'}{\sum k'}, \quad \sum v = 1{,}00.$$

Verteilungsmoment = $\Delta M' v(-1)$.

1.7.6. Regelbeispiel

Siehe *Bild 1.187*. Die Ausrechnung der M'-Momente (für Endfelder: $M' = ql^2/8$, für Mittelfelder $M' = ql^2/12$) wurde ihrer Einfachheit halber nicht aufgeschrieben.

1.7.7. Sonderfälle

a) *Kragarm:* Das am Kragarm anschließende Feld wird als gelenkig gelagertes Endfeld betrachtet, deshalb z. B. für Gleichlast q: $M' = ql^2/8$ und $k' = 0{,}75I/l$. Das Kragmoment wird, wie in *Bild 1.188* dargestellt, zum Nachbarknoten übertragen.

1.188

b) *Volle Einspannung eines Endlagers:* Bei voller Einspannung ist keine Auflagerverdrehung möglich, deshalb erfolgen keine Momentenausgleiche, sondern nur Momentenübertragungen zu diesem Auflager ($\gamma = 0{,}5$).

c) *Die Symmetrieachse schneidet die Stabmitte:* Bei symmetrischer Belastung: $k' = 0{,}5I/l$.

Bei antimetrischer Belastung: $k' = 1{,}5I/l$, Gelenk in Feldmitte.

d) *Die Symmetrieachse schneidet die Auflagermitte:* Bei symmetrischer Belastung: volle Einspannung am geschnittenen Auflager. $k' = 1I/l$.

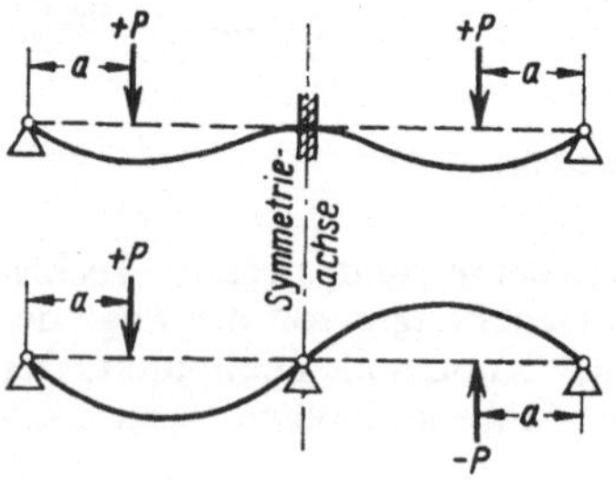

1.189

Bei antimetrischer Belastung:
Gelenk am geschnittenen Auflager,
deshalb $k' = 0{,}75I/l$.

1.7.8. Querkräfte

Q_0 = Querkraft des gelenkig gelagerten Stabes,
ΔQ = Querkraftanteil aus Durchlaufwirkung, d. h. Momenteneinwirkung:

$$\Delta Q = \pm \frac{\Delta M}{l}.$$

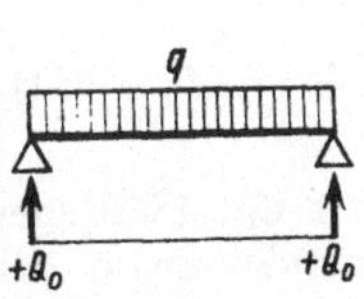

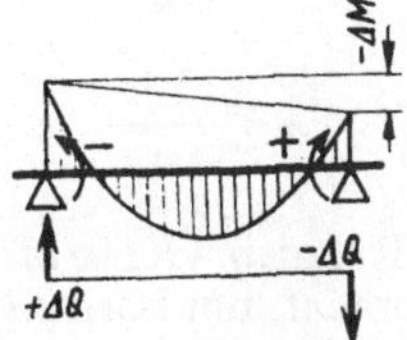

1.7.9. Einfach verschiebliche Rahmen

a) *Bezeichnungen und Definitionen*

ΔQ = Querkraft aus Momentenanteilen:

$$\Delta Q = \pm \frac{\Delta M}{l}.$$

V = Verschiebungskraft. Verschiebungskräfte sind Kräfte, die eine Verschiebung des Tragwerkes erzeugen. Der Richtungssinn der Verschiebung ist gleichzeitig der Richtungssinn der Verschiebungskraft. Verschiebungskräfte können als äußere Kräfte (z. B. Windlasten, Erddrücke usw.) oder als innere Kräfte, die von anderen Belastungen ausgelöst werden (z. B. außermittig angreifende Vertikallasten), wirksam sein.

V_1 = Verschiebungskraft des Hilfsbelastungsfalles (evtl. ohne Dimension).

V_0 = Verschiebungskraft eines beliebigen Belastungsfalles aus den Momenten M_0, bzw. äußeren Belastungen.

M_1 = Stabendmomente aus der Hilfsbelastung mit V_1.

M_0 = Stabendmomente aus einer beliebigen Belastung am unverschieblichen System.

c = Proportionalitätsfaktor – Verhältnis der Verschiebungskraft eines wirklichen Belastungsfalles zur Verschiebungskraft des Hilfsbelastungsfalles:

$$c = \frac{V_0}{V_1}.$$

M = endgültige Stabendmomente am verschieblichen System:

$$M = M_0 + cM_1.$$

F = Festhaltekraft. Festhaltekräfte sind Auflagerreaktionen, die eine Verschiebung verhindern, d. h., sie sind den Verschiebungskräften entgegengerichtet.

Richtungssinn der Querkräfte und Auflagerreaktionen bzw. Festhaltekräfte:

$\underset{+}{\uparrow}$ $\underset{+}{\rightarrow}$ $\underset{-}{\downarrow}$ $\underset{-}{\leftarrow}$

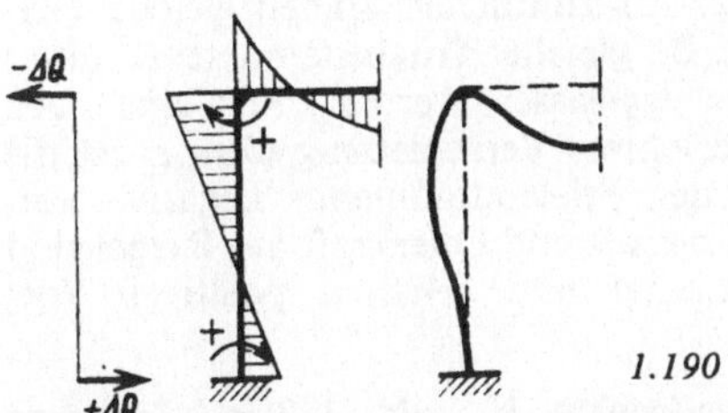

1.190

Richtungssinn der Verschiebungskräfte:
nach rechts gerichtet = positiv ($\underset{+}{\rightarrow}$),
nach links gerichtet = negativ ($\underset{-}{\leftarrow}$).

Mit Rücksicht auf die allgemein übliche Regel, daß ↓ gerichtete Belastungen positiv und ↑ gerichtete Belastungen negativ bezeichnet werden und Verschiebungskräfte belastend, d. h. als Aktionskräfte wirksam sind, bezeichnet man vertikale Verschiebungskräfte in gleicher Weise ($\underset{+}{\downarrow}$, $\underset{-}{\uparrow}$).

b) *Hilfsbelastungsfall zur Errechnung des Verschiebungseinflusses*

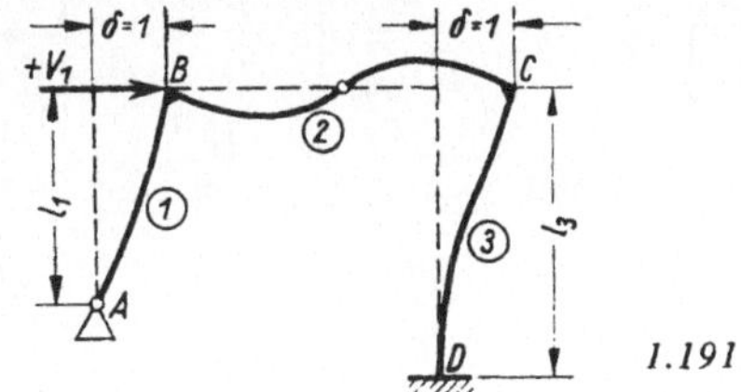

1.191

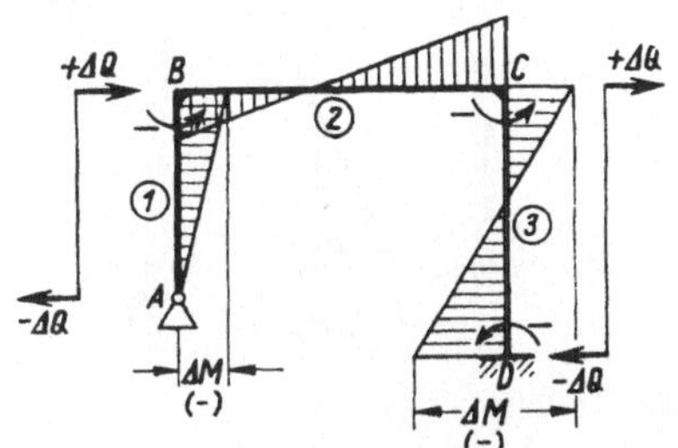

1.192

Für Verschiebung $\delta = 1$ (ohne Dimension) ist:

$$M'_{BA} = -\frac{3I_1}{l_1^2}, \quad M'_{CD} = M'_{DC} = -\frac{6I_3}{l_3^2};$$

$$\sum \Delta Q = \pm \sum \frac{\Delta M}{l}, \quad V_1 = -\sum \frac{\Delta M}{l}.$$

Die Stabendmomente für volle Einspannung (M') werden nicht in ihrer absoluten Größe, sondern als Verhältniswerte benötigt. Sie sind deshalb nur vom Einspannungsgrad, Trägheitsmoment und Quadrat der Stablänge abhängig. An sämtlichen Stielen gleiche Faktoren (z. B. gleiche Trägheitsmomente usw.) können weggelassen werden. Für eine nach rechts gerichtete Verschiebung ($\delta = 1$) ist die Summe der Stielendmomente negativ. Verschiebungskraft und Querkraft am Riegel sind gleichgerichtet und erhalten positives Vorzeichen.

c) *Horizontalkraft + V_0 als äußere Belastung (z. B. aus Wind)*
Die *Bilder 1.191* und *1.192* gelten sinngemäß. Es ist:

$$V_0 = -\sum \frac{\Delta M}{l}, \quad c = \frac{V_0}{V_1}, \quad M = cM_1.$$

Eine nach rechts gerichtete (positive) Verschiebungskraft $+V_0$ erzeugt negative Stielendmomente und eine positive Querkraft am Riegel. Die Momente und Querkräfte aus der Belastung $+V_0$ sind den Momenten und Querkräften aus $+V_1$ proportional. Aus den bekannten Größen V_0, V_1 und M_1 lassen sich die unbekannten Momente M errechnen.

d) *Verschieblichkeit infolge vertikaler Belastung*

$$\sum \Delta Q = \pm \sum \frac{\Delta M}{l}, \quad F = -\sum \frac{\Delta M}{l},$$

$$V_0 = +\sum \frac{\Delta M}{l}, \quad c = \frac{V_0}{V_1}, \quad M = M_0 + cM_1.$$

Am Rahmen (*1.193a*) ist bei C ein Hilfslager angebracht, um horizontale Verschiebungen der Knoten B und C zu verhindern. Die außermittige Vertikallast $+P$ erzeugt die Momentenfläche M_0.
Aus der Summe der Stielendmomente $\sum \Delta M_0$ (*1.193b*) entstehen die Querkräfte $\sum \Delta Q$ (*1.193c*). Am Hilfslager C ist diese Querkraft, die wir als Festhaltekraft F (Auflagerreaktion) bezeichnen, negativ, d. h. nach links gerichtet. Der Rahmen drückt folglich gegen das Hilfslager. Nach Weg-

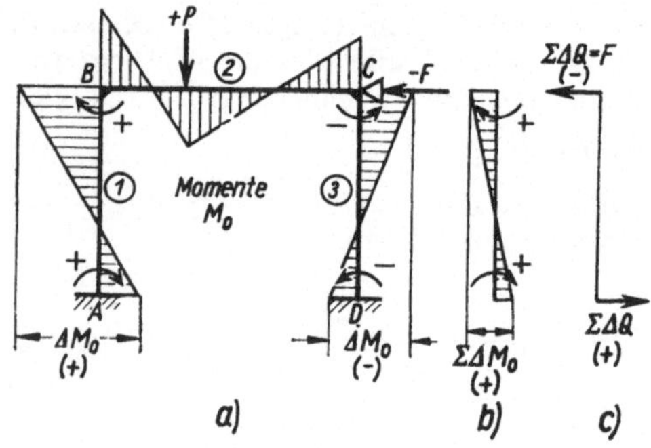

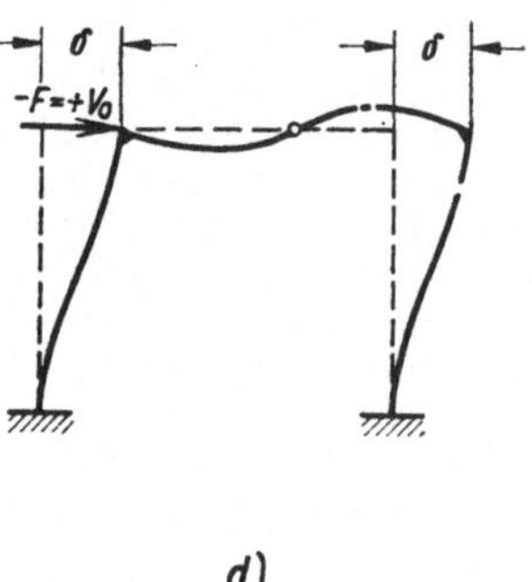

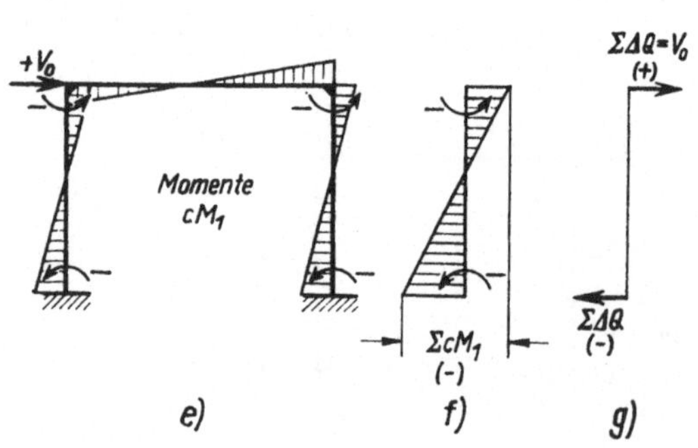

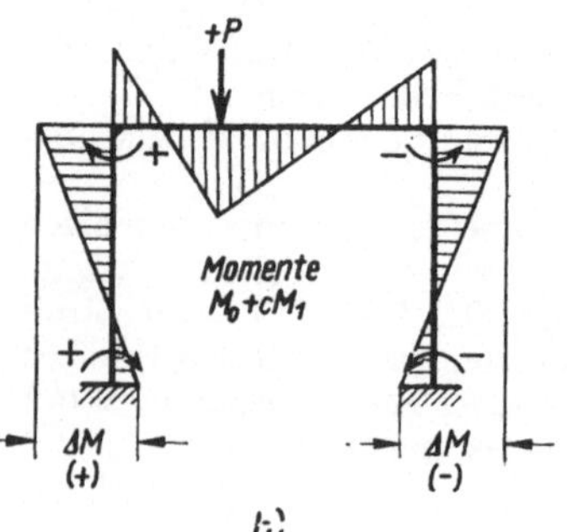

1.193a bis h

nahme dieses künstlichen Lagers erzwingt die Verschiebungskraft $+V_0$ einen neuen Gleichgewichtszustand durch Verschiebung der Knoten *B* und *C* um δ nach rechts (*1.193d*). Die Momente cM_1 (*1.193e*), die in *Bild 1.193f* als $\sum cM_1$ dargestellt sind, heben die Momente $\sum \Delta M_0$ (*1.193b*) auf, d. h., die Festhaltekraft *F* (*1.193c*) wird durch Überlagerung mit der Verschiebungskraft V_0 (*1.193g*) zu Null, so daß die Gleichgewichtsbedingung $\sum H = 0$ wieder erfüllt ist.

Für Horizontalkräfte als äußere Belastung (diese sind auch nach der Verschiebung der Knoten in voller Größe vorhanden) ist nach Abs. c):

$$V_0 = -\sum \frac{\Delta M}{l}.$$

Bei Verschieblichkeit infolge vertikaler Belastung nach Abs. d) dagegen hat die Verschiebungskraft V_0 die äußere Kraft *F* aufzuheben, so daß ein Vorzeichenwechsel entsteht. Es ist deshalb

$$V_0 = +\sum \frac{\Delta M}{l}.$$

Die Größe der Querkraftdifferenz im Riegel $\sum \Delta Q$ nach *Bild 1.193c*) ist ein Maßstab für den Einfluß der Verschieblichkeit. Ergibt sich von vornherein, d. h. am unverschieblich angenommenen System, eine verhältnismäßig kleine Querkraftdifferenz, so ist der Einfluß der Verschieblichkeit gering und kann vernachlässigt werden.

1.7.10. Einbeziehung der Verschieblichkeit in den Momentenausgleich – Sonderverfahren, Proportionierte Rahmen

Die Einbeziehung der Verschieblichkeit in den Momentenausgleich ist prinzipiell möglich [42]. Die von der Einspannung befreiten Stabenden eines Knotens können sich hierbei nicht nur frei drehen, sondern auch verschieben. Der Sonderfall symmetrischer zweistieliger Rahmen bzw. Stockwerkrahmen mit antimetrischen Lasten ergibt bei Einbeziehung der Verschieblichkeit in den Momentenausgleich extreme Rechenvorteile. Hierbei ist nur die Berechnung einer Systemhälfte, d. h. eines Stützenstranges erforderlich; denn die Wendepunkte der Biegelinien der Riegel befinden sich in Feldmitte und ermöglichen so die Systemtrennung. Wegen der besseren Konvergenz ist die als „Sonderverfahren" bezeichnete Methode dem *Kani-Verfahren* vorzuziehen.

Bei dieser besonderen Form des Momentenausgleiches wird für die zusätzlich auch verschieblichen Stäbe (Stiele) der

| Verdrehungswiderstand $k' = 0{,}25 \frac{I}{l}$

und der

| Übertragungsfaktor $\gamma = -1$.

Siehe hierzu *Bilder 1.4* und *1.8* bzw. *1.1* und *1.3* einschließlich der Ableitungen und Zusammenstellung der Normalfälle und der Sonderfälle für die Einbeziehung der Verschieblichkeit in den Momentenausgleich.

Für die antimetrisch verformten Stäbe (Riegel) mit Wendepunkt der Biegelinie in Stabmitte wird der

| Verdrehungswiderstand

$$k' = 1{,}5 \frac{I}{l}.$$

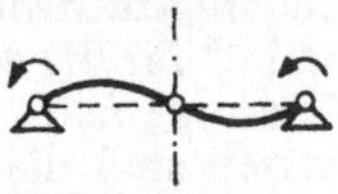

Siehe hierzu *Bild 1.7* und Ableitung sowie *Bilder 1.42*, *1.89* und *1.136*. Die Beispiele 1.26 bis 1.33 geben einen Überblick über die vielfältigen praktischen Anwendungsmöglichkeiten dieser äußerst einfachen Methode.

Das Prinzip der sogenannten „Proportionierten Rahmen" [21] beruht darauf, daß Stiel- und Riegelsteifigkeiten mehrstieliger Rahmen bzw. Stockwerkrahmen so aufeinander abgestimmt sind, daß Verschiebungen bewirkende Belastungen in den Feldmitten der Riegel Wendepunkte der Biegelinien erzeugen (siehe *Bild 1.163*). Für die Berechnung solcher Rahmen genügt ebenfalls ein abgetrennt gedachter Stützenstrang. Die übrigen Stabendmomente ergeben sich durch proportionale Umrechnung entsprechend den Steifigkeiten der Stäbe. Bei Beachtung dieses Proportionsgesetzes als „Richtlinie für die Konstruktion" werden z. B. Windkräfte auf dem kürzesten Wege durch das Stabsystem von Stockwerkrahmen in die Fundamente geleitet. Für solche Belastungen sind proportionierte Rahmen deshalb optimale Konstruktionen und darüber hinaus auch noch sehr bequem berechenbar. Die Systeme der Beispiele 1.26 bis 1.33 sind ebenfalls „Proportionierte Rahmen".

1.7.11. Stäbe veränderlichen Trägheitsmomentes

Für Stäbe, deren Trägheitsmoment nicht über die Stablänge konstant ist, z. B. bei Stäben mit Vouten oder sprunghaften Veränderungen des Querschnittes, müssen

Übertragungsfaktoren γ,
Verdrehungswiderstände k'
und Stabendmomente für volle Einspannung M'

individuell berechnet werden. Diese Berechnungen sind oft recht aufwendig. Es wurden deshalb für die häufigsten praktischen Fälle die Tafeln des Abschn. 6.2. (Tafeln 8 bis 43) bereitgestellt. Mit diesen Tafelwerten wird, wie die Beispiele 1.36 bis 1.42 zeigen, die Berechnung so einfach wie bei Stäben mit konstantem Trägheitsmoment. Mit den Tafeln 44 bis 91 werden die Lösungen des Formänderungsintegrals

$$EI_c\delta = \int_0^l M\bar{M}\frac{I_c}{I_{(x)}}\,dx = (c)\, M\bar{M}l\frac{I_c}{I}$$

als (c)-Werte für $M = \bar{M} = l = 1$, bzw. die Endtangentenwinkel frei aufliegender Träger $\bar{\alpha}$, β und $\bar{\alpha}^0$ für die gebräuchlichsten Stabformen und Belastungsfälle angegeben. Mit diesen Tafelwerten sind die Grundwerte des *Cross-Verfahrens* γ, k' und M' leicht zu berechnen. Dieses Tafelwerk dient darüber hinaus als zeitsparendes Arbeitsmittel für die praktische Anwendung anderer statischer Berechnungsverfahren und insbesondere für Verformungsberechnungen, z. B. nach Abschn. 5.

1.7.12. Eignung des Verfahrens – Kritische Einschätzung

a) *Durchlaufträger*

Für die Berechnung von Durchlaufträgern mit konstantem Trägheitsmoment in sämtlichen Feldern sind gute Tabellenwerke vorhanden. Bei annähernd gleichen Feldweiten ist die Verwendung der „Winklerschen Zahlen" [17], [72] sehr praktisch. Für ungleiche Stützweiten stehen die Tabellen von *Anger*, *Wallmannsberger*, *Kapferer*, *Graudenz* [2], [96], [47], [34] u. a. zur Verfügung. Die in der Praxis am häufigsten vorkommenden Durchlaufträger lassen sich mit diesen Tabellen einfach und schnell berechnen.
Eine vorteilhafte Anwendung des *Cross-Verfahrens* beschränkt sich somit auf Systeme mit ungewöhnlichen Stützweitenverhältnissen, von den Regelfällen abweichende Belastungen und feldweise unterschiedliche Trägheitsmomente.

b) *Unverschiebliche Rahmen*

Das *Cross-Verfahren* eignet sich gut zur Berechnung der verschiedenartigsten unverschieblichen Rahmen. Wie aus den behandelten Beispielen hervorgeht, wird die Berechnung symmetrischer Systeme mit symmetrischen bzw. antimetrischen Belastungen besonders einfach und kurz. Da häufig Symmetrie vorliegt, kann in der Praxis viel Zeit und Mühe gespart werden, wenn die gezeigten Vereinfachungen voll ausgenutzt werden.

c) *Einfach verschiebliche asymmetrische Rahmen*

Bei der Berechnung derartiger Systeme werden zur Berücksichtigung des Verschiebungseinflusses Hilfsrechnungen erforderlich. Wie Beispiel 1.22 besonders deutlich zeigt, ist der erforderliche Rechenaufwand trotzdem auch hier gering. Für einfach verschiebliche Systeme ist folglich das *Cross-Verfahren* vorteilhaft anwendbar.

d) *Mehrfach verschiebliche asymmetrische Rahmen*

Die Hilfsrechnungen zur Berücksichtigung des Verschiebungseinflusses erfordern schon bei zweifach verschieblichen Systemen einen verhältnismäßig großen Zeitaufwand. Für drei- und mehrfach verschiebliche Rahmen wird der Aufwand noch wesentlich größer, so daß das *Cross-Verfahren* für derartige Aufgaben ungeeignet erscheint. Das *Kani-Verfahren* eignet sich für diese Fälle besser.

e) *Zweistielige symmetrische und andere proportionierte Rahmen bzw. Stockwerkrahmen mit Horizontallasten und anderen antimetrischen Belastungen*

Für diese Systeme bzw. Rahmen, die sich auf solche zurückführen lassen, eignet sich die mit „Sonderverfahren" bezeichnete Erweiterung des *Cross-Verfahrens* besonders gut [42]. Diese äußerst einfache Berechnungsmethode ermöglicht die exakte Berechnung von vielgeschossigen Rahmen mit Windbelastungen, ohne daß ein wesentlicher Zeitaufwand erforderlich wird.
Die Beispiele 1.27, 1.33 und 1.34 zeigen dies besonders deutlich.

f) *Stäbe veränderlichen Trägheitsmomentes*

Mit den bereitgestellten Tafeln Abschn. 6.2. bleiben die Vorteile der vorgeführten vielfältigen Anwendungen des *Cross-Verfahrens* auch für solche komplizierten Fälle voll erhalten.

g) *Berücksichtigung der Formänderungsanteile der Normal- und Querkräfte*

Bei sämtlichen Beispielen des Buches wurde der Einfluß der Normal- und Querkräfte auf die Schnittkraftbildung vernachlässigt. Dies ist von wenigen Ausnahmefällen abgesehen, in der praktischen Statik auch gerechtfertigt.

2. Steinman-Verfahren

2.1. Einführung

2.1.1. Allgemeines

Die Grundlagen für das von *Steinman* entwickelte Verfahren „Momentenermittlung mittels gekoppelter Steifigkeiten" wurden in [63] veröffentlicht. Dieses Verfahren vereinigt die Vorteile der Festpunktmethode und des *Cross-Verfahrens*. Das Verfahren ermöglicht eine matrixfreie Berechnung ohne Iteration. Durch tabellarische Auswertung von Steifigkeitsverhältnissen (entsprechend der Festpunktmethode) wird die Errechnung der Systemwerte wesentlich verkürzt. Die Iteration, als Mangel des *Cross-Verfahrens*, wurde mit diesem Verfahren überwunden, ohne daß (gegenüber dem *Cross-Verfahren*) eine wesentliche Mehrarbeit bei der Errechnung der Systemwerte entsteht. Das Verfahren eignet sich deshalb besonders gut für die Berechnung von Systemen mit mehreren Belastungsfällen. Im Verhältnis zum *Cross-Verfahren* kann im Durchschnitt eine Einsparung an Zeit und Rechenaufwand von ≈25 ... 30% erreicht werden. Die Länge des Berechnungsganges ist, im Gegensatz zum *Cross-Verfahren*, vom Genauigkeitsgrad der Berechnung unabhängig. Nach einer gewissen Einarbeitungszeit (die im übrigen auch für jedes beliebige Verfahren aufgewendet werden muß, ehe die vorteilhafte Anwendung in der Praxis erfolgen kann) läßt sich dieses Verfahren infolge des gleichbleibenden Arbeitsschemas genauso einfach wie das *Cross-Verfahren* anwenden [63].

2.1.2. Erläuterungen

Wie beim *Cross-Verfahren* wird zunächst, mit Ausnahme der gelenkig gelagerten Endfelder, volle Einspannung sämtlicher Stabenden angenommen. Für diesen Zustand werden die Momente M' (Stabendmomente für volle Einspannung) errechnet.

Die Lösung der Einspannung zum Zwecke des Momentenausgleiches erfolgt, im Gegensatz zum *Cross-Verfahren*, in systematischer Reihenfolge an den Tragwerksrändern beginnend bis zu einem Mittelfeldknoten, an dem der Schlußausgleich stattfindet. Dieser Knoten kann frei gewählt werden und ist durch [ ] zu kennzeichnen (*2.1*).

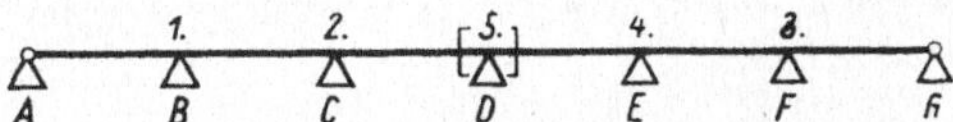

2.1 Reihenfolge für die Momentenausgleiche nach dem Steinman-Verfahren. Der Knoten D wurde als Schlußausgleichknoten gewählt. An diesem Knoten erfolgt der letzte der insgesamt 5 Ausgleiche

Aus Gründen der Schematisierung des Rechenvorganges wird vorgeschlagen, den im Rechenschema am weitesten rechts gelegenen Mittelfeldknoten für den Schlußausgleich zu wählen (*2.2*).

2.2 Vorschlag für die Reihenfolge der Momentenausgleiche bzw. die Wahl des Schlußausgleichknotens

Als *ungekoppelte Steifigkeit* gilt beim *Steinman-Verfahren* der allgemeine Ausdruck für die Steifigkeit: $k = I/l$.

Dieser Ausdruck entspricht dem als Verhältniswert umgerechneten Verdrehungswiderstand $k' = 1I/l$ für einen voll eingespannten Stab (vgl. Abschn. 1.1.3., Fall a).

Die Koppelung von Einzelstäben zu einem zusammenhängenden Stabwerk wird mit Hilfe der sogenannten *gekoppelten Steifigkeit* vorgenommen. Gekoppelte Steifigkeit ist gleichbedeutend mit Verdrehungswiderstand. Abweichend vom *Cross-Verfahren* wird dieser Begriff für elastische Einspannung (die an jedem Mittelfeldknoten vorhanden ist) erweitert. Es ist allgemein:

$$\textit{Verdrehungswiderstand} = \textit{gekoppelte Steifigkeit} = k' = c\,\frac{I}{l}\,.$$

Für die interessierenden Grenzfälle sind die Faktoren c bereits abgeleitet worden (vgl. Abschn. 1.1.3., Grenzfälle a bis d). Bei elastischer Einspannung bewegt sich c zwischen den Grenzfällen für gelenkige Lagerung und volle Einspannung ($0{,}75 < c < 1{,}00$). Diese Abminderungs-

2.3 Koppelungsvorgang, gekoppelte und ungekoppelte Steifigkeiten (k' und k) und Übertragungsfaktoren ($\gamma = 0{,}0$; $\gamma < 0{,}5$ und $\gamma = 0{,}5$) an einem Durchlaufträger

faktoren sind für sämtliche Einspannungsgrade zwischen gelenkiger Lagerung und voller Einspannung in Abschn. 6. Tafel 6 angegeben.
Der Momentenausgleich an einem Knoten erfolgt unter der Voraussetzung, daß das Außenfeld (vom Schlußausgleichknoten abliegendes Feld) gekoppelt und das Innenfeld (nach dem Schlußausgleichknoten zuliegendes Feld) ungekoppelt, d. h. voll eingespannt ist. Mit jedem Momentenausgleich wird ein weiteres Feld durch die Koppelung angeschlossen. Beim letzten Momentenausgleich sind somit sämtliche Felder (Stäbe) des Systems elastisch miteinander verbunden. Durch diese feldweise Koppelung ergeben sich folgende *Übertragungsfaktoren* γ:

a) In Richtung zum Schlußausgleichknoten ist am Stabende volle Einspannung vorhanden und deshalb $\gamma = +0{,}5$. Die Momentenübertragung erfolgt in dieser Richtung folglich wie beim *Cross-Verfahren.*

b) In entgegengesetzter Richtung ist an den Stabenden sämtlicher angeschlossenen Stäbe (mit Ausnahme des Endfeldes, an dem gelenkige Lagerung oder volle Einspannung angenommen wird) elastische, d. h. teilweise Einspannung vorhanden und deshalb $0{,}0 > \gamma > 0{,}5$. Diese von 0,0 ... 0,5 variierenden Übertragungsfaktoren ergeben sich aus den Festpunktabständen. Sie sind mit den bekannten Festpunktzahlen des Festpunktverfahrens identisch. Für sämtliche benötigten Steifigkeitsverhältnisse (durch diese ist der jeweilige Einspannungsgrad von 0,0 ... 100% bzw. Festpunktabstand von 0,0 ... $l/3$ ausgedrückt) sind die Übertragungsfaktoren γ in Abschn. 6. Tafel 6 angegeben. *Bild 2.3* zeigt den fortschreitenden Koppelungsvorgang an einem Durchlaufträger. Die für den 1. bis 4. Momentenausgleich erforderlichen gekoppelten bzw. ungekoppelten Steifigkeiten und Übertragungsfaktoren sind ebenfalls aus diesem Bild zu ersehen.

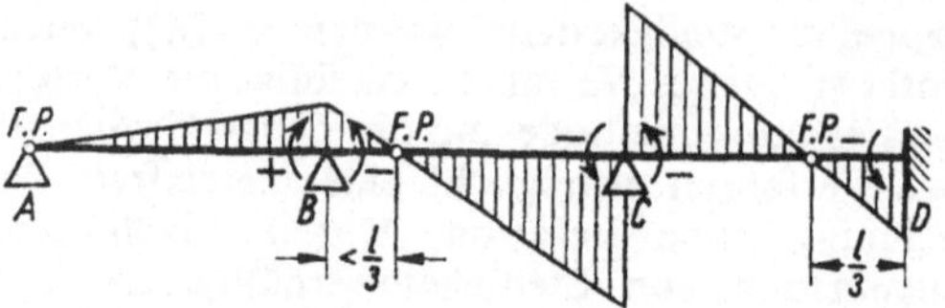

2.4 Ausgleich- und Übertragungsmomente für den 2. Momentenausgleich am Träger Bild 2.3 (Größe und Vorzeichen der Ausgleichmomente am Knoten C wurden beliebig angenommen)

Bild 2.4 zeigt den 2. Momentenausgleich am Träger des *Bildes 2.3.*
Eine für die praktische Anwendung des Verfahrens gültige Rechenvorschrift ist in Abschn. 2.3. angegeben.

2.1.3. Ableitungen

Zur Errechnung der gekoppelten Steifigkeit für ein beliebiges Mittelfeld $n + 1$, das mit einem schon gekoppelten Feld n verbunden werden soll, gilt die Gleichung aus [63]

$$k'_{n+1} = \frac{4k'_n + 3k_{n+1}}{4k'_n + 4k_{n+1}}\, k_{n+1}.$$

Um die unbequeme Rechenarbeit, die sich bei Benutzung dieser Gleichung ergeben würde, abzukürzen, ist eine tabellarische Auswertung erforderlich. Es erfolgt deshalb eine entsprechende Umformung:

$$k'_{n+1} = \frac{4k'_n + 3k_{n+1}}{4k'_n + 4k_{n+1}}\, k_{n+1} \qquad \Big| : k_{n+1},$$

$$k'_{n+1} = \frac{4\dfrac{k'_n}{k_{n+1}} + 3}{4\dfrac{k'_n}{k_{n+1}} + 4}\, k_{n+1} \qquad \Big| \; \frac{k'_n}{k_{n+1}} = \varphi,$$

$$k'_{n+1} = \frac{4\varphi + 3}{4\varphi + 4}\, k_{n+1} \qquad \Big| \; \frac{4\varphi + 3}{4\varphi + 4} = c,$$

$$k'_{n+1} = c k_{n+1}.$$

Die Faktoren c sind in Abschn. 6. Tafel 6 für beliebige Steifigkeitsverhältnisse φ angegeben. Zur Errechnung der Übertragungsfaktoren γ für elastische Einspannung (Festpunktzahlen) gilt die Gleichung aus [63]:

$$\gamma = \frac{2k_n'}{4k_n' + 3k_{n+1}}.$$

Diese Formel wird wie oben umgeformt:

$$\gamma = \frac{2k_n'}{4k_n' + 3k_{n+1}} \quad \Big| : k_{n+1}$$

$$= \frac{2\dfrac{k_n'}{k_{n+1}}}{4\dfrac{k_n'}{k_{n+1}} + 3} \quad \Big| \ \frac{k_n'}{k_{n+1}} = \varphi,$$

$$\gamma = \frac{2\varphi}{4\varphi + 3}.$$

Diese Übertragungsfaktoren sind für beliebige Steifigkeitsverhältnisse φ ebenfalls in Abschn. 6. Tafel 6 angegeben.

2.1.4. Errechnung der Systemwerte

Es ist:

$$k = \frac{I}{l}.$$

$$\varphi = \frac{k_n'}{k_{n+1}} = \frac{\text{gekoppelte Steifigkeit des Außenfeldes}}{\text{ungekoppelte Steifigkeit des Innenfeldes}}.$$

$k' = ck$, der Abminderungsfaktor c ist in Abschn. 6. Tafel 6 mit dem errechneten φ zu finden.

$\gamma =$ Übertragungsfaktor. Diese Werte sind ebenfalls in Abschn. 6. Tafel 6 mit dem errechneten φ zu finden.

$v = \dfrac{k'}{\sum k'} =$ Verteilungszahlen. Die Formel zur Errechnung der Verteilungszahlen v gilt sinngemäß wie für das *Cross-Verfahren.* Es ist lediglich zu beachten, daß für das gekoppelte Außenfeld die gekoppelte Steifigkeit k' und für das ungekoppelte Innenfeld die ungekoppelte Steifigkeit k einzusetzen ist.

Zur Einarbeitung in den Berechnungsvorgang sollen zwei einfache Beispiele dienen:

a) *Mehrfeldträger mit gelenkig gelagertem Endfeld, I und l in sämtlichen Feldern gleich* (2.5),

	A	①	B	②	C	③	D	④	E	⑤	F	ⓝ	G (n + 1)
I		10		10		10		10		10		10	
l		10		10		10		10		10		10	
k		–		1,00		1,00		1,00		1,00		1,00	
φ			0,750		0,857		0,865		0,866		0,866		
k'		0,750		0,857		0,865		0,866		0,866		0,866	
γ		← 0,00		← 0,25		← 0,268		← 0,268		← 0,268		← 0,268	
v		0,428		0,572 0,462		0,538 0,464		0,536 0,464		0,536 0,464		0,536	

2.5

b) *Mehrfeldträger mit eingespanntem Endfeld, I und l in sämtlichen Feldern gleich* (2.6).

	A	①	B	②	C	③	D	④	E	⑤	F	ⓝ	G (n + 1)
I		10		10		10		10		10		10	
l		10		10		10		10		10		10	
k		–		1,00		1,00		1,00		1,00		1,00	
φ			1,00		0,875		0,867		0,866		0,866		
k'		1,00		0,875		0,867		0,866		0,866		0,866	
γ		← 0,500		← 0,286		← 0,270		← 0,268		← 0,268		← 0,268	
v		0,500		0,500 0,467		0,533 0,464		0,536 0,464		0,536 0,464		0,536	

2.6

Die errechneten Systemwerte für Beispiel a) und b) sollen als Maßstab für beliebige Beispiele dienen. Bei gleichem I und l sind schon beim 4. Feld die Werte für φ, k', γ und v konstant. Es ist: $c = 0{,}866$, d. h., eine Steifigkeit von 100% bei voller Einspannung mindert sich auf ≈87% bei elastischer Einspannung ab. Als Übertragungsfaktor ergibt sich: $\gamma = 0{,}268$, d. h., ≈27% der Ausgleichmomente werden zum Nachbarstabende übertragen. Würde z. B. vom Knoten G aus ein Moment $M = 1000$ kNm nach links übertragen werden, so ergeben sich an den betreffenden Knoten die folgenden Momente (ohne Beachtung einer Vorzeichenregel). *Bild 2.7* zeigt die sich hierbei ergebende Momentenfläche.

Am Knoten:

$G: M = 1000 \text{ kNm} = 100\%,$
$F: M = 1000 \cdot 0{,}268 = 268 \text{ kNm} \approx 27\%,$
$E: M = 268 \cdot 0{,}268 = 72 \text{ kNm} \approx 7\%,$
$D: M = 72 \cdot 0{,}268 = 19 \text{ kNm} \approx 2\%,$
$C: M = 19 \cdot 0{,}268 = 5 \text{ kNm} \approx 0{,}5\%.$

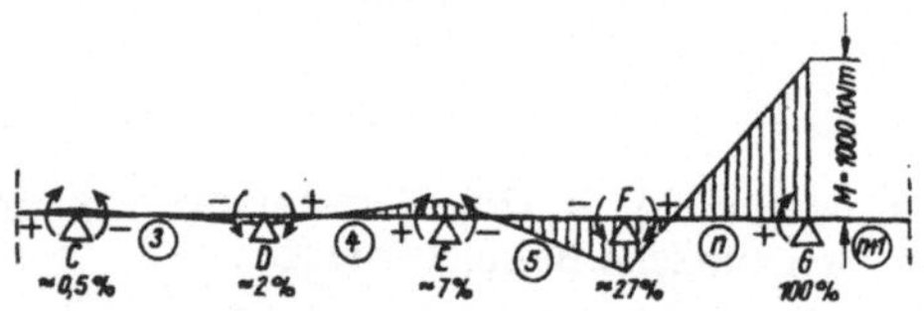

2.7 *Momentenübertragung bei gleichem I und l in sämtlichen Feldern*

2.1.5. Anwendung für Systeme mit drei- und mehrstäbigen Knoten

Am System *Bild 2.8* sind die Stäbe ① und ② mit Stab ③ zu koppeln, d. h., für Stab ③ ist die gekoppelte Steifigkeit zu errechnen. Die Einspannungsverhältnisse der Stäbe ① (mit gelenkiger Lagerung bei A) und ② (mit voller Einspannung bei C) sind bekannt. Diese Stäbe können somit als bereits gekoppelte Stäbe betrachtet werden. Es gilt für Knoten B bzw. allgemein:

$$\varphi = \frac{k_1' + k_2'}{k_3} = \frac{\sum k_n'}{k_{n+1}} = \frac{\text{Summe der gekoppelten Steifigkeiten}}{\text{ungekoppelte Steifigkeit}}$$

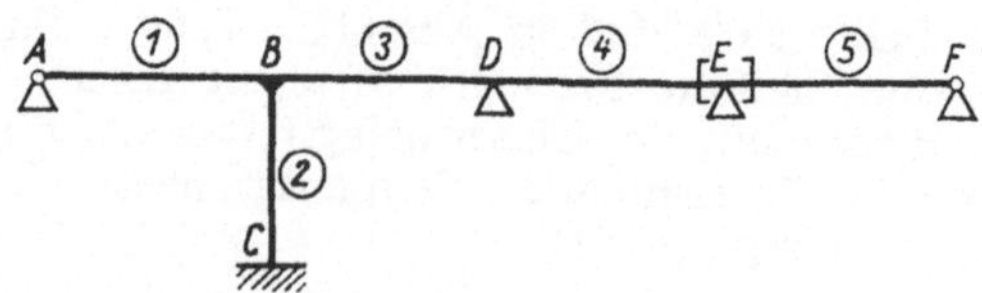

2.8 *System mit einem dreistäbigen Knoten*

Für mehrstäbige Knoten gilt die folgende Regel:

Die gekoppelte Steifigkeit eines Stabes kann nur bestimmt werden, wenn sämtliche anschließenden Stäbe bereits gekoppelt sind, d. h. deren Einspannungsgrad festliegt.

Aus dieser Regel ergibt sich die begrenzte Anwendbarkeit des *Steinman-Verfahrens*. An den Knoten der Systeme *Bild 2.9* schließen z. T. zwei bzw. drei ungekoppelte Stäbe an. Eine Berechnung dieser Systeme nach dem *Steinman-Verfahren* ist deshalb nicht möglich.

Die Systeme *Bild 2.10* dagegen können ohne weiteres nach dem *Steinman-Verfahren* berechnet werden. Die Berechnung wird jedoch infolge der zweifachen Verschieblichkeit dieser Systeme etwas umfangreicher, so daß es zweckmäßiger erscheint, derartige Aufgaben mit Hilfe des Verfahrens von *Kani* zu berechnen (vgl. hierzu auch die Hinweise in 1.7.12.).

Symmetrische Rahmen (Beispiel 1.18 bzw. ähnliche Systeme), die eine Trennung des Systems ermöglichen, können dagegen sehr vorteilhaft nach dem *Steinman-Verfahren* berechnet werden.

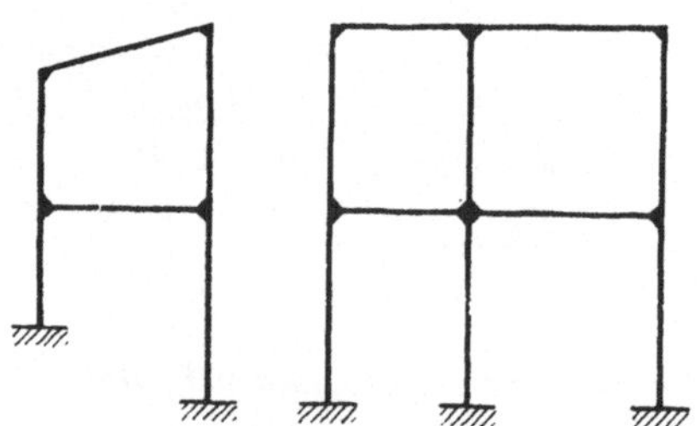

2.9 *Systeme, die mit dem Steinman-Verfahren nicht berechnet werden können*

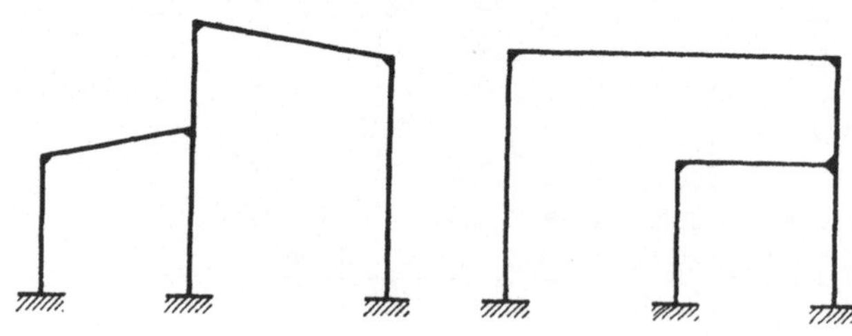

2.10 *Systeme, die mit dem Steinman-Verfahren berechnet werden können*

2.2. Praktische Beispiele

Beispiel 2.1: Fünffeldträger des Beispieles 1.2

Die Ausrechnung der M'-Momente (für Endfelder $M' = \pm ql/8 + 3/16Pl$, für Mittelfelder $M' = \pm ql^2/12 \pm Pl/8$ usw.) nach den Formeln Nr. 1, 24, 37 und 44 (s. Abschn. 6. Tafel 1) wurde ihrer Einfachheit halber nicht aufgeschrieben.

	A	①	B	②	C	③	D	④	[E]	⑤	F
I		11,0		6,50		6,50		9,00		6,50	
$l_{(m)}$		7,50		4,25		6,00		7,50		4,25	
k				1,53		1,08		1,20			
φ			0,72		1,21		0,80				
k'		1,47 · 0,75 = 1,10		1,31		0,96		1,03		1,53 · 0,75 = 1,15	
γ				← 0,245		← 0,309		← 0,258			
v		0,418	0,582	0,548	0,452	0,444	0,556	0,473	0,527		

Die Momentenwerte stehen jeweils links bzw. rechts der Stütze.

1. G = 55,0 kN (bei $\frac{l}{2}$), g = 10,0 kN/m (Feld 1); g = 18,0 kN/m (Felder 2 und 3); G = 55,0 kN (bei $\frac{l}{2}$), g = 10,0 kN/m (Feld 4); g = 18,0 kN/m (Feld 5)

	B links	B rechts	C links	C rechts	D links	D rechts	E links	E rechts
$M'_{(kNm)}$	+147,6	−27,1	+27,1	−54,0	+54,0	−98,3	+98,3	−40,6
	−50,4	−70,1	−35,0					
			• +33,9	+28,0	+14,0			
					• +13,5	+16,8	+ 8,4	
	− 6,7	+ 6,7	• − 6,7	+ 6,7	• + 8,1	− 8,1	• −31,3	−34,8
$M_{(kNm)}$	+ 90,5	−90,5	+19,3	−19,3	+89,6	−89,6	+75,4	−75,4

2. P = 95,0 kN (bei $\frac{l}{2}$, Feld 1)

	B links	B rechts	C links	C rechts	D links	D rechts	E links	E rechts
M'	+133,8							
	−56,0	−77,8	−38,9					
			• +21,3	+17,6	+8,8			
					• −3,9	−4,9	2,4	
	− 5,5	+ 5,5	• + 1,3	− 1,3	• −0,3	+0,3	• +1,1	+1,3
M	+ 72,3	−72,3	−16,3	+16,3	+4,6	−4,6	−1,3	

3. p = 32,0 kN/m (Feld 2)

	B links	B rechts	C links	C rechts	D links	D rechts	E links	E rechts
M'		−48,2	+48,2					
	+20,2	+28,0	+14,0					
			• −34,1	−28,1	−14,0			
					• + 6,2	+7,8	+3,9	
	+ 8,9	− 8,9	• − 2,1	+ 2,1	• + 0,5	−0,5	• −1,8	−2,1
M	+29,1	−29,1	+26,0	−26,0	− 7,3	+7,3	+2,1	

4. p = 32,0 kN/m (Feld 3)

	B links	B rechts	C links	C rechts	D links	D rechts	E links	E rechts
M'				−96,0	+96,0			
			• +52,6	+43,4	+21,7			
					• −52,3	−65,4	−32,7	
M	−17,2	+17,2	• +17,4	−17,4	• − 4,0	+ 4,0	• +15,5	+17,2
			+70,0	−70,0	+61,4	−61,4	−17,2	

5. P = 95,0 kN (bei $\frac{l}{2}$, Feld 4)

	B links	B rechts	C links	C rechts	D links	D rechts	E links	E rechts
M'						−89,0	+89,0	
					• +39,5	+49,5	+24,7	
M	+4,0	−4,0	• −16,5	+16,5	• +13,8	−13,8	• −53,9	−59,8
					+53,3	−53,3	+59,8	

6. p = 32,0 kN/m (Feld 5)

	B links	B rechts	C links	C rechts	D links	D rechts	E links	E rechts
M								−72,1
M	−0,7	+0,7	• +2,7	−2,7	• −8,8	+8,8	• 34,1 +	+38,0
								−34,1

2.11

Beispiel 2.2: Symmetrischer Stockwerkrahmen mit symmetrischen Belastungen

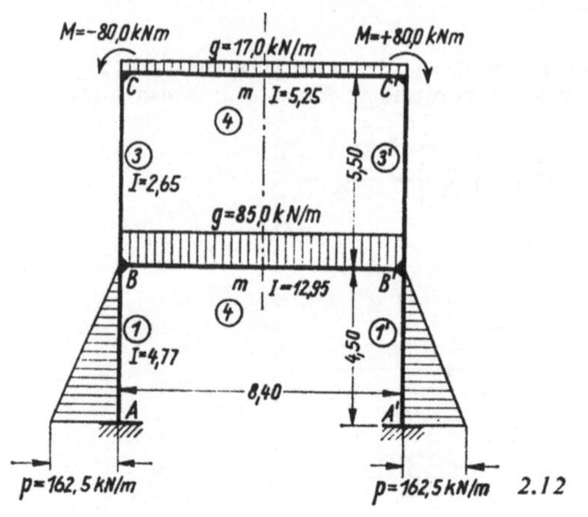

2.12

Belastungsfälle:

1. $g = 17{,}0$ kN/m auf dem Riegel ④.
2. $M = \mp 80{,}0$ kNm an den Knoten C und C' angreifend.
3. $g = 85{,}0$ kN/m auf Riegel ②.
4. Dreiecklast aus Erddruck $p = 162{,}5$ kN/m auf Riegel ① und ①'.
5. Gleichmäßige Temperaturzunahme im Riegel ② $t = +15\,°\text{C}$.

Zu 1: $M' = -\dfrac{17{,}0 \cdot 8{,}40^2}{12} = -100{,}0 \text{ kNm}.$

Zu 2: M' am nicht gezeichneten Kragarm als Stabendmoment $= +80{,}0$ kNm.

Zu 3: $M' = -\dfrac{85{,}0 \cdot 8{,}40^2}{12} = -500{,}0 \text{ kNm}.$

Zu 4: $M_{AB}' = -\dfrac{162{,}5 \cdot 4{,}50^2}{20} = -164{,}8 \text{ kNm},$

$M_{BA}' = +\dfrac{162{,}5 \cdot 4{,}50^2}{30} = +109{,}8 \text{ kNm}.$

	A	B			C	
	1		2	3		4
I	4,77		12,95	2,65		5,38
l	4,50		8,40	5,50		8,40
k				0,48		
φ			3,81			
k'	1,06		1,54 · 0,5 = 0,77	0,45		0,64 · 0,5 = 0,32
γ	← 0,5			← 0,418		
v		0,459	0,333	0,208	0,584	0,416
1. M'						−100,0
M	− 7,1	● −14,2	− 10,2	+ 24,4	● +58,4	+ 41,6
						− 58,4
2.						(+80,0)
M	+ 5,6	● +11,3	+ 8,2	− 19,5	● −46,7	− 33,3
3. M'			−500,0			
		● +229,5	+166,5	+104,0	+52,0	
	+118,4	● + 7,4	+ 5,3	− 12,7	● −30,4	− 21,6
M		+236,9	+328,2	+ 91,3	+21,6	
4. M'	−164,8	+109,8				
		● − 50,5	− 36,5	− 22,8	−11,4	
	− 26,0	● − 1,6	− 1,2	+ 2,8	● + 6,7	+ 4,7
M	−190,8	+ 57,7	− 37,7	− 20,0	− 4,7	
5. M'	+267,1	+267,1		− 99,3	−99,3	
		● − 77,0	− 55,9	− 34,9	−17,4	
	− 46,7	● − 16,5	− 12,0	+ 28,5	● +68,2	+ 48,5
M	+220,4	+173,6	− 67,9	−105,7	−48,5	

2.13

Zu 5: $I_1 = 477\ \text{dm}^4 = 0{,}0477\ \text{m}^4$,

$I_3 = 265\ \text{dm}^4 = 0{,}0265\ \text{m}^4$,

$\Delta l = 0{,}00001 \cdot 15 \cdot 840 \cdot \frac{1}{2} = 0{,}063\ \text{cm}$

$= 0{,}00063\ \text{m}$.

Für Stahlbeton z. B.:

$E = 30000\ \text{N/mm}^2 = 30000000\ \text{kN/m}^2$.

$$M_{AB}' = M_{BA}' = +\frac{6 \cdot 30000000 \cdot 0{,}0477 \cdot 0{,}00063}{4{,}50^2}$$

$$= +267{,}1\ \text{kNm},$$

$$M_{BC}' = M_{CB}' = -\frac{6 \cdot 30000000 \cdot 0{,}0265 \cdot 0{,}00063}{5{,}50^2}$$

$$= -99{,}3\ \text{kNm}.$$

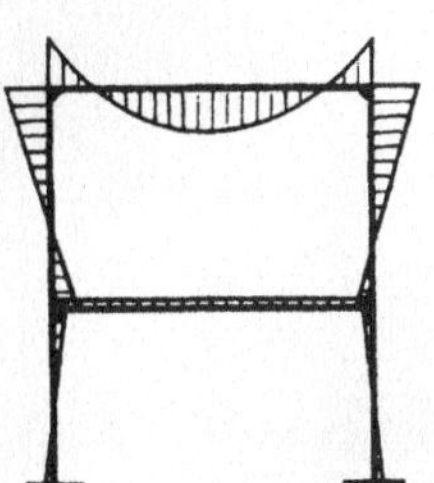

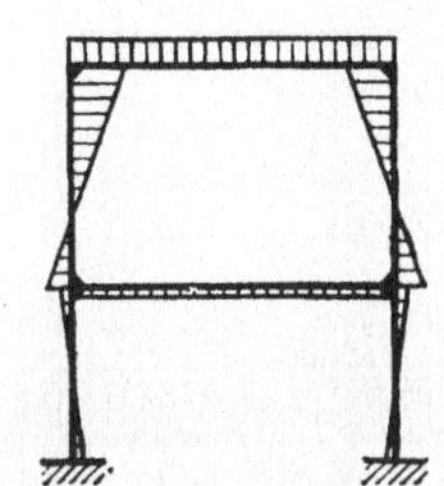

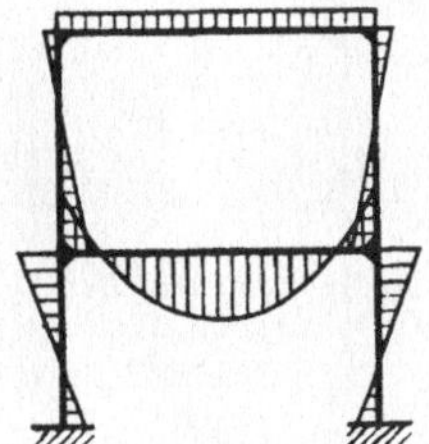

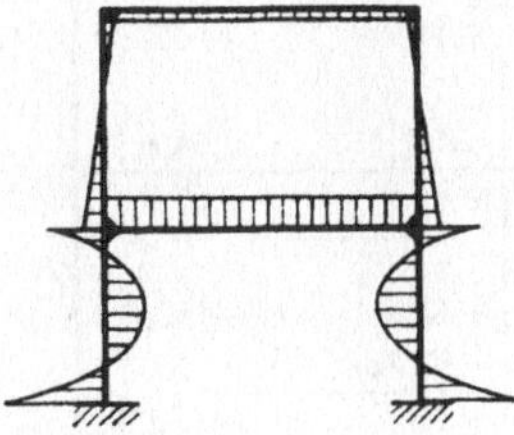

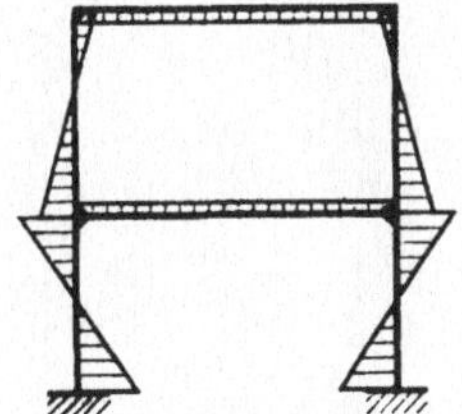

2.14 *Momentenflächen für Belastungsfälle 1 bis 5*

Beispiel 2.3: Rahmen des Beispieles 1.22

Belastungsfälle:

1. Hilfsbelastungsfall für Berücksichtigung der Verschiebung.
2. Horizontallast in Riegelhöhe: $H = +210{,}0$ kN.
3. Gleichlast $g = 68{,}5$ kN/m auf dem Riegel ②.
4. Äußeres Moment $M = -310{,}0$ kNm am Knoten B.
5. Dreiecklast aus Erddruck auf dem Stiel ③. Am Stielfuß: $p = 79{,}0$ kNm, in 4,50 m Höhe $p = 0$.
6. Gleichmäßige Temperaturzunahme im Riegel ② $t = +30\,°\text{C}$.

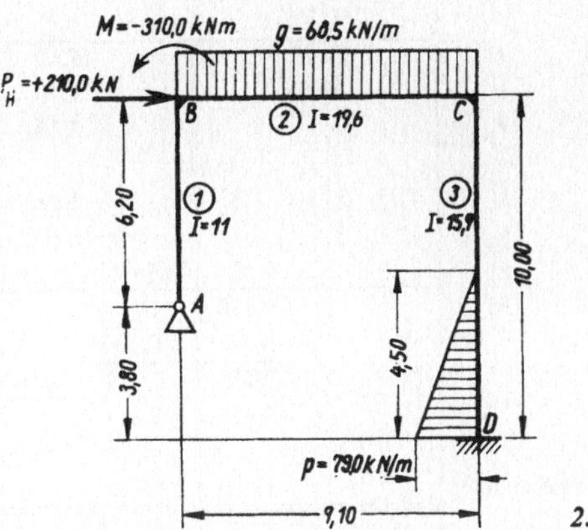

2.15

Zu 1: Momente für volle Einspannung infolge Verschiebung des Riegels ② nach rechts um $\delta = 1$ (ohne Dimension)

$$M_{BA}' = -\frac{3I_1}{l_1^2} = -\frac{3 \cdot 11}{6{,}20^2} = -0{,}858,$$

$$M_{DC}' = M_{CD}' = -\frac{6I_3}{l_3^2} = -\frac{6 \cdot 15{,}9}{10{,}00^2} = -0{,}954,$$

$$V_1 = -\frac{-0{,}613}{6{,}20} - \frac{-0{,}633 - 0{,}794}{10{,}00} = +0{,}242.$$

Zu 2:

$$c = \frac{+210{,}0}{+0{,}242} = +868.$$

Zu 3:

$$M_{BC}' = \frac{-68{,}5 \cdot 9{,}10^2}{12} = -473{,}0\ \text{kNm},$$

$$M_{CB}' = +473{,}0\ \text{kNm},$$

$$V_0 = +\frac{255{,}4}{6{,}20} + \frac{-289{,}0 - 144{,}5}{10{,}00}$$

$$= +41{,}2 - 43{,}3 = -2{,}1\ \text{kN},$$

$$c = \frac{-2{,}1}{+0{,}242} = -8{,}68.$$

Zu 4:

$$V_0 = +\frac{-129{,}8}{6{,}20} + \frac{+44{,}7 + 22{,}3}{10{,}00}$$

$$= -20{,}9 + 6{,}7 = -14{,}2\ \text{kN},$$

$$c = \frac{-14{,}2}{+0{,}242} = -58{,}7.$$

Zu 5:

$$M_{DC}' = -\frac{79{,}0 \cdot 4{,}50^2}{60 \cdot 10{,}00^2}$$

$$\times (10 \cdot 10{,}00^2 - 10 \cdot 4{,}50 \cdot 10{,}00 + 3 \cdot 4{,}50^2)$$

$$= -0{,}2665\ (1000 - 450 + 61) = -162{,}8\ \text{kNm}$$

bzw. nach Tafel 5

$$\text{für}\ \frac{a}{l} = \frac{4{,}50}{10{,}00} = 0{,}45$$

$$M_{DC}' = -0{,}0206 \cdot 79{,}0 \cdot 10{,}00^2 = -162{,}8\ \text{kNm},$$

$$M_{CD}' = +\frac{79{,}0 \cdot 4{,}50^3}{60 \cdot 10{,}00^2}$$

$$\times (5 \cdot 10{,}00 - 3 \cdot 4{,}50) = +43{,}8\ \text{kNm}$$

		A ① B (links)	B (rechts) ②	C (links)	C (rechts) ③	D
	I	11,00		19,60		15,90
	l	6,20		9,10		10,00
	k			2,15		
	φ	0,619				
	k'	1,77 · 0,75 = 1,33		1,82		1,59
	γ		← 0,226			0,500 →
	v	0,382	0,618	0,533	0,467	
1.	M'	−0,858			−0,954	−0,954
		+0,328	+0,530	+0,265		
		−0,083	+0,083	• +0,368	+0,321 •	+0,160
	M_1	−0,613	+0,613	+0,633	−0,633	−0,794
2.	$M = +868\ M_1$	−532,0	+532,0	+549,0	−549,0	−689,0
3.	M'		−473,0	+473,0		
		+180,8	+292,2	+146,1		
		+ 74,6	− 74,6	• −330,1	−289,0 •	−144,5
	M_0	+255,4	−255,4	+289,0		
	$-8{,}68\ M_1$	+ 5,3	− 5,3	− 5,5	+ 5,5	+ 6,9
	M	+260,7	−260,7	+283,5	−283,5	−137,6
4.		(+310,0)				
		−118,3	−191,7	−95,8		
		− 11,5	+ 11,5	• +51,1	+44,7 •	+22,3
	M^0	−129,8	−180,2	−44,7		
	$-58{,}7\ M_1$	+ 36,0	− 36,0	−37,2	+37,2	+46,6
	M	− 93,8	−216,2	−81,9	+81,9	+68,9
5.	M'				+43,8	−162,8
	M_0	+ 5,3	− 5,3	• −23,4	−20,4 •	− 10,2
					+23,4	−173,0
	$+51{,}7\ M_1$	−31,7	+31,7	+32,7	−32,7	− 41,1
	M	−26,4	+26,4	+ 9,3	− 9,3	−214,1
6.	M'	+703				
		−269	−434	−217		
		− 26	+ 26	• +116	+101 •	+ 50
	M_0	+408	−408	−101		
	$+334\ M_1$	−205	+205	+212	−212	−265
	M	+203	−203	+111	−111	−215

2.16

bzw.

$$M_{CD}' = +0{,}0055 \cdot 79{,}0 \cdot 10{,}00^2 = +43{,}5 \text{ kNm},$$

$$V_0 = +\frac{79{,}0 \cdot 4{,}50}{2}\,\frac{1{,}50}{10{,}00} + \frac{5{,}3}{6{,}20} + \frac{23{,}4 - 173{,}0}{10{,}00}$$

$$= 26{,}7 + 0{,}8 - 15{,}0 = +12{,}5 \text{ kN},$$

$$c = \frac{+12{,}5}{+0{,}242} = +51{,}7.$$

Zu 6:

$$I_1 = 1100 \text{ dm}^4 = 0{,}11 \text{ m}^4,$$

$$I_3 = 1590 \text{ dm}^4 = 0{,}159 \text{ m}^4,\ t = +30\,^\circ\text{C}.$$

Für Stahlbeton z. B.:

$$E = 30000 \text{ N/mm}^2 = 30000000 \text{ kN/m}^2.$$

$$\delta = 0{,}00001 \cdot 30 \cdot 910 = 0{,}273 \text{ cm} = 0{,}00273 \text{ m},$$

$$M_{BA}' = +\frac{3 \cdot 30000000 \cdot 0,11 \cdot 0,00273}{6,20^2} = +703 \text{ kNm},$$

$$V_0 = +\frac{408}{6,20} + \frac{100 + 50}{10,0}$$

$$= +65,8 + 15,0 = +80,8 \text{ kN},$$

$$c = \frac{+80,8}{+0,241} = 334.$$

Erläuterungen zu Beispiel 2.1

Um den erforderlichen Rechenaufwand und die Endergebnisse vergleichen zu können, wurde Beispiel 1.2 als Regelbeispiel eines Durchlaufträgers gewählt. Das Rechenschema ist außer geringfügigen Ergänzungen wie beim *Cross-Verfahren* aufgebaut. Der am weitesten rechts gelegene Mittelfeldknoten E wurde für den Schlußausgleich vorgesehen ([]). Sämtliche Mittelfelder sind zu koppeln (Stab ②, ③ und ④). Für diese Felder interessiert deshalb die ungekoppelte Steifigkeit $k = I/l$. Infolge der gelenkigen Lagerung bei A und F ist die gekoppelte Steifigkeit für Stab ① und ⑤: $k' = 0,75I/l$. Unter Knoten B wurde eingetragen:

$$\varphi = \frac{k_1'}{k_2} = \frac{1,10}{1,53} = 0,72.$$

Mit Hilfe der Tafel 6 ergibt sich für Feld ②:

Übertragungsfaktor:

$\gamma = 0,245$,

Abminderungsfaktor:

$c = 0,855$,

gekoppelte Steifigkeit für Stab ②:

$k_2' = ck_2 = 0,855 \cdot 1,53 = 1,31$,

Verteilungszahlen:

$$v_{BA} = \frac{k_1'}{k_1' + k_2} = \frac{1,10}{1,10 + 1,53} = 0,418$$

$$v_{BC} = \frac{k_2}{k_1' + k_2} = \frac{1,53}{1,10 + 1,53} = 0,582$$

$$\sum v_B \qquad 1,000.$$

Für die übrigen Felder gilt der vorgeführte Rechnungsgang unverändert. Am Knoten E schließen nur gekoppelte Felder an.
Für die Verteilungszahlen bei E gilt deshalb:

$$v_{ED} = \frac{k_4'}{k_4' + k_5'} = \frac{1,03}{1,03 + 1,15} = 0,473$$

$$v_{EF} = \frac{k_5'}{k_4' + k_5'} = \frac{1,15}{1,03 + 1,15} = 0,527$$

$$\sum v_E \qquad 1,000.$$

Bei der Errechnung der Systemwerte entstand, im Vergleich zum *Cross-Verfahren*, an Mehrarbeit lediglich die Ermittlung der Werte φ, k' und γ für Felder ② bis ④. Für die einzelnen Belastungsfälle sind je 4 Momentenausgleiche erforderlich (beginnend am Knoten B bis zum Schlußausgleichknoten E). Die Momentenausgleiche werden genau wie beim *Cross-Verfahren* durchgeführt. In Richtung Schlußausgleichknoten sind die Verteilungsmomente mit $\gamma = 0,50$ zu multiplizieren, d. h. mit 50% zum Nachbarknoten zu übertragen. In entgegengesetzter Richtung erfolgt die Momentenübertragung durch Multiplikation mit den Übertragungsfaktoren γ (Fortleitung durch die Festpunkte). Es ist zweckmäßig, diese Übertragungen nicht einzeln durchzuführen. Um bei der gemeinsamen Übertragung, die am Schluß der Berechnung durchgeführt wird, keinen Posten zu vergessen, wurden sämtliche links vom Knoten stehenden Ausgleichmomente mit einem (·) gekennzeichnet. In bezug auf Vorzeichen gilt *Bild 2.7*. Nach Addition sämtlicher Einzelwerte ergeben sich die endgültigen Stabendmomente. Das Zahlenwerk der Belastungsfälle 1 bis 6 zeigt eindeutig, daß die Ausgleicharbeit im Vergleich mit dem *Cross-Verfahren* nicht nur wesentlich kürzer, sondern auch einfacher wird.

Erläuterungen zu Beispiel 2.2

Am Rahmen dieses Beispieles zeigen sich die Vorteile des *Steinman-Verfahrens* besonders deutlich. Sämtliche 5 Belastungsfälle konnten bequem auf einer Seite berechnet werden. Infolge Symmetrie des Systems betragen die gekoppelten Steifigkeiten der Stäbe ② und ④: $k' = 0,5I/l$. Für Stab ① ist $k' = 1I/l$. Es braucht deshalb lediglich Stab ③ noch mit Stab ① und ② gekoppelt zu werden. Hierfür ist:

$$\varphi = \frac{\sum k_n'}{k_{n+1}} = \frac{k_1' + k_2'}{k_3} = \frac{1,06 + 0,77}{0,48} = 3,81,$$

$\gamma = 0,418$,

$c = 0,948$ und $k_3' = 0,948 \cdot 0,48 = 0,45$.

Als Verteilungszahlen ergeben sich:

$$v_{BA} = \frac{k_1'}{k_1' + k_2' + k_3} = \frac{1,06}{1,06 + 0,77 + 0,48} = 0,459$$

$$v_{Bm} = \frac{k_2'}{k_1' + k_2' + k_3} = \frac{0,77}{1,06 + 0,77 + 0,48} = 0,333$$

$$v_{BC} = \frac{k_3}{k_1' + k_2' + k_3} = \frac{0,48}{1,06 + 0,77 + 0,48} = 0,208$$

$$\sum v_B \qquad 1,000,$$

$$v_{CB} = \frac{k_3'}{k_3' + k_4'} = \frac{0,45}{0,45 + 0,32} = 0,584$$

$$v_{Cm} = \frac{k_4'}{k_3' + k_4'} = \frac{0,32}{0,45 + 0,32} = 0,416$$

$$\sum v_C \qquad 1,000.$$

Für Belastungsfall 1 ist nur am Schlußausgleichknoten ein Momentenausgleich erforderlich. Aus dem Stabendmoment $M' = -100,0$ kNm errechnen sich durch Multiplikation mit den Verteilungszahlen v_{CB} und v_{Cm} die Ausgleichmomente $+58,4$ kNm und $+41,6$ kNm. Das Ausgleichmoment $+58,4$ kNm ist mit 41,8% ($\gamma = 0,418$) zum Nachbarstabende zu übertragen. Um am Knoten B Gleichgewicht zu erzeugen, müssen an den Stabenden der Stäbe ① und ② Momente wirksam sein, die als Summe $-24,4$ kNm betragen. Es ist somit:

$$M_{Bm} = +24,4 \frac{0,333}{0,333 + 0,459}(-1) = -10,2 \text{ kNm},$$

$$M_{BA} = +24,4 \frac{0,14}{0,13 + 0,14}(-1) = -14,2 \text{ kNm},$$

$$\sum M_B = +24,4 - 10,2 - 14,2 = 0.$$

Für den übrigen Rechnungsgang gelten die Erläuterungen von Beispiel 2.1 sinngemäß.

Erläuterungen zu Beispiel 2.3

Der. Aufbau dieses Beispieles entspricht Beispiel 1.22. Die Erläuterungen zu Beispiel 2.1 gelten sinngemäß. Bei der Berechnung verschieblicher Systeme nach dem *Steinman-Verfahren* gelten die in Abschn. 1.1. gebrachten Grundlagen unverändert.

2.3. Das Wesentlichste zusammengefaßt

2.3.1. Rechnungsgang

1. Zeichnung der Systemskizze und Eintragung der Werte I und l sowie Kennzeichnung des Schlußausgleichknotens mit [ ].
2. Errechnung der Steifigkeiten $k = I/l$ für die Mittelfelder (Felder mit elastischer Einspannung, die anschließend gekoppelt werden).
3. Errechnung der gekoppelten Steifigkeiten sämtlicher Felder mit bekanntem Einspannungsgrad:

   a) für Felder (Stäbe) mit gelenkiger Lagerung ist

   $k' = 0{,}75 I/l$,

   b) für voll eingespannte Felder ist

   $k' = 1{,}0 I/l$,

   c) für Felder, die infolge Symmetrie getrennt wurden, ist bei symmetrischer Belastung

   $k' = 0{,}5 I/l$,

   d) für Felder, die infolge Symmetrie getrennt wurden, ist bei antimetrischer Belastung

   $k' = 1{,}5 I/l$.

4. Errechnung der Zahl $\varphi = \sum k_n'/k_{n+1}$ für die am weitesten vom Schlußausgleichknoten abliegenden Mittelstützen. Es ist: φ = gekoppelte Steifigkeit des Außenfeldes (bei mehrstäbigen Knoten Summe der gekoppelten Steifigkeiten) dividiert durch die ungekoppelte Steifigkeit des Innenfeldes.
5. Errechnung der gekoppelten Steifigkeit:

   $$k' = \frac{4\varphi + 3}{4\varphi + 4} k = ck,$$

   $$c = \frac{4\varphi + 3}{4\varphi + 4}$$ aus Tafel 6 entnehmen.

6. Bestimmung des Übertragungsfaktors:

   $$\gamma = \frac{2\varphi}{4\varphi + 3}$$ aus Tafel 6 entnehmen.

7. Errechnung der Verteilungszahlen v. Es gilt sinngemäß wie für das *Cross-Verfahren*: $v = k'/\sum k'$. Es ist lediglich zu beachten, daß für das gekoppelte Außenfeld die gekoppelte Steifigkeit k' und für das ungekoppelte Innenfeld die ungekoppelte Steifigkeit k einzusetzen ist.
8. Die Rechenvorgänge unter 4 bis 7 sind für sämtliche Mittelstützen in gleicher Form zu wiederholen. Am Schlußausgleichknoten ist dabei zu beachten, daß sämtliche anschließenden Felder gekoppelt sind und deshalb zur Errechnung der Verteilungszahlen v nur gekoppelte Steifigkeiten in Frage kommen.
9. Errechnung der Stabendmomente für volle Einspannung (M') mit Hilfe der Formeln in Abschn. 6.
10. Momentenausgleich mit Hilfe der Verteilungszahlen v und Momentenübertragung in Richtung zum Schlußausgleichknoten durch Multiplikation des Verteilungsmomentes mit $\gamma = +0{,}5$ wie beim *Cross-Verfahren*. An jedem Knoten findet ein Momentenausgleich statt. Diese Momentenausgleiche erfolgen in systematischer Reihenfolge, am äußeren Knoten beginnend, bis zum Schlußausgleichknoten.
11. Übertragung der mit (.) gekennzeichneten Verteilungsmomente, am Schlußausgleichknoten beginnend, in Richtung Tragwerksrand durch Multiplikation mit den Übertragungszahlen für elastische Einspannung ($\gamma < 0{,}5$).
12. Nach Addition sämtlicher Teilmomente ergeben sich die endgültigen Stabendmomente. An jedem Knoten muß $\sum M = 0$ sein.

2.3.2. Regelbeispiel

Die Ausrechnung der M'-Momente wurde nicht aufgeschrieben. Vergleiche hierzu das Regelbeispiel nach *Cross*, *Bild 1.187*.
Nebenrechnungen auf dem Rechenschieber:

$$\varphi_B = \frac{k_1'}{k_2} = \frac{2{,}81}{2{,}00} = 1{,}40,$$

$$\varphi_C = \frac{k_2'}{k_3} = \frac{1{,}79}{5{,}00} = 0{,}36,$$

$$\varphi_D = \frac{k_3'}{k_4} = \frac{4{,}08}{2{,}78} = 1{,}47.$$

	A	①	B	②	C	③	D	④	E	⑤	F
I		7,50		10,00		15,00		12,50		5,00	
$l_{(m)}$		2,00		5,00		3,00		4,50		2,50	
k				2,00		5,00		2,78			
φ			1,40		0,36		1,47				
k'		2,81		1,79		4,08		2,50		1,50	
γ				← 0,326		← 0,164		← 0,331			
v			0,584 | 0,416		0,264 | 0,736		0,594 | 0,406		0,623 | 0,377		

g in allen Feldern = 5,00 kN m

	B links	B rechts	C links	C rechts	D links	D rechts	E links	E rechts
$M'_{(kNm)}$	+2,50	−10,42	+10,42	−3,75	+3,75	−8,42	+8,42	−3,90
	+4,62	+3,30	+1,65					
			· −2,20	−6,12	−3,06			
					· +4,59	+3,14	+1,57	
	+1,03	−1,03	· −0,96	+0,96	· +1,26	−1,26	· −3,80	−2,29
$M_{(kNm)}$	+8,15	−8,15	+8,91	−8,91	+6,54	−6,54	+6,19	−6,19

2.17

$$k'_1 = 0{,}75 k_1 = 0{,}75 \frac{7{,}50}{2{,}00} = 2{,}81,$$

$$k'_2 = c k_2 = 0{,}896 \cdot 2{,}00 = 1{,}79,$$

$$k'_3 = 0{,}816 \cdot 5{,}00 = 4{,}08,$$

$$k'_4 = 0{,}899 \cdot 2{,}78 = 2{,}50.$$

$$k'_5 = 0{,}75 \frac{5{,}00}{2{,}50} = 1{,}50.$$

$$v_{BA} = \frac{k'_1}{k'_1 + k_2} = \frac{2{,}81}{2{,}81 + 2{,}00} = 0{,}584,$$

$$v_{BC} = \frac{k_2}{k'_1 + k_2} = \frac{2{,}00}{2{,}81 + 2{,}00} = 0{,}461$$

$$\sum v_B = 1{,}000,$$

$$v_{CB} = \frac{k'_2}{k'_2 + k_3} = \frac{1{,}79}{1{,}79 + 5{,}00} = 0{,}264$$

$$v_{CD} = \frac{k_3}{k'_2 + k_3} = \frac{5{,}00}{1{,}79 + 5{,}00} = 0{,}736$$

$$\sum v_C = 1{,}000,$$

$$v_{DC} = \frac{k'_3}{k'_3 + k_4} = \frac{4{,}08}{4{,}08 + 2{,}78} = 0{,}594$$

$$v_{DE} = \frac{k_4}{k'_3 + k_4} = \frac{2{,}78}{4{,}08 + 2{,}78} = 0{,}406$$

$$\sum v_D = 1{,}000,$$

$$v_{ED} = \frac{k'_4}{k'_4 + k'_5} = \frac{2{,}50}{2{,}50 + 1{,}50} = 0{,}625$$

$$v_{EF} = \frac{k'_5}{k'_4 + k'_5} = \frac{1{,}50}{2{,}50 + 1{,}50} = 0{,}375$$

$$\sum v_E = 1{,}000.$$

2.3.3. Eignung des Verfahrens – Kritische Einschätzung

In verschiedenen neueren Verfahren wird der Iterationsvorgang abgekürzt bzw. durch direkte Lösungen umgangen. Das von *Steinman* entwickelte Verfahren: „Momentenverteilung mittels gekoppelter Steifigkeiten“ ist eine der einfachsten und praktischsten Methoden dieser Art. Trotz der erheblichen Einsparungen bei den Momentenausgleichen ist keine wesentliche Mehrarbeit zur Errechnung der Systemkonstanten erforderlich. Das Verfahren ist für unverschiebliche und einfach verschiebliche Systeme mit mehreren Belastungsfällen vorteilhaft anwendbar. Für Systeme mit drei- und mehrstäbigen Knoten ist die Beschränkung des Anwendungsbereiches (vgl. Abschn. 2.1.5.) zu beachten [63].

3. Kani-Verfahren

3.1. Allgemeines

Die von *Kani* entwickelte Iterationsmethode [48] fand neben dem *Cross-Verfahren* verbreitet Anerkennung. Während bei *Cross* die Ausgleichs- und Übertragungsanteile in wechselnder Folge in einer mit Null konvergierenden Zahlenreihe stehen, konvergieren bei *Kani* die Anteile aus den Knotendrehungen (bzw. auch Knotenverschiebungen) zu konstanten Endwerten. Die Stabendmomente ergeben sich somit nicht wie bei *Cross* aus einer Vielzahl gemischter Teilwerte, sondern aus nur drei, bei verschieblichen Rahmen aus vier Werten, nämlich aus der angenommenen festen Einspannung, der vorhandenen elastischen Drehung des betreffenden und benachbarten Stabendes sowie der vorhandenen Verschiebung des Knotens.

Das *Kani-Verfahren* hat den Vorteil, daß Fehler während der Iteration lediglich deren Verzögerung oder Beschleunigung bewirken, sich jedoch auf das Endergebnis nicht auswirken. Infolge dieser Eigenschaft der automatischen Fehlerbeseitigung ist es fehlerunempfindlicher als das *Cross-Verfahren*. Wesentlich ist auch, daß die Berechnung wegen nachträglicher Änderungen der Stabquerschnitte nicht neu angefertigt werden muß, sondern mit den bisher durch Iteration gefundenen Werten weitergeführt werden kann. Zur Prüfung der Berechnung werden nicht sämtliche Iterationsgänge, sondern außer den Einspannmomenten lediglich die Endergebnisse der Drehungs- und (bei verschieblichen Rahmen) Verschiebungsanteile benötigt. Der wesentlichste Vorteil des *Kani-Verfahrens* ist schließlich die auf einfache Weise erfolgende Einbeziehung von Knotenverschiebungen in die Iterationsrechnung. Hochgradig statisch unbestimmte, verschiebliche Stockwerkrahmen können in gleich einfacher Weise berechnet werden, wie eingeschossige Rahmen. Gleichungen mit vielen Unbekannten entfallen. Die Iteration kann in beliebiger Reihenfolge erfolgen und jederzeit unterbrochen werden, ohne daß beim Weiterrechnen die Übersicht erschwert wird. Der Rechnungsgang wird in eine Systemskizze eingetragen und ist so anschaulich und einfach, daß die z. T. verhältnismäßig langsame Konvergenz bei mehrfach verschieblichen Stockwerkrahmen nicht allzusehr ins Gewicht fällt.

3.2. Rahmen mit unverschieblichen Knoten

3.2.1. Erläuterungen

Die wesentlichsten Grundlagen des *Cross-Verfahrens*, nämlich Übertragungsfaktoren, Verdrehungswiderstände, Stabendmomente für volle Einspannung und Vorzeichenregeln werden auch beim *Kani-Verfahren* in gleicher Weise verwendet (vgl. 1.1.2. bis 1.1.5.).

Die Verformungen und Momente eines beliebigen Mittelfeldes *I-K* unter beliebiger Belastung lassen sich in folgende Anteile getrennt darstellen:

1. Verformungen und Momente infolge beiderseitiger voller Einspannung (*3.1*). Die hierbei entstehenden Stabendmomente für volle Einspannung M_{IK} und M_{KI} werden nach Abschn. 5. berechnet.

2a. Verformungen und Momente infolge Drehung des Knotens *I* (*3.2*). Während der Momentenausgleiche werden bekanntlich die zur Annahme der künstlichen vollen Einspannung erforderlichen äußeren Festhaltemomente allmählich abgebaut. Hierbei entstehen jeweils Knotendrehungen φ. Die diese Knotendrehungen verursachenden Momente werden beim *Cross-Verfahren* in gemischter Folge überlagert. Beim *Kani-Verfahren* dagegen werden die durch Drehung *eines* Knotens entstehenden Momente als *ein* Wert geführt, der nach jeder Iteration verbessert wird. Dieses z. B. durch Drehung des Knotens *I* entstehende Moment wird mit 0,5-fachem Wert zum eingespannten Nachbarstabende *K* übertragen. Das genannte Übertragungsmoment führt *Kani* als Bezugseinheit ein. Wegen dieser willkürlichen Festlegung müssen die Drehungsfaktoren[1]) im Vergleich zu *Cross* von 100% auf 50% reduziert werden. Im Gegensatz zu *Cross* wird bei *Kani* das negative Vorzeichen der Drehungsfaktoren geschrieben (vgl. hierzu 3.2.2. Drehungsanteile). Durch Drehung des Knotens *I* entstehen folglich die Momente (*3.2*)

$2M''_{IK}$ am Stabende $I - K$ des Knotens *I*,

M''_{IK} am Stabende $K - I$ des Knotens *K*.

[1]) Bei *Cross* Verteilungszahlen.

2b. Verformungen und Momente infolge Drehung des Knotens K (*3.3*).
Sinngemäß zu 2a. entstehen durch die Drehung des Knotens K:

$2M''_{KI}$ am Stabende $K - I$ des Knotens K,
M''_{KI} am Stabende $I - K$ des Knotens I.

Die endgültigen Stabendmomente addieren sich somit wie folgt:

$$M_{IK} = M'_{IK} + 2M''_{IK} + M''_{KI}$$

und

$$M_{KI} = M'_{KI} + 2M''_{KI} + M''_{IK}.$$

Es bedeuten[1]):

M_{IK} = Stabendmoment am Stabende I des Stabes $I - K$,
M_{IK}' = Stabendmoment für volle Einspannung am Stabende I des Stabes $I - K$,
$2M_{IK}''$ = doppelter Drehungsanteil des dem gedrehten Knoten I anliegenden Stabendes $I - K$, kurz *anliegender Drehungsanteil* genannt,
M_{KI}'' = Drehungsanteil des dem gedrehten Knoten K abliegenden Stabendes $I - K$, kurz *abliegender Drehungsanteil* genannt. (Der erste untere Zeiger der Drehungsanteile kennzeichnet den Ort der Verdrehung.)

Mit den obigen Gleichungen ist die Aufgabe grundsätzlich gelöst, und es verbleibt nur noch die Errechnung der Drehungsanteile.

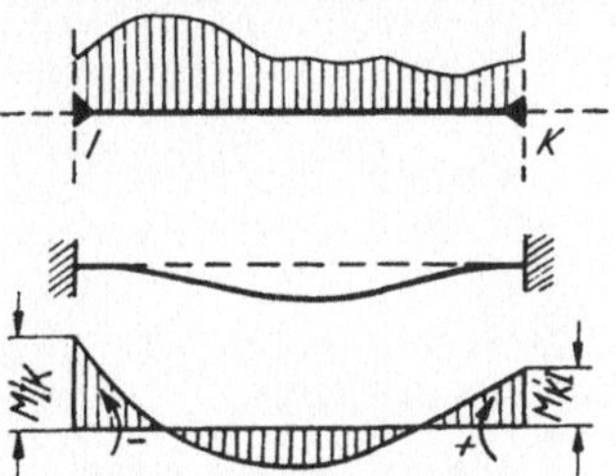

3.1 Verformungen und Momente infolge Stabbelastung bei beidseitiger Einspannung

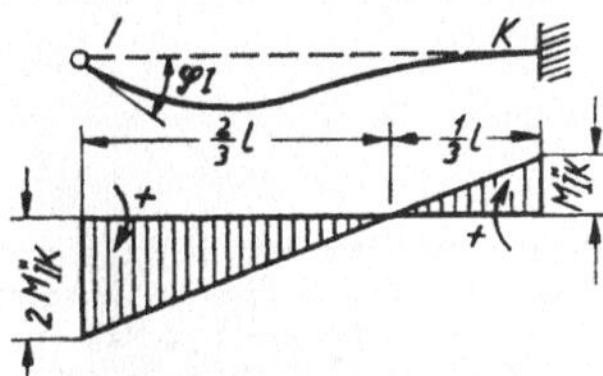

3.2 Verformungen und Momente infolge Drehung des Knotens I

[1]) In dem Buch von *Kani* [48] bedeuten: M = Stabendmoment für volle Einspannung, M' = Drehungsanteil, M'' = Verschiebungsanteil.

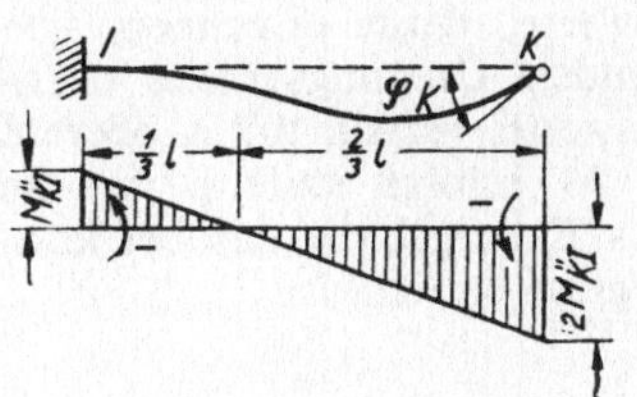

3.3 Verformungen und Momente infolge Drehung des Knotens K

3.2.2. Drehungsanteile

Die Summe der Stabendmomente sämtlicher an einem Knoten anschließenden Stabenden ist auf Grund der Gleichgewichtsbedingung Null. Mit der Gleichung aus 3.2.1. ergibt sich somit:

$$\sum M_{IK} = 0,$$

$$\sum M'_{IK} + 2\sum M''_{IK} + \sum M''_{KI} = 0,$$

$$2\sum M''_{IK} = -\sum M'_{IK} - \sum M''_{KI},$$

$$\sum M''_{IK} = -0{,}5(\sum M'_{IK} + \sum M''_{KI}),$$

d. h., die Summe der anliegenden Drehungsanteile ist gleich der 0,5fachen Summe der anliegenden Stabendmomente für volle Einspannung zuzüglich der 0,5fachen Summe der abliegenden Drehungsanteile. Sind also die Stabendmomente für volle Einspannung und die abliegenden Drehungsanteile bekannt, so können hieraus die gesuchten anliegenden Drehungsanteile errechnet werden.

Wie unter 3.2.1. bereits erläutert, gilt für die Drehungsfaktoren μ:

$$\mu = -0{,}5\frac{k'}{\sum k'} \quad \text{und} \quad \sum \mu = -0{,}5.$$

Wird die Summe der an einem Knoten anliegenden Stabendmomente für volle Einspannung ($\sum M'_{IK}$) als sog. Festhaltemoment (M'_I) bezeichnet, ergibt sich

$$\sum M''_{IK} = \sum \mu(M'_I + \sum M''_{KI})$$

und für das einzelne Stabende:

$$M''_{IK} = \mu_{IK}(M'_I + \sum M''_{KI}).$$

Die Regel zur Berechnung der Drehungsanteile lautet somit:

Addiere das Festhaltemoment mit der Summe der abliegenden Drehungsanteile und multipliziere die Gesamtsumme mit den Drehungsfaktoren!

Liegen bei der ersten Näherungsrechnung noch keine abliegenden Drehungsanteile vor, so können sie unbedenklich vorläufig mit Null angenommen werden. Sind die abliegenden Drehungsanteile Näherungswerte, dann errechnen sich daraus die anliegenden Drehungsanteile ebenfalls als Näherungswerte, jedoch mit größerem Genauigkeitsgrad. So erfolgt stufenweise die Annäherung an das Endergebnis, das bei konstant bleibenden Werten erreicht ist.

3.2.3. Praktische Beispiele

Beispiel 3.1: Rahmen mit Einzellast

$$M_{BC}' = -\frac{4}{27}\, 8{,}00 \cdot 6{,}80 = -8{,}06\ \text{kNm},$$

$$M_{CB}' = +\frac{2}{27}\, 8{,}00 \cdot 6{,}80 = +4{,}03\ \text{kNm}.$$

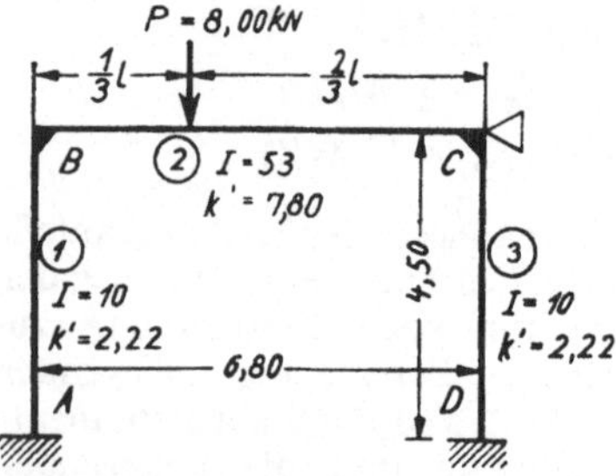

3.4 *System mit Belastung*

Es ist somit:

$$\mu_{BC} = \mu_{CB} = -0{,}5\,\frac{7{,}80}{7{,}80 + 2{,}22} = -0{,}390$$

$$\mu_{BA} = \mu_{CD} = -0{,}5\,\frac{2{,}22}{7{,}80 + 2{,}22} = -0{,}110$$

$$\sum \mu_B = \sum \mu_C = -0{,}500.$$

Diese Drehungsfaktoren werden im äußeren Knotenkaro am jeweiligen Stabende und die Momente M' daneben über der Systemlinie eingetragen. Die Festhaltemomente, als Summe der anliegenden Stabendmomente für volle Einspannung (in diesem Falle gleich dem Einspannmoment, weil nur ein Stab belastet ist), werden in die inneren Knotenkaros eingeschrieben. Damit sind die vorbereitenden Arbeiten abgeschlossen, und die Errechnung der Drehungsanteile beginnt nach der in 3.2.2. hergeleiteten Formel bzw. Rechenvorschrift:

$$M_{IK}'' = \mu_{IK}(M_I' + \sum M_{KI}'').$$

Addiere das Festhaltemoment mit der Summe der abliegenden Drehungsanteile und multipliziere die Gesamtsumme mit den Drehungsfaktoren.

Da noch keine Drehungsanteile bekannt sind, ergibt die erste Näherungsrechnung am Knoten B:

$$M_{BC}'' = -0{,}390(-8{,}06 + 0) = +3{,}14\ \text{kNm},$$

$$M_{BA}'' = -0{,}110(-8{,}06 + 0) = +0{,}89\ \text{kNm}.$$

Nachdem diese ersten Ergebnisse am Knoten B eingetragen sind, errechnen sich am Knoten C:

$$M_{CB}'' = -0{,}390(+4{,}03 + 3{,}14) = -2{,}80\ \text{kNm},$$

$$M_{CD}'' = -0{,}110(+4{,}03 + 3{,}14) = -0{,}79\ \text{kNm}.$$

Knoten B: −8,06 | −0,390 | −0,110
Stab BC (Ende B): −8,06, +3,14, +4,24, +4,40, +4,43 — −8,06, +4,43, +1,13, −2,50
Stab CB (Ende C): +4,03, −3,30, +1,13, +1,86 — +4,03, −2,80, −3,23, −3,29, −3,30
Knoten C: +4,03 | −0,390 | −0,110
Stab BA: +0,89, +1,19, +1,24, +1,25 — +1,25, +1,25, +2,50 — +1,25
Stab CD: −0,79, −0,91, −0,93, −0,93 — −0,93, −0,93, −1,86 — −0,93

3.5 *Rechenschema*

Erläuterungen zu Beispiel 3.1

Die Ergebnisse der Iterationsrechnung werden in einem Rechenschema (*3.5*) eingetragen. Die Größe dieser unmaßstäblichen Skizze richtet sich lediglich nach dem Platzbedarf des Zahlenwerkes und ist zur Verbesserung der Übersicht nicht zu klein zu wählen. Für die Berechnung der Drehungsfaktoren gilt nach 3.2.2.:

$$\mu = -0{,}5\,\frac{k'}{\sum k'} \quad \text{und} \quad \sum \mu = -0{,}5.$$

Die Knoten A und D liefern, weil sie fest eingespannt sind, keine Drehungsanteile, so daß bei diesem Beispiel als Summe der abliegenden Drehungsanteile jeweils nur ein Wert zu addieren ist. Die zweite Näherungsrechnung ergibt bei B:

$$M_{BC}'' = -0{,}390(-8{,}06 - 2{,}80) = +4{,}24\ \text{kNm},$$

$$M_{BA}'' = -0{,}110(-8{,}06 - 2{,}80) = +1{,}19\ \text{kNm},$$

und bei C:

$$M_{CB}'' = -0{,}390(+4{,}03 + 4{,}24) = -3{,}23\ \text{kNm},$$

$$M_{CD}'' = -0{,}110(+4{,}03 + 4{,}24) = -0{,}91\ \text{kNm}.$$

So wird die Iteration weitergeführt, bis sämtliche Drehungsanteile schließlich konstant bleiben. Die hier vorgeführten Nebenrechnungen werden in der Praxis selbstverständlich nicht aufgeschrieben.
Für die Schlußaddition gilt nach 3.2.1.:

$$M_{IK} = M_{IK}' + 2M_{IK}'' + M_{KI}''.$$

Es ist somit:

$$M_{BC} = -8{,}06 + 2 \cdot 4{,}43 + 3{,}30 = -2{,}50 \text{ kNm}$$
$$M_{BA} = 0 \quad + 2 \cdot 1{,}25 + 0 \quad = +2{,}50 \text{ kNm}$$
$$\sum M_B \quad = \quad 0{,}00 \text{ kNm};$$
$$M_{CB} = +4{,}03 + 2 \cdot (-3{,}30) + 4{,}43 = +1{,}86 \text{ kNm}$$
$$M_{CD} = 0 \quad + 2 \cdot (-0{,}39) + 0 \quad = -1{,}86 \text{ kNm}$$
$$\sum M_C \quad = \quad 0{,}00 \text{ kNm};$$
$$M_{AB} = 0 + 0 + 1{,}25 = +1{,}25 \text{ kNm},$$
$$M_{DC} = 0 + 0 - 0{,}93 = -0{,}93 \text{ kNm}.$$

Diese Additionen werden in der Schemaskizze neben die Zahlenreihen der Drehungsanteile geschrieben. Sie vereinfachen sich, wenn sie in der Reihenfolge

$$M_{IK} = M_{IK}' + M_{IK}'' + (M_{IK}'' + M_{KI}'')$$

vorgenommen werden. Der Klammerwert (im Beispiel $+4{,}43 - 3{,}30 = +1{,}13$) wird im Kopf addiert und ist für beide Stabenden gleich. In der Reinschrift der statischen Berechnung sind die Zwischenwerte der Drehungsanteile entbehrlich, denn zur Prüfung reicht die Kontrolle des letzten Iterationsganges aus. Bei Durchlaufträgern oder mehrstöckigen Rahmen ist der Rechnungsgang der gleiche (keine Drehungsanteile abliegender Stabenden vergessen, Vorzeichen beachten!). Es ist zweckmäßig, größere Beispiele zu zweit zu rechnen. Ein Mitarbeiter konzentriert sich auf das Schema, diktiert und schreibt die vom anderen errechneten Werte ein. So wird selbst eine größere Anzahl Ausgleiche – z. B. bei mehrfach verschieblichen Stockwerkrahmen – schnell erledigt. Um eine rasche Erarbeitung und Kontrolle des Verfahrens zu ermöglichen, wurden einfache Beispiele gewählt, obwohl die Vorteile der praktischen Anwendung bei größeren Aufgaben noch auffälliger sind.

Beispiel 3.2: Symmetrischer Rahmen mit symmetrischen Lasten

$$M_{Bm}' = -\frac{2}{9}\, 4{,}00 \cdot 6{,}80 = -6{,}05 \text{ kNm}.$$

3.6

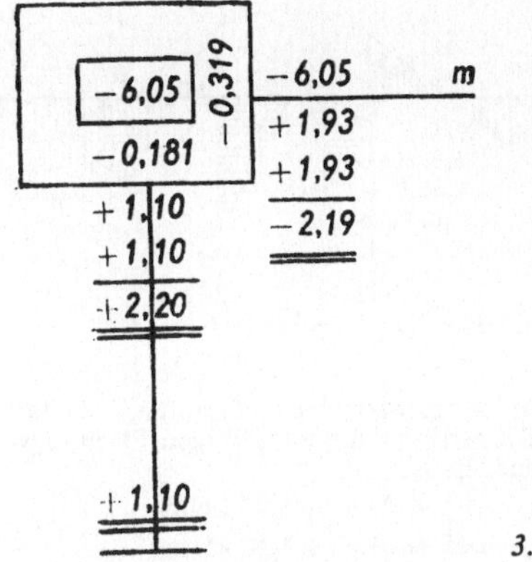

3.7

Beispiel 3.3: Symmetrischer Rahmen mit antimetrischen Lasten

$$M_{Bm}' = -\frac{2}{27}\, 4{,}00 \cdot 6{,}80 = -2{,}02 \text{ kNm}.$$

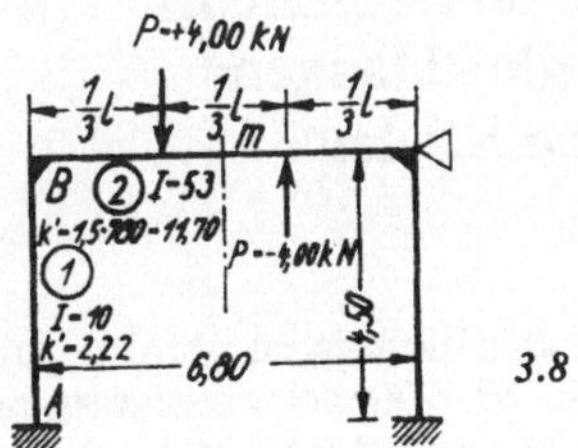

3.8

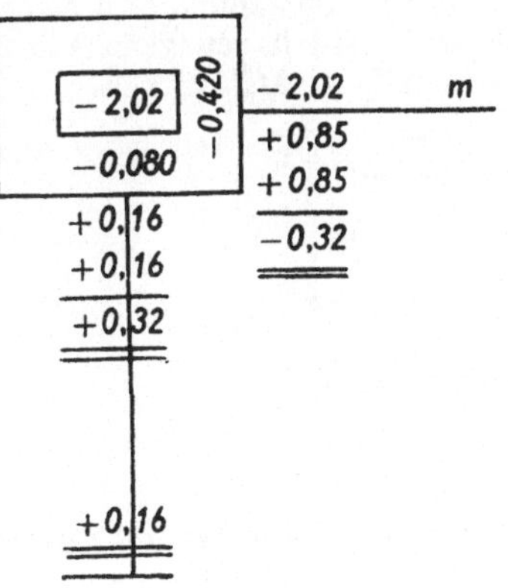

3.9

Erläuterungen der Beispiele 3.2 und 3.3

Bei Symmetrie von System und Belastung kann die Berechnung, wie bei dem *Cross-Verfahren*, auf eine Symmetriehälfte beschränkt werden. Dann ist für den von der Symmetrieachse geschnittenen Stab 2, nach 1.1.3. Fall c, $k' = 0{,}5I/l$ einzusetzen. Das Rechenschema

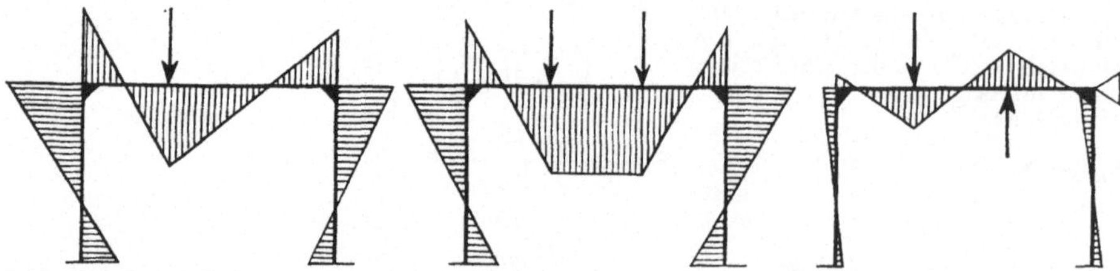

3.10 Momentenflächen der Beispiele 3.1 bis 3.3

enthält nur einen Momentenausgleichknoten, so daß schon der erste Rechengang die endgültigen Drehungsanteile ergeben muß. Es ist:

$M_{Bm}'' = -0{,}319(-6{,}05 + 0) = +1{,}93$ kNm

$M_{BA}'' = -0{,}181(-6{,}05 + 0) = +1{,}10$ kNm.

Die Schlußaddition erfolgt wie bei Beispiel 1. Es ist nur zu beachten, daß vom abliegenden Stabende des durch die Symmetrieachse getrennten Riegels kein Drehungsanteil zu addieren ist.

Bei Beispiel 3.3 ist, nach 1.1.3. Fall d, $K' = 1{,}5I/l$ einzusetzen, sonst wie vor. Die Überlagerung der Momente beider Beispiele muß die Momente des Beispieles 3.1 ergeben (*3.10*).

3.3. Rahmen mit verschieblichen Knoten und gleichlangen eingespannten Stielen

3.3.1. Erläuterungen

Momente aus Knotenverschiebungen parallel zur Stabachse werden mit M'''-Verschiebungsanteil bezeichnet[1]), getrennt berechnet und erst bei der Schlußaddition den übrigen Anteilen zugezählt. Diese Momente sind bei konstantem I an beiden Stabenden gleich groß und haben gleiche Vorzeichen, d. h., es ist $M_{IK}''' = M_{KI}'''$ (*3.11*).

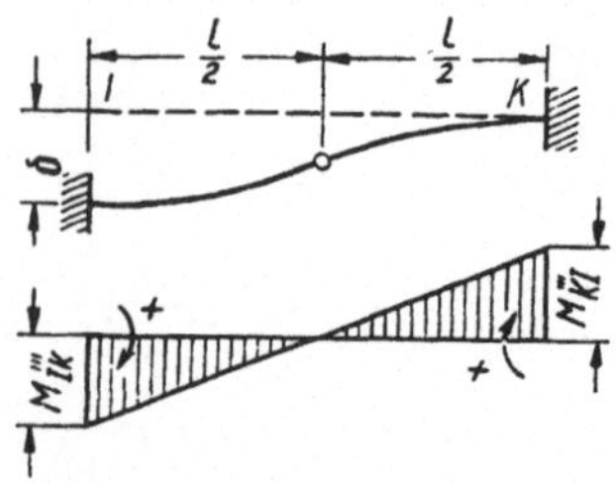

3.11 Verformung und Momente infolge Verschiebung des Knotens I

Das Gesamtmoment eines Stabendes addiert sich folglich aus:

1. Anteil infolge Einspannung der Stabenden $= M_{IK}'$,
2. Anteil infolge Drehung der Knoten:
   a) Knoten $I = 2M_{IK}''$,
   b) Knoten $K = M_{KI}''$,
3. Anteil infolge Verschiebung der Knoten, d. h. Parallelverschiebung der Stabenden M_{IK}''',

d. h.

$$M_{IK} = M_{IK}' + 2M_{IK}'' + M_{KI}'' + M_{IK}'''$$

und

$$M_{KI} = M_{KI}' + 2M_{KI}'' + M_{IK}'' + M_{IK}'''.$$

Während die Errechnung der Einspannmomente unverändert bleibt, werden die Drehungsanteile (siehe unten) von den Verschiebungsanteilen und umgekehrt die Verschiebungsanteile von den Drehungsanteilen beeinflußt. Drehungs- und Verschiebungsanteile werden nun entsprechend dieser gegenseitigen Abhängigkeit errechnet.

3.3.2. Drehungsanteile

Entsprechend 3.2.2. und der Gleichung aus 3.3.1. ist:

$\sum M_{IK} = 0,$

$\sum M_{IK} + 2\sum M_{IK}'' + \sum M_{KI}'' + \sum M_{IK}'' = 0$

$|\sum M_{IK}' = M_I',$

$2\sum M_{IK}'' = -M_I' - \sum(M_{KI}'' + M_{IK}''')$

$|-0{,}5 = \sum \mu,$

$\sum M_{IK}'' = \sum \mu[M_I' + \sum(M_{KI}'' + M_{IK}''')],$

$$M_{IK}'' = \mu_{IK}[M_I' + \sum(M_{KI}'' + M_{IK}''')].$$

Die Regel zur Berechnung der Drehungsanteile verschieblicher Rahmen lautet somit:

Addiere das Festhaltemoment mit den Summen der abliegenden Drehungs- und anliegenden Verschiebungsanteile und multipliziere die Gesamtsumme mit den Drehungsfaktoren!

Liegen bei der ersten Näherungsrechnung noch keine abliegenden Drehungsanteile und anliegenden Verschiebungsanteile vor, so können sie vorläufig mit Null angenommen werden.

---

[1]) Vgl. Fußnote 1) Seite 101.

3.3.3. Verschiebungsanteile aus horizontaler Verschiebung infolge vertikaler Lasten

Die Querkraft eines Stieles im Schnitt unterhalb des Riegels ist (vgl. *Bild 3.12*):

$$Q_{IK} = -\frac{M_{IK} + M_{KI}}{h_{IK}}$$

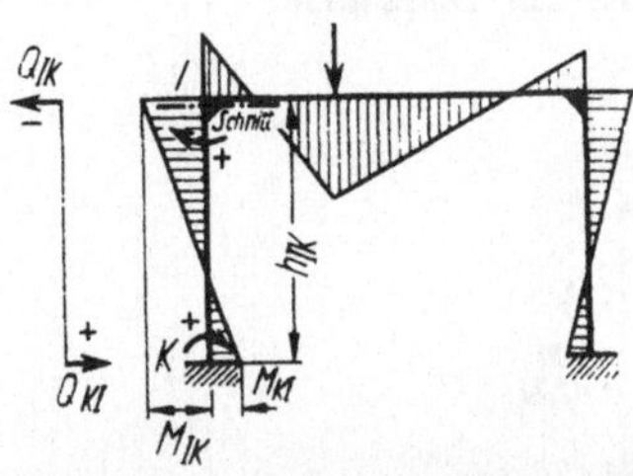

3.12 *Momente und Querkräfte aus vertikaler Belastung*

Solange keine äußere horizontale Belastung wirkt, ist in jedem Stockwerk:

$$\sum Q_{IK} = -\frac{\sum M_{IK} + \sum M_{KI}}{h_{IK}} = 0.$$

Mit den Gleichungen aus 3.3.1. ergibt sich, wenn M'_{IK} und $M'_{KI} = 0$ und $M'''_{IK} = M'''_{KI}$ ist:

$$\sum Q_{IK} = -\frac{1}{h_{IK}}\sum(2M''_{IK} + M''_{KI} + M'''_{IK} + 2M''_{KI} + M''_{IK} + M'''_{IK}) = 0,$$

$$-\frac{2\sum M'''_{IK}}{h_{IK}} = \frac{3\sum(M''_{IK} + M''_{KI})}{h_{IK}},$$

$$\sum M'''_{IK} = -1{,}5\sum(M''_{IK} + M''_{KI}).$$

Die Verschiebungsanteile werden den Stielsteifigkeiten $k = I/l$, d. h. bei stockwerksweise gleichlangen Stielen den Trägheitsmomenten I proportional verteilt. Hierzu dienen die Verschiebungsfaktoren ν, die sich nach obiger Ableitung wie folgt ergeben:

$$\nu = -1{,}5\frac{k}{\sum k} = -1{,}5\frac{I}{\sum I}, \quad \sum \nu = -1{,}5.$$

Damit wird

$$\sum M'''_{IK} = \sum \nu \sum(M''_{IK} + M''_{KI}),$$

$$M'''_{IK} = \nu_{IK}\sum(M''_{IK} + M''_{KI}).$$

Die Regel zur Berechnung der Verschiebungsanteile vertikal belasteter Rahmen lautet somit:

Addiere die Drehungsanteile sämtlicher Stielenden des betreffenden Stockwerkes und multipliziere diese Summe mit den Verschiebungsfaktoren der Stiele!

3.3.4. Verschiebungsanteile aus horizontaler Verschiebung infolge horizontaler Lasten

Horizontale Lasten wirken nach dem Hebelgesetz in Riegelhöhe als Verschiebungskräfte (V). Nach *Bild 3.13* z. B. ist:

$$V_{I} = \frac{p_1 h_1}{2} + H_1,$$

$$V_{II} = \frac{p_1 h_1}{2} + H_2 + \frac{p_2 h_2}{2}\,\frac{1}{3},$$

$$\sum V = V_{I} + V_{II}.$$

Diese Verschiebungskräfte werden, da bei verschieblichen Rahmen keine äußere horizontale Abstützung vorhanden ist, von einem Geschoß zum anderen nach unten übertragen, so daß in Riegelhöhe eines Geschosses außer der direkt angreifenden noch die Verschiebungskräfte der oberen Geschosse wirksam sind. Diese Summe der Verschiebungskräfte ($\sum V$) ist der Querkraftsumme im Schnitt unterhalb des Riegels, die sich aus den durch h dividierten endgültigen Momenten ergibt, gleich:

$$\sum V = \sum Q_{IK} = -\frac{\sum M_{IK} + \sum M_{KI}}{h_{IK}}.$$

Mit den Gleichungen aus 3.3.1. ergibt sich, wenn $M'''_{IK} = M'''_{KI}$ ist:

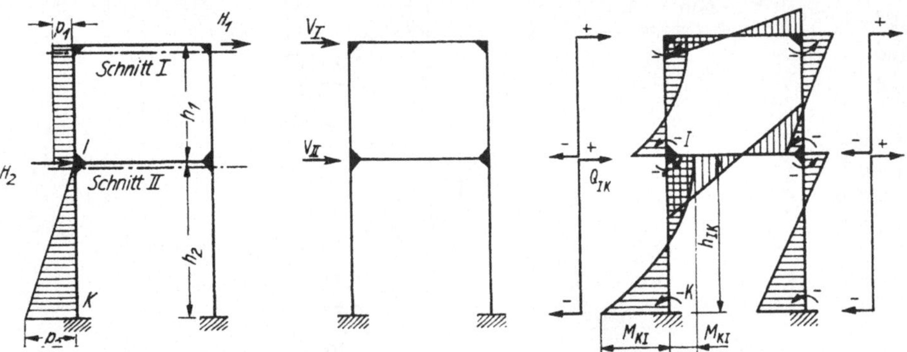

3.13 *Horizontale Belastung, Verschiebungskräfte und Querkräfte eines Stockwerkrahmens*

$$\sum Q_{IK}h_{IK} = -\sum (M'_{IK} + M'_{KI} + 3M''_{IK} + 3M''_{KI} + 2M'''_{IK}),$$

$$2\sum M'''_{IK} = -\sum Q_{IK}h_{IK} - \sum (M'_{IK} + M'_{KI}) - 3\sum (M''_{IK} + M''_{KI}),$$

$$\sum M'''_{IK} = -\frac{3}{2} \times \left[\frac{\left(\sum Q_{IK} + \frac{\sum (M'_{IK} + M'_{KI})}{h_{IK}}\right) h_{IK}}{3} + \sum (M''_{IK} + M''_{KI})\right]$$

mit

$$Q_r = \sum Q_{IK} + \frac{\sum (M'_{IK} + M'_{KI})}{h_{IK}} = \sum V + \frac{\sum (M'_{IK} + M'_{KI})}{h_{IK}}$$

= Stockwerksquerkraft bei voll eingespannt angenommenen Stabenden,

$h_r = h_{IK}$ = Stockwerkhöhe, $\sum \nu = -\frac{3}{2}$ und

$$M'_r = \frac{Q_r h_r}{3}$$

= Stockwerkmoment bei voll eingespannt angenommenen Stabenden wird

$$\sum M'''_{IK} = \sum \nu[M'_r + \sum (M''_{IK} + M''_{KI})],$$

$$M'''_{IK} = \nu_{IK}[M'_r + \sum (M''_{IK} + M''_{KI})].$$

Die Regel zur Berechnung der Verschiebungsanteile horizontal belasteter Rahmen lautet somit:

Addiere das Stockwerkmoment und die Drehungsanteile sämtlicher Stielenden des betreffenden Stockwerkes und multipliziere diese Summe mit den Verschiebungsfaktoren der Stiele!

3.3.5. Praktische Beispiele

Beispiel 3.4: Rahmen mit Einzellast

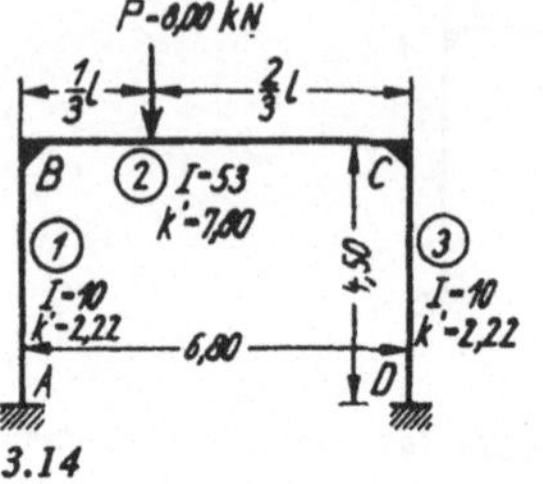

3.14

$$M_{BC}' = -\frac{4}{27} 8{,}00 \cdot 6{,}80 = -8{,}06 \text{ kNm},$$

$$M_{CB}' = +\frac{2}{27} 8{,}00 \cdot 6{,}80 = +4{,}03 \text{ kNm}.$$

Erläuterungen zu Beispiel 3.4

Am System des Beispieles 3.4 befindet sich, im Gegensatz zum sonst gleichen Beispiel 3.1, kein horizontales Auflager. Der Einfluß der horizontalen Verschiebung der Knoten B und C muß deshalb in der Berechnung mit erfaßt werden. Bis zur Berechnung der ersten Näherungswerte der Drehungsanteile gleicht jedoch die Lösung dem Beispiel 3.1. Die Verschiebungsfaktoren $\nu = -1{,}5I/\sum I = -1{,}5 \cdot 10/20 = -0{,}75$ werden im Rechenschema etwa in halber Stielhöhe senkrecht zum Stab eingetragen. Nun können aus den ersten Näherungswerten der Drehungsanteile die ersten Näherungen der Verschiebungsanteile errechnet werden. Hierfür gilt nach 3.3.3.:

$$M_{IK}''' = \nu_{IK} \sum (M_{IK}'' + M_{KI}''),$$

Knoten B: −8,06; −0,110; −0,390
Riegel B–C: −8,06 | −8,06 | +4,03 | +4,03
+3,14 | +4,51 | −3,24 | −2,80
+4,27 | +1,27 | +1,27 | −3,20
+4,48 | −2,38 | +2,06 | −3,24
+4,51 | | | −3,24
Knoten C: +4,03; −0,110; −0,390

Stiel B (oben): +0,89; +1,21; +1,26; +1,27 — Verschiebungsanteile: +1,27; +1,27; −0,27
Stiel A–B: −0,75; −0,08; −0,23; −0,26; −0,27
Stiel A (unten): +1,27; −0,27; +1,00

Stiel C (oben): −0,79; −0,90; −0,91; −0,91 — −0,91; −0,91; −0,27; −2,09
Stiel D–C: −0,75; −0,08; −0,23; −0,26; −0,27
Stiel D (unten): −0,91; −0,27; −1,18

3.15

d. h. die Regel:

Addiere die Drehungsanteile sämtlicher Stielenden des betreffenden Stockwerkes und multipliziere diese Summe mit den Verschiebungsfaktoren der Stiele.

Die Drehungsanteile eingespannter Stützenfüße sind Null, so daß bei diesem Beispiel lediglich die Drehungsanteile der Stützenköpfe zu addieren sind. Somit ist:

$$M_{AB}''' = M_{DC}''' = -0{,}75(+0{,}89 - 0{,}79) = -0{,}08\,\text{kNm}.$$

Dieser erste Näherungswert der Verschiebungsanteile wird nun im Rechenschema etwa in halber Höhe rechts vom Stiel eingetragen.
In der nun folgenden zweiten Näherungsrechnung der Drehungsanteile wird der Einfluß der Verschiebungsanteile erstmalig berücksichtigt, denn es gilt nach 3.3.2.:

$$M_{IK}'' = \mu_{IK}[M_I' + \sum (M_{KI}'' + M_{IK}''')],$$

d. h. die Regel:

Addiere des Festhaltemoment mit den Summen der abliegenden Drehungs- und anliegenden Verschiebungsanteile und multipliziere die Gesamtsumme mit den Drehungsfaktoren.

Das ergibt bei B:

$$M_{BC}'' = -0{,}39(-8{,}06 - 2{,}80 - 0{,}08) = +4{,}27\text{ kNm},$$
$$M_{BA}'' = -0{,}11(-8{,}06 - 2{,}80 - 0{,}08) = +1{,}21\text{ kNm},$$

und bei C:

$$M_{CB}'' = -0{,}39(+4{,}03 + 4{,}27 - 0{,}08) = -3{,}20\text{ kNm},$$
$$M_{CD}'' = -0{,}11(+4{,}03 + 4{,}27 - 0{,}08) = -0{,}90\text{ kNm}.$$

Hieraus die verbesserten Verschiebungsanteile:

$$M_{AB}''' = M_{DC}''' = -0{,}75(+1{,}21 - 0{,}90) = -0{,}23\text{ kNm}.$$

Aus diesen nun wieder verbesserte Drehungsanteile:

$$M_{BC}'' = -0{,}39(-8{,}06 - 3{,}20 - 0{,}23) = +4{,}48\text{ kNm};$$
$$M_{BA}'' = -0{,}11(-8{,}06 - 3{,}20 - 0{,}23) = +1{,}26\text{ kNm}$$

usw.

Erst wenn sämtliche Drehungs- und Verschiebungsanteile auch bei wiederholter Berechnung konstant bleiben – bei diesem Beispiel genügend genau nach dem vierten Ausgleich –, wird die Berechnung beendet. Für die Addition der Teilmomente gilt nach 3.3.1.: $M_{IK} = M_{IK}' + 2M_{IK}'' + M_{KI}'' + M_{IK}'''$. Diese Additionen wurden in der im Beispiel 3.1 erläuterten Schreibweise im Rechenschema durchgeführt.
Die hier ausführlich beschriebene Berechnung und die angegebenen Gleichungen gelten sinngemäß auch für vertikal belastete mehrstielige Stockwerkrahmen, d. h., hierzu sind keine zusätzlichen Erörterungen mehr erforderlich.

Beispiel 3.5: Symmetrischer Rahmen mit antimetrischer horizontaler Einzellast

$$Q_r = +\frac{5{,}00}{2} = +2{,}50\text{ kN}.$$

$$M_r' = +\frac{2{,}50 \cdot 4{,}50}{3} = +3{,}75\text{ kNm}.$$

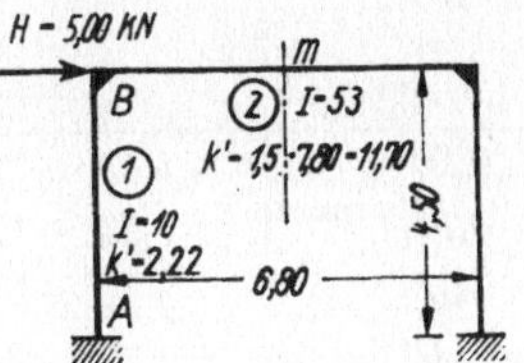

3.16

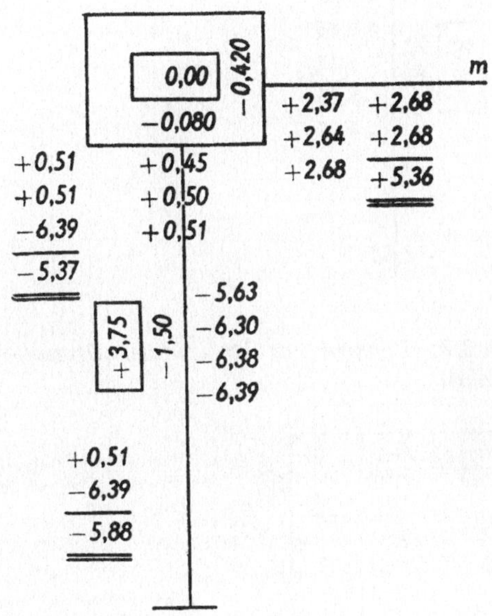

3.17

Beispiel 3.6: Rahmen mit horizontaler Streckenlast

$$M_{AB}' = -\frac{1{,}50 \cdot 4{,}50^2}{12} = -2{,}53\text{ kNm},$$

$$M_{BA}' = +2{,}53\text{ kNm},$$

$$Q_r = +\frac{1{,}50 \cdot 4{,}50}{2} = +3{,}38\text{ kN},$$

$$M_r' = +\frac{3{,}38 \cdot 4{,}50}{3} = +5{,}07\text{ kNm}.$$

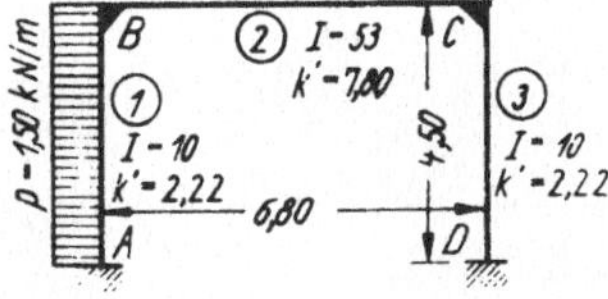

3.18

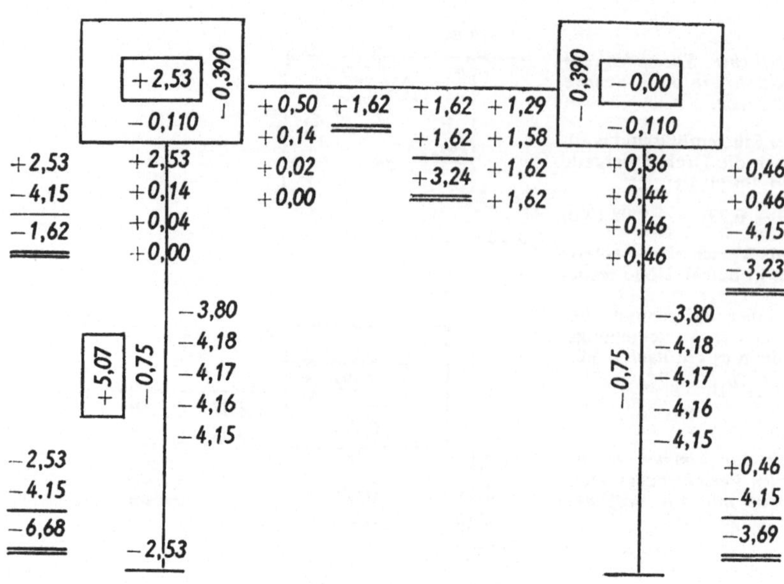

3.19

Beispiel 3.7: Rahmen mit horizontaler Dreieckstreckenlast

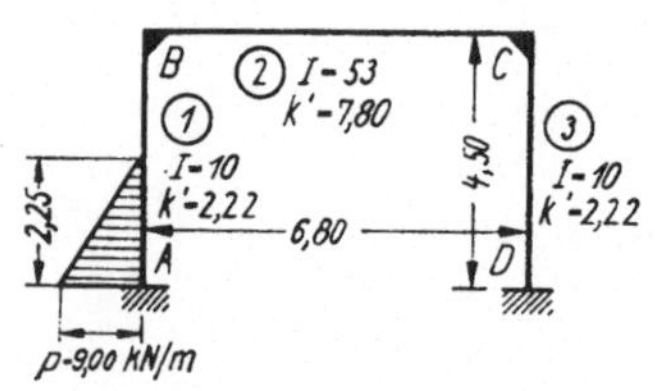

3.20

$$M_{AB}' = -\frac{23}{960}\,9{,}00\cdot 4{,}50^2 = -4{,}35\text{ kNm},$$

$$M_{BA}' = +\frac{7}{960}\,9{,}00\cdot 4{,}50^2 = +1{,}32\text{ kNm},$$

$$\Delta M' = -4{,}35 + 1{,}32 = -3{,}03\text{ kNm},$$

$$Q_r = +\frac{9{,}00\cdot 2{,}25}{2}\,\frac{2{,}25}{3\cdot 4{,}50} + \frac{-3{,}03}{4{,}50}$$

$$= +1{,}69 - 0{,}67 = +1{,}02\text{ kN},$$

$$M_r' = +\frac{1{,}02\cdot 4{,}50}{3} = +1{,}53\text{ kNm}.$$

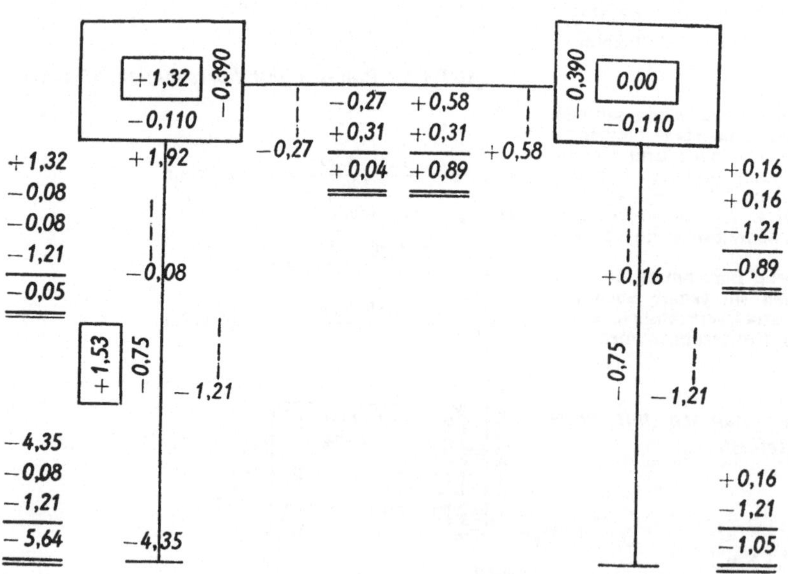

3.21

Beispiel 3.8: Rahmen mit äußerem Moment an einem Knoten

$M_B' = +5{,}00$ kNm.

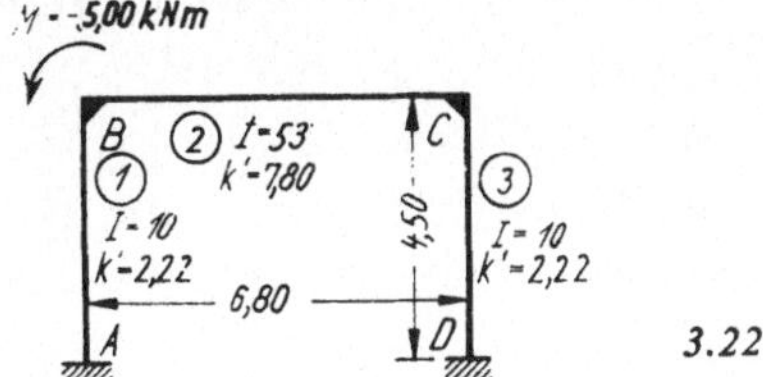

3.22

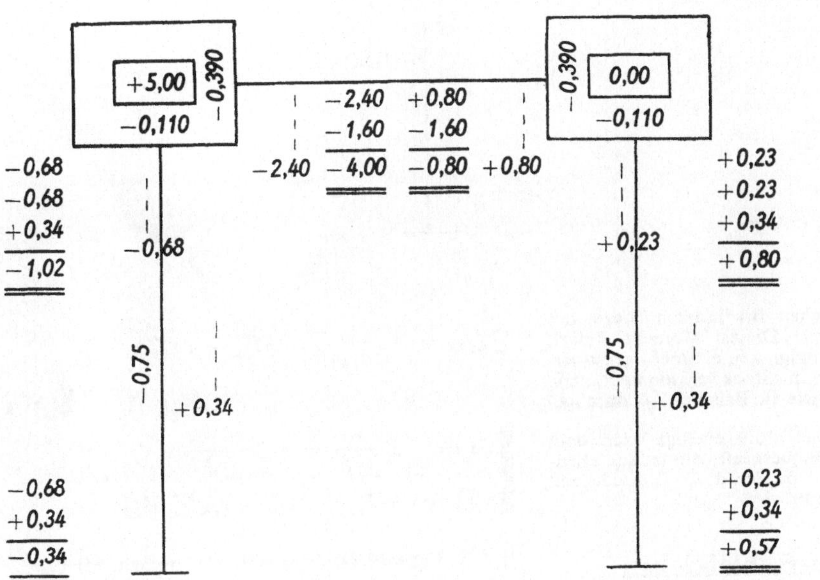

3.23

Beispiel 3.9: Rahmen mit einseitiger Konsollast

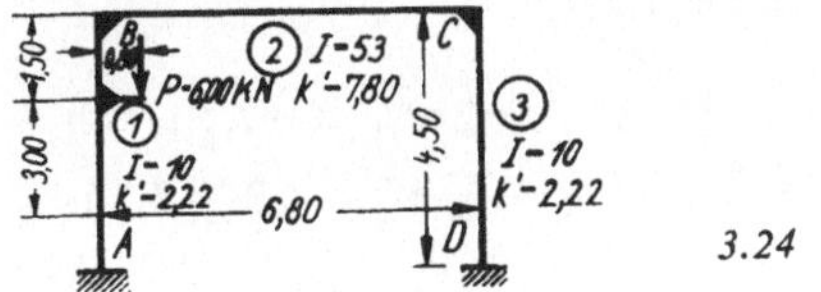

3.24

$$M = +6{,}00 \cdot 0{,}80 = +4{,}80 \text{ kNm},$$

$$M_{AB}' = +\frac{4{,}80 \cdot 1{,}50}{4{,}50^2}(2 \cdot 4{,}50 - 3 \cdot 1{,}50)$$

$$= +1{,}60 \text{ kNm},$$

$$M_{BA}' = 0,$$

$$Q_r = +\frac{4{,}80}{4{,}50} + \frac{1{,}60}{4{,}50}$$

$$= +1{,}07 + 0{,}35 = +1{,}42 \text{ kN},$$

$$M_r' = +\frac{1{,}42 \cdot 4{,}50}{3} = +2{,}13 \text{ kNm}.$$

Erläuterungen zu den Beispielen 3.5 bis 3.9

Beim Beispiel 3.5 konnte, wie beim Beispiel 3.3, infolge Symmetrie des Systems und Antimetrie der Belastung die Berechnung auf eine Systemhälfte beschränkt werden. Um zusätzliche Additionen zu vermeiden, ist es zweckmäßig, das Ersatzsystem (*3.17*) als eine Einheit, auf welche die Hälfte der Belastung wirkt, aufzufassen. Die Summe der Verschiebungsfaktoren muß dann jedoch, auf das Ersatzsystem bezogen, d. h. in diesem Falle auf einen Stiel, gleich $-1{,}5$ sein. Im Vergleich zum Beispiel 3.4 ist zusätzlich zu beachten, daß das Stockwerkmoment $M_r' = Q_r h_r/3$ in die Berechnung der Verschiebungsanteile $M_{IK}''' = \nu_{IK}[M_r' + \sum (M_{IK}'' + M_{KI}'')]$ eingeht. Man prägt sich für die Berechnung der Verschiebungsanteile die in 3.3.4. gegebene Regel fest ein. Bei der Addition der Riegeldrehungsanteile ist, wie bei Beispiel 3.2 und 3.3, zu beachten, daß keine abliegenden Drehungsanteile zu addieren sind.

Beim Beispiel 3.6 wird die Stockwerkskraft durch die Einspannmomente nicht beeinflußt, weil sich diese nach Addition gegenseitig aufheben. Es ist gleichgültig, ob beim ersten Ausgleich zuerst Drehungs- oder Verschiebungsanteile errechnet werden; denn die Reihenfolge kann ja beliebig gewählt werden. Um die Momentenausgleiche zu beschleunigen, ist ein sinnvolles Vorgehen, ausgehend vom maximalen Einfluß, jedoch ratsam. Es wurde deshalb mit den Verschiebungsanteilen begonnen. Der übrige Rechnungsgang ergibt sich aus den bisherigen Erläuterungen.

Beim Beispiel 3.7 heben sich, im Gegensatz zu Beispiel 3.6 die addierten Einspannmomente nicht auf, so daß eine Berichtigung der nach dem Hebelgesetz errechneten Stockwerksquerkraft erfolgen mußte. Der übrige Rechnungsgang erfolgt wie bei den vorhergehenden Beispielen, weshalb im Rechenschema nur die Endwerte der Drehungs- und Verschiebungsanteile und deren Addition, wie es in der Reinschrift der statischen Berechnung üblich ist, eingetragen wurden. Das äußere Knotenmoment des Beispieles 3.8 wird als Festhaltemoment

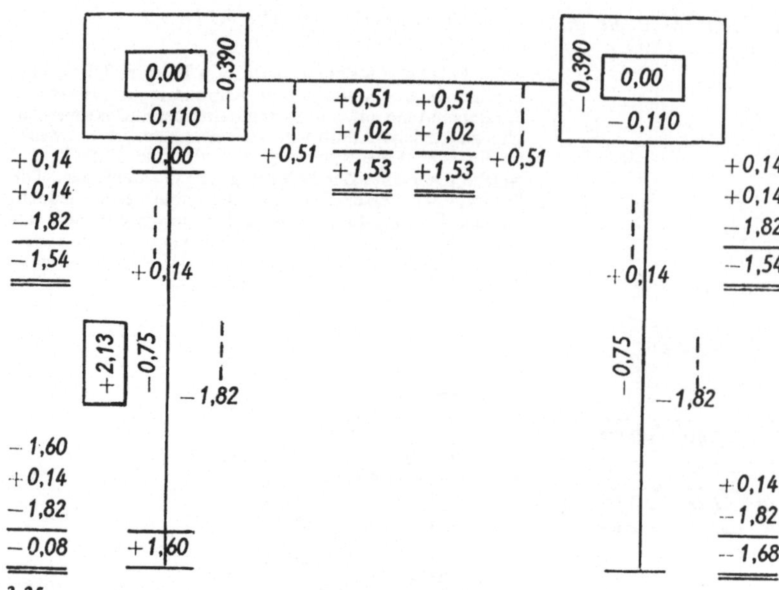

3.25

mit umgekehrtem Vorzeichen im inneren Karo des Rechenschemas eingetragen. Dieses Moment liefert, wie eine senkrechte Belastung, keine Stockwerksquerkraft und somit auch kein Stockwerkmoment. Die Berechnung wird deshalb wie in Beispiel 3.4 durchgeführt.
Die Konsollast des Beispieles 3.9 erzeugt nach dem Hebelgesetz eine Stockwerksquerkraft, die jedoch ebenfalls, wie beim Beispiel 3.7, von den durch h dividierten Einspannmomenten beeinflußt wird.

3.4. Rahmen mit verschieblichen Knoten und gleichlangen gelenkig gelagerten Stielen

3.4.1. Stabendmomente und Drehungsanteile

An den gelenkigen Stützenfüßen ist $M''_{KI} = 0$, es ist

$$M_{IK} = M'_{IK} + 2M''_{IK} + M'''_{IK}$$

und

$$M''_{IK} = \mu_{IK}[M'_i + \sum (M''_{KI} + M'''_{IK})].$$

In $\sum M''_{IK}$ ist der Drehungsanteil des gelenkig gelagerten Stieles 0.

3.4.2. Verschiebungsanteile aus horizontaler Verschiebung infolge vertikaler Lasten

Analog zu 3.3.3. ist:

$$Q_{IK} = -\frac{M_{IK}}{h_{IK}}, \quad M'_{IK} = 0$$

$$\sum Q_{IK} = -\frac{1}{h_{IK}} \sum (2M''_{IK} + M'''_{IK}) = 0,$$

$$\sum M'''_{IK} = -2 \sum M''_{IK},$$

$$v = -2\frac{k}{\sum k} = -2\frac{I}{\sum I},$$

$$\sum v = -2, \qquad M'''_{IK} = v_{IK} \sum M''_{IK}.$$

3.4.3. Verschiebungsanteile aus horizontaler Verschiebung infolge horizontaler Lasten

Analog zu 3.3.4. ist:

$$\sum Q_{IK} = -\frac{\sum M_{IK}}{h_{IK}},$$

$$\sum Q_{IK} h_{IK} = -\sum (M'_{IK} + 2M''_{IK} + M'''_{IK}),$$

$$\sum M'''_{IK} = -\sum Q_{IK} h_{IK} - \sum M'_{IK} - 2 \sum M''_{IK},$$

$$\sum M'''_{IK} = -2\left[\frac{\left(\sum Q_{IK} + \frac{\sum M'_{IK}}{h_{IK}}\right) h_{IK}}{2} + \sum M''_{IK}\right].$$

Mit

$$Q_r = \sum Q_{IK} + \frac{\sum M'_{IK}}{h_{IK}} = \sum V + \frac{\sum M'_{IK}}{h_{IK}}$$

= Stockwerksquerkraft bei voll eingespannt angenommenem Stabende,

$h_r = h_{IK}$ = Stockwerkhöhe,

$\sum \nu = -2$ und

$$M_r' = \frac{Q_r h_r}{2}$$

= Stockwerkmoment bei voll eingespannt angenommenem Stabende wird:

$$\sum M_{IK}''' = \sum \nu(M_r' + \sum M_{IK}''),$$

$$M_{IK}''' = \nu_{IK}(M_r' + \sum M_{IK}'').$$

3.4.4. Praktisches Beispiel

Beispiel 3.10: Zweigelenkrahmen mit horizontaler Streckenlast

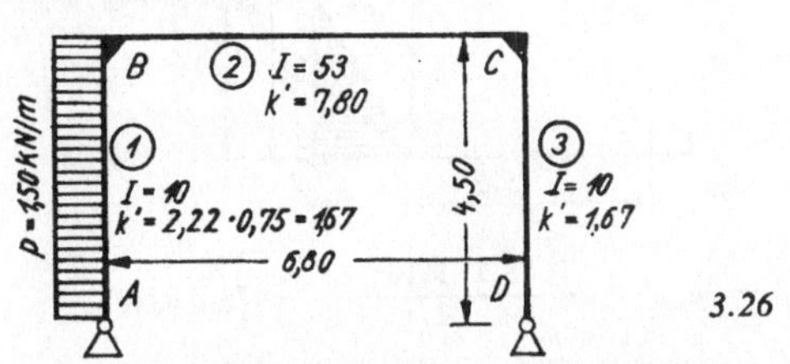

3.26

$$M_{BA}' = + \frac{1{,}50 \cdot 4{,}50^2}{8} = +3{,}80 \text{ kNm},$$

$$Q_r = + \frac{1{,}50 \cdot 4{,}50}{2} 1{,}25 = +4{,}22 \text{ kN},$$

$$M_r' = + \frac{4{,}22 \cdot 4{,}50}{2} = +9{,}50 \text{ kNm}.$$

Erläuterungen zu Beispiel 3.10

Der Rechnungsgang ergibt sich sinngemäß aus den bisherigen Erläuterungen und den oben hergeleiteten Formeln. Es ist lediglich zu beachten, daß das Stabendmoment für volle Einspannung, infolge Gelenk am Knoten A, bei B mit $M'_{BA} = pl^2/8$ angesetzt werden muß, und daß demzufolge, die Stockwerksquerkraft um den Betrag M_{BA}'/h, das sind in diesem Falle bekanntlich 25% Zuschlag, größer ist.

3.5. Rahmen mit verschieblichen Knoten und jeweils eingespannten oder gelenkig gelagerten Stielen unterschiedlicher Länge

3.5.1. Verschiebungsanteile eingespannter Stiele

Eine beliebige Stielhöhe, zweckmäßig die am häufigsten im Stockwerk vertretene, wird als *Bezugsstielhöhe* h_r bezeichnet, um die übrigen Stiele mit dem *Reduktionsfaktor* $c_{IK} = \frac{h_r}{h_{IK}}$ darauf beziehen zu können. Folglich ist entsprechend 3.3.4.:

$$\sum Q_{IK} = -c_{IK} \frac{\sum M_{IK}' + \sum M_{KI}'}{h_r},$$

$$\sum Q_{IK} h_r = -\sum c_{IK}(M_{IK}' + M_{KI}' + 3M_{IK}'' + 3M_{KI}'' + 2M_{IK}'''),$$

$$\sum c_{IK} M_{IK}''' = -\frac{3}{2}\left[\frac{\left(\sum Q_{IK} + c_{IK}\frac{\sum(M_{IK}' + M_{KI}')}{h_r}\right)h_r}{3} + \sum c_{IK}(M_{IK}'' + M_{KI}'')\right].$$

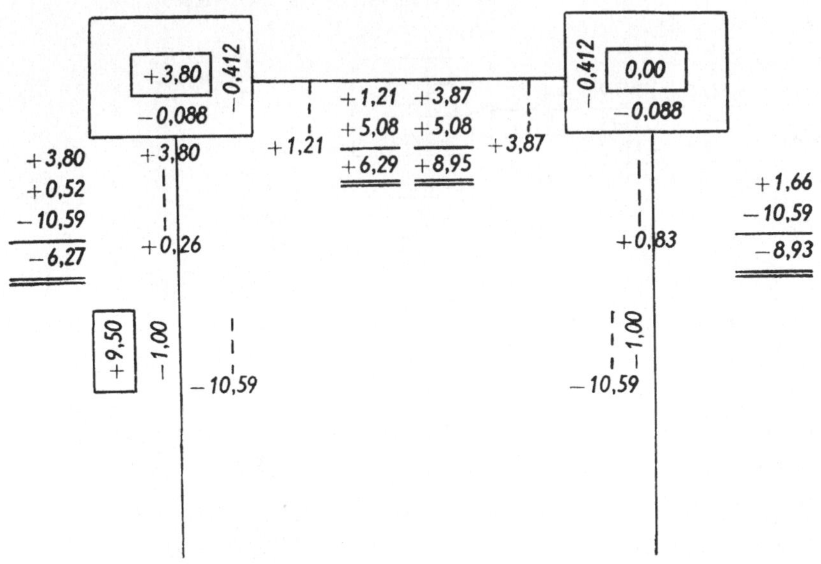

3.27

Mit

$$Q_r = \sum Q_{IK} + c_{IK}\frac{\sum(M'_{IK} + M'_{KI})}{h_r}$$

$$= \sum Q_{IK} + \frac{\sum(M'_{IK} + M'_{KI})}{h_{IK}} \quad \text{und}$$

$$M'_r = \frac{Q_r h_r}{3} \text{ ist:}$$

$$\sum c_{IK}M'''_{IK} = -\tfrac{3}{2}[M'_r + \sum c_{IK}(M''_{IK} + M''_{KI})].$$

Wird nun $\sum \nu_{IK} = -3/2 \sum c_{IK}$ und statt k_{IK} für ungleiche Stiellängen $c_{IK}k_{IK}$ in die bisherigen Formeln der Verschiebungsanteile eingesetzt, so ist:

$$\nu_{IK} = -1{,}5\frac{c_{IK}k_{IK}}{\sum c_{IK}^2 k_{IK}}, \quad \sum c_{IK}\nu_{IK} = -1{,}5,$$

$$M'''_{IK} = \nu_{IK}[M'_r + \sum c_{IK}(M''_{IK} + M''_{KI})],$$

d. h. in Worten:

Die Verschiebungsfaktoren und Drehungsanteile der Stiele sind mit Reduktionsfaktoren auf eine Bezugsstielhöhe umzurechnen. Im übrigen ist nach 3.3. zu verfahren.

3.5.2. Verschiebungsanteile gelenkig gelagerter Stiele

Sinngemäß zu 3.3. und 3.4. ergibt sich:

$$\nu_{IK} = -2\frac{c_{IK}k_{IK}}{\sum c_{IK}^2 k_{IK}}, \quad \sum c_{IK}\nu_{IK} = -2,$$

$$M'''_{IK} = \nu_{IK}(M'_r + \sum c_{IK}M''_{IK}).$$

3.5.3. Praktisches Beispiel

Beispiel 3.11: Eingespannter Rahmen mit gemischter Belastung

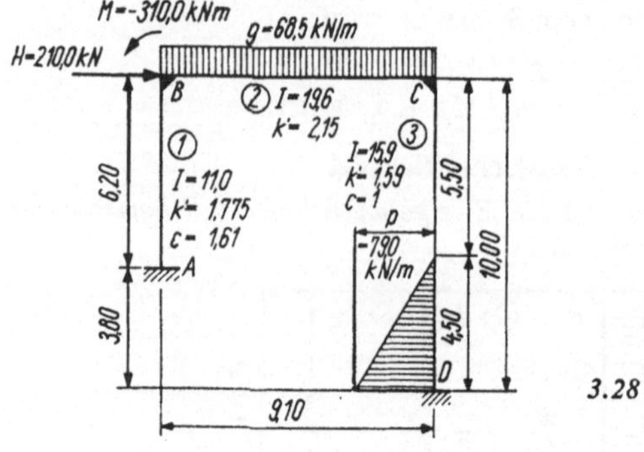

3.28

$$M_{BC}' = M_{CB}' = -\frac{68{,}5 \cdot 9{,}10^2}{12} = -473{,}0 \text{ kNm},$$

nach 1.3. Beispiel 1.22, Belastungsfall 5:

$M_{DC}' = -162{,}8$ kNm, $M_{CD}' = +43{,}8$ kNm,

$$Q_r = +210{,}0 + \frac{79{,}0 \cdot 4{,}50}{2}\,\frac{1{,}50}{10{,}00} + \frac{-162{,}8 + 43{,}8}{10{,}00}$$

$$= +210{,}0 + 26{,}7 - 11{,}9 = +224{,}8 \text{ kN};$$

$$h_r = h_3 = 10{,}00 \text{ m}, \quad c_1 = \frac{10{,}00}{6{,}20} = 1{,}61,$$

$$M_B' = -473{,}0 + 310{,}0 = -163{,}0 \text{ kNm},$$

$$\mu_{BA} = -0{,}5\frac{1{,}775}{1{,}775 + 2{,}15} = -0{,}226$$

$$\mu_{BC} = -0{,}5\frac{2{,}15}{1{,}775 + 2{,}15} = -0{,}274$$

$$\sum \mu_B = -0{,}500;$$

–163,0 | –0,226 | –0,274
–473,0 | +187,0 | +250,0 | +270,0
–473,0 | +270,0 | +157,3 | –45,7
+473,0 | –112,7 | +157,3 | +517,6
+473,0 | –119,0 | –119,4 | –112,7
+516,8 | –0,287 | –0,213

+445,0 | –709,0 | –264,0
+154,0 | +206,0 | +222,5
+749,3 | c = 1,61 | –0,692
–518,0 | –628,0 | –709,0
+222,5 | –709,0 | –486,5

+43,8 | –88,5 | –88,8 | –83,5
c = 1,00 | –0,385
–288,0 | –350,0 | –394,5
–162,8
+43,8 | –167,0 | –394,5 | –517,7
–162,8 | –83,5 | –394,5 | –640,8

3.29

$$\mu_{CB} = -0{,}5\,\frac{2{,}15}{2{,}15 + 1{,}59} = -0{,}287$$

$$\mu_{CD} = -0{,}5\,\frac{1{,}59}{2{,}15 + 1{,}59} = -0{,}213$$

$$\sum \mu_C = -0{,}500;$$

$$c_3 = 1, \quad M_r' = \frac{+224{,}8 \cdot 10{,}00}{3} = +749{,}3\ \text{kNm},$$

$$M_C' = +473{,}0 + 43{,}8 = +516{,}8\ \text{kNm},$$

$$\nu_1 = -1{,}5\,\frac{1{,}61 \cdot 1{,}775}{1{,}61^2 \cdot 1{,}775 + 1{,}00^2 \cdot 1{,}59} = -0{,}692,$$

$$\nu_3 = -1{,}5\,\frac{1{,}00 \cdot 1{,}59}{1{,}61^2 \cdot 1{,}775 + 1{,}00^2 \cdot 1{,}59} = -0{,}385,$$

$$\sum c\nu = -0{,}692 \cdot 1{,}61 - 0{,}385 \cdot 1{,}00 = -1{,}50.$$

Erläuterungen zu Beispiel 3.11

Die Berechnung der Einspann-, Festhalte- und Stockwerkmomente sowie der Drehungs-, Verschiebungs- und Reduktionsfaktoren wurde im Beispiel bereits ausführlich vorgeführt, so daß nur noch die Multiplikation der Drehungsanteile der Stielenden mit den Reduktionsfaktoren c gezeigt werden soll. Bei einem derartigen, evtl. größeren Beispiel empfiehlt es sich, die zur Errechnung der Verschiebungs- und Drehungsanteile erforderlichen Nebenrechnungen auf einem nicht zur statischen Berechnung gehörenden Blatt in systematischer Reihenfolge aufzuschreiben. Die ersten zwei Verschiebungs- und Drehungsausgleiche würden z. B. wie folgt notiert:

	Verschiebungsausgleiche	Drehungsausgleiche Knoten B	Knoten C
1.	$+749{,}3\cdot(-0{,}692) = -518{,}0$ $+749{,}3\cdot(-0{,}385) = -288{,}0$	$-163{,}0$ $-518{,}0$ $-681{,}0\cdot(-0{,}226) = +154{,}0$ $-681{,}0\cdot(-0{,}274) = +187{,}0$	$+516{,}8$ $+187{,}0$ $-288{,}0$ $+415{,}8\cdot(-0{,}213) = -88{,}5$ $+415{,}8\cdot(-0{,}287) = -119{,}0$
2.	$+749{,}3$ $+154{,}0\cdot 1{,}61 = +248{,}0$ $-88{,}5\cdot 1{,}00 = -88{,}5$ $+908{,}8\,(\ldots) = -628{,}0$ $+908{,}8\,(\ldots) = -350{,}0$	$-163{,}0$ $-628{,}0$ $-119{,}0$ $-910{,}0\cdot(\ldots) = +206{,}0$ $-910{,}0\cdot(\ldots) = +250{,}0$	$+516{,}8$ $+250{,}0$ $-350{,}0$ $+416{,}8\cdot(\ldots) = -88{,}8$ $+416{,}8\cdot(\ldots) = -119{,}4$

Die Berechnung von Rahmen mit gelenkig gelagerten Stielen erfolgt sinngemäß nach 3.5.2.

3.6. Rahmen mit verschieblichen Knoten und teils gelenkigen, teils eingespannten Stielen unterschiedlicher Länge

3.6.1. Grundlagen

Einseitig gelenkig gelagerte Stäbe haben, im Vergleich mit beidseitig eingespannten Stäben, 0,75fachen Verdrehungs- und 0,50fachen Verschiebungswiderstand

$$0{,}75\,\frac{I}{l} : 1\,\frac{I}{l} = 0{,}75 : 1 \quad \text{(vgl. 1.1.3.)},$$

$$\frac{3EI\delta}{l^2} : \frac{6EI\delta}{l^2} = 0{,}5 : 1$$

(vgl. 6.1., Tafel 1, Formeln 33 und 54).

Einseitig gelenkig gelagerte Stäbe können durch beidseitig eingespannte Stäbe, die gleichen Verdrehungs- und Verschiebungswiderstand besitzen, ersetzt werden. Es ist dann (*3.30*):

$$k_1' = k_2',$$

$$0{,}75\,\frac{I_1}{l_1} = 1\,\frac{I_2}{l_2},$$

$$I_2 = 0{,}75 I_1\,\frac{l_2}{l_1},$$

$$\delta_1 = \delta_2,$$

$$\frac{l_1^2}{3EI_1} = \frac{l_2^2}{6EI_2} = \frac{l_2^2 l_1}{6E \cdot 0{,}75 I_1 l_2} = \frac{l_2 l_1}{4{,}5 EI_1},$$

$$\underline{\underline{l_2}} = \frac{4{,}5 EI_1 l_1^2}{3EI_1 l_1} = \underline{\underline{1{,}5 l_1}}.$$

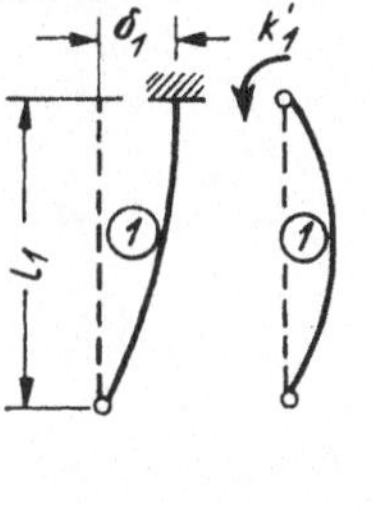

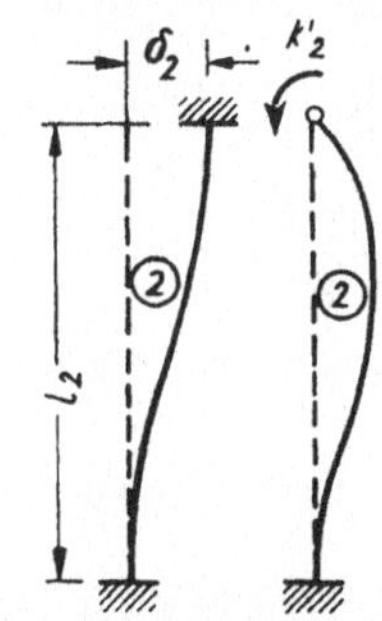

3.30 Biegelinien einseitig gelenkiger und beidseitig eingespannter Stäbe bei Verschiebung und Verdrehung eines Stabendes

Für Gelenkstäbe ist folglich die Ersatzstielhöhe $h'_{IK} = 1{,}5 h_{IK}$ einzusetzen, so daß sich als Reduktionsfaktor $c_{IK} = hr/h_{IK}$ ergibt. Es ist jedoch zu beachten, daß der gedachte Ersatzstiel nur an seinem oberen Ende das gleiche Moment und die gleiche Verdrehung und Verschiebung wie der wirkliche Stiel erhält, d. h., für die Berechnung der Schnittkräfte ist er unbrauchbar. Er wird nur eingeführt, um die Verschiebungsfaktoren einseitig gelenkig gelagerter und beiderseitig eingespannter Stiele auf einen Nenner zu bringen. Die Summen der Verschiebungsfaktoren ($\sum \nu$), die sich nach 3.4. und 3.6. auf Grund der Anzahl der Drehungs- und Verschiebungsanteile ergaben, werden durch Verhältniswerte m auf eine gemeinsame Basis gebracht. Es ist:

$$m = \frac{-1{,}50}{-2{,}00} = 0{,}75 \text{ für einseitig gelenkige Stäbe,}$$

$$m = \frac{-2{,}00}{-2{,}00} = 1{,}00 \text{ für beidseitig eingespannte Stäbe.}$$

Damit wird

$$\nu_{IK} = -1{,}5 \frac{c_{IK} k'_{IK}}{\sum m c_{IK}^2 k'_{IK}}.$$

$$\sum m c_{IK} \nu_{IK} = -1{,}50.$$

3.6.2. Praktisches Beispiel

Beispiel 3.12: Rahmen mit horizontaler Einzellast

$$h_r = h_3, \quad h'_1 = 1{,}5 \cdot 6{,}20 = 9{,}30\,\text{m},$$

$$c_1 = \frac{10{,}00}{9{,}30} = 1{,}075, \quad c_3 = \frac{10{,}00}{10{,}00} = 1,$$

$$H = Q_r = +210{,}0\,\text{kNm},$$

$$M'_r = +\frac{210{,}0 \cdot 10{,}00}{3} = +700{,}0\,\text{kNm}$$

$$\nu_1 = -1{,}5 \frac{1{,}075 \cdot 1{,}33}{0{,}75 \cdot 1{,}075^2 \cdot 1{,}33 + 1{,}00 \cdot 1{,}00^2 \cdot 1{,}59} = -0{,}78,$$

$$\nu_3 = -1{,}5 \frac{1{,}00 \cdot 1.59}{0{,}75 \cdot 1{,}075^2 \cdot 1{,}33 + 1{,}00 \cdot 1{,}00^2 \cdot 1{,}59} = -0{,}87,$$

$$\sum mc\nu = -0{,}75 \cdot 1{,}075 \cdot 0{,}78 - 1{,}00 \cdot 1{,}00 \cdot 0{,}87 = -0{,}63 - 0{,}87 = -1{,}50.$$

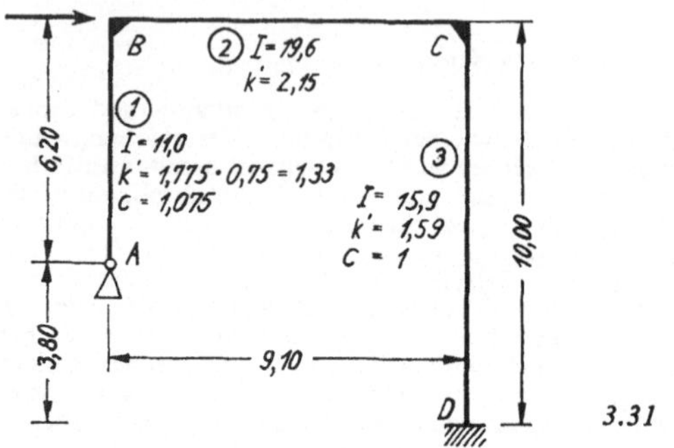

3.31

3.7. Teilweise Einspannung von Stäben

3.7.1. Erläuterungen

Mit Hilfe des *Kani-Verfahrens* kann die teilweise Einspannung von Stäben in einfacher Weise sinngemäß wie mit dem *Cross-Verfahren* berücksichtigt werden (vgl.1.2., Beispiele 1.6 und 1.6a).

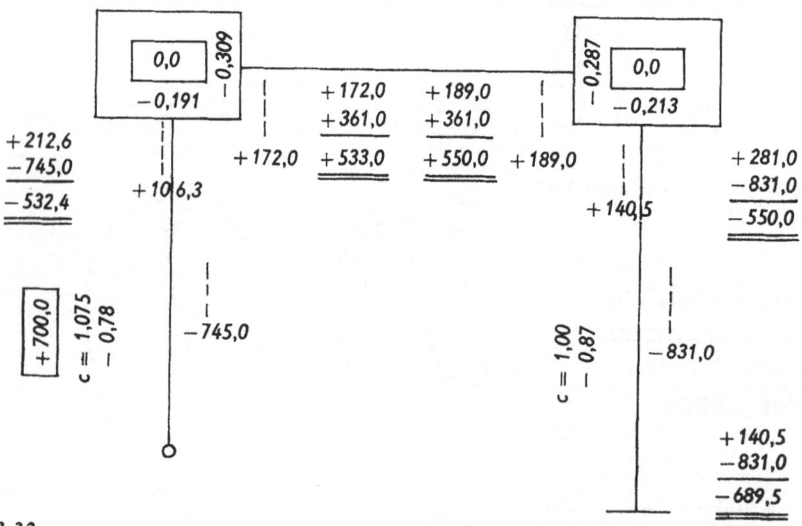

3.32

Die Einspannungsprozentsätze werden aus den vorhandenen Verdrehungswiderständen errechnet bzw. geschätzt und in Drehungsfaktoren umgerechnet.
Die weitere Berechnung erfolgt dann nach den für eingespannte Stäbe gültigen Formeln.
Die Zusammenhänge zwischen Festpunktabstand (Wendepunkt der Biegelinie $\varkappa = al$), Einspannungsprozenten (%), Verteilungszahlen des *Cross-Verfahrens* (ν), Drehungsfaktoren des *Kani-Verfahrens* (μ) und Übertragungszahlen des *Steinman-Verfahrens* (γ) sind in der folgenden Tafel dargestellt.

$\varkappa$	%	ν	μ	γ
0,000	0	1,00	−0,50	0,000
0,060	10	0,90	−0,45	0,064
0,111	20	0,80	−0,40	0,125
0,154	30	0,70	−0,35	0,182
0,167	33,3	0,667	−0,333	0,200
0,190	40	0,60	−0,30	0,235
0,200	43	0,57	−0,285	0,250
0,222	50	0,50	−0,25	0,286
0,250	60	0,40	−0,20	0,333
0,274	70	0,30	−0,15	0,378
0,296	80	0,20	−0,10	0,421
0,315	90	0,10	−0,05	0,462
0,333	100	0,00	0,00	0,500

Durch Berücksichtigung der teilweisen Einspannung von Stabenden ist es möglich, durchlaufende Stabzüge, Rahmen und Stockwerkrahmen in Teilabschnitten zu berechnen, ohne die Ungenauigkeiten der extremen Annahmen voller Einspannung oder gelenkiger Lagerung in Kauf nehmen zu müssen. Außerdem können geschätzte oder errechnete Verdrehungswiderstände der Fundamente in einfacher Weise in der Berechnung berücksichtigt werden.
Opladen [67] hält für die meisten praktischen Berechnungen eine Schätzung des Einspannungsprozentsatzes im Fundament zwischen 20 bis 60% für ausreichend. Die Problematik einer genaueren Berechnung liegt in der Schwierigkeit der richtigen Annahme bzw. Ermittlung der Bettungszahl C des Baugrundes. Es ist:

$$C = \frac{\sigma}{y} = \frac{\text{Bodenpressung}}{\text{zugehörige Einsenkung}}.$$

Die Bettungszahl C ist von der Steife des Baugrundes, der Mächtigkeit der zusammendrückbaren Schicht und u. a. auch von der Größe und Form der Fundamentfläche, sowie der Art der Belastung (N oder M) und der Ausbreitung des Druckes im Baugrund abhängig, d. h., sie ist keine reine Baugrundeigenschaft.

Magyar [59] und andere Autoren geben für verschiedene Bodenarten unabhängig von Größe und Form der Fundamente grobe Näherungswerte für Bettungsziffern an. Bei unmittelbarer Verwendung dieser Werte kann die vorhandene Einspannung nur ganz grob erfaßt werden.
Nach *Opladen* [68] können Bettungsziffern in Abhängigkeit von Größe und Form der Fundamente etwas genauer errechnet werden.
Magyar [59] zeigt, wie leicht sich bei bekanntem C Steifigkeitszahlen für Fundamente errechnen lassen. Danach ist analog 1.1.3. für Fundamente mit rechteckiger Grundfläche der auf die Rahmenkonstruktion bezogene Verhältniswert des Verdrehungswiderstandes:

$$k'_f = \frac{bd^3C}{48E};$$

b und d Seitenlängen des Fundamentes,
C Bettungszahl des Baugrundes,
E Elastizitätsmodul des Rahmens.

Eine praktische Methode zur Erfassung der teilweisen Einspannungen von Stützen und Wänden im Baugrund mit Hilfe der Steifezahlen S des Baugrundes gibt *Schineis* [85] an. Danach ist der Verdrehungswiderstand k'_f des als Ersatzstab aufgefaßten elastisch isotropen Baugrundes in der Fundamentsohle [85, Formel 34, Schreibweise II):

$$k'_f = \frac{bd^2S}{4Ei^S_{\mu\tau}k_\lambda},$$

b und d Seitenlängen des Fundamentes,
S Steifezahl des Baugrundes (gewöhnlicher Kompressionsversuch, Querdehnung verhindert),
E Elastizitätsmodul des Rahmens,
$i^S_{\mu\tau}$ Beiwert für Einfluß der Querdehnungszahl μ des Bodens und der Schichtdicke t des Bodens $\left(\tau = \frac{t}{d}, \text{s. [85, Tafel 2]}\right)$,
k_λ Beiwert für die Vergrößerung des Verdrehungswiderstandes von Rechteckfundamenten mit dem Seitenverhältnis $\lambda = \frac{b}{d}$ gegenüber Streifenfundamenten mit $\lambda = \infty$, s. [85, Tafel 2].

Schineis empfiehlt, als Mittelwert für alle Böden $\mu = 0{,}3$ anzunehmen. Schon bei einer Schichtdicke $t = 4d$ des Baugrundes ($\tau = 4$) sind 98% der Gesamtverformung des Baugrundes erfaßt, so daß diese Annahme im Regelfall ebenfalls vertretbar ist. Für $\mu = 0{,}3$ und $\tau = 4$ ist nach [85, Tafel 2] $i^s_{\mu\tau} = 6{,}126$.

Unter Streifenfundamenten ist $k_\lambda = 1$, und damit ergibt sich für diesen Regelfall mit $4E \cdot 6{,}126 \cdot 1 = 24{,}5E$ genügend genau:

$$k_f' = \frac{bd^2 S}{24{,}5E}.$$

Unter Rechteckfundamenten mit $\lambda = \frac{b}{d} \approx 0{,}5$ bis 2,5 wird nach [85, Formel 27] $k_\lambda \approx 0{,}93 - 0{,}17\frac{b}{d}$, und damit ergibt sich für diesen häufigsten praktischen Fall mit $4E \cdot 6{,}126 \times \left(0{,}93 - 0{,}17\frac{b}{d}\right) = \left(22{,}8 - 4{,}2\frac{b}{d}\right)E$ genügend genau:

$$k_f' = \frac{bd^2 S}{\left(22{,}8 - 4{,}2\frac{b}{d}\right)E}.$$

3.7.2. Praktisches Beispiel

Beispiel 3.13: Rahmen mit teilweiser Fußeinspannung

Stahlbeton z. B.:
$E = 30000\ \text{N/mm}^2 = 30000000\ \text{kN/m}^2$,
Baugrundsteifezahl z. B.:
$S = 65\ \text{N/mm}^2 = 65000\ \text{kN/m}^2$,
Fundamentbreite $b = 1{,}00$ m,
Fundamentlänge: $d = 1{,}80$ m,

$I_1 = 0{,}001\ \text{m}^4, \quad l_1 = 4{,}50\ \text{m}.$

$$k_1' = \frac{I_1}{l_1} = \frac{0{,}01}{4{,}50} = 0{,}000222 \triangleq 2{,}22;$$

$$k_f' = \frac{bd^2 S}{\left(22{,}8 - 4{,}2\frac{b}{d}\right)E} = \frac{1{,}00 \cdot 1{,}80^2 \cdot 65000}{\left(22{,}8 - 4{,}2\frac{1{,}00}{1{,}80}\right)30000000} = \frac{211000}{615000000} = 0{,}000343 \triangleq 3{,}43;$$

$$\text{Einspannung} = 100\frac{k_f'}{k_f' + k_1'} = 100\frac{3{,}43}{3{,}43 + 2{,}22} = 60{,}7 \approx 60\%,$$

$$\mu_{AB} = -0{,}5\frac{k_1'}{k_f' + k_1'} = -0{,}5\frac{2{,}22}{3{,}43 + 2{,}22} = -0{,}20,$$

$$Q_r = \frac{H}{2} = \frac{5{,}00}{2} = 2{,}50\ \text{kN},$$

$$M_r = \frac{2{,}50 \cdot 4{,}50}{3} = 3{,}75\ \text{kNm}.$$

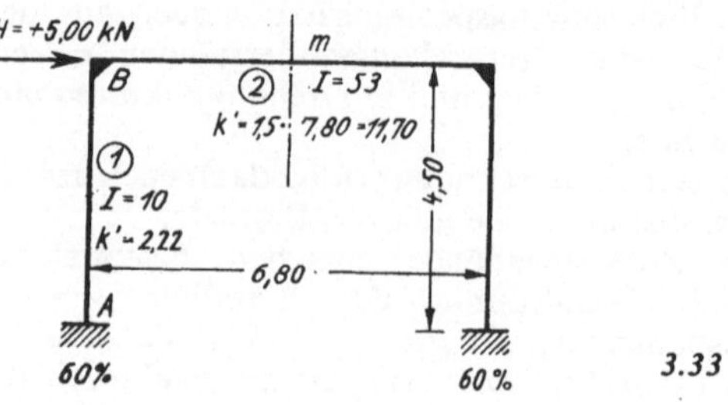

3.33

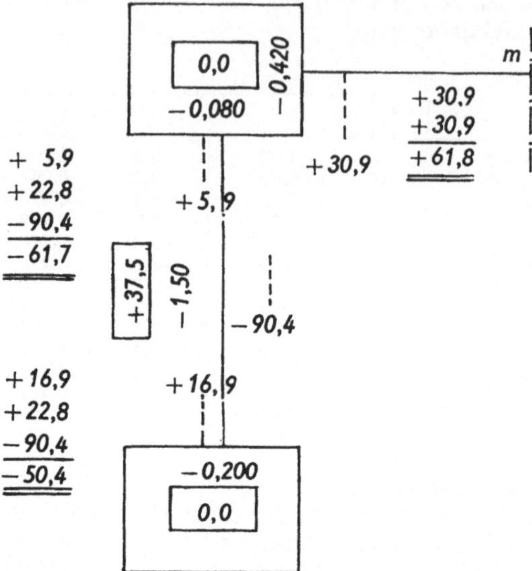

3.34

Erläuterungen zu Beispiel 3.13

Die Berechnung wurde unter der Annahme durchgeführt, daß die teilweise Einspannung der Stiele in den Fundamenten 60% beträgt, d. h., der Festpunkt liegt nach 3.7.1. in $\frac{1}{4}$ der Stielhöhe. Es ist zu beachten, daß für teilweise eingespannte Stützenfüße – wie dies übrigens für die Stützenfüße der oberen Stockwerke von Stockwerkrahmen auch erfolgt – Drehungsanteile errechnet werden müssen, die wiederum die Verschiebungsanteile und abliegenden Drehungsanteile beeinflussen. Bei konsequenter Anwendung der Formeln in 3.3.1. bis 3.3.4. ergeben sich keine zusätzlichen Besonderheiten, weshalb auf weitere Erläuterungen verzichtet werden kann. Ein Vergleich der Beispiele 3.13 und 3.5 zeigt deutlich, wie stark sich eine geringfügige Verdrehung der Fundamente auf das Momentenbild auswirkt.

3.8. Verbesserung der Konvergenz

3.8.1. Grundsätzliches

Die Konvergenz ist bei unverschieblichen Systemen recht schnell, bei verschieblichen dagegen langsamer. Je größer die Anzahl der Stockwerke ist, je weicher die Riegel im Verhältnis zu den

Stielen sind und je stärker der Einfluß der die Knotenverschiebungen erzeugenden Lasten (Horizontalkräfte bei Stockwerkrahmen) ist, um so langsamer geht die Konvergenz vor sich. Die Ursache hierfür ist der Aufbau des *Kani-Verfahrens*, der vom Träger auf zwei Stützen ausgeht, d. h. mathematisch eine Randwertaufgabe darstellt. Horizontal belastete Stockwerkrahmen gleichen jedoch mehr dem Kragträger, d. h. mathematisch der Anfangswertaufgabe [6]. Ein Vergleich des *Kani-Verfahrens* mit 1.4. Sonderverfahren und 1.5. Proportionierte Rahmen zeigt deutlich, wie schnell die Konvergenz vor sich geht, wenn im Verfahren die Kragträgerwirkung horizontal verschieblicher Stockwerkrahmen von vornherein berücksichtigt wird.

Es ist deshalb zweckmäßig, erst zu prüfen, ob eine Aufgabe in der Art der oben aufgeführten Verfahren gelöst werden kann, bevor die etwas aufwendige Berechnung mit Hilfe des *Kani-Verfahrens* begonnen wird.

3.8.2. Beschleunigung der Konvergenz durch Schätzungen

Beim ersten Näherungsschritt werden bekanntlich an den abliegenden Knoten, soweit dort noch kein Ausgleich vorgenommen wurde, die Drehungsanteile mit Null angenommen. Diese extreme Annahme verlangsamt selbstverständlich die Konvergenz, und es ist deshalb zweckmäßig, diese Werte mit $\mu M'$ im Kopf zu schätzen.

Beim ersten Ausgleich des Beispieles 1 ergab sich z. B.:

$$M''_{BC} = \mu_{BC}(M'_{BC} + 0) = -0{,}390(-8{,}06 + 0{,}00) = +3{,}14\ \text{kNm},$$

und

$$M''_{BA} = \mu_{BA}(M'_{BC} + 0) = -0{,}110(-8{,}06 + 0{,}00) = +0{,}89\ \text{kNm}.$$

Der abliegende Drehungsanteil wird im Kopf geschätzt mit:

$$M''_{CB} \approx \mu_{CB} M'_C \approx -0{,}39 \cdot 4{,}03 \approx -0{,}4 \cdot 4{,}0 \approx 1{,}60\ \text{kNm}.$$

Es ist somit:

$$M''_{BC} \approx \mu_{BC}(M'_B + \mu_{CB} M'_C) \approx -0{,}390(-8{,}06 - 1{,}60) \approx +3{,}79\ \text{kNm},$$

$$M''_{BA} \approx \mu_{BA}(M'_B + \mu_{CB} M'_C) \approx -0{,}110(-8{,}06 - 1{,}60) \approx +1{,}06\ \text{kNm}.$$

Es ist zu erkennen, daß diese Werte dem endgültigen

$$M''_{BC} = +4{,}43\ \text{kNm} \quad \text{und} \quad M''_{BA} = +1{,}25\ \text{kNm}$$

wesentlich näher liegen als bei der Annahme $\mu_{CB} M_C = 0$.

Außer diesen Schätzungen beim ersten Rechnungsgang ist es zweckmäßig, bei den darauffolgenden Ausgleichen in Richtung der erkannten Tendenz stark auf- bzw. abzurunden und erst beim letzten bzw. den beiden letzten Ausgleichen genauer (Rechenschiebergenauigkeit genügt völlig) zu rechnen.

Ist die Konvergenz sehr schlecht, verläuft also nach etwa vier bis sechs Ausgleichen die Annäherung an die Endwerte immer noch verhältnismäßig linear, so empfiehlt es sich, die Drehungs- und Verschiebungsanteile durch einen geschätzten Sprung, etwa um die zwei- bis dreifache Differenz zum vorhergehenden Wert zu verbessern und dann wieder wie üblich weiterzurechnen. Eine über das Ziel hinausschießende Schätzung rächt sich mit einer entsprechenden Verlängerung der Ausgleichrechnung. Zur Verbesserung der Konvergenz siehe auch: [1], [16], [45], [70], [81], [90] und [95].

3.9. Berechnung von Systemen mit Stäben veränderlichen Trägheitsmomentes

3.9.1. Erläuterungen

3.9.1.1. Rahmen mit unverschieblichen Knoten

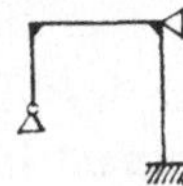

Durchlaufträger und Rahmen mit Stäben, deren Trägheitsmomente im Bereiche ihrer Stablänge veränderlich sind, können ebenfalls ohne prinzipielle Änderungen mit dem *Kani-Verfahren* berechnet werden. Es ist jedoch nicht möglich, die Verdrehungswiderstände k', wie sie für das *Cross-Verfahren* gelten, unverändert zu verwenden. Die anstelle der Verdrehungswiderstände k' des *Cross-Verfahrens* tretenden Stabzahlen k^* errechnen sich ebenfalls aus den Endtangentenwinkeln am frei aufliegenden Träger [48]. Sie sind in den Tafeln 6.2. für eingespannte Stäbe angegeben. Für symmetrisch und antimetrisch beanspruchte sowie für gelenkig gelagerte Stäbe gelten die Verdrehungswiderstände k' unverändert. In diesem Falle ist $k' = k^*$. Die in den Tafeln 6.2. kursiv gedruckten Stabzahlen k^* sind auf einen Ersatzstab mit gleichbleibendem Querschnitt bezogen und somit für beide Stabenden gleich groß. Es ist deshalb erforderlich, den an den Stabenden tatsächlich vorhandenen Verdrehungswiderstand zusätzlich mit Hilfe der in den Tafeln 6.2. kursiv gedruckten Umrechnungsfaktoren a^*, die jeweils für ein bestimmtes Stabende gelten, zu berücksichtigen. Für die Berechnung der Drehungsfaktoren gilt:

$$\mu_{IK} = -\frac{k_{IK}^*}{\sum a_{IK}^* k_{IK}^*}, \qquad \sum a_{IK}^* \mu_{IK} = -1.$$

Für den Grenzfall gleichbleibenden Trägheitsmomentes ist $a^* = 2$, so daß sich in diesem Fall wie bisher $\sum \mu = -0{,}5$ ergibt. Auf Grund der Ersatzstabbetrachtung ist für symmetrische Stäbe, die symmetrisch oder antimetrisch beansprucht sind, sowie für gelenkig gelagerte Stäbe wie für Stäbe mit gleichbleibendem Trägheitsmoment $a^* = 2$. Die in den Tafeln 6.2. angegebenen Verhältniszahlen a^* gelten somit nur für den Regelfall des eingespannten Stabes.

Die Drehungsanteile werden wie bei Stäben mit gleichbleibenden Trägheitsmomenten errechnet. Es ist wie bisher:

$$M_{IK}'' = \mu_{IK}[M_i' + \sum (M_{IK}'' + M_{IK}''')].$$

Die Regel zur Berechnung der Drehungsanteile lautet somit unverändert:

Addiere das Festhaltemoment mit der Summe der abliegenden Drehungsanteile und multipliziere die Gesamtsumme mit den Drehungsfaktoren!

Damit erhalten wir die endgültigen Stabendmomente zu:

$$M_{IK} = M_{IK}' + a_{IK}^* M_{IK}'' + M_{KI}'' + M_{IK}'''.$$

Anstelle der anliegenden Drehungsanteile $2M_{IK}''$ bei Stäben mit gleichbleibendem Trägheitsmoment ist somit bei Stäben mit veränderlichem Trägheitsmoment $a_{IK}'' M_{IK}''$ zu setzen.

3.9.1.2. Rahmen mit verschieblichen Knoten und gleichlangen eingespannten Stielen

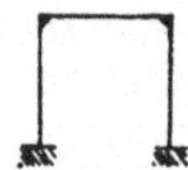

Bei der Berechnung der Verschiebungsanteile M_{IK}''' ist zu beachten, daß bei unsymmetrischen Stäben zu jedem Stabende ein anderer Verschiebungsanteil gehört. Es wird nicht wie bisher für jeden Stiel, sondern für jedes Stabende der Stiele eines Stockwerkes r ein Verschiebungsfaktor ν errechnet. Dies ist, sinngemäß wie bei der Berechnung der Drehungsfaktoren, allein mit den auf einen Ersatzstab bezogenen Stabzahlen k^* nicht möglich und erfolgt deshalb mit Hilfe der in den Tafeln 6.2. angegebenen Umrechnungsfaktoren c^*. Infolge der doppelten Anzahl der Verschiebungsfaktoren muß $\sum \nu_{IK} = 2(-1{,}5) = -3$ sein. Es ist somit:

$$\nu_{IK} = -\frac{3c_{IK}^* k_{IK}^*}{\sum (c_{IK}^* + c_{KI}^*) k_{IK}^*},$$

$$\sum_{(r)} \nu_{IK} = -3, \qquad M_r' = \frac{Q_r h_r}{3},$$

$$M_{IK}''' = \nu_{IK}[M_r' + \sum (c_{IK}^* M_{IK}'' + c_{KI}^* M_{KI}'')].$$

Die Regel zur Berechnung der Verschiebungsanteile lautet somit:

Addiere das Stockwerkmoment und die mit c^* multiplizierten Drehungsanteile sämtlicher Stielenden des betreffenden Stockwerkes und multipliziere diese Summe mit den Verschiebungsfaktoren der Stiele!

Für Stäbe mit gleichbleibendem Querschnitt ist $c_{IK}^* = c_{KI}^* = 1$.

3.9.1.3. Rahmen mit verschieblichen Knoten und gleichlangen gelenkig gelagerten Stielen

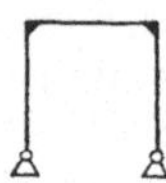

Für Rahmen mit verschieblichen Knoten und gleichlangen gelenkig gelagerten Stielen gilt sinngemäß zu Abschn. 3.4. für die im Rahmenriegel eingespannten Stielenden:

$$\nu_{IK} = -\frac{2k_{IK}'}{\sum k_{IK}'}, \qquad \sum_{(r)} \nu_{IK} = -2,$$

$$M_r' = \frac{Q_r h_r}{2}, \qquad M_{IK}''' = \nu_{IK}(M_r' + \sum M_{IK}'').$$

Für gelenkig gelagerte Stiele ist auf Grund der Ersatzstabbetrachtung $k^* = k'$ und $c^* = 1$.

3.9.1.4. Rahmen mit verschieblichen Knoten und eingespannten Stielen unterschiedlicher Länge

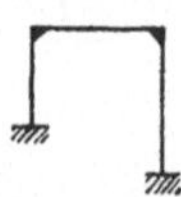

Bei Rahmen mit verschieblichen Knoten und eingespannten Stielen unterschiedlicher Länge wird wie bisher die am häufigsten im Stockwerk vertretene Stielhöhe als Bezugsstielhöhe mit h_r

bezeichnet, um die übrigen Stiele mit dem Reduktionsfaktor c_{IK} darauf beziehen zu können. Sinngemäß zu Abschn. 3.5.1. und 3.9.1.2. gilt dann:

$$c_{IK} = \frac{h_r}{h_{IK}},$$

$$\nu_{IK} = -\frac{3c_{IK}c^*_{IK}k^*_{IK}}{\sum c^2_{IK}(c^*_{IK} + c^*_{KI})\,k^*_{IK}},$$

$$\sum_{(r)} c_{IK}\nu_{IK} = -3,$$

$$M'''_{IK} = \nu_{IK}[M'_r + \sum c_{IK}(c^*_{IK}M''_{IK} + c^*_{KI}M''_{KI})].$$

Die Regel zur Berechnung der Verschiebungsanteile lautet somit:

Addiere das Stockwerkmoment und die mit c und c multiplizierten Drehungsanteile sämtlicher Stielenden des betreffenden Stockwerkes und multipliziere diese Summe mit den Verschiebungsfaktoren der Stiele!*

3.9.1.5. *Rahmen mit verschieblichen Knoten und gelenkig gelagerten Stielen unterschiedlicher Länge*

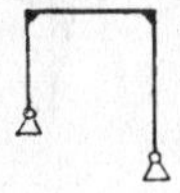

Für Rahmen mit verschieblichen Knoten und gelenkig gelagerten Stielen unterschiedlicher Länge gilt sinngemäß zu Abschn. 3.5.2. und 3.9.1.3.

$$c_{IK} = \frac{h_r}{h_{IK}} \qquad \nu_{IK} = -\frac{2c_{IK}k'_{IK}}{\sum c^2_{IK}k'_{IK}}$$

$$\sum_{(r)} c_{IK}\nu_{IK} = -2 \qquad M'_r = \frac{Q_r h_r}{2}$$

$$M'''_{IK} = \nu_{IK}(M'_r + \sum c_{IK}M''_{IK}).$$

3.9.1.6. *Rahmen mit verschieblichen Knoten und teils gelenkigen, teils eingespannten Stielen unterschiedlicher Länge*

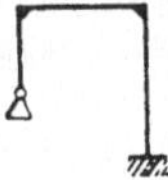

Bei Rahmen mit verschieblichen Knoten und teils gelenkigen, teils eingespannten Stielen unterschiedlicher Länge gilt wie in Abschn. 3.6. als Ersatzstielhöhe für gelenkig gelagerte Stiele $h' = 1{,}5h$. Die am häufigsten vertretene Stielhöhe der eingespannten Stiele wird als Bezugsstielhöhe h_r gewählt. Damit werden die Reduktionsfaktoren

$$c_{IK} = \frac{h_r}{h'_{IK}}$$

errechnet.

Um gelenkig gelagerte Stiele und eingespannte Stiele auf eine gemeinsame Basis beziehen zu können, werden wieder wie bisher die Verhältniswerte $m = 0{,}75$ für gelenkig gelagerte Stiele und $m = 1{,}00$ für eingespannte Stiele eingeführt. Mit diesen Werten ergibt sich sinngemäß zu Abschn. 3.9.1.4.:

$$\nu_{IK} = -\frac{3c_{IK}c^*_{IK}k^*_{IK}}{\sum mc^2_{IK}(c^*_{IK} + c^*_{KI})\,k^*_{IK}}$$

$$\sum_{(r)} mc_{IK}\nu_{IK} = -3,$$

$$M'''_{IK} = \nu_{IK}[M'_r + \sum c_{IK}(c^*_{IK}M''_{IK} + c^*_{KI}M''_{IK})].$$

3.9.2. Hinweise zur Berechnung der Werte der Tafeln 8 bis 43 Abschnitt 6.2.

Für Berechnungen nach dem *Kani-Verfahren* sind zusätzliche Tafelwerte erforderlich. Dies sind Umrechnungsfaktoren

$$a^*_l = \frac{\bar{\alpha}_r}{\beta}, \quad a^*_r = \frac{\bar{\alpha}_l}{\beta},$$

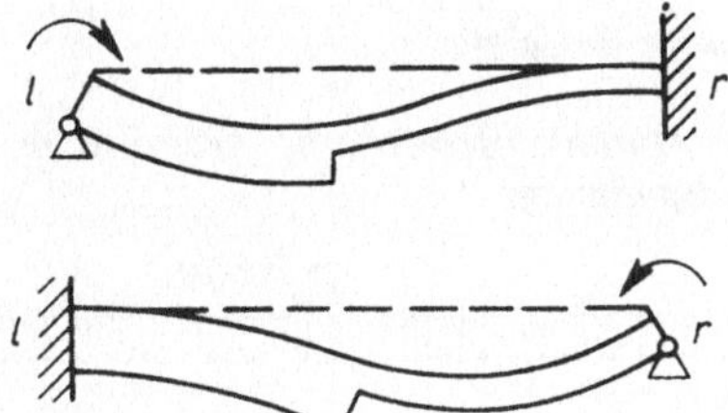

Stabzahlen

$$k^* = \frac{1}{2\beta(a^*_l a^*_r - 1)}\,\frac{I_1}{l}$$

und Umrechnungsfaktoren

$$c^*_l = \frac{a^*_l + 1}{3},$$

$$c^*_r = \frac{a^*_r + 1}{3}.$$

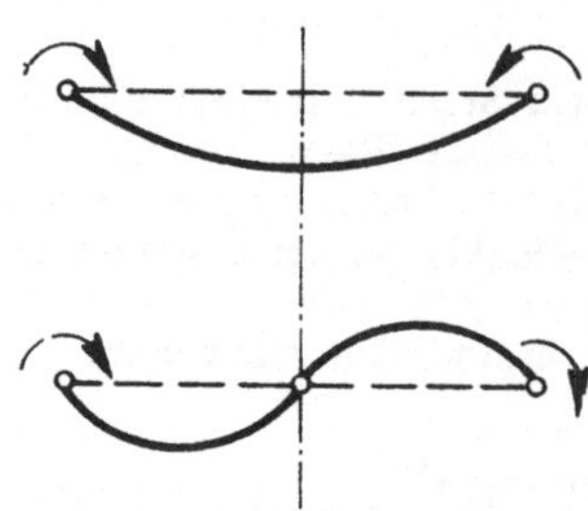

Für Gelenkstäbe, sowie für symmetrisch und antimetrisch beanspruchte Stäbe werden zur Vereinfachung der Berechnung eingespannt gedachte Ersatzstäbe mit gleichbleibendem Trägheitsmoment eingeführt. Die Verdrehungswiderstände der gedachten Ersatzstäbe sind denen der wirklichen Stäbe gleich. Für diese Stäbe gilt deshalb anstatt der Stabzahlen k^* der für den jeweiligen Fall in den Tafeln 6.2. angegebene Verdrehungswiderstand k'. Für die abgebildeten drei Fälle ist somit, wie für Stäbe mit gleichbleibendem Trägheitsmoment,

$$k^* = k', \quad a_l^* = a_r^* = 2 \quad \text{und} \quad c_l^* = c_r^* = 1.$$

Mit der Verwendung dieser Beiwerte ist der Sinn und Zweck der Ersatzstäbe erschöpft.

3.9.3. Praktische Beispiele

Beispiel 3.14: Durchlaufträger mit Kragarm und einseitiger Einspannung

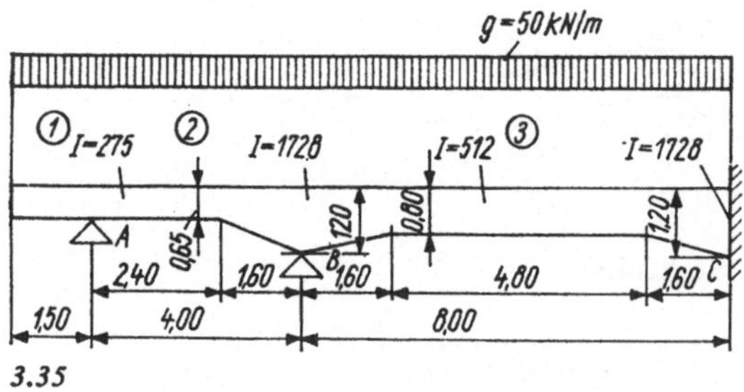

3.35

Stab 1:

$$M_A' = +\frac{50{,}0 \cdot 1{,}50^2}{2} = +56{,}2 \text{ kNm}.$$

Stab 2:

$$n_2 = \frac{275}{1728} = 0{,}16, \quad \frac{v}{l} = \frac{1{,}60}{4{,}00} = 0{,}4 \text{ aus Tafel 21 nach}$$

Interpolation: $\gamma_{AB} = 0{,}85$ als Übertragungsfaktor zur Weiterleitung des Kragmomentes von A nach B. Aus Tafel 20 nach Interpolation:

$$k_{BA}' = 1{,}50 \frac{275}{4{,}00} = 103, \qquad a_{BA}^* = 2,$$

$$M_{BA}' = +0{,}184 \cdot 50{,}0 \cdot 4{,}00^2 + (-56{,}2) \cdot 0{,}85$$
$$= +147{,}0 - 47{,}8 = +99{,}2 \text{ kNm}.$$

Stab 3:

$$n_3 = \frac{512}{1728} = 0{,}3, \quad \frac{v}{l} = \frac{1{,}60}{8{,}00} = 0{,}2,$$

aus Tafel 10 nach Interpolation:

$$k_{BC}^* = 1{,}85 \frac{512}{8{,}00} = 118, \qquad a_{BC}^* = 1{,}66,$$

$$M_{BC}' = -M_{CB}' = -0{,}094 \cdot 50{,}0 \cdot 8{,}00^2 = -301{,}0 \text{ kNm}.$$

Drehungsfaktoren:

$$\mu_{BA} = -\frac{103}{2{,}00 \cdot 103 + 1{,}66 \cdot 118} = -0{,}256,$$

$$\mu_{BC} = -\frac{118}{2{,}00 \cdot 103 + 1{,}66 \cdot 118} = -0{,}294,$$

$$\sum \mu_B = 2{,}00(-0{,}256) + 1{,}66(-0{,}294) = -1.$$

Festhaltemoment am Knoten B:

$$M_B' = +99{,}2 - 301{,}0 = -201{,}8 \text{ kNm}.$$

Drehungsanteile am Knoten B:

$$M_{BA}'' = -0{,}256(-201{,}8) = +51{,}7 \text{ kNm},$$
$$M_{BC}'' = -0{,}294(-201{,}8) = +59{,}4 \text{ kNm}.$$

Endgültige Stabendmomente:

$$M_{AB} = +56{,}2 \text{ kNm},$$
$$M_{BA} = 99{,}2 + 2 \cdot 51{,}7 = +202{,}6 \text{ kNm},$$
$$M_{BC} = -301{,}0 + 1{,}66 \cdot 59{,}4 = -202{,}5 \text{ kNm},$$
$$M_{CB} = +301{,}0 + 59{,}4 = +360{,}4 \text{ kNm}.$$

Erläuterungen:

Die Bestimmung der Tafelwerte aus 6.2. erfolgte durch grafische Interpolation. Es ist zu beachten, daß für Stab 3 als Gelenkträger k_{BA}' statt k^* maßgebend ist und deshalb $a_{BA}^* \doteq 2$ sein muß. Für die Weiterleitung des Kragmomentes von A nach B liegt jedoch der Fall eines in B eingespannten Trägers vor. Das Kragmoment ist deshalb nach Umkehrung des Vorzeichens und Multi-

+56,2 −56,2 +99,2 | −0,256 | −201,8 | −0,294 | −301,0 +301,0

+51,7 − 59,4

A B C

3.36

plikation mit dem aus Tafel 21 entnommenen γ nach B zu übertragen und dort wie ein Stabendmoment für volle Einspannung zu behandeln.

Beispiel 3.15: Zweistieliger Rahmen mit einseitiger Konsolbelastung

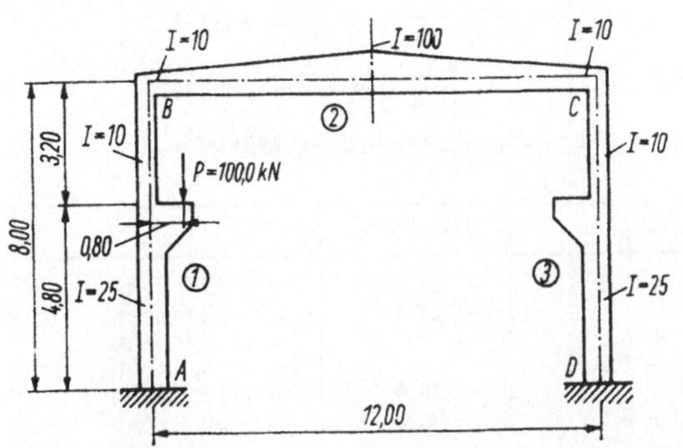

3.37

Stab 1:

$$\frac{v}{l} = \frac{4{,}80}{8{,}00} = 0{,}60, \quad n_1 = \frac{10}{25} = 0{,}4$$

Beiwerte aus Tafeln 36 und 37,

$$k^* = 1{,}59\,\frac{10}{8{,}00} = 1{,}99.$$

$$a_{BA}^* = 1{,}43, \quad c_{AB}^* = 1{,}28, \quad c_{BA}^* = 0{,}812.$$

Stab 2:

$$n_2 = \frac{10}{100} = 0{,}1 \quad \text{Beiwerte aus Tafel 8}$$

$$k^* = 1{,}28\,\frac{10}{12{,}00} = 1{,}07, \quad a_{BC}^* = 3{,}29.$$

Stab 3:

Infolge Symmetrie des Rahmens Stabfestwerte wie für Stab 1.

Drehungsfaktoren:

$$\mu_{BA} = -\frac{1{,}99}{1{,}43 \cdot 1{,}99 + 3{,}29 \cdot 1{,}07} = -0{,}313,$$

$$\mu_{BC} = -\frac{1{,}07}{1{,}43 \cdot 1{,}99 + 3{,}29 \cdot 1{,}07} = -0{,}168,$$

$$\sum a^* \mu_B = 1{,}43(-0{,}313) + 3{,}29(-0{,}168) = -1.$$

Verschiebungsfaktoren bei zwei Stielen gleicher Steifigkeit:

$$\nu_{AB} = -\frac{3 \cdot 1{,}28 \cdot 1{,}99}{(1{,}28 + 0{,}812) \cdot 1{,}99 \cdot 2} = -0{,}918,$$

$$\nu_{BA} = -\frac{3 \cdot 0{,}812 \cdot 1{,}99}{(1{,}28 + 0{,}812) \cdot 1{,}99 \cdot 2} = -0{,}582,$$

$$\sum \nu = 2(-0{,}918 - 0{,}582) = -3.$$

Kragmoment aus $P = 100{,}0$ kN:

$M = 100{,}0 \cdot 0{,}80 = 80{,}0$ kNm;

aus Tafel 36: $M_{AB}' = 0{,}293 \cdot 80{,}0 = 23{,}5$ kNm,

aus Tafel 37: $M_{BA}' = 0{,}206 \cdot 80{,}0 = 16{,}5$ kNm,

Stockwerksquerkraft:

$$Q_r = \frac{80{,}0}{8{,}00} + \frac{23{,}5 + 16{,}5}{8{,}00} = 10{,}0 + 5{,}0 = 15{,}0 \text{ kN},$$

Stockwerkmoment:

$$M_r' = \frac{15{,}0 \cdot 8{,}00}{3} = 40{,}0 \text{ kNm}.$$

Letzter Verschiebungsausgleich:

$$M_{BA}''' = (-0{,}582)\,[+40{,}0 + 0{,}812(+2{,}3 + 8{,}5)] = -28{,}4 \text{ kNm},$$

$$M_{AB}''' = (-0{,}918)\,[+40{,}0 + 0{,}812(+2{,}3 + 8{,}5)] = -44{,}8 \text{ kNm}.$$

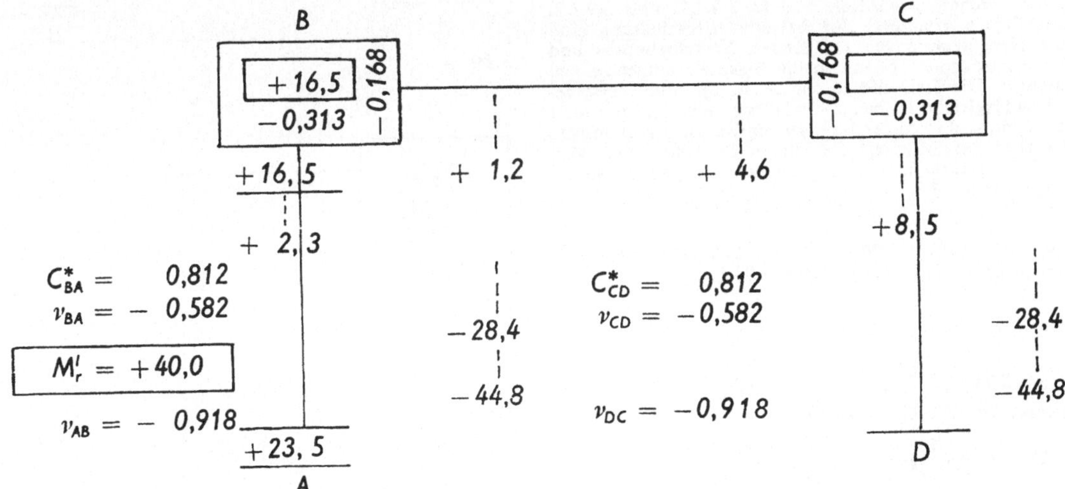

3.38

Letzter Drehungsausgleich am Knoten B:

$M_{BA}'' = (-0{,}313)(+16{,}5 + 4{,}6 - 28{,}4)$
$= +2{,}3$ kNm,

$M_{AB}'' = (-0{,}168)(+16{,}5 + 4{,}6 - 28{,}4)$
$= +1{,}2$ kNm.

Letzter Drehungsausgleich am Knoten C:

$M_{CD}'' = (-0{,}313)(+1{,}2 - 28{,}4) = +8{,}5$ kNm,

$M_{CB}'' = (-0{,}168)(+1{,}2 - 28{,}4) = +4{,}6$ kNm.

Endgültige Stabendmomente:

Stab 2:

$n_2 = \frac{10}{100} = 0{,}1$, Beiwerte aus Tafel 8,

$k' = 1{,}47 \frac{10}{12{,}00} = 1{,}23, \quad a_{Bm}^* = 2.$

Drehungsfaktoren für das halbe System:

$\mu_{BA} = -\frac{1{,}99}{1{,}43 \cdot 1{,}99 + 2 \cdot 1{,}23} = -0{,}375,$

$\mu_{Bm} = -\frac{1{,}23}{1{,}43 \cdot 1{,}99 + 2 \cdot 1{,}23} = -0{,}232,$

$\sum a^* \mu_B = 1{,}43(-0{,}375) + 2(-0{,}232) = -1.$

	M'	$a_{IK}^* M_{IK}''$	M_{KI}''	M_{IK}'''	
$M_{AB} =$	+ 23,5		+ 2,3	− 44,8	= − 19,0 kNm
$M_{BA} =$	+ 16,5	+ 1,43 · 2,3		− 28,4	= − 8,6 kNm
$M_{BC} =$		+ 3,29 · 1,2	+ 4,6		= + 8,6 kNm
$M_{CB} =$		+ 3,29 · 4,6	+ 1,2		= + 16,3 kNm
$M_{CD} =$		+ 1,43 · 8,5		− 28,4	= − 16,2 kNm
$M_{DC} =$			+ 8,5	− 44,8	= − 36,3 kNm

Erläuterungen:

Für die Errechnung der Drehungsfaktoren sind die Stabzahlen k^* und die Umrechnungsfaktoren a_{IK}^* zu verwenden.
Die Errechnung der Verschiebungsfaktoren erfolgt mit Hilfe der Stabzahlen k^* und der Umrechnungsfaktoren c_{IK}^*. Es ist zu beachten, daß zu jedem Stabende ein Verschiebungsfaktor gehört.
Die Berechnung der Drehungsanteile M_{IK}'' erfolgt in gleicher Weise wie bei Stäben mit gleichmäßigem Trägheitsmoment.
Bei der Berechnung der Verschiebungsanteile M_{IK}''' ist zusätzlich zu beachten, daß die Drehungsanteile M_{IK}'' vor der Summierung mit den Umrechnungsfaktoren c_{IK}^* zu multiplizieren sind.
Zur Addition der endgültigen Stabendmomente ist noch zu bemerken, daß die anliegenden Drehungsanteile M_{IK}'' nicht wie bisher 2fach, sondern mit a_{IK}^* multipliziert in die Endsumme eingehen.
Diese Rechenvorschriften sind in 3.9.1.1. und 3.9.1.2. ausführlich erläutert. Zur besseren Einarbeitung sind die Nebenrechnungen des letzten Verschiebungs- und Drehungsausgleiches mit in die Beispiele aufgenommen worden. Die Reihenfolge der Drehungs- und Verschiebungsausgleiche ist beliebig wählbar. Wie bereits früher erwähnt, sind in den endgültigen statischen Berechnungen lediglich die Endwerte der letzten Drehungs- und Verschiebungsausgleiche von Interesse. Vergleiche hierzu auch Beispiel 3.9.

Beispiel 3.16: Symmetrischer zweistieliger Rahmen mit symmetrischer Konsolbelastung

Stab 1:

$\frac{v}{l} = \frac{4{,}80}{8{,}00} = 0{,}60, \quad n_1 = \frac{10}{25} = 0{,}4,$

Beiwerte aus Tafeln 36 und 37,

$k^* = 1{,}59 \frac{10}{8{,}00} = 1{,}99,$

$a_{BA}^* = 1{,}43, \quad c_{AB}^* = 1{,}28, \quad c_{BA}^* = 0{,}812.$

Kragmoment aus $P = 50{,}0$ kN:
$M = 50{,}0 \cdot 0{,}80 = 40{,}0$ kNm,
aus Tafel 36: $M_{AB}' = 0{,}293 \cdot 40{,}0 = 11{,}72$ kNm,
aus Tafel 37: $M_{BA}' = 0{,}206 \cdot 40{,}0 = 8{,}24$ kNm.

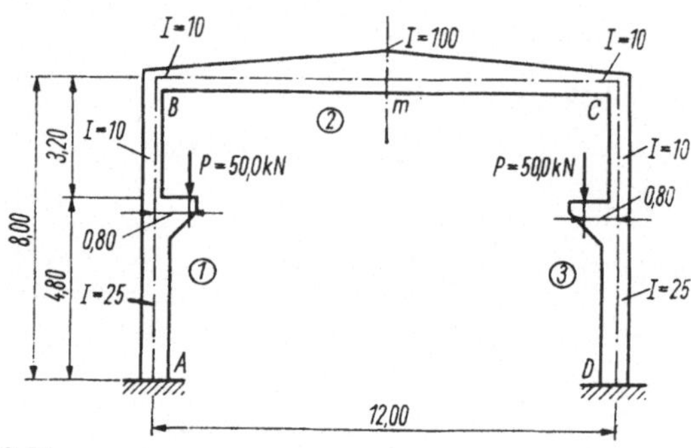

3.39

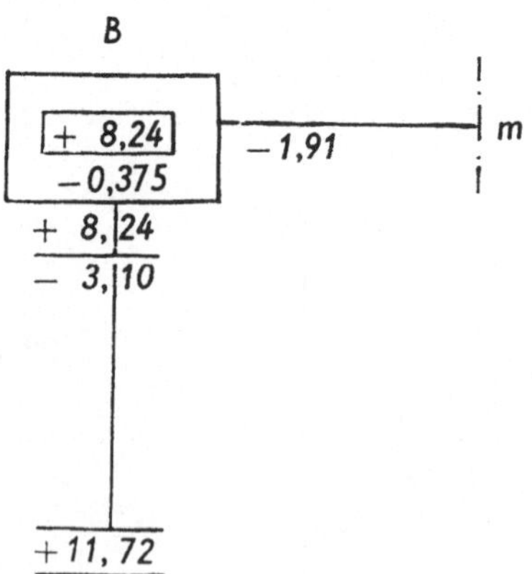

3.40

Drehungsausgleich bei B:

$M_{BA}'' = (-0{,}375)(+8{,}24) = -3{,}10$ kNm,

$M_{Bm}'' = (-0{,}232)(+8{,}24) = -1{,}91$ kNm.

Endgültige Stabendmomente:

$M_{AB} = +11{,}72 - 3{,}10 \qquad = +8{,}6$ kNm,

$M_{BA} = +8{,}24 + 1{,}43(-3{,}10) = +3{,}8$ kNm,

$M_{Bm} = +2(-1{,}91) \qquad = -3{,}8$ kNm.

Erläuterungen:

Stab 2 ist infolge Ausnutzung der Symmetrie von Tragwerk und Belastung als Ersatzstab mit gleichbleibendem Trägheitsmoment zu betrachten, und es ist deshalb der für diesen Fall in Tafel 8 angegebene Wert für k', sowie $a_{Bm}^* = 2$ zu verwenden.

Beispiel 3.17: Symmetrischer zweistieliger Rahmen mit antimetrischer Konsolbelastung

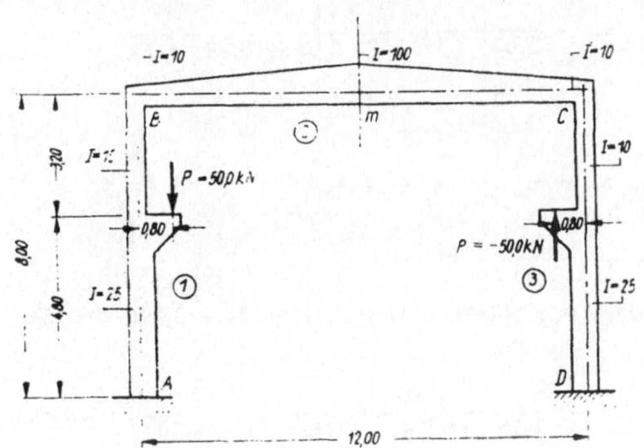

3.41

Stab 1:

$$\frac{r}{l} = \frac{4{,}80}{8{,}00} = 0{,}60, \quad n_1 = \frac{10}{25} = 0{,}4,$$

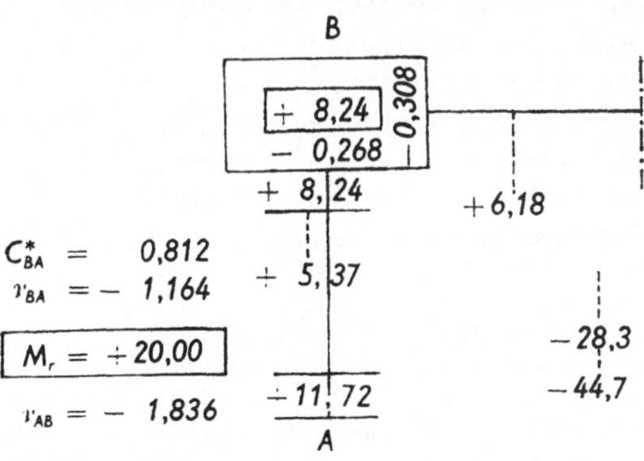

3.42

Beiwerte aus Tafeln 36 und 37

$$k^* = 1{,}59\,\frac{10}{8{,}00} = 1{,}99,$$

$a_{BA}^* = 1{,}43, \quad c_{AB}^* = 1{,}28, \quad c_{BA}^* = 0{,}812.$

Stab 2:

$$n_2 = \frac{10}{100} = 0{,}1, \quad \text{Beiwerte aus Tafel 8,}$$

$$k_{Bm}' = 2{,}75\,\frac{10}{12{,}00} = 2{,}29, \quad a_{Bm}^* = 2.$$

Drehungsfaktoren für das halbe System:

$$\mu_{BA} = -\frac{1{,}99}{1{,}43 \cdot 1{,}99 + 2 \cdot 2{,}29} = -0{,}268,$$

$$\mu_{Bm} = -\frac{2{,}29}{1{,}43 \cdot 1{,}99 + 2 \cdot 2{,}29} = -0{,}308,$$

$$\sum a^*\mu_B = 1{,}43(-0{,}268) + 2(-0{,}308) = -1,$$

Verschiebungsfaktoren für das halbe System:

$$\nu_{AB} = -\frac{3 \cdot 1{,}28 \cdot 1{,}99}{(1{,}28 + 0{,}812)\,1{,}99} = -1{,}836$$

$$\nu_{BA} = -\frac{3 \cdot 0{,}812 \cdot 1{,}99}{(1{,}28 + 0{,}812) \cdot 1{,}99} = -1{,}164$$

$$\sum \nu \qquad = -3{,}000.$$

Kragmomente aus $P = \pm 50{,}0$ kN:

$M = 50{,}0 \cdot 0{,}80 = 40{,}0$ kNm,

aus Tafel 36: $M_{AB}' = 0{,}293 \cdot 40{,}0 = 11{,}72$ kNm,

aus Tafel 37: $M_{BA}' = 0{,}206 \cdot 4{,}00 = 8{,}24$ kNm.

Stockwerksquerkraft:

$$Q_r = \frac{40{,}0}{8{,}00} + \frac{11{,}72 + 8{,}24}{8{,}00} = 5{,}0 + 2{,}5 = 7{,}5 \text{ kN}.$$

$$\text{Stockwerkmoment: } M_r' = \frac{7{,}5 \cdot 8{,}00}{2} = 20{,}0 \text{ kNm}.$$

Letzter Drehungsausgleich am Knoten B:

$M_{BA}'' = (-0{,}268)(+8{,}24 - 28{,}3) = +5{,}37$ kNm,

$M_{Bm}'' = (-0{,}308)(+8{,}24 - 28{,}3) = +6{,}18$ kNm.

Letzter Verschiebungsausgleich:

$M_{AB}''' = (-1{,}836)(+20{,}0 + 0{,}812 \cdot 5{,}37)$

$= -44{,}7$ kNm,

$M_{BA}''' = (-1{,}164)(+20{,}0 + 0{,}812 \cdot 5{,}37)$

$= -28{,}3$ kNm.

Endgültige Stabendmomente:

$M_{AB} = +11{,}72 + 5{,}37 - 44{,}7 \qquad = -27{,}6\ \text{kNm}$,

$M_{BA} = +8{,}24 + 1{,}43 \cdot 5{,}37 - 28{,}3 = -12{,}4\ \text{kNm}$,

$M_{Bm} = 2 \cdot 6{,}18 \qquad = +12{,}4\ \text{kNm}$.

Erläuterungen:

Stab 2 ist infolge Ausnutzung der Symmetrie des Tragwerkes und Antimetrie der Belastung als Ersatzstab mit gleichbleibendem Trägheitsmoment zu betrachten, und es ist deshalb der für diesen Fall in Tafel 8 angegebene Wert für k' sowie $a_{Bm}^* = 2$ zu verwenden. Im übrigen gelten die Erläuterungen zu Beispiel 3.15 sinngemäß.

Beispiel 3.18: Symmetrischer Stockwerkrahmen mit symmetrischen und antimetrischen Lasten

Stab 1:

$\frac{v}{l} = 1, \quad n_1 = \frac{10}{100} = 0{,}1,$

Beiwerte aus Tafeln 24 und 25,

$k^* = 3{,}21 \frac{10}{4{,}50} = 7{,}13,$

$a_{BA}^* = 3{,}60, \quad c_{AB}^* = 0{,}712, \quad c_{BA}^* = 1{,}53.$

Stab 2:

$\frac{v}{l} = \frac{2{,}50}{8{,}40} = 0{,}3, \quad n_2 = \frac{80}{200} = 0{,}4,$

Beiwerte aus Tafel 11,

für Symmetrie:

$k_{Bm}' = 0{,}638 \frac{80}{8{,}40} = 6{,}08, \quad a_{Bm}^* = 2,$

für Antimetrie:

$k_{Bm}' = 2{,}54 \frac{80}{8{,}40} = 24{,}2, \quad a_{Bm}^* = 2.$

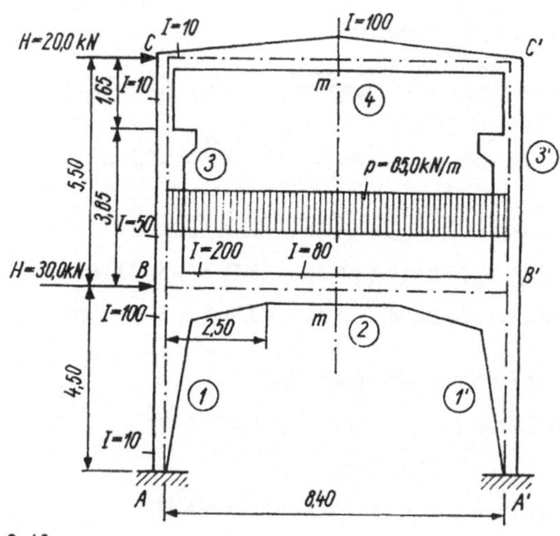

3.43

Stab 3:

$\frac{v}{l} = \frac{3{,}85}{5{,}50} = 0{,}7, \quad n_3 = \frac{10}{50} = 0{,}2,$

Beiwerte aus Tafeln 38 und 39,

$k^* = 2{,}22 \frac{10}{5{,}50} = 4{,}03,$

$a_{BC}^* = 3{,}89, \quad a_{CB}^* = 1{,}19, \quad c_{BC}^* = 1{,}63, \quad c_{CB}^* = 0{,}730.$

Stab 4:

$n_4 = \frac{10}{100} = 0{,}1,$ Beiwerte aus Tafel 8,

für Symmetrie:

$k_{Cm}' = 1{,}47 \frac{10}{8{,}40} = 1{,}75, \quad a_{Cm}^* = 2,$

für Antimetrie:

$k_{Cm}' = 2{,}75 \frac{10}{8{,}40} = 3{,}27, \quad a_{Cm}^* = 2.$

Drehungsfaktoren für das halbe System bei symmetrischer Belastung:

$$\mu_{BA} = -\frac{7{,}13}{3{,}60 \cdot 7{,}13 + 2 \cdot 6{,}08 + 3{,}89 \cdot 4{,}03} = -\frac{7{,}13}{53{,}56} = -0{,}133,$$

$$\mu_{Bm} = -\frac{6{,}08}{53{,}56} = -0{,}114,$$

$$\mu_{BC} = -\frac{4{,}03}{53{,}56} = -0{,}075,$$

$$\sum a^* \mu_B = 3{,}60(-0{,}133) + 2(-0{,}113) + 3{,}89(-0{,}075) = -1;$$

$$\mu_{CB} = -\frac{4{,}03}{1{,}19 \cdot 4{,}03 + 2 \cdot 1{,}75} = -\frac{4{,}03}{8{,}30} = -0{,}486,$$

$$\mu_{Cm} = -\frac{1{,}75}{8{,}30} = -0\,211,$$

$$\sum a^* \mu_C = 1{,}19(-0{,}486) + 2(-0{,}211) = -1.$$

1. Belastungsfall: $p = 85{,}0$ kN/m auf Stab 2.

$M_{Bm}' = -0{,}094 \cdot 85{,}0 \cdot 8{,}40^2 = -564{,}0\ \text{kNm}.$

Letzter Drehungsausgleich am Knoten B:

$M_{BA}'' = (-0{,}133)(-564{,}0 - 21{,}4) = +77{,}8\ \text{kNm},$

$M_{Bm}'' = (-0{,}114)(-564{,}0 - 21{,}4) = +66{,}7\ \text{kNm},$

$M_{BC}'' = (-0{,}075)(-564{,}0 - 21{,}4) = +44{,}0\ \text{kNm}.$

Letzter Drehungsausgleich am Knoten C:

$M_{CB}'' = (-0{,}486)(+44{,}0) = -21{,}4\ \text{kNm},$

$M_{Cm}'' = (-0{,}211)(+44{,}0) = -9{,}3\ \text{kNm}.$

Endgültige Stabendmomente (vgl. hierzu die Ergebnisse des Belastungsfalles 2 des Beispieles 1.41):

$M_{AB} \qquad = +77{,}8\ \text{kNm},$

$M_{BA} = 3{,}60 \cdot 77{,}8 \qquad = +280{,}0\ \text{kNm},$

$M_{Bm} = -564{,}0 + 2 \cdot 66{,}7 \quad = -430{,}0\ \text{kNm},$

$M_{BC} = 3{,}89 \cdot 44{,}0 - 21{,}4 \quad = +150{,}0\ \text{kNm},$

$M_{CB} = 1{,}19(-21{,}4) + 44{,}0 = +\ 18{,}5\ \text{kNm},$

$M_{Cm} = 2(-9{,}3) \qquad = -18{,}6\ \text{kNm}.$

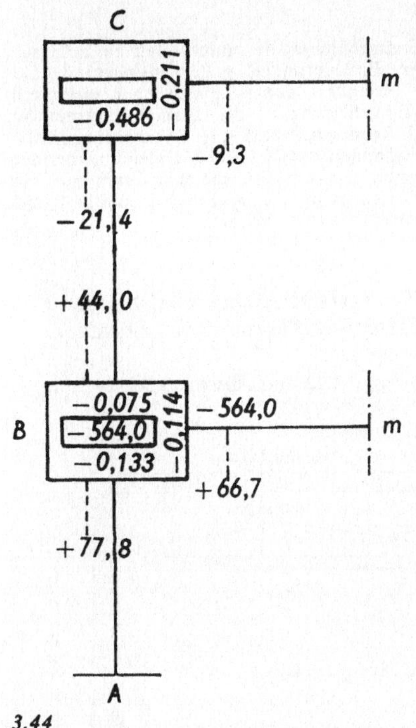

3.44

Drehungsfaktoren für das halbe System bei antimetrischer Belastung:

$$\mu_{BA} = -\frac{7{,}13}{3{,}60 \cdot 7{,}13 + 2 \cdot 24{,}2 + 3{,}89 \cdot 4{,}03} = -\frac{7{,}13}{89{,}8} = -0{,}079,$$

$$\mu_{Bm} = -\frac{24{,}2}{89{,}8} = -0{,}269,$$

$$\mu_{BC} = -\frac{4{,}03}{89{,}8} = -0{,}045,$$

$$\sum a^* \mu_B = 3{,}60(-0{,}079) + 2(-0{,}269) + 3{,}89(-0{,}045) = -1;$$

$$\mu_{CB} = -\frac{4{,}03}{1{,}19 \cdot 4{,}03 + 2 \cdot 3{,}27} = -\frac{4{,}03}{11{,}34} = -0{,}356,$$

$$\mu_{Cm} = -\frac{3{,}27}{11{,}34} = -0{,}288,$$

$$\sum a^* \mu_C = 1{,}19(-0{,}356) + 2(-0{,}288) = -1.$$

Verschiebungsfaktoren für das halbe System bei antimetrischer Belastung:

$$\nu_{AB} = -\frac{3 \cdot 0{,}712 \cdot 7{,}13}{(0{,}712 + 1{,}53)\, 7{,}13} = -0{,}95$$

$$\nu_{BA} = -\frac{3 \cdot 1{,}53 \cdot 7{,}13}{(0{,}712 + 1{,}53) \cdot 7{,}13} = -2{,}05$$

$$\overline{\sum \nu} \qquad = \overline{-3{,}00},$$

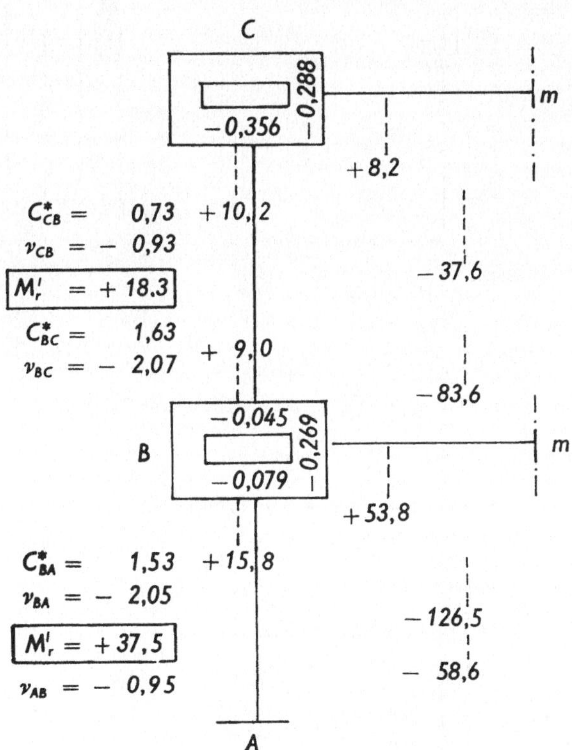

3.45

$$\nu_{BC} = -\frac{3 \cdot 1{,}63 \cdot 4{,}03}{(1{,}63 + 0{,}730) \cdot 4{,}03} = -2{,}07$$

$$\nu_{CB} = -\frac{3 \cdot 0{,}730 \cdot 4{,}03}{(1{,}63 + 0{,}730) \cdot 4{,}03} = -0{,}93$$

$$\sum \nu = -3{,}00.$$

2. Belastungsfall:

$H = 20{,}0$ kN am Knoten C

und

$H = 30{,}0$ kN am Knoten B.

Oberes Stockwerk:

$$Q_r = \frac{20{,}0}{2} = 10{,}0 \text{ kN},$$

$$M_r' = \frac{10{,}0 \cdot 5{,}50}{3} = +18{,}3 \text{ kNm};$$

unteres Stockwerk:

$$Q_r = \frac{20{,}0 + 30{,}0}{2} = 25{,}0 \text{ kN},$$

$$M_r' = \frac{25{,}0 \cdot 4{,}50}{3} = +37{,}5 \text{ kNm}.$$

Letzter Verschiebungsausgleich im oberen Stockwerk:

$$M_{BC}''' = (-2{,}07)(+18{,}3 + 0{,}73 \cdot 10{,}2 + 1{,}63 \cdot 9{,}0) = -83{,}6 \text{ kNm},$$

$$M_{CB}''' = (-0{,}93)(+18{,}3 + 0{,}73 \cdot 10{,}2 + 1{,}63 \cdot 9{,}0) = -37{,}6 \text{ kNm}.$$

Letzter Verschiebungsausgleich im unteren Stockwerk:

$$M_{BA}''' = (-2{,}05)(+37{,}3 + 1{,}53 \cdot 15{,}8) = -126{,}5 \text{ kNm},$$

$$M_{AB}''' = (-0{,}95)(+37{,}5 + 1{,}53 \cdot 15{,}8) = -58{,}6 \text{ kNm}.$$

Letzter Drehungsausgleich am Knoten C:

$$M_{CB}'' = (-0{,}356)(+9{,}0 - 37{,}6) = +10{,}2 \text{ kNm},$$

$$M_{Cm}'' = (-0{,}288)(+9{,}0 - 37{,}6) = +8{,}2 \text{ kNm}.$$

Letzter Drehungsausgleich am Knoten B:

$$M_{BA}'' = (-0{,}079)(+10{,}2 - 83{,}6 - 126{,}5) = +15{,}8 \text{ kNm},$$

$$M_{BC}'' = (-0{,}045)(+10{,}2 - 83{,}6 - 126{,}5) = +9{,}0 \text{ kNm},$$

$$M_{Bm}'' = (-0{,}269)(+10{,}2 - 83{,}6 - 126{,}5) = +53{,}8 \text{ kNm}.$$

Endgültige Stabendmomente (vgl. hierzu die Ergebnisse des Belastungsfalles 4 des Beispieles 1.41):

$$M_{AB} = +15{,}8 - 58{,}6 = -42{,}8 \text{ kNm},$$

$$M_{BA} = +3{,}60 \cdot 1{,}58 - 126{,}5 = -69{,}7 \text{ kNm},$$

$$M_{BC} = +3{,}89 \cdot 9{,}0 + 10{,}2 - 83{,}6 = -38{,}4 \text{ kNm},$$

$$M_{Bm} = +2 \cdot 53{,}8 = +107{,}6 \text{ kNm},$$

$$M_{CB} = +1{,}19 \cdot 10{,}2 + 9{,}0 - 37{,}6 = -16{,}5 \text{ kNm},$$

$$M_{Cm} = +2 \cdot 8{,}2 = +16{,}4 \text{ kNm}.$$

Erläuterungen:

Es sind keine zusätzlichen Besonderheiten zu beachten. Die bisherigen Erläuterungen gelten sinngemäß. Das Beispiel zeigt besonders deutlich, daß nach einer entsprechenden Einarbeitung in die Berechnungsmethode der Zeit- und Rechenaufwand nur unwesentlich höher liegt als bei Systemen aus Stäben mit gleichbleibendem Trägheitsmoment. Die Vorteile, die sich durch die Ausnutzung von Symmetrie und Antimetrie ergeben, sind auch hier besonders beachtenswert.

Beispiel 3.19: Asymmetrischer zweistieliger Rahmen mit vertikalen und horizontalen Lasten

(Vgl. hierzu Beispiel 3.12 und Abschn. 3.9.1.6.)

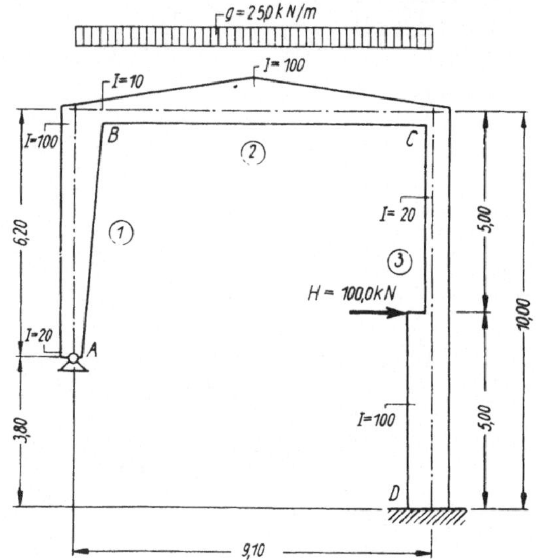

3.46

Stab 1:

$$\frac{v}{l} = 1, \quad n_1 = \frac{20}{100} = 0{,}2; \text{ Beiwerte aus Tafel 24,}$$

$$k_{BA}' = 2{,}55 \frac{20}{6{,}20} = 8{,}22,$$

für Gelenkstab ist $a^* = 2$ und $c^* = 1$,

Ersatzstielhöhe $h_1' = 1{,}5 \quad h_1 = 1{,}5 \cdot 6{,}20 = 9{,}30$ m,

Reduktionsfaktor $c_1 = \frac{h_r}{h_1'} = \frac{10{,}00}{9{,}30} = 1{,}075$,

Umrechnungswert $m = 0{,}75$.

Stab 2: $n_2 = \frac{10}{100} = 0{,}1$, Beiwerte aus Tafel 8,

$$k^* = 1{,}28 \frac{10}{9{,}10} = 1{,}407, \quad a^* = 3{,}29.$$

Stab 3:

$$\frac{v}{l} = \frac{5{,}00}{10{,}00} = 0{,}5, \quad n_3 = \frac{20}{100} = 0{,}2,$$

Beiwerte aus Tafeln 34 und 35,

$$k^* = 2{,}50\,\frac{20}{10{,}00} = 5{,}00,$$

$$a_{CD}{}^* = 1{,}00, \quad c_{CD}{}^* = 0{,}667, \quad c_{DC}{}^* = 1{,}33,$$

Bezugsstielhöhe $h_r = h_3 = 10{,}00$ m,

Reduktionsfaktor $c_3 = \dfrac{h_r}{h_3} = 1.$

Drehungsfaktoren:

$$\mu_{BA} = -\frac{8{,}22}{2\cdot 8{,}22 + 3{,}29\cdot 1{,}407} = -\frac{8{,}22}{21{,}07} = -0{,}390,$$

$$\mu_{BC} = -\frac{1{,}407}{21{,}07} = -0{,}067,$$

$$\sum a^*\mu_B = 2(-0{,}390) + 3{,}29(-0{,}067) = -1;$$

$$\mu_{CB} = -\frac{1{,}407}{3{,}29\cdot 1{,}407 + 1{,}00\cdot 5{,}00} = -\frac{1{,}407}{9{,}63} = -0{,}146,$$

$$\mu_{CD} = -\frac{5{,}00}{9{,}63} = -0{,}519,$$

$$\sum a^*\mu_C = 3{,}29(-0{,}146) + 1{,}00(-0{,}519) = -1.$$

Verschiebungsfaktoren:

$$\nu_{BA} = -\frac{3\cdot 1{,}075\cdot 1\cdot 8{,}22}{0{,}75\cdot 1{,}075^2\,(1+1)\,8{,}22 + 1\cdot 1^2\,(0{,}667 + 1{,}33)\,5{,}00}$$

$$= -\frac{26{,}50}{14{,}25 + 10{,}00} = -\frac{26{,}50}{24{,}25} = -1{,}093,$$

$$\nu_{CD} = -\frac{3\cdot 1\cdot 0{,}667\cdot 5{,}00}{24{,}25} = -\frac{10{,}00}{24{,}25} = -0{,}413,$$

$$\nu_{DC} = -\frac{3\cdot 1\cdot 1{,}33\cdot 5{,}00}{24{,}25} = -\frac{20{,}00}{24{,}25} = -0{,}826,$$

$\nu_{AB} = \nu_{BA}$ (dieser Verschiebungsfaktor wird praktisch nicht verwendet!)

$$\sum mc\nu = 0{,}75\cdot 1{,}075(-1{,}093)\cdot 2 + 1\cdot 1(-0{,}413) + 1\cdot 1(-0{,}826)$$
$$= -1{,}761 - 0{,}413 - 0{,}826 = -3.$$

1. Belastungsfall: $g = 25{,}0$ **kN/m auf Stab 2.**

$$M_{BC}{}' = -M_{CB}{}' = -0{,}058\cdot 25{,}0\cdot 9{,}10^2 = -120{,}0\,\text{kNm}$$

Letzter Drehungsausgleich am Knoten *B*:

$$M_{BA}{}'' = (-0{,}390)\,(-120{,}0 - 17{,}3 - 33{,}1) = +66{,}5\ \text{kNm},$$

$$M_{BC}{}'' = (-0{,}067)\,(-120{,}0 - 17{,}3 - 33{,}1) = +11{,}4\ \text{kNm}.$$

Letzter Drehungsausgleich am Knoten *C*:

$$M_{CB}{}'' = (-0{,}146)\,(+120{,}0 + 11{,}4 - 12{,}5) = -17{,}3\ \text{kNm},$$

$$M_{CD}{}' = (-0{,}519)\,(+120{,}0 + 11{,}4 - 12{,}5) = -61{,}7\ \text{kNm}.$$

Letzter Verschiebungsausgleich:

$$M_{BC}{}''' = (-1{,}093)\,[1{,}075\cdot 66{,}5 + 0{,}667(-61{,}7)] = -33{,}1\ \text{kNm},$$

$$M_{CD}{}''' = (-0{,}413)\,[1{,}075\cdot 66{,}5 + 0{,}667(-61{,}7)] = -12{,}5\ \text{kNm}.$$

$$M_{DC}{}''' = (-0{,}826)\,[1{,}075\cdot 66{,}5 + 0{,}667(-61{,}7)] = -25{,}0\ \text{kNm}.$$

Endgültige Stabendmomente (vgl. hierzu die Ergebnisse des Belastungsfalles 2 des Beispieles 1.42):

$$M_{BA} = 2\cdot 66{,}5 - 33{,}1 = +99{,}9\ \text{kNm},$$
$$M_{BC} = -120{,}0 + 3{,}29\cdot 11{,}4 - 17{,}3 = -99{,}8\ \text{kNm},$$
$$M_{CB} = +120{,}0 + 3{,}29(-17{,}3) + 11{,}4 = +74{,}6\ \text{kNm},$$
$$M_{CD} = 1{,}00(-61{,}7) - 12{,}5 = -74{,}2\ \text{kNm},$$
$$M_{DC} = -61{,}7 - 25{,}0 = -86{,}7\ \text{kNm}.$$

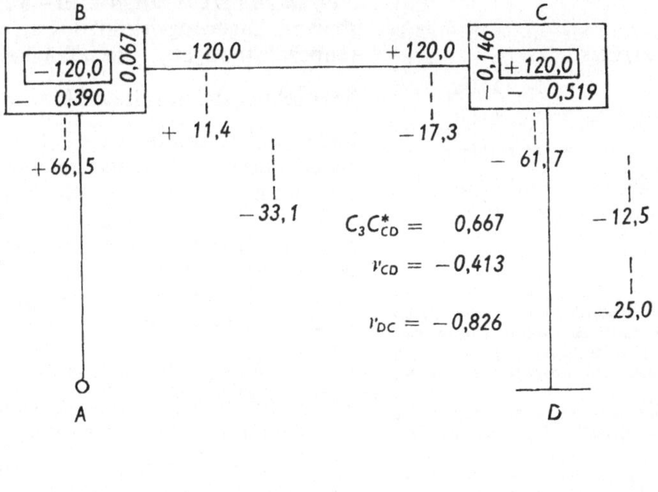

B C
−120,0 −0,067 −120,0 +120,0 0,146 +120,0
− 0,390 − 0,519
+ 11,4 −17,3
+66,5 −61,7
−33,1 −12,5
$C_1C^*_{BA} = 1{,}075$ $C_3C^*_{CD} = 0{,}667$
$\nu_{BA} = -1{,}093$ $\nu_{CD} = -0{,}413$
$\nu_{DC} = -0{,}826$ −25,0
A D

3.47

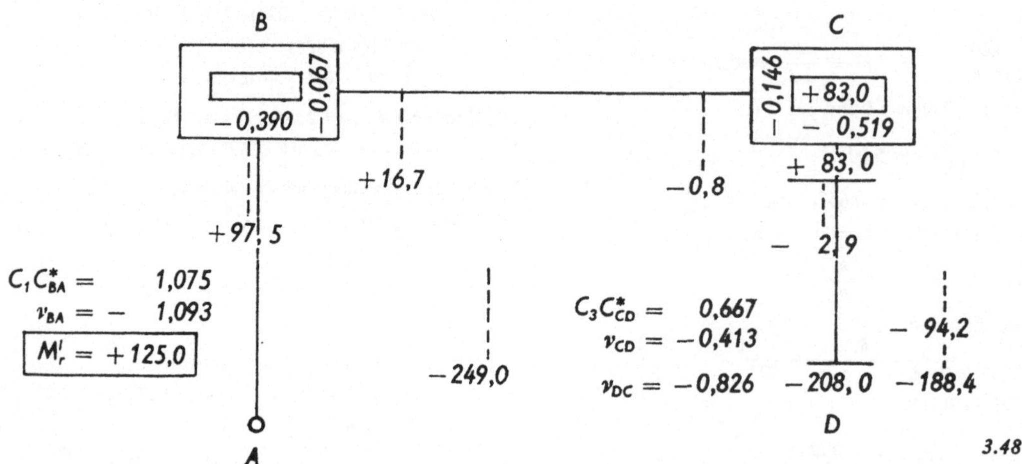

3.48

2. Belastungsfall: $H = 100{,}0$ kN am Stab 3.

$M_{CD}' = +0{,}083 \cdot 100{,}0 \cdot 10{,}00 = +\ 83{,}0\ \text{kNm},$

$M_{DC}' = -0{,}208 \cdot 100{,}0 \cdot 10{,}00 = -208{,}0\ \text{kNm},$

$$Q_r = \frac{100{,}0 \cdot 5{,}00}{10{,}00} + \frac{-208{,}0 + 83{,}0}{10{,}00}$$

$$= +50{,}0 - 12{,}5 = +37{,}5\ \text{kN},$$

$$M_r' = +\frac{37{,}5 \cdot 10{,}00}{3} = +125{,}0\ \text{kNm}.$$

Letzter Verschiebungsausgleich:

$M_{BA}''' = (-1{,}093)$
$\quad \times [+125{,}0 + 1{,}075 \cdot 97{,}5 + 0{,}667\,(-2{,}9)]$
$\quad = -249{,}0\ \text{kNm},$

$M_{CD}''' = (-0{,}413)$
$\quad \times [+125{,}0 + 1{,}075 \cdot 97{,}5 + 0{,}667\,(-2{,}9)]$
$\quad = -\ 94{,}2\ \text{kNm},$

$M_{DC}''' = (-0{,}826)$
$\quad \times [+125{,}0 + 1{,}075 \cdot 97{,}5 + 0{,}667(-2{,}9)]$
$\quad = -188{,}4\ \text{kNm}.$

Endgültige Stabendmomente (vgl. hierzu die Ergebnisse des Belastungsfalles 3 des Beispieles 1.42):

$M_{BA} = 2 \cdot 97{,}5 - 249{,}0 \quad = -\ 54{,}0\ \text{kNm},$

$M_{BC} = 3{,}29 \cdot 16{,}7 - 0{,}8 \quad = +\ 54{,}1\ \text{kNm},$

$M_{CB} = 3{,}29(-0{,}8) + 16{,}7 \quad = +\ 14{,}1\ \text{kNm},$

$M_{CD} = 83{,}0 + 1{,}00(-2{,}9) - 94{,}2 = -\ 14{,}1\ \text{kNm},$

$M_{DC} = -208{,}0 - 2{,}9 - 188{,}4 \quad = -399{,}3\ \text{kNm}.$

Erläuterungen:

In diesem Beispiel sind die Besonderheiten, die durch unterschiedliche Stielhöhen und Auflagerbedingungen entstehen, zusammengefaßt. Die in 3.9.1.6. angegebenen Rechenvorschriften entsprechen im wesentlichen denen der Abschn. 3.6. und 3.10.6.
Bei der Berechnung der Verschiebungsfaktoren ν ist besonders zu beachten, daß anstelle des Gelenkstabes ein entsprechender Ersatzstab mit gleichbleibendem Trägheitsmoment und Fußeinspannung eingeführt wird. Es sind deshalb für diesen Ersatzstab an jedem Stabende die Faktoren $c^* = 1$. Obwohl der für das Ersatzstabende maßgebende Verschiebungsfaktor ν im übrigen nicht gebraucht wird, ist er in $\sum mc\nu = -3$ mit enthalten.

3.10. Das Wesentlichste zusammengefaßt

3.10.1. Rahmen mit unverschieblichen Knoten

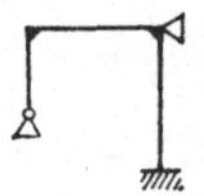

3.10.1.1. Systemwerte

In einer Systemskizze werden – wie beim *Cross-Verfahren* bereits empfohlen – außer den Systemmaßen, Lagerungsbedingungen, Stab- und Knotenbezeichnungen, die Trägheitsmomente (I) Verdrehungswiderstände $\left(k' = c\dfrac{I}{l}\right)$ und die Belastungen eingetragen (vgl. z. B. *Bild 3.4*). Die Berechnung der Stabendmomente für volle Einspannung (M') erfolgt, wie bekannt, z. B. mit Hilfe der Tafeln Abschn. 6.
Für die Durchführung der Iteration wird ein besonderes Rechenschema benutzt (vgl. z. B. *Bild 3.5*). Im äußeren Knotenkaro dieses Rechenschemas werden die Drehungsfaktoren $\mu = -0{,}5\dfrac{k'}{\sum k'}$ am jeweiligen Stabende eingetragen. Es muß $\sum \mu = -0{,}5$ sein. Die Stabendmomente für volle Einspannung (M_{IK}') werden

neben den Knotenkaros am jeweiligen Stabende und das Festhaltemoment $M'_I = \sum M'_{IK}$ im inneren Knotenkaro eingetragen.

3.10.1.2. Drehungsanteile

$$M''_{IK} = \mu_{IK}(M'_I + \sum M''_{KI}).$$

Addiere das Festhaltemoment mit der Summe der abliegenden Drehungsanteile und multipliziere die Gesamtsumme mit den Drehungsfaktoren.

Die Berechnung wird abgebrochen, wenn nach mehreren Ausgleichen die Drehungsanteile konstant bleiben.

3.10.1.3. Stabendmomente

$$M_{IK} = M'_{IK} + 2M''_{IK} + M''_{KI}.$$

Addiere das Stabendmoment für volle Einspannung mit dem zweifachen Drehungsanteil vom anliegenden Stabende und dem einfachen Drehungsanteil vom abliegenden Stabende.

3.10.1.4. Sonderfälle

Äußere am Knoten angreifende Momente (Kragmomente) werden mit umgekehrten Vorzeichen zum Festhaltemoment addiert.
An fest eingespannten Stabenden entfallen die Drehungsanteile, es ist dort: $2M''_{IK} = 0$ und somit $M_{IK} = M'_{IK} + M''_{KI}$.
Vereinfachungen infolge Symmetrie und Antimetrie wie beim *Cross-Verfahren.*

3.10.1.5. Systeme mit Stäben veränderlichen Trägheitsmomentes

Mit Hilfe der gleichermaßen für das *Cross-* und das *Kani-Verfahren* verwendbaren Stabfestwerte der Tafeln 6.2. und der in den genannten Tafeln speziell für das *Kani-Verfahren* angegebenen Werte k^* und a^* ist die Berechnung bequem möglich. Siehe hierzu die Erläuterungen 3.9.1.1.

3.10.2. Rahmen mit verschieblichen Knoten und gleichlangen eingespannten Stielen

3.10.2.1. Systemwerte

Außer den unter 3.10.1. schon genannten Systemwerten sind die aus direkter horizontaler Belastung wirkenden Verschiebungskräfte (V) nach dem Hebelgesetz zu bestimmen. Die Summe der Verschiebungskräfte (d. h. einschließlich der über dem betreffenden Geschoß angreifenden Verschiebungskräfte) ergibt die Stockwerksquerkraft (Q_r). Aus der Herleitung des Verfahrens bedingt, muß die Stockwerkskraft durch den Querkraftanteil $\frac{\sum (M'_{IK} + M'_{KI})}{h_{IK}}$ berichtigt werden.

Stockwerksquerkraft

$$Q_r = \sum V + \frac{\sum (M''_{IK} + M''_{KI})}{h_{IK}},$$

Stockwerkmoment

$$M'_r = \frac{Q_r h_r}{3},$$

Verschiebungsfaktoren

$$\nu = -1{,}5 \frac{k}{\sum k} = -1{,}5 \frac{I}{\sum I}, \quad \sum \nu = -1{,}5.$$

Stockwerkmomente und Verschiebungsfaktoren werden in halber Stielhöhe links neben dem Stiel im Rechenschema eingetragen (vgl. *Bild 3.19*).

3.10.2.2. Drehungsanteile

$$M''_{IK} = \mu_{IK}[M'_I + \sum (M''_{KI} + M'''_{IK})].$$

Addiere das Festhaltemoment mit den Summen der abliegenden Drehungs- und anliegenden Verschiebungsanteile und multipliziere die Gesamtsumme mit den Drehungsfaktoren.

Bei Beginn der Ausgleichrechnung können die ersten Drehungs- und Verschiebungsanteile mit Null angenommen werden.

3.10.2.3. Verschiebungsanteile aus vertikalen Lasten

$$M'''_{IK} = \nu_{IK} \sum (M''_{IK} + M''_{KI}).$$

Addiere die Drehungsanteile sämtlicher Stielenden des betreffenden Stockwerkes und multipliziere diese Summe mit den Verschiebungsfaktoren der Stiele.

3.10.2.4. Verschiebungsanteile aus horizontalen Lasten

$$M'''_{IK} = \nu_{IK}[M'_r + \sum (M''_{IK} + M''_{KI})].$$

Addiere das Stockwerkmoment und die Drehungsanteile sämtlicher Stielenden des betreffenden Stockwerkes und multipliziere diese Summe mit den Verschiebungsfaktoren der Stiele.

Die wechselseitig erfolgende Berechnung der Drehungs- und Verschiebungsanteile wird abgebrochen, wenn diese konstant bleiben.

3.10.2.5. Stabendmomente

$$M_{IK} = M'_{IK} + 2M''_{IK} + M''_{KI} + M'''_{IK}.$$

Addiere das Stabendmoment für volle Einspannung mit dem zweifachen Drehungsanteil vom anliegenden Stabende, dem einfachen Drehungsanteil vom abliegenden Stabende und dem anliegenden Verschiebungsanteil.

3.10.2.6. Systeme mit Stäben veränderlichen Trägheitsmomentes

Zusätzlich zu den hierfür in den Tafeln 6.2. angegebenen, für das *Cross*- und das *Kani-Verfahren* geltenden, Stabfestwerten sind die speziellen Werte k^*, a^* und c^* zu beachten. Siehe 3.9.1.2.

3.10.3. Rahmen mit verschieblichen Knoten und gleichlangen gelenkig gelagerten Stielen

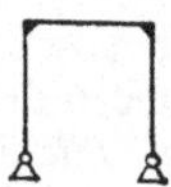

3.10.3.1. Systemwerte

Für einseitig gelenkig gelagerte Stiele

$$k' = 0{,}75\,\frac{I}{l},$$

Stockwerkmoment

$$M'_r = \frac{Q_r h_r}{2},$$

Verschiebungsfaktoren

$$v_{IK} = -2\,\frac{k'}{\sum k'} = -2\,\frac{I}{\sum I},$$

$$\sum v = -2.$$

3.10.3.2. Drehungsanteile, Verschiebungsanteile und Stabendmomente

Berechnung wie unter 3.10.2., es entfallen wie bei eingespannten Stabenden an den Gelenken die Drehungsanteile. Die Drehung der Stabenden an den Gelenken wird durch die Beiwerte $\frac{1}{2}$ für das Stockwerkmoment und -2 für die Verschiebungsfaktoren berücksichtigt.

3.10.3.3. Systeme mit Stäben veränderlichen Querschnittes

Für gelenkig gelagerte Stiele ist $k^* = k'$ und $c^* = 1$, d. h., es sind keine Besonderheiten zu beachten. Siehe 3.9.1.3.

3.10.4. Rahmen mit verschieblichen Knoten und eingespannten Stielen unterschiedlicher Länge

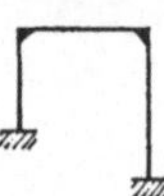

Eine beliebige Stielhöhe, zweckmäßig die am häufigsten im Stockwerk vertretene, wird als Bezugsstielhöhe h_r bezeichnet. Die übrigen Stiele werden mit dem Reduktionsfaktor

$$c_{IK} = \frac{h_r}{h_{IK}}$$

hierauf bezogen.

$$v_{IK} = -1{,}5\,\frac{c_{IK}k_{IK}}{\sum c_{IK}^2 k_{IK}}, \qquad \sum c_{IK}v_{IK} = -1{,}5,$$

$$M'''_{IK} = v_{IK}[M'_r + \sum c_{IK}(M''_{IK} + M''_{KI})].$$

Zur Berechnung der Verschiebungsanteile sind Verschiebungsfaktoren und Drehungsanteile mit Reduktionsfaktoren auf eine Bezugsstielhöhe umzurechnen.

Besonderheiten für Stäbe veränderlichen Querschnittes siehe 3.9.1.4.

3.10.5. Rahmen mit verschieblichen Knoten und gelenkig gelagerten Stielen unterschiedlicher Länge

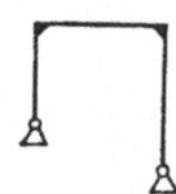

$$v_{IK} = -2\,\frac{c_{IK}k'_{IK}}{\sum c_{IK}^2 k'_{IK}}, \qquad \sum c_{IK}v_{IK} = -2,$$

$$M'''_{IK} = v_{IK}(M'_r + \sum c_{IK}M''_{IK}).$$

Für gelenkig gelagerte Stiele veränderlichen Querschnittes sind keine Besonderheiten zu beachten. Siehe 3.9.1.5.

3.10.6. Rahmen mit verschieblichen Knoten und teils gelenkigen, teils eingespannten Stielen unterschiedlicher Länge

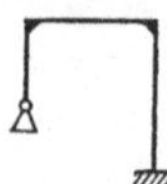

Für gelenkig gelagerte Stiele ist

$$k' = 0{,}75\,\frac{I}{h}$$

die Ersatzstielhöhe

$$h' = 1{,}5h.$$

Die am häufigsten vertretene Stielhöhe der eingespannten Stiele wird als Bezugsstielhöhe h_r gewählt. Reduktionsfaktoren

$$c_{IK} = \frac{h_r}{h'_{IK}}.$$

Gleichzeitiges Vorhandensein von eingespannten und gelenkig gelagerten Stielen erfordert eine Umrechnung mit Verhältniswerten m. Für gelenkig gelagerte Stiele $m = 0{,}75$, für eingespannte Stiele $m = 1{,}00$.

$$v_{IK} = -1{,}5 \frac{c_{IK}k'_{IK}}{\sum mc_{IK}^2 k'_{IK}},$$

$$\sum mc_{IK}v_{IK} = -1{,}50.$$

Besonderheiten für Stäbe veränderlichen Querschnittes siehe 3.9.1.6.

3.10.7. Eignung des Verfahrens – Kritische Einschätzung

Das *Kani-Verfahren* eignet sich gleichermaßen für unverschiebliche und verschiebliche Durchlaufträger, Rahmen und Stockwerkrahmen. Gegenüber dem *Cross-Verfahren* besitzt es den Vorteil der automatischen Fehlerbeseitigung während der Ausgleichrechnungen und der bequemen Berücksichtigung der Verschieblichkeit. Es eignet sich besonders für mehrfach verschiebliche Stockwerkrahmen.

Wegen der teilweise langsamen Konvergenz bei mehrfach verschieblichen Stockwerkrahmen ist in geeigneten Fällen dem unter 1.4. und 1.5. ausführlich behandelten „Sonderverfahren" der Vorzug zu geben [42] [29].

Systeme mit Stäben veränderlichen Trägheitsmomentes können mit den Tafeln 6.2. ebenfalls wie mit dem *Cross-Verfahren* bequem berechnet werden. Hierbei sind einige Besonderheiten (kursiv gedruckte Tafelwerte k^*, a^* und c^*) zu beachten.

4. Berücksichtigung der Querkraftverformung mit dem Cross-, Steinman- und Kani-Verfahren

4.1. Grundlagen

Der Einfluß der Querschnittsverwölbung infolge Querkraft auf die Verschiebung senkrecht zur Stabachse kann vereinfachend mit der Schubverteilungszahl $\varkappa$ und dem Schubkorrekturwert ϱ berücksichtigt werden. Für Rechteckquerschnitte ist $\varkappa = 1{,}2$. Für I-, [- und vergleichbare Querschnitte mit $A_{Steg} = A'$ ist genügend genau

$\varkappa = A : A'$ [77], [88].

Aus der Arbeitsgleichung ergibt sich der Schubkorrekturwert

$$\varrho = \frac{6EI}{GA'l^2} \quad \text{bzw.} \quad \varrho = \frac{6EI\varkappa}{GAl^2} \quad [76].$$

Damit sind für die Größe des Einflusses der Querkräfte auf die Biegemomente statisch unbestimmter Stabsysteme maßgebend:

- der Reziprokwert des Quadrates der Stablänge l, d. h., bei kurzen Stäben nimmt der Einfluß stark zu,
- das Verhältnis $E : G$, dieses beträgt z. B. für
  Stahl 210000 : 81000 = 2,6,
  Beton ≈2,5,
  Nadelholz 10000: 500 = 20,
  d. h., der Einfluß bei Holz ist im Vergleich zu Stahl und Beton achtfach größer,
- das Verhältnis $A : A'$, d. h., Querschnitte mit schwachem Steg ergeben einen größeren Einfluß als Rechteckquerschnitte,
- und die Größe des Trägheitsmomentes.

Bei kurzen Stäben aus Holz mit I-Querschnitt und relativ großem Trägheitsmoment sind somit die größten Einflüsse aus der Querkraftverformung zu erwarten.

Erheblicher Einfluß aus der Querkraftverformung ist bei durchlaufenden Fachwerkträgern vorhanden. In [76] ist hierzu ein Näherungsverfahren angegeben. Darin wird ϱ aus einer ideellen Schubblechdicke berechnet.

Der Einfluß der Querkraftverformungen führt bei durchlaufenden Trägern in der Regel zur Verminderung der Stützmomente und infolgedessen zur Vergrößerung der Feldmomente.

4.2. Stabendmomente für volle Entspannung

Analog zu 1.1.4. ergibt sich bei Berücksichtigung der Querkraftverformung aus den Ableitungen in [78]

a) einseitig eingespannte Stäbe

$$M'_{BA} = \frac{R}{2 + \varrho}$$

A B

$$M'_{AB} = -\frac{L}{2 + \varrho}$$

A B

b) zweiseitig eingespannte Stäbe

$$M'_{AB} = \frac{R(1 - \varrho) - L(2 + \varrho)}{3(1 + 2\varrho)}$$

$$M'_{BA} = \frac{R(2 + \varrho) - L(1 - \varrho)}{3(1 + 2\varrho)}$$

A B

Für symmetrische Belastungen zweiseitig eingespannter Stäbe ist der Querkrafteinfluß Null. Es gilt dann unverändert zu 1.1.4.

$$M'_{AB} = -M'_{BA} = -\frac{L}{3} = -\frac{R}{3}.$$

Formeln für M' einiger ausgewählter Belastungsfälle siehe Tafel 1.

4.3. Verdrehungswiderstände

Analog zu 1.1.3. ergeben sich nach [76] als Verhältniswerte

$$k' = \frac{1 + 0{,}5\varrho}{1 + 2\varrho}\,\frac{I}{l},$$

$$k' = \frac{3}{4 + 2\varrho}\,\frac{I}{l} = k^0,$$

$$k' = 0{,}5\,\frac{I}{l},$$

$$k' = \frac{1{,}5}{1 + 2\varrho}\,\frac{I}{l},$$

$$k' = 0{,}25\,\frac{I}{l}.$$

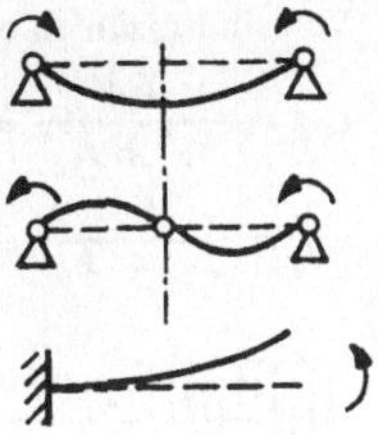

4.4. Verteilungszahlen, Drehungsfaktoren

Die Verteilungszahlen v des *Cross-Verfahrens* und die Drehungsfaktoren μ des *Kani-Verfahrens* werden wie bisher aus den Verdrehungswiderständen k' berechnet.
Die Verteilungszahlen v des *Steinman-Verfahrens* werden, ebenfalls wie bisher, aus den ungekoppelten Steifigkeiten k und den gekoppelten Steifigkeiten k' berechnet.

4.5. Übertragungsfaktoren

4.5.1. Cross-Verfahren

Analog zu 1.1.2. mit *Bild 1.1* ist nach [76]

$$\gamma = \frac{M_E}{M} = \frac{1 - \varrho}{2 + \varrho}.$$

4.5.2. Steinman-Verfahren

a) In Richtung zum Schlußausgleichknoten analog 2.1.2. Fall a)

$$\gamma = \frac{M_E}{M} = \frac{1 - \varrho}{2 + \varrho},$$

b) In entgegengesetzter Richtung analog 2.1.2. Fall b) für gekoppelte Steifigkeiten und Übertragungsfaktoren nach [76]

$$\gamma_n' = \frac{\gamma_n}{1 + \dfrac{k_n^0}{k_{n-1}'}},$$

$$k' = \frac{k^0}{1 - \gamma\gamma'},\quad k^0 \text{ siehe 4.3.}$$

4.5.3. Kani-Verfahren

Analog zum *Cross-Verfahren* ist nach 1.1.2. mit *Bild 1.1* und 3.2.1. mit *Bild 3.2* bzw. *3.3*
$\gamma = M_E : M = M_{IK}'' : 2M_{IK}'' = 0{,}5$.
Der auf M_{IK}'' bzw. M_{KI}'' bezogene Übertragungsfaktor ist somit

$$\bar{\gamma} = 2\gamma = \frac{2 - 2\varrho}{2 + \varrho}.$$

Damit ist

$$M_{IK}'' = \mu_{IK}(M_I' + \Sigma\,\bar{\gamma}M_{KI}''),$$

$$M_{KI}'' = \mu_{KI}(M_K' + \Sigma\,\bar{\gamma}M_{IK}'')$$

und

$$M_{IK} = M_{IK}' + 2M_{IK}'' + \bar{\gamma}M_{KI}'',$$

$$M_{KI} = M_{KI}' + 2M_{KI}'' + \bar{\gamma}M_{IK}''.$$

4.6. Praktische Beispiele

Beispiel 4.1: Berücksichtigung der Querkraftverformung, Cross-Verfahren, Dreifeldträger aus I-Stahl

Profilwerte: $h = 300$ mm, $b = 200$ mm, $t = 12$ mm, $s = 6$ mm, $A = 64{,}6\,\text{cm}^2$, $A' = h \cdot s = 30 \cdot 0{,}6 = 18{,}0\,\text{cm}^2$, $I = 11000\,\text{cm}^4$.
Schubverteilungszahl $\varkappa = A : A' = 64{,}6 : 18{,}0 = 3{,}589$.
Elastizitätsmodul $E = 210000\,\text{N/mm}^2$.
Gleitmodul $G = 81000\,\text{N/mm}^2$, $E : G = 2{,}593$.
Schubkorrekturwerte:

$$\varrho = \frac{6\,EI\varkappa}{GAl^2} = \frac{6 \cdot 2{,}593 \cdot 11000 \cdot 3{,}589}{64{,}6 \cdot l^2} = \frac{9508}{l^2},$$

$$\varrho_1 = 9508 : 400^2 = 0{,}05943,$$

$$\varrho_2 = 9508 : 500^2 = 0{,}03803,$$

$$\varrho_3 = 9508 : 300^2 = 0{,}10564.$$

Verdrehungswiderstände:

$$k_1' = \frac{3}{4 + 2\varrho}\,\frac{I}{l} = \frac{3}{4 + 2 \cdot 0{,}05943} \cdot \frac{11000}{400} = 20{,}03,$$

$$k_2' = \frac{1 + 0{,}5\varrho}{1 + 2\varrho}\,\frac{I}{l} = \frac{1 + 0{,}5 \cdot 0{,}03803}{1 + 2 \cdot 0{,}03803} \cdot \frac{11000}{500} = 20{,}83,$$

$$k_3' = \frac{3}{4 + 2\varrho}\,\frac{I}{l} = \frac{3}{4 + 2 \cdot 0{,}10564} \cdot \frac{11000}{300} = 26{,}12$$

Übertragungsfaktor:

$$\gamma_2 = \frac{1 - \varrho}{2 + \varrho} = \frac{1 - 0{,}03803}{2 + 0{,}03803} = 0{,}472.$$

Stabendmomente für volle Einspannung:

$$M_{BA}' = \frac{ql^2}{4(2+\varrho)} = \frac{85 \cdot 4{,}00^2}{4(2+0{,}05943)} = 165{,}09 \text{ kNm},$$

$$M_{BC}' = -M_{CB}' = -\frac{gl^2}{12} = -\frac{15 \cdot 5{,}00^2}{12}$$

$$= -31{,}25 \text{ kNm},$$

$$M_{CD}' = -\frac{ql^2}{4(2+\varrho)} = -\frac{85 \cdot 3{,}00^2}{4(2+0{,}10564)}$$

$$= -90{,}83 \text{ kNm}.$$

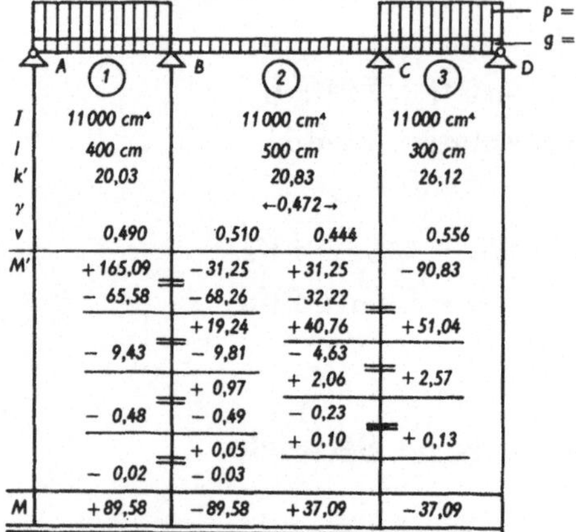

4.1 Rechenschema, Cross-Verfahren

Beispiel 4.2: Berücksichtigung der Querkraftverformung, Steinman-Verfahren, Dreifeldträger aus I-Stahl

Grundwerte und identische Rechengänge des *Cross-Verfahrens* siehe Beispiel 4.1 und *Bild 4.2.*
Ungekoppelte Steifigkeit k:

$k_2 = 20{,}83 \mathrel{\hat{=}} k_2'$ Beispiel 4.2.

Steifigkeit des Stabes bei gelenkiger Lagerung k^0:

$$k_2{}^0 = \frac{3}{4+2\varrho}\,\frac{I}{l} = \frac{3}{4+2 \cdot 0{,}03803}\,\frac{11000}{500}$$

$$= 16{,}192.$$

Übertragungsfaktor γ' nach Kopplung des Stabes 1 an Stab 2:

$$\gamma_2' = \frac{\gamma_2}{1+\dfrac{k_2{}^0}{k_1'}} = \frac{0{,}472}{1+\dfrac{16{,}192}{20{,}03}} = 0{,}261.$$

Gekoppelte Steifigkeit k' bei Koppelung von Stab 1 an Stab 2:

$$k_2' = \frac{k_2{}^0}{1-\gamma_2\gamma_2'} = \frac{16{,}192}{1-0{,}472 \cdot 0{,}261} = 18{,}467.$$

Verteilungszahlen v am Knoten B:

$$v_{BA} = \frac{k_1'}{k_1'+k_2} = \frac{20{,}03}{20{,}03+20{,}83} = 0{,}490,$$

$$v_{BC} = \frac{k_2}{k_1'+k_2} = \frac{20{,}83}{20{,}03+20{,}83} = 0{,}510.$$

Verteilungszahlen v am Schlußausgleichknoten C:

$$v_{CB} = \frac{k_2'}{k_2'+k_3'} = \frac{18{,}467}{18{,}467+26{,}12} = 0{,}414,$$

$$v_{CD} = \frac{k_3'}{k_2'+k_3'} = \frac{26{,}12}{18{,}467+26{,}12} = 0{,}586.$$

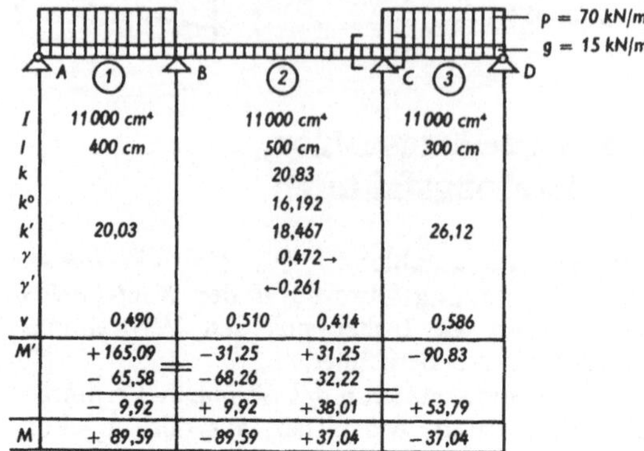

4.2 Rechenschema, Steinman-Verfahren

Beispiel 4.3: Berücksichtigung der Querkraftverformung, Kani-Verfahren, Dreifeldträger aus I-Stahl

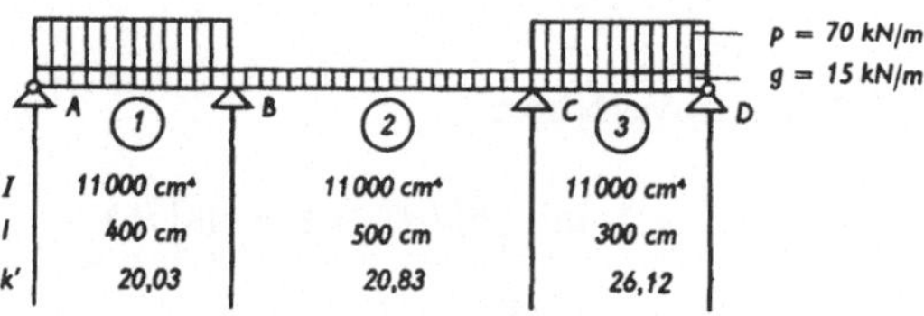

4.3 Grundwerte aus Beispiel 4.1

Drehungsfaktoren $\mu = -0{,}5\,\dfrac{k'}{\sum k'}$:

$$\mu_{BA} = -0{,}5\,\frac{20{,}03}{20{,}03+20{,}83} = -0{,}245$$

$$\mu_{BC} = -0{,}5\,\frac{20{,}83}{20{,}03+20{,}83} = -0{,}255$$

$$\sum \mu_B = -0{,}5,$$

$$\mu_{CB} = -0{,}5\,\frac{20{,}83}{20{,}83+26{,}12} = -0{,}222$$

$$\mu_{CD} = -0{,}5\,\frac{26{,}12}{20{,}83+26{,}12} = -0{,}278$$

$$\sum \mu_C = -0{,}5.$$

Übertragungsfaktor: γ:

$$\gamma_2 = \frac{2-2\varrho}{2+\varrho} = \frac{2-2 \cdot 0{,}03804}{2+0{,}03804} = 0{,}944.$$

Summe der Stabendmomente für volle Einspannung:

$\sum M_B' = 165{,}09 - 31{,}25 = 133{,}84$ kNm,

$\sum M_C' = 31{,}25 - 90{,}83 = -59{,}58$ kNm.

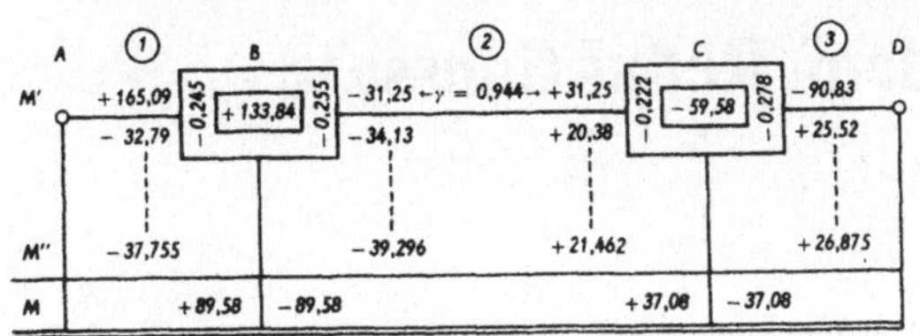

4.4 Rechenschema, Kani-Verfahren

4.7. Das Wesentlichste zusammengefaßt

Der Einfluß der Querkraftverformung auf die Schnittkräfte statisch unbestimmter Stabsysteme wird üblicherweise mit der Schubverteilungszahl $\varkappa$ und dem Schubkorrekturwert ϱ berücksichtigt.
Dies ist auch mit den Verfahren von *Cross*, *Steinman* und *Kani* in einfacher Weise möglich:

- In den Formeln der Stabendmomente für volle Einspannung M' ist der Schubkorrekturwert ϱ einzufügen (s. Tafel 1, Formeln 70 bis 81 und 4.2.). Bei Symmetrie von Stab und Belastung ist $\varrho = 0$.
- Die Verdrehungswiderstände k' werden ebenfalls durch ϱ beeinflußt. Bei Symmetrie von Stab und Belastung ist auch hier $\varrho = 0$ (s. 4.3.).
- Die Verteilungszahlen des *Cross-* bzw. *Steinman-Verfahrens* und die Drehungsfaktoren des *Kani-Verfahrens* ergeben sich aus den mit ϱ berechneten k'- bzw. k-Werten, wie bisher bei den Verfahren üblich.
- Lediglich die Übertragungsfaktoren γ sind für jedes Verfahren speziell zu ermitteln und damit die jeweilige Iteration durchzuführen (s. 4.5. und Beispielrechnungen).

Ergebnisvergleiche:

- Das Stahlträgerbeispiel ergab im Vergleich zu einer Berechnung ohne Berücksichtigung des Querkrafteinflusses Abweichungen der Schnittkräfte bis 2%. Solche geringen Abweichungen sind, wie praxisüblich, vernachlässigbar.
- Das gleiche Stabsystem mit einem I-Brettschichtträger aus Holz berechnet ergab Abweichungen bis 12%. Abweichungen dieser Größe sollten nicht vernachlässigt werden.

5. Schnittkraftkontrollen mit dem Reduktionssatz

5.1. Vorbemerkungen

Dieses Buch enthält viele Beispiele, die zeigen, wie sich der Rechenaufwand durch zweckmäßige Wahl des Rechenverfahrens und insbesondere durch Nutzung der Vereinfachungen infolge von Symmetrie- und Antimetriebetrachtungen auf ein Minimum reduzieren läßt. Diese Vorteile sind somit nicht nur für die Aufstellung statischer Berechnungen, sondern auch für deren Kontrolle gut nutzbar.

Speziell für die Kontrolle elektronischer Berechnungen genügen jedoch meist Nachrechnungen von Teilbereichen der statisch unbestimmten Systeme. Hierbei ist der Reduktionssatz der Kraftgrößenmethode besonders vorteilhaft anwendbar.

Hier verwenden wir den Reduktionssatz nur für den Sonderfall, daß wir an ausgewählten Systempunkten, von denen wir bereits wissen, daß die Verdrehung oder die Verschiebung bzw. die gegenseitige Verdrehung oder die gegenseitige Verschiebung dort Null sein muß, dies kontrollieren.

Diese Kontrollmethode ist mit wenig Aufwand für statisch unbestimmte Stabsysteme oder Teilbereiche von ihnen anwendbar, wenn wir Lösungen der Integrale $\int M\bar{M}\frac{I_c}{I}\,\mathrm{d}x$ zur Verfügung haben. Für Stäbe mit feldweise konstantem I sind dies die Werte der Tafel 7 (siehe Beispiele 5.1 bis 5.5).

Für Stäbe mit veränderlichem Trägheitsmoment (I) sind entsprechende Lösungen der Integrale $\int M\bar{M}\frac{I_c}{I}\,\mathrm{d}x$ in [18], [24], [36], [37] und [64] enthalten. Bekanntlich gelten die Lösungen dieser Integrale für Durchbiegungen und Endtangentenwinkel der Biegelinie am frei aufliegenden Träger in gleicher Weise. In Abschn. 1.6.2.2. sind für den Stab mit sprunghaft veränderlichem Trägheitsmoment für einige Belastungsfälle Formeln der Endtangentenwinkel angegeben. Die aus [24] übernommenen Hilfsfunktionen (H) und Integraltafeln (Tafeln 48 und 49) dienen analog zur Berechnung von Endtangentenwinkeln und Durchbiegungen frei aufliegender Voutenträger. Die Beispiele 5.7 und 5.8 zeigen die praktische Verwendung der aufgeführten Hilfsmittel für Schnittkraftkontrollen.

Wie an Systemen mit Stäben veränderlicher Trägheitsmomente zeitsparend allein mit Hilfe der Endtangentenwinkel infolge $M = 1$ (Tafeln 44 bis 47) Schnittkraftkontrollen erfolgen können, zeigt Beispiel 5.6.

5.2. Grundlagen

Nach *Baldauf* [3, Formel 180] ist: $\bar{1}_i^{(n)}\delta_{i0}^{(n)} = \int M_0^{(n)} M_i^{(0)} \frac{I_c}{I}\,\mathrm{d}x$, d. h.:

„Die Verschiebung eines Punktes in einem statisch unbestimmten System kann berechnet werden, indem die tatsächlichen Schnittkräfte infolge der Belastung im statisch unbestimmten System mit den Schnittkräften infolge der virtuellen Belastung an einem beliebigen im Tragwerk enthaltenen statisch bestimmten Hauptsystem verknüpft werden."

Weiter ergibt sich nach [3, Formel 181]: $\bar{1}_i^{(n)}\delta_{i0}^{(n)} = \int M_i^{(n)} M_0^{(0)} \frac{I_c}{I}\,\mathrm{d}x$.

Aus diesen Formeln folgt:

„Zur Berechnung von Verschiebungen in statisch unbestimmten Systemen kann der tatsächliche Spannungszustand infolge der Belastung am statisch unbestimmten System verknüpft werden mit dem virtuellen Spannungszustand, der an einem darin enthaltenen statisch bestimmten Hauptsystem bestimmt wird oder umgekehrt."

Diese Beziehung wird als Reduktionssatz bezeichnet. Die Wahl des statisch bestimmten Hauptsystems ist beliebig und wird nach dem Gesichtspunkt einfacher Rechnungsführung getroffen. Das statisch bestimmte Hauptsystem ist „im System enthalten", wenn es durch Wegnahme von Bindungen aus dem ursprünglichen System hervorgeht. Im übrigen ist dieses Vorgehen dem Statiker bei der Durchführung von Berechnungen nach der Kraftgrößenmethode geläufig. Bei Stabverformungen durch Normalkräfte ist analog Formel 182 bzw. 184 und bei Temperaturwirkung Formel 183 bzw. 185 aus [3] zu verwenden.

5.3. Anwendung des Reduktionssatzes

Für Schnittkraftkontrollen mit dem Reduktionssatz wählen wir als Ansatzpunkte für virtuelle Kräfte Systemknoten am statisch bestimmten Hauptsystem, von denen wir wissen, daß bei richtiger Berechnung dort die Verdrehung oder die Verschiebung bzw. die gegenseitige Verdrehung oder die gegenseitige Verschiebung Null sein muß. Dann ergibt sich für diese Kontrollrechnungen mit Hilfe der Werte aus Tafel 7 für ein solches statisch bestimmtes Hauptsystem:

$$EI_c\delta = \sum \int_0^l M\bar{M}\frac{I_c}{I}\,\mathrm{d}x = \sum (c)\, M\bar{M}l\frac{I_c}{I} = 0.$$

Die Kombination einer antimetrischen M-Fläche mit einer symmetrischen M-Fläche, bzw. umgekehrt, ergibt keine Kontrolle, weil die Summenbildung in diesen Fällen immer, d. h. auch bei evtl. falscher Berechnung, 0 ist.
Bei Berechnungen mit Rechenschiebergenauigkeit können die Kontrollen in der Regel nicht genau 0 ergeben, weil das Rechenergebnis als Differenz von Zahlen oft recht fehlerempfindlich ist. Der Vergleich dieser Zahlen mit der Fehlergröße gibt einen Anhaltspunkt, ob der Fehler innerhalb der erreichbaren Rechengenauigkeit liegt. Bei der Kontrolle elektronischer Berechnungen und genaueren Kontrollrechnungen müssen jedoch die Ergebnisse sehr nahe bei 0 liegen.
Bei diesen Kontrollrechnungen mit Hilfe des Reduktionssatzes gehen wir von der in diesem Buch festgelegten Vorzeichenregel ab und wenden die allgemein für die Kraftgrößenmethode gültige Vorzeichenregel – Vorzeichenwechsel bei Momentenwechsel von einer Stabseite zur anderen – an.

Wurde in Berechnungen, wie dies mit anspruchsvollen Rechenprogrammen erfolgt, der Einfluß von Normalkräften berücksichtigt, so muß dies wie mit Beispiel 5.5 gezeigt wird, auch in den Kontrollrechnungen geschehen. Es gilt dann analog:

$$EI_c\delta = \sum \int_0^l \left[M\bar{M}\frac{I_c}{I} + N\bar{N}\frac{I_c}{A}\right] d_x$$
$$= \sum (c)\, M\bar{M}l\frac{I_c}{I} + \sum N\bar{N}l\frac{I_c}{A} = 0.$$

5.4. Praktische Beispiele

Beispiel 5.1: Kontrolle der Momente des Beispieles 1.2

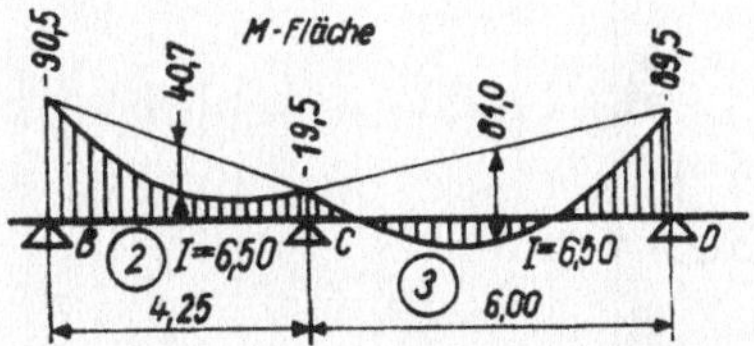

5.1 Teilmomentenfläche (M) Belastungsfall 1, Beispiel 1.2

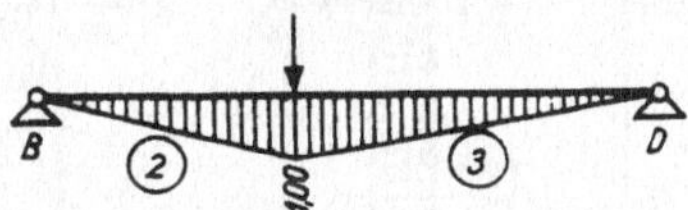

5.2 Virtuelle Momente ($\bar{M}$) am statisch bestimmten Hauptsystem

Für eine Stichprobenkontrolle wählen wir die Stäbe *2* und *3* und Belastungsfall 1 aus (*5.1*). Am statisch bestimmten Hauptsystem (*5.2*) muß am Punkt *C* die vertikale Verschiebung 0 sein. $I_2 = I_3$, somit $I_c : I = 1$.
Damit wird unter Zuhilfenahme der Tafel 7:

$$EI_c\delta = \sum (c)\, M\bar{M}l\frac{I_c}{I} = \frac{1}{6}[-90{,}5 + 2(-19{,}5)]\,(+1{,}00)\,4{,}25 \qquad \leftarrow \text{Stab } 2$$

$$+ \frac{1}{3}\,40{,}7\,(+1{,}00)\,4{,}25 \qquad \leftarrow \text{Stab } 2$$

$$+ \frac{1}{6}[2(-19{,}5) + (89{,}5)]\,(+1{,}00)6{,}00 \qquad \leftarrow \text{Stab } 3$$

$$+ \frac{1}{3}\,81{,}0(+1{,}00)\,6{,}00 \qquad \leftarrow \text{Stab } 3$$

$$= -91{,}8 + 57{,}6 - 128{,}5 + 162{,}0 = -220{,}3 + 219{,}6 + = -0{,}7 \approx 0.$$

Dieses Beispiel zeigt, wie einfach und schnell derartige Kontrollrechnungen mit Hilfe des Reduktionssatzes bei zweckmäßiger Wahl des statisch bestimmten Hauptsystems zum Ziele führen.

Beispiel 5.2: Kontrollen der Momente des Beispieles 1.27

Zunächst wählen wir das statisch bestimmte Hauptsystem (5.*4*). Wir wissen, daß am Knoten *A* bei fester Einspannung die Verdrehung 0 sein muß, und prüfen dies nach. Wir legen fest: $I_c = I_4$.

Das gleiche Ergebnis erhalten wir selbstverständlich auch mit dem statisch bestimmten Hauptsystem (5.*7*), an dem die senkrechte Verschiebung des Knotens *B′* 0 sein muß. Im kontrollierten Bereich – Stäbe *1* und *2* – ist folglich die Berechnung, soweit dies mit Rechenschiebergenauigkeit möglich ist, fehlerfrei. Zwecks Vereinfachung der Berechnung haben wir $\bar{P} = 1:2{,}70$ festgelegt.

Als weitere Variante kontrollieren wir mit dem statisch bestimmten Hauptsystem (5.5) die Momente der Stäbe *2* bis *4*. Dort muß die gegenseitige vertikale Verschiebung der Knoten *B′* und *C′* 0 sein.

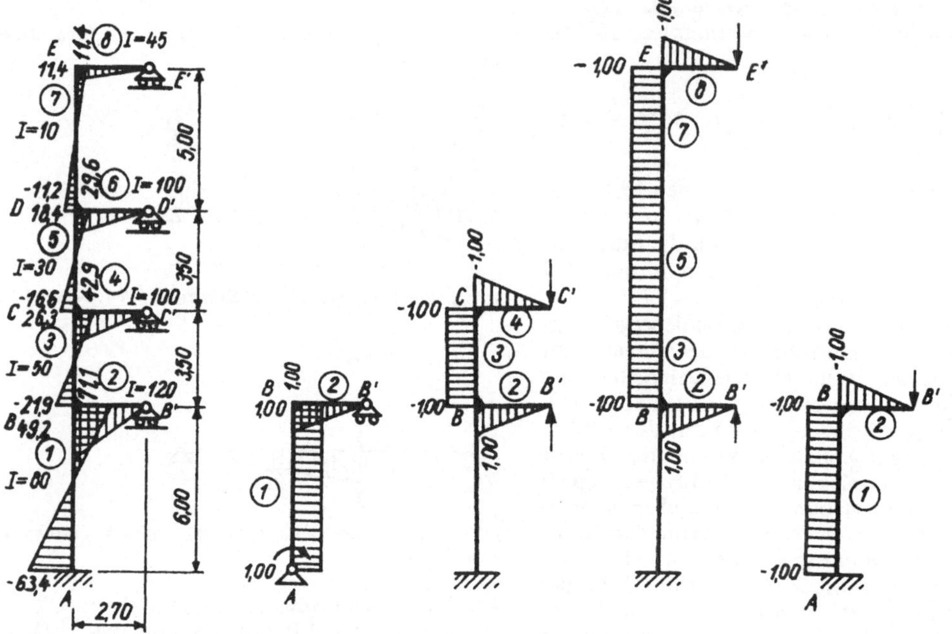

5.3 bis 5.7 M-Fläche Bild 1.139 und $\bar{M}$-Flächen vier statisch bestimmter Hauptsysteme

$$EI_c\delta = \sum (c)\, M\bar{M}l \frac{I_c}{I} = \frac{1}{2}(-63{,}4 + 49{,}2)\; 1{,}00 \cdot 6{,}00 \frac{100}{80} \qquad \leftarrow \text{Stab } 1$$

$$+ \frac{1}{3} 77{,}1 \cdot 1{,}00 \cdot 2{,}70 \frac{100}{120} \qquad \leftarrow \text{Stab } 2$$

$$= -53{,}2 + 53{,}3 = +0{,}1 \approx 0.$$

$$EI_c\delta = \sum (c)\, M\bar{M}l \frac{I_c}{I} = \frac{1}{3} 71{,}1 \cdot 1{,}00 \cdot 2{,}70 \frac{100}{120} \qquad \leftarrow \text{Stab } 2$$

$$+ \frac{1}{2}(-21{,}9 + 26{,}3)(-1{,}00) \cdot 3{,}50 \frac{100}{50} \qquad \leftarrow \text{Stab } 3$$

$$+ \frac{1}{3} 42{,}9(-1{,}00)\; 2{,}70 \frac{100}{100} \qquad \leftarrow \text{Stab } 4$$

$$= 53{,}3 - 15{,}4 - 38{,}6 = -0{,}7 \approx 0.$$

M $\bar{M}$

Auch dieses Ergebnis entspricht der mit dem Rechenschieber möglichen Genauigkeit.

Man kann auch, wie in der folgenden Rechnung gezeigt, einen größeren Bereich, z. B. nach *Bild 5.6* die Stäbe *2, 3, 5, 7* und *8*, in die Kontrollrechnung einbeziehen. Auch hier muß die gegenseitige senkrechte Verschiebung der Knoten B' und E' 0 sein.

$$EI_c\delta = \sum(c)\, M\bar{M}l\frac{I_c}{I} = 53{,}3 - 15{,}4 - 10{,}5 - 5{,}0 - 22{,}7 = -0{,}3 \approx 0.$$

Beispiel 5.3: Kontrolle der Momente des Beispieles 1.33

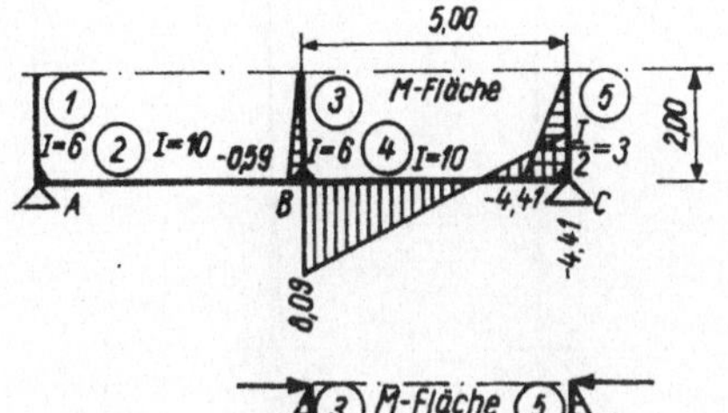

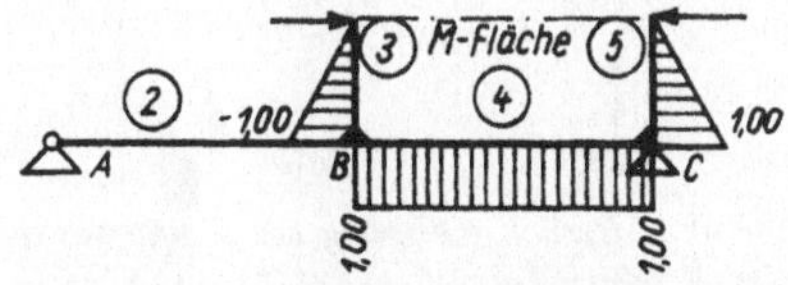

5.8 und 5.9 M- und M̄-Flächen der Stäbe 3 bis 5, Beispiel 1.33, Bild 1.161

Wir wählen als statisch bestimmtes Hauptsystem *Bild 5.9* sowie $I_4 = I_c$ und beachten, daß in *Bild 5.8* M und I am Stab *5* dem Ersatzsystem *Bild 1.160* entspricht.

Beispiel 5.4: Kontrolle der Momente des Beispieles 3.11

Aus Zweckmäßigkeitsgründen wählen wir Stab *1* und *2* als statisch bestimmtes Ersatzsystem; denn bei Einbeziehung des Stabes *3* müßten wir stufenweise und auch eine kubische Parabel integrieren. Am Knoten C muß die senkrechte Verschiebung des Stabes *2* Null sein. $I_2 = I_c$.

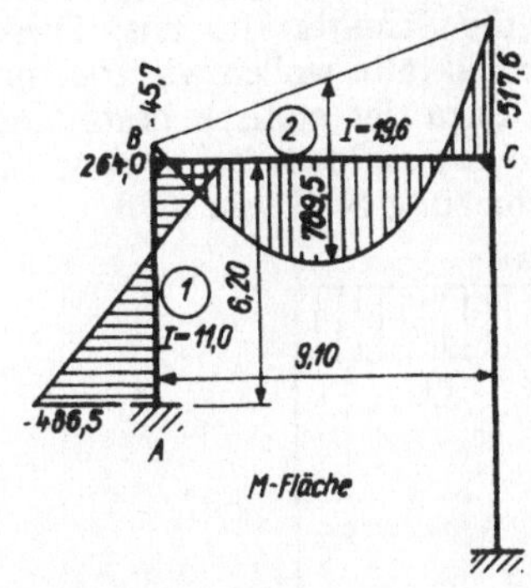

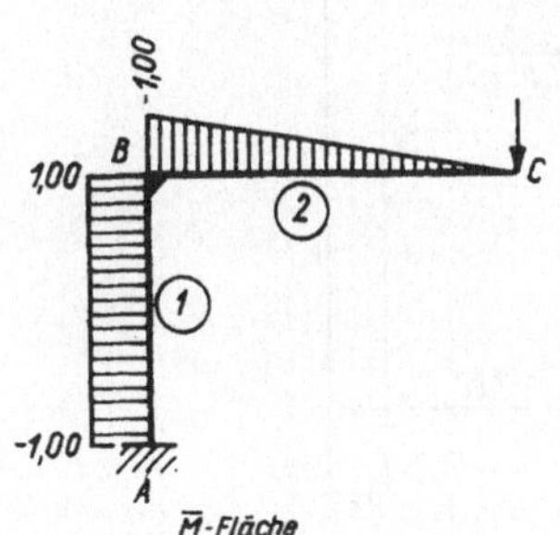

5.10 und 5.11 M- und M̄-Flächen der Stäbe 1 und 2, Beispiel 3.11, Bild 3.29

$$\begin{aligned}EI_c\delta &= \sum(c)\, M\bar{M}l\frac{I_c}{I} = \frac{1}{3}(-0{,}59)(-1{,}00)\,2{,}00\,\frac{10}{6} && \leftarrow \text{Stab } 3\\ &+\frac{1}{2}(+8{,}09 - 4{,}41)\,1{,}00\cdot 5{,}00\,\frac{10}{10} && \leftarrow \text{Stab } 4\\ &+\frac{1}{3}(-4{,}41)\cdot 1{,}00\cdot 2{,}00\,\frac{10}{3} && \leftarrow \text{Stab } 5\\ &= 0{,}65 + 9{,}20 - 9{,}80 = 0{,}05 \approx 0.\end{aligned}$$

$$\begin{aligned}EI_c\delta &= \sum(c)\, M\bar{M}l\frac{I_c}{I} = \frac{1}{2}(-486{,}5 + 264{,}0)\,-(1{,}00)\,6{,}20\,\frac{19{,}6}{11{,}0} && \leftarrow \text{Stab } 1\\ &+\frac{1}{6}[2(-45{,}7) + (-517{,}6)]\,(-1{,}00)\,9{,}10\,\frac{19{,}6}{19{,}6} && \leftarrow \text{Stab } 2\\ &+\frac{1}{3}709{,}5\,(-1{,}00)\,9{,}10\,\frac{19{,}6}{19{,}6} && \leftarrow \text{Stab } 2\\ &= 1230 + 924{,}0 - 2150 = -4{,}0 \approx 0.\end{aligned}$$

Beispiel 5.5: Kontrolle der Momente bzw. Momente und Normalkräfte eines dreistieligen Rahmens ohne und mit Berücksichtigung des Einflusses der Normalkräfte

Das System *Bild 5.12* besitzt Stiele gleichen Querschnittes, relativ steife Riegel, und die unterschiedliche Belastung der Stiele durch Normalkräfte wirkt sich, wie die *Bilder 5.14* und *5.15* zeigen und wie in [62] nachgewiesen ist, erheblich auf die Schnittkräfte aus. Diese Momente und Normalkräfte wollen wir kontrollieren und wählen dazu das statisch bestimmte Hauptsystem *Bild 5.13*, an dem bei *D* bzw. *C* die vertikale Verschiebung Null sein muß.

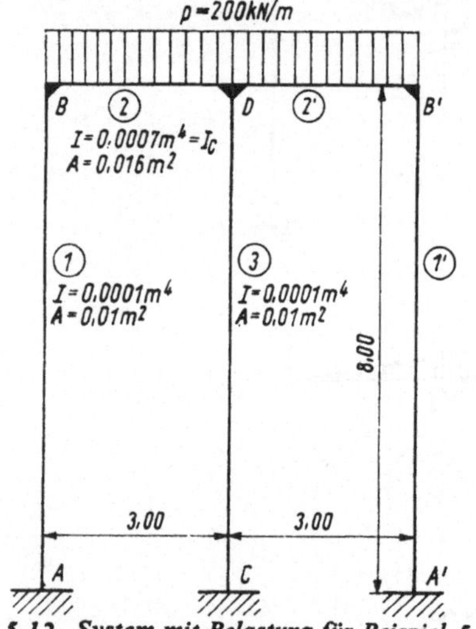

5.12 System mit Belastung für Beispiel 5.5

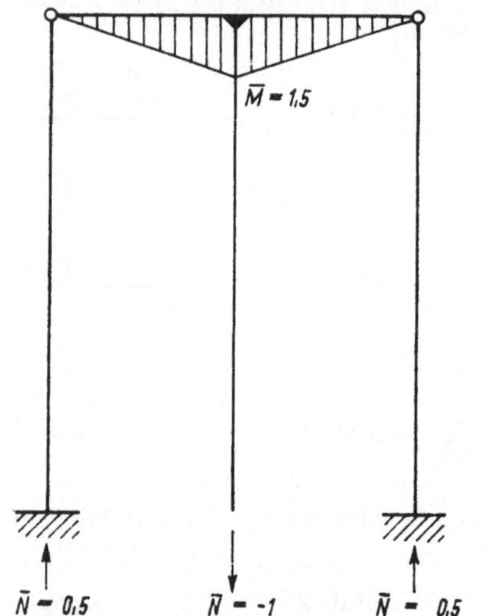

5.13 M-Fläche und N-Kräfte an einem statisch bestimmten Hauptsystem des Beispieles 5.5

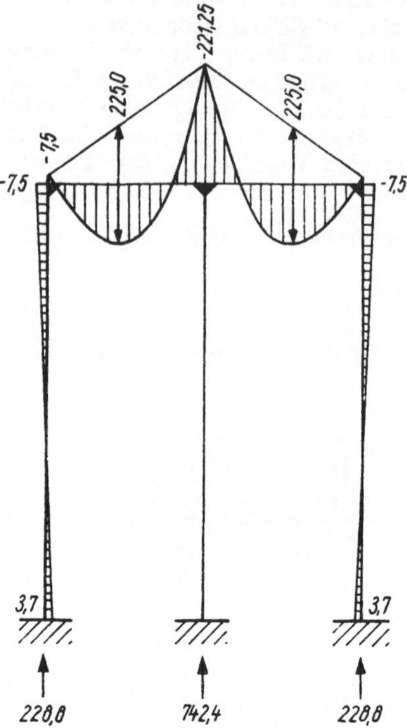

5.14 M-Fläche ohne Berücksichtigung des Einflusses der Normalkräfte für Beispiel 5.5

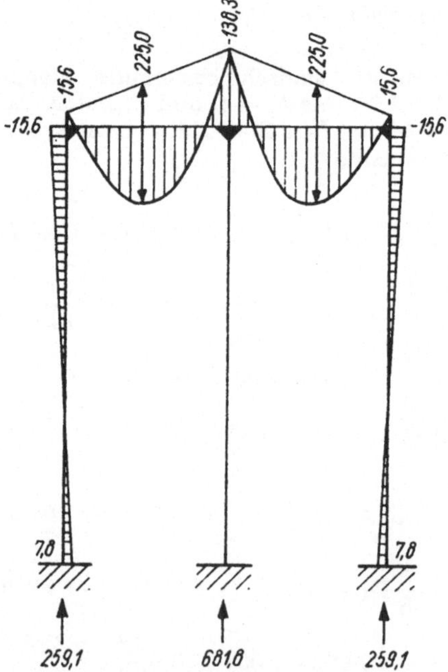

5.15 M-Fläche mit Berücksichtigung des Einflusses der Normalkräfte für Beispiel 5.5

Ohne Einfluß der Normalkräfte wird mit den Momenten der *Bilder 5.14* und *5.13* bei *D*:

$$EI_c\delta = \sum (c)\, M\bar{M}l\frac{I_c}{I} = \frac{1}{6}\,[2(-221{,}25) + (-7{,}5)]\, 1{,}50 \cdot 3{,}00\,\frac{0{,}0007}{0{,}0007} \quad \leftarrow \text{Stab 2}$$

$$+\ \frac{1}{3}\, 225{,}0 \cdot 1{,}50 \cdot 3{,}00\,\frac{0{,}0007}{0{,}0007} \quad \leftarrow \text{Stab 2}$$

$$= -675{,}0 + 675{,}0 = 0.$$

Einschließlich Einfluß der Normalkräfte wird mit den Momenten der *Bilder 5.15* und *5.13* bei *C*:

$$EI_c\delta = \sum (c)\, M\bar{M}l\,\frac{I_c}{I} + \sum N\bar{N}l\,\frac{I_c}{A}$$

$$= \frac{1}{6}\,[2(-138{,}3) + (-15{,}6)]\, 1{,}50 \cdot 3{,}00\,\frac{0{,}0007}{0{,}0007}\, 2 \quad \leftarrow \text{Stäbe 2 und 2'}$$

$$+\ \frac{1}{3}\, 225{,}0 \cdot 1{,}50 \cdot 3{,}00\,\frac{0{,}0007}{0{,}0007}\, 2 \quad \leftarrow \text{Stäbe 2 und 2'}$$

$$+\ 1 \cdot 259{,}1 \cdot 0{,}5 \cdot 8{,}00\,\frac{0{,}0007}{0{,}01}\, 2 \quad \leftarrow \text{Stäbe 1 und 1'}$$

$$+\ 1 \cdot 681{,}8\,(-1)\, 8{,}00\,\frac{0{,}0007}{0{,}01} \quad \leftarrow \text{Stab 3}$$

$$= -438{,}3 + 675{,}0 + 145{,}1 - 381{,}8 = 0.$$

Diese Kontrollrechnung zeigt, daß die Verformungsanteile der Normalkräfte wesentlichen Anteil an der Gesamtverformung haben. Wenn in Berechnungen statisch unbestimmter Systeme der Normalkrafteinfluß enthalten ist, z. B. bei Computerberechnungen, dann muß auch in den Kontrollrechnungen dieser Einfluß mit erfaßt werden. Nur dann wird das Ergebnis Null.

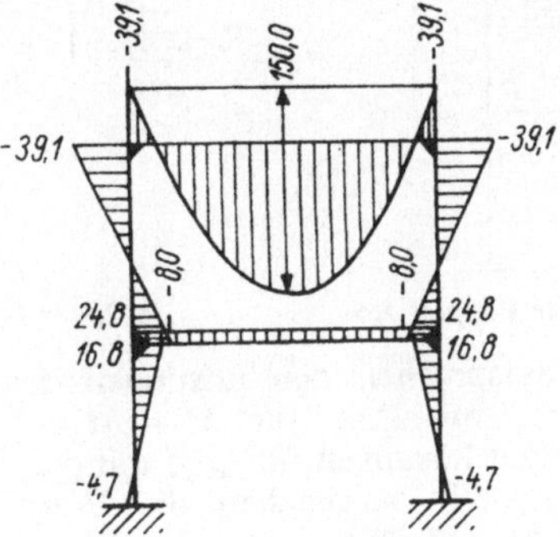

5.17 M-Fläche für Beispiel 5.6 aus Bild 1.182

***Beispiel 5.6:* Kontrolle von Momenten des Rahmens Beispiel 1.41, Belastungsfall 1**

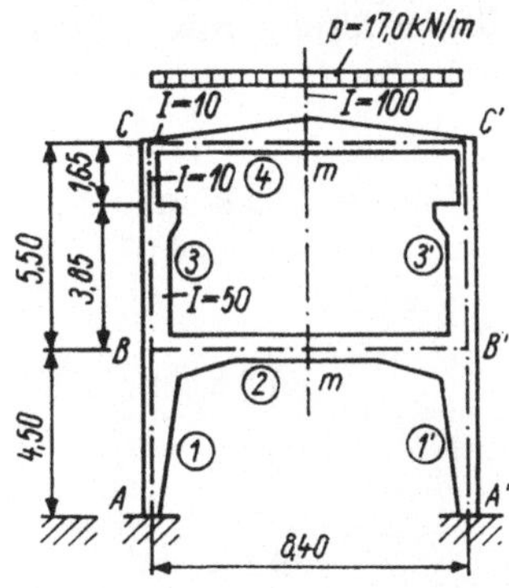

5.16 System mit Belastung für Beispiel 5.6

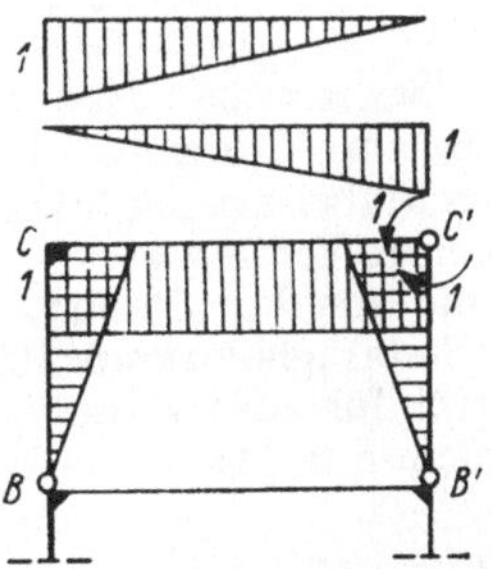

5.18 $\bar{M}$-Fläche, in Dreiecke zerlegt, an einem statisch bestimmten Hauptsystem des Beispieles 5.6

Es ist zu beachten, daß die Momente des aus Stäben mit veränderlichen Trägheitsmomenten bestehenden Systems (*Bilder 5.16* und *5.17*) nicht in gewohnter Weise mit dem Reduktionssatz kontrolliert werden können, denn die Integrale $\int M\bar{M}\frac{I_c}{I}\,dx$ der Tafel 7 gelten nur für Stäbe mit konstantem I.

An Hilfsmitteln zur Kontrolle von Systemen aus Stäben mit veränderlichem I haben wir die Tafeln 8 bis 43 (Stabendmomente für volle Einspannung M') und die Tafeln 44 bis 47 (mit $EI_1 : l$ multiplizierte Endtangentenwinkel $\bar{\alpha}$ und $\bar{\beta}$ infolge $M = 1$) zur Verfügung.

mit dem Beiwert $-0{,}058$ aus Tafel 8 wird:

$$M'_{Cm} = -0{,}058 \cdot 17{,}0 \cdot 8{,}40^2 = -69{,}6\,\text{kNm} = -M'_{C'm}.$$

Die Drehwinkel an den Stabenden, also die Integrale $\int M\bar{M}\frac{I_c}{I}\,dx$ dafür sind Null, und wir schließen deshalb die dazugehörige Momentenfläche *Bild 5.19* von der Integration aus.

Mit dieser Festlegung und der Berechnung von M' ist bereits ein wesentlicher Teil der Kontrolle erfolgt. Zur Kontrolle mit dem Reduktionssatz verbleiben nun nur noch die

Differenzmomente $\Delta M = M - M'$ (*5.20*).

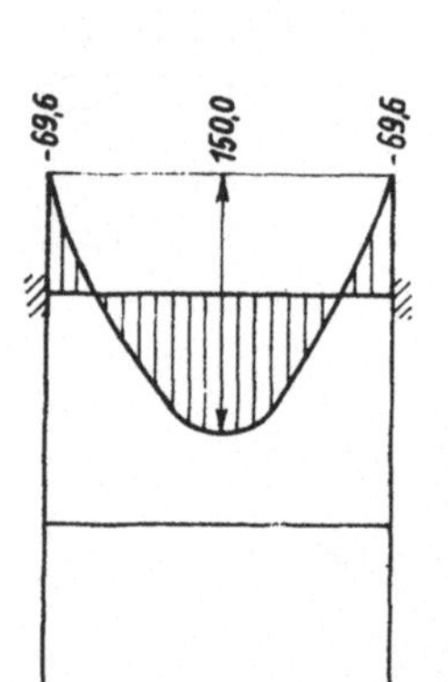

5.19 *M'-Fläche für Beispiel 5.6*

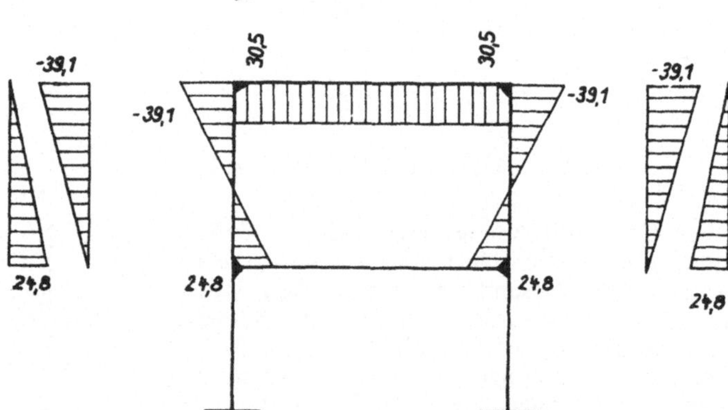

5.20 *ΔM-Fläche in Dreiecke zerlegt für Beispiel 5.6*

Diese $\bar{\alpha}$-Werte entsprechen den Lösungen der Integrale für ⊿ mit ⊿ für $M = \bar{M} = 1$ und die $\bar{\beta}$-Werte den Lösungen für ◺ mit ⊿ für $M = \bar{M} = 1$. Wir vergleichen die Werte der Tafeln 44 bis 47 für $\lambda = v : l = 0$ und $n = I_1 : I_2 = 1$ mit denen der Tafel 7:

$\bar{\alpha} = 0{,}33333 = \frac{1}{3}$, $\quad \bar{\beta} = 0{,}16667 = \frac{1}{6}$

und stellen Identität fest.

Am gewählten statisch bestimmten Hauptsystem *Bild 5.18* muß z. B. am Knoten C'' die gegenseitige Verdrehung der Stabenden der Stäbe 3′ und 4 Null sein. Dies kontrollieren wir.

Zunächst berechnen wir die von der Stabbelastung und dem Verlauf der Stabträgheitsmomente abhängigen Stabendmomente für volle Einspannung M' mit Hilfe der Tafeln 8 bis 43

Für Stab 4 ist:

$$p = 17{,}0\,\text{kN/m}, \qquad n = \frac{I_1}{I_2} = \frac{10}{100} = 0{,}1,$$

Dies sind die aus den Momentenausgleichen z. B. des *Cross-Verfahrens* sich ergebenden Verteilungsmomente, die in Abhängigkeit vom Verlauf der Stabträgheitsmomente allein Stabdrehwinkel, d. h. Anteile für die Integration erzeugen. Diese sind immer dreieckförmig bzw. können in Dreiecke zerlegt werden.

Es ist für Stab *4*:

$$\Delta M_{Cm} = -39{,}1 - (-69{,}6) = 30{,}5\,\text{kNm} = -\Delta M_{C'm}$$

und für die Stäbe 3 und 3′:

$$\Delta M_{BC} = 24{,}8 - 0 = 24{,}8\,\text{kNm} = -\Delta M_{B'C'},$$

sowie

$$\Delta M_{CB} = -39{,}1 - 0 = -39{,}1\,\text{kNm} = -\Delta M_{C'B'}.$$

Die gegenseitigen Verdrehungen der Stabenden am Knoten C' infolge dieser ΔM müssen Null sein. Zur Kontrolle ist die Zerlegung dieser Momente in Dreiecke erforderlich (*5.20*), denn nur für dreieckförmige Momentenflächen sind in den Tafeln 44 bis 47 $\bar{\alpha}$- und β-Werte (c-Werte) enthalten. Damit wird:

$$EI_c\delta = \sum (c)\, \Delta M \bar{M} l \frac{I_c}{I} = 0{,}24187\,(-39{,}1)\; 1 \cdot 5{,}50 \frac{10}{10} 2$$

$$+\; 0{,}06213 \cdot 24{,}8 \cdot 1 \cdot 5{,}50 \frac{10}{10} 2$$

$$+\; 0{,}13036 \cdot 30{,}5 \cdot 1 \cdot 8{,}40 \frac{10}{10} 2$$

$$+\; 0{,}03954 \cdot 30{,}5 \cdot 1 \cdot 8{,}40 \frac{10}{10} 2$$

$$= -104{,}0 + 16{,}9 + 66{,}8 + 20{,}3 = 0.$$

← Stäbe 3 und 3′: $\lambda = v : l = 0{,}7$, $n = I_1 : I_2 = 0{,}2$, aus Tafel 47 (M, $\bar{M}$; $\bar{\alpha}_r$, $\bar{\beta}$)

← Stab 4: 2 × $n = I_1 : I_2 = 0{,}1$, 2 × auf Tafel 44 ($\bar{\alpha}$, $\bar{\beta}$)

Beispiel 5.7: Kontrolle der Momente des Durchlaufträgers Beispiel 3.14

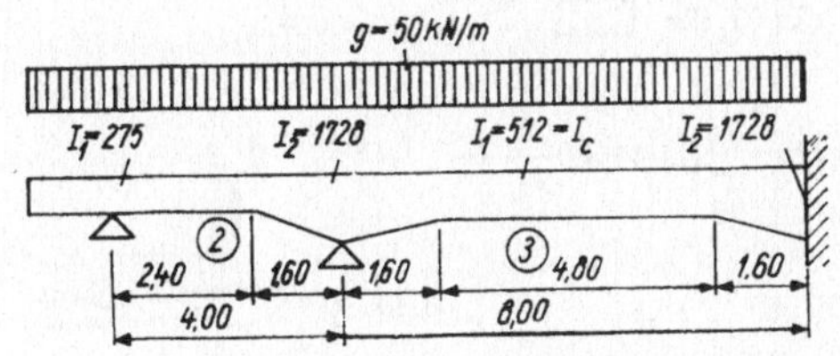

5.21 System mit Belastung des Beispieles 3.14, Bild 3.35

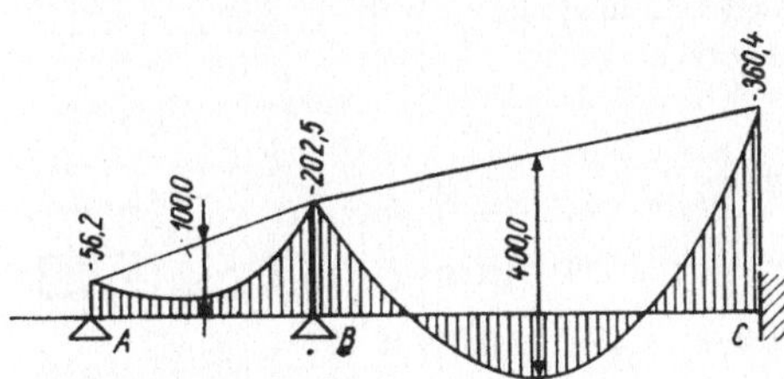

5.22 M-Fläche

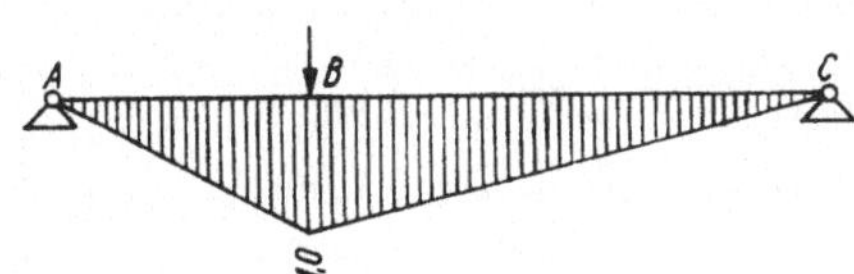

5.23 $\bar{M}$-Fläche

Stab 3 wird als Bezugsstab und dessen I_1 als Bezugsträgheitsmoment I_c festgelegt.

Bei B muß $EI_c\delta = \sum (c)\, M\bar{M} l \frac{I_c}{I_1} = 0$ sein.

Stab 2:

$$n = \frac{I_1}{I_2} = \frac{275}{1728} = 0{,}159, \quad \lambda = \frac{v}{l} = \frac{1{,}60}{4{,}00} = 0{,}4,$$

$$\frac{I_c}{I_1} = \frac{512}{275} = 1{,}862,$$

aus Tafel 65 interpoliert für $c = 0{,}242317$,
aus Tafel 63 interpoliert für $c = 0{,}164488$,
aus Tafel 63 interpoliert für $c = 0{,}145005$.

Stab 3:

$$n = \frac{I_1}{I_2} = \frac{512}{1728} = 0{,}296, \quad \lambda = \frac{v}{l} = \frac{1{,}60}{4{,}00} = 0{,}4,$$

$$\frac{I_c}{I_1} = \frac{512}{512} = 1,$$

aus Tafel 57 interpoliert für $c = 0{,}309491$,
aus Tafel 55 interpoliert für $c = 0{,}256248$,
aus Tafel 55 interpoliert für $c = 0{,}154746$.

Kontrolle: $\sum (c)\, M\bar{M} l \frac{I_c}{I_1} =$

Stab 2

$0{,}242317 \cdot 100{,}0 \cdot 1 \cdot 4{,}00 \cdot 1{,}862$
$+0{,}164488 \cdot (-202{,}5) \cdot 1 \cdot 4{,}00 \cdot 1{,}862$
$+0{,}145005 \cdot (-56{,}2) \cdot 1 \cdot 4{,}00 \cdot 1{,}862$

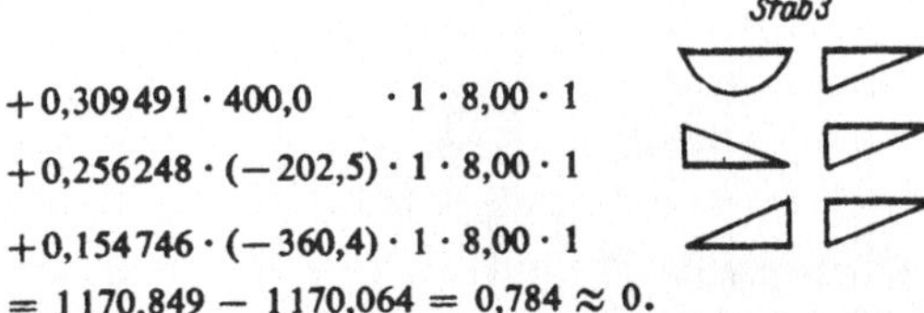

$+0{,}309491 \cdot 400{,}0 \cdot 1 \cdot 8{,}00 \cdot 1$
$+0{,}256248 \cdot (-202{,}5) \cdot 1 \cdot 8{,}00 \cdot 1$
$+0{,}154746 \cdot (-360{,}4) \cdot 1 \cdot 8{,}00 \cdot 1$
$= 1170{,}849 - 1170{,}064 = 0{,}784 \approx 0.$

Beispiel 5.8: Kontrolle der Momente des Beispieles 3.19

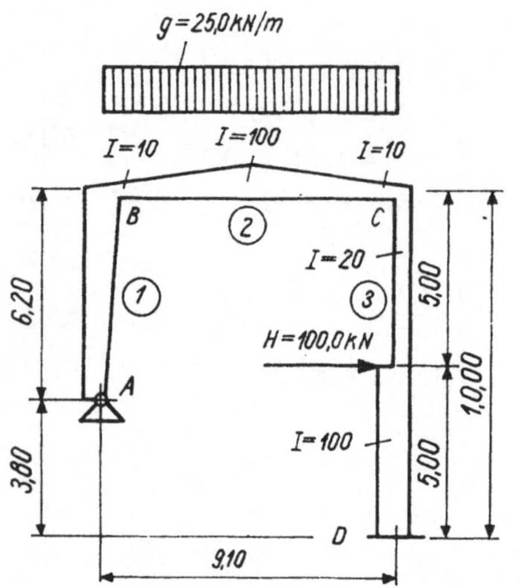

5.24 *System mit Belastung des Beispieles 3.19, Bild 3.46*

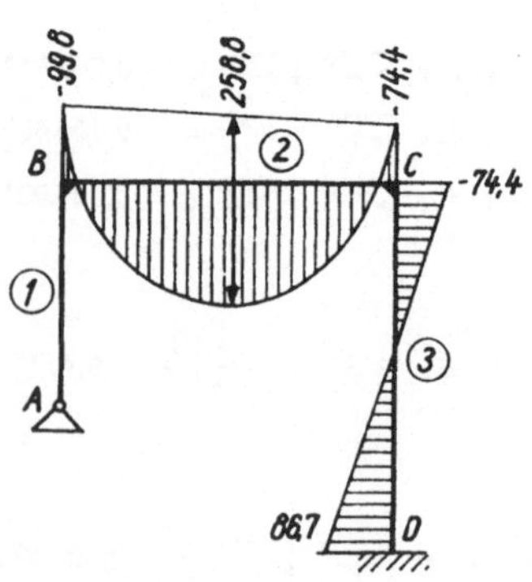

5.25 *M-Fläche für Belastungsfall 1*

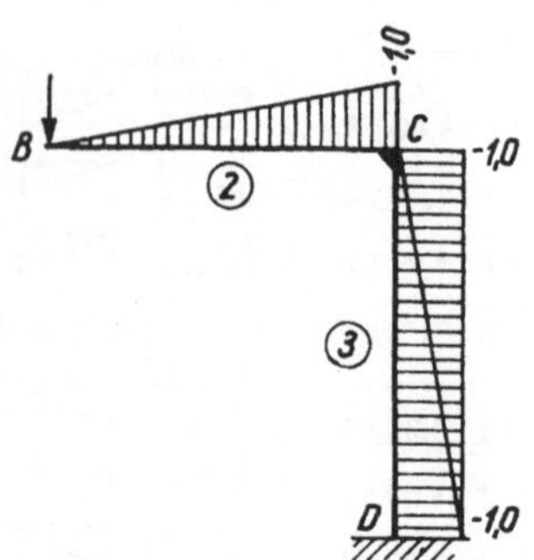

5.26 *$\bar{M}$-Fläche*

Stab 3 wird als Bezugsstab und dessen $I_1 = 20$ als Bezugsträgheitsmoment I_c festgelegt.

Belastungsfall 1:

Bei B muß $EI_c\delta = \sum (c)\, M\bar{M}l \frac{I_c}{I_1} = 0$ sein.

Stab 2:

$$n = \frac{I_1}{I_2} = \frac{10}{100} = 0{,}1, \quad \lambda = \frac{v}{l} = 0{,}5, \frac{I_c}{I_1} = \frac{20}{10} = 2,$$

aus Tafel 49 für $c = 0{,}079083$,

aus Tafel 47 für $c = 0{,}130359$,

aus Tafel 47 für $c = 0{,}039541$.

Stab 3:

$$n = \frac{I_1}{I_2} = \frac{20}{100} = 0{,}2, \quad \lambda = \frac{v}{l} = \frac{5{,}00}{10{,}00} = 0{,}5,$$

$$\frac{I_c}{I_1} = \frac{20}{20} = 1,$$

aus Tafel 77 für $c = 0{,}2$,

aus Tafel 77 für $c = 0{,}4$.

Kontrolle: $\sum (c)\, M\bar{M}l \frac{I_c}{I_1} =$

Stab 2

$0{,}079083 \cdot 258{,}8 \cdot (-1) \cdot 9{,}10 \cdot 2$

$+0{,}130359 \cdot (-74{,}4) \cdot (-1) \cdot 9{,}10 \cdot 2$

$+0{,}039541 \cdot (-99{,}8) \cdot (-1) \cdot 9{,}10 \cdot 2$

Stab 3

$+0{,}2 \cdot 86{,}7 \cdot (-1) \cdot 10{,}00 \cdot 1$

$+0{,}4 \cdot (-74{,}4) \cdot (-1) \cdot 10{,}00 \cdot 1$

$= 545{,}938 - 545{,}894 = 0{,}044 \approx 0.$

Belastungsfall 2:

Bei B muß $EI_c\delta = \sum (c)\, M\bar{M}l \frac{I_c}{I_1} = 0$ sein.

Stab 2:

aus Tafel 47 $c = 0{,}130359$,

aus Tafel 47 $c = 0{,}039541$.

Stab 3:

aus Tafel 85 $c = 0{,}116667$,

aus Tafel 85 $c = 0{,}183333$,

aus Tafel 77 $c = 0{,}2$,

aus Tafel 77 $c = 0{,}4$.

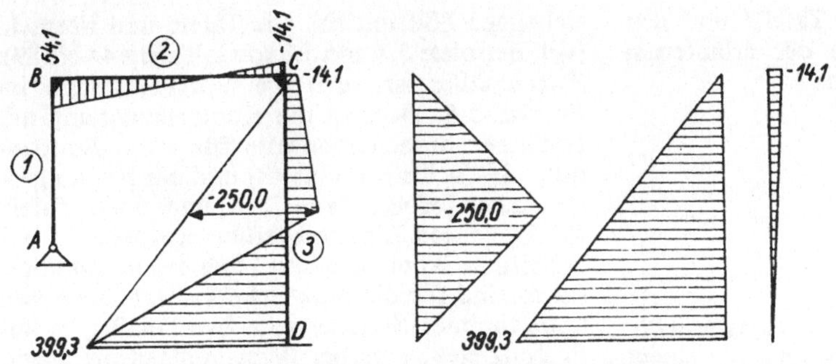

5.27 M-Fläche für Belastungsfall 2 mit Zerlegung in Dreiecke

Kontrolle: $\sum (c)\, M\bar{M}l \frac{I_c}{I_1} =$

Stab 2

$0{,}130\,359 \cdot (-14{,}1) \cdot (-1) \cdot 9{,}10 \cdot 2$

$+0{,}039\,541 \cdot 54{,}1 \quad \cdot (-1) \cdot 9{,}10 \cdot 2$

Stab 3

$+0{,}116\,667 \cdot (-250{,}0 \cdot (-1) \cdot 10{,}00 \cdot 1$

$+0{,}183\,333 \cdot (-250{,}0) \cdot (-1) \cdot 10{,}00 \cdot 1$

$+0{,}2 \cdot 399{,}3 \cdot (-1) \cdot 10{,}00 \cdot 1$

$+0{,}4 \cdot (-14{,}1) (-1) \cdot 10{,}00 \cdot 1$

$= 839{,}854 - 837{,}533 = 2{,}321 \approx 0.$

5.5. Das Wesentlichste zusammengefaßt

5.5.1. Grundlagen und Hinweise für die praktische Anwendung

Für das zu kontrollierende statisch unbestimmte System wird ein „darin enthaltenes" statisch bestimmtes Hauptsystem gewählt. Dieses ist „im System enthalten", wenn es durch Wegnahme von Bindungen aus ihm hervorgeht. Diese Wahl ist beliebig und erfolgt allein nach dem Gesichtspunkt einfacher Rechnungsführung. Oft genügt ein aus zwei Stäben bestehendes statisch bestimmtes Hauptsystem.

Nach dem Reduktionssatz der Kraftgrößenmethode kann zur Berechnung von Verschiebungen und Verdrehungen der tatsächliche Spannungszustand infolge Belastung am statisch unbestimmten System verknüpft werden mit dem virtuellen Spannungszustand am darin enthaltenen statisch bestimmten Hauptsystem.

Im Fall von Schnittkraftkontrollen nach dem Reduktionssatz gehen wir so vor, daß wir an ausgewählten Systempunkten, deren Verdrehung oder Verschiebung bzw. deren gegenseitige Verdrehung oder Verschiebung Null sein muß, dies kontrollieren.

Hierbei ist die Vorzeichenregel der Kraftgrößenmethode – Vorzeichenwechsel bei Momentenwechsel von einer Stabseite zur anderen – zu beachten! Wegen der Fehlerempfindlichkeit der Zahlenrechnung ist ein Taschenrechner zu benutzen!

Als Hilfsmittel dienen die Lösungen der Integrale $\int M\bar{M}\frac{I_c}{I}\,dx = (c)\, M\bar{M}l\frac{I_c}{I}$ bzw. die Endtangentenwinkel α, β am frei aufliegenden Träger. Diese entsprechen als $\bar{\alpha},\beta$-Werte (EI: l-fach verzerrte Endtangentenwinkel infolge $M = 1$ am Stabende) dem Klammerwert (c) der obenstehenden Gleichung. Werden anstelle der Lösungen (c) der genannten Gleichung die Werte $\bar{\alpha}^0$ (EI: m-fach verzerrte Endtangentenwinkel infolge beliebiger Stabbelastung) verwendet, so muß erst noch Übereinstimmung mit (c) hergestellt werden. Der Unterschied beider Schreibweisen besteht darin, daß in $(c)\, M\bar{M}l$ das M in realer Größe, z. B. bei Gleichlast mit $M = ql^2 : 8$, eingesetzt wird, während in $\bar{\alpha}^0$ der Zahlenwert $1 : 8$ bereits enthalten ist. Vergleiche hierzu auch die Schreibweise in den Tafeln 8 bis 43! Es ist z. B. bei konstantem I:

für Gleichlast q: $c = \frac{1}{3} = 8\bar{\alpha}^0 = 8\,\frac{1}{24}$,

für P in Feldmitte: $c = \frac{1}{4} = 4\bar{\alpha}^0 = 4\,\frac{1}{16}$,

für P an beliebiger Stelle: $c = \frac{1+\delta}{6} = \frac{\bar{\alpha}^0}{\gamma\delta}$,

z. B. P bis $0{,}3l$ von links:

$$c = \frac{1 + 0{,}7}{6} = 0{,}283\,333 = \frac{\bar{\alpha}^0}{0{,}3 \cdot 0{,}7}$$

$$= \frac{0{,}0595}{0{,}21} = 0{,}283\,333.$$

Diese Werte ergeben sich aus Tafel 7 und den Formeln in 1.6.2.2. Im Sinne der erläuterten Schnittkraftkontrollen muß sein:

$$EI_c\delta = \sum \int_0^l M\bar{M} \frac{I_c}{I} \mathrm{d}x$$

$$= \sum (c)\, M\bar{M} l \frac{I_c}{I} = 0.$$

Hierbei ist I_c das Trägheitsmoment eines beliebig wählbaren Bezugsstabes des Systems. Bei einem Stab mit veränderlichem I wird für die Integration von 0 bis l ein bestimmtes I dieses Stabes als Bezugsträgheitsmoment festgelegt (in den Tafeln und Formeln dieses Buches I_1!). Bei Berechnungen über zwei oder mehr Stäbe hinweg, wie dies hier erfolgte, ist ein weiterer Bezug, nämlich auf ein I eines frei wählbaren Bezugsstabes erforderlich. Dafür wurde im Buch immer ein I_1 als I_c gewählt. Damit wird für statisch bestimmte Hauptsysteme, in denen Stäbe mit veränderlichem I enthalten sind:

$$EI_c\delta = \sum \frac{I_c}{I_1} \int_0^l M\bar{M} \frac{I_1}{I_{(x)}} \mathrm{d}x$$

$$= \sum \int_0^l M\bar{M} \frac{I_c}{I_{(x)}} \mathrm{d}x$$

$$= \sum (c)\, M\bar{M} l \frac{I_c}{I_1} = 0.$$

Als Hilfsmittel dienen Tafel 7 für Stäbe mit konstantem I und Tafeln 8 bis 91 sowie die Formeln in 1.6.2. für Stäbe mit veränderlichem I.
Wurde in zu kontrollierenden Berechnungen der Einfluß von Normalkräften berücksichtigt, so muß dies auch in den Kontrollberechnungen geschehen (s. 5.3. und Beispiel 5.5). Mit den Rechenhilfen des Buches ist dies lediglich für Stäbe mit konstantem I möglich.

5.5.2. Eignung des Verfahrens – Kritische Einschätzung

Die vorgeführte Kontrollmethode ist sehr kurz, wenn bei der Wahl des statisch bestimmten Hauptsystems geschickt vorgegangen wird. Auch bei der Kontrolle von Berechnungen, in denen der Einfluß der Normalkräfte mit berücksichtigt wurde, bleibt die Berechnung kurz und einfach. Wenn Stäbe mit veränderlichem I in die Kontrollrechnung einbezogen werden, dann ist der Rechenaufwand abhängig von den zur Verfügung stehenden Hilfsmitteln, wie Tafeln und Formeln (vgl. Beispiele 5.7 und 5.8 sowie Tafeln 44 bis 89). Zweckmäßig ist auch die Vorgehensweise im Beispiel 5.6. Dort ist die Kontrollrechnung mit Hilfe der Stabendmomente für volle Einspannung M' (s. Tafeln 8 bis 43) und der Endtangentenwinkel infolge $M = 1$, $\bar{\alpha}$ und β (s. Tafeln 47, 55, 63 und 76) durchgeführt worden.
Schnittkraftkontrollen mit Hilfe des Reduktionssatzes sind für die praktische Prüfarbeit statisch unbestimmter Systeme sehr zweckmäßig, ja zur Prüfung elektronischer Berechnungen oft unentbehrlich. Voraussetzung für eine effektive Anwendung ist jedoch etwas Routine in der Handhabung der Kraftgrößenmethode und das Vorhandensein geeigneter vertafelter Rechenhilfen (s. u. a. auch [18], [24], [36], [37], [64] und [66]). Die Tafeln 44 bis 91 des Abschn. 6.2. dienen dieser Erleichterung der praktischen Kontrollarbeit.

5.6. Hinweise und Beispiele für Verformungsberechnungen

Die bisherigen Ausführungen gelten auch für Verformungsberechnungen. Zusätzlich ist zu beachten, daß hierbei alle Parameter in realer Größe eingesetzt werden müssen.
Zwei Beispiele erläutern die Verfahrensweise.

Beispiel 5.9: Maximale Durchbiegung des Einfeldträgers mit Gleichlast

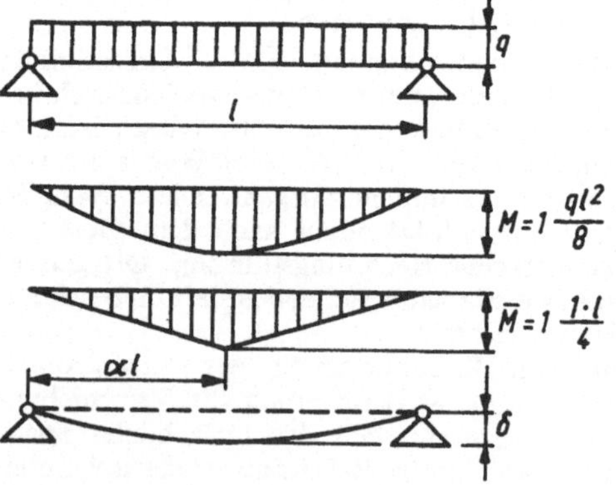

5.28 Träger Beispiel 5.9 mit Gleichlast und zugehörigen M- und $\bar{M}$-Flächen sowie der Verformungslinie

Nach Tafel 7 ergibt sich für den Fall mit $\alpha = 0{,}5$

$$c = \frac{1}{3}(1 + \alpha - \alpha^2) = \frac{1{,}25}{3} = \frac{5}{12},$$

$$EI_c\delta = (c)\, M\bar{M}l \frac{I_c}{I},$$

$$\delta = \frac{(c)\, M\bar{M}l}{EI} = \frac{5}{12}\,\frac{ql^2}{8}\,\frac{1l}{4}\,\frac{l}{EI},$$

$$\delta = \frac{5ql^4}{384EI}.$$

Dies ist der aus einschlägigen Tabellenbüchern (z. B. [72]) bekannte Wert.

Beispiel 5.10: Maximale Durchbiegung des dachförmigen oberen Riegels im Rahmen des Beispieles 5.6

(s. *Bilder 5.16* und *5.17*)

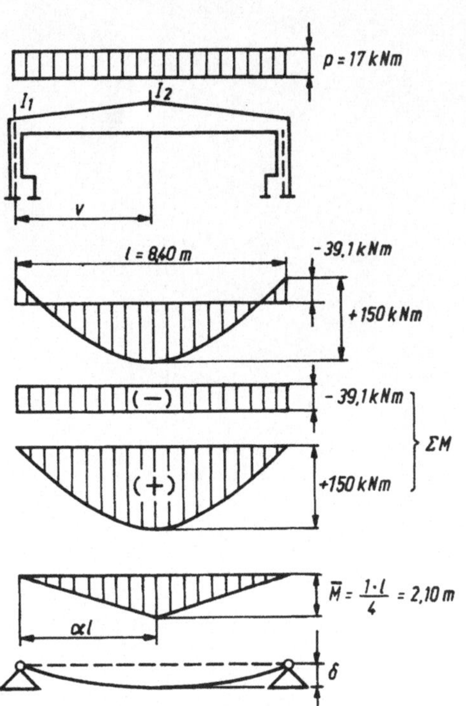

5.29 Rahmenabschnitt aus Beispiel 5.6 mit zugehöriger Momentenfläche für Gleichlast, deren Zerlegung in Rechteck- und Parabelteilflächen M, sowie der virtuellen Momentenfläche $\bar{M}$ und der Verformungslinie

Mit $n = I_1 : I_2 = 0{,}10$, $\lambda = v : l = 0{,}5$ und $\alpha = 0{,}5$ ist

aus Tafel 48 für $c = 0{,}107722$ und

aus Tafel 49 für $c = 0{,}076781$. Damit wird

$$EI_c\delta = (c)\, M\bar{M}l \frac{I_c}{I_1},$$

$$\delta = \frac{(c)\, M\bar{M}l}{EI_1},$$

$$\delta = [0{,}107722 \cdot (-39{,}1) + 0{,}076781 \cdot 150{,}00] \times 2{,}10 \cdot 8{,}40 \frac{1}{EI_1},$$

$$\delta = \frac{128{,}9}{EI_1}.$$

Für Stahlbetonquerschnitte, z. B. mit

$$A_1 = 0{,}40 \cdot 0{,}50 = 0{,}20\ \text{m}^2$$

und

$$A_2 = 0{,}40 \cdot 1{,}08 = 0{,}432\ \text{m}^2,$$

wird

$$I_1 = \frac{0{,}40 \cdot 0{,}50^3}{12} = 0{,}0042\ \text{m}^4$$

und

$$I_2 = \frac{0{,}40 \cdot 1{,}08^3}{12} = 0{,}0420\ \text{m}^4.$$

Für BK 20 ist $E_b = 28200\ \text{N/mm}^2 = 28{,}2 \times 10^6\ \text{kN/m}^2$. Damit wird

$$\delta = \frac{128{,}9}{28{,}2 \cdot 10^6 \cdot 0{,}0042} = 0{,}00109\ \text{m} \mathrel{\hat=} 1{,}09\ \text{mm}.$$

Zu bemerken ist noch, daß bei Rißbildung (Zustand II) sowie Schwind- und Kriecheinfluß sich die errechnete Durchbiegung etwa verdoppelt bis verdreifacht.

Mit der Wahl des Stabes 4 als statisch bestimmtes Hauptsystem – in C und C' gelenkig gelagert und in Feldmitte virtuell mit 1 belastet – ist bei vorhandenen Tafelwerten (c) die Durchbiegungsberechnung somit äußerst bequem möglich. Bei wenig mehr Aufwand kann die Berechnung auch mit den Formeln in Tafel 44 und den Hilfswerten in Tafel 46 erfolgen. Hierbei ist der Wechsel der Bezeichnungen für I_1 und I_2 zu beachten.

Die Werte der Tafeln 8 bis 43 und 46 bis 75 gelten, wie schon erwähnt, streng genommen nur für Stäbe mit Rechteckquerschnitten bei gleichbleibender Stabbreite und linear veränderlicher Stabhöhe. Abweichungen hiervon, z. B. I oder Kastenquerschnitte mit analogen Vouten, sind nach [18] gering, so daß die genannten Tafeln bei linear veränderlicher Stabhöhe auch für solche Querschnittsformen anwendbar sind. Verformungen von Stahlkonstruktionen, die um ein Vielfaches größer als Verformungen von Stahlbetonkonstruktionen sind, d. h. das Hauptanwendungsgebiet von Verformungsberechnungen darstellen, können somit genügend genau mit den genannten Tafeln berechnet werden.

Auf die möglichen Vereinfachungen von Verformungsberechnungen an symmetrischen Stabsystemen wird ausdrücklich hingewiesen. Bekanntlich können unsymmetrische Lasten in symmetrische und antimetrische Lastanteile zerlegt werden (s. Beispiel 1.10 bis 1.12). Aus den *Bildern 1.37*, *1.39* und *1.43* sowie *1.40*, *1.42* und *1.44* ist ersichtlich, daß in Stabmitte lediglich der symmetrische Lastanteil eine Durchbiegung ergibt. Daraus folgt, daß die Durchbiegung in Stabmitte z. B. aus einer halbseitigen Streckenlast p gleich der Durchbiegung in Stabmitte aus einer über die Stablänge verteilten Streckenlast $\frac{p}{2}$ ist.

Bei Verwendung der Tafel 46 ist es zweckmäßig, die H-Werte ohne Interpolation zu verwenden. Ausreichend genaue Zwischenwerte ergeben sich meist nur bei quadratischer Interpolation.

6. Tafeln

6.1. Stäbe mit konstantem Trägheitsmoment

Tafel 1 Stabendmomente für volle Einspannung

Formeln Nr. 1. bis 36., einseitig eingespannter Stab

1.

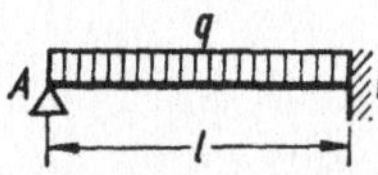

$$M_{BA}' = +\frac{ql^2}{8} \qquad M_{BA}' = +\frac{ql^2}{4(2+\varrho)}$$ [1]

2.

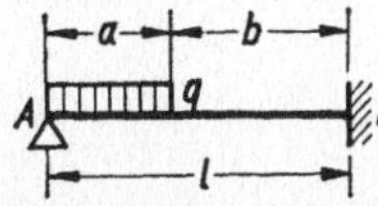

$$M_{BA}' = +\frac{qa^2}{8}\left(2-\frac{a^2}{l^2}\right) \qquad M_{BA}' = +\frac{qa^2}{4(2+\varrho)}\left(2-\frac{a^2}{l^2}\right)$$ [1]

3.

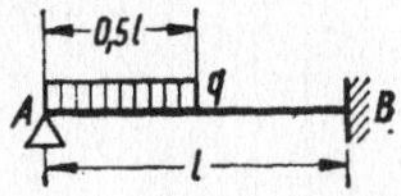

$$M_{BA}' = +\frac{7}{128}\,ql^2 \qquad M_{BA}' = +\frac{7ql^2}{64(2+\varrho)}$$ [1]

4.

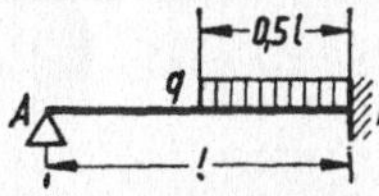

$$M_{BA}' = +\frac{9}{128}\,ql^2 \qquad M_{BA}' = +\frac{9ql^2}{64(2+\varrho)}$$ [1]

5.

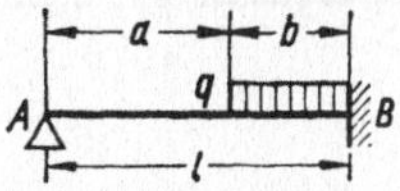

$$M_{BA}' = +\frac{qb^2}{8}\left(1+\frac{a}{l}\right)^2 \qquad M_{BA}' = +\frac{qb^2}{4(2+\varrho)}\left(1+\frac{a}{l}\right)^2$$ [1]

6.

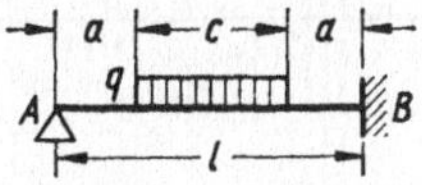

$$M_{BA}' = +\frac{qc}{16l}\,(3l^2 - c^2)$$

7.

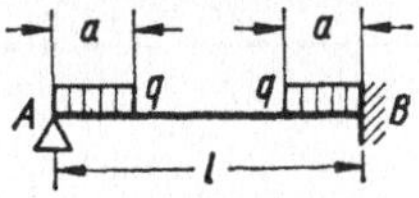

$$M_{BA}' = +\frac{qa^2}{4}\left(3-\frac{2a}{l}\right)$$

8. Parabel

$$M_{BA}' = +\frac{ql^2}{10}$$

9.

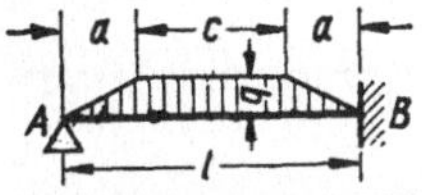

$$M_{BA}' = +\frac{q}{8}\left(l^2+\frac{a^3}{l}-2a^2\right)$$

10.

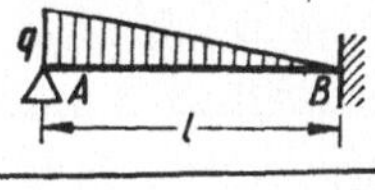

$$M_{BA}' = +\frac{7}{120}\,ql^2$$

Tafel 1 Stabendmomente für volle Einspannung

Formeln Nr. 1. bis 36., einseitig eingespannter Stab

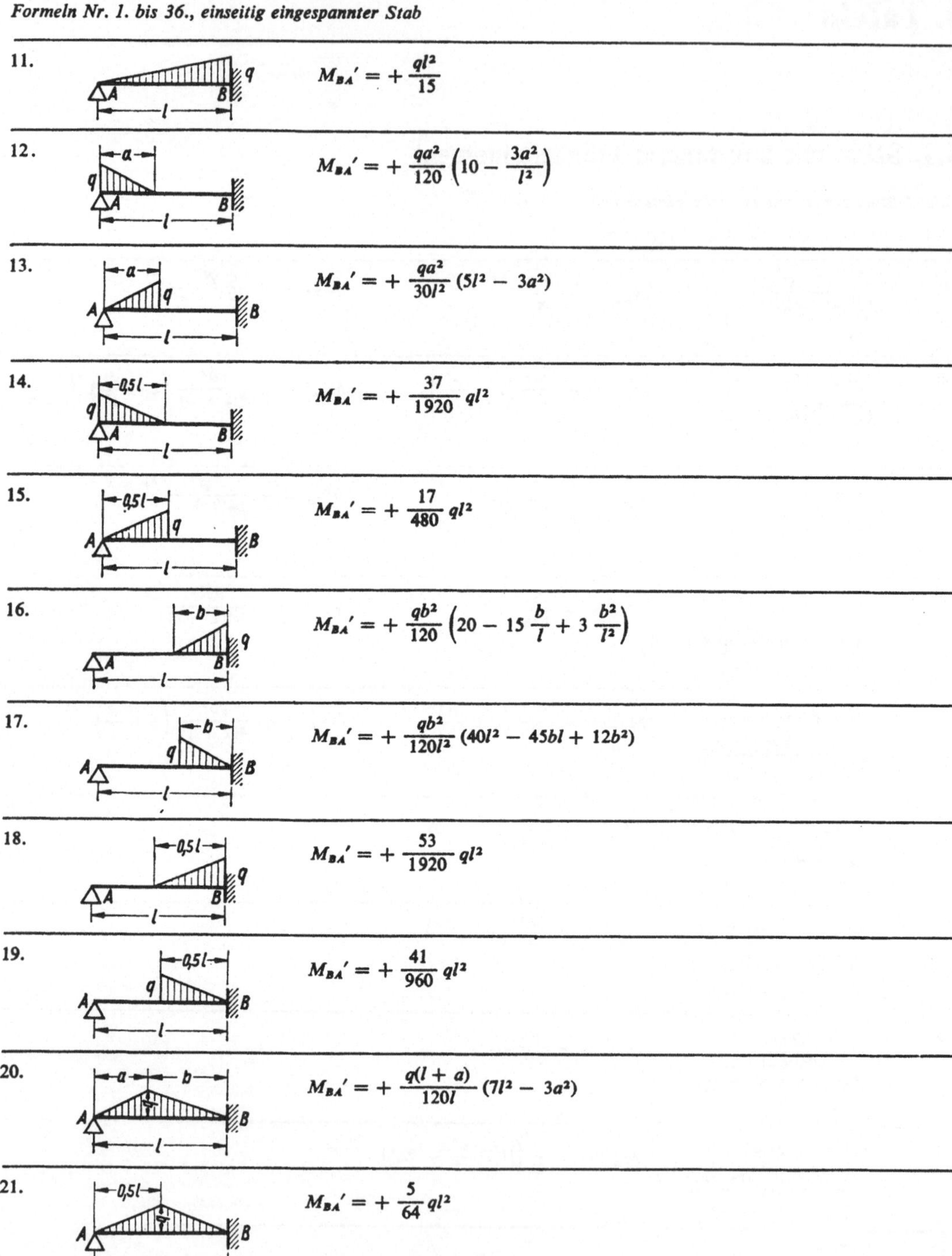

11. $M_{BA}' = + \frac{ql^2}{15}$

12. $M_{BA}' = + \frac{qa^2}{120}\left(10 - \frac{3a^2}{l^2}\right)$

13. $M_{BA}' = + \frac{qa^2}{30l^2}(5l^2 - 3a^2)$

14. $M_{BA}' = + \frac{37}{1920}\, ql^2$

15. $M_{BA}' = + \frac{17}{480}\, ql^2$

16. $M_{BA}' = + \frac{qb^2}{120}\left(20 - 15\,\frac{b}{l} + 3\,\frac{b^2}{l^2}\right)$

17. $M_{BA}' = + \frac{qb^2}{120l^2}(40l^2 - 45bl + 12b^2)$

18. $M_{BA}' = + \frac{53}{1920}\, ql^2$

19. $M_{BA}' = + \frac{41}{960}\, ql^2$

20. $M_{BA}' = + \frac{q(l + a)}{120l}(7l^2 - 3a^2)$

21. $M_{BA}' = + \frac{5}{64}\, ql^2$

Tafel 1 Stabendmomente für volle Einspannung
Formeln Nr.1. bis 36., einseitig eingespannter Stab

22.

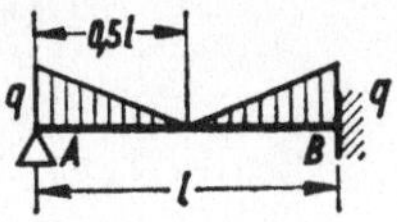

$$M_{BA}' = + \frac{3}{64} ql^2$$

23.

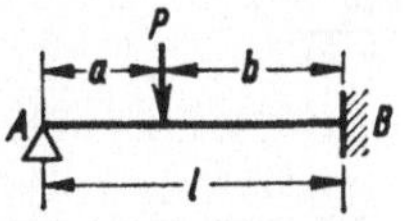

$$M_{BA}' = + \frac{Pab}{2l^2}(l + a) \qquad M_{BA}' = + \frac{Pab(l + a)}{l^2(2 + \varrho)}$$ [1]

24.

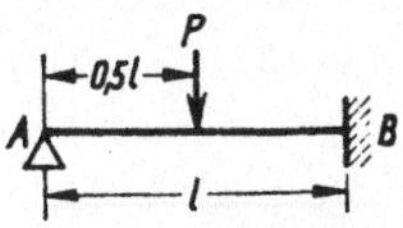

$$M_{BA}' = + \frac{3}{16} Pl \qquad M_{BA}' = + \frac{3Pl}{8(2 + \varrho)}$$ [1]

25.

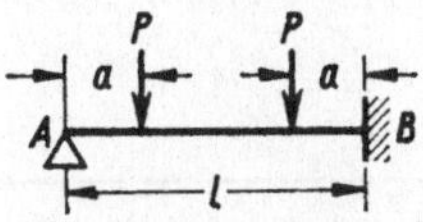

$$M_{BA}' = + 1{,}5 \frac{Pa}{l}(l - a)$$

26.

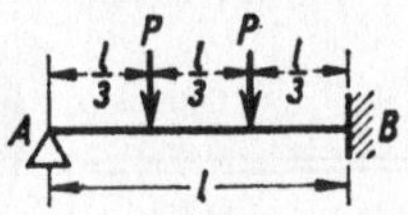

$$M_{BA}' = + \frac{Pl}{3}$$

27.

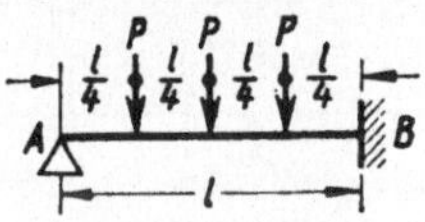

$$M_{BA}' = + \frac{15}{32} Pl$$

28.

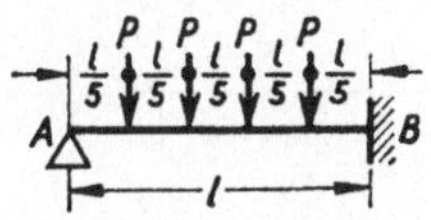

$$M_{BA}' = + \frac{3}{5} Pl$$

29.

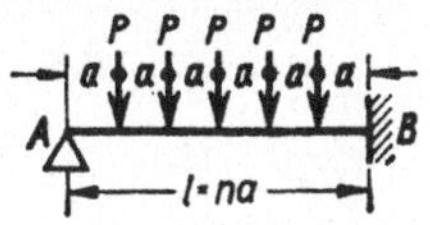

$$M_{BA}' = + \frac{Pl}{8}\left(n - \frac{1}{n}\right) = \alpha Pl$$

n	2	3	4	5	6	7	8
α	0,1875	0,3333	0,4688	0,6000	0,7292	0,8571	0,9844

30.

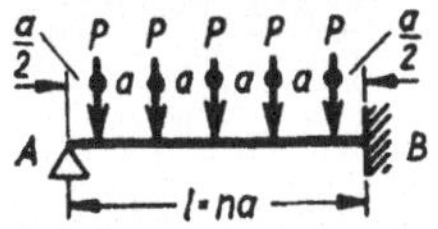

$$M_{BA}' = + \frac{Pl}{8}\left(n + \frac{1}{2n}\right) = \alpha Pl$$

n	2	3	4	5	6	7	8
α	0,2813	0,3958	0,5156	0,6375	0,7604	0,8839	1,0078

31.

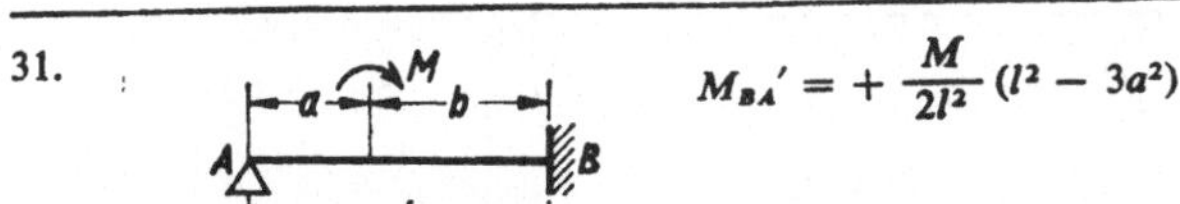

$$M_{BA}' = + \frac{M}{2l^2}(l^2 - 3a^2)$$

Tafel 1 Stabendmomente für volle Einspannung

Formeln Nr. 1. bis 36., einseitig eingespannter Stab

32. $M_{BA}' = -1{,}5\,\frac{EI\,\alpha_t\Delta_t}{h}$

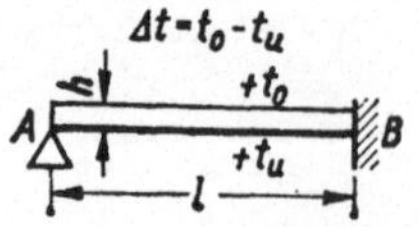

33. $M_{BA}' = -\frac{3EI\delta}{l^2}$ $\qquad M_{BA}' = -\frac{6EI\delta}{l^2(2+\varrho)}$ [1]

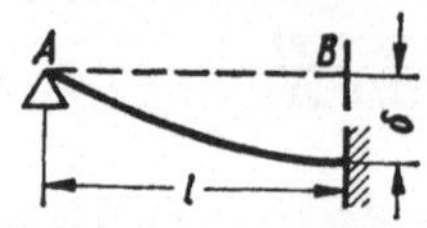

34. $M_{BA}' = +\frac{q}{8l^2}\left[a^4 - (a+c)^4 + 2l^2c(2a+c)\right]$

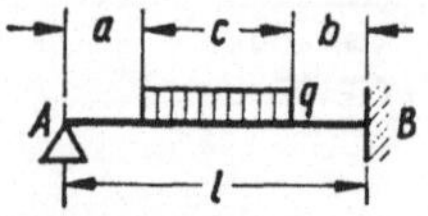

35. $M_{BA}' = +\frac{qc}{120l^2}\left[20a^2(3b+2c) + 10b^2(3a+c) + c^2(35a+20b+7c) + 80abc\right]$

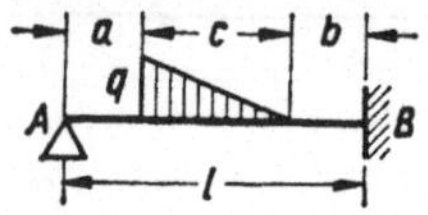

36. $M_{BA}' = +\frac{qc}{120l^2}\left[10b^2(3a+2c) + 20a^2(3b+c) + c^2(40b+25a+8c) + 100abc\right]$

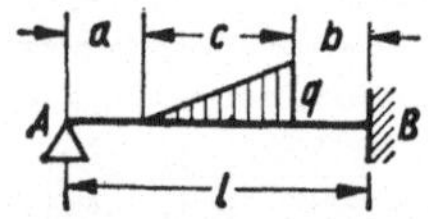

37. $M_{AB}' = -\frac{ql^2}{12} = -M_{BA}'$

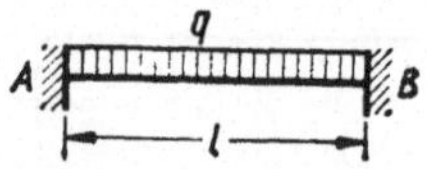

38. $M_{AB}' = -\frac{qc}{24l}(3l^2 - c^2) = -M_{BA}'$

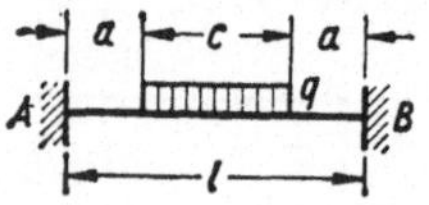

39. $M_{AB}' = -qa^2\left(0{,}5 - \frac{a}{3l}\right) = -M_{BA}'$

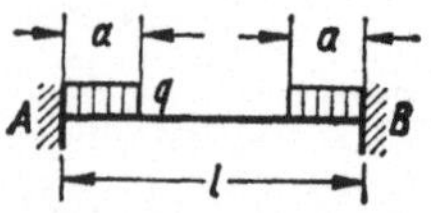

40. $M_{AB}' = -\frac{ql^2}{15} = -M_{BA}'$

41. $M_{AB}' = -\frac{q}{12}\left(l^2 + \frac{a^3}{l} - 2a^2\right) = -M_{BA}'$

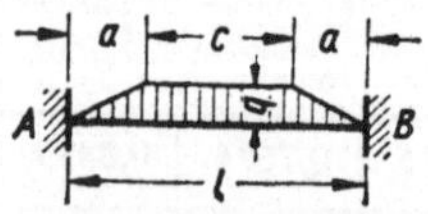

42. $M_{AB}' = -\frac{5}{96}ql^2 = -M_{BA}'$

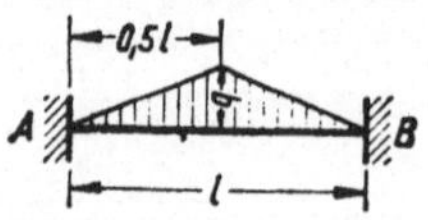

Tafel 1 Stabendmomente für volle Einspannung
Formeln Nr. 37. bis 69., zweiseitig eingespannter Stab

43.

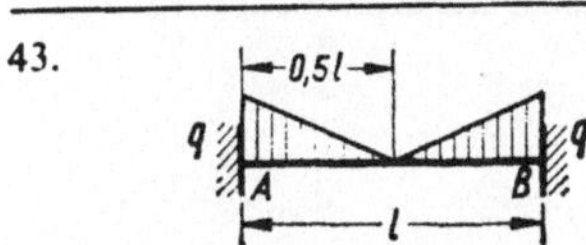

$$M_{AB}' = -\frac{ql^2}{32} = -M_{BA}'$$

44.

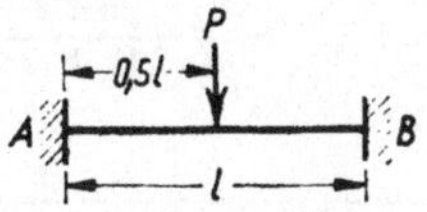

$$M_{AB}' = -\frac{Pl}{8} = -M_{BA}'$$

45.

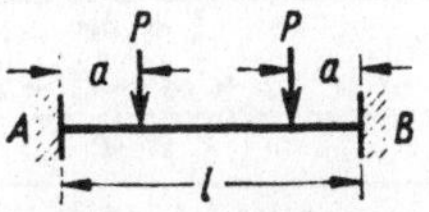

$$M_{AB}' = -\frac{Pa}{l}(l-a) = -M_{BA}'$$

46.

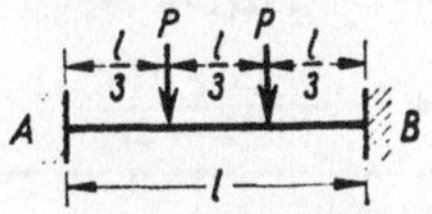

$$M_{AB}' = -\frac{2}{9}Pl = -M_{BA}'$$

47.

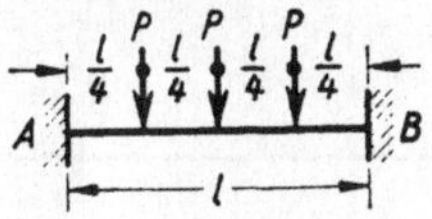

$$M_{AB}' = -\frac{5}{16}Pl = -M_{BA}'$$

48.

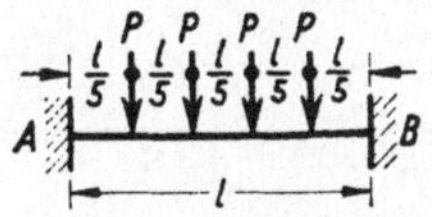

$$M_{AB}' = -\frac{2}{5}Pl = -M_{BA}'$$

49.

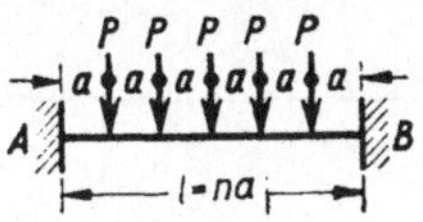

$$M_{AB}' = -\frac{Pl}{12}\left(n - \frac{1}{n}\right) = \beta Pl = -M_{BA}'$$

n	2	3	4	5	6	7	8
β	−0,1250	−0,2222	−0,3125	−0,4000	−0,4861	−0,5714	−0,6563

50.

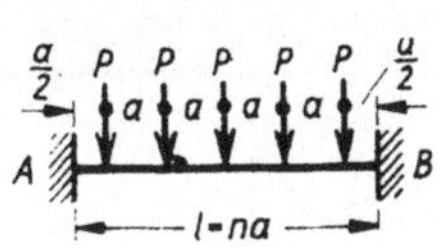

$$M_{AB}' = -\frac{Pl}{12}\left(n + \frac{1}{2n}\right) = \beta Pl = -M_{BA}'$$

n	2	3	4	5	6	7	8
β	−0,1875	−0,2639	−0,3438	−0,4250	−0,5069	−0,5893	−0,6719

51.

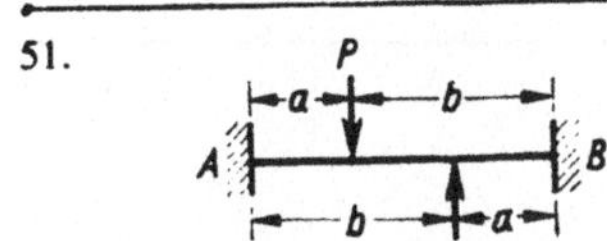

$$M_{AB}' = M_{BA}' = -\frac{Pab}{l^2}(b-a)$$

52.

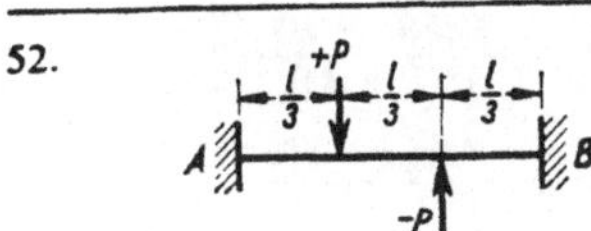

$$M_{AB}' = M_{BA}' = -\frac{2}{27}Pl$$

Tafel 1 Stabendmomente für volle Einspannung

Formeln Nr. 37. bis 69., zweiseitig eingespannter Stab

53. $\Delta t = t_o - t_u$

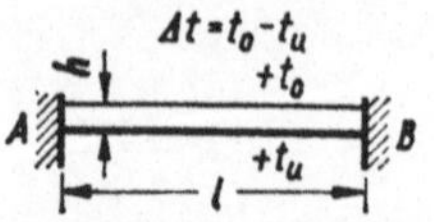

$$M_{AB}' = + \frac{EI\alpha_t \Delta_t}{h} = -M_{BA}'$$

54.

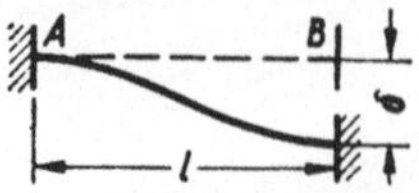

$$M_{AB}' = M_{BA}' = -\frac{6EI\delta}{l^2}$$

$$M_{AB}' = M_{BA}' = -\frac{6EI\delta}{l_2(1+2\varrho)} \;[1]$$

55.

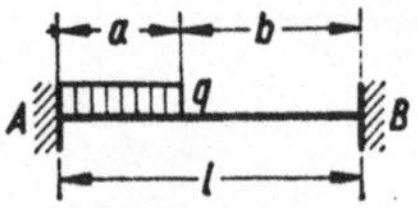

$$M_{AB}' = -\frac{qa^2}{12l^2}(6b^2 + 4ab + a^2)$$

$$M_{BA}' = +\frac{qa^3}{12l^2}(4b + a)$$

$$M_{AB}' = -\frac{qa^2}{12l^2}\,\frac{(l+b)^2(2+\varrho) - (2l^2 - a^2)(1-\varrho)}{1+2\varrho} \;[1]$$

$$M_{BA}' = +\frac{qa^2}{12l^2}\,\frac{(2l^2 - a^2)(2+\varrho) - (l+b)^2(1-\varrho)}{1+2\varrho} \;[1]$$

56.

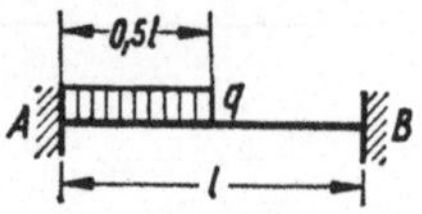

$$M_{AB}' = -\frac{11}{192}ql^2$$

$$M_{BA}' = +\frac{5}{192}ql^2$$

$$M_{AB}' = -\frac{ql^2(11+16\varrho)}{192(1+2\varrho)} \;[1]$$

$$M_{BA}' = +\frac{ql^2(5+16\varrho)}{192(1+2\varrho)} \;[1]$$

57.

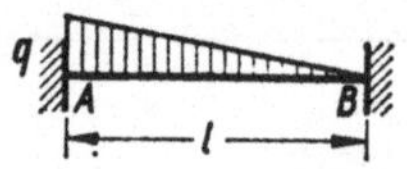

$$M_{AB}' = -\frac{ql^2}{20}$$

$$M_{BA}' = +\frac{ql^2}{30}$$

58.

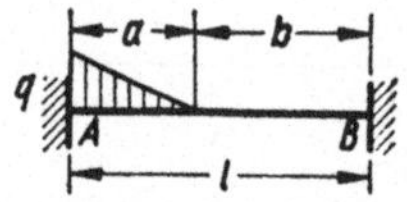

$$M_{AB}' = -\frac{qa^2}{60l^2}(10l^2 - 10al + 3a^2)$$

$$M_{BA}' = +\frac{qa^3}{60l^2}(5l - 3a)$$

59.

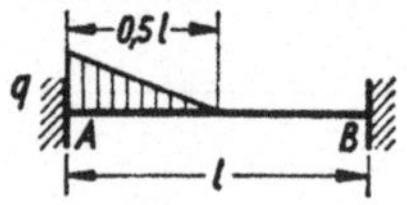

$$M_{AB}' = -\frac{23}{960}ql^2$$

$$M_{BA}' = +\frac{7}{960}ql^2$$

60.

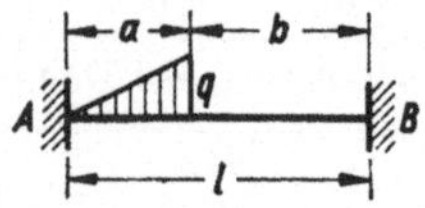

$$M_{AB}' = -\frac{qa^2}{30l^2}(10l^2 - 15la + 6a^2)$$

$$M_{BA}' = +\frac{qa^3}{20l^2}(5l - 4a)$$

61.

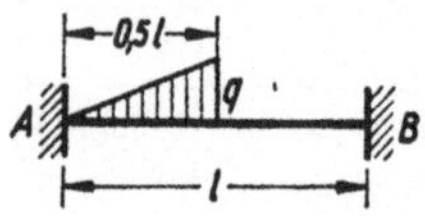

$$M_{AB}' = -\frac{ql^2}{30}$$

$$M_{BA}' = +\frac{3}{160}ql^2$$

62.

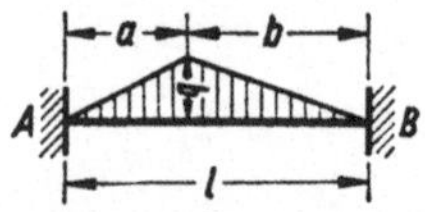

$$M_{AB}' = -\frac{q}{30l}(l^3 + bl^2 + lb^2 - 1{,}5b^3)$$

$$M_{BA}' = +\frac{q}{30l}(l^3 + al^2 + la^2 - 1{,}5a^3)$$

63.

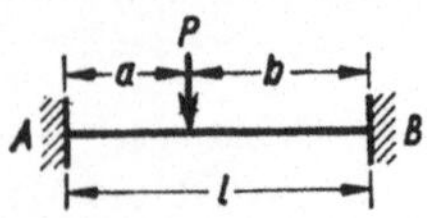

$$M_{AB}' = -\frac{Pab^2}{l^2}$$

$$M_{BA}' = +\frac{Pa^2b}{l^2}$$

$$M_{AB}' = -\frac{Pab(b+\varrho l)}{l^2(1+2\varrho)} \;[1]$$

$$M_{BA}' = +\frac{Pab(a+\varrho l)}{l^2(1+2\varrho)} \;[1]$$

Tafel 1 Stabendmomente für volle Einspannung

Formeln Nr. 37. bis 69., zweiseitig eingespannter Stab

64.

$$M_{AB}' = +\frac{Mb}{l^2}(2l - 3b)$$

$$M_{BA}' = +\frac{Ma}{l^2}(2l - 3a)$$

65.

$$M_{AB}' = -\frac{qc}{l^2}\left[(l - b)\,b^2 + \left(\frac{1}{3} - b\right)m^2\right]$$

$$M_{BA}' = +\frac{qc}{l^2}\left[(l - a)\,a^2 + \left(\frac{l}{3} - a\right)m^2\right]$$

66.

$$M_{AB}' = -\frac{4}{27}Pl$$

$$M_{BA}' = +\frac{2}{27}Pl$$

67.

$$M_{AB}' = -\frac{3cq}{20l^2}(10ab^2 - 10lc^2 + 15ac^2 + 2c^3)$$

$$M_{BA}' = +\frac{3cq}{20l^2}(10a^2b - 10lc^2 + 15bc^2 - 2c^3)$$

68.

$$M_{AB}' = M_{BA}' = +\frac{M}{4}$$

69.

$$M_{AB}' = M_{BA}' = -\frac{ql^2}{60}$$

[1]) In diesen ausgewählten Formeln ist mit dem Schubkorrekturwert ϱ der Einfluß der Querkraftverformung berücksichtigt (s. 4.2.).

Tafel 2 *Stabendmomente für volle Einspannung für Einzellasten an beliebiger Stelle am ein- und zweiseitig eingespannten Stab*

$\frac{a}{l}$	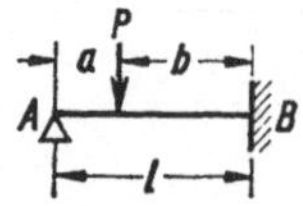 $M_{BA}' = \alpha Pl$ α	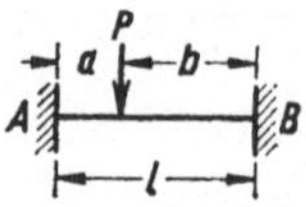 $M_{AB}' = \beta Pl$ β	$M_{BA}' = \gamma Pl$ γ	$\frac{a}{l}$	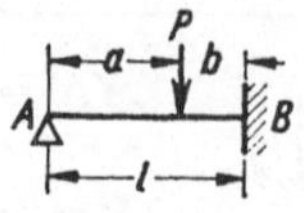 $M_{BA}' = \alpha Pl$ α	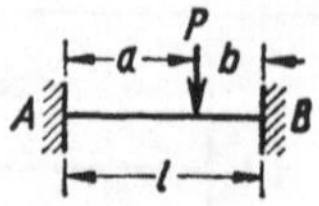 $M_{AB}' = \beta Pl$ β	$M_{BA}' = \gamma Pl$ γ
0,01	+0,0050	−0,0098	+0,0001	0,51	+0,1886	−0,1224	+0,1274
0,02	+0,0100	−0,0192	+0,0004	0,52	+0,1897	−0,1198	+0,1298
0,03	+0,0150	−0,0282	+0,0009	0,53	+0,1905	−0,1171	+0,1321
0,04	+0,0200	−0,0369	+0,0015	0,54	+0,1912	−0,1143	+0,1341
0,05	+0,0250	−0,0451	+0,0024	0,55	+0,1918	−0,1114	+0,1361
0,06	+0,0299	−0,0530	+0,0034	0,56	+0,1922	−0,1084	+0,1380
0,07	+0,0349	−0,0605	+0,0046	0,57	+0,1924	−0,1054	+0,1397
0,08	+0,0397	−0,0677	+0,0059	0,58	+0,1925	−0,1023	+0,1413
0,09	+0,0446	−0,0745	+0,0074	0,59	+0,1923	−0,0992	+0,1427
0,10	+0,0495	−0,0810	+0,0090	0,60	+0,1920	−0,0960	+0,1440
0,11	+0,0543	−0,0871	+0,0108	0,61	+0,1915	−0,0928	+0,1451
0,12	+0,0592	−0,0929	+0,0127	0,62	+0,1908	−0,0895	+0,1461
0,13	+0,0639	−0,0984	+0,0147	0,63	+0,1900	−0,0863	+0,1468
0,14	+0,0686	−0,1035	+0,0169	0,64	+0,1889	−0,0829	+0,1475
0,15	+0,0733	−0,1084	+0,0191	0,65	+0,1877	−0,0796	+0,1479
0,16	+0,0779	−0,1129	+0,0215	0,66	+0,1863	−0,0763	+0,1481
0,17	+0,0825	−0,1171	+0,0240	0,67	+0,1846	−0,0730	+0,1481
0,18	+0,0871	−0,1210	+0,0266	0,68	+0,1828	−0,0696	+0,1480
0,19	+0,0915	−0,1247	+0,0292	0,69	+0,1807	−0,0663	+0,1476
0,20	+0,0960	−0,1279	+0,0321	0,70	+0,1785	−0,0630	+0,1470
0,21	+0,1003	−0,1311	+0,0348	0,71	+0,1760	−0,0597	+0,1462
0,22	+0,1046	−0,1338	+0,0377	0,72	+0,1733	−0,0564	+0,1451
0,23	+0,1089	−0,1364	+0,0407	0,73	+0,1705	−0,0532	+0,1439
0,24	+0,1131	−0,1386	+0,0438	0,74	+0,1674	−0,0500	+0,1424
0,25	+0,1172	−0,1406	+0,0469	0,75	+0,1640	−0,0469	+0,1406
0,26	+0,1212	−0,1424	+0,0500	0,76	+0,1605	−0,0438	+0,1386
0,27	+0,1252	−0,1439	+0,0532	0,77	+0,1567	−0,0407	+0,1364
0,28	+0,1290	−0,1451	+0,0564	0,78	+0,1528	−0,0377	+0,1338
0,29	+0,1328	−0,1462	+0,0597	0,79	+0,1485	−0,0348	+0,1311
0,30	+0,1365	−0,1470	+0,0630	0,80	+0,1440	−0,0321	+0,1279
0,31	+0,1401	−0,1476	+0,0663	0,81	+0,1393	−0,0292	+0,1247
0,32	+0,1436	−0,1480	+0,0696	0,82	+0,1343	−0,0266	+0,1210
0,33	+0,1470	−0,1481	+0,0730	0,83	+0,1291	−0,0240	+0,1171
0,34	+0,1503	−0,1481	+0,0763	0,84	+0,1237	−0,0215	+0,1129
0,35	+0,1535	−0,1479	+0,0796	0,85	+0,1179	−0,0191	+0,1084
0,36	+0,1566	−0,1475	+0,0829	0,86	+0,1120	−0,0169	+0,1035
0,37	+0,1596	−0,1468	+0,0863	0,87	+0,1058	−0,0147	+0,0984
0,38	+0,1626	−0,1461	+0,0895	0,88	+0,0992	−0,0127	+0,0929
0,39	+0,1653	−0,1451	+0,0928	0,89	+0,0925	−0,0108	+0,0871
0,40	+0,1680	−0,1440	+0,0960	0,90	+0,0855	−0,0090	+0,0810
0,41	+0,1705	−0,1427	+0,0992	0,91	+0,0782	−0,0074	+0,0745
0,42	+0,1729	−0,1413	+0,1023	0,92	+0,0706	−0,0059	+0,0677
0,43	+0,1752	−0,1397	+0,1054	0,93	+0,0628	−0,0046	+0,0605
0,44	+0,1774	−0,1380	+0,1084	0,94	+0,0547	−0,0034	+0,0530
0,45	+0,1794	−0,1361	+0,1114	0,95	+0,0463	−0,0024	+0,0451
0,46	+0,1813	−0,1341	+0,1143	0,96	+0,0376	−0,0015	+0,0369
0,47	+0,1831	−0,1321	+0,1171	0,97	+0,0287	−0,0009	+0,0282
0,48	+0,1847	−0,1298	+0,1198	0,98	+0,0194	−0,0004	+0,0192
0,49	+0,1861	−0,1274	+0,1224	0,90	+0,0099	−0,0001	+0,0098
0,50	+0,1875	−0,1250	+0,1250	1,00	+0,0000	−0,0000	+0,0000

Tafel 3 *Stabendmomente für volle Einspannung für Momente an beliebiger Stelle am ein- und zweiseitig eingespannten Stab*

$\frac{a}{l}$	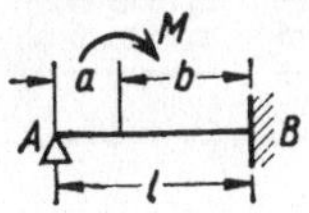 $M_{BA}' = \alpha M$ α	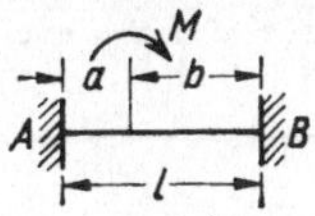 $M_{AB}' = \beta M$ β	$M_{BA}' = \gamma M$ γ	$\frac{a}{l}$	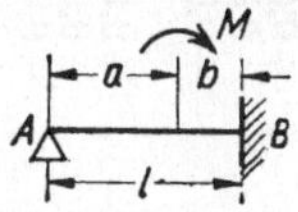 $M_{BA}' = \alpha M$ α	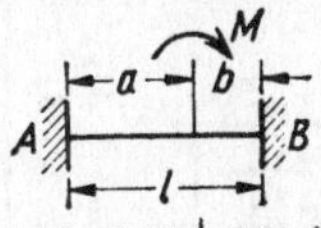 $M_{AB}' = \beta M$ β	$M_{BA}' = \gamma M$ γ
0,00	+0,5000	−1,0000	+0,0000	0,50	+0,1250	+0,2500	+0,2500
0,01	+0,4998	−0,9603	+0,0197	0,51	+0,1098	+0,2597	+0,2397
0,02	+0,4994	−0,9212	+0,0388	0,52	+0,0944	+0,2688	+0,2288
0,03	+0,4986	−0,8827	+0,0573	0,53	+0,0787	+0,2773	+0,2173
0,04	+0,4976	−0,8448	+0,0752	0,54	+0,0626	+0,2852	+0,2052
0,05	+0,4962	−0,8075	+0,0925	0,55	+0,0463	+0,2925	+0,1925
0,06	+0,4946	−0,7708	+0,1092	0,56	+0,0296	+0,2992	+0,1792
0,07	+0,4927	−0,7347	+0,1253	0,57	+0,0127	+0,3053	+0,1653
0,08	+0,4904	−0,6992	+0,1408	0,58	−0,0046	+0,3108	+0,1508
0,09	+0,4878	−0,6643	+0,1557	0,59	−0,0222	+0,3157	+0,1357
0,10	+0,4850	−0,6300	+0,1700	0,60	−0,0400	+0,3200	+0,1200
0,11	+0,4818	−0,5963	+0,1837	0,61	−0,0582	+0,3237	+0,1037
0,12	+0,4784	−0,5632	+0,1968	0,62	−0,0766	+0,3268	+0,0868
0,13	+0,4746	−0,5307	+0,2093	0,63	−0,0954	+0,3293	+0,0693
0,14	+0,4706	−0,4988	+0,2212	0,64	−0,1144	+0,3312	+0,0512
0,15	+0,4662	−0,4675	+0,2325	0,65	−0,1338	+0,3325	+0,0325
0,16	+0,4616	−0,4368	+0,2432	0,66	−0,1534	+0,3332	+0,0132
0,17	+0,4566	−0,4067	+0,2533	0,76	−0,1734	+0,3333	−0,0067
0,18	+0,4514	−0,3772	+0,2628	0,68	−0,1936	+0,3328	−0,0272
0,19	+0,4458	−0,3483	+0,2717	0,69	−0,2142	+0,3317	−0,0483
0,20	+0,4400	−0,3200	+0,2800	0,70	−0,2350	+0,3300	−0,0700
0,21	+0,4339	−0,2923	+0,2877	0,71	−0,2562	+0,3277	−0,0923
0,22	+0,4274	−0,2652	+0,2948	0,72	−0,2776	+0,3248	−0,1152
0,23	+0,4206	−0,2387	+0,3013	0,73	−0,2994	+0,3213	−0,1387
0,24	+0,4136	−0,2128	+0,3072	0,74	−0,3214	+0,3172	−0,1628
0,25	+0,4062	−0,1875	+0,3125	0,75	−0,3438	+0,3125	−0,1875
0,26	+0,3986	−0,1628	+0,3172	0,76	−0,3664	+0,3072	−0,2128
0,27	+0,3906	−0,1387	+0,3213	0,77	−0,3894	+0,3013	−0,2387
0,28	+0,3824	−0,1152	+0,3248	0,78	−0,4126	+0,2948	−0,2652
0,29	+0,3738	−0,0923	+0,3277	0,79	−0,4362	+0,2877	−0,2923
0,30	+0,3650	−0,0700	+0,3300	0,80	−0,4600	+0,2800	−0,3200
0,31	+0,3558	−0,0483	+0,3317	0,81	−0,4842	+0,2717	−0,3483
0,32	+0,3464	−0,0272	+0,3328	0,82	−0,5086	+0,2628	−0,3772
0,33	+0,3367	−0,0067	+0,3333	0,83	−0,5334	+0,2533	−0,4067
0,34	+0,3266	+0,0132	+0,3332	0,84	−0,5584	+0,2432	−0,4368
0,35	+0,3162	+0,0325	+0,3325	0,85	−0,5838	+0,2325	−0,4675
0,36	+0,3056	+0,0512	+0,3312	0,86	−0,6094	+0,2212	−0,4988
0,37	+0,2946	+0,0693	+0,3293	0,87	−0,6354	+0,2093	−0,5307
0,38	+0,2834	+0,0868	+0,3268	0,88	−0,6616	+0,1968	−0,5632
0,39	+0,2718	+0,1037	+0,3237	0,89	−0,6882	+0,1837	−0,5963
0,40	+0,2600	+0,1200	+0,3200	0,90	−0,7150	+0,1700	−0,6300
0,41	+0,2478	+0,1357	+0,3157	0,91	−0,7422	+0,1557	−0,6643
0,42	+0,2354	+0,1508	+0,3108	0,92	−0,7697	+0,1408	−0,6992
0,43	+0,2227	+0,1653	+0,3053	0,93	−0,7974	+0,1253	−0,7347
0,44	+0,2096	+0,1792	+0,2992	0,94	−0,8254	+0,1092	−0,7708
0,45	+0,1963	+0,1925	+0,2925	0,95	−0,8538	+0,0925	−0,8075
0,46	+0,1826	+0,2052	+0,2852	0,96	−0,8824	+0,0752	−0,8448
0,47	+0,1686	+0,2173	+0,2773	0,97	−0,9114	+0,0573	−0,8827
0,48	+0,1544	+0,2288	+0,2688	0,98	−0,9406	+0,0388	−0,9212
0,49	+0,1399	+0,2397	+0,2597	0,99	−0,9700	+0,0197	−0,9603
0,50	+0,1250	+0,2500	+0,2500	1,00	−1,0000	+0,0000	−1,0000

Tafel 4 *Stabendmomente für volle Einspannung für Streckenlasten am ein- und zweiseitig eingespannten Stab*

$\frac{a}{l}$	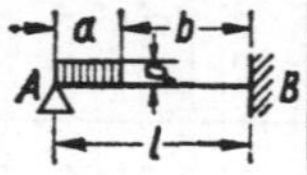 $M_{BA}' = \alpha p l^2$ α	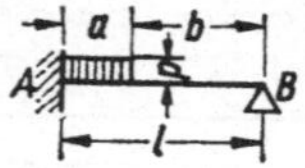 $M_{AB}' = \beta p l^2$ β	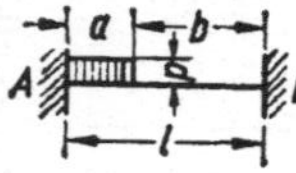 $M_{AB}' = \gamma p l^2$ γ	$M_{BA}' = \delta p l^2$ δ	$\frac{a}{l}$	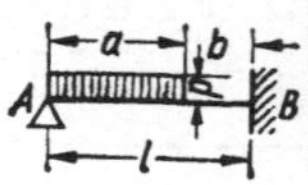 $M_{BA}' = \alpha p l^2$ α	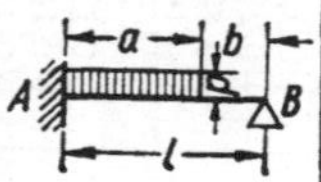 $M_{AB}' = \beta p l^2$ β	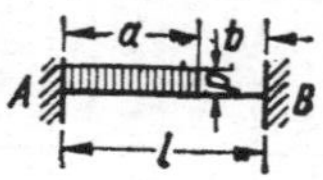 $M_{AB}' = \gamma p l^2$ γ	$M_{BA}' = \delta p l^2$ δ
0,01	+0,0000	−0,0001	−0,0000	+0,0000	0,51	+0,0565	−0,0722	−0,0586	+0,0273
0,02	+0,0001	−0,0002	−0,0002	+0,0000	0,52	+0,0584	−0,0740	−0,0597	+0,0286
0,03	+0,0002	−0,0005	−0,0004	+0,0000	0,53	+0,0603	−0,0759	−0,0609	+0,0299
0,04	+0,0004	−0,0008	−0,0007	+0,0000	0,54	+0,0623	−0,0777	−0,0621	+0,0312
0,05	+0,0006	−0,0013	−0,0012	+0,0000	0,55	+0,0642	−0,0795	−0,0632	+0,0326
0,06	+0,0009	−0,0017	−0,0017	+0,0001	0,56	+0,0661	−0,0813	−0,0643	+0,0339
0,07	+0,0012	−0,0024	−0,0022	+0,0001	0,57	+0,0680	−0,0831	−0,0654	+0,0354
0,08	+0,0016	−0,0030	−0,0029	+0,0001	0,58	+0,0699	−0,0848	−0,0664	+0,0367
0,09	+0,0020	−0,0038	−0,0036	+0,0002	0,59	+0,0718	−0,0866	−0,0674	+0,0382
0,10	+0,0025	−0,0045	−0,0043	+0,0003	**0,60**	+0,0738	−0,0882	−0,0684	+0,0396
0,11	+0,0030	−0,0054	−0,0052	+0,0004	0,61	+0,0757	−0,0899	−0,0693	+0,0410
0,12	+0,0036	−0,0063	0,0061	+0,0005	0,62	+0,0777	−0,0915	−0,0702	+0,0425
0,13	+0,0042	−0,0074	−0,0071	+0,0007	0,63	+0,0795	−0,0931	−0,0711	+0,0440
0,14	+0,0048	−0,0085	−0,0081	+0,0008	0,64	+0,0814	−0,0947	−0,0719	+0,0454
0,15	+0,0055	−0,0097	−0,0091	+0,0010	0,65	+0,0833	−0,0963	−0,0728	+0,0469
0,16	+0,0063	−0,0108	−0,0103	+0,0012	0,66	+0,0852	−0,0978	−0,0735	+0,0484
0,17	+0,0071	−0,0121	−0,0114	−0,0014	0,67	+0,0870	−0,0993	−0,0743	+0,0499
0,18	+0,0079	−0,0134	−0,0126	+0,0017	0,68	+0,0888	−0,1007	−0,0750	+0,0513
0,19	+0,0088	−0,0148	−0,0138	+0,0019	0,69	+0,0906	−0,1021	−0,0757	+0,0528
0,20	+0,0098	−0,0162	−0,0151	+0,0023	**0,70**	+0,0925	−0,1035	−0,0763	+0,0543
0,21	+0,0108	−0,0177	−0,0164	+0,0026	0,71	+0,0942	−0,1049	−0,0770	+0,0558
0,22	+0,0118	−0,0192	−0,0177	+0,0030	0,72	+0,0960	−0,1062	−0,0775	+0,0572
0,23	+0,0129	−0,0208	−0,0190	+0,0034	0,73	+0,0977	−0,1075	−0,0781	+0,0587
0,24	+0,0140	−0,0223	−0,0204	−0,0038	0,74	+0,0994	−0,1087	−0,0786	+0,0601
0,25	+0,0151	−0,0240	−0,0218	+0,0042	0,75	+0,1010	−0,1099	−0,0971	+0,0615
0,26	+0,0163	−0,0256	−0,0232	+0,0047	0,76	+0,1027	−0,1110	−0,0795	+0,0629
0,27	+0,0175	−0,0273	−0,0246	+0,0052	0,77	+0,1042	−0,1121	−0,0800	+0,0643
0,28	+0,0188	−0,0290	−0,0261	+0,0058	0,78	+0,1058	−0,1132	−0,0803	+0,0657
0,29	+0,0201	−0,0308	−0,0276	+0,0064	0,79	+0,1073	−0,1142	−0,0807	+0,0670
0,30	+0,0215	−0,0325	−0,0290	+0,0070	**0,80**	+0,1088	−0,1152	−0,0811	+0,0683
0,31	+0,0229	−0,0344	−0,0305	+0,0076	0,81	+0,1102	−0,1162	−0,0814	+0,0695
0,32	+0,0243	−0,0362	−0,0320	+0,0083	0,82	+0,1116	−0,1171	−0,0817	+0,0708
0,33	+0,0257	−0,0380	−0,0334	+0,0090	0,83	+0,1129	−0,1179	−0,0819	+0,0719
0,34	+0,0272	−0,0398	−0,0349	+0,0098	0,84	+0,1142	−0,1187	−0,0822	+0,0731
0,35	+0,0287	−0,0417	−0,0364	+0,0105	0,85	+0,1153	−0,1195	−0,0824	+0,0742

0,36	+0,0303	−0,0436	−0,0379	+0,0113	0,86	+0,1165	−0,1202	−0,0825	+0,0752
0,37	+0,0319	−0,0455	−0,0393	+0,0122	0,87	+0,1176	−0,1208	−0,0827	+0,0763
0,38	+0,0335	−0,0473	−0,0408	+0,0131	0,88	+0,1187	−0,1214	−0,0828	+0,0773
0,39	+0,0351	−0,0493	−0,0423	+0,0140	0,89	+0,1196	−0,1220	−0,0829	+0,0781
0,40	+0,0368	−0,0512	−0,0437	+0,0149	**0,90**	+0,1205	−0,1225	−0,0830	+0,0790
0,41	+0,0384	−0,0532	−0,0451	+0,0159	0,91	+0,1212	−0,1230	−0,0831	+0,0797
0,42	+0,0402	−0,0551	−00,466	+0,0169	0,92	+0,1220	−0,1234	−0,0832	+0,0805
0,43	+0,0419	−0,0570	−0,0480	+0,0180	0,93	+0,1226	−0,1238	−0,0833	+0,0811
0,44	+0,0437	−0,0589	−0,0494	+0,0190	0,94	+0,1233	−0,1241	−0,0833	+0,0817
0,45	+0,0455	−0,0608	−0,0507	+0,0201	0,95	+0,1237	−0,1244	−0,0833	+0,0821
0,46	+0,0473	−0,0627	−0,0521	+0,0212	0,96	+0,1242	−0,1246	−0,0833	+0,0826
0,47	+0,0491	−0,0647	−0,0534	+0,0224	0,97	+0,1245	−0,1248	−0,0833	+0,0829
0,48	+0,0510	−0,0666	−0,0547	+0,0236	0,98	+0,1248	−0,1249	−0,0833	+0,0831
0,49	+0,0528	−0,0685	−0,0561	+0,0248	0,99	+0,1249	−0,1250	−0,0833	+0,0833
0,50	+0,0547	−0,0703	−0,0573	+0,0261	**1,00**	+0,1250	−0,1250	−0,0833	+0,0833

Tafel 5 Stabendmomente für volle Einspannung für Dreieck-Streckenlasten am ein- und zweiseitig eingespannten Stab

$\frac{a}{l}$	$M_{BA}' = \alpha p l^2$ α	$M_{AB}' = \beta p l^2$ β	$M_{AB}' = \gamma p l^2$ γ	$M_{BA}' = \delta p l^2$ δ	$\frac{a}{l}$	$M_{BA}' = \alpha p l^2$ α	$M_{AB} = \beta p l^2$ β	$M_{AB}' = \gamma p l^2$ γ	$M_{BA}' = \delta p l^2$ δ
0,01	+0,0000	−0,0000	−0,0000	+0,0000	0,51	+0,0200	−0,0285	−0,0246	+0,0077
0,02	+0,0000	−0,0001	−0,0001	+0,0000	0,52	+0,0207	−0,0293	−0,0253	+0,0081
0,03	+0,0001	−0,0001	−0,0001	+0,0000	0,53	+0,0214	−0,0302	−0,0259	+0,0085
0,04	+0,0001	−0,0003	−0,0003	+0,0000	0,54	+0,0222	−0,0310	−0,0266	−0,0089
0,05	+0,0002	−0,0004	−0,0004	+0,0000	0,55	+0,0229	−0,0319	−0,0273	+0,0093
0,06	+0,0003	−0,0006	−0,0006	+0,0000	0,56	+0,0237	−0,0328	−0,0279	+0,0097
0,07	+0,0004	−0,0008	−0,0008	+0,0000	0,57	+0,0244	−0,0336	−0,0286	+0,0102
0,08	+0,0005	−0,0010	−0,0010	+0,0000	0,58	+0,0252	−0,0345	−0,0292	+0,0106
0,09	+0,0007	−0,0013	−0,0012	+0,0001	0,59	+0,0260	−0,0354	−0,0298	+0,0111
0,10	+0,0008	−0,0015	−0,0015	+0,0001	**0,60**	+0,0268	−0,0362	−0,0305	+0,0115
0,11	+0,0010	−0,0019	−0,0018	+0,0001	0,61	+0,0275	−0,0371	−0,0311	+0,0120
0,12	+0,0012	−0,0022	−0,0021	+0,0001	0,62	+0,0283	−0,0380	−0,0317	+0,0125
0,13	+0,0014	−0,0025	−0,0025	+0,0002	0,63	+0,0291	−0,0388	−0,0324	+0,0130
0,14	+0,0016	−0,0029	−0,0028	+0,0002	0,64	+0,0299	−0,0397	−0,0330	+0,0135
0,15	+0,0019	−0,0033	−0,0032	+0,0003	0,65	+0,0307	−0,0406	−0,0336	+0,0140
0,16	+0,0021	−0,0038	−0,0036	+0,0003	0,66	+0,0316	−0,0414	−0,0342	+0,0145
0,17	+0,0024	−0,0042	−0,0040	+0,0004	0,67	+0,0324	−0,0423	−0,0348	+0,0150
0,18	+0,0027	−0,0047	−0,0045	+0,0004	0,68	+0,0332	−0,0431	−0,0354	+0,0155
0,19	+0,0030	−0,0052	−0,0049	+0,0005	0,69	+0,0340	−0,0440	−0,0359	+0,0160
0,20	+0,0033	−0,0057	−0,0054	+0,0006	**0,70**	+0,0348	−0,0448	−0,0365	+0,0166
0,21	+0,0036	−0,0062	−0,0059	+0,0007	0,71	+0,0357	−0,0456	−0,0371	+0,0171
0,22	+0,0040	−0,0068	−0,0064	+0,0008	0,72	+0,0365	−0,0465	−0,0376	+0,0177
0,23	+0,0043	−0,0074	−0,0069	+0,0009	0,73	+0,0373	−0,0473	−0,0382	+0,0182
0,24	+0,0047	−0,0080	−0,0075	+0,0010	0,74	+0,0381	−0,0481	−0,0387	+0,0188
0,25	+0,0051	−0,0086	−0,0080	+0,0011	0,75	+0,0390	−0,0489	−0,0393	+0,0193
0,26	+0,0055	−0,0092	−0,0086	+0,0012	0,76	+0,0398	−0,0497	−0,0398	+0,0199
0,27	+0,0059	−0,0098	−0,0091	+0,0014	0,77	+0,0406	−0,0500	−0,0403	+0,0205
0,28	+0,0064	−0,0105	−0,0097	+0,0015	0,78	+0,0414	−0,0513	−0,0408	+0,0210
0,29	+0,0068	−0,0111	−0,0103	+0,0017	0,79	+0,0423	−0,0521	−0,0413	+0,0216
0,30	+0,0073	−0,0118	−0,0109	+0,0018	**0,80**	+0,0431	−0,0529	−0,0418	+0,0222
0,31	+0,0078	−0,0125	−0,0115	−0,0020	0,81	+0,0439	−0,0537	−0,0423	+0,0228
0,32	+0,0083	−0,0132	−0,0121	+0,0022	0,82	+0,0447	−0,0544	−0,0428	+0,0233
0,33	+0,0088	−0,0140	−0,0128	+0,0024	0,83	+0,0455	−0,0552	−0,0432	+0,0239
0,34	+0,0093	−0,0147	−0,0134	+0,0026	0,84	+0,0464	−0,0560	−0,0437	+0,0245
0,35	+0,0098	−0,0154	−0,0140	+0,0028	0,85	+0,0472	−0,0567	−0,0442	+0,0251

0,36	+0,0104	−0,0162	−0,0147	+0,0030	0,86	+0,0480	−0,0574	−0,0446	+0,0257
0,37	+0,0109	−0,0170	−0,0153	+0,0033	0,87	+0,0488	−0,0582	−0,0450	+0,0262
0,38	+0,0115	−0,0177	−0,0160	+0,0035	0,88	+0,0495	−0,0589	−0,0455	+0,0268
0,39	+0,0121	−0,0185	−0,0166	+0,0038	0,89	+0,0503	−0,0596	−0,0459	+0,0274
0,40	+0,0127	−0,0193	−0,0173	+0,0040	**0,90**	+0,0511	−0,0603	−0,0463	+0,0279
0,41	+0,0133	−0,0201	−0,0179	+0,0043	0,91	+0,0519	−0,0610	−0,0467	+0,0285
0,42	+0,0139	−0,0209	−0,0186	+0,0046	0,92	+0,0526	−0,0616	−0,0471	+0,0291
0,43	+0,0146	−0,0217	−0,0193	+0,0049	0,93	+0,0534	−0,0623	−0,0475	+0,0296
0,44	+0,0152	−0,0226	−0,0199	+0,0052	0,94	+0,0541	−0,0630	−0,0479	+0,0302
0,45	+0,0159	−0,0234	−0,0206	+0,0055	0,95	+0,0548	−0,0636	−0,0482	+0,0307
0,46	+0,0165	−0,0242	−0,0213	+0,0059	0,96	+0,0556	−0,0642	−0,0486	+0,0313
0,47	+0,0172	−0,0250	−0,0220	+0,0062	0,97	+0,0563	−0,0649	−0,0490	+0,0318
0,48	+0,0179	−0,0259	−0,0226	+0,0066	0,98	+0,0570	−0,0655	−0,0493	+0,0323
0,49	+0,0186	−0,0268	−0,0233	+0,0069	0,99	+0,0577	−0,0661	−0,0497	+0,0328
0,50	+0,0193	−0,0276	−0,0240	+0,0073	**1,00**	+0,0583	−0,0667	−0,0500	+0,0333

Tafel 6 Stabfestwerte für das Steinman-Verfahren
(Momentenermittlung mittels gekoppelter Steifigkeiten)

$\varphi = \frac{\sum k_n'}{k_{n+1}}$	$c = \frac{4\varphi + 3}{4\varphi + 4}$	$\gamma = \frac{2\varphi}{4\varphi + 3}$
0,005	0,751	0,00331
0,010	0,752	0,00667
0,015	0,754	0,00980
0,020	0,755	0,01299
0,025	0,756	0,01613
0,030	0,757	0,01923
0,035	0,758	0,02229
0,040	0,760	0,02532
0,045	0,761	0,02830
0,050	0,762	0,03125
0,060	0,764	0,0370
0,070	0,766	0,0427
0,080	0,769	0,0482
0,090	0,771	0,0536
0,100	0,773	0,0588
0,110	0,775	0,0640
0,120	0,777	0,0690
0,130	0,779	0,0739
0,140	0,781	0,0787
0,150	0,783	0,0833
0,175	0,787	0,0946
0,200	0,792	0,105
0,225	0,796	0,115
0,25	0,800	0,125
0,30	0,808	0,143
0,35	0,815	0,159
0,40	0,821	0,174
0,45	0,827	0,187
0,50	0,833	0,200
0,55	0,839	0,211
0,60	0,844	0,222
0,65	0,849	0,232
0,70	0,853	0,241
0,75	0,857	0,250
0,80	0,861	0,258
0,85	0,865	0,266
0,90	0,868	0,273
0,95	0,872	0,280
1,00	0,875	0,286
1,05	0,878	0,292
1,10	0,881	0,297
1,15	0,884	0,303
1,20	0,886	0,308
1,25	0,889	0,313
1,30	0,891	0,317
1,35	0,894	0,322
1,40	0,896	0,326
1,45	0,898	0,330
1,50	0,900	0,333
1,55	0,902	0,337
1,60	0,904	0,340
1,65	0,906	0,344
1,70	0,907	0,347
1,75	0,909	0,350

φ	c	γ
1,80	0,911	0,353
1,85	0,913	0,356
1,90	0,914	0,358
1,95	0,916	0,361
2,00	0,917	0,364
2,05	0,918	0,366
2,10	0,920	0,369
2,15	0,921	0,371
2,20	0,922	0,373
2,25	0,923	0,375
2,30	0,924	0,377
2,35	0,925	0,379
2,40	0,926	0,381
2,45	0,927	0,383
2,50	0,929	0,385
2,55	0,930	0,387
2,60	0,931	0,388
2,65	0,932	0,390
2,70	0,933	0,391
2,75	0,934	0,393
2,80	0,934	0,394
2,85	0,935	0,396
2,90	0,936	0,397
2,95	0,937	0,399
3,00	0,938	0,400
3,10	0,939	0,403
3,20	0,940	0,405
3,30	0,942	0,407
3,40	0,943	0,410
3,50	0,944	0,412
3,60	0,946	0,414
3,70	0,948	0,416
3,80	0,948	0,418
3,90	0,949	0,419
4,00	0,950	0,421
4,25	0,952	0,425
4,50	0,955	0,429
4,75	0,957	0,432
5,00	0,958	0,435
5,50	0,962	0,440
6,00	0,964	0,444
6,50	0,967	0,448
7,00	0,969	0,452
8,00	0,972	0,457
9,00	0,975	0,462
10,00	0,977	0,465
12,00	0,981	0,471
15,00	0,984	0,476
20,00	0,988	0,482
25,00	0,990	0,485
30,00	0,992	0,488
40,00	0,994	0,491
50,00	0,995	0,493

Tafel 7

Lösungen der Integrale $EI_c\delta = \int_0^l M\bar{M}\frac{I_c}{I}\,dx = (c)\,M\bar{M}l\,\frac{I_c}{I} = \text{Tafelwert} \cdot l\frac{I_c}{I}$;

M und $\bar{M}$ sind vertauschbar; I_c beliebig wählbares Bezugsträgheitsmoment; o = Parabelscheitel

l, x, I	$\bar{M}$ (Rechteck) $\bar{M}$	$\bar{M}$ (Dreieck)	$\bar{M}_1$ (Trapez) $\bar{M}_2$	$\bar{M}$, αl, βl
M (Rechteck) M	$M\bar{M}$	$\frac{1}{2}M\bar{M}$	$\frac{1}{2}M(\bar{M}_1 + \bar{M}_2)$	$\frac{1}{2}M\bar{M}$
M (Dreieck, links)	$\frac{1}{2}M\bar{M}$	$\frac{1}{3}M\bar{M}$	$\frac{1}{6}M(2\bar{M}_1 + \bar{M}_2)$	$\frac{1}{6}(1+\beta)M\bar{M}$
(Dreieck, rechts) M	$\frac{1}{2}M\bar{M}$	$\frac{1}{6}M\bar{M}$	$\frac{1}{6}M(\bar{M}_1 + 2\bar{M}_2)$	$\frac{1}{6}(1+\alpha)M\bar{M}$
M_1 (Trapez) M_2	$\frac{1}{2}(M_1 + M_2)\bar{M}$	$\frac{1}{6}(2M_1 + M_2)\bar{M}$	$\frac{1}{6}[M_1(2\bar{M}_1 + \bar{M}_2) + M_2(\bar{M}_1 + 2\bar{M}_2)]$ [1]	$\frac{1}{6}[(1+\beta)M_1 + (1+\alpha)M_2]\bar{M}$
M_1 (+) (−) M_2	$\frac{1}{2}(M_1 - M_2)\bar{M}$	$\frac{1}{6}(2M_1 - M_2)\bar{M}$	$\frac{1}{6}[M_1(2\bar{M}_1 + \bar{M}_2) - M_2(\bar{M}_1 + 2\bar{M}_2)]$	$\frac{1}{6}[(1+\beta)M_1 - (1+\alpha)M_2]\bar{M}$
M quadrat. Parabel	$\frac{2}{3}M\bar{M}$	$\frac{1}{3}M\bar{M}$	$\frac{1}{3}M(\bar{M}_1 + \bar{M}_2)$	$\frac{1}{3}(1 + \alpha - \alpha^2)M\bar{M}$
M quadrat. Parabel	$\frac{2}{3}M\bar{M}$	$\frac{5}{12}M\bar{M}$	$\frac{1}{12}M(5\bar{M}_1 + 3\bar{M}_2)$	$\frac{1}{12}M\bar{M}(3 + 3\beta - \beta^2)$

[1]) Für $M_1 = \bar{M}_1$ und $M_2 = \bar{M}_2$ ist $(c) = \frac{1}{3}(M_1^2 + M_1M_2 + M_2^2)$.

 quadrat. Parabel, M	$\frac{2}{3} M\bar{M}$	$\frac{1}{4} M\bar{M}$	$\frac{1}{12} M(3\bar{M}_1 + 5\bar{M}_2)$		$\frac{1}{12} M\bar{M}(3 + 3\alpha - \alpha^2)$
 M, quadrat. Parabel	$\frac{1}{3} M\bar{M}$	$\frac{1}{4} M\bar{M}$	$\frac{1}{12} M(3\bar{M}_1 + \bar{M}_2)$		$\frac{1}{12} M\bar{M}(3\beta + \alpha^2)$
 quadrat. Parabel, M	$\frac{1}{3} M\bar{M}$	$\frac{1}{12} M\bar{M}$	$\frac{1}{12} M(\bar{M}_1 + 3\bar{M}_2)$		$\frac{1}{12} M\bar{M}(3\alpha + \beta^2)$
 kub. Parabel, M	$\frac{3}{8}\sqrt{3}\, M\bar{M}$	$\frac{\sqrt{3}}{5} M\bar{M}$	$\sqrt{3}\, M\left(\frac{\bar{M}_1}{5} + \frac{7}{40}\bar{M}_2\right)$		$\frac{3}{40}\sqrt{3}\,(1+\beta)\left(\frac{7}{3} - \beta^2\right) M\bar{M}$
 kub. Parabel, M	$\frac{3}{8}\sqrt{3}\, M\bar{M}$	$\frac{7}{40}\sqrt{3}\, M\bar{M}$	$\sqrt{3}\, M\left(\frac{7}{40}\bar{M}_1 + \frac{\bar{M}_2}{5}\right)$		$\frac{3}{40}\sqrt{3}\,(1+\alpha)\left(\frac{7}{3} - \alpha^2\right) M\bar{M}$
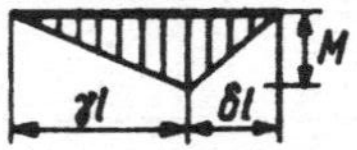 M, γl, δl	$\frac{1}{2} M\bar{M}$	$\frac{1+\delta}{6} M\bar{M}$	$\frac{1}{6} M[(1+\delta)\bar{M}_1 + (1+\gamma)\bar{M}_2]$	$\alpha \leqq \gamma$	$\frac{1}{6}\left[2 - \frac{(\beta-\delta)^2}{\beta\gamma}\right] M\bar{M}$
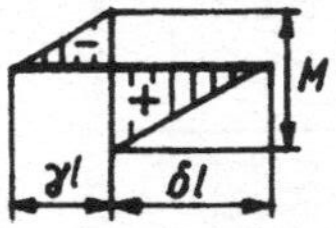 $-$, $+$, M, γl, δl	$\frac{1}{2}(1 - 2\gamma) M\bar{M}$	$\frac{1}{6}(3\delta^2 - 1) M\bar{M}$	$\frac{1}{6} M[(3\delta^2 - 1)\bar{M}_1 + (1 - 3\gamma^2)\bar{M}_2]$	$\alpha \geqq \gamma$	$\frac{1}{6}\left(1 + \beta - \frac{3\gamma^2}{\alpha}\right) M\bar{M}$
				$\alpha \leqq \gamma$	$-\frac{1}{6}\left(1 + \alpha - \frac{3\delta^2}{\beta}\right) M\bar{M}$

6.2. Stäbe mit veränderlichem Trägheitsmoment

Tafel 8 Stabfestwerte und Stabendmomente für volle Einspannung des ein- und zweiseitig eingespannten dachförmigen Stabes

Tafelwerte für Stabende links

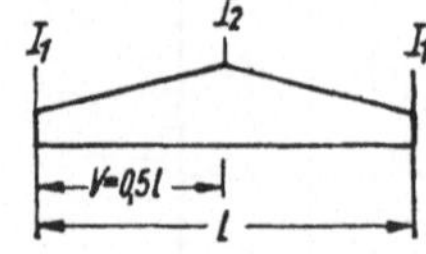

Für Stabendmomente rechts gelten die Tafelwerte mit umgekehrten Vorzeichen!

Beidseitig eingespannter Stab

$n = I_1 : I_2$	1,0	0,6	0,4	0,2	0,1	0,06	0,03	0,01
$k'l : I_1$	1,00	1,18	1,34	1,68	2,11	2,51	3,16	4,60
$k^*l : I_1$	*1,00*	*1,06*	*1,11*	*1,20*	*1,29*	*1,34*	*1,41*	*1,52*
$k'l : I_1$	0,500	0,644	0,781	1,08	1,47	1,83	2,45	3,82
$k'l : I_1$	1,50	1,71	1,90	2,28	2,75	3,18	3,87	5,34
γ	0,500	0,452	0,416	0,357	0,303	0,267	0,224	0,166
a^*	*2,00*	*2,21*	*2,40*	*2,80*	*3,30*	*3,74*	*4,48*	*6,03*
c^*	*1,00*	*1,07*	*1,13*	*1,27*	*1,43*	*1,58*	*1,83*	*2,34*
$\frac{M'}{Pl}$, $\frac{a}{l} = 0{,}1$	−0,081	−0,078	−0,076	−0,072	−0,067	−0,063	−0,057	−0,051
0,2	−0,128	−0,121	−0,115	−0,104	−0,093	−0,085	−0,074	−0,061
0,3	−0,147	−0,136	−0,127	−0,112	−0,097	−0,087	−0,075	−0,060
0,4	−0,144	−0,132	−0,122	−0,106	−0,091	−0,081	−0,069	−0,054
0,5	−0,125	−0,115	−0,106	−0,092	−0,079	−0,070	−0,059	−0,046
0,6	−0,096	−0,089	−0,084	−0,073	−0,064	−0,057	−0,048	−0,036
0,7	−0,063	−0,060	−0,057	−0,052	−0,046	−0,042	−0,036	−0,029
0,8	−0,032	−0,032	−0,031	−0,029	−0,027	−0,025	−0,022	−0,020
0,9	−0,009	−0,009	−0,009	−0,009	−0,009	−0,009	−0,008	−0,008
$\frac{M'}{ql^2}$ (Vollast)	−0,083	−0,078	−0,074	−0,066	−0,058	−0,053	−0,046	−0,036
(Dreieckslast)	−0,502	−0,049	−0,046	−0,040	−0,035	−0,032	−0,027	−0,021
(Last links)	−0,057	−0,054	−0,051	−0,045	−0,040	−0,036	−0,031	−0,025
(Last rechts)	−0,026	−0,025	−0,023	−0,021	−0,019	−0,017	−0,015	−0,011
$\frac{M'l^2}{EI_1\delta}$	−6,00	−6,83	−7,58	−9,12	−11,0	−12,7	−15,5	−21,1

Einseitig eingespannter Stab

$n = I_1 : I_2$	1,0	0,6	0,4	0,2	0,1	0,06	0,03	0,01
$k'l : I_1$	0,750	0,935	1,11	1,46	1,92	2,33	3,00	4,46
$\frac{M'}{Pl}$, $\frac{a}{l} = 0{,}1$	−0,086	−0,082	−0,080	−0,075	−0,069	−0,065	−0,059	−0,050
0,2	−0,144	−0,135	−0,127	−0,114	−0,101	−0,091	−0,079	−0,062
0,3	−0,179	−0,163	−0,151	−0,131	−0,111	−0,098	−0,082	−0,063
0,4	−0,192	−0,172	−0,157	−0,133	−0,111	−0,096	−0,079	−0,062
0,5	−0,188	−0,166	−0,150	−0,125	−0,103	−0,089	−0,072	−0,049
0,6	−0,168	−0,149	−0,134	−0,111	−0,092	−0,079	−0,063	−0,046
0,7	−0,137	−0,122	−0,110	−0,092	−0,076	−0,065	−0,052	−0,039
0,8	−0,096	−0,086	−0,078	−0,066	−0,055	−0,047	−0,038	−0,032
0,9	−0,050	−0,045	−0,041	−0,035	−0,029	−0,026	−0,021	−0,017
$\frac{M'}{ql^2}$ (Vollast)	−0,125	−0,113	−0,104	−0,089	−0,067	−0,067	−0,055	−0,044
(Dreieckslast)	−0,078	−0,070	−0,064	−0,055	−0,046	−0,040	−0,033	−0,025
(Last links)	−0,070	−0,065	−0,060	−0,053	−0,046	−0,041	−0,034	−0,027
(Last rechts)	−0,055	−0,049	−0,044	−0,037	−0,031	−0,027	−0,021	−0,015
$\frac{M'l^2}{EI_1\delta}$	−3,00	−3,74	−4,42	−5,86	−7,67	−9,30	−12,0	−16,6

Tafel 9 Stabfestwerte und Stabendmomente für volle Einspannung des ein- und zweiseitig eingespannten Stabes mit Vouten an beiden Stabenden

I_2 I_1 I_2 — $v = 0{,}1\,l$ — $0{,}1\,l$ — l

Tafelwerte für Stabende links $\frac{v}{l} = 0{,}1$ **Für Stabendmomente rechts gelten die Tafelwerte mit umgekehrten Vorzeichen!**

Beidseitig eingespannter Stab

		1,0	0,6	0,4	0,2	0,1	0,06	0,03	0,01	0,00
$n = I_1 : I_2$		1,0	0,6	0,4	0,2	0,1	0,06	0,03	0,01	0,00
$k'l : I_1$	[Sketch]	1,00	1,11	1,19	1,31	1,42	1,48	1,55	1,63	1,78
$k^*l : I_1$		*1,00*	*1,17*	*1,30*	*1,51*	*1,68*	*1,79*	*1,91*	*2,04*	*2,30*
$k'l : I_1$	[Sketch]	0,500	0,523	0,539	0,560	0,576	0,585	0,595	0,605	0,625
$k'l : I_1$	[Sketch]	1,50	1,70	1,84	2,07	2,26	2,37	2,50	2,65	2,93
γ		0,500	0,528	0,548	0,574	0,594	0,604	0,616	0,628	0,648
a^*		*2,00*	*1,89*	*1,83*	*1,74*	*1,69*	*1,65*	*1,62*	*1,59*	*1,55*
c^*		*1,00*	*0,964*	*0,942*	*0,914*	*0,895*	*0,885*	*0,875*	*0,864*	*0,850*
$\frac{M'}{Pl}$	$\frac{a}{l} = 0{,}1$	−0,081	−0,085	−0,088	−0,091	−0,094	−0,096	−0,097	−0,099	−0,100
	0,2	−0,128	−0,136	−0,141	−0,149	−0,155	−0,158	−0,162	−0,167	−0,172
	0,3	−0,147	−0,156	−0,162	−0,170	−0,177	−0,181	−0,185	−0,191	−0,197
	0,4	−0,144	−0,151	−0,156	−0,164	−0,169	−0,172	−0,175	−0,179	−0,186
	0,5	−0,125	−0,130	−0,133	−0,138	−0,141	−0,143	−0,144	−0,147	−0,150
	0,6	−0,096	−0,098	−0,099	−0,101	−0,101	−0,101	−0,102	−0,102	−0,102
	0,7	−0,063	−0,063	−0,062	−0,060	−0,059	−0,058	−0,057	−0,055	−0,053
	0,8	−0,032	−0,030	−0,028	−0,026	−0,023	−0,022	−0,020	−0,017	−0,015
	0,9	−0,009	−0,008	−0,006	−0,005	−0,003	−0,003	−0,002	−0,001	0
$\frac{M'}{ql^2}$	[Gleichlast]	−0,083	−0,086	−0,088	−0,091	−0,093	−0,094	−0,095	−0,096	−0,098
	[Dreieckslast, Mitte]	−0,052	−0,055	−0,056	−0,058	−0,059	−0,060	−0,060	−0,061	−0,062
	[Dreieckslast, links max.]	−0,050	−0,053	−0,054	−0,056	−0,058	−0,059	−0,060	−0,061	−0,062
	[Dreieckslast, rechts max.]	−0,033	−0,034	−0,035	−0,035	−0,036	−0,036	−0,036	−0,036	−0,037
$\frac{M'l^2}{EI_1\delta}$	[Sketch]	−6,00	−6,78	−7,37	−8,27	−9,03	−9,49	−10,0	−10,8	−11,7

Einseitig eingespannter Stab

		1,0	0,6	0,4	0,2	0,1	0,06	0,03	0,01	0,00
$k'l : I_1$	[Sketch]	0,750	0,800	0,834	0,882	0,918	0,939	0,961	0,985	1,03
$\frac{M'}{Pl}$	$\frac{a}{l} = 0{,}1$	−0,086	−0,089	−0,091	−0,094	−0,096	−0,097	−0,098	−0,099	−0,100
	0,2	−0,144	−0,152	−0,157	−0,164	−0,169	−0,172	−0,174	−0,178	−0,182
	0,3	−0,179	−0,189	−0,196	−0,205	−0,212	−0,216	−0,220	−0,225	−0,231
	0,4	−0,192	−0,203	−0,211	−0,221	−0,229	−0,234	−0,238	−0,244	−0,252
	0,5	−0,188	−0,199	−0,206	−0,217	−0,224	−0,229	−0,234	−0,240	−0,247
	0,6	−0,168	−0,178	−0,185	−0,194	−0,202	−0,206	−0,210	−0,216	−0,222
	0,7	−0,137	−0,145	−0,150	−0,158	−0,164	−0,167	−0,171	−0,175	−0,181
	0,8	−0,096	−0,102	−0,106	−0,111	−0,115	−0,118	−0,120	−0,123	−0,127
	0,9	−0,050	−0,053	−0,054	−0,057	−0,059	−0,060	−0,061	−0,063	−0,065
$\frac{M'}{ql^2}$	[Gleichlast]	−0,125	−0,132	−0,137	−0,144	−0,148	−0,151	−0,154	−0,157	−0,162
	[Dreieckslast, Mitte]	−0,078	−0,083	−0,086	−0,091	−0,094	−0,096	−0,097	−0,100	−0,103
	[Dreieckslast, links max.]	−0,067	−0,071	−0,073	−0,076	−0,079	−0,080	−0,081	−0,087	−0,096
	[Dreieckslast, rechts max.]	−0,058	−0,062	−0,064	−0,068	−0,070	−0,071	−0,072	−0,074	−0,076
$\frac{M'l^2}{EI_1\delta}$	[Sketch]	−3,00	−3,20	−3,34	−3,53	−3,67	−3,76	−3,84	−3,98	−4,13

Tafel 10 Stabfestwerte und Stabendmomente für volle Einspannung des ein- und zweiseitig eingespannten Stabes mit Vouten an beiden Stabenden

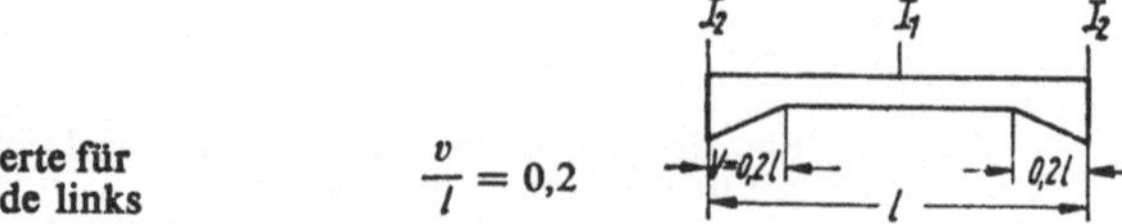

Tafelwerte für Stabende links $\quad \frac{v}{l} = 0,2$

Für Stabendmomente rechts gelten die Tafelwerte mit umgekehrten Vorzeichen!

			1,0	0,6	0,4	0,2	0,1	0,06	0,03	0,01	0,00
	$n = I_1 : I_2$		1,0	0,6	0,4	0,2	0,1	0,06	0,03	0,01	0,00
beidseitig eingespannt	$k'l : I_1$		1,00	1,21	1,39	1,72	2,06	2,30	2,60	2,99	3,89
	$k^*l : I_1$		*1,00*	*1,33*	*1,62*	*2,17*	*2,76*	*3,19*	*3,73*	*4,45*	*6,11*
	$k'l : I_1$		0,500	0,549	0,584	0,637	0,679	0,705	0,734	0,766	0,833
	$k'l : I_1$		1,50	1,87	2,20	2,81	3,45	3,90	4,46	5,21	6,95
	γ		0,500	0,547	0,581	0,631	0,670	0,694	0,718	0,744	0,785
	a^*		*2,00*	*1,83*	*1,72*	*1,59*	*1,49*	*1,44*	*1,38*	*1,34*	*1,27*
	c^*		*1,00*	*0,943*	*0,907*	*0,862*	*0,831*	*0,814*	*0,798*	*0,782*	*0,757*
	$\frac{M'}{Pl}$	$\frac{a}{l} = 0,1$	−0,081	−0,085	−0,088	−0,092	−0,095	−0,096	−0,098	−0,099	−0,100
		0,2	−0,128	−0,139	−0,147	−0,159	−0,170	−0,177	−0,183	−0,191	−0,200
		0,3	−0,147	−0,161	−0,171	−0,188	−0,202	−0,211	−0,221	−0,236	−0,255
		0,4	−0,144	−0,157	−0,166	−0,180	−0,192	−0,200	−0,208	−0,221	−0,237
		0,5	−0,125	−0,134	−0,140	−0,149	−0,155	−0,159	−0,163	−0,169	−0,175
		0,6	−0,096	−0,100	−0,102	−0,105	−0,105	−0,104	−0,103	−0,101	−0,096
		0,7	−0,063	−0,063	−0,062	−0,059	−0,054	−0,051	−0,047	−0,039	−0,028
		0,8	−0,032	−0,030	−0,028	−0,023	−0,018	−0,015	−0,012	−0,006	0
		0,9	−0,009	−0,008	−0,007	−0,005	−0,003	−0,003	−0,002	−0,001	0
	$\frac{M'}{ql^2}$		−0,083	−0,088	−0,092	−0,097	−0,100	−0,102	−0,104	−0,107	−0,110
			−0,052	−0,056	−0,058	−0,062	−0,064	−0,066	−0,067	−0,069	−0,071
			−0,050	−0,054	−0,056	−0,060	−0,063	−0,065	−0,066	−0,069	−0,072
			−0,033	−0,035	−0,036	−0,037	−0,038	−0,038	−0,039	−0,039	−0,039
	$\frac{M'l^2}{EI_1\delta}$		−6,00	−7,50	−8,82	−11,3	−13,8	−15,6	−17,9	−21,4	−27,8
einseitig eingespannt	$k'l : I_1$		0,750	0,849	0,923	1,04	1,13	1,19	1,26	1,34	1,49
	$\frac{M'}{Pl}$	$\frac{a}{l} = 0,1$	−0,086	−0,090	−0,092	−0,095	−0,097	−0,098	−0,099	−0,099	−0,100
		0,2	−0,144	−0,155	−0,163	−0,174	−0,182	−0,187	−0,191	−0,196	−0,200
		0,3	−0,179	−0,195	−0,207	−0,225	−0,238	−0,246	−0,255	−0,265	−0,277
		0,4	−0,192	−0,211	−0,225	−0,246	−0,262	−0,272	−0,283	−0,296	−0,313
		0,5	−0,188	−0,207	−0,221	−0,242	−0,259	−0,270	−0,280	−0,295	−0,313
		0,6	−0,168	−0,186	−0,199	−0,218	−0,234	−0,243	−0,253	−0,267	−0,283
		0,7	−0,137	−0,151	−0,162	−0,177	−0,190	−0,197	−0,205	−0,217	−0,229
		0,8	−0,096	−0,106	−0,113	−0,124	−0,132	−0,137	−0,143	−0,150	−0,157
		0,9	−0,050	−0,054	−0,058	−0,063	−0,067	−0,069	−0,072	−0,076	−0,079
	$\frac{M'}{ql^2}$		−0,125	−0,137	−0,145	−0,158	−0,168	−0,173	−0,179	−0,188	−0,196
			−0,078	−0,086	−0,092	−0,100	−0,107	−0,111	−0,115	−0,121	−0,127
			−0,067	−0,073	−0,077	−0,083	−0,088	−0,091	−0,094	−0,098	−0,102
			−0,058	−0,064	−0,069	−0,075	−0,080	−0,083	−0,086	−0,090	−0,095
	$\frac{M'l^2}{EI_1\delta}$		−3,00	−3,40	−3,69	−4,15	−4,54	−4,78	−5,04	−5,42	−5,95

Tafel 11 Stabfestwerte und Stabendmomente für volle Einspannung des ein- und zweiseitig eingespannten Stabes mit Vouten an beiden Stabenden

Tafelwerte für Stabende links $\frac{v}{l} = 0,3$

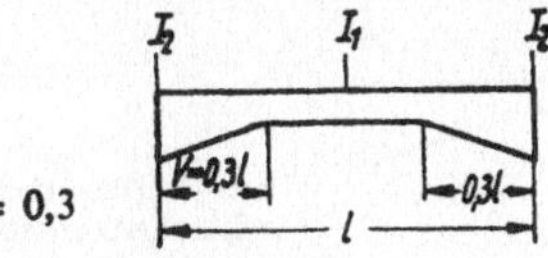

Für Stabendmomente rechts gelten die Tafelwerte mit umgekehrten Vorzeichen!

Beidseitig eingespannter Stab

$n = I_1 : I_2$		1,0	0,6	0,4	0,2	0,1	0,06	0,03	0,01	0,00
$k'l : I_1$		1,00	1,30	1,59	2,20	2,98	3,65	4,69	6,52	12,3
$k^*l : I_1$		*1,00*	*1,44*	*1,90*	*2,93*	*4,31*	*5,54*	*7,44*	*10,7*	*22,2*
$k'l : I_1$		0,500	0,577	0,638	0,737	0,828	0,887	0,958	1,04	1,25
$k'l : I_1$		1,50	2,02	2,54	3,67	5,14	6,42	8,39	11,7	23,8
γ		0,500	0,556	0,598	0,666	0,723	0,757	0,796	0,837	0,899
a^*		*2,00*	*1,80*	*1,67*	*1,50*	*1,38*	*1,32*	*1,26*	*1,20*	*1,10*
c^*		*1,00*	*0,933*	*0,890*	*0,834*	*0,795*	*0,774*	*0,753*	*0,732*	*0,710*
$\frac{M'}{Pl}$	$\frac{a}{l} =$ 0,1	−0,081	−0,084	−0,087	−0,090	−0,093	−0,095	−0,096	−0,098	−0,100
	0,2	−0,128	−0,138	−0,146	−0,157	−0,167	−0,174	−0,181	−0,192	−0,200
	0,3	−0,147	−0,162	−0,173	−0,194	−0,213	−0,226	−0,243	−0,270	−0,300
	0,4	−0,144	−0,159	−0,170	−0,190	−0,209	−0,221	−0,238	−0,270	−0,310
	0,5	−0,125	−0,136	−0,144	−0,157	−0,167	−0,173	−0,180	−0,189	−0,200
	0,6	−0,096	−0,102	−0,106	−0,109	−0,109	−0,108	−0,103	−0,090	−0,065
	0,7	−0,063	−0,064	−0,064	−0,061	−0,055	−0,050	−0,041	−0,023	0
	0,8	−0,032	−0,031	−0,030	−0,027	−0,023	−0,019	−0,014	−0,007	0
	0,9	−0,009	−0,008	−0,008	−0,006	−0,005	−0,004	−0,003	−0,001	0
$\frac{M'}{ql^2}$	Gleichlast	−0,083	−0,089	−0,094	−0,100	−0,105	−0,108	−0,111	−0,114	−0,118
	Dreieck	−0,052	−0,057	−0,060	−0,064	−0,068	−0,070	−0,072	−0,075	−0,078
	Dreieck links	−0,050	−0,054	−0,057	−0,062	−0,065	−0,067	−0,070	−0,074	−0,079
	Dreieck rechts	−0,033	−0,036	−0,037	−0,039	−0,040	−0,041	−0,041	−0,040	−0,040
$\frac{M'l^2}{EI_1\delta}$		−6,00	−8,08	−10,2	−14,7	−20,5	−25,7	−33,7	−53,0	−93,8

Einseitig eingespannter Stab

$n = I_1 : I_2$		1,0	0,6	0,4	0,2	0,1	0,06	0,03	0,01	0,00
$k'l : I_1$		0,750	0,898	1,02	1,23	1,43	1,56	1,72	1,92	2,37
$\frac{M'}{Pl}$	$\frac{a}{l} =$ 0,1	−0,086	−0,089	−0,091	−0,094	−0,096	−0,098	−0,099	−0,099	−0,100
	0,2	−0,144	−0,155	−0,163	−0,175	−0,183	−0,188	−0,192	−0,197	−0,200
	0,3	−0,179	−0,197	−0,212	−0,234	−0,253	−0,264	−0,275	−0,289	−0,300
	0,4	−0,192	−0,215	−0,234	−0,262	−0,288	−0,302	−0,320	−0,342	−0,368
	0,5	−0,188	−0,212	−0,231	−0,261	−0,288	−0,305	−0,323	−0,348	−0,380
	0,6	−0,168	−0,190	−0,207	−0,235	−0,260	−0,275	−0,292	−0,318	−0,344
	0,7	−0,137	−0,154	−0,168	−0,190	−0,209	−0,221	−0,234	−0,251	−0,270
	0,8	−0,096	−0,108	−0,117	−0,131	−0,143	−0,150	−0,158	−0,170	−0,180
	0,9	−0,050	−0,055	−0,060	−0,067	−0,072	−0,076	−0,080	−0,084	−0,090
$\frac{M'}{ql^2}$	Gleichlast	−0,125	−0,139	−0,150	−0,167	−0,181	−0,190	−0,199	−0,212	−0,225
	Dreieck	−0,078	−0,088	−0,095	−0,107	−0,116	−0,122	−0,129	−0,138	−0,148
	Dreieck links	−0,067	−0,074	−0,079	−0,087	−0,094	−0,098	−0,103	−0,107	−0,115
	Dreieck rechts	−0,058	0,066	−0,071	−0,080	−0,087	−0,092	−0,097	−0,103	−0,111
$\frac{M'l^2}{EI_1\delta}$		−3,00	−3,59	−4,08	−4,91	−5,70	−6,24	−6,88	−8,00	−9,49

Tafel 12 Stabfestwerte und Stabendmomente für volle Einspannung des ein- und zweiseitig eingespannten Stabes mit Vouten an beiden Stabenden

Tafelwerte für Stabende links $\frac{v}{l} = 0{,}4$

I_2 I_1 I_2; $l - 0{,}4l$; $0{,}4l$; l

Für Stabendmomente rechts gelten die Tafelwerte mit umgekehrten Vorzeichen!

		$n = I_1 : I_2$	1,0	0,6	0,4	0,2	0,1	0,06	0,03	0,01	0,00
beidseitig eingespannt	$k'l : I_1$		1,00	1,37	1,76	2,68	4,08	5,54	8,25	15,1	93,9
	$k^*l : I_1$		*1,00*	*1,52*	*2,11*	*3,61*	*6,04*	*8,67*	*13,8*	*26,9*	*185*
	$k'l : I_1$		0,500	0,608	0,702	0,876	1,06	1,20	1,38	1,64	2,50
	$k'l : I_1$		1,50	2,13	2,81	4,49	7,10	9,87	15,2	28,6	167
	γ		0,500	0,556	0,600	0,674	0,740	0,784	0,833	0,892	0,975
	a^*		*2,00*	*1,80*	*1,67*	*1,49*	*1,35*	*1,28*	*1,20*	*1,12*	*1,04*
	c^*		*1,00*	*0,933*	*0,889*	*0,828*	*0,784*	*0,759*	*0,733*	*0,707*	*0,680*
	$\frac{M'}{Pl}$	$\frac{a}{l} = 0{,}1$	−0,081	−0,084	−0,086	−0,089	−0,091	−0,093	−0,094	−0,097	−0,100
		0,2	−0,128	−0,136	−0,143	−0,152	−0,161	−0,167	−0,173	−0,184	−0,200
		0,3	−0,147	−0,160	−0,171	−0,188	−0,204	−0,216	−0,229	−0,255	−0,300
		0,4	−0,144	−0,159	−0,170	−0,190	−0,210	−0,226	−0,245	−0,285	−0,400
		0,5	−0,125	−0,137	−0,146	−0,161	−0,174	−0,183	−0,192	−0,208	−0,225
		0,6	−0,096	−0,103	−0,108	−0,114	−0,117	−0,116	−0,112	−0,090	0
		0,7	−0,063	−0,065	−0,066	−0,066	−0,064	−0,060	−0,055	−0,040	0
		0,8	−0,032	−0,032	−0,031	−0,030	−0,027	−0,025	−0,022	−0,015	0
		0,9	−0,009	−0,009	−0,008	−0,007	−0,006	−0,006	−0,005	−0,003	0
	$\frac{M'}{ql^2}$	Gleichlast	−0,083	−0,089	−0,094	−0,101	−0,106	−0,110	−0,114	−0,118	−0,123
		Dreieck	−0,052	−0,057	−0,060	−0,065	−0,069	−0,072	−0,074	−0,078	−0,082
		Dreieck links	−0,050	−0,054	−0,057	−0,061	−0,065	−0,068	−0,070	−0,075	−0,082
		Dreieck rechts	−0,033	−0,036	−0,038	−0,040	−0,042	−0,043	−0,044	−0,043	−0,041
	$\frac{M'l^2}{EI_1\delta}$		−6,00	−8,52	−11,2	−18,0	−28,3	−39,6	−60,5	−170	−750
einseitig eingespannt	$k'l : I_1$		0,750	0,946	1,12	1,47	1,84	2,13	2,53	3,10	4,93
	$\frac{M'}{Pl}$	$\frac{a}{l} = 0{,}1$	−0,086	−0,088	−0,091	−0,094	−0,096	−0,097	−0,098	−0,099	−0,100
		0,2	−0,144	−0,154	−0,162	−0,172	−0,181	−0,186	−0,191	−0,196	−0,200
		0,3	−0,179	−0,196	−0,211	−0,233	−0,251	−0,263	−0,275	−0,290	−0,300
		0,4	−0,192	−0,216	−0,235	−0,267	−0,297	−0,316	−0,339	−0,368	−0,400
		0,5	−0,188	−0,213	−0,234	−0,269	−0,303	−0,326	−0,353	−0,392	−0,444
		0,6	−0,168	−0,191	−0,210	−0,242	−0,272	−0,293	−0,316	−0,348	−0,389
		0,7	−0,137	−0,154	−0,169	−0,193	−0,215	−0,230	−0,246	−0,269	−0,292
		0,8	−0,096	−0,108	−0,117	−0,133	−0,146	−0,155	−0,166	−0,180	−0,195
		0,9	−0,050	−0,055	−0,060	−0,067	−0,074	−0,078	−0,083	−0,091	−0,097
	$\frac{M'}{ql^2}$	Gleichlast	−0,125	−0,139	−0,150	−0,168	−0,185	−0,196	−0,208	−0,226	−0,243
		Dreieck	−0,078	−0,088	−0,096	−0,108	−0,120	−0,127	−0,136	−0,149	−0,163
		Dreieck links	−0,067	−0,074	−0,079	−0,088	−0,096	−0,101	−0,107	−0,114	−0,122
		Dreieck rechts	−0,058	−0,066	−0,071	−0,081	−0,090	−0,096	−0,102	−0,112	−0,121
	$\frac{M'l^2}{EI_1\delta}$		−3,00	−3,79	−4,79	−5,87	−7,37	−8,54	−10,1	−13,0	−19,8

Tafel 13 Stabfestwerte und Stabendmomente für volle Einspannung des ein- und zweiseitig eingespannten Stabes mit Vouten an beiden Stabenden

I_2 I_1 I_2

$V = 0{,}5l$ l

Tafelwerte für Stabende links $\frac{v}{l} = 0{,}5$ **Für Stabendmomente rechts gelten die Tafelwerte mit umgekehrten Vorzeichen!**

	$n = I_1 : I_2$	1,0	0,6	0,4	0,2	0,1	0,06	0,03	0,01	0,00
beidseitig eingespannt	$k'l : I_1$	1,00	1,42	1,89	3,09	5,10	7,42	12,5	28,7	∞
	$k^*l : I_1$	*1,00*	*1,56*	*2,22*	*4,02*	*7,26*	*11,2*	*20,1*	*50,7*	∞
	$k'l : I_1$	0,500	0,643	0,781	1,08	1,47	1,84	2,46	3,82	∞
	$k'l : I_1$	1,50	2,20	3,00	5,09	8,71	13,0	22,5	54,6	∞
	γ	0,500	0,548	0,587	0,650	0,711	0,753	0,804	0,869	1,00
	a^*	*2,00*	*1,82*	*1,71*	*1,54*	*1,41*	*1,33*	*1,24*	*1,15*	*1,00*
	c^*	*1,00*	*0,941*	*0,902*	*0,846*	*0,802*	*0,776*	*0,748*	*0,717*	*0,667*
	$\frac{M'}{Pl}$, $\frac{a}{l} =$ 0,1	−0,081	−0,083	−0,085	−0,087	−0,090	−0,090	−0,092	−0,095	−0,100
	0,2	−0,128	−0,135	−0,140	−0,148	−0,155	−0,159	−0,164	−0,176	−0,200
	0,3	−0,147	−0,158	−0,167	−0,180	−0,192	−0,201	−0,213	−0,238	−0,300
	0,4	−0,144	−0,157	−0,166	−0,182	−0,200	−0,211	−0,225	−0,225	−0,400
	0,5	−0,125	−0,136	−0,144	−0,158	−0,171	−0,180	−0,191	−0,220	−0,500
	0,6	−0,096	−0,102	−0,107	−0,114	−0,117	−0,119	−0,122	−0,110	0
	0,7	−0,063	−0,065	−0,067	−0,068	−0,068	−0,068	−0,065	−0,052	0
	0,8	−0,032	−0,032	−0,032	−0,031	−0,030	−0,029	−0,027	−0,019	0
	0,9	−0,009	−0,009	−0,009	−0,008	−0,007	−0,007	−0,006	−0,004	0
	$\frac{M'}{ql^2}$ (Gleichlast)	−0,083	−0,089	−0,092	−0,099	−0,104	−0,107	−0,111	−0,116	−0,125
	(Dreieckslast)	−0,052	−0,056	−0,059	−0,063	−0,067	−0,070	−0,073	−0,077	−0,083
	(Dreieckslast, links max.)	−0,050	−0,053	−0,056	−0,059	−0,063	−0,065	−0,067	−0,073	−0,083
	(Dreieckslast, rechts max.)	−0,033	−0,036	−0,037	−0,040	−0,041	−0,042	−0,044	−0,043	−0,042
	$\frac{M'l^2}{EI_1\delta}$	−6,00	−8,81	−12,0	−20,4	−34,9	−52,0	−90,2	−200	∞
einseitig eingespannt	$k'l : I_1$	0,750	1,00	1,24	1,78	2,52	3,22	4,43	7,14	∞
	$\frac{M'}{Pl}$, $\frac{a}{l} =$ 0,1	−0,086	−0,088	−0,090	−0,093	−0,095	−0,096	−0,097	−0,099	−0,100
	0,2	−0,144	−0,153	−0,159	−0,168	−0,176	−0,181	−0,186	−0,194	−0,200
	0,3	−0,179	−0,194	−0,206	−0,224	−0,241	−0,252	−0,265	−0,285	−0,300
	0,4	−0,192	−0,213	−0,229	−0,256	−0,283	−0,301	−0,323	−0,355	−0,400
	0,5	−0,188	−0,210	−0,229	−0,261	−0,292	−0,315	−0,343	−0,405	−0,500
	0,6	−0,168	−0,188	−0,205	−0,232	−0,260	−0,278	−0,303	−0,340	−0,400
	0,7	−0,137	−0,152	−0,164	−0,185	−0,205	−0,219	−0,236	−0,265	−0,300
	0,8	−0,096	−0,106	−0,114	−0,128	−0,140	−0,149	−0,159	−0,178	−0,200
	0,9	−0,050	−0,054	−0,059	−0,065	−0,071	−0,075	−0,080	−0,090	−0,100
	$\frac{M'}{ql^2}$ (Gleichlast)	−0,125	−0,137	−0,147	−0,162	−0,178	−0,188	−0,201	−0,222	−0,250
	(Dreieckslast)	−0,078	−0,087	−0,093	−0,105	−0,115	−0,122	−0,131	−0,146	−0,167
	(Dreieckslast, links max.)	−0,067	−0,073	−0,077	−0,085	−0,093	−0,097	−0,103	−0,113	−0,125
	(Dreieckslast, rechts max.)	−0,058	−0,065	−0,070	−0,078	−0,086	−0,091	−0,098	−0,109	−0,125
	$\frac{M'l^2}{EI_1\delta}$	−3,00	−3,98	−4,96	−7,12	−10,1	−12,9	−17,7	−30,0	∞

Tafel 14 Stabfestwerte und Stabendmomente für volle Einspannung des ein- und zweiseitig eingespannten Stabes mit Vouten an einem Stabende

Tafelwerte für Stabende links $\frac{v}{l} = 0,1$

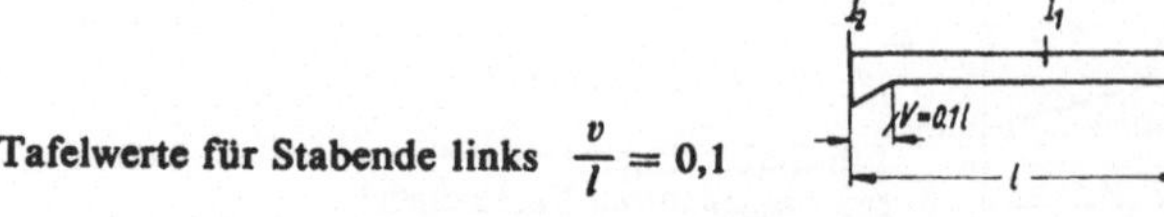

	$n = I_1 : I_2$		1,0	0,6	0,4	0,2	0,1	0,06	0,03	0,01	0,00
beidseitig eingespannt	$k'l : I_1$		1,00	1,09	1,15	1,24	1,30	1,34	1,39	1,43	1,51
	$k^*l : I_1$		*1,00*	*1,08*	*1,14*	*1,22*	*1,29*	*1,32*	*1,36*	*1,40*	*1,48*
	γ	→	0,500	0,499	0,497	0,494	0,492	0,492	0,491	0,489	0,486
	a^*		*2,00*	*2,01*	*2,01*	*2,02*	*2,03*	*2,03*	*2,04*	*2,04*	*2,06*
	c^*		*1,00*	*1,00*	*1,00*	*1,01*	*1,01*	*1,01*	*1,01*	*1,01*	*1,02*
	$\frac{M'}{Pl}$	$\frac{a}{l} = 0,1$	−0,081	−0,085	−0,085	−0,092	−0,095	−0,096	−0,097	−0,099	−0,100
		0,2	−0,128	−0,137	−0,143	−0,152	−0,158	−0,161	−0,165	−0,170	−0,176
		0,3	−0,147	−0,158	−0,165	−0,176	−0,184	−0,189	−0,194	−0,200	−0,208
		0,4	−0,144	−0,155	−0,163	−0,174	−0,182	−0,187	−0,192	−0,198	−0,207
		0,5	−0,125	−0,135	−0,142	−0,152	−0,159	−0,163	−0,168	−0,175	−0,183
		0,6	−0,096	−0,104	−0,109	−0,117	−0,122	−0,126	−0,130	−0,133	−0,141
		0,7	−0,063	−0,068	−0,072	−0,077	−0,081	−0,083	−0,085	−0,088	−0,093
		0,8	−0,032	−0,035	−0,036	−0,039	−0,041	−0,042	−0,043	−0,045	−0,047
		0,9	−0,009	−0,010	−0,010	−0,011	−0,012	−0,012	−0,012	−0,013	−0,013
	$\frac{M'}{ql^2}$	Gleichlast	−0,083	−0,090	−0,094	−0,099	−0,104	−0,107	−0,109	−0,113	−0,118
		Dreieckslast (Mitte)	−0,052	−0,057	−0,059	−0,063	−0,066	−0,068	−0,070	−0,072	−0,075
		Dreieckslast (links max)	−0,050	−0,054	−0,056	−0,060	−0,062	−0,064	−0,065	−0,067	−0,070
		Dreieckslast (rechts max)	−0,033	−0,036	−0,038	−0,040	−0,043	−0,044	−0,044	−0,046	−0,048
	$\frac{M'l^2}{EI_1\delta}$	δ	−6,00	−6,51	−6,87	−7,39	−7,79	−8,02	−8,27	−8,65	−9,05
einseitig eingespannt	$k'l : I_1$		0,750	0,800	0,834	0,881	0,917	0,938	0,960	0,984	1,03
	$\frac{M'}{Pl}$	$\frac{a}{l} = 0,1$	−0,086	−0,089	−0,091	−0,094	−0,096	−0,097	−0,098	−0,099	−0,100
		0,2	−0,144	−0,152	−0,157	−0,164	−0,169	−0,172	−0,174	−0,178	−0,182
		0,3	−0,179	−0,189	−0,195	−0,205	−0,212	−0,216	−0,220	−0,224	−0,231
		0,4	−0,192	−0,203	−0,211	−0,221	−0,229	−0,234	−0,238	−0,244	−0,252
		0,5	−0,188	−0,199	−0,206	−0,217	−0,225	−0,229	−0,234	−0,241	−0,250
		0,6	−0,168	−0,178	−0,185	−0,195	−0,202	−0,206	−0,210	−0,216	−0,223
		0,7	−0,137	−0,145	−0,150	−0,158	−0,164	−0,168	−0,171	−0,176	−0,182
		0,8	−0,096	−0,102	−0,106	−0,111	−0,116	−0,118	−0,120	−0,123	−0,128
		0,9	−0,050	−0,053	−0,055	−0,057	−0,060	−0,061	−0,062	−0,064	−0,066
	$\frac{M'}{ql^2}$	Gleichlast	−0,125	−0,132	−0,137	−0,144	−0,149	−0,151	−0,154	−0,157	−0,163
		Dreieckslast (Mitte)	−0,078	−0,083	−0,086	−0,091	−0,094	−0,096	−0,097	−0,099	−0,103
		Dreieckslast (links max)	−0,067	−0,071	−0,073	−0,076	−0,079	−0,080	−0,083	−0,083	−0,086
		Dreieckslast (rechts max)	−0,058	−0,062	−0,064	−0,067	−0,070	−0,071	−0,073	−0,075	−0,077
	$\frac{M'l^2}{EI_1\delta}$	δ	−3,00	−3,20	−3,33	−3,53	−3,67	−3,75	−3,84	−3,97	−4,12

Tafel 15 Stabfestwerte und Stabendmomente für volle Einspannung des ein- und zweiseitig eingespannten Stabes mit Vouten an einem Stabende

$\frac{v}{l} = 0{,}1$

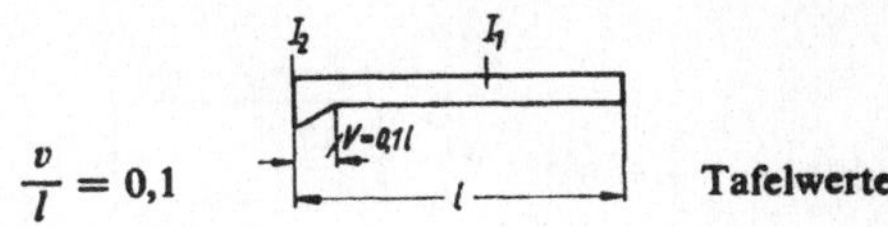

Tafelwerte für Stabende rechts

	$n = I_1 : I_2$		1,0	0,6	0,4	0,2	0,1	0,06	0,03	0,01	0,00
beidseitig eingespannt	$k'l : I_1$ $k^*l : I_1$		1,00 *1,00*	1,02 *1,08*	1,03 *1,14*	1,05 *1,22*	1,07 *1,29*	1,08 *1,32*	1,09 *1,36*	1,10 *1,40*	1,11 *1,48*
	γ	←	0,500	0,532	0,552	0,580	0,602	0,614	0,627	0,642	0,667
	a^* c^*		*2,00* *1,00*	*1,88* *0,961*	*1,81* *0,938*	*1,72* *0,908*	*1,66* *0,887*	*1,63* *0,876*	*1,59* *0,864*	*1,56* *0,853*	*1,50* *0,833*
	$\frac{M'}{Pl}$	$\frac{a}{l} = 0{,}1$	0,009	0,007	0,006	0,004	0,003	0,002	0,001	0,000	0,000
		0,2	0,032	0,028	0,025	0,021	0,018	0,016	0,014	0,013	0,010
		0,3	0,063	0,058	0,054	0,049	0,045	0,043	0,041	0,038	0,035
		0,4	0,096	0,091	0,087	0,082	0,078	0,076	0,073	0,070	0,067
		0,5	0,125	0,121	0,117	0,112	0,109	0,107	0,105	0,102	0,100
		0,6	0,144	0,141	0,138	0,134	0,132	0,130	0,128	0,127	0,123
		0,7	0,147	0,145	0,143	0,141	0,139	0,138	0,137	0,135	0,133
		0,8	0,128	0,127	0,126	0,125	0,124	0,123	0,123	0,122	0,121
		0,9	0,081	0,081	0,080	0,080	0,080	0,080	0,080	0,079	0,079
	$\frac{M'}{ql^2}$		0,083 0,052 0,033 0,050	0,081 0,051 0,032 0,049	0,078 0,049 0,031 0,048	0,076 0,047 0,029 0,047	0,073 0,046 0,028 0,046	0,072 0,045 0,027 0,046	0,071 0,044 0,026 0,045	0,070 0,043 0,025 0,044	0,068 0,042 0,025 0,043
	$\frac{M'l^2}{EI_1\delta}$	δ	−6,00	−6,24	−6,41	−6,65	−6,84	−6,94	−7,06	−7,21	−7,41
einseitig eingespannt	$k'l : I_1$		0,750	0,750	0,750	0,750	0,750	0,750	0,750	0,751	0,751
	$\frac{M'}{Pl}$	$\frac{a}{l} = 0{,}1$	0,050	0,050	0,050	0,050	0,050	0,050	0,050	0,050	0,050
		0,2	0,096	0,096	0,096	0,096	0,096	0,096	0,096	0,096	0,096
		0,3	0,137	0,137	0,137	0,137	0,137	0,137	0,137	0,137	0,137
		0,4	0,168	0,168	0,168	0,168	0,168	0,168	0,168	0,168	0,168
		0,5	0,188	0,188	0,188	0,188	0,188	0,188	0,188	0,188	0,188
		0,6	0,192	0,192	0,192	0,192	0,192	0,192	0,192	0,192	0,192
		0,7	0,179	0,179	0,179	0,179	0,179	0,179	0,179	0,179	0,179
		0,8	0,144	0,144	0,144	0,144	0,144	0,144	0,144	0,144	0,144
		0,9	0,086	0,086	0,086	0,086	0,086	0,086	0,086	0,086	0,086
	$\frac{M'}{ql^2}$		0,125 0,078 0,058 0,067	0,125 0,078 0,058 0,067	0,125 0,078 0,058 0,067	0,125 0,078 0,058 0,067	0,125 0,078 0,058 0,067	0,125 0,078 0,058 0,067	0,125 0,078 0,058 0,067	0,125 0,078 0,058 0,067	0,125 0,078 0,058 0,067
	$\frac{M'l^2}{EI_1\delta}$	δ	−3,00	−3,00	−3,00	−3,00	−3,00	−3,00	−3,00	−3,00	−3,00

Tafel 16 Stabfestwerte und Stabendmomente für volle Einspannung des ein- und zweiseitig eingespannten Stabes mit Vouten an einem Stabende

Tafelwerte für Stabende links $\frac{v}{l} = 0{,}2$

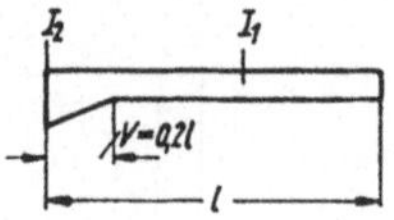

Stab	Größe		$n = I_1 : I_2$ = 1,0	0,6	0,4	0,2	0,1	0,06	0,03	0,01	0,00
beidseitig eingespannt	$k'l : I_1$		1,00	1,17	1,30	1,51	1,70	1,82	1,95	2,11	2,42
	$k^*l : I_1$		*1,00*	*1,15*	*1,26*	*1,45*	*1,61*	*1,71*	*1,82*	*1,95*	*2,19*
	γ		0,500	0,492	0,486	0,479	0,474	0,470	0,466	0,462	0,452
	a^*		*2,00*	*2,03*	*2,05*	*2,09*	*2,11*	*2,13*	*2,15*	*2,17*	*2,21*
	c^*		*1,00*	*1,01*	*1,02*	*1,03*	*1,04*	*1,04*	*1,05*	*1,06*	*1,07*
	$\frac{M'}{Pl}$	$\frac{a}{l}$ = 0,1	−0,081	−0,086	−0,089	−0,093	−0,096	−0,097	−0,098	−0,099	−0,100
		0,2	−0,128	−0,141	−0,150	−0,164	−0,175	−0,181	−0,187	−0,195	−0,200
		0,3	−0,147	−0,165	−0,178	−0,198	−0,215	−0,226	−0,237	−0,250	−0,268
		0,4	−0,144	−0,163	−0,177	−0,200	−0,218	−0,230	−0,243	−0,261	−0,281
		0,5	−0,125	−0,143	−0,155	−0,176	−0,193	−0,204	−0,216	−0,232	−0,254
		0,6	−0,096	−0,110	−0,120	−0,136	−0,150	−0,159	−0,169	−0,182	−0,200
		0,7	−0,063	−0,072	−0,079	−0,090	−0,099	−0,106	−0,112	−0,122	−0,134
		0,8	−0,032	−0,037	−0,040	−0,046	−0,051	−0,054	−0,058	−0,063	−0,069
		0,9	−0,009	−0,011	−0,012	−0,013	−0,015	−0,015	−0,016	−0,018	−0,020
	$\frac{M'}{ql^2}$	Gleichlast	−0,083	−0,093	−0,101	−0,113	−0,122	−0,128	−0,134	−0,142	−0,153
		Dreieckslast (Mitte)	−0,052	−0,059	−0,064	−0,072	−0,079	−0,083	−0,087	−0,094	−0,100
		Dreieckslast (links max.)	−0,050	−0,056	−0,060	−0,066	−0,071	−0,075	−0,078	−0,083	−0,088
		Dreieckslast (rechts max.)	−0,033	−0,038	−0,041	−0,047	−0,051	−0,054	−0,057	−0,060	−0,066
	$\frac{M'l^2}{EI_1\delta}$		−6,00	−6,97	−7,73	−8,94	−10,0	−10,7	−11,5	−12,5	−14,0
einseitig eingespannt	$k'l : I_1$		0,750	0,848	0,922	1,03	1,13	1,19	1,25	1,32	1,46
	$\frac{M'}{Pl}$	$\frac{a}{l}$ = 0,1	−0,086	−0,089	−0,092	−0,095	−0,097	−0,098	−0,099	−0,099	−0,100
		0,2	−0,144	−0,155	−0,163	−0,174	−0,182	−0,187	−0,191	−0,196	−0,200
		0,3	−0,179	−0,195	−0,207	−0,225	−0,238	−0,247	−0,255	−0,266	−0,277
		0,4	−0,192	−0,212	−0,226	−0,247	−0,263	−0,273	−0,284	−0,296	−0,314
		0,5	−0,188	−0,207	−0,222	−0,243	−0,261	−0,271	−0,282	−0,296	−0,315
		0,6	−0,168	−0,186	−0,200	−0,219	−0,236	−0,245	−0,256	−0,270	−0,288
		0,7	−0,137	−0,152	−0,163	−0,179	−0,192	−0,201	−0,209	−0,221	−0,236
		0,8	−0,096	−0,107	−0,115	−0,126	−0,136	−0,142	−0,148	−0,157	−0,167
		0,9	−0,050	−0,055	−0,059	−0,065	−0,070	−0,073	−0,076	−0,081	−0,087
	$\frac{M'}{ql^2}$	Gleichlast	−0,125	−0,137	−0,146	−0,159	−0,169	−0,175	−0,182	−0,188	−0,200
		Dreieckslast (Mitte)	−0,078	−0,086	−0,092	−0,101	−0,108	−0,111	−0,116	−0,122	−0,129
		Dreieckslast (links max.)	−0,067	−0,073	−0,077	−0,084	−0,089	−0,091	−0,094	−0,099	−0,103
		Dreieckslast (rechts max.)	−0,058	−0,065	−0,069	−0,076	−0,081	−0,084	−0,088	−0,093	−0,098
	$\frac{M'l^2}{EI_1\delta}$		−3,00	−3,39	−3,69	−4,14	−4,51	−4,75	−5,00	−5,40	−5,86

Tafel 17 Stabfestwerte und Stabendmomente für volle Einspannung des ein- und zweiseitig eingespannten Stabes mit Vouten an einem Stabende

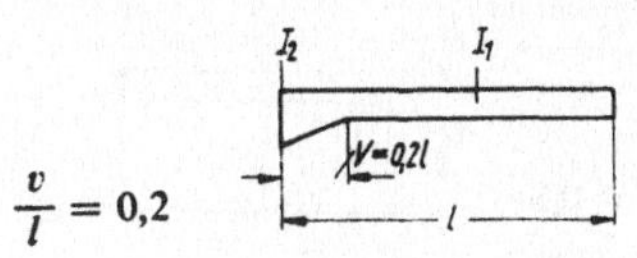

$\frac{v}{l} = 0,2$

Tafelwerte für Stabende rechts

	$n = I_1 : I_2$		1,0	0,6	0,4	0,2	0,1	0,06	0,03	0,01	0,00
	$k'l : I_1$		1,00	1,03	1,06	1,10	1,13	1,15	1,18	1,20	1,25
	$k^*l : I_1$		*1,00*	*1,15*	*1,26*	*1,45*	*1,61*	*1,71*	*1,82*	*1,95*	*2,19*
	γ	←	0,500	0,557	0,597	0,659	0,711	0,740	0,773	0,810	0,875
	a^*		*2,00*	*1,80*	*1,67*	*1,52*	*1,41*	*1,35*	*1,29*	*1,24*	*1,14*
	c^*		*1,00*	*0,933*	*0,892*	*0,839*	*0,803*	*0,784*	*0,765*	*0,745*	*0,714*
	$\frac{M'}{Pl}$	$\frac{a}{l} = 0,1$	0,009	0,007	0,005	0,003	0,002	0,002	0,001	0,000	0,000
		0,2	0,032	0,026	0,022	0,016	0,011	0,008	0,005	0,002	0,000
		0,3	0,063	0,055	0,049	0,040	0,033	0,028	0,024	0,017	0,011
		0,4	0,096	0,087	0,081	0,071	0,063	0,058	0,053	0,046	0,038
		0,5	0,125	0,117	0,112	0,102	0,095	0,090	0,085	0,079	0,070
		0,6	0,144	0,138	0,133	0,126	0,120	0,116	0,112	0,106	0,100
		0,7	0,147	0,143	0,140	0,135	0,131	0,129	0,126	0,121	0,117
		0,8	0,128	0,126	0,124	0,122	0,120	0,118	0,117	0,115	0,113
		0,9	0,081	0,080	0,080	0,079	0,079	0,078	0,078	0,077	0,077
	$\frac{M'}{ql^2}$		0,083	0,079	0,076	0,070	0,066	0,064	0,061	0,058	0,053
			0,052	0,049	0,047	0,044	0,041	0,039	0,037	0,035	0,032
			0,033	0,031	0,029	0,026	0,024	0,023	0,021	0,019	0,017
			0,050	0,048	0,047	0,045	0,042	0,041	0,040	0,039	0,037
	$\frac{M'l^2}{EI_1\delta}$		−6,00	−6,43	−6,77	−7,30	−7,75	−8,04	−8,35	−8,80	−9,37
	$k'l : I_1$		0,750	0,750	0,751	0,752	0,753	0,753	0,754	0,754	0,756
	$\frac{M'}{Pl}$	$\frac{a}{l} = 0,1$	0,050	0,049	0,048	0,048	0,047	0,047	0,047	0,046	0,045
		0,2	0,096	0,095	0,095	0,094	0,093	0,093	0,093	0,092	0,090
		0,3	0,137	0,136	0,136	0,135	0,135	0,134	0,134	0,133	0,132
		0,4	0,168	0,168	0,167	0,167	0,167	0,166	0,166	0,166	0,165
		0,5	0,188	0,187	0,187	0,186	0,186	0,186	0,186	0,186	0,185
		0,6	0,192	0,192	0,192	0,191	0,191	0,191	0,191	0,191	0,190
		0,7	0,179	0,178	0,178	0,178	0,178	0,178	0,178	0,178	0,178
		0,8	0,144	0,144	0,144	0,144	0,144	0,144	0,144	0,144	0,144
		0,9	0,086	0,086	0,086	0,085	0,085	0,085	0,085	0,085	0,085
	$\frac{M'}{ql^2}$		0,125	0,125	0,125	0,124	0,124	0,124	0,124	0,124	0,123
			0,078	0,078	0,078	0,078	0,078	0,078	0,078	0,078	0,077
			0,058	0,058	0,058	0,058	0,058	0,058	0,058	0,058	0,057
			0,067	0,067	0,067	0,067	0,066	0,066	0,066	0,066	0,066
	$\frac{M'l^2}{EI_1\delta}$		−3,00	−3,00	−3,01	−3,01	−3,01	−3,01	−3,01	−3,01	−3,02

***Tafel 18** Stabfestwerte und Stabendmomente für volle Einspannung des ein- und zweiseitig eingespannten Stabes mit Vouten an einem Stabende*

Tafelwerte für Stabende links $\frac{v}{l} = 0,3$

Stab	Größe	Belastung	1,0	0,6	0,4	0,2	0,1	0,06	0,03	0,01	0,00
	$n = I_1 : I_2$		1,0	0,6	0,4	0,2	0,1	0,06	0,03	0,01	0,00
beidseitig eingespannt	$k'l : I_1$		1,00	1,24	1,45	1,82	2,19	2,45	2,77	3,18	4,06
	$k^*l : I_1$		*1,00*	*1,20*	*1,37*	*1,66*	*1,95*	*2,15*	*2,39*	*2,68*	*3,27*
	γ	→	0,500	0,483	0,473	0,457	0,446	0,438	0,431	0,421	0,403
	a^*		*2,00*	*2,07*	*2,12*	*2,19*	*2,25*	*2,28*	*2,32*	*2,37*	*2,48*
	c^*		*1,00*	*1,02*	*1,04*	*1,06*	*1,08*	*1,09*	*1,11*	*1,12*	*1,16*
	$\frac{M'}{Pl}$	$\frac{a}{l} = 0,1$	−0,081	−0,085	−0,088	−0,092	−0,095	−0,097	−0,098	−0,099	−0,100
		0,2	−0,128	−0,141	−0,150	−0,164	−0,176	−0,182	−0,188	−0,195	−0,200
		0,3	−0,147	−0,167	−0,183	−0,209	−0,233	−0,246	−0,263	−0,282	−0,300
		0,4	−0,144	−0,167	−0,186	−0,217	−0,247	−0,266	−0,289	−0,320	−0,358
		0,5	−0,125	−0,147	−0,164	−0,194	−0,225	−0,243	−0,266	−0,297	−0,341
		0,6	−0,096	−0,114	−0,128	−0,153	−0,177	−0,193	−0,213	−0,243	−0,280
		0,7	−0,063	−0,075	−0,085	−0,102	−0,119	−0,130	−0,144	−0,163	−0,192
		0,8	−0,032	−0,038	−0,043	−0,052	−0,061	−0,067	−0,075	−0,086	−0,101
		0,9	−0,009	−0,011	−0,012	−0,015	−0,017	−0,019	−0,021	−0,024	−0,029
	$\frac{M'}{ql^2}$	Gleichlast	−0,083	−0,095	−0,105	−0,121	−0,136	−0,145	−0,156	−0,169	−0,191
		Dreieckslast (Mitte)	−0,052	−0,061	−0,067	−0,078	−0,089	−0,096	−0,104	−0,115	−0,129
		Dreieckslast (links max.)	−0,050	−0,057	−0,062	−0,070	−0,078	−0,083	−0,089	−0,095	−0,105
		Dreieckslast (rechts max.)	−0,033	−0,039	−0,043	−0,051	−0,058	−0,062	−0,068	−0,078	−0,087
	$\frac{M'l^2}{EI_1\delta}$		−6,00	−7,35	−8,51	−10,6	−12,7	−14,1	−15,9	−18,4	−22,8
einseitig eingespannt	$k'l : I_1$		0,750	0,894	1,01	1,21	1,39	1,51	1,66	1,83	2,19
	$\frac{M'}{Pl}$	$\frac{a}{l} = 0,1$	−0,086	−0,089	−0,091	−0,094	−0,097	−0,098	−0,099	−0,099	−0,100
		0,2	−0,144	−0,156	−0,164	−0,175	−0,184	−0,188	−0,193	−0,197	−0,200
		0,3	−0,179	−0,198	−0,213	−0,235	−0,253	−0,264	−0,276	−0,289	−0,300
		0,4	−0,192	−0,216	−0,235	−0,264	−0,290	−0,305	−0,323	−0,345	−0,371
		0,5	−0,188	−0,213	−0,233	−0,265	−0,293	−0,310	−0,330	−0,356	−0,388
		0,6	−0,168	−0,192	−0,210	−0,241	−0,268	−0,284	−0,304	−0,330	−0,364
		0,7	−0,137	−0,156	−0,172	−0,198	−0,220	−0,234	−0,251	−0,274	−0,304
		0,8	−0,096	−0,110	−0,121	−0,140	−0,156	−0,166	−0,178	−0,195	−0,217
		0,9	−0,050	−0,057	−0,063	−0,072	−0,081	−0,086	−0,092	−0,101	−0,113
	$\frac{M'}{ql^2}$	Gleichlast	−0,125	−0,140	−0,152	−0,170	−0,186	−0,195	−0,206	−0,218	−0,238
		Dreieckslast (Mitte)	−0,078	−0,088	−0,096	−0,109	−0,119	−0,125	−0,133	−0,143	−0,155
		Dreieckslast (links max.)	−0,067	−0,074	−0,080	−0,088	−0,096	−0,100	−0,105	−0,111	−0,118
		Dreieckslast (rechts max.)	−0,058	−0,066	−0,072	−0,082	−0,091	−0,096	−0,102	−0,110	−0,120
	$\frac{M'l^2}{EI_1\delta}$		−3,00	−3,58	−4,05	−4,84	−5,57	−6,06	−6,63	−7,50	−8,75

Tafel 19 ***Stabfestwerte und Stabendmomente für volle Einspannung des ein- und zweiseitig eingespannten Stabes mit Vouten an einem Stabende***

$\frac{v}{l} = 0{,}3$

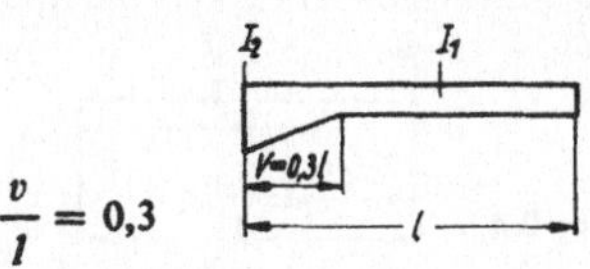

Tafelwerte für Stabende rechts

$n = I_1 : I_2$		1,0	0,6	0,4	0,2	0,1	0,06	0,03	0,01	0,00
$k'l : I_1$		1,00	1,04	1,08	1,14	1,20	1,23	1,28	1,33	1,43
$k^*l : I_1$		*1,00*	*1,20*	*1,37*	*1,66*	*1,95*	*2,15*	*2,39*	*2,68*	*3,27*
γ	←	0,500	0,575	0,634	0,731	0,814	0,872	0,936	1,01	1,15
a^*		*2,00*	*1,74*	*1,58*	*1,37*	*1,22*	*1,15*	*1,07*	*0,992*	*0,870*
c^*		*1,00*	*0,913*	*0,859*	*0,789*	*0,741*	*0,715*	*0,690*	*0,664*	*0,625*
$\frac{M'}{Pl}$	$\frac{a}{l} = 0{,}1$	0,009	0,007	0,005	0,004	0,002	0,001	0,001	0,001	0,000
	0,2	0,032	0,026	0,021	0,015	0,010	0,007	0,005	0,003	0,000
	0,3	0,063	0,054	0,047	0,035	0,026	0,020	0,013	0,007	0,000
	0,4	0,096	0,086	0,078	0,064	0,052	0,045	0,036	0,024	0,012
	0,5	0,125	0,116	0,108	0,096	0,083	0,076	0,068	0,055	0,041
	0,6	0,144	0,137	0,130	0,120	0,111	0,104	0,097	0,086	0,073
	0,7	0,147	0,142	0,138	0,131	0,124	0,120	0,115	0,106	0,098
	0,8	0,128	0,126	0,123	0,119	0,116	0,114	0,111	0,017	0,102
	0,9	0,081	0,080	0,080	0,079	0,078	0,077	0,076	0,075	0,073
$\frac{M'}{ql^2}$		0,083	0,078	0,074	0,067	0,061	0,058	0,053	0,048	0,041
		0,052	0,049	0,046	0,041	0,037	0,034	0,031	0,026	0,023
		0,033	0,031	0,028	0,025	0,022	0,020	0,017	0,014	0,012
		0,050	0,048	0,046	0,043	0,040	0,038	0,036	0,032	0,030
$\frac{M'l^2}{EI_1\delta}$		−6,00	−6,57	−7,04	−7,88	−8,69	−9,22	−9,89	−10,9	−12,3
$k'l : I_1$		0,750	0,752	0,754	0,757	0,759	0,761	0,763	0,765	0,771
$\frac{M'}{Pl}$	$\frac{a}{l} = 0{,}1$	0,050	0,048	0,047	0,046	0,044	0,044	0,043	0,042	0,040
	0,2	0,096	0,094	0,092	0,090	0,088	0,087	0,083	0,083	0,081
	0,3	0,137	0,135	0,133	0,131	0,129	0,128	0,127	0,124	0,121
	0,4	0,168	0,167	0,166	0,164	0,163	0,162	0,161	0,158	0,156
	0,5	0,188	0,186	0,186	0,185	0,184	0,183	0,182	0,181	0,179
	0,6	0,192	0,191	0,191	0,190	0,190	0,189	0,188	0,187	0,186
	0,7	0,179	0,178	0,178	0,177	0,177	0,177	0,176	0,176	0,175
	0,8	0,144	0,144	0,144	0,144	0,143	0,143	0,143	0,143	0,143
	0,9	0,086	0,086	0,085	0,085	0,085	0,085	0,085	0,085	0,085
$\frac{M'}{ql^2}$		0,125	0,124	0,123	0,122	0,122	0,121	0,120	0,119	0,118
		0,078	0,078	0,078	0,077	0,077	0,076	0,075	0,075	0,074
		0,058	0,058	0,058	0,057	0,056	0,056	0,055	0,055	0,054
		0,067	0,067	0,066	0,066	0,066	0,065	0,065	0,064	0,064
$\frac{M'l^2}{EI_1\delta}$		−3,00	−3,01	−3,02	−3,03	−3,04	−3,04	−3,05	−3,06	−3,08

Tafel 20 Stabfestwerte und Stabendmomente für volle Einspannung des ein- und zweiseitig eingespannten Stabes mit Vouten an einem Stabende

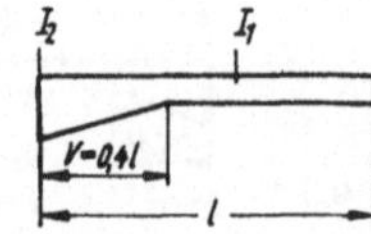

Tafelwerte für Stabende links $\frac{v}{l} = 0,4$

	$n = I_1 : I_2$		1,0	0,6	0,4	0,2	0,1	0,06	0,03	0,01	0,00
beidseitig eingespannt	$k'l : I_1$		1,00	1,30	1,58	2,13	2,77	3,26	3,94	4,87	7,22
	$k^*l : I_1$		*1,00*	*1,23*	*1,44*	*1,84*	*2,29*	*2,62*	*3,06*	*3,66*	*5,00*
	γ	→	0,500	0,473	0,456	0,432	0,412	0,401	0,389	0,375	0,347
	a^*		*2,00*	*2,11*	*2,19*	*2,32*	*2,42*	*2,49*	*2,57*	*2,67*	*2,88*
	c^*		*1,00*	*1,04*	*1,06*	*1,11*	*1,14*	*1,16*	*1,19*	*1,22*	*1,30*
	$\frac{M'}{Pl}$	$\frac{a}{l} = 0,1$	−0,081	−0,085	−0,087	−0,091	−0,094	−0,096	−0,097	−0,099	−0,100
		0,2	−0,128	−0,139	−0,148	−0,161	−0,173	−0,179	−0,187	−0,194	−0,200
		0,3	−0,147	−0,166	−0,182	−0,207	−0,231	−0,246	−0,263	−0,283	−0,300
		0,4	−0,144	−0,168	−0,188	−0,223	−0,259	−0,284	−0,315	−0,355	−0,400
		0,5	−0,125	−0,148	−0,169	−0,206	−0,245	−0,274	−0,311	−0,357	−0,440
		0,6	−0,096	−0,116	−0,132	−0,164	−0,199	−0,224	−0,257	−0,310	−0,386
		0,7	−0,063	−0,077	−0,088	−0,111	−0,136	−0,153	−0,177	−0,220	−0,275
		0,8	−0,032	−0,039	−0,045	−0,057	−0.071	−0,080	−0,093	−0,115	−0,148
		0,9	−0,009	−0,011	−0,013	−0,016	−0,021	−0,023	−0,027	−0,034	−0,043
	$\frac{M'}{ql^2}$		−0,083	−0,096	−0,106	−0,124	−0,144	−0,157	−0,174	−0,194	−0,230
			−0,052	−0,061	−0,068	−0,081	−0,095	−0,104	−0,117	−0,134	−0,158
			−0,050	−0,057	−0,062	−0,072	−0,081	−0,087	−0,095	−0,107	−0,120
			−0,033	−0,039	−0,044	−0,053	−0,063	−0,070	−0,079	−0,092	−0,110
	$\frac{M'l^2}{EI_1\delta}$		−6,00	−7,65	−9,19	−12,2	−15,7	−18,3	−21,8	−29,0	−38,9
einseitig eingespannt	$k'l : I_1$		0,750	0,937	1,10	1,41	1,72	1,95	2,23	2,60	3,47
	$\frac{M'}{Pl}$	$\frac{a}{l} = 0,1$	−0,086	−0,089	−0,091	−0,094	−0,096	−0,097	−0,098	−0,099	−0,100
		0,2	−0,144	−0,155	−0,162	−0,174	−0,182	−0,187	−0,192	−0,196	−0,200
		0,3	−0,179	−0,197	−0,212	−0,235	−0,255	−0,265	−0,278	−0,291	−0,300
		0,4	−0,192	−0,218	−0,238	−0,272	−0,304	−0,323	−0,346	−0,374	−0,400
		0,5	−0,188	−0,216	−0,239	−0,278	−0,316	−0,341	−0,371	−0,415	−0,461
		0,6	−0,168	−0,195	−0,218	−0,256	−0,294	−0,319	−0,350	−0,405	−0,452
		0,7	−0,137	−0,159	−0,179	−0,212	−0,245	−0,267	−0,294	−0,335	−0,388
		0,8	−0,096	−0,113	−0,126	−0,151	−0,175	−0,191	−0,211	−0,240	−0,282
		0,9	−0,050	−0,058	−0,065	−0,078	−0,091	−0,099	−0,110	−0,126	−0,148
	$\frac{M'}{ql^2}$		−0,125	−0,141	−0,154	−0,177	−0,198	−0,211	−0,227	−0,245	−0,275
			−0,078	−0,089	−0,098	−0,113	−0,127	−0,136	−0,147	−0,160	−0,179
			−0,067	−0,074	−0,081	−0,091	−0,100	−0,105	−0,112	−0,122	−0,131
			−0,058	−0,067	−0,074	−0,087	−0,098	−0,106	−0,115	−0,129	−0,145
	$\frac{M'l^2}{EI_1\delta}$		−3,00	−3,75	−4,41	−5,62	−6,88	−7,79	−8,93	−10,7	−13,9

Tafel 21 Stabfestwerte und Stabendmomente für volle Einspannung des ein- und zweiseitig eingespannten Stabes mit Vouten an einem Stabende

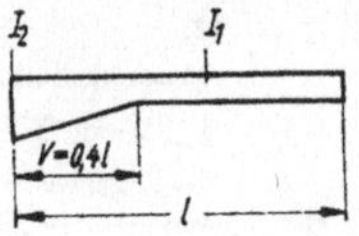

$\frac{v}{l} = 0{,}4$

Tafelwerte für Stabende rechts

	$n = I_1 : I_2$		1,0	0,6	0,4	0,2	0,1	0,06	0,03	0,01	0,00
einseitig eingespannt	$k'l : I_1$		1,00	1,05	1,09	1,16	1,24	1,30	1,38	1,47	1,67
	$k^*l : I_1$		*1,00*	*1,23*	*1,44*	*1,84*	*2,29*	*2,62*	*3,06*	*3,66*	*5,00*
	γ	←	0,500	0,587	0,661	0,792	0,918	1,01	1,11	1,24	1,50
	a^*		*2,00*	*1,70*	*1,51*	*1,26*	*1,09*	*0,993*	*0,899*	*0,804*	*0,667*
	c^*		*1,00*	*0,901*	*0,837*	*0,755*	*0,696*	*0,664*	*0,633*	*0,601*	*0,556*
	$\frac{M'}{Pl}$	$\frac{a}{l} =$ 0,1	0,009	0,007	0,006	0,004	0,002	0,002	0,001	0,001	0,000
		0,2	0,032	0,026	0,022	0,016	0,011	0,008	0,005	0,002	0,000
		0,3	0,063	0,054	0,047	0,036	0,025	0,020	0,013	0,006	0,000
		0,4	0,096	0,085	0,077	0,062	0,048	0,039	0,028	0,013	0,000
		0,5	1,125	0,115	0,106	0,092	0,077	0,067	0,054	0,035	0,014
		0,6	0,144	0,136	0,129	0,117	0,104	0,095	0,084	0,065	0,044
		0,7	0,147	0,141	0,137	0,128	0,119	0,113	0,105	0,091	0,075
		0,8	0,128	0,125	0,123	0,118	0,113	0,110	0,105	0,098	0,089
		0,9	0,081	0,080	0,080	0,078	0,077	0,076	0,074	0,072	0,069
	$\frac{M'}{ql^2}$	Rechtecklast	0,083	0,078	0,073	0,066	0,058	0,053	0,048	0,041	0,030
		Dreieckslast (Mitte)	0,052	0,049	0,046	0,040	0,034	0,032	0,027	0,021	0,015
		Dreieckslast (links)	0,033	0,031	0,028	0,024	0,021	0,018	0,015	0,011	0,007
		Dreieckslast (rechts)	0,050	0,048	0,046	0,042	0,038	0,036	0,033	0,028	0,023
	$\frac{M'l^2}{EI_1\delta}$		−6,00	−6,65	−7,24	−8,35	−9,55	−10,4	−11,6	−13,5	−16,7
gelenkig–eingespannt	$k'l : I_1$		0,750	0,756	0,760	0,767	0,772	0,776	0,781	0,786	0,801
	$\frac{M'}{Pl}$	$\frac{a}{l} =$ 0,1	0,050	0,047	0,045	0,043	0,041	0,040	0,039	0,037	0,035
		0,2	0,096	0,092	0,089	0,085	0,082	0,080	0,078	0,073	0,069
		0,3	0,137	0,132	0,129	0,125	0,121	0,118	0,115	0,111	0,104
		0,4	0,168	0,165	0,162	0,158	0,155	0,153	0,150	0,145	0,139
		0,5	0,188	0,185	0,183	0,181	0,178	0,177	0,175	0,171	0,166
		0,6	0,192	0,190	0,189	0,187	0,186	0,185	0,184	0,181	0,178
		0,7	0,179	0,178	0,177	0,176	0,175	0,174	0,174	0,172	0,170
		0,8	0,144	0,144	0,143	0,143	0,142	0,142	0,142	0,141	0,140
		0,9	0,086	0,085	0,085	0,085	0,085	0,085	0,085	0,085	0,085
	$\frac{M'}{ql^2}$	Rechtecklast	0,125	0,123	0,122	0,120	0,118	0,116	0,115	0,113	0,110
		Dreieckslast (Mitte)	0,078	0,077	0,076	0,075	0,074	0,073	0,072	0,071	0,069
		Dreieckslast (links)	0,058	0,057	0,056	0,055	0,054	0,053	0,052	0,051	0,049
		Dreieckslast (rechts)	0,067	0,066	0,066	0,065	0,064	0,064	0,063	0,062	0,061
	$\frac{M'l^2}{EI_1\delta}$		−3,00	−3,02	−3,04	−3,07	−3,09	−3,10	−3,12	−3,16	−3,21

Tafel 22 Stabfestwerte und Stabendmomente für volle Einspannung des ein- und zweiseitig eingespannten Stabes mit Vouten an einem Stabende

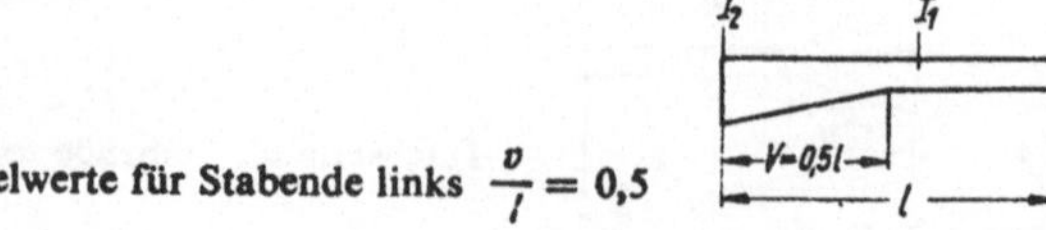

Tafelwerte für Stabende links $\frac{v}{l} = 0{,}5$

	$n = I_1 : I_2$	1,0	0,6	0,4	0,2	0,1	0,06	0,03	0,01	0,00
beidseitig eingespannt	$k'l : I_1$	1,00	1,35	1,69	2,44	3,40	4,24	5,55	7,58	14,0
	$k^*l : I_1$	*1,00*	*1,25*	*1,48*	*1,97*	*2,57*	*3,07*	*3,79*	*4,93*	*8,00*
	γ →	0,500	0,462	0,439	0,405	0,378	0,361	0,345	0,325	0,285
	a^*	*2,00*	*2,16*	*2,28*	*2,47*	*2,65*	*2,77*	*2,90*	*3,08*	*3,51*
	c^*	*1,00*	*1,05*	*1,09*	*1,16*	*1,22*	*1,26*	*1,30*	*1,36*	*1,50*
	$\frac{M'}{Pl}$, $\frac{a}{l} = 0{,}1$	−0,081	−0,084	−0,086	−0,090	−0,093	−0,095	−0,096	−0,098	−0,100
	0,2	−0,128	−0,138	−0,146	−0,158	−0,169	−0,176	−0,183	−0,193	−0,200
	0,3	−0,147	−0,165	−0,178	−0,202	−0,224	−0,240	−0,258	−0,280	−0,300
	0,4	−0,144	−0,166	−0,185	−0,219	−0,255	−0,281	−0,311	−0,355	−0,400
	0,5	−0,125	−0,148	−0,168	−0,208	−0,251	−0,286	−0,332	−0,410	−0,500
	0,6	−0,096	−0,116	−0,134	−0,169	−0,211	−0,245	−0,290	−0,400	−0,512
	0,7	−0,063	−0,077	−0,090	−0,116	−0,147	−0,172	−0,208	−0,300	−0,396
	0,8	−0,032	−0,040	−0,046	−0,061	−0,078	−0,092	−0,112	−0,155	−0,224
	0,9	−0,009	−0,011	−0,013	−0,017	−0,023	−0,027	−0,033	−0,047	−0,068
	$\frac{M'}{ql^2}$ (Gleichlast)	−0,083	−0,095	−0,105	−0,125	−0,145	−0,162	−0,183	−0,213	−0,271
	(Dreieck, Mitte)	−0,052	−0,061	−0,068	−0,081	−0,097	−0,108	−0,123	−0,150	−0,185
	(Dreieck, links max.)	−0,050	−0,056	−0,062	−0,071	−0,081	−0,088	−0,098	−0,113	−0,134
	(Dreieck, rechts max.)	−0,033	−0,039	−0,044	−0,055	−0,065	−0,074	−0,086	−0,107	−0,138
	$\frac{M'l^2}{EI_1\delta}$	−6,00	−7,88	−9,73	−13,7	−18,7	−23,1	−29,6	−46,0	−72,0
einseitig eingespannt	$k'l : I_1$	0,750	0,976	1,19	1,62	2,11	2,51	3,05	3,85	6,00
	$\frac{M'}{Pl}$, $\frac{a}{l} = 0{,}1$	−0,086	−0,088	−0,090	−0,093	−0,096	−0,097	−0,098	−0,099	−0,100
	0,2	−0,144	−0,154	−0,161	−0,171	−0,180	−0,185	−0,191	−0,196	−0,200
	0,3	−0,179	−0,196	−0,210	−0,232	−0,250	−0,263	−0,275	−0,289	−0,300
	0,4	−0,192	−0,216	−0,236	−0,270	−0,302	−0,324	−0,346	−0,375	−0,400
	0,5	−0,188	−0,216	−0,240	−0,282	−0,326	−0,357	−0,393	−0,447	−0,500
	0,6	−0,168	−0,196	−0,220	−0,265	−0,311	−0,345	−0,387	−0,445	−0,544
	0,7	−0,137	−0,161	−0,182	−0,221	−0,263	−0,294	−0,333	−0,400	−0,492
	0,8	−0,096	−0,114	−0,129	−0,158	−0,190	−0,213	−0,242	−0,295	−0,368
	0,9	−0,050	−0,059	−0,067	−0,082	−0,099	−0,111	−0,127	−0,155	−0,196
	$\frac{M'}{ql^2}$ (Gleichlast)	−0,125	−0,141	−0,155	−0,179	−0,204	−0,220	−0,241	−0,268	−0,313
	(Dreieck, Mitte)	−0,078	−0,089	−0,098	−0,115	−0,131	−0,142	−0,156	−0,176	−0,201
	(Dreieck, links max.)	−0,067	−0,074	−0,080	−0,091	−0,101	−0,108	−0,116	−0,128	−0,142
	(Dreieck, rechts max.)	−0,058	−0,067	−0,075	−0,089	−0,102	−0,113	−0,126	−0,145	−0,171
	$\frac{M'l^2}{EI_1\delta}$	−3,00	−3,91	−4,75	−6,47	−8,46	−10,0	−12,2	−16,0	−24,0

Tafel 23 Stabfestwerte und Stabendmomente für volle Einspannung des ein- und zweiseitig eingespannten Stabes mit Vouten an einem Stabende

$\frac{v}{l} = 0,5$

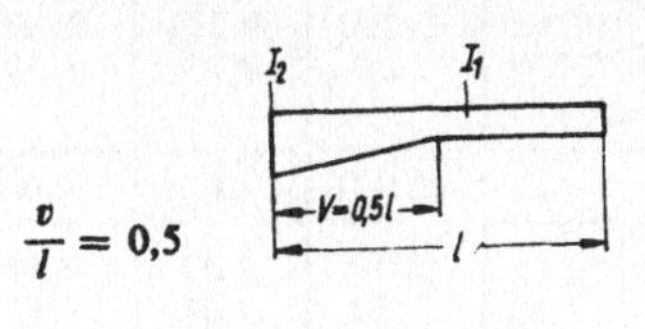

Tafelwerte für Stabende rechts

$n = I_1 : I_2$	1,0	0,6	0,4	0,2	0,1	0,06	0,03	0,01	0,00
Beidseitig eingespannt									
$k'l : I_1$	1,00	1,05	1,10	1,18	1,28	1,36	1,46	1,63	2,00
$k^*l : I_1$	*1,00*	*1,25*	*1,48*	*1,97*	*2,57*	*3,07*	*3,79*	*4,93*	*8,00*
γ ←	0,500	0,593	0,678	0,835	1,01	1,13	1,29	1,52	2,00
a^*	*2,00*	*1,68*	*1,48*	*1,20*	*0,996*	*0,885*	*0,773*	*0,659*	*0,500*
c^*	*1,00*	*0,894*	*0,825*	*0,733*	*0,665*	*0,628*	*0,591*	*0,553*	*0,500*
$\frac{M'}{Pl}$, $\frac{a}{l} = 0,1$	0,009	0,007	0,006	0,004	0,002	0,002	0,001	0,001	0,000
0,2	0,032	0,026	0,022	0,016	0,011	0,008	0,006	0,002	0,000
0,3	0,063	0,054	0,046	0,035	0,026	0,020	0,014	0,006	0,000
0,4	0,096	0,085	0,076	0,061	0,047	0,038	0,027	0,013	0,000
0,5	0,125	0,114	0,105	0,089	0,074	0,062	0,047	0,027	0,000
0,6	0,144	0,135	0,128	0,114	0,100	0,089	0,075	0,051	0,016
0,7	0,147	0,141	0,136	0,126	0,116	0,108	0,097	0,080	0,048
0,8	0,128	0,125	0,122	0,117	0,111	0,107	0,101	0,089	0,072
0,9	0,081	0,080	0,079	0,078	0,076	0,075	0,073	0,069	0,064
$\frac{M'}{ql^2}$ [Gleichlast]	0,083	0,077	0,073	0,065	0,057	0,052	0,045	0,036	0,021
[Dreieckslast, symmetrisch]	0,052	0,048	0,045	0,040	0,034	0,030	0,025	0,017	0,009
[Dreieckslast, nach rechts fallend]	0,033	0,031	0,028	0,024	0,020	0,018	0,014	0,009	0,004
[Dreieckslast, nach rechts steigend]	0,050	0,047	0,045	0,041	0,038	0,034	0,031	0,024	0,017
$\frac{M'l^2}{EI_1\delta}$	−6,00	−6,70	−7,35	−8,67	−10,3	−11,6	−13,4	−17,0	−24,0
Einseitig eingespannt									
$k'l : I_1$	0,750	0,762	0,770	0,783	0,795	0,803	0,812	0,824	0,857
$\frac{M'}{Pl}$, $\frac{a}{l} = 0,1$	0,050	0,046	0,044	0,040	0,038	0,036	0,034	0,032	0,029
0,2	0,096	0,090	0,086	0,080	0,075	0,072	0,069	0,063	0,057
0,3	0,137	0,129	0,124	0,117	0,111	0,107	0,102	0,095	0,086
0,4	0,168	0,162	0,157	0,149	0,143	0,140	0,134	0,125	0,114
0,5	0,188	0,183	0,179	0,174	0,169	0,165	0,161	0,155	0,143
0,6	0,192	0,189	0,186	0,183	0,179	0,178	0,174	0,170	0,162
0,7	0,179	0,177	0,175	0,173	0,171	0,170	0,168	0,166	0,161
0,8	0,144	0,143	0,143	0,142	0,141	0,140	0,139	0,138	0,136
0,9	0,086	0,085	0,085	0,085	00,85	0,084	0,084	0,084	0,083
$\frac{M'}{ql^2}$ [Gleichlast]	0,125	0,122	0,119	0,115	0,112	0,110	0,108	0,104	0,098
[Dreieckslast, symmetrisch]	0,078	0,076	0,075	0,073	0,071	0,069	0,068	0,064	0,061
[Dreieckslast, nach rechts fallend]	0,058	0,056	0,055	0,053	0,051	0,050	0,048	0,045	0,043
[Dreieckslast, nach rechts steigend]	0,067	0,066	0,065	0,063	0,062	0,061	0,060	0,058	0,056
$\frac{M'l^2}{EI_1\delta}$	−3,00	−3,05	−3,08	−3,13	−3,18	−3,21	−3,25	−3,33	−3,43

Tafel 24 Stabfestwerte und Stabendmomente für volle Einspannung des ein- und zweiseitig eingespannten Stabes mit linear anlaufendem Querschnitt

			$n = I_1 : I_2$	1,0	0,6	0,4	0,2	0,1	0,06	0,03	0,01
Tafelwerte für Stabende links	$k'l : I_1$			1,00	1,47	2,00	3,39	5,77	8,60	14,8	35,5
	$k'l : I_1$			0,250	0,321	0,389	0,540	0,735	0,918	1,23	1,91
	$k^*l : I_1$			*1,00*	*1,29*	*1,58*	*2,25*	*3,21*	*4,17*	*5,97*	*10,6*
	γ	$\rightarrow$		0,500	0,439	0,397	0,333	0,278	0,243	0,202	0,150
	a^*			*2,00*	*2,27*	*2,52*	*3,01*	*3,60*	*4,12*	*4,95*	*6,67*
	c^*			*1,00*	*1,09*	*1,17*	*1,34*	*1,53*	*1,71*	*1,98*	*2,56*
	$\frac{M'}{Pl}$	$\frac{a}{l} =$	0,1	−0,081	−0,083	−0,084	−0,087	−0,088	−0,089	−0,092	−0,094
			0,2	−0,128	−0,135	−0,139	−0,146	−0,153	−0,157	−0,164	−0,178
			0,3	−0,147	−0,158	−0,167	−0,181	−0,194	−0,202	−0,213	−0,233
			0,4	−0,144	−0,159	−0,171	−0,191	−0,210	−0,223	−0,240	−0,270
			0,5	−0,125	−0,142	−0,156	−0,180	−0,202	−0,221	−0,245	−0,290
			0,6	−0,096	−0,112	−0,126	−0,150	−0,176	−0,195	−0,225	−0,285
I_2 / I_1			0,7	−0,063	−0,076	−0,087	−0,108	−0,132	−0,150	−0,176	−0,224
			0,8	−0,032	−0,039	−0,046	−0,061	−0,078	−0,091	−0,112	−0,147
			0,9	−0,009	−0,011	−0,014	−0,019	−0,026	−0,031	−0,040	−0,052
	$\frac{M'}{M}$	$\frac{a}{l} =$	0,1	−0,630	−0,665	−0,691	−0,731	−0,765	−0,788	−0,815	−0,849
			0,2	−0,320	−0,369	−0,406	−0,468	−0,525	−0,564	−0,613	−0,679
			0,3	−0,070	−0,114	−0,152	−0,217	−0,283	−0,331	−0,394	−0,484
			0,4	0,120	0,092	0,066	0,014	−0,046	−0,093	−0,158	−0,263
			0,5	0,250	0,247	0,239	0,215	0,179	0,144	0,089	−0,010
			0,6	0,320	0,342	0,357	0,372	0,373	0,365	0,340	0,273
			0,7	0,330	0,373	0,408	0,464	0,513	0,542	0,569	0,575
			0,8	0,280	0,332	0,378	0,463	0,555	0,625	0,718	0,848
			0,9	0,170	0,211	0,249	0,328	0,427	0,515	0,651	0,910
	$\frac{M'}{ql^2}$			−0,083	−0,092	−0,100	−0,112	−0,127	−0,137	−0,151	−0,175
				−0,052	−0,059	−0,064	−0,073	−0,082	−0,090	−0,098	−0,115
				−0,050	−0,055	−0,058	−0,064	−0,070	−0,075	−0,081	−0,091
				−0,033	−0,038	−0,042	−0,048	−0,057	−0,063	−0,071	−0,085
	$\frac{M'l^2}{EI_1\delta}$			−6,00	−8,45	−11,2	−18,1	−29,5	−42,6	−71,1	−150
	$k'l : I_1$			0,750	1,10	1,50	2,55	4,36	6,51	11,3	27,3
	$\frac{M'}{Pl}$	$\frac{a}{l} =$	0,1	−0,086	−0,087	−0,088	−0,090	−0,091	−0,092	−0,095	−0,100
			0,2	−0,144	−0,149	−0,153	−0,158	−0,164	−0,167	−0,171	−0,180
			0,3	−0,179	−0,188	−0,195	−0,207	−0,217	−0,224	−0,232	−0,244
			0,4	−0,192	−0,206	−0,216	−0,233	−0,249	−0,260	−0,275	−0,296
			0,5	−0,188	−0,204	−0,217	−0,240	−0,259	−0,275	−0,296	−0,330
			0,6	−0,168	−0,185	−0,199	−0,224	−0,248	−0,266	−0,293	−0,330
			0,7	−0,137	−0,152	−0,166	−0,190	−0,214	−0,233	−0,261	−0,292
			0,8	−0,096	−0,108	−0,119	−0,139	−0,160	−0,176	−0,199	−0,235
			0,9	−0,050	−0,056	−0,062	−0,073	−0,086	−0,096	−0,113	−0,136
I_2 / I_1	$\frac{M'}{M}$	$\frac{a}{l} =$	0,1	−0,715	−0,743	−0,763	−0,794	−0,820	−0,837	−0,857	−0,883
			0,2	−0,460	−0,502	−0,533	−0,583	−0,629	−0,660	−0,697	−0,748
			0,3	−0,235	−0,278	−0,312	−0,371	−0,428	−0,468	−0,518	−0,590
			0,4	−0,040	−0,075	−0,104	−0,159	−0,216	−0,259	−0,317	−0,404
			0,5	0,125	0,106	0,088	0,050	0,003	−0,035	−0,090	−0,182
			0,6	0,260	0,262	0,260	0,249	0,227	0,204	0,164	0,086
			0,7	0,365	0,390	0,408	0,432	0,447	0,451	0,446	0,410
			0,8	0,440	0,486	0,523	0,588	0,650	0,693	0,744	0,801
			0,9	0,485	0,547	0,600	0,700	0,811	0,899	1,026	1,238
	$\frac{M'}{ql^2}$			−0,125	−0,135	−0,142	−0,156	−0,170	−0,181	−0,195	−0,217
				−0,078	−0,085	−0,090	−0,099	−0,108	−0,114	−0,123	−0,136
				−0,067	−0,071	−0,075	−0,080	−0,086	−0,090	−0,096	−0,104
				−0,058	−0,064	−0,069	−0,076	−0,085	−0,092	−0,101	−0,113
	$\frac{M'l^2}{EI_1\delta}$			−3,00	−4,41	−6,00	−10,2	−17,5	−26,0	−45,1	−90,0

Tafel 25 ***Stabfestwerte und Stabendmomente für volle Einspannung des ein- und zweiseitig eingespannten Stabes mit linear anlaufendem Querschnitt***

	$n = I_1 : I_2$	1,0	0,6	0,4	0,2	0,1	0,06	0,03	0,01
Tafelwerte für Stabende rechts	$k'l : I_1$	1,00	1,14	1,26	1,51	1,82	2,09	2,54	3,46
	$k'l : I_1$	0,250	0,321	0,389	0,540	0,735	0,918	1,23	1,91
	$k^*l : I_1$	*1,00*	*1,29*	*1,58*	*2,25*	*3,21*	*4,17*	*6,97*	*10,6*
	γ ←	0,500	0,568	0,628	0,746	0,881	0,996	1,18	1,53
	a^*	*2,00*	*1,76*	*1,59*	*1,34*	*1,14*	*1,00*	*0,849*	*0,653*
	c^*	*1,00*	*0,920*	*0,864*	*0,781*	*0,712*	*0,668*	*0,616*	*0,551*
I_2 — I_1 (beidseitig eingespannt)	$\frac{M'}{Pl}$, $\frac{l}{a} =$ 0,1	0,009	0,007	0,006	0,004	0,003	0,002	0,002	0,001
	0,2	0,032	0,026	0,022	0,017	0,012	0,010	0,007	0,005
	0,3	0,063	0,052	0,045	0,035	0,026	0,022	0,016	0,010
	0,4	0,096	0,082	0,072	0,057	0,044	0,036	0,029	0,019
	0,5	0,125	0,109	0,097	0,080	0,065	0,054	0,043	0,028
	0,6	0,144	0,129	0,117	0,099	0,082	0,071	0,058	0,040
	0,7	0,147	0,135	0,126	0,109	0,094	0,084	0,071	0,057
	0,8	0,128	0,121	0,115	0,104	0,093	0,085	0,075	0,062
	0,9	0,081	0,079	0,077	0,073	0,069	0,066	0,061	0,054
	$\frac{M'}{M}$, $\frac{a}{l} =$ 0,1	0,170	0,137	0,115	0,085	0,062	0,049	0,036	0,022
	0,2	0,280	0,234	0,202	0,155	0,118	0,096	0,072	0,045
	0,3	0,330	0,288	0,256	0,207	0,164	0,137	0,106	0,069
	0,4	0,320	0,294	0,272	0,232	0,194	0,167	0,135	0,092
	0,5	0,250	0,247	0,240	0,223	0,199	0,180	0,152	0,112
	0,6	0,120	0,141	0,154	0,165	0,166	0,161	0,149	0,122
	0,7	−0,070	−0,029	0,000	0,043	0,075	0,091	0,104	0,107
	0,8	−0,320	−0,271	−0,232	−0,168	−0,108	−0,068	−0,022	0,031
	0,9	−0,630	−0,592	−0,559	−0,499	−0,436	−0,385	−0,319	−0,214
	$\frac{M'}{ql^2}$ (Gleichlast)	0,083	0,075	0,069	0,059	0,050	0,044	0,037	0,028
	(Dreieckslast, Spitze Mitte)	0,052	0,047	0,042	0,036	0,029	0,026	0,021	0,016
	(Dreieckslast, links max.)	0,033	0,029	0,026	0,022	0,018	0,015	0,013	0,009
	(Dreieckslast, rechts max.)	0,050	0,046	0,043	0,038	0,033	0,029	0,025	0,020
	$\frac{M'l^2}{EI_1\delta}$	−6,00	−7,13	−8,22	−10,6	−13,7	−16,7	−22,1	−35,0
I_2 — I_1 (einseitig eingespannt)	$k'l : I_1$	0,750	0,854	0,948	1,14	1,38	1,59	1,93	2,67
	$\frac{M'}{Pl}$, $\frac{a}{l} =$ 0,1	0,050	0,044	0,039	0,033	0,028	0,024	0,020	0,016
	0,2	0,096	0,085	0,077	0,065	0,055	0,048	0,040	0,031
	0,3	0,137	0,122	0,111	0,095	0,080	0,070	0,060	0,047
	0,4	0,168	0,152	0,140	0,120	0,102	0,091	0,077	0,062
	0,5	0,188	0,171	0,159	0,139	0,120	0,107	0,092	0,075
	0,6	0,192	0,178	0,167	0,149	0,131	0,118	0,103	0,084
	0,7	0,179	0,169	0,160	0,145	0,131	0,120	0,106	0,090
	0,8	0,144	0,138	0,134	0,125	0,114	0,107	0,097	0,083
	0,9	0,086	0,084	0,082	0,079	0,076	0,073	0,069	0,063
	$\frac{M'}{M}$, $\frac{a}{l} =$ 0,1	0,485	0,429	0,389	0,327	0,275	0,241	0,201	0,149
	0,2	0,440	0,396	0,363	0,311	0,264	0,233	0,196	0,147
	0,3	0,365	0,338	0,316	0,279	0,243	0,217	0,185	0,142
	0,4	0,260	0,253	0,245	0,228	0,206	0,190	0,167	0,132
	0,5	0,125	0,138	0,146	0,151	0,149	0,144	0,134	0,114
	0,6	−0,040	−0,009	0,012	0,041	0,062	0,073	0,080	0,081
	0,7	−0,235	−0,193	−0,161	−0,111	−0,068	−0,040	−0,010	0,021
	0,8	−0,460	−0,417	−0,382	−0,321	−0,262	−0,220	−0,167	−0,096
	0,9	−0,715	−0,684	−0,658	−0,608	−0,554	−0,510	−0,450	−0,351
	$\frac{M'}{ql^2}$ (Gleichlast)	0,125	0,115	0,108	0,097	0,085	0,077	0,067	0,056
	(Dreieckslast, Spitze Mitte)	0,078	0,072	0,068	0,060	0,052	0,047	0,041	0,033
	(Dreieckslast, links max.)	0,058	0,053	0,049	0,043	0,037	0,033	0,029	0,023
	(Dreieckslast, rechts max.)	0,067	0,063	0,059	0,054	0,049	0,045	0,039	0,032
	$\frac{M'l^2}{EI_1\delta}$	−3,00	−3,41	−3,79	−4,56	−5,51	−6,35	−7,73	−10,0

Tafel 26 Stabfestwerte und Stabendmomente für volle Einspannung des ein- und zweiseitig eingespannten Stabes mit sprunghaft veränderlichem Querschnitt

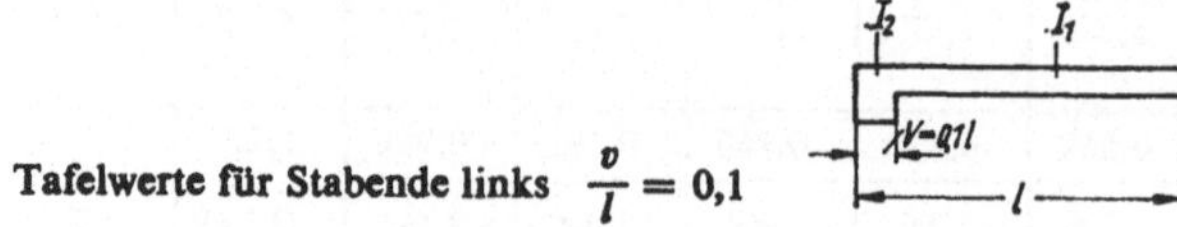

Tafelwerte für Stabende links $\frac{v}{l} = 0{,}1$

Lagerung	$n = I_1 : I_2$		1,0	0,6	0,4	0,2	0,1	0,06	0,03	0,01	0,00
beidseitig eingespannt	$k'l : I_1$		1,00	1,16	1,26	1,38	1,45	1,48	1,50	1,51	1,51
	$k'l : I_1$		0,250	0,260	0,266	0,272	0,275	0,276	0,277	0,277	0,278
	$k^*l : I_1$		*1,00*	*1,15*	*1,24*	*1,35*	*1,41*	*1,44*	*1,46*	*1,47*	*1,48*
	γ →		0,500	0,495	0,492	0,489	0,488	0,487	0,487	0,487	0,486
	a^*		*2,00*	*2,02*	*2,03*	*2,04*	*2,05*	*2,05*	*2,05*	*2,05*	*2,06*
	c^*		*1,00*	*1,01*	*1,01*	*1,01*	*1,02*	*1,02*	*1,02*	*1,02*	*1,02*
	$\frac{M'}{Pl}$	$\frac{a}{l}$ = 0,1	−0,081	−0,087	−0,090	−0,095	−0,097	−0,098	−0,099	−0,100	−0,100
		0,2	−0,128	−0,142	−0,152	−0,162	−0,169	−0,171	−0,173	−0,175	−0,176
		0,3	−0,147	−0,166	−0,177	−0,191	−0,199	−0,203	−0,206	−0,207	−0,208
		0,4	−0,144	−0,163	−0,175	−0,190	−0,198	−0,202	−0,205	−0,206	−0,207
		0,5	−0,125	−0,142	−0,153	−0,166	−0,174	−0,177	−0,179	−0,181	−0,182
		0,6	−0,096	−0,110	−0,118	−0,128	−0,134	−0,137	−0,138	−0,140	−0,140
		0,7	−0,063	−0,072	−0,078	−0,084	−0,088	−0,090	−0,091	−0,092	−0,093
		0,8	−0,032	−0,037	−0,040	−0,043	−0,045	−0,046	−0,047	−0,047	−0,047
		0,9	−0,009	−0,010	−0,011	−0,012	−0,013	−0,013	−0,013	−0,013	−0,013
	$\frac{M'}{M}$		−0,630	−0,743	−0,814	−0,898	−0,946	−0,967	−0,983	−0,994	−1,00
	$\frac{M'}{ql^2}$		−0,083	−0,094	−0,100	−0,108	−0,113	−0,114	−0,116	−0,117	−0,117
			−0,050	−0,056	−0,060	−0,064	−0,067	−0,068	−0,069	−0,069	−0,070
	$\frac{M'l}{EI_1\varphi}$		4,00	4,64	5,04	5,51	5,79	5,91	6,00	6,06	6,09
			−2,00	−2,29	−2,48	−2,70	−2,82	−2,88	−2,92	−2,95	−2,96
	$\frac{M'l^2}{EI_1\delta}$		−6,00	−6,93	−7,51	−8,21	−8,61	−8,78	−8,92	−9,01	−9,05
einseitig eingespannt	$k'l : I_1$		0,750	0,841	0,896	0,958	0,992	1,01	1,02	1,02	1,03
	$\frac{M'}{Pl}$	$\frac{a}{l}$ = 0,1	−0,086	−0,090	−0,093	−0,096	−0,098	−0,099	−0,099	−0,100	−0,100
		0,2	−0,144	−0,156	−0,164	−0,172	−0,177	−0,179	−0,181	−0,182	−0,182
		0,3	−0,179	−0,196	−0,206	−0,218	−0,224	−0,227	−0,229	−0,231	−0,231
		0,4	−0,192	−0,212	−0,223	−0,237	−0,244	−0,247	−0,249	−0,251	−0,252
		0,5	−0,188	−0,207	−0,219	−0,232	−0,240	−0,243	−0,245	−0,247	−0,248
		0,6	−0,168	−0,186	−0,197	−0,209	−0,216	−0,218	−0,221	−0,222	−0,223
		0,7	−0,136	−0,151	−0,160	−0,170	−0,176	−0,178	−0,180	−0,181	−0,181
		0,8	−0,096	−0,106	−0,113	−0,120	−0,124	−0,125	−0,127	−0,127	−0,128
		0,9	−0,049	−0,055	−0,058	−0,062	−0,064	−0,065	−0,065	−0,066	−0,066
	$\frac{M'}{M}$		−0,715	−0,808	−0,864	−0,927	−0,962	−0,977	−0,988	−0,996	−1,00
	$\frac{M'}{ql^2}$		−0,125	−0,137	−0,145	−0,153	−0,158	−0,159	−0,161	−0,162	−0,163
			−0,067	−0,073	−0,076	−0,081	−0,083	−0,084	−0,085	−0,085	−0,086
	$\frac{M'l}{EI_1\varphi}$		3,00	3,36	3,58	3,83	3,97	4,03	4,07	4,10	4,12
	$\frac{M'l^2}{EI_1\delta}$		−3,00	−3,36	−3,58	−3,83	−3,97	−4,03	−4,07	−4,10	−4,12

Tafel 27 Stabfestwerte und Stabendmomente für volle Einspannung des ein- und zweiseitig eingespannten Stabes mit sprunghaft veränderlichem Querschnitt

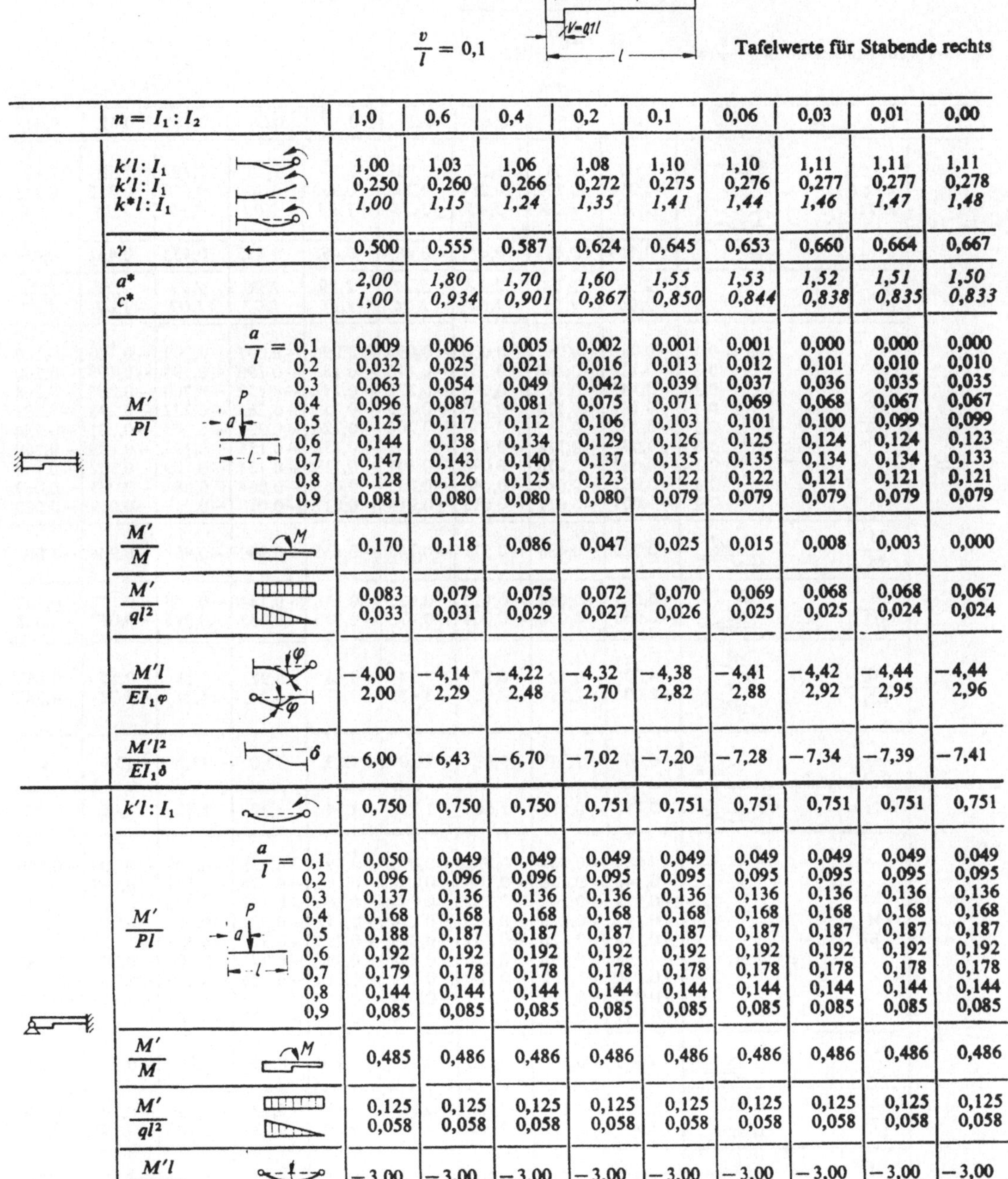

$\frac{v}{l} = 0{,}1$

Tafelwerte für Stabende rechts

	$n = I_1 : I_2$	1,0	0,6	0,4	0,2	0,1	0,06	0,03	0,01	0,00
Zweiseitig eingespannt	$k'l : I_1$	1,00	1,03	1,06	1,08	1,10	1,10	1,11	1,11	1,11
	$k'l : I_1$	0,250	0,260	0,266	0,272	0,275	0,276	0,277	0,277	0,278
	$k^*l : I_1$	*1,00*	*1,15*	*1,24*	*1,35*	*1,41*	*1,44*	*1,46*	*1,47*	*1,48*
	γ ←	0,500	0,555	0,587	0,624	0,645	0,653	0,660	0,664	0,667
	a^*	*2,00*	*1,80*	*1,70*	*1,60*	*1,55*	*1,53*	*1,52*	*1,51*	*1,50*
	c^*	*1,00*	*0,934*	*0,901*	*0,867*	*0,850*	*0,844*	*0,838*	*0,835*	*0,833*
	$\frac{M'}{Pl}$, $\frac{a}{l} = 0{,}1$	0,009	0,006	0,005	0,002	0,001	0,001	0,000	0,000	0,000
	0,2	0,032	0,025	0,021	0,016	0,013	0,012	0,101	0,010	0,010
	0,3	0,063	0,054	0,049	0,042	0,039	0,037	0,036	0,035	0,035
	0,4	0,096	0,087	0,081	0,075	0,071	0,069	0,068	0,067	0,067
	0,5	0,125	0,117	0,112	0,106	0,103	0,101	0,100	0,099	0,099
	0,6	0,144	0,138	0,134	0,129	0,126	0,125	0,124	0,124	0,123
	0,7	0,147	0,143	0,140	0,137	0,135	0,135	0,134	0,134	0,133
	0,8	0,128	0,126	0,125	0,123	0,122	0,122	0,121	0,121	0,121
	0,9	0,081	0,080	0,080	0,080	0,079	0,079	0,079	0,079	0,079
	$\frac{M'}{M}$	0,170	0,118	0,086	0,047	0,025	0,015	0,008	0,003	0,000
	$\frac{M'}{ql^2}$ (Gleichlast)	0,083	0,079	0,075	0,072	0,070	0,069	0,068	0,068	0,067
	$\frac{M'}{ql^2}$ (Dreieckslast)	0,033	0,031	0,029	0,027	0,026	0,025	0,025	0,024	0,024
	$\frac{M'l}{EI_1\varphi}$	−4,00	−4,14	−4,22	−4,32	−4,38	−4,41	−4,42	−4,44	−4,44
		2,00	2,29	2,48	2,70	2,82	2,88	2,92	2,95	2,96
	$\frac{M'l^2}{EI_1\delta}$	−6,00	−6,43	−6,70	−7,02	−7,20	−7,28	−7,34	−7,39	−7,41
Einseitig eingespannt	$k'l : I_1$	0,750	0,750	0,750	0,751	0,751	0,751	0,751	0,751	0,751
	$\frac{M'}{Pl}$, $\frac{a}{l} = 0{,}1$	0,050	0,049	0,049	0,049	0,049	0,049	0,049	0,049	0,049
	0,2	0,096	0,096	0,096	0,095	0,095	0,095	0,095	0,095	0,095
	0,3	0,137	0,136	0,136	0,136	0,136	0,136	0,136	0,136	0,136
	0,4	0,168	0,168	0,168	0,168	0,168	0,168	0,168	0,168	0,168
	0,5	0,188	0,187	0,187	0,187	0,187	0,187	0,187	0,187	0,187
	0,6	0,192	0,192	0,192	0,192	0,192	0,192	0,192	0,192	0,192
	0,7	0,179	0,178	0,178	0,178	0,178	0,178	0,178	0,178	0,178
	0,8	0,144	0,144	0,144	0,144	0,144	0,144	0,144	0,144	0,144
	0,9	0,085	0,085	0,085	0,085	0,085	0,085	0,085	0,085	0,085
	$\frac{M'}{M}$	0,485	0,486	0,486	0,486	0,486	0,486	0,486	0,486	0,486
	$\frac{M'}{ql^2}$ (Gleichlast)	0,125	0,125	0,125	0,125	0,125	0,125	0,125	0,125	0,125
	$\frac{M'}{ql^2}$ (Dreieckslast)	0,058	0,058	0,058	0,058	0,058	0,058	0,058	0,058	0,058
	$\frac{M'l}{EI_1\varphi}$	−3,00	−3,00	−3,00	−3,00	−3,00	−3,00	−3,00	−3,00	−3,00
	$\frac{M'l^2}{EI_1\delta}$	−3,00	−3,00	−3,00	−3,00	−3,00	−3,00	−3,00	−3,00	−3,00

Tafel 28 Stabfestwerte und Stabendmomente für volle Einspannung des ein- und zweiseitig eingespannten Stabes mit sprunghaft veränderlichem Querschnitt

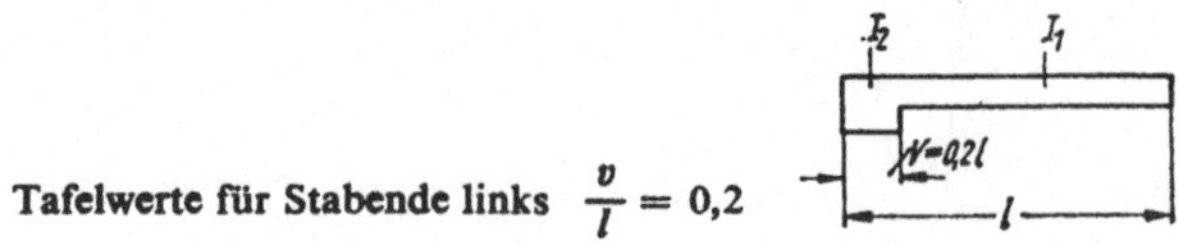

Tafelwerte für Stabende links $\frac{v}{l} = 0{,}2$

	$n = I_1 : I_2$		1,0	0,6	0,4	0,2	0,1	0,06	0,03	0,01	0,00
beidseitig eingespannt	$k'l : I_1$		1,00	1,31	1,54	1,88	2,12	2,23	2,32	2,39	2,42
	$k'l ; I_1$		0,250	0,272	0,284	0,298	0,305	0,308	0,310	0,312	0,313
	$k^*l : I_1$		*1,00*	*1,26*	*1,45*	*1,74*	*1,93*	*2,03*	*2,10*	*2,16*	*2,19*
	γ	→	0,500	0,481	0,471	0,461	0,456	0,455	0,453	0,452	0,452
	a^*		*2,00*	*2,08*	*2,12*	*2,17*	*2,19*	*2,20*	*2,21*	*2,21*	*2,21*
	c^*		*1,00*	*1,03*	*1,04*	*1,06*	*1,06*	*1,07*	*1,07*	*1,07*	*1,07*
	$\frac{M'}{Pl}$	$\frac{a}{l} = 0{,}1$	−0,081	−0,085	−0,088	−0,093	−0,096	−0,097	−0,099	−0,100	−0,100
		0,2	−0,128	−0,144	−0,155	−0,173	−0,185	−0,190	−0,195	−0,198	−0,200
		0,3	−0,147	−0,173	−0,193	−0,222	−0,242	−0,252	−0,260	−0,265	−0,268
		0,4	−0,144	−0,174	−0,196	−0,229	−0,252	−0,263	−0,272	−0,278	−0,281
		0,5	−0,125	−0,153	−0,174	−0,205	−0,226	−0,237	−0,245	−0,251	−0,254
		0,6	−0,096	−0,118	−0,136	−0,161	−0,178	−0,186	−0,193	−0,198	−0,200
		0,7	−0,063	−0,078	−0,090	−0,107	−0,119	−0,124	−0,129	−0,132	−0,134
		0,8	−0,032	−0,040	−0,046	−0,055	−0,061	−0,064	−0,066	−0,068	−0,069
		0,9	−0,009	−0,011	−0,013	−0,016	−0,017	−0,018	−0,019	−0,019	−0,020
	$\frac{M'}{M}$		−0,320	−0,466	−0,579	−0,743	−0,855	−0,909	−0,952	−0,984	−1,00
	$\frac{M'}{ql^2}$	Gleichlast	−0,083	−0,098	−0,110	−0,127	−0,138	−0,144	−0,148	−0,152	−0,153
		Dreieckslast	−0,050	−0,058	−0,064	−0,073	−0,080	−0,083	−0,085	−0,087	−0,088
	$\frac{M'l}{EI_1\varphi}$		4,00	5,22	6,17	7,54	8,48	8,92	9,29	9,55	9,67
			−2,00	−2,51	−2,91	−3,48	−3,87	−4,06	−4,21	−4,32	−4,38
	$\frac{M'l^2}{EI_1\delta}$		−6,00	−7,73	−9,07	−11,0	−12,3	−13,0	−13,5	−13,9	−14,1
einseitig eingespannt	$k'l : I_1$		0,750	0,932	1,06	1,23	1,34	1,39	1,42	1,45	1,46
	$\frac{M'}{Pl}$	$\frac{a}{l} = 0{,}1$	−0,086	−0,089	−0,092	−0,095	−0,097	−0,098	−0,099	−0,100	−0,100
		0,2	−0,144	−0,158	−0,168	−0,182	−0,190	−0,194	−0,197	−0,199	−0,200
		0,3	−0,179	−0,204	−0,222	−0,245	−0,260	−0,267	−0,272	−0,276	−0,278
		0,4	−0,192	−0,223	−0,245	−0,274	−0,292	−0,301	−0,307	−0,312	−0,314
		0,5	−0,188	−0,220	−0,243	−0,273	−0,293	−0,301	−0,308	−0,313	−0,315
		0,6	−0,168	−0,198	−0,220	−0,248	−0,266	−0,274	−0,281	−0,285	−0,288
		0,7	−0,136	−0,162	−0,180	−0,203	−0,218	−0,225	−0,230	−0,234	−0,236
		0,8	−0,096	−0,114	−0,127	−0,144	−0,154	−0,159	−0,163	−0,166	−0,167
		0,9	−0,049	−0,059	−0,066	−0,074	−0,080	−0,082	−0,084	−0,086	−0,087
	$\frac{M'}{M}$		−0,460	−0,597	−0,695	−0,823	−0,904	−0,940	−0,969	−0,990	−1,00
	$\frac{M'}{ql^2}$	Gleichlast	−0,125	−0,144	−0,158	−0,175	−0,187	−0,192	−0,196	−0,199	−0,200
		Dreieckslast	−0,067	−0,076	−0,082	−0,091	−0,096	−0,099	−0,101	−0,102	−0,103
	$\frac{M'l}{EI_1\varphi}$		3,00	3,73	4,24	4,92	5,35	5,54	5,70	5,80	5,86
	$\frac{M'l^2}{EI_1\delta}$		−3,00	−3,73	−4,24	−4,92	−5,35	−5,54	−5,70	−5,80	−5,86

Tafel 29 Stabfestwerte und Stabendmomente für volle Einspannung des ein- und zweiseitig eingespannten Stabes mit sprunghaft veränderlichem Querschnitt

$\frac{v}{l} = 0,2$

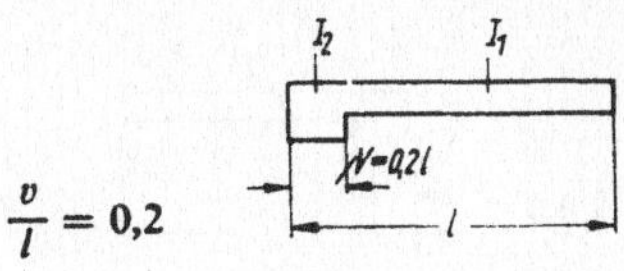

Tafelwerte für Stabende rechts

	$n = I_1 : I_2$	1,0	0,6	0,4	0,2	0,1	0,06	0,03	0,01	0,00
Beidseitig eingespannt	$k'l : I_1$	1,00	1,05	1,10	1,16	1,20	1,22	1,23	1,25	1,25
	$k'l : I_1$	0,250	0,272	0,284	0,298	0,305	0,308	0,310	0,312	0,313
	$k^*l : I_1$	*1,00*	*1,26*	*1,45*	*1,74*	*1,93*	*2,03*	*2,10*	*2,16*	*2,19*
	γ ←	0,500	0,595	0,663	0,752	0,808	0,833	0,854	0,868	0,875
	a^*	*2,00*	*1,68*	*1,51*	*1,33*	*1,24*	*1,20*	*1,17*	*1,15*	*1,14*
	c^*	*1,00*	*0,893*	*0,836*	*0,777*	*0,746*	*0,733*	*0,724*	*0,717*	*0,714*
	$\frac{M'}{Pl}$, $\frac{a}{l} = 0,1$	0,009	0,007	0,005	0,003	0,002	0,001	0,001	0,000	0,000
	0,2	0,032	0,025	0,019	0,012	0,007	0,004	0,002	0,001	0,000
	0,3	0,063	0,052	0,043	0,030	0,022	0,018	0,015	0,012	0,011
	0,4	0,096	0,083	0,073	0,059	0,050	0,045	0,042	0,039	0,037
	0,5	0,125	0,113	0,104	0,091	0,082	0,078	0,074	0,072	0,070
	0,6	0,144	0,134	0,127	0,117	0,109	0,106	0,103	0,101	0,100
	0,7	0,147	0,141	0,136	0,128	0,123	0,121	0,119	0,118	0,117
	0,8	0,128	0,125	0,122	0,118	0,116	0,115	0,114	0,113	0,113
	0,9	0,081	0,080	0,079	0,078	0,078	0,077	0,077	0,077	0,077
	$\frac{M'}{M}$	0,280	0,221	0,174	0,107	0,060	0,038	0,020	0,007	0,000
	$\frac{M'}{ql^2}$ (Gleichlast)	0,083	0,077	0,072	0,065	0,060	0,057	0,055	0,054	0,053
	$\frac{M'}{ql^2}$ (Dreieckslast)	0,033	0,030	0,027	0,023	0,020	0,019	0,018	0,017	0,017
	$\frac{M'l}{EI_1\varphi}$	−4,00	−4,22	−4,38	−4,62	−4,79	−4,87	−4,93	−4,98	−5,00
		2,00	2,51	2,91	3,48	3,87	4,06	4,21	4,32	4,38
	$\frac{M'l^2}{EI_1\delta}$	−6,00	−6,73	−7,29	−8,10	−8,66	−8,92	−9,14	−9,29	−9,38
Einseitig eingespannt	$k'l : I_1$	0,750	0,752	0,754	0,755	0,755	0,756	0,756	0,765	0,756
	$\frac{M'}{Pl}$, $\frac{a}{l} = 0,1$	0,050	0,048	0,047	0,046	0,046	0,045	0,045	0,045	0,045
	0,2	0,096	0,094	0,093	0,091	0,091	0,091	0,090	0,090	0,090
	0,3	0,137	0,135	0,134	0,133	0,132	0,132	0,132	0,132	0,132
	0,4	0,168	0,167	0,166	0,165	0,165	0,165	0,165	0,165	0,165
	0,5	0,188	0,186	0,186	0,185	0,185	0,185	0,185	0,185	0,185
	0,6	0,192	0,191	0,191	0,191	0,190	0,190	0,190	0,190	0,190
	0,7	0,179	0,178	0,178	0,178	0,178	0,178	0,178	0,178	0,178
	0,8	0,144	0,144	0,144	0,144	0,144	0,144	0,144	0,144	0,144
	0,9	0,086	0,085	0,085	0,085	0,085	0,085	0,085	0,085	0,085
	$\frac{M'}{M}$	0,440	0,445	0,447	0,449	0,450	0,451	0,451	0,451	0,452
	$\frac{M'}{ql^2}$ (Gleichlast)	0,125	0,124	0,124	0,123	0,123	0,123	0,123	0,123	0,123
	$\frac{M'}{ql^2}$ (Dreieckslast)	0,058	0,058	0,057	0,057	0,057	0,057	0,057	0,057	0,057
	$\frac{M'l}{EI_1\varphi}$	−3,01	−3,01	−3,01	−3,02	−3,02	−3,02	−3,02	−3,02	−3,02
	$\frac{M'l^2}{EI_1\delta}$	−3,01	−3,01	−3,01	−3,02	−3,02	−3,02	−3,02	−3,02	−3,02

Tafel 30 Stabfestwerte und Stabendmomente für volle Einspannung des ein- und zweiseitig eingespannten Stabes mit sprunghaft veränderlichem Querschnitt

Tafelwerte für Stabende links $\frac{v}{l} = 0,3$

	$n = I_1 : I_2$	1,0	0,6	0,4	0,2	0,1	0,06	0,03	0,01	0,00
beidseitig eingespannt	$k'l : I_1$	1,00	1,43	1,81	2,50	3,09	3,42	3,71	3,93	4,05
	$k'l : I_1$	0,250	0,284	0,305	0,329	0,342	0,348	0,352	0,356	0,357
	$k^*l : I_1$	*1,00*	*1,32*	*1,61*	*2,12*	*2,55*	*2,79*	*3,01*	*3,17*	*3,27*
	γ →	0,500	0,462	0,442	0,423	0,413	0,409	0,406	0,404	0,403
	a^*	*2,00*	*2,17*	*2,26*	*2,37*	*2,42*	*2,45*	*2,46*	*2,48*	*2,48*
	c^*	*1,00*	*1,06*	*1,09*	*1,12*	*1,14*	*1,15*	*1,15*	*1,16*	*1,16*
	$\frac{M'}{Pl}$, $\frac{a}{l} = 0,1$	−0,081	−0,084	−0,086	−0,090	−0,094	−0,096	−0,098	−0,099	−0,100
	0,2	−0,128	−0,138	−0,148	−0,164	−0,178	−0,185	−0,192	−0,197	−0,200
	0,3	−0,147	−0,169	−0,188	−0,223	−0,252	−0,268	−0,283	−0,294	−0,300
	0,4	−0,144	−0,174	−0,201	−0,249	−0,290	−0,313	−0,333	−0,348	−0,357
	0,5	−0,125	−0,155	−0,183	−0,232	−0,274	−0,297	−0,318	−0,334	−0,343
	0,6	−0,096	−0,122	−0,145	−0,187	−0,222	−0,242	−0,259	−0,273	−0,280
	0,7	−0,063	−0,081	−0,097	−0,126	−0,151	−0,165	−0,177	−0,186	−0,192
	0,8	−0,032	−0,042	−0,050	−0,066	−0,079	−0,086	−0,093	−0,098	−0,100
	0,9	−0,009	−0,012	−0,014	−0,019	−0,023	−0,025	−0,027	−0,028	−0,029
	$\frac{M'}{M}$	−0,070	−0,199	−0,317	−0,527	−0,707	−0,806	−0,895	−0,963	−1,00
	$\frac{M'}{ql^2}$ (Gleichlast)	−0,083	−0,098	−0,112	−0,136	−0,157	−0,169	−0,179	−0,187	−0,191
	$\frac{M'}{ql^2}$ (Dreieckslast)	−0,050	−0,058	−0,065	−0,077	−0,088	−0,093	−0,098	−0,102	−0,105
	$\frac{M'l}{EI_1\varphi}$	4,00	5,70	7,26	10,0	12,4	13,7	14,8	15,7	16,2
	$\frac{M'l}{EI_1\varphi}$	−2,00	−2,63	−3,21	−4,23	−5,11	−5,59	−6,02	−6,35	−6,53
	$\frac{M'l^2}{EI_1\delta}$	−6,00	−8,33	−10,5	−14,2	−17,5	−19,3	−20,8	−22,1	−22,7
einseitig eingespannt	$k'l : I_1$	0,750	1,02	1,24	1,58	1,84	1,96	2,07	2,15	2,19
	$\frac{M'}{Pl}$, $\frac{a}{l} = 0,1$	−0,086	−0,088	−0,090	−0,094	−0,096	−0,098	−0,099	−0,100	−0,100
	0,2	−0,144	−0,154	−0,163	−0,176	−0,186	−0,191	−0,195	−0,198	−0,200
	0,3	−0,179	−0,201	−0,220	−0,249	−0,270	−0,281	−0,290	−0,297	−0,300
	0,4	−0,192	−0,225	−0,253	−0,295	−0,327	−0,343	−0,356	−0,366	−0,371
	0,5	−0,188	−0,225	−0,256	−0,304	−0,340	−0,358	−0,373	−0,383	−0,389
	0,6	−0,168	−0,204	−0,235	−0,281	−0,316	−0,333	−0,348	−0,358	−0,364
	0,7	−0,136	−0,168	−0,193	−0,233	−0,263	−0,277	−0,290	−0,299	−0,303
	0,8	−0,096	−0,119	−0,137	−0,166	−0,187	−0,198	−0,207	−0,213	−0,217
	0,9	−0,049	−0,061	−0,071	−0,086	−0,097	−0,103	−0,108	−0,111	−0,113
	$\frac{M'}{M}$	−0,235	−0,377	−0,495	−0,677	−0,813	−0,880	−0,937	−0,978	−1,00
	$\frac{M'}{ql^2}$ (Gleichlast)	−0,125	−0,146	−0,163	−0,190	−0,210	−0,220	−0,228	−0,234	−0,238
	$\frac{M'}{ql^2}$ (Dreieckslast)	−0,067	−0,076	−0,084	−0,096	−0,105	−0,110	−0,113	−0,116	−0,118
	$\frac{Ml'}{EI_1\varphi}$	3,00	4,07	4,95	6,32	7,34	7,84	8,27	8,58	8,75
	$\frac{M'l^2}{EI_1\delta}$	−3,00	−4,07	−4,95	−6,32	−7,34	−7,84	−8,27	−8,58	−8,75

Tafel 31 Stabfestwerte und Stabendmomente für volle Einspannung des ein- und zweiseitig eingespannten Stabes mit sprunghaft veränderlichem Querschnitt

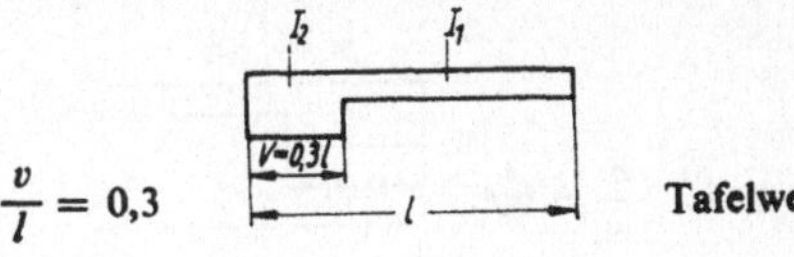

$\frac{v}{l} = 0,3$

Tafelwerte für Stabende rechts

Lagerung	Größe		1,0	0,6	0,4	0,2	0,1	0,06	0,03	0,01	0,00
	$n = I_1 : I_2$		1,0	0,6	0,4	0,2	0,1	0,06	0,03	0,01	0,00
beidseitig eingespannt	$k'l : I_1$		1,00	1,06	1,12	1,21	1,30	1,34	1,38	1,41	1,43
	$k'l : I_1$		0,250	0,284	0,305	0,329	0,342	0,348	0,352	0,356	0,357
	$k^*l : I_1$		*1,00*	*1,32*	*1,61*	*2,12*	*2,55*	*2,79*	*3,01*	*3,17*	*3,27*
	γ	←	0,500	0,620	0,718	0,872	0,986	1,04	1,09	1,12	1,14
	a^*		*2,00*	*1,61*	*1,39*	*1,15*	*1,01*	*0,960*	*0,918*	*0,889*	*0,870*
	c^*		*1,00*	*0,871*	*0,797*	*0,716*	*0,672*	*0,653*	*0,639*	*0,630*	*0,625*
	$\frac{M'}{Pl}$	$\frac{a}{l} = 0,1$	0,009	0,007	0,006	0,004	0,002	0,002	0,001	0,000	0,000
		0,2	0,032	0,026	0,022	0,015	0,009	0,006	0,003	0,001	0,000
		0,3	0,063	0,052	0,044	0,030	0,018	0,012	0,007	0,002	0,000
		0,4	0,096	0,083	0,072	0,053	0,037	0,029	0,021	0,015	0,012
		0,5	0,125	0,112	0,101	0,082	0,066	0,058	0,050	0,044	0,041
		0,6	0,144	0,134	0,124	0,108	0,095	0,088	0,081	0,076	0,073
		0,7	0,147	0,140	0,133	0,122	0,113	0,108	0,103	0,100	0,098
		0,8	0,128	0,124	0,121	0,115	0,110	0,107	0,105	0,103	0,102
		0,9	0,081	0,080	0,079	0,077	0,076	0,075	0,074	0,074	0,073
	$\frac{M'}{M}$		0,330	0,288	0,247	0,172	0,107	0,071	0,039	0,014	0,000
	$\frac{M'}{ql^2}$	Rechtecklast	0,083	0,077	0,071	0,062	0,054	0,049	0,045	0,042	0,041
		Dreieckslast	0,033	0,030	0,027	0,022	0,018	0,016	0,014	0,012	0,011
	$\frac{M'l}{EI_1\varphi}$		−4,00	−4,25	−4,47	−4,86	−5,18	−5,36	−5,52	−5,65	−5,71
			2,00	2,63	3,21	4,23	5,11	5,59	6,02	6,35	6,53
	$\frac{M'l^2}{EI_1\delta}$		−6,00	−6,88	−7,68	−9,09	−10,3	−11,0	−11,5	−12,0	−12,2
einseitig eingespannt	$k'l : I_1$		0,750	0,758	0,762	0,767	0,789	0,770	0,770	0,771	0,771
	$\frac{M'}{Pl}$	$\frac{a}{l} = 0,1$	0,050	0,046	0,044	0,042	0,041	0,041	0,041	0,041	0,040
		0,2	0,096	0,090	0,087	0,084	0,082	0,082	0,081	0,081	0,081
		0,3	0,137	0,130	0,127	0,124	0,122	0,122	0,121	0,121	0,121
		0,4	0,168	0,163	0,161	0,158	0,157	0,157	0,156	0,156	0,156
		0,5	0,188	0,184	0,182	0,181	0,180	0,179	0,179	0,179	0,179
		0,6	0,192	0,190	0,189	0,187	0,187	0,187	0,186	0,186	0,186
		0,7	0,179	0,177	0,176	0,176	0,175	0,175	0,175	0,175	0,175
		0,8	0,144	0,143	0,143	0,143	0,143	0,143	0,142	0,142	0,142
		0,9	0,086	0,085	0,085	0,085	0,085	0,085	0,085	0,085	0,085
	$\frac{M'}{M}$		0,365	0,380	0,387	0,395	0,399	0,401	0,402	0,402	0,403
	$\frac{M'}{ql^2}$	Rechtecklast	0,125	0,122	0,121	0,119	0,118	0,118	0,118	0,118	0,118
		Dreieckslast	0,058	0,056	0,056	0,055	0,054	0,054	0,054	0,054	0,054
	$\frac{M'l}{EI_1\varphi}$		−3,00	−3,03	−3,05	−3,07	−3,07	−3,08	−3,08	−3,08	−3,08
	$\frac{M'l^2}{EI_1\delta}$		−3,00	−3,03	−3,05	−3,07	−3,07	−3,08	−3,08	−3,08	−3,08

Tafel 32 Stabfestwerte und Stabendmomente für volle Einspannung des ein- und zweiseitig eingespannten Stabes mit sprunghaft veränderlichem Querschnitt

Tafelwerte für Stabende links $\frac{v}{l} = 0{,}4$

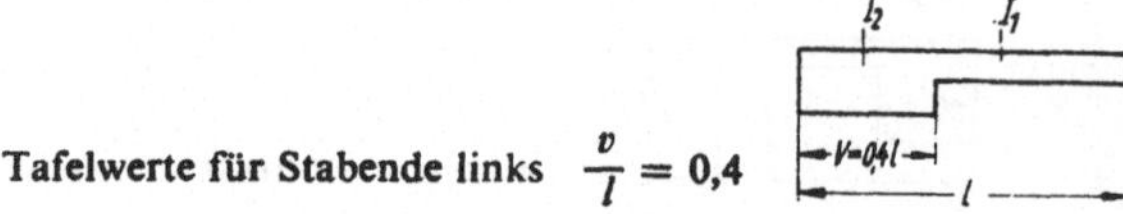

$n = I_1 : I_2$		1,0	0,6	0,4	0,2	0,1	0,06	0,03	0,01	0,00
beidseitig eingespannt	$k'l : I_1$	1,00	1,51	2,04	3,17	4,40	5,21	6,05	6,78	7,22
	$k'l : I_1$	0,250	0,298	0,329	0,368	0,391	0,401	0,408	0,414	0,417
	$k^*l : I_1$	*1,00*	*1,33*	*1,67*	*2,40*	*3,19*	*3,71*	*4,25*	*4,72*	*5,00*
	γ →	0,500	0,441	0,410	0,379	0,362	0,356	0,351	0,348	0,346
	a^*	*2,00*	*2,27*	*2,44*	*2,64*	*2,76*	*2,81*	*2,85*	*2,88*	*2,88*
	c^*	*1,00*	*1,09*	*1,15*	*1,21*	*1,25*	*1,27*	*1,28*	*1,29*	*1,30*
	$\frac{M'}{Pl}$, $\frac{a}{l} = 0{,}1$	−0,081	−0,083	−0,084	−0,088	−0,092	−0,094	−0,097	−0,099	−0,100
	0,2	−0,128	−0,135	−0,141	−0,154	−0,168	−0,177	−0,187	−0,195	−0,200
	0,3	−0,147	−0,161	−0,174	−0,202	−0,232	−0,251	−0,272	−0,289	−0,300
	0,4	−0,144	−0,166	−0,188	−0,235	−0,285	−0,318	−0,352	−0,382	−0,400
	0,5	−0,125	−0,151	−0,179	−0,236	−0,298	−0,339	−0,381	−0,418	−0,440
	0,6	−0,096	−0,120	−0,145	−0,197	−0,254	−0,292	−0,331	−0,365	−0,385
	0,7	−0,063	−0,081	−0,099	−0,137	−0,179	−0,207	−0,235	−0,260	−0,275
	0,8	−0,032	−0,042	−0,052	−0,073	−0,096	−0,111	−0,126	−0,140	−0,148
	0,9	−0,009	−0,012	−0,015	−0,021	−0,028	−0,032	−0,037	−0,041	−0,044
	$\frac{M'}{M}$	0,120	0,031	−0,063	−0,266	−0,488	−0,635	−0,788	−0,921	−1,00
	$\frac{M'}{ql^2}$ (Gleichlast)	−0,083	−0,096	−0,108	−0,135	−0,164	−0,183	−0,203	−0,220	−0,230
	$\frac{M'}{ql^2}$ (Dreieckslast)	−0,050	−0,056	−0,062	−0,075	−0,088	−0,097	−0,107	−0,115	−0,120
	$\frac{M'l}{EI_1\varphi}$	4,00	6,04	8,16	12,7	17,6	20,8	24,2	27,1	28,9
		−2,00	−2,66	−3,35	−4,80	−6,38	−7,42	−8,50	−9,43	−10,0
	$\frac{M'l^2}{EI_1\delta}$	−6,00	−8,70	−11,50	−17,5	−24,0	−28,3	−32,7	−36,6	−38,9
einseitig eingespannt	$k'l : I_1$	0,750	1,09	1,42	2,01	2,55	2,85	3,13	3,35	3,47
	$\frac{M'}{Pl}$, $\frac{a}{l} = 0{,}1$	−0,086	−0,087	−0,089	−0,092	−0,095	−0,097	−0,098	−0,099	−0,100
	0,2	−0,144	−0,151	−0,158	−0,170	−0,181	−0,187	−0,193	−0,197	−0,200
	0,3	−0,179	−0,194	−0,208	−0,235	−0,259	−0,272	−0,285	−0,295	−0,300
	0,4	−0,192	−0,218	−0,243	−0,288	−0,329	−0,353	−0,374	−0,391	−0,400
	0,5	−0,188	−0,222	−0,254	−0,314	−0,368	−0,398	−0,426	−0,448	−0,461
	0,6	−0,168	−0,204	−0,237	−0,300	−0,355	−0,387	−0,416	−0,439	−0,452
	0,7	−0,136	−0,168	−0,198	−0,253	−0,302	−0,330	−0,356	−0,376	−0,388
	0,8	−0,096	−0,119	−0,141	−0,182	−0,218	−0,239	−0,258	−0,273	−0,281
	0,9	−0,049	−0,062	−0,074	−0,095	−0,114	−0,125	−0,135	−0,143	−0,148
	$\frac{M'}{M}$	−0,040	−0,161	−0,275	−0,485	−0,674	−0,781	−0,880	−0,957	−1,00
	$\frac{M'}{ql^2}$ (Gleichlast)	−0,125	−0,144	−0,162	−0,195	−0,224	−0,241	−0,256	−0,268	−0,275
	$\frac{M'}{ql^2}$ (Dreieckslast)	−0,067	−0,075	−0,082	−0,096	−0,109	−0,116	−0,123	−0,128	−0,131
	$\frac{M'l}{EI_1\varphi}$	3,00	4,37	5,66	8,05	10,2	11,4	12,5	13,4	13,9
	$\frac{M'l^2}{EI_1\delta}$	−3,00	−4,37	−5,66	−8,05	−10,2	−11,4	−12,5	−13,4	−13,9

Tafel 33 ***Stabfestwerte und Stabendmomente für volle Einspannung des ein- und zweiseitig eingespannten Stabes mit sprunghaft veränderlichem Querschnitt***

$\frac{v}{l} = 0{,}4$

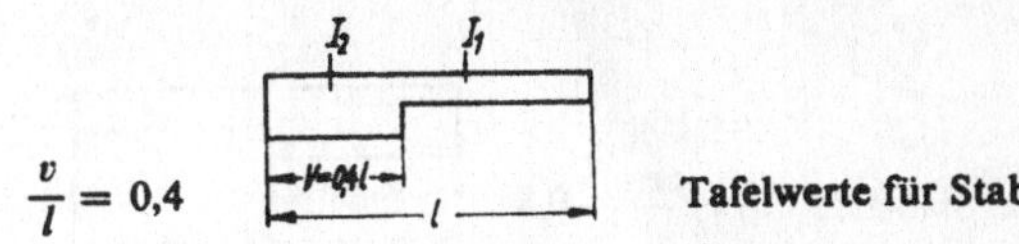

Tafelwerte für Stabende rechts

	$n = I_1 : I_2$	1,0	0,6	0,4	0,2	0,1	0,06	0,03	0,01	0,00
beidseitig eingespannt	$k'l : I_1$	1,00	1,06	1,12	1,24	1,37	1,46	1,54	1,62	1,67
	$k'l : I_1$	0,250	0,298	0,329	0,368	0,391	0,401	0,408	0,414	0,417
	$k^*l : I_1$	*1,00*	*1,33*	*1,67*	*2,40*	*3,19*	*3,71*	*4,25*	*4,72*	*5,00*
	γ ←	0,500	0,626	0,745	0,964	1,16	1,27	1,37	1,46	1,50
	a^*	*2,00*	*1,60*	*1,34*	*1,04*	*0,862*	*0,786*	*0,727*	*0,687*	*0,667*
	c^*	*1,00*	*0,866*	*0,781*	*0,679*	*0,621*	*0,595*	*0,576*	*0,562*	*0,556*
	$\frac{M'}{Pl}$, $\frac{a}{l} = 0{,}1$	0,009	0,007	0,006	0,004	0,003	0,002	0,001	0,000	0,000
	0,2	0,032	0,026	0,023	0,017	0,011	0,008	0,005	0,002	0,000
	0,3	0,063	0,053	0,046	0,034	0,023	0,016	0,009	0,004	0,000
	0,4	0,096	0,083	0,074	0,056	0,038	0,027	0,016	0,006	0,000
	0,5	0,125	0,113	0,102	0,081	0,061	0,047	0,033	0,021	0,014
	0,6	0,144	0,134	0,124	0,106	0,087	0,075	0,062	0,051	0,044
	0,7	0,147	0,140	0,133	0,120	0,106	0,097	0,088	0,080	0,075
	0,8	0,128	0,124	0,121	0,113	0,106	0,101	0,096	0,092	0,089
	0,9	0,081	0,080	0,079	0,077	0,075	0,073	0,072	0,070	0,069
	$\frac{M'}{M}$	0,320	0,307	0,284	0,227	0,160	0,114	0,067	0,025	0,000
	$\frac{M'}{ql^2}$ (Gleichlast)	0,083	0,077	0,072	0,062	0,052	0,045	0,039	0,033	0,030
	$\frac{M'}{ql^2}$ (Dreieckslast)	0,033	0,030	0,027	0,022	0,018	0,015	0,011	0,009	0,007
	$\frac{M'l}{EI_1\varphi}$	−4,00	−4,25	−4,49	−4,98	−5,49	−5,83	−6,18	−6,49	−6,67
		2,00	2,66	3,35	4,80	6,38	7,42	8,50	9,43	10,0
	$\frac{M'l^2}{EI_1\delta}$	−6,00	−6,91	−7,84	−9,77	−11,9	−13,3	−14,7	−15,9	−16,7
einseitig eingespannt	$k'l : I_1$	0,750	0,770	0,780	0,790	0,796	0,798	0,800	0,801	0,801
	$\frac{M'}{Pl}$, $\frac{a}{l} = 0{,}1$	0,050	0,044	0,041	0,038	0,036	0,036	0,035	0,035	0,035
	0,2	0,096	0,086	0,080	0,075	0,072	0,071	0,070	0,070	0,069
	0,3	0,137	0,124	0,117	0,111	0,107	0,106	0,105	0,104	0,104
	0,4	0,168	0,157	0,151	0,145	0,142	0,140	0,139	0,139	0,138
	0,5	0,188	0,179	0,175	0,171	0,169	0,167	0,167	0,166	0,166
	0,6	0,192	0,187	0,184	0,181	0,179	0,179	0,178	0,178	0,178
	0,7	0,179	0,175	0,174	0,172	0,171	0,171	0,170	0,170	0,170
	0,8	0,144	0,143	0,142	0,141	0,141	0,140	0,140	0,140	0,140
	0,9	0,086	0,085	0,085	0,085	0,085	0,085	0,085	0,085	0,085
	$\frac{M'}{M}$	0,260	0,293	0,310	0,328	0,337	0,341	0,343	0,345	0,346
	$\frac{M'}{ql^2}$ (Gleichlast)	0,125	0,119	0,116	0,113	0,111	0,111	0,111	0,110	0,110
	$\frac{M'}{ql^2}$ (Dreieckslast)	0,058	0,055	0,053	0,051	0,050	0,049	0,049	0,049	0,049
	$\frac{M'l}{EI_1\varphi}$	−3,00	−3,08	−3,12	−3,16	−3,18	−3,19	−3,20	−3,20	−3,21
	$\frac{M'l^2}{EI_1\delta}$	−3,00	−3,08	−3,12	−3,16	−3,18	−3,19	−3,20	−3,20	−3,21

Tafel 34 Stabfestwerte und Stabendmomente für volle Einspannung des ein- und zweiseitig eingespannten Stabes mit sprunghaft veränderlichem Querschnitt

Tafelwerte für Stabende links $\frac{v}{l} = 0,5$

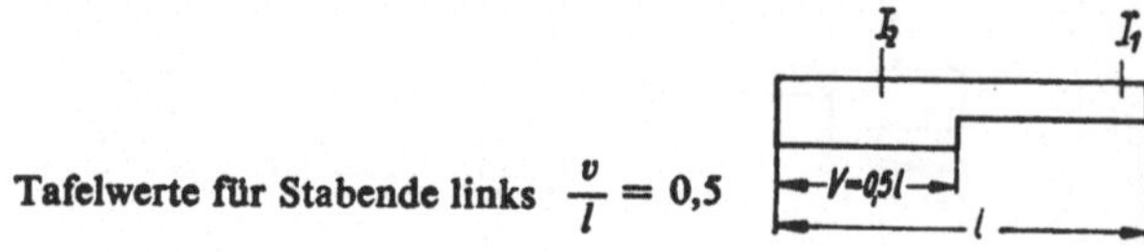

	$n = I_1 : I_2$	1,0	0,6	0,4	0,2	0,1	0,06	0,03	0,01	0,00
beidseitig eingespannt	$k'l : I_1$	1,00	1,56	2,19	3,75	5,89	7,66	9,90	12,3	14,0
	$k'l : I_1$	0,250	0,313	0,357	0,417	0,455	0,472	0,485	0,495	0,500
	$k^*l : I_1$	*1,00*	*1,31*	*1,66*	*2,50*	*3,65*	*4,60*	*5,80*	*7,09*	*8,00*
	γ →	0,500	0,421	0,378	0,333	0,310	0,300	0,293	0,288	0,286
	a^*	*2,00*	*2,38*	*2,64*	*3,00*	*3,23*	*3,33*	*3,41*	*3,47*	*3,51*
	c^*	*1,00*	*1,13*	*1,21*	*1,33*	*1,41*	*1,44*	*1,47*	*1,49*	*1,50*
	$\frac{M'}{Pl}$, $\frac{a}{l} = 0,1$	−0,081	−0,082	−0,083	−0,086	−0,089	−0,091	−0,094	−0,098	−0,100
	0,2	−0,128	−0,132	−0,136	−0,145	−0,157	−0,166	−0,178	−0,191	−0,200
	0,3	−0,147	−0,156	−0,164	−0,183	−0,208	−0,228	−0,253	−0,281	−0,300
	0,4	−0,144	−0,158	−0,171	−0,203	−0,244	−0,278	−0,321	−0,367	−0,400
	0,5	−0,125	−0,143	−0,163	−0,208	−0,270	−0,320	−0,384	−0,452	−0,500
	0,6	−0,096	−0,115	−0,136	−0,187	−0,255	−0,311	−0,382	−0,458	−0,512
	0,7	−0,063	−0,078	−0,095	−0,135	−0,190	−0,235	−0,292	−0,353	−0,396
	0,8	−0,032	−0,041	−0,050	−0,073	−0,105	−0,131	−0,164	−0,199	−0,224
	0,9	−0,009	−0,012	−0,015	−0,022	−0,031	−0,039	−0,049	−0,060	−0,068
	$\frac{M'}{M}$	0,250	0,205	0,148	0,000	−0,207	−0,380	−0,598	−0,833	−1,00
	$\frac{M'}{ql^2}$ (Gleichlast)	−0,083	−0,093	−0,102	−0,125	−0,156	−0,181	−0,213	−0,247	−0,271
	$\frac{M'}{ql^2}$ (Dreieckslast)	−0,050	−0,054	−0,059	−0,069	−0,082	−0,094	−0,108	−0,123	−0,133
	$\frac{M'l}{EI_1\varphi}$	4,00	6,23	8,76	15,0	23,6	30,6	39,6	49,2	56,0
		−2,00	−2,62	−3,31	−5,00	−7,30	−9,20	−11,6	−14,2	−16,0
	$\frac{M'l^2}{EI_1\delta}$	−6,00	−8,85	−12,1	−20,0	−30,9	−39,8	−51,2	−63,4	−72,0
einseitig eingespannt	$k'l : I_1$	0,750	1,15	1,58	2,50	3,53	4,23	4,96	5,61	6,00
	$\frac{M'}{Pl}$, $\frac{a}{l} = 0,1$	−0,086	−0,087	−0,088	−0,090	−0,093	−0,095	−0,097	−0,099	−0,100
	0,2	−0,144	−0,148	−0,153	−0,163	−0,174	−0,181	−0,189	−0,196	−0,200
	0,3	−0,179	−0,188	−0,198	−0,219	−0,243	−0,259	−0,276	−0,291	−0,300
	0,4	−0,192	−0,208	−0,225	−0,261	−0,302	−0,330	−0,359	−0,384	−0,400
	0,5	−0,188	−0,212	−0,237	−0,292	−0,353	−0,394	−0,438	−0,477	−0,500
	0,6	−0,168	−0,197	−0,227	−0,293	−0,367	−0,417	−0,469	−0,516	−0,544
	0,7	−0,136	−0,164	−0,193	−0,255	−0,325	−0,372	−0,421	−0,465	−0,492
	0,8	−0,096	−0,117	−0,139	−0,187	−0,240	−0,276	−0,314	−0,348	−0,368
	0,9	−0,049	−0,061	−0,073	−0,098	−0,127	−0,146	−0,167	−0,185	−0,196
	$\frac{M'}{M}$	0,125	0,038	0,053	−0,250	−0,471	−0,620	−0,777	−0,916	−1,00
	$\frac{M'}{ql^2}$ (Gleichlast)	−0,125	−0,139	−0,155	−0,188	−0,224	−0,249	−0,275	−0,298	−0,313
	$\frac{M'}{ql^2}$ (Dreieckslast)	−0,067	−0,072	−0,079	−0,092	−0,106	−0,116	−0,127	−0,136	−0,142
	$\frac{M'l}{EI_1\varphi}$	3,00	4,62	6,32	10,0	14,1	16,9	19,8	22,4	24,0
	$\frac{M'l^2}{EI_1\delta}$	−3,00	−4,62	−6,32	−10,0	−14,1	−16,9	−19,8	−22,4	−24,0

Tafel 35 Stabfestwerte und Stabendmomente für volle Einspannung des ein- und zweiseitig eingespannten Stabes mit sprunghaft veränderlichem Querschnitt

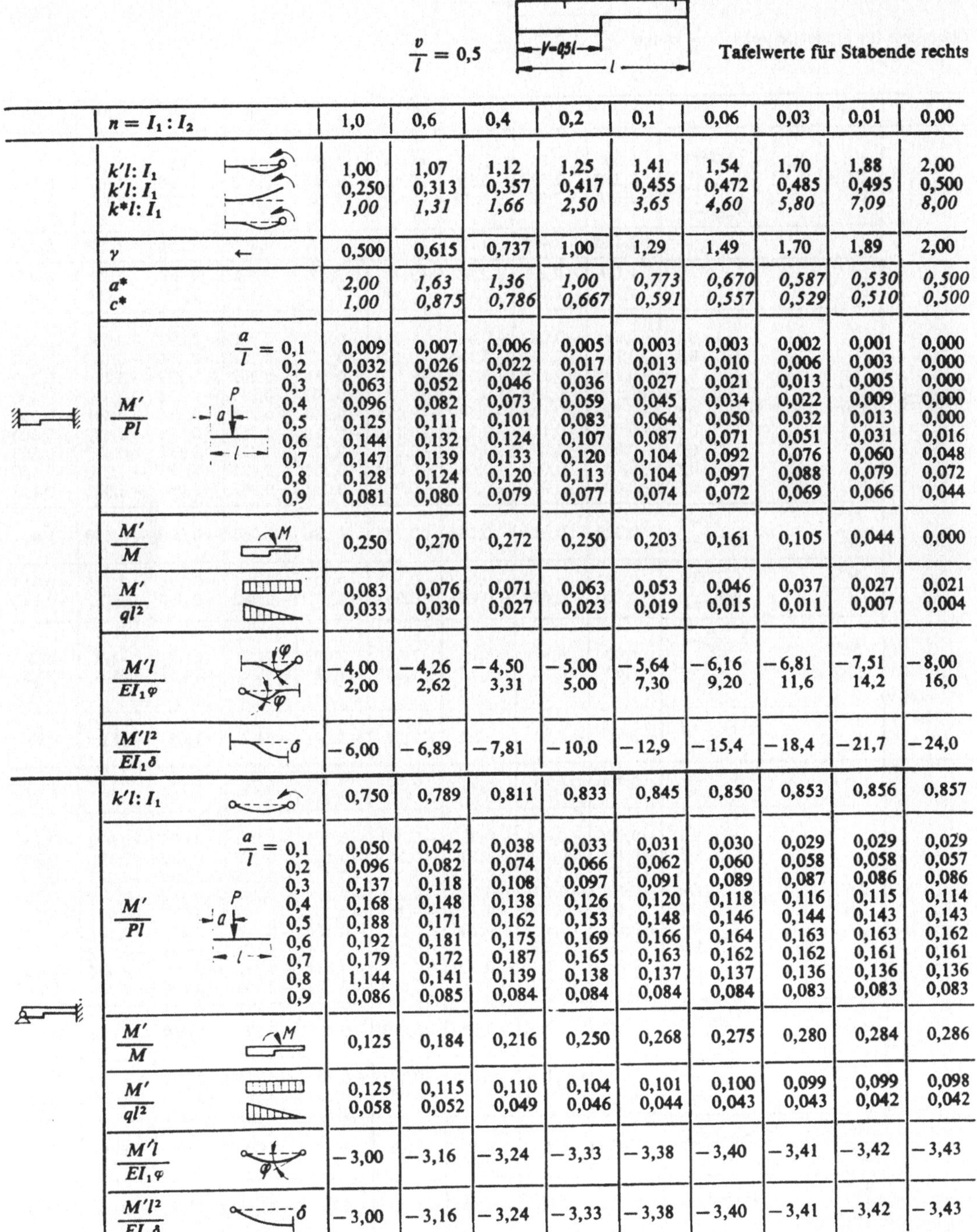

$\frac{v}{l} = 0,5$ **Tafelwerte für Stabende rechts**

	$n = I_1 : I_2$		1,0	0,6	0,4	0,2	0,1	0,06	0,03	0,01	0,00
	$k'l : I_1$		1,00	1,07	1,12	1,25	1,41	1,54	1,70	1,88	2,00
	$k'l : I_1$		0,250	0,313	0,357	0,417	0,455	0,472	0,485	0,495	0,500
	$k^*l : I_1$		*1,00*	*1,31*	*1,66*	*2,50*	*3,65*	*4,60*	*5,80*	*7,09*	*8,00*
	γ	←	0,500	0,615	0,737	1,00	1,29	1,49	1,70	1,89	2,00
	a^*		*2,00*	*1,63*	*1,36*	*1,00*	*0,773*	*0,670*	*0,587*	*0,530*	*0,500*
	c^*		*1,00*	*0,875*	*0,786*	*0,667*	*0,591*	*0,557*	*0,529*	*0,510*	*0,500*
	$\frac{M'}{Pl}$	$\frac{a}{l} = 0,1$	0,009	0,007	0,006	0,005	0,003	0,003	0,002	0,001	0,000
		0,2	0,032	0,026	0,022	0,017	0,013	0,010	0,006	0,003	0,000
		0,3	0,063	0,052	0,046	0,036	0,027	0,021	0,013	0,005	0,000
		0,4	0,096	0,082	0,073	0,059	0,045	0,034	0,022	0,009	0,000
		0,5	0,125	0,111	0,101	0,083	0,064	0,050	0,032	0,013	0,000
		0,6	0,144	0,132	0,124	0,107	0,087	0,071	0,051	0,031	0,016
		0,7	0,147	0,139	0,133	0,120	0,104	0,092	0,076	0,060	0,048
		0,8	0,128	0,124	0,120	0,113	0,104	0,097	0,088	0,079	0,072
		0,9	0,081	0,080	0,079	0,077	0,074	0,072	0,069	0,066	0,044
	$\frac{M'}{M}$		0,250	0,270	0,272	0,250	0,203	0,161	0,105	0,044	0,000
	$\frac{M'}{ql^2}$		0,083	0,076	0,071	0,063	0,053	0,046	0,037	0,027	0,021
			0,033	0,030	0,027	0,023	0,019	0,015	0,011	0,007	0,004
	$\frac{M'l}{EI_1\varphi}$	φ	−4,00	−4,26	−4,50	−5,00	−5,64	−6,16	−6,81	−7,51	−8,00
		φ	2,00	2,62	3,31	5,00	7,30	9,20	11,6	14,2	16,0
	$\frac{M'l^2}{EI_1\delta}$	δ	−6,00	−6,89	−7,81	−10,0	−12,9	−15,4	−18,4	−21,7	−24,0
	$k'l : I_1$		0,750	0,789	0,811	0,833	0,845	0,850	0,853	0,856	0,857
	$\frac{M'}{Pl}$	$\frac{a}{l} = 0,1$	0,050	0,042	0,038	0,033	0,031	0,030	0,029	0,029	0,029
		0,2	0,096	0,082	0,074	0,066	0,062	0,060	0,058	0,058	0,057
		0,3	0,137	0,118	0,108	0,097	0,091	0,089	0,087	0,086	0,086
		0,4	0,168	0,148	0,138	0,126	0,120	0,118	0,116	0,115	0,114
		0,5	0,188	0,171	0,162	0,153	0,148	0,146	0,144	0,143	0,143
		0,6	0,192	0,181	0,175	0,169	0,166	0,164	0,163	0,163	0,162
		0,7	0,179	0,172	0,187	0,165	0,163	0,162	0,162	0,161	0,161
		0,8	1,144	0,141	0,139	0,138	0,137	0,137	0,136	0,136	0,136
		0,9	0,086	0,085	0,084	0,084	0,084	0,084	0,083	0,083	0,083
	$\frac{M'}{M}$		0,125	0,184	0,216	0,250	0,268	0,275	0,280	0,284	0,286
	$\frac{M'}{ql^2}$		0,125	0,115	0,110	0,104	0,101	0,100	0,099	0,099	0,098
			0,058	0,052	0,049	0,046	0,044	0,043	0,043	0,042	0,042
	$\frac{M'l}{EI_1\varphi}$	φ	−3,00	−3,16	−3,24	−3,33	−3,38	−3,40	−3,41	−3,42	−3,43
	$\frac{M'l^2}{EI_1\delta}$	δ	−3,00	−3,16	−3,24	−3,33	−3,38	−3,40	−3,41	−3,42	−3,43

Tafel 36 Stabfestwerte und Stabendmomente für volle Einspannung des ein- und zweiseitig eingespannten Stabes mit sprunghaft veränderlichem Querschnitt

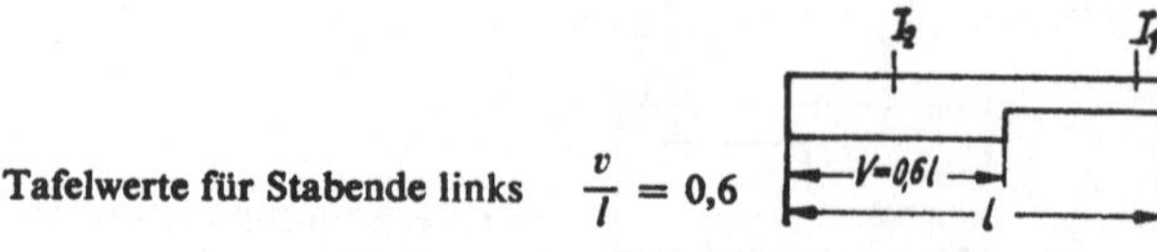

Tafelwerte für Stabende links $\frac{v}{l} = 0{,}6$

Stab	Größe	Belastung	1,0	0,6	0,4	0,2	0,1	0,06	0,03	0,01	0,00
	$n = I_1 : I_2$		1,0	0,6	0,4	0,2	0,1	0,06	0,03	0,01	0,00
beidseitig eingespannt	$k'l : I_1$		1,00	1,58	2,27	4,14	7,23	10,4	15,5	23,1	30,6
	$k'l : I_1$		0,250	0,329	0,391	0,481	0,543	0,573	0,598	0,615	0,625
	$k^*l : I_1$		*1,00*	*1,28*	*1,59*	*2,41*	*3,74*	*5,09*	*7,27*	*10,5*	*13,8*
	γ	→	0,500	0,405	0,351	0,291	0,259	0,245	0,235	0,228	0,224
	a^*		*2,00*	*2,47*	*2,85*	*3,44*	*3,87*	*4,08*	*4,26*	*4,39*	*4,45*
	c^*		*1,00*	*1,16*	*1,28*	*1,48*	*1,62*	*1,69*	*1,75*	*1,80*	*1,82*
	$\frac{M'}{Pl}$	$\frac{a}{l} = 0{,}1$	−0,081	−0,082	−0,083	−0,084	−0,086	−0,088	−0,091	−0,096	−0,100
		0,2	−0,128	−0,131	−0,134	−0,139	−0,147	−0,154	−0,166	−0,183	−0,200
		0,3	−0,147	−0,154	−0,159	−0,170	−0,186	−0,202	−0,227	−0,264	−0,300
		0,4	−0,144	−0,154	−0,162	−0,181	−0,207	−0,234	−0,276	−0,338	−0,400
		0,5	−0,125	−0,138	−0,149	−0,175	−0,214	−0,253	−0,316	−0,408	−0,500
		0,6	−0,096	−0,110	−0,124	−0,158	−0,210	−0,263	−0,348	−0,475	−0,600
		0,7	−0,063	−0,075	−0,088	−0,121	−0,173	−0,226	−0,311	−0,437	−0,563
		0,8	−0,032	−0,039	−0,047	−0,068	−0,101	−0,135	−0,189	−0,270	−0,350
		0,9	−0,009	−0,011	−0,014	−0,021	−0,031	−0,042	−0,060	−0,086	−0,112
	$\frac{M'}{M}$	M	0,320	0,314	0,293	0,218	0,080	−0,063	−0,298	−0,650	−1,00
	$\frac{M'}{ql^2}$	Gleichlast	−0,083	−0,090	−0,097	−0,112	−0,136	−0,161	−0,199	−0,256	−0,313
		Dreieckslast	−0,050	−0,053	−0,056	−0,063	−0,072	−0,082	−0,098	−0,122	−0,145
	$\frac{M'l}{EI_1\varphi}$	φ	4,00	6,31	9,06	16,6	28,9	41,5	61,9	92,3	123
		φ	−2,00	−2,56	−3,18	−4,82	−7,48	−10,2	−14,5	−21,0	−27,5
	$\frac{M'l^2}{EI_1\delta}$	δ	−6,00	−8,87	−12,2	−21,4	−36,4	−51,7	−76,5	−113	−150
einseitig eingespannt	$k'l : I_1$		0,750	1,20	1,71	2,99	4,76	6,24	8,15	10,2	11,7
	$\frac{M'}{Pl}$	$\frac{a}{l} = 0{,}1$	−0,086	−0,086	−0,087	−0,088	−0,091	−0,093	−0,095	−0,098	−0,100
		0,2	−0,144	−0,146	−0,149	−0,155	−0,164	−0,172	−0,182	−0,192	−0,200
		0,3	−0,179	−0,183	−0,189	−0,203	−0,223	−0,239	−0,260	−0,283	−0,300
		0,4	−0,192	−0,201	−0,210	−0,234	−0,268	−0,296	−0,332	−0,372	−0,400
		0,5	−0,188	−0,200	−0,215	−0,251	−0,302	−0,344	−0,398	−0,457	−0,500
		0,6	−0,168	−0,186	−0,206	−0,256	−0,326	−0,384	−0,459	−0,541	−0,600
		0,7	−0,136	−0,156	−0,178	−0,234	−0,311	−0,376	−0,458	−0,549	−0,614
		0,8	−0,096	−0,112	−0,130	−0,176	−0,239	−0,292	−0,360	−0,434	−0,487
		0,9	−0,049	−0,058	−0,069	−0,094	−0,129	−0,158	−0,196	−0,238	−0,267
	$\frac{M'}{M}$	M	0,260	0,208	0,150	0,003	−0,201	−0,371	−0,589	−0,828	−1,00
	$\frac{M'}{ql^2}$	Gleichlast	−0,125	−0,134	−0,145	−0,171	−0,207	−0,238	−0,277	−0,319	−0,350
		Dreieckslast	−0,067	−0,070	−0,074	−0,084	−0,097	−0,109	−0,123	−0,139	−0,151
	$\frac{M'l}{EI_1\varphi}$	φ	3,00	4,80	6,84	11,9	19,0	25,0	32,6	40,9	46,9
	$\frac{M'l^2}{EI_1\delta}$	δ	−3,00	−4,80	−6,84	−11,9	−19,0	−25,0	−32,7	−40,9	−46,9

Tafel 37 Stabfestwerte und Stabendmomente für volle Einspannung des ein- und zweiseitig eingespannten Stabes mit sprunghaft veränderlichem Querschnitt

$\frac{v}{l} = 0{,}6$

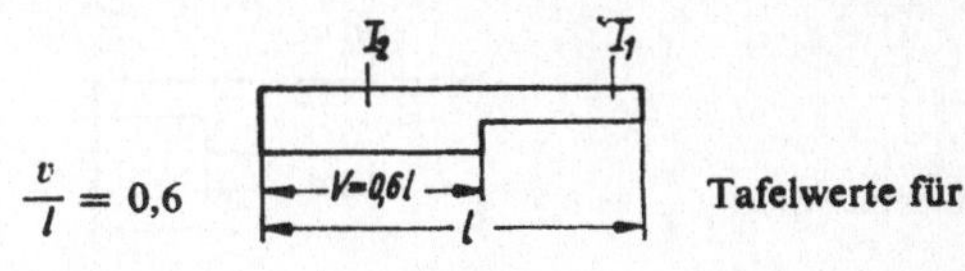

Tafelwerte für Stabende rechts

	$n = I_1 : I_2$		1,0	0,6	0,4	0,2	0,1	0,06	0,03	0,01	0,00
beidseitig eingespannt	$k'l : I_1$		1,00	1,08	1,14	1,26	1,42	1,57	1,80	2,15	2,50
	$k'l : I_1$		0,250	0,329	0,391	0,481	0,543	0,573	0,598	0,615	0,625
	$k^*l : I_1$		*1,00*	*1,28*	*1,59*	*2,41*	*3,74*	*5,09*	*7,27*	*10,5*	*13,8*
	γ ←		0,500	0,592	0,697	0,959	1,32	1,63	2,02	2,44	2,75
	a^*		*2,00*	*1,69*	*1,43*	*1,04*	*0,756*	*0,615*	*0,496*	*0,409*	*0,364*
	c^*		*1,00*	*0,896*	*0,812*	*0,681*	*0,585*	*0,538*	*0,499*	*0,470*	*0,455*
	$\frac{M'}{Pl}$	$\frac{a}{l} = 0{,}1$	0,009	0,007	0,006	0,004	0,004	0,003	0,002	0,001	0,000
		0,2	0,032	0,025	0,021	0,017	0,013	0,011	0,008	0,004	0,000
		0,3	0,063	0,051	0,043	0,035	0,028	0,023	0,017	0,008	0,000
		0,4	0,096	0,079	0,069	0,056	0,046	0,038	0,028	0,014	0,000
		0,5	0,125	0,106	0,095	0,080	0,066	0,056	0,041	0,020	0,000
		0,6	0,144	0,128	0,118	0,103	0,087	0,074	0,055	0,027	0,000
		0,7	0,147	0,137	0,129	0,118	0,104	0,092	0,073	0,046	0,019
		0,8	0,128	0,123	0,119	0,113	0,104	0,097	0,085	0,067	0,050
		0,9	0,081	0,080	0,078	0,076	0,074	0,071	0,068	0,062	0,056
	$\frac{M'}{M}$		0,120	0,178	0,206	0,224	0,212	0,189	0,144	0,073	0,000
	$\frac{M'}{ql^2}$		0,083	0,074	0,069	0,061	0,053	0,047	0,038	0,026	0,013
			0,033	0,029	0,026	0,022	0,019	0,016	0,012	0,007	0,002
	$\frac{M'l}{EI_1\varphi}$		−4,00	−4,32	−4,56	−5,03	−5,66	−6,26	−7,21	−8,62	−10,0
			2,00	2,56	3,18	4,82	7,48	10,2	14,5	21,0	27,5
	$\frac{M\,l^2}{EI_1\delta}$		−6,00	−6,88	−7,74	−9,85	−13,1	−16,4	21,8	−29,7	−37,5
einseitig eingespannt	$k'l : I_1$		0,750	0,821	0,862	0,907	0,931	0,941	0,949	0,954	0,957
	$\frac{M'}{Pl}$	$\frac{a}{l} = 0{,}1$	0,050	0,040	0,035	0,029	0,026	0,024	0,023	0,023	0,022
		0,2	0,096	0,078	0,068	0,057	0,051	0,049	0,047	0,046	0,045
		0,3	0,137	0,113	0,099	0,084	0,076	0,073	0,070	0,068	0,067
		0,4	0,168	0,141	0,126	0,109	0,100	0,096	0,093	0,091	0,090
		0,5	0,188	0,162	0,147	0,130	0,122	0,118	0,115	0,113	0,112
		0,6	0,192	0,172	0,161	0,149	0,142	0,139	0,137	0,135	0,135
		0,7	0,179	0,167	0,160	0,153	0,149	0,148	0,146	0,145	0,145
		0,8	0,144	0,139	0,136	0,132	0,130	0,130	0,129	0,129	0,129
		0,9	0,086	0,084	0,083	0,082	0,082	0,082	0,082	0,082	0,082
	$\frac{M'}{M}$		−0,040	0,051	0,103	0,161	0,192	0,205	0,214	0,221	0,224
	$\frac{M'}{ql^2}$		0,125	0,111	0,103	0,094	0,089	0,087	0,085	0,084	0,084
			0,058	0,050	0,046	0,040	0,038	00,36	0,036	0,035	0,035
	$\frac{M'l}{EI_1\varphi}$		−3,00	−3,28	−3,45	−3,63	−3,72	−3,76	−3,80	−3,82	−3,83
	$\frac{M'l^2}{EI_1\delta}$		−3,00	−3,28	−3,45	−3,63	−3,72	−3,76	−3,80	−3,82	−3,83

Tafel 38 Stabfestwerte und Stabendmomente für volle Einspannung des ein- und zweiseitig eingespannten Stabes mit sprunghaft veränderlichem Querschnitt

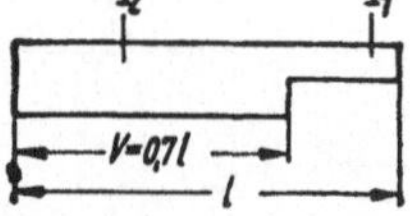

Tafelwerte für Stabende links $\frac{v}{l} = 0{,}7$

	$n = I_1 : I_2$	1,0	0,6	0,4	0,2	0,1	0,06	0,03	0,01	0,00
beidseitig eingespannt	$k'l : I_1$	1,00	1,58	2,29	4,32	8,07	12,5	21,6	42,2	81,1
	$k'l : I_1$	0,250	0,347	0,431	0,568	0,676	0,731	0,779	0,814	0,833
	$k^*l : I_1$	*1,00*	*1,26*	*1,53*	*2,22*	*3,44*	*4,86*	*7,76*	*14,3*	*26,7*
	γ →	0,500	0,398	0,333	0,257	0,213	0,194	0,179	0,169	0,164
	a^*	*2,00*	*2,51*	*3,00*	*3,89*	*4,70*	*5,15*	*5,57*	*5,90*	*6,08*
	c^*	*1,00*	*1,17*	*1,33*	*1,63*	*1,90*	*2,05*	*2,19*	*2,30*	*2,36*
	$\frac{M'}{Pl}$, $\frac{a}{l} = 0{,}1$	−0,081	−0,082	−0,083	−0,083	−0,085	−0,086	−0,088	−0,092	−0,100
	0,2	−0,128	−0,131	−0,133	−0,137	−0,141	−0,145	−0,152	−0,169	−0,200
	0,3	−0,147	−0,153	−0,157	−0,164	−0,172	−0,181	−0,197	−0,233	−0,300
	0,4	−0,144	−0,153	−0,159	−0,170	−0,184	−0,198	−0,255	−0,286	−0,400
	0,5	−0,125	−0,136	−0,144	−0,159	−0,178	−0,199	−0,239	−0,330	−0,500
	0,6	−0,096	−0,108	−0,117	−0,135	−0,160	−0,188	−0,243	−0,367	−0,600
	0,7	−0,063	−0,073	−0,082	−0,102	−0,133	−0,168	−0,239	−0,399	−0,700
	0,8	−0,032	−0,039	−0,045	−0,060	−0,085	−0,115	−0,174	−0,309	−0,563
	0,9	−0,009	−0,011	−0,013	−0,019	−0,028	−0,039	−0,061	−0,110	−0,204
	$\frac{M'}{M}$	0,330	0,357	0,366	0,354	0,300	0,225	0,066	−0,302	−1,00
	$\frac{M'}{ql^2}$ (Gleichlast)	−0,083	−0,089	−0,094	−0,104	−0,117	−0,133	−0,163	−0,230	−0,358
	$\frac{M'}{ql^2}$ (Dreieckslast)	−0,050	−0,053	−0,055	−0,059	−0,064	−0,070	−0,081	−0,106	−0,154
	$\frac{M'l}{EI_1\varphi}$	4,00	6,33	9,15	17,3	32,3	50,1	86,5	169	324
		−2,00	−2,52	−3,05	−4,44	−6,87	−9,73	−15,5	−28,6	−53,3
	$\frac{M'l^2}{EI_1\delta}$	−6,00	−8,84	−12,2	−21,7	−39,1	−59,9	−102	−198	−378
einseitig eingespannt	$k'l : I_1$	0,750	1,23	1,80	3,38	6,03	8,78	13,4	20,4	27,8
	$\frac{M'}{Pl}$, $\frac{a}{l} = 0{,}1$	−0,086	−0,086	−0,086	−0,087	−0,088	−0,090	−0,092	−0,096	−0,100
	0,2	−0,144	−0,145	−0,146	−0,149	−0,155	−0,161	−0,170	−0,185	−0,200
	0,3	−0,179	−0,181	−0,183	−0,190	−0,202	−0,215	−0,235	−0,267	−0,300
	0,4	−0,192	−0,196	−0,200	−0,212	−0,233	−0,254	−0,289	−0,343	−0,400
	0,5	−0,188	−0,193	−0,200	−0,218	−0,249	−0,280	−0,333	−0,415	−0,500
	0,6	−0,168	−0,176	−0,185	−0,210	−0,252	−0,296	−0,369	−0,482	−0,600
	0,7	−0,136	−0,146	−0,158	−0,191	−0,247	−0,304	−0,399	−0,547	−0,700
	0,8	−0,096	−0,106	−0,118	−0,150	−0,205	−0,261	−0,355	−0,501	−0,652
	0,9	−0,049	−0,055	−0,062	−0,082	−0,114	−0,148	−0,204	−0,291	−0,381
	$\frac{M'}{M}$	0,365	0,341	0,312	0,232	0,098	−0,041	−0,271	−0,628	−1,00
	$\frac{M'}{ql^2}$ (Gleichlast)	−0,125	−0,130	−0,135	−0,151	−0,176	−0,203	−0,247	−0,316	−0,388
	$\frac{M'}{ql^2}$ (Dreieckslast)	−0,067	−0,068	−0,070	−0,076	−0,084	−0,094	−0,109	−0,133	−0,158
	$\frac{M'l}{EI_1\varphi}$	3,00	4,91	7,21	13,5	24,1	35,1	53,4	81,7	111
	$\frac{M'l^2}{EI_1\delta}$	−3,00	−4,91	−7,21	−13,5	−24,1	−35,1	−53,4	−81,7	−111

Tafel 39 Stabfestwerte und Stabendmomente für volle Einspannung des ein- und zweiseitig eingespannten Stabes mit sprunghaft veränderlichem Querschnitt

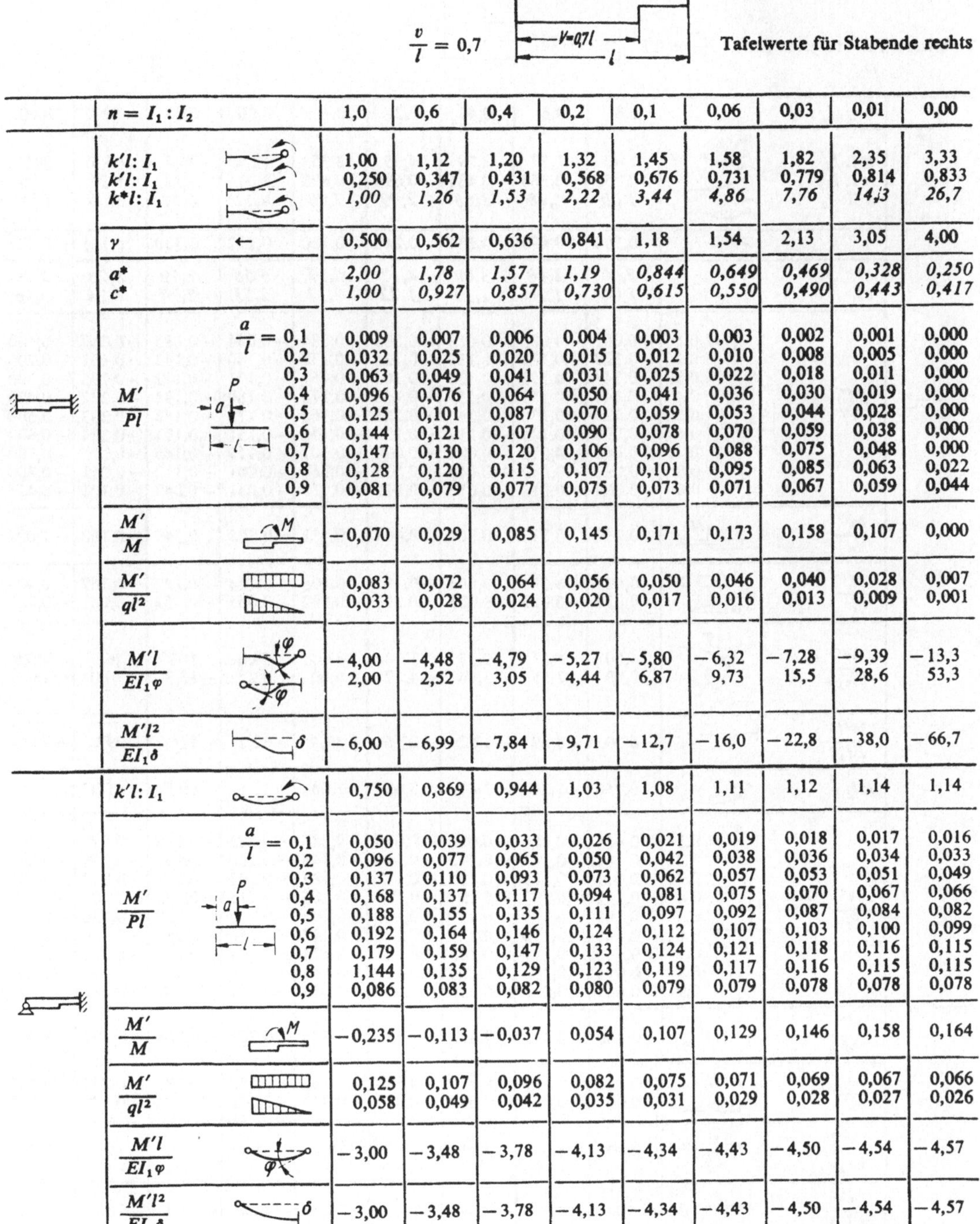

$\frac{v}{l} = 0{,}7$ Tafelwerte für Stabende rechts

	$n = I_1 : I_2$		1,0	0,6	0,4	0,2	0,1	0,06	0,03	0,01	0,00
beidseitig eingespannt	$k'l : I_1$		1,00	1,12	1,20	1,32	1,45	1,58	1,82	2,35	3,33
	$k'l : I_1$		0,250	0,347	0,431	0,568	0,676	0,731	0,779	0,814	0,833
	$k^*l : I_1$		*1,00*	*1,26*	*1,53*	*2,22*	*3,44*	*4,86*	*7,76*	*14,3*	*26,7*
	γ	←	0,500	0,562	0,636	0,841	1,18	1,54	2,13	3,05	4,00
	a^*		*2,00*	*1,78*	*1,57*	*1,19*	*0,844*	*0,649*	*0,469*	*0,328*	*0,250*
	c^*		*1,00*	*0,927*	*0,857*	*0,730*	*0,615*	*0,550*	*0,490*	*0,443*	*0,417*
	$\frac{M'}{Pl}$	$\frac{a}{l} = 0{,}1$	0,009	0,007	0,006	0,004	0,003	0,003	0,002	0,001	0,000
		0,2	0,032	0,025	0,020	0,015	0,012	0,010	0,008	0,005	0,000
		0,3	0,063	0,049	0,041	0,031	0,025	0,022	0,018	0,011	0,000
		0,4	0,096	0,076	0,064	0,050	0,041	0,036	0,030	0,019	0,000
		0,5	0,125	0,101	0,087	0,070	0,059	0,053	0,044	0,028	0,000
		0,6	0,144	0,121	0,107	0,090	0,078	0,070	0,059	0,038	0,000
		0,7	0,147	0,130	0,120	0,106	0,096	0,088	0,075	0,048	0,000
		0,8	0,128	0,120	0,115	0,107	0,101	0,095	0,085	0,063	0,022
		0,9	0,081	0,079	0,077	0,075	0,073	0,071	0,067	0,059	0,044
	$\frac{M'}{M}$		−0,070	0,029	0,085	0,145	0,171	0,173	0,158	0,107	0,000
	$\frac{M'}{ql^2}$	Gleichlast	0,083	0,072	0,064	0,056	0,050	0,046	0,040	0,028	0,007
		Dreieckslast	0,033	0,028	0,024	0,020	0,017	0,016	0,013	0,009	0,001
	$\frac{M'l}{EI_1\varphi}$		−4,00	−4,48	−4,79	−5,27	−5,80	−6,32	−7,28	−9,39	−13,3
			2,00	2,52	3,05	4,44	6,87	9,73	15,5	28,6	53,3
	$\frac{M'l^2}{EI_1\delta}$		−6,00	−6,99	−7,84	−9,71	−12,7	−16,0	−22,8	−38,0	−66,7
einseitig eingespannt	$k'l : I_1$		0,750	0,869	0,944	1,03	1,08	1,11	1,12	1,14	1,14
	$\frac{M'}{Pl}$	$\frac{a}{l} = 0{,}1$	0,050	0,039	0,033	0,026	0,021	0,019	0,018	0,017	0,016
		0,2	0,096	0,077	0,065	0,050	0,042	0,038	0,036	0,034	0,033
		0,3	0,137	0,110	0,093	0,073	0,062	0,057	0,053	0,051	0,049
		0,4	0,168	0,137	0,117	0,094	0,081	0,075	0,070	0,067	0,066
		0,5	0,188	0,155	0,135	0,111	0,097	0,092	0,087	0,084	0,082
		0,6	0,192	0,164	0,146	0,124	0,112	0,107	0,103	0,100	0,099
		0,7	0,179	0,159	0,147	0,133	0,124	0,121	0,118	0,116	0,115
		0,8	1,144	0,135	0,129	0,123	0,119	0,117	0,116	0,115	0,115
		0,9	0,086	0,083	0,082	0,080	0,079	0,079	0,078	0,078	0,078
	$\frac{M'}{M}$		−0,235	−0,113	−0,037	0,054	0,107	0,129	0,146	0,158	0,164
	$\frac{M'}{ql^2}$	Gleichlast	0,125	0,107	0,096	0,082	0,075	0,071	0,069	0,067	0,066
		Dreieckslast	0,058	0,049	0,042	0,035	0,031	0,029	0,028	0,027	0,026
	$\frac{M'l}{EI_1\varphi}$		−3,00	−3,48	−3,78	−4,13	−4,34	−4,43	−4,50	−4,54	−4,57
	$\frac{M'l^2}{EI_1\delta}$		−3,00	−3,48	−3,78	−4,13	−4,34	−4,43	−4,50	−4,54	−4,57

Tafel 40 Stabfestwerte und Stabendmomente für volle Einspannung des ein- und zweiseitig eingespannten Stabes mit sprunghaft veränderlichem Querschnitt

Tafelwerte für Stabende links $\frac{v}{l} = 0{,}8$

	$n = I_1 : I_2$	1,0	0,6	0,4	0,2	0,1	0,06	0,03	0,01	0,00
beidseitig eingespannt	$k'l : I_1$	1,00	1,58	2,29	4,35	8,35	13,5	25,6	65,5	305
	$k'l : I_1$	0,250	0,368	0,481	0,694	0,893	1,01	1,12	1,20	1,25
	$k^*l : I_1$	*1,00*	*1,28*	*1,53*	*2,09*	*3,00*	*4,11*	*6,67*	*15,0*	*65,0*
	γ →	0,500	0,403	0,334	0,240	0,180	0,152	0,130	0,115	0,107
	a^*	*2,00*	*2,48*	*3,00*	*4,17*	*5,57*	*6,58*	*7,69*	*8,73*	*9,38*
	c^*	*1,00*	*1,16*	*1,33*	*1,72*	*2,19*	*2,53*	*2,90*	*3,24*	*3,46*
	$\frac{M'}{Pl}$, $\frac{a}{l} = 0{,}1$	−0,081	−0,082	−0,083	−0,083	−0,084	−0,084	−0,085	−0,087	−0,100
	0,2	−0,128	−0,131	−0,133	−0,136	−0,138	−0,140	−0,143	−0,151	−0,200
	0,3	−0,147	−0,153	−0,157	−0,163	−0,167	−0,171	−0,177	−0,195	−0,300
	0,4	−0,144	−0,153	−0,159	−0,168	−0,175	−0,180	−0,191	−0,222	−0,400
	0,5	−0,125	−0,136	−0,144	−0,155	−0,165	−0,173	−0,188	−0,233	−0,500
	0,6	−0,096	−0,108	−0,117	−0,129	−0,141	−0,151	−0,171	−0,234	−0,600
	0,7	−0,063	−0,074	−0,082	−0,094	−0,107	−0,119	−0,145	−0,225	−0,700
	0,8	−0,032	−0,039	−0,045	−0,055	−0,067	−0,081	−0,112	−0,211	−0,800
	0,9	−0,009	−0,011	−0,013	−0,017	−0,023	−0,031	−0,047	−0,101	−0,425
	$\frac{M'}{M}$	0,280	0,333	0,367	0,403	0,411	0,398	0,349	0,162	−1,00
	$\frac{M'}{ql^2}$ (Gleichlast)	−0,083	−0,089	−0,094	−0,101	−0,108	−0,114	−0,127	−0,167	−0,403
	$\frac{M'}{ql^2}$ (Dreieckslast)	−0,050	−0,053	−0,055	−0,058	−0,060	−0,063	−0,067	−0,081	−0,161
	$\frac{M'l}{EI_1\varphi}$	4,00	6,33	9,16	17,4	33,4	54,0	103	262	1220
		−2,00	−2,55	−3,06	−4,17	−6,00	−8,22	−13,3	−30,0	−130
	$\frac{M'l^2}{EI_1\delta}$	−6,00	−8,89	−12,2	−21,6	−39,4	−62,2	−116	−292	−1350
einseitig eingespannt	$k'l : I_1$	0,750	1,24	1,85	3,63	7,00	11,1	19,9	41,9	93,8
	$\frac{M'}{Pl}$, $\frac{a}{l} = 0{,}1$	−0,086	−0,086	−0,086	−0,086	−0,086	−0,087	−0,088	−0,092	−0,100
	0,2	−0,144	−0,144	−0,145	−0,146	−0,148	−0,150	−0,156	−0,169	−0,200
	0,3	−0,179	−0,179	−0,180	−0,182	−0,187	−0,192	−0,203	−0,232	−0,300
	0,4	−0,192	−0,193	−0,194	−0,198	−0,206	−0,215	−0,235	−0,284	−0,400
	0,5	−0,188	−0,189	−0,191	−0,197	−0,208	−0,222	−0,252	−0,326	−0,500
	0,6	−0,168	−0,170	−0,173	−0,181	−0,197	−0,216	−0,257	−0,359	−0,600
	0,7	−0,136	−0,139	−0,143	−0,154	−0,174	−0,199	−0,252	−0,386	−0,700
	0,8	−0,096	−0,100	−0,104	−0,118	−0,143	−0,174	−0,241	−0,407	−0,800
	0,9	−0,049	−0,052	−0,056	−0,066	−0,086	−0,109	−0,160	−0,287	−0,587
	$\frac{M'}{M}$	0,440	0,432	0,423	0,395	0,343	0,280	0,144	−0,196	−1,00
	$\frac{M'}{ql^2}$ (Gleichlast)	−0,125	−0,127	−0,129	−0,134	−0,145	−0,158	−0,187	−0,258	−0,425
	$\frac{M'}{ql^2}$ (Dreieckslast)	−0,067	−0,067	−0,068	−0,070	−0,073	−0,077	−0,086	−0,109	−0,163
	$\frac{M'l}{EI_1\varphi}$	3,00	4,97	7,41	14,5	28,0	44,4	79,4	167	375
	$\frac{M'l^2}{EI_1\delta}$	−3,00	−4,97	−7,41	−14,5	−28,0	−44,4	−79,4	−167	−375

Tafel 41 Stabfestwerte und Stabendmomente für volle Einspannung des ein- und zweiseitig eingespannten Stabes mit sprunghaft veränderlichem Querschnitt

$\frac{v}{l} = 0,8$

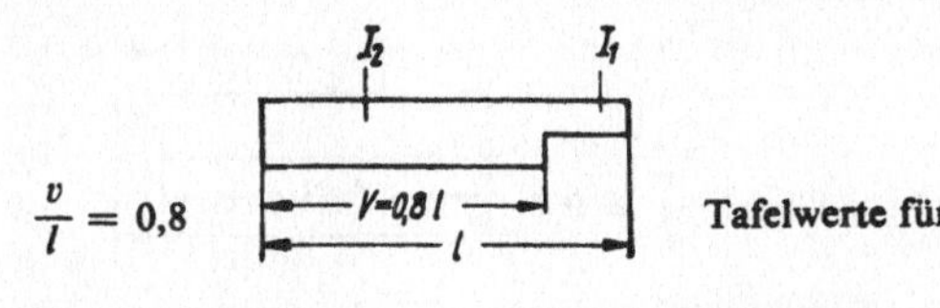

Tafelwerte für Stabende rechts

	$n = I_1 : I_2$	1,0	0,6	0,4	0,2	0,1	0,06	0,03	0,01	0,00
beidseitig eingespannt	$k'l : I_1$	1,00	1,20	1,34	1,52	1,66	1,76	1,92	2,38	5,00
	$k'l : I_1$	0,250	0,368	0,481	0,694	0,893	1,01	1,12	1,20	1,25
	$k^*l : I_1$	*1,00*	*1,28*	*1,53*	*2,09*	*3,00*	*4,11*	*6,67*	*15,0*	*65,0*
	γ ←	0,500	0,532	0,571	0,686	0,903	1,17	1,73	3,15	6,50
	a^*	*2,00*	*1,88*	*1,75*	*1,46*	*1,11*	*0,856*	*0,577*	*0,317*	*0,154*
	c^*	*1,00*	*0,960*	*0,917*	*0,819*	*0,702*	*0,619*	*0,526*	*0,439*	*0,385*
	$\frac{M'}{Pl}$, $\frac{a}{l} = 0,1$	0,009	0,007	0,006	0,004	0,003	0,002	0,002	0,001	0,000
	0,2	0,032	0,025	0,020	0,014	0,010	0,009	0,007	0,005	0,000
	0,3	0,063	0,049	0,040	0,028	0,021	0,018	0,015	0,012	0,000
	0,4	0,096	0,076	0,062	0,045	0,034	0,030	0,025	0,020	0,000
	0,5	0,125	0,100	0,083	0,062	0,049	0,043	0,037	0,029	0,000
	0,6	0,144	0,117	0,099	0,076	0,062	0,056	0,049	0,040	0,000
	0,7	0,147	0,123	0,107	0,087	0,075	0,068	0,062	0,051	0,000
	0,8	0,128	0,114	0,104	0,092	0,084	0,080	0,074	0,062	0,000
	0,9	0,081	0,077	0,075	0,071	0,069	0,067	0,065	0,059	0,025
	$\frac{M'}{M}$	−0,320	−0,187	−0,098	0,011	0,075	0,102	0,118	0,114	0,000
	$\frac{M'}{ql^2}$ (Gleichlast)	0,083	0,070	0,060	0,049	0,042	0,038	0,035	0,029	0,003
	$\frac{M'}{ql^2}$ (Dreieckslast)	0,033	0,027	0,023	0,017	0,014	0,013	0,011	0,009	0,000
	$\frac{M'l}{EI_1\varphi}$	−4,00	−4,80	−5,35	−6,08	−6,64	−7,03	−7,69	−9,52	−20,0
		2,00	2,55	3,06	4,17	6,00	8,22	13,3	30,0	130
	$\frac{M'l^2}{EI_1\delta}$	−6,00	−7,36	−8,41	−10,3	−12,6	−15,2	−21,0	−39,5	−150
links gelenkig, rechts eingespannt	$k'l : I_1$	0,750	0,943	1,08	1,27	1,39	1,45	1,49	1,52	1,54
	$\frac{M'}{Pl}$, $\frac{a}{l} = 0,1$	0,050	0,040	0,033	0,024	0,018	0,015	0,013	0,011	0,011
	0,2	0,096	0,078	0,064	0,047	0,035	0,030	0,026	0,023	0,021
	0,3	0,137	0,111	0,092	0,067	0,051	0,044	0,038	0,034	0,032
	0,4	0,168	0,137	0,115	0,085	0,066	0,057	0,050	0,045	0,043
	0,5	0,188	0,155	0,131	0,099	0,078	0,069	0,061	0,056	0,053
	0,6	0,192	0,161	0,138	0,107	0,088	0,079	0,072	0,067	0,064
	0,7	0,179	0,153	0,135	0,110	0,094	0,087	0,081	0,077	0,075
	0,8	0,144	0,130	0,119	0,105	0,096	0,092	0,089	0,086	0,085
	0,9	0,086	0,082	0,079	0,075	0,073	0,072	0,071	0,071	0,070
	$\frac{M'}{M}$	−0,460	−0,321	−0,221	−0,085	0,001	0,041	0,073	0,095	0,107
	$\frac{M'}{ql^2}$ (Gleichlast)	0,125	0,106	0,092	0,073	0,061	0,055	0,051	0,048	0,046
	$\frac{M'}{ql^2}$ (Dreieckslast)	0,058	0,048	0,041	0,031	0,025	0,022	0,020	0,018	0,017
	$\frac{M'l}{EI_1\varphi}$	−3,00	−3,77	−4,33	−5,08	−5,56	−5,78	−5,96	−6,08	−6,15
	$\frac{M'l^2}{EI_1\delta}$	−3,00	−3,77	−4,33	−5,08	−5,56	−5,78	−5,96	−6,08	−6,15

Tafel 42 Stabfestwerte und Stabendmomente für volle Einspannung des ein- und zweiseitig eingespannten Stabes mit sprunghaft veränderlichem Querschnitt

Tafelwerte für Stabende links $\frac{v}{l} = 0{,}9$

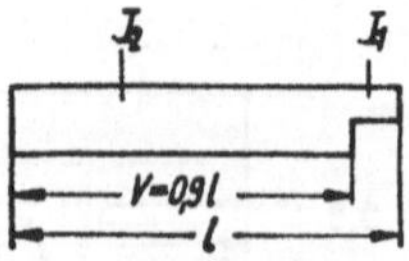

I_2 I_1 $v = 0{,}9l$ l

	$n = I_1 : I_2$		1,0	0,6	0,4	0,2	0,1	0,06	0,03	0,01	0,00
beidseitig eingespannt	$k'l : I_1$		1,00	1,60	2,32	4,38	8,38	13,6	26,6	77,2	2710
	$k'l : I_1$		0,250	0,391	0,543	0,893	1,32	1,62	1,97	2,29	2,50
	$k^*l : I_1$		*1,00*	*1,38*	*1,72*	*2,34*	*3,05*	*3,74*	*5,19*	*10,5*	*280*
	γ	→	0,500	0,432	0,370	0,267	0,182	0,137	0,097	0,068	0,052
	a^*		*2,00*	*2,32*	*2,70*	*3,75*	*5,49*	*7,29*	*10,2*	*14,8*	*19,36*
	c^*		*1,00*	*1,11*	*1,23*	*1,58*	*2,16*	*2,76*	*3,75*	*5,25*	*6,79*
	$\frac{M'}{Pl}$	$\frac{a}{l} = 0{,}1$	−0,081	−0,082	−0,082	−0,083	−0,084	−0,084	−0,085	−0,085	−0,100
		0,2	−0,128	−0,131	−0,133	−0,136	−0,138	−0,140	−0,141	−0,143	−0,200
		0,3	−0,147	−0,152	−0,156	−0,162	−0,167	−0,170	−0,172	−0,176	−0,300
		0,4	−0,144	−0,151	−0,157	−0,167	−0,174	−0,178	−0,182	−0,188	−0,400
		0,5	−0,125	−0,134	−0,142	−0,154	−0,164	−0,169	−0,174	−0,183	−0,500
		0,6	−0,096	−0,106	−0,115	−0,129	−0,139	−0,145	−0,151	−0,163	−0,600
		0,7	−0,063	−0,073	−0,082	−0,095	−0,105	−0,111	−0,118	−0,132	−0,700
		0,8	−0,032	−0,040	−0,047	−0,057	−0,066	−0,071	−0,077	−0,093	−0,800
		0,9	−0,009	−0,012	−0,015	−0,020	−0,024	−0,027	−0,032	−0,050	−0,900
	$\frac{M'}{M}$		0,170	0,230	0,280	0,357	0,412	0,438	0,455	0,444	−1,00
	$\frac{M'}{ql^2}$		−0,083	−0,089	−0,094	−0,101	−0,107	−0,110	−0,114	−0,122	−0,451
			−0,050	−0,052	−0,054	−0,058	−0,060	−0,061	−0,063	−0,065	−0,165
	$\frac{M'l}{EI_1\varphi}$		4,00	6,40	9,28	17,5	33,5	54,5	106	309	10840
			−2,00	−2,76	−3,44	−4,68	−6,10	−7,48	−10,4	−20,9	−560
	$\frac{M'l^2}{EI_1\delta}$		−6,00	−9,16	−12,7	−22,2	−39,6	−62,0	−117	−330	−11400
einseitig eingespannt	$k'l : I_1$		0,750	1,25	1,87	3,74	7,43	12,3	24,2	68,2	750
	$\frac{M'}{Pl}$	$\frac{a}{l} = 0{,}1$	−0,086	−0,086	−0,086	−0,086	−0,086	−0,086	−0,086	−0,087	−0,100
		0,2	−0,144	−0,144	−0,144	−0,144	−0,144	−0,145	−0,146	−0,149	−0,200
		0,3	−0,179	−0,179	−0,179	−0,179	−0,180	−0,180	−0,182	−0,189	−0,300
		0,4	−0,192	−0,192	−0,192	−0,193	−0,194	−0,195	−0,199	−0,211	−0,400
		0,5	−0,188	−0,188	−0,188	−0,189	−0,190	−0,192	−0,197	−0,216	−0,500
		0,6	−0,168	−0,168	−0,169	−0,170	−0,172	−0,175	−0,182	−0,207	−0,600
		0,7	−0,136	−0,137	−0,137	−0,139	−0,142	−0,145	−0,154	−0,187	−0,700
		0,8	−0,096	−0,096	−0,097	−0,099	−0,102	−0,107	−0,118	−0,159	−0,800
		0,9	−0,049	−0,050	−0,051	−0,053	−0,057	−0,063	−0,076	−0,126	−0,900
	$\frac{M'}{M}$		0,485	0,484	0,483	0,479	0,472	0,462	0,438	0,351	−1,00
	$\frac{M'}{ql^2}$		−0,125	−0,125	−0,126	−0,126	−0,128	−0,130	−0,136	−0,155	−0,463
			−0,067	−0,067	−0,067	−0,067	−0,068	−0,068	−0,070	−0,076	−0,166
	$\frac{M'l}{EI_1\varphi}$		3,00	5,00	7,49	14,9	29,7	49,2	96,4	273	3000
	$\frac{M'l^2}{EI_1\delta}$		−3,00	−5,00	−7,49	−14,9	−29,7	−49,2	−96,4	−273	−3000

Tafel 43 *Stabfestwerte und Stabendmomente für volle Einspannung des ein- und zweiseitig eingespannten Stabes mit sprunghaft veränderlichem Querschnitt*

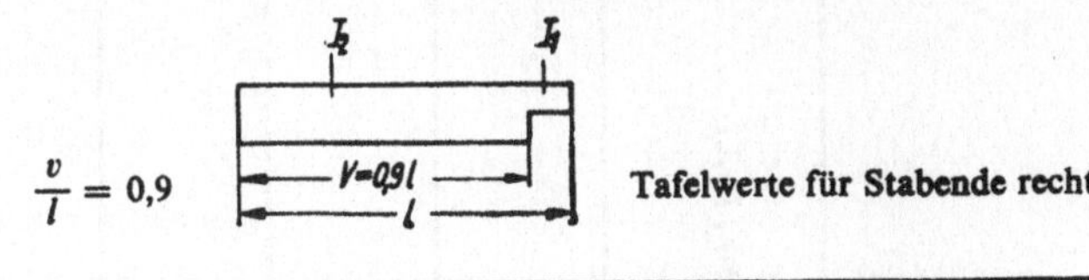

	$n = I_1 : I_2$		1,0	0,6	0,4	0,2	0,1	0,06	0,01	0,03	0,00
	$k'l : I_1$		1,00	1,36	1,65	2,11	2,46	2,64	2,81	3,05	10,0
	$k'l : I_1$		0,250	0,391	0,543	0,893	1,32	1,62	1,97	2,29	2,50
	$k^*l : I_1$		*1,00*	*1,38*	*1,72*	*2,34*	*3,05*	*3,74*	*5,19*	*10,5*	*280*
	γ	←	0,500	0,509	0,520	0,554	0,620	0,708	0,923	1,72	14,0
	a^*		*2,00*	*1,96*	*1,92*	*1,18*	*1,61*	*1,41*	*1,08*	*0,583*	*0,071*
	c^*		*1,00*	*0,988*	*0,974*	*0,935*	*0,871*	*0,804*	*0,695*	*0,528*	*0,357*
	$\frac{M'}{Pl}$	$\frac{a}{l} = 0,1$	0,009	0,007	0,006	0,004	0,003	0,002	0,001	0,001	0,000
		0,2	0,032	0,027	0,022	0,015	0,010	0,008	0,005	0,004	0,000
		0,3	0,063	0,052	0,044	0,030	0,020	0,015	0,011	0,008	0,000
		0,4	0,096	0,080	0,067	0,047	0,032	0,024	0,018	0,013	0,000
		0,5	0,125	0,105	0,088	0,062	0,043	0,034	0,025	0,019	0,000
		0,6	0,144	0,121	0,103	0,074	0,052	0,042	0,033	0,026	0,000
		0,7	0,147	0,125	0,107	0,079	0,058	0,048	0,039	0,032	0,000
		0,8	0,128	0,111	0,097	0,075	0,059	0,051	0,044	0,039	0,000
		0,9	0,081	0,074	0,069	0,060	0,053	0,050	0,047	0,045	0,000
	$\frac{M'}{M}$	M	−0,630	−0,498	−0,390	−0,221	−0,096	−0,034	0,017	0,054	0,000
	$\frac{M'}{ql^2}$		0,083	0,071	0,061	0,046	0,034	0,028	0,023	0,019	0,001
			0,033	0,028	0,024	0,017	0,012	0,010	0,008	0,006	0,000
	$\frac{M'l}{EI_1\varphi}$	φ	−4,00	−5,43	−6,61	−8,45	−9,83	−10,6	−11,3	−12,2	−40,0
		φ	2,00	2,76	3,44	4,68	6,10	7,48	10,4	20,9	560
	$\frac{M'l^2}{EI_1\delta}$	δ	−6,00	−8,19	−10,0	−13,1	−15,9	−18,0	−21,6	−33,1	−600
	$k'l : I_1$		0,750	1,06	1,33	1,80	2,18	2,38	2,56	2,70	2,77
	$\frac{M'}{Pl}$	$\frac{a}{l} = 0,1$	0,050	0,043	0,037	0,026	0,018	0,014	0,010	0,007	0,005
		0,2	0,096	0,083	0,071	0,051	0,035	0,027	0,019	0,013	0,010
		0,3	0,137	0,118	0,102	0,074	0,051	0,039	0,028	0,020	0,015
		0,4	0,168	0,145	0,125	0,091	0,064	0,049	0,036	0,026	0,021
		0,5	0,188	0,163	0,141	0,103	0,073	0,057	0,042	0,032	0,026
		0,6	0,192	0,167	0,145	0,108	0,078	0,062	0,047	0,037	0,031
		0,7	0,179	0,157	0,137	0,104	0,078	0,063	0,051	0,041	0,036
		0,8	0,144	0,128	0,114	0,091	0,071	0,061	0,052	0,045	0,041
		0,9	0,086	0,080	0,074	0,065	0,058	0,054	0,050	0,048	0,046
	$\frac{M'}{M}$	M	−0,715	−0,598	−0,493	−0,316	−0,171	−0,094	−0,027	0,024	0,052
	$\frac{M'}{ql^2}$		0,125	0,110	0,096	0,073	0,053	0,043	0,034	0,028	0,024
			0,058	0,051	0,044	0,032	0,023	0,018	0,014	0,010	0,009
	$\frac{M'l}{EI_1\varphi}$	φ	−3,00	−4,23	−5,33	−7,20	−8,72	−9,53	−10,2	−10,8	−11,1
	$\frac{M'l^2}{EI_1\delta}$	δ	−3,00	−4,23	−5,33	−7,20	−8,72	−9,53	−10,2	−10,8	−11,1

Tafel 44

Lösungen der Integrale $EI_c\delta = \int_0^l M\bar{M}\,\frac{I_c}{I_{(x)}}\,dx = (c)\,M\bar{M}L\,\frac{I_c}{I_1} = \text{Tafelwert}\cdot M\bar{M}l\,\frac{I_c}{I_1};\; n = \frac{I_1}{I_2};\; \lambda = \frac{v}{l}$:

Tafelwerte gelten für Stäbe mit beliebig stetigen Vouten; M und $\bar{M}$ vertauschbar; I_c beliebig wählbares Bezugsträgheitsmoment; Tafelwerte und Hilfsfunktionen H_0 bis H_4 aus [24]; o = Parabelscheitel

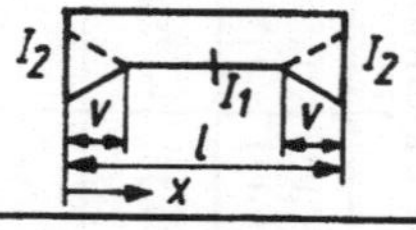 I_2 I_1 I_2 v l v x	 $\bar{M}$ $\bar{M}$	 $\bar{M}$	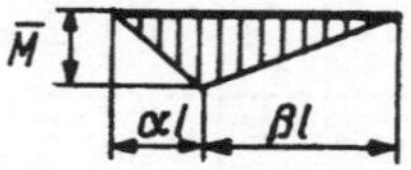 $\bar{M}$ αl βl $\lambda \leqq \alpha \leqq (1-\lambda)$
 M M	$1 + 2H_0$	$\frac{1}{2} + H_0$	$\frac{1}{2} + \frac{H_1}{\alpha\beta}$
 M	$\frac{1}{2} + H_0$	$\frac{1}{3} + H_0 - 2H_1 + 2H_2$	$\frac{1+\beta}{6} + \frac{H_1 - H_2}{\alpha} + \frac{H_2}{\beta}$
 M	$\frac{1}{2} + H_0$	$\frac{1}{6} + 2H_1 - 2H_2$	$\frac{1+\alpha}{6} + \frac{H_2}{\alpha} + \frac{H_1 - H_2}{\beta}$
 M quadrat. Parabel	$\frac{2}{3} + 8H_1 - 8H_2$	$\frac{1}{3} + 4H_1 - 4H_2$	$\frac{1+\alpha\beta}{3} + \frac{4H_2 - 4H_3}{\alpha\beta}$
 M quadrat. Parabel	$\frac{2}{3} + H_0 + 2H_1 - 2H_2$	$\frac{5}{12} + H_0 - H_1 + H_2$	$\frac{5-\alpha-\alpha^2}{12} + \frac{H_1 - H_3}{\alpha} + \frac{2H_2 - H_3}{\beta}$
 M quadrat. Parabel	$\frac{2}{3} + H_0 + 2H_1 - 2H_2$	$\frac{1}{4} + 3H_1 - 3H_2$	$\frac{5-\beta-\beta^2}{12} + \frac{2H_2 - H_3}{\alpha} + \frac{H_1 - H_3}{\beta}$
 M quadrat. Parabel	$\frac{1}{3} + H_0 - 2H_1 + 2H_2$	$\frac{1}{4} + H_0 - 3H_1 + 3H_2$	$\frac{1+\beta+\beta^2}{12} + \frac{H_1 - 2H_2 + H_3}{\alpha} + \frac{H_3}{\beta}$
 M quadrat. Parabel	$\frac{1}{3} + H_0 - 2H_1 + 2H_2$	$\frac{1}{12} + H_1 - H_2$	$\frac{1+\alpha+\alpha^2}{12} + \frac{H_3}{\alpha} + \frac{H_1 - 2H_2 + H_3}{\beta}$

 kub. Parabel (M)	$1{,}5\sqrt{3}\left(\frac{1}{4} + 3H_1 - 3H_2\right)$	$1{,}5\sqrt{3}\left(\frac{2}{15} + 2H_1 - 4H_2 + 4H_3 - 2H_4\right)$	$1{,}5\sqrt{3}\left[\frac{1}{20}(1+\beta)\left(\frac{7}{3} - \beta^2\right) + \frac{2H_2 - 3H_3 + H_4}{\alpha} + \frac{H_2 - H_4}{\beta}\right]$
 kub. Parabel (M)	$1{,}5\sqrt{3}\left(\frac{1}{4} + 3H_1 - 3H_2\right)$	$1{,}5\sqrt{3}\left(\frac{7}{60} + H_1 + H_2 - 4H_3 + 2H_4\right)$	$1{,}5\sqrt{3}\left[\frac{1}{20}(1+\alpha)\left(\frac{7}{3} - \alpha^2\right) + \frac{H_2 - H_4}{\alpha} + \frac{2H_2 - 3H_3 + H_4}{\beta}\right]$
$\lambda \leqq \gamma \leqq (1-\lambda)$  (M, γl, δl)	$\frac{1}{2} + \frac{H_1}{\gamma\delta}$	$\frac{1+\delta}{6} + \frac{H_1 - H_2}{\gamma} + \frac{H_2}{\delta}$	$\frac{2\gamma - \gamma^2 - \alpha^2}{6\beta\gamma} + \frac{(\alpha\gamma + \beta\delta)H_2}{\alpha\beta\gamma\delta}$ $\gamma \geqq \alpha$

Tafel 45

Lösungen der Integrale $EI_c\delta = \int\limits_0^l M\overline{M}l \frac{I_c}{I_{(x)}}\,dx = (c)M\overline{M}l \frac{I_c}{I_1} = \text{Tafelwert} \cdot M\overline{M}l \frac{I_c}{I_1}$; $n = \frac{I_1}{I_2}$; $\lambda = \frac{v}{l}$;

Tafelwerte gelten für Stäbe mit beliebig stetiger einseitiger Voute; M und $\overline{M}$ vertauschbar; I_c beliebig wählbares Bezugsträgheitsmoment; Tafelwerte und Hilfsfunktionen H_0 bis H_4 aus [24]; o = Parabelscheitel

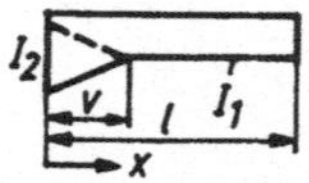 I_2, v, l, I_1, x	 $\overline{M}$ (Rechteck) $\overline{M}$	 $\overline{M}$ (Dreieck, links)	 (Dreieck, rechts) $\overline{M}$	 $\overline{M}$, αl, βl, $\lambda \leqq \alpha$
 M (Rechteck) M	$1 + H_0$	$\frac{1}{2} + H_0 - H_1$	$\frac{1}{2} + H_1$	$\frac{1}{2} + \frac{H_1}{\alpha}$
 M (Dreieck, links)	$\frac{1}{2} + H_0 - H_1$	$\frac{1}{3} + H_0 - 2H_1 + H_2$	$\frac{1}{6} + H_1 - H_2$	$\frac{1+\beta}{6} + \frac{H_1 - H_2}{\alpha}$
 (Dreieck, rechts) M	$\frac{1}{2} + H_1$	$\frac{1}{6} + H_1 - H_2$	$\frac{1}{3} + H_2$	$\frac{1+\alpha}{6} + \frac{H_2}{\alpha}$
 M quadrat. Parabel	$\frac{2}{3} + 4H_1 - 4H_2$	$\frac{1}{3} + 4H_1 - 8H_2 + 4H_3$	$\frac{1}{3} + 4H_2 - 4H_3$	$\frac{1+\alpha\beta}{3} + \frac{4H_2 - 4H_3}{\alpha}$
 M quadrat. Parabel	$\frac{2}{3} + H_0 - H_2$	$\frac{5}{12} + H_0 - H_1 - H_2 + H_3$	$\frac{1}{4} + H_1 - H_3$	$\frac{5-\alpha-\alpha^2}{12} + \frac{H_1 - H_3}{\alpha}$
 M quadrat. Parabel	$\frac{2}{3} + 2H_1 - H_2$	$\frac{1}{4} + 2H_1 - 3H_2 + H_3$	$\frac{5}{12} + 2H_2 - H_3$	$\frac{5-\beta-\beta^2}{12} + \frac{2H_2 - H_3}{\alpha}$
 M quadrat. Parabel	$\frac{1}{3} + H_0 - 2H_1 + H_2$	$\frac{1}{4} + H_0 - 3H_1 + 3H_2 - H_3$	$\frac{1}{12} + H_1 - 2H_2 + H_3$	$\frac{1+\beta+\beta^2}{12} + \frac{H_1 - 2H_2 + H_3}{\alpha}$
 M quadrat. Parabel	$\frac{1}{3} + H_2$	$\frac{1}{12} + H_2 - H_3$	$\frac{1}{4} + H_3$	$\frac{1+\alpha+\alpha^2}{12} + \frac{H_3}{\alpha}$

 kub. Parabel (M)	$1{,}5\sqrt{3}\left(\frac{1}{4}+2H_1-3H_2+H_3\right)$	$1{,}5\sqrt{3}\left(\frac{2}{15}+2H_1-5H_2+4H_3-H_4\right)$	$1{,}5\sqrt{3}\left(\frac{7}{60}+2H_2-3H_3+H_4\right)$	$1{,}5\sqrt{3}\left[\frac{1}{20}(1+\beta)\left(\frac{7}{3}-\beta^2\right)+\frac{2H_2-3H_3+H_4}{\alpha}\right]$
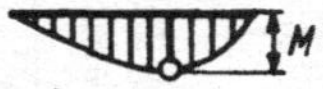 kub. Parabel (M)	$1{,}5\sqrt{3}\left(\frac{1}{4}+H_1-H_3\right)$	$1{,}5\sqrt{3}\left(\frac{7}{60}+H_1-H_2-H_3+H_4\right)$	$1{,}5\sqrt{3}\left(\frac{2}{15}+H_2-H_4\right)$	$1{,}5\sqrt{3}\left[\frac{1}{20}(1+\alpha)\left(\frac{7}{3}-\alpha^2\right)+\frac{H_2-H_4}{\alpha}\right]$
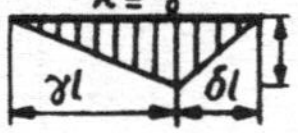 $\lambda \leqq \gamma$; γl, δl	$\frac{1}{2}+\frac{H_1}{\gamma}$	$\frac{1+\delta}{6}+\frac{H_1-H_2}{\gamma}$	$\frac{1+\gamma}{6}+\frac{H_2}{\gamma}$	$\frac{2\gamma-\gamma^2-\alpha^2}{6\beta\gamma}+\frac{H_2}{\alpha\gamma}\quad \gamma \geqq \alpha$

Tafel 46

Zahlenwerte der Hilfsfunktionen (H) für die Formeltafeln 44 und 45 für den Sonderfall des rechteckigen Stabes mit linear veränderlicher Stabhöhe

$$H_0 = \frac{1}{2}\,\frac{\lambda}{n^{1/3} - 1}\,(n - n^{1/3}) - \lambda$$

$n = I_1 : I_2$ entsprechend Bezeichnung der Tafeln 44 und 45! $\lambda = v : l$

H_0

n \ λ	.1	.2	.3	.4	.5	.6	.7	.8	.9	1.0
.00	-.10000000	-.20000000	-.30000000	-.40000000	-.50000000	-.60000000	-.70000000	-.80000000	-.90000000	-1.00000000
.01	-.08690703	-.17381406	-.26072110	-.34762813	-.43453516	-.52144219	-.60834922	-.69525626	-.78216329	-.86907032
.03	-.07963639	-.15927278	-.23890917	-.31854556	-.39818195	-.47781834	-.55745473	-.63709112	-.71672751	-.79636391
.06	-.07276257	-.14552513	-.21828770	-.29105027	-.36381284	-.43657540	-.50933797	-.58210054	-.65486311	-.72762567
.08	-.06917248	-.13834495	-.20751743	-.27668990	-.34586238	-.41503485	-.48420733	-.55337980	-.62255228	-.69172475
.10	-.06601988	-.13203976	-.19805965	-.26407953	-.33009941	-.39611929	-.46213918	-.52815906	-.59417894	-.66019882
.12	-.06317348	-.12634695	-.18952043	-.25269390	-.31586738	-.37904085	-.44221433	-.50538780	-.56856128	-.63173475
.15	-.05931800	-.11863599	-.17795399	-.23727198	-.29658998	-.35590797	-.41522597	-.47454396	-.53386196	-.59317995
.18	-.05582904	-.11165808	-.16748712	-.22331616	-.27914520	-.33497424	-.39080328	-.44663232	-.50246137	-.55829041
.20	-.05366006	-.10732013	-.16098019	-.21464025	-.26830032	-.32196038	-.37562044	-.42928051	-.48294057	-.53660063
.25	-.04865946	-.09731892	-.14597838	-.19463784	-.24329730	-.29195676	-.34061622	-.38927568	-.43793515	-.48659461
.30	-.04412133	-.08824266	-.13236399	-.17648532	-.22060664	-.26472797	-.30884930	-.35297063	-.39709196	-.44121329
.35	-.03993130	-.07986259	-.11979389	-.15972519	-.19965648	-.23958778	-.27951908	-.31945037	-.35938167	-.39931297
.40	-.03601551	-.07203102	-.10804653	-.14406204	-.18007754	-.21609305	-.25210856	-.28812407	-.32413958	-.36015509
.45	-.03232302	-.06464604	-.09696906	-.12929208	-.16161511	-.19393813	-.22626115	-.25858417	-.29090719	-.32323021
.50	-.02881695	-.05763389	-.08645084	-.11526779	-.14408474	-.17290168	-.20171863	-.23053558	-.25935253	-.28816947
.55	-.02546957	-.05093914	-.07640871	-.10187828	-.12734785	-.15281742	-.17828698	-.20375655	-.22922612	-.25469569
.60	-.02225943	-.04451887	-.06677830	-.08903773	-.11129717	-.13355660	-.15581604	-.17807547	-.20033490	-.22259434
.65	-.01916954	-.03833907	-.05750861	-.07667814	-.09584768	-.11501721	-.13418675	-.15335628	-.17252582	-.19169535
.70	-.01618612	-.03237225	-.04855837	-.06474450	-.08093062	-.09711674	-.11330287	-.12948899	-.14567512	-.16186124
.75	-.01329789	-.02659579	-.03989368	-.05319158	-.06648947	-.07978737	-.09308526	-.10638316	-.11968105	-.13297895
.80	-.01049542	-.02099084	-.03148625	-.04198167	-.05247709	-.06297251	-.07346793	-.08396334	-.09445876	-.10495418
.85	-.00777073	-.01554147	-.02331220	-.03108293	-.03885366	-.04662440	-.05439513	-.06216586	-.06993659	-.07770733
.90	-.00511704	-.01023409	-.01535113	-.02046817	-.02558522	-.03070226	-.03581930	-.04093635	-.04605339	-.05117043
.95	-.00252849	-.00505699	-.00758548	-.01011398	-.01264247	-.01517097	-.01769946	-.02022796	-.02275645	-.02528495
1.00	.00000000	.00000000	.00000000	.00000000	.00000000	.00000000	.00000000	.00000000	.00000000	.00000000
1.10	.00489412	.00978824	.01468235	.01957647	.02447059	.02936471	.03425882	.03915294	.04404706	.04894118
1.25	.01188073	.02376146	.03564218	.04752291	.05940364	.07128437	.08316509	.09504582	.10692655	.11880728
1.50	.02275425	.04550849	.06826274	.09101699	.11377123	.13652548	.15927973	.18203398	.20478822	.22754247
1.66	.02956761	.05913522	.08870283	.11827044	.14783805	.17740566	.20697327	.23654088	.26610849	.29567611
2.00	.04236611	.08473221	.12709832	.16946442	.21183053	.25419663	.29656274	.33892884	.38129495	.42366105
2.25	.05137210	.10274421	.15411631	.20548841	.25686052	.30823262	.35960472	.41097682	.46234893	.51372103
2.50	.05996123	.11992246	.17988368	.23984491	.29980614	.35976737	.41972860	.47968982	.53965105	.59961228
3.00	.07611667	.15223334	.22835001	.30446668	.38058335	.45670002	.53281669	.60893336	.68505003	.76116670
3.33	.08626224	.17252447	.25878671	.34504895	.43131119	.51757342	.60383566	.69009790	.77636014	.86262237
4.00	.10536216	.21072432	.31608647	.42144863	.52681079	.63217295	.73753510	.84289726	.94825942	1.05362158
5.00	.13169968	.26339937	.39509905	.52679874	.65849842	.79019811	.92189779	1.05359747	1.18529716	1.31699684
6.00	.15595239	.31190478	.46785718	.62380957	.77976196	.93571435	1.09166674	1.24761914	1.40357153	1.55952392
8.00	.20000000	.40000000	.60000000	.80000000	1.00000000	1.20000000	1.40000000	1.60000000	1.80000000	2.00000000
10.00	.23980118	.47960235	.71940353	.95920470	1.19900588	1.43880706	1.67860823	1.91840941	2.15821059	2.39801176
16.66	.35395721	.70791442	1.06187163	1.41582884	1.76978604	2.12374325	2.47770046	2.83165767	3.18561488	3.53957209
33.33	.57878698	1.15757396	1.73636095	2.31514793	2.89393491	3.47272189	4.05150887	4.63029585	5.20908284	5.78786982
100.00	1.20929679	2.41859357	3.62789036	4.83718715	6.04648393	7.25578072	8.46507751	9.67437429	10.88367108	12.09296787

Tafel 46 Fortsetzung

$$H_1 = \frac{1}{2}\left(\frac{\lambda}{n^{1/3}-1}\right)^2 (n - 2n^{2/3} + n^{1/3}) - \frac{\lambda^2}{2}$$

$n = I_1 : I_2$ entsprechend Bezeichnung der Tafeln 44 und 45! $\lambda = v : l$

H_1

n	λ									
.00	-.00500000	-.02000000	-.04500000	-.08000000	-.12500000	-.18000000	-.24500000	-.32000000	-.40500000	-.50000000
.01	-.00392278	-.01569113	-.03530504	-.06276452	-.09806957	-.14122018	-.19221635	-.25105809	-.31774540	-.39227827
.03	-.00344638	-.01378553	-.03101745	-.05514214	-.08615959	-.12406981	-.16887280	-.22056856	-.27915708	-.34463837
.06	-.00304257	-.01217026	-.02738310	-.04868106	-.07606415	-.10953238	-.14908574	-.19472424	-.24644786	-.30425662
.08	-.00284557	-.01138226	-.02561009	-.04552904	-.07113913	-.10244035	-.13943270	-.18211618	-.23049079	-.28455653
.10	-.00267921	-.01071682	-.02411285	-.04286729	-.06698014	-.09645140	-.13128107	-.17146916	-.21701565	-.26792056
.12	-.00253379	-.01013515	-.02280409	-.04054061	-.06334470	-.09121637	-.12415561	-.16216243	-.20523682	-.25337879
.15	-.00234335	-.00937341	-.02109018	-.03749366	-.05858384	-.08436073	-.11482433	-.14997463	-.18981164	-.23433536
.18	-.00217689	-.00870757	-.01959203	-.03483027	-.05442230	-.07836811	-.10666770	-.13932108	-.17632824	-.21768919
.20	-.00207598	-.00830393	-.01868384	-.03321572	-.05189956	-.07473536	-.10172313	-.13286286	-.16815456	-.20759823
.25	-.00185020	-.00740079	-.01665178	-.02960316	-.04625493	-.06660711	-.09065967	-.11841263	-.14986599	-.18501974
.30	-.00165284	-.00661134	-.01487552	-.02644536	-.04132088	-.05950207	-.08098893	-.10578146	-.13387966	-.16528352
.35	-.00147635	-.00590540	-.01328716	-.02362161	-.03690877	-.05314862	-.07234118	-.09448644	-.11958440	-.14763506
.40	-.00131597	-.00526387	-.01184372	-.02105550	-.03289921	-.04737487	-.06448246	-.08422198	-.10659345	-.13159685
.45	-.00116845	-.00467381	-.01051608	-.01869525	-.02921132	-.04206430	-.05725419	-.07478098	-.09464468	-.11684528
.50	-.00103150	-.00412599	-.00928348	-.01650396	-.02578743	-.03713391	-.05054337	-.06601583	-.08355129	-.10314974
.55	-.00090339	-.00361357	-.00813054	-.01445430	-.02258484	-.03252217	-.04426629	-.05781719	-.07317489	-.09033936
.60	-.00078284	-.00313135	-.00704553	-.01252539	-.01957092	-.02818212	-.03835900	-.05010155	-.06340977	-.07828367
.65	-.00066880	-.00267522	-.00601924	-.01070087	-.01672011	-.02407696	-.03277142	-.04280349	-.05417316	-.06688045
.70	-.00056048	-.00224192	-.00504432	-.00896768	-.01401200	-.02017728	-.02746352	-.03587072	-.04539888	-.05604800
.75	-.00045720	-.00182879	-.00411479	-.00731518	-.01142996	-.01645915	-.02240273	-.02926070	-.03703308	-.04571985
.80	-.00035841	-.00143364	-.00322570	-.00573458	-.00896028	-.01290280	-.01756215	-.02293831	-.02903130	-.03584111
.85	-.00026366	-.00105464	-.00237293	-.00421854	-.00659147	-.00949172	-.01291928	-.01687416	-.02135636	-.02636588
.90	-.00017255	-.00069021	-.00155298	-.00276085	-.00431382	-.00621190	-.00845509	-.01104338	-.01397678	-.01725529
.95	-.00008476	-.00033905	-.00076285	-.00135619	-.00211904	-.00305142	-.00415332	-.00542475	-.00686569	-.00847617
1.00	.00000000	.00000000	.00000000	.00000000	.00000000	.00000000	.00000000	.00000000	.00000000	.00000000
1.10	.00016140	.00064560	.00145261	.00258241	.00403502	.00581042	.00790863	.01032964	.01307345	.01614006
1.25	.00038609	.00154435	.00347478	.00617739	.00965217	.01389912	.01891825	.02470955	.03127302	.03860867
1.50	.00072357	.00289428	.00651214	.01157714	.01808928	.02604856	.03545499	.04630856	.05860927	.07235712
1.66̄	.00092816	.00371262	.00835340	.01485049	.02320389	.03341360	.04547962	.05940195	.07518060	.09281555
2.00	.00129961	.00519842	.01169645	.02079368	.03249013	.04678579	.06368066	.08317474	.10526802	.12996052
2.25	.00155185	.00620741	.01396668	.02482966	.03879634	.05586673	.07604082	.09931862	.12570013	.15518535
2.50	.00178604	.00714418	.01607440	.02857670	.04465110	.06429759	.08751616	.11430682	.14466957	.17860440
3.00	.00221125	.00884499	.01990123	.03537997	.05528120	.07960492	.10835114	.14151986	.17911108	.22112478
3.33̄	.00246901	.00987603	.02222107	.03950413	.06172520	.08888428	.12098139	.15801651	.19998964	.24690079
4.00	.00293701	.01174802	.02643305	.04699208	.07342513	.10573219	.14391326	.18796834	.23789743	.29370053
5.00	.00354988	.01419952	.03194892	.05679808	.08874699	.12779567	.17394411	.22719230	.28754026	.35498797
6.00	.00408560	.01634241	.03677043	.06536965	.10214007	.14708171	.20019455	.26147859	.33093384	.40856030
8.00	.00500000	.02000000	.04500000	.08000000	.12500000	.18000000	.24500000	.32000000	.40500000	.50000000
10.00	.00577217	.02308869	.05194956	.09235478	.14430434	.20779824	.28283650	.36941910	.46754605	.57721734
16.66̄	.00777182	.03108730	.06994641	.12434918	.19429560	.27978566	.38081937	.49739673	.62951773	.77718239
33.33̄	.01109149	.04436596	.09982341	.17746384	.27728724	.39929363	.54348300	.70985534	.89841067	1.10914897
100.00	.01820794	.07283178	.16387150	.29132711	.45519860	.65548599	.89218926	1.16530843	1.47484348	1.82079442

Tafel 46 Fortsetzung

$$H_2 = \frac{1}{2}\left(\frac{\lambda}{n^{1/3}-1}\right)^3 [n(2 \ln n^{1/3} - 3) + 4n^{2/3} - n^{1/3}] - \frac{\lambda^3}{3}$$

$n = I_1 : I_2$ entsprechend Bezeichnung der Tafeln 44 und 45! $\lambda = v:l$

H_2

n	λ									
.00	-.00033333	-.00266667	-.00900000	-.02133333	-.04166667	-.07200000	-.11433333	-.17066667	-.24300000	-.33333333
.01	-.00023965	-.00191721	-.00647059	-.01533770	-.02995645	-.05176475	-.08220050	-.12270162	-.17470602	-.23965160
.03	-.00020407	-.00163260	-.00551001	-.01306076	-.02550930	-.04408008	-.06999753	-.10448611	-.14877026	-.20407443
.06	-.00017584	-.00140670	-.00474761	-.01125360	-.02197968	-.03798088	-.06031224	-.09002876	-.12818548	-.17583742
.08	-.00016261	-.00130089	-.00439051	-.01040714	-.02032644	-.03512409	-.05577575	-.08325710	-.11854380	-.16261152
.10	-.00015170	-.00121358	-.00409584	-.00970865	-.01896220	-.03276668	-.05203228	-.07766917	-.11058755	-.15169760
.12	-.00014234	-.00113870	-.00384312	-.00910962	-.01779222	-.03074496	-.04882185	-.07287694	-.10376423	-.14233777
.15	-.00013032	-.00104257	-.00351867	-.00834054	-.01629012	-.02814932	-.04470008	-.06672432	-.09500396	-.13032094
.18	-.00012003	-.00096023	-.00324078	-.00768184	-.01500359	-.02592620	-.04116985	-.06145471	-.08750094	-.12002873
.20	-.00011388	-.00091105	-.00307480	-.00728841	-.01423517	-.02459838	-.03906132	-.05830727	-.08301954	-.11388140
.25	-.00010037	-.00080293	-.00270988	-.00642343	-.01254576	-.02167908	-.03442557	-.05138744	-.07316689	-.10036610
.30	-.00008881	-.00071048	-.00239787	-.00568385	-.01110127	-.01918300	-.03046189	-.04547080	-.06474261	-.08881016
.35	-.00007867	-.00062936	-.00212408	-.00503486	-.00983371	-.01699266	-.02698371	-.04027889	-.05735022	-.07866971
.40	-.00006961	-.00055684	-.00187935	-.00445475	-.00870067	-.01503477	-.02387465	-.03563796	-.05074234	-.06960540
.45	-.00006139	-.00049112	-.00165753	-.00392896	-.00767376	-.01326026	-.02105679	-.03143172	-.04475336	-.06139007
.50	-.00005386	-.00043091	-.00145432	-.00344727	-.00673295	-.01163454	-.01847522	-.02757817	-.03926658	-.05386362
.55	-.00004691	-.00037527	-.00126653	-.00300211	-.00586357	-.01013226	-.01608965	-.02401720	-.03419636	-.04690859
.60	-.00004044	-.00032349	-.00109177	-.00258791	-.00505451	-.00873420	-.01386958	-.02070329	-.02947792	-.04043611
.65	-.00003438	-.00027502	-.00092818	-.00220014	-.00429714	-.00742546	-.01179136	-.01760109	-.02506093	-.03437714
.70	-.00002868	-.00022941	-.00077428	-.00183532	-.00358461	-.00619420	-.00983617	-.01468256	-.02090544	-.02867687
.75	-.00002329	-.00018633	-.00062886	-.00149063	-.00291140	-.00503089	-.00798887	-.01192508	-.01697926	-.02329117
.80	-.00001818	-.00014547	-.00049096	-.00116375	-.00227295	-.00392765	-.00623697	-.00930999	-.01325583	-.01818358
.85	-.00001332	-.00010659	-.00035975	-.00085274	-.00166551	-.00287800	-.00457016	-.00682193	-.00971325	-.01332408
.90	-.00000869	-.00006948	-.00023451	-.00055586	-.00108567	-.00187604	-.00297908	-.00444691	-.00633164	-.00868538
.95	-.00000424	-.00003392	-.00011449	-.00027139	-.00053007	-.00091596	-.00145451	-.00217116	-.00309136	-.00424054
1.00	.00000000	.00000000	.00000000	.00000000	.00000000	.00000000	.00000000	.00000000	.00000000	.00000000
1.10	.00000802	.00006414	.00021647	.00051312	.00100219	.00173179	.00275001	.00410497	.00584478	.00801753
1.25	.00001901	.00015211	.00051337	.00121688	.00237672	.00410697	.00652171	.00973504	.01386102	.01901374
1.50	.00003518	.00028143	.00094983	.00225146	.00439738	.00759867	.01206641	.01801167	.02564552	.03517904
1.66	.00004478	.00035827	.00120916	.00286615	.00559796	.00967327	.01536080	.02292924	.03264730	.04478367
2.00	.00006187	.00049493	.00167038	.00395943	.00773326	.01336308	.02122007	.03167544	.04510038	.06186609
2.25	.00007322	.00058574	.00197686	.00468589	.00915212	.01581487	.02511343	.03748710	.05337518	.07321699
2.50	.00008358	.00066866	.00225674	.00534931	.01044788	.01805393	.02866898	.04279451	.06093203	.08358303
3.00	.00010200	.00081600	.00275401	.00652801	.01275002	.02203204	.03498607	.05222410	.07435814	.10200020
3.33	.00011292	.00090338	.00304892	.00722708	.01411539	.02439139	.03873262	.05781663	.08232094	.11292310
4.00	.00013232	.00105852	.00357251	.00846816	.01653938	.02858006	.04538407	.06774532	.09645769	.13231507
5.00	.00015691	.00125524	.00423645	.01004195	.01961318	.03389158	.05381857	.08033559	.11438408	.15690546
6.00	.00017771	.00142165	.00479808	.01137322	.02221332	.03838461	.06095334	.09098574	.12954805	.17770652
8.00	.00021184	.00169475	.00571979	.01355802	.02648051	.04575833	.07266253	.10846419	.15443436	.21184411
10.00	.00023945	.00191558	.00646507	.01532460	.02993087	.05172054	.08213030	.12259683	.17455682	.23944694
16.66	.00030639	.00245113	.00827256	.01960903	.03829890	.06618049	.10509217	.15687228	.22335916	.30639116
33.33	.00040573	.00324580	.01095458	.02596640	.05071563	.08763661	.13916369	.20773122	.29577355	.40572504
100.00	.00058346	.00466769	.01575344	.03734149	.07293260	.12602754	.20012706	.29873194	.42534294	.58346083

Tafel 46 Fortsetzung

$$H_3 = \frac{1}{2}\left(\frac{\lambda}{n^{1/3}-1}\right)^4 [2n^{4/3} - 3n\,(2\ln n^{1/3} - 1) - 6n^{2/3} + n^{1/3}] - \frac{\lambda^4}{4}$$

$n = I_1 : I_2$ entsprechend Bezeichnung der Tafeln 44 und 45! $\lambda = v : l$

H_3

n	λ									
.00	-.00002500	-.00040000	-.00202500	-.00640000	-.01562500	-.03240000	-.06002500	-.10240000	-.16402500	-.25000000
.01	-.00001664	-.00026621	-.00134771	-.00425942	-.01039898	-.02156333	-.03994872	-.06815076	-.10916434	-.16638368
.03	-.00001382	-.00022114	-.00111951	-.00353820	-.00863820	-.01791216	-.03318449	-.05661128	-.09068032	-.13821113
.06	-.00001169	-.00018702	-.00094679	-.00299231	-.00730544	-.01514857	-.02806459	-.04787696	-.07668963	-.11688710
.08	-.00001072	-.00017149	-.00086819	-.00274391	-.00669899	-.01389103	-.02573485	-.04390252	-.07032335	-.10718389
.10	-.00000993	-.00015889	-.00080437	-.00254222	-.00620659	-.01286999	-.02384325	-.04067552	-.06515433	-.09930548
.12	-.00000926	-.00014822	-.00075037	-.00237154	-.00578989	-.01200591	-.02224243	-.03794460	-.06077992	-.09263819
.15	-.00000842	-.00013471	-.00068198	-.00215539	-.00526219	-.01091168	-.02021524	-.03448631	-.05524040	-.08419510
.18	-.00000771	-.00012330	-.00062423	-.00197286	-.00481656	-.00998761	-.01850328	-.03156578	-.05056228	-.07706490
.20	-.00000728	-.00011656	-.00059008	-.00186495	-.00455309	-.00944129	-.01749116	-.02983915	-.04779655	-.07284948
.25	-.00000637	-.00010191	-.00051591	-.00163052	-.00398077	-.00825453	-.01529254	-.02608840	-.04178857	-.06369238
.30	-.00000560	-.00008957	-.00045344	-.00143309	-.00349876	-.00725503	-.01344084	-.02292949	-.03672860	-.05598019
.35	-.00000493	-.00007888	-.00039932	-.00126206	-.00308119	-.00638916	-.01183671	-.02019291	-.03234513	-.04929909
.40	-.00000434	-.00006943	-.00035149	-.00111088	-.00271210	-.00562381	-.01041881	-.01777402	-.02847055	-.04339361
.45	-.00000381	-.00006095	-.00030856	-.00097522	-.00238090	-.00493703	-.00914646	-.01560346	-.02499372	-.03809438
.50	-.00000333	-.00005325	-.00026959	-.00085204	-.00208019	-.00431347	-.00799124	-.01363270	-.02183695	-.03328296
.55	-.00000289	-.00004620	-.00023387	-.00073915	-.00180457	-.00374195	-.00693242	-.01182640	-.01894360	-.02887304
.60	-.00000248	-.00003968	-.00020088	-.00063488	-.00154999	-.00321406	-.00595444	-.01015802	-.01627118	-.02479984
.65	-.00000210	-.00003362	-.00017021	-.00053794	-.00131334	-.00272334	-.00504532	-.00860709	-.01378690	-.02101341
.70	-.00000175	-.00002796	-.00014154	-.00044732	-.00109210	-.00226457	-.00419540	-.00715717	-.01146441	-.01747357
.75	-.00000141	-.00002264	-.00011461	-.00036223	-.00088434	-.00183377	-.00339728	-.00579562	-.00928345	-.01414945
.80	-.00000110	-.00001762	-.00008920	-.00028191	-.00068826	-.00142717	-.00264401	-.00451057	-.00722507	-.01101214
.85	-.00000080	-.00001286	-.00006513	-.00020584	-.00050253	-.00104204	-.00193051	-.00329337	-.00527534	-.00804045
.90	-.00000051	-.00000819	-.00004147	-.00013108	-.00032002	-.00066360	-.00122940	-.00209730	-.00335947	-.00512037
.95	-.00000009	-.00000145	-.00000733	-.00002317	-.00005656	-.00011727	-.00021727	-.00037065	-.00059370	-.00090490
1.00	.00000000	.00000000	.00000000	.00000000	.00000000	.00000000	.00000000	.00000000	.00000000	.00000000
1.10	.00000048	.00000772	.00003908	.00012352	.00030156	.00062531	.00115846	.00197629	.00316563	.00482493
1.25	.00000113	.00001807	.00009147	.00028911	.00070582	.00146360	.00271149	.00462568	.00740945	.01129317
1.50	.00000207	.00003315	.00016784	.00053045	.00119504	.00268540	.00497503	.00848718	.01359482	.02072065
1.66̄	.00000262	.00004200	.00021260	.00067193	.00164045	.00340165	.00630197	.01075089	.01722084	.02624728
2.00	.00000359	.00005751	.00029114	.00092016	.00224648	.00465830	.00863008	.01472254	.02358266	.03594370
2.25	.00000423	.00006767	.00034259	.00108275	.00264343	.00548141	.01015499	.01732396	.02774963	.04229482
2.50	.00000480	.00007685	.00038906	.00122963	.00300201	.00622498	.01153254	.01967400	.03151395	.04803223
3.00	.00000581	.00009293	.00047046	.00148689	.00363010	.00752738	.01394541	.02379025	.03810737	.05808165
3.33̄	.00000640	.00010233	.00051805	.00163729	.00399729	.00828878	.01535599	.02619663	.04196194	.06395663
4.00	.00000742	.00011878	.00060130	.00190041	.00463967	.00962082	.01782376	.03040656	.04870542	.07423475
5.00	.00000870	.00013919	.00070467	.00222712	.00543730	.01127478	.02088791	.03563386	.05707855	.08699673
6.00	.00000976	.00015610	.00079026	.00249762	.00609770	.01264419	.02342492	.03996188	.06401120	.09756318
8.00	.00001145	.00018315	.00092719	.00293037	.00715423	.01483501	.02748369	.04688596	.07510224	.11446767
10.00	.00001278	.00020441	.00103482	.00327054	.00798471	.01655709	.03067406	.05232859	.08382028	.12775535
16.66̄	.00001587	.00025384	.00128507	.00406144	.00991563	.02056105	.03809188	.06498307	.10409031	.15865008
33.33̄	.00002011	.00032208	.00163055	.00515334	.01258139	.02608877	.04833267	.08245340	.13207440	.20130224
100.00	.00002693	.00043094	.00218162	.00689499	.01683347	.03490588	.06466745	.11031982	.17671102	.26933550

Tafel 46 Fortsetzung

$$H_4 = \frac{1}{2}\left(\frac{\lambda}{n^{1/3}-1}\right)^5 (n^{5/3} - 8n^{4/3} + 12n \ln n^{1/3} + 8n^{2/3} - n^{1/3}) - \frac{\lambda^5}{5}$$

$n = I_1 : I_2$ entsprechend Bezeichnung der Tafeln 44 und 45! $\lambda = v:l$

	n	λ									
H_4	.00	-.00000200	-.00006400	-.00048600	-.00204800	-.00625000	-.01555200	-.03361400	-.06553600	-.11809800	-.20000000
	.01	-.00000124	-.00003973	-.00030168	-.00127127	-.00387960	-.00965368	-.02086540	-.04068052	-.07330761	-.12414709
	.03	-.00000101	-.00003233	-.00024551	-.00103457	-.00315726	-.00785627	-.01698050	-.03310627	-.05965858	-.10103232
	.06	-.00000084	-.00002694	-.00020454	-.00086193	-.00263040	-.00654527	-.01414691	-.02758172	-.04970316	-.08417274
	.08	-.00000077	-.00002453	-.00018631	-.00078510	-.00239594	-.00596185	-.01288592	-.02512321	-.04527284	-.07666995
	.10	-.00000071	-.00002261	-.00017169	-.00072348	-.00220790	-.00549395	-.01187460	-.02315148	-.04171972	-.07065271
	.12	-.00000066	-.00002100	-.00015944	-.00067186	-.00205036	-.00510195	-.01102732	-.02149957	-.03874292	-.06561147
	.15	-.00000059	-.00001897	-.00014408	-.00060716	-.00185291	-.00461064	-.00996541	-.01942919	-.03501203	-.05929319
	.18	-.00000054	-.00001728	-.00013125	-.00055310	-.00168792	-.00420008	-.00907804	-.01769912	-.03189439	-.05401343
	.20	-.00000051	-.00001629	-.00012373	-.00052138	-.00159112	-.00395921	-.00855741	-.01668407	-.03006523	-.05091574
	.25	-.00000044	-.00001416	-.00010752	-.00045308	-.00138270	-.00344060	-.00743650	-.01449867	-.02612707	-.04424642
	.30	-.00000039	-.00001238	-.00009402	-.00039621	-.00120912	-.00300868	-.00650295	-.01267856	-.02284718	-.03869191
	.35	-.00000034	-.00001086	-.00008244	-.00034740	-.00106017	-.00263804	-.00570183	-.01111666	-.02003258	-.03392536
	.40	-.00000030	-.00000952	-.00007228	-.00030461	-.00092958	-.00231310	-.00499952	-.00974739	-.01756512	-.02974668
	.45	-.00000026	-.00000833	-.00006324	-.00026649	-.00081326	-.00202364	-.00437389	-.00852761	-.01536703	-.02602419
	.50	-.00000023	-.00000725	-.00005508	-.00023210	-.00070833	-.00176255	-.00380955	-.00742735	-.01338433	-.02266648
	.55	-.00000020	-.00000627	-.00004764	-.00020078	-.00061272	-.00152464	-.00329534	-.00642481	-.01157772	-.01960697
	.60	-.00000017	-.00000537	-.00004081	-.00017199	-.00052488	-.00130606	-.00282291	-.00550373	-.00991789	-.01679604
	.65	-.00000014	-.00000454	-.00003450	-.00014536	-.00044361	-.00110384	-.00238584	-.00465159	-.00838231	-.01419552
	.70	-.00000012	-.00000377	-.00002860	-.00012054	-.00036786	-.00091534	-.00197842	-.00385725	-.00695090	-.01177141
	.75	-.00000010	-.00000304	-.00002309	-.00009731	-.00029696	-.00073894	-.00159714	-.00311389	-.00561132	-.00950283
	.80	-.00000007	-.00000235	-.00001781	-.00007504	-.00022901	-.00056986	-.00123169	-.00240139	-.00432738	-.00732845
	.85	-.00000005	-.00000162	-.00001231	-.00005186	-.00015827	-.00039383	-.00085122	-.00165960	-.00299065	-.00506469
	.90	-.00000000	-.00000012	-.00000092	-.00000390	-.00001190	-.00002960	-.00006397	-.00012473	-.00022477	-.00038064
	.95	.00000088	.00002829	.00021486	.00090541	.00276309	.00687545	.01486056	.02897309	.05221046	.08841886
	1.00	.00000000	.00000000	.00000000	.00000000	.00000000	.00000000	.00000000	.00000000	.00000000	.00000000
	1.10	.00000003	.00000090	.00000685	.00002887	.00008810	.00021923	.00047384	.00092384	.00166478	.00281932
	1.25	.00000007	.00000238	.00001806	.00007609	.00023220	.00057778	.00124882	.00243478	.00438755	.00743036
	1.50	.00000014	.00000436	.00003313	.00013960	.00042602	.00106007	.00229124	.00446714	.00804994	.01363264
	1.66̄	.00000017	.00000551	.00004182	.00017624	.00053783	.00133829	.00289256	.00563953	.01016261	.01721047
	2.00	.00000023	.00000750	.00005692	.00023988	.00073205	.00182159	.00393716	.00767615	.01383267	.02342574
	2.25	.00000027	.00000879	.00006672	.00028115	.00085800	.00213497	.00461452	.00899676	.01621246	.02745594
	2.50	.00000031	.00000994	.00007550	.00031815	.00097091	.00241593	.00522179	.01018073	.01834600	.03106912
	3.00	.00000037	.00001195	.00009072	.00038231	.00116673	.00290320	.00627496	.01223406	.02204616	.03733537
	3.33̄	.00000041	.00001311	.00009954	.00041945	.00128007	.00318522	.00688452	.01342251	.02418779	.04096224
	4.00	.00000047	.00001512	.00011480	.00048377	.00147636	.00367364	.00794019	.01548071	.02789673	.04724336
	5.00	.00000055	.00001758	.00013348	.00056249	.00171658	.00427139	.00923217	.01799962	.03243590	.05493048
	6.00	.00000061	.00001958	.00014872	.00062671	.00191258	.00475911	.01028630	.02005483	.03613946	.06120249
	8.00	.00000071	.00002274	.00017269	.00072770	.00222077	.00552599	.01194384	.02328647	.04196297	.07106466
	10.00	.00000079	.00002517	.00019117	.00080558	.00245845	.00611740	.01322212	.02577868	.04645402	.07867029
	16.66̄	.00000096	.00003068	.00023295	.00098166	.00299578	.00745447	.01611204	.03141306	.05660736	.09586507
	33.33̄	.00000119	.00003792	.00028797	.00121352	.00370336	.00921514	.01991755	.03883253	.06997748	.11850748
	100.00	.00000152	.00004866	.00036955	.00155728	.00475244	.01182559	.02555975	.04983293	.08980056	.15207803

$M = \overline{M} = l = 1, \quad \lambda = v : l = 0{,}5, \quad n = I_1 : I_2$

* Bei Übernahme der Werte aus den Tafeln 44 bis 46 ist zu setzen für die Tafeln 47 bis 54: $n \Rightarrow \frac{1}{n}$, $c \Rightarrow cn$

*Tafel 47 Zahlenwerte (c) der Lösungen aus Tafel 44**

1. Zeile $c_l = c_r = \bar{\alpha}$
2. Zeile $c = \bar{\beta}$

λ	n = 1.00	.80	.60	.50	.40	.30	.20	.10	.06	.03	.01	.00
.5	.333333	.302549	.267576	.247825	.225893	.200827	.170713	.130359	.107468	.083224	.056153	.000000
	.166667	.144974	.121127	.108090	.094029	.078566	.060987	.039541	.028720	.018594	.009312	.000000

*Tafel 48 Zahlenwerte (c) der Lösungen aus Tafel 44**

$M = \overline{M} = l = 1$

$\lambda = v : l = 0{,}5 \quad n = I_1 : I_2$

1. Zeile $c_l = c_r = \bar{\alpha} + \bar{\beta}$
2. Zeile

λ	n = 1.00	.80	.60	.50	.40	.30	.20	.10	.06	.03	.01	.00
.5	.500000	.447523	.388703	.355915	.319922	.279393	.231700	.169901	.136187	.181818	.065465	.000000
	.500000	.430887	.355689	.314980	.271442	.224070	.170998	.107722	.076631	.048274	.023208	.000000

*Tafel 49 Zahlenwerte (c) der Lösungen aus Tafel 44**

$M = \overline{M} = l = 1$

$\lambda = v : l = 0{,}5 \quad n = I_1 : I_2$

1. Zeile $c_l = c_r = 8\bar{\alpha}^0$
2. Zeile

λ	n = 1.00	.80	.60	.50	.40	.30	.20	.10	.06	.03	.01	.00
.5	.333333	.289948	.242254	.216180	.188058	.157132	.121974	.079083	.057439	.037189	.018624	.000000
	.416667	.354721	.287992	.252228	.214320	.173567	.128696	.076781	.052248	.030804	.013143	.000000

*Tafel 50 Zahlenwerte (c) der Lösungen aus Tafel 44**

$M = \overline{M} = l = 1$

$\lambda = v : l = 0{,}5 \quad n = I_1 : I_2$

1. Zeile $c_l = \bar{\alpha}_l^0 : \gamma\delta \quad \gamma = 0{,}1$
2. Zeile $c_r = \bar{\alpha}_r^0 : \gamma\delta$

λ	n = 1.00	.80	.60	.50	.40	.30	.20	.10	.06	.03	.01	.00
.5	.316667	.283265	.245493	.224267	.200810	.174186	.142549	.101060	.078255	.055046	.031045	.000000
	.183333	.159272	.132832	.118384	.102808	.085689	.066248	.042583	.030684	.019603	.009550	.000000

Tafeln 51 bis 53 Zahlenwerte (c) der Lösungen aus Tafel 44*

1\. Zeile $c_l = \alpha_l^0 : \gamma\delta$

2\. Zeile $c_r = \alpha_r^0 : \gamma\delta$

$M = \bar{M} = l = 1$

$\lambda = v : l = 0{,}5$ $n = I_1 : I_2$

Tafel 51* $\gamma = 0{,}2$

λ	n = 1.00	.80	.60	.50	.40	.30	.20	.10	.06	.03	.01	.00
.5	.300000	.264893	.225592	.203732	.179805	.152995	.121739	.082101	.061223	.040917	.021347	.000000
	.200000	.173256	.143927	.127933	.110725	.091864	.070533	.044762	.031935	.020124	.009602	.000000

Tafel 52* $\gamma = 0{,}3$

λ	n = 1.00	.80	.60	.50	.40	.30	.20	.10	.06	.03	.01	.00
.5	.283333	.247434	.207715	.185875	.162208	.136034	.106070	.069161	.050369	.032671	.016353	.000000
	.216667	.187088	.154764	.137200	.118359	.097791	.074658	.046956	.033307	.020854	.009888	.000000

Tafel 53* $\gamma = 0{,}4$

λ	n = 1.00	.80	.60	.50	.40	.30	.20	.10	.06	.03	.01	.00
.5	.266667	.230920	.191785	.170477	.147580	.122521	.094230	.060110	.043135	.027474	.013421	.000000
	.233333	.201012	.165821	.146762	.126375	.104193	.079349	.049765	.035267	.022087	.010510	.000000

Tafel 54*

1\. Zeile $c_l = c_r = 4\alpha_l^0$

2\. Zeile

$M = \bar{M} = l = 1$

$\lambda = v : l = 0{,}5$ $n = I_1 : I_2$

λ	n = 1.00	.80	.60	.50	.40	.30	.20	.10	.06	.03	.01	.00
.5	.250000	.215443	.177845	.157490	.135721	.112035	.085499	.053861	.038315	.024137	.011604	.000000
	.333333	.281878	.226870	.197600	.166767	.133877	.098048	.057278	.038383	.022172	.009168	.000000

Tafel 55 *Zahlenwerte (c) der Lösungen aus Tafel 44*

1. Zeile $c_l = c_r = \bar{\alpha}$

2. Zeile $c = \bar{\beta}$

$M = \bar{M} = l = 1$

$\lambda = v : l \qquad n = I_1 : I_2$

λ \ n	1.00	.80	.60	.50	.40	.30	.20	.10	.06	.03	.01	.00
.0	.333333 .166667	.333333 .166667	.333333 .166667	.333333 .166667	.333333 .166667	.333333 .166667	.333333 .166667	.333333 .166667	.333333 .166667	.333333 .166667	.333333 .166667	.333333 .166667
.1	.333333 .166667	.323518 .165986	.312559 .165182	.306472 .164711	.299811 .164174	.292340 .163539	.283597 .162742	.272368 .161612	.266304 .160933	.260182 .160182	.253793 .159300	.242667 .157333
.2	.333333 .166667	.314919 .164090	.294430 .161051	.283090 .159277	.270716 .157253	.256892 .154865	.240799 .151881	.220300 .147660	.209335 .145140	.198366 .142361	.187067 .139119	.168000 .132000
.3	.333333 .166667	.307317 .161197	.278463 .154759	.262541 .151008	.245216 .146738	.225925 .141711	.203571 .135449	.175308 .126633	.160317 .121396	.145439 .115652	.130281 .108998	.105333 .094667
.4	.333333 .166667	.300493 .157525	.264171 .146792	.244179 .140553	.222473 .133465	.198371 .125144	.170548 .114812	.135571 .100349	.117138 .091812	.098951 .082504	.080559 .071813	.050667 .049333
.5	.333333 .166667	.294231 .153292	.251069 .137634	.227358 .128558	.201653 .118270	.173166 .106227	.140362 .091338	.099270 .070631	.077689 .058498	.056452 .045366	.035024 .030440	.000000 .000000

Tafel 56 Zahlenwerte (c) der Lösungen aus Tafel 44

1. Zeile ▭ ⊳ $c_l = c_r = \alpha + \bar{\beta}$

2. Zeile ▭ ▽

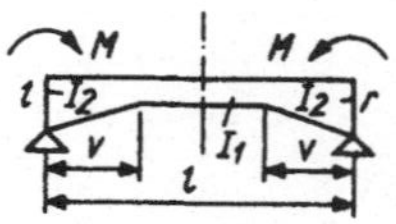

$M = \bar{M} = l = 1$

$\lambda = v : l \qquad n = I_1 : I_2$

λ \ n	1.00	.80	.60	.50	.40	.30	.20	.10	.06	.03	.01	.00
.0	.500000 .500000	.500000 .500000	.500000 .500000	.500000 .500000	.500000 .500000	.500000 .500000	.500000 .500000	.500000 .500000	.500000 .500000	.500000 .500000	.500000 .500000	.500000 .500000
.1	.500000 .500000	.489505 .498566	.477741 .496869	.471183 .495874	.463984 .494736	.455879 .493389	.446340 .491696	.433980 .489283	.427237 .487830	.420364 .486214	.413093 .484309	.400000 .480000
.2	.500000 .500000	.479009 .494265	.455481 .487475	.442366 .483496	.427969 .478945	.411757 .473555	.392680 .466784	.367960 .457133	.354475 .451319	.340727 .444858	.326186 .437235	.300000 .420000
.3	.500000 .500000	.468514 .487097	.433222 .471818	.413549 .462866	.391953 .452625	.367636 .440498	.339020 .425265	.301940 .403549	.281712 .390468	.261091 .375930	.239279 .358780	.200000 .320000
.4	.500000 .500000	.458018 .477062	.410962 .449898	.384732 .433984	.355938 .415778	.323515 .394219	.285360 .367137	.235920 .328531	.208950 .305276	.181454 .279431	.152372 .248942	.100000 .180000
.5	.500000 .500000	.447523 .464159	.388703 .421716	.355915 .396850	.319922 .368403	.279393 .334716	.231700 .292402	.169901 .232079	.136187 .195743	.101818 .155362	.065465 .107722	.000000 .000000

Tafel 57 *Zahlenwerte (c) der Lösungen aus Tafel 44*

1. Zeile $c_l = c_r = 8\varepsilon^0$

2. Zeile

$M = \bar{M} = l = 1$

$\lambda = v : l \qquad n = I_1 : I_2$

λ \ n	1.00	.80	.60	.50	.40	.30	.20	.10	.06	.03	.01	.00
.0	.333333 .416667	.333333 .416667	.333333 .416667	.333333 .416667	.333333 .416667	.333333 .416667	.333333 .416667	.333333 .416667	.333333 .416667	.333333 .416667	.333333 .416667	.333333 .416667
.1	.333333 .416667	.331972 .416393	.330364 .416059	.329423 .415858	.328348 .415622	.327077 .415335	.325485 .414961	.323223 .414398	.321866 .414040	.320364 .413623	.318601 .413098	.314667 .411733
.2	.333333 .416667	.328181 .414621	.322102 .412126	.318553 .410624	.314505 .408868	.309730 .406732	.303762 .403955	.295320 .399792	.290279 .397152	.284722 .394083	.278238 .390251	.264000 .380400
.3	.333333 .416667	.322394 .410239	.309518 .402412	.302017 .397711	.293476 .392221	.283423 .385556	.270897 .376911	.253265 .364003	.242791 .355853	.231304 .346419	.217996 .334701	.189333 .305067
.4	.333333 .416667	.315050 .402557	.293583 .385418	.281107 .375143	.266930 .363165	.250287 .348655	.229624 .329891	.200699 .302004	.183623 .284486	.165008 .264306	.143626 .239414	.098667 .177733
.5	.333333 .416667	.306584 .391312	.275268 .360594	.257115 .342222	.236539 .320849	.212455 .295027	.182676 .261753	.141262 .212577	.116995 .181879	.090732 .146729	.060881 .103747	.000000 .000000

Tafel 58 *Zahlenwerte (c) der Lösungen aus Tafel 44*

1. Zeile ▽ ▱ $c_l = \frac{\alpha_l^0}{\gamma\delta}$ $\gamma = 0{,}1$

2. Zeile ▽ ▱ $c_r = \frac{\alpha_r^0}{\gamma\delta}$

$M = \bar{M} = l = 1$

$\lambda = v : l$ $n = I_1 : I_2$

λ \ n	1.00	.80	.60	.50	.40	.30	.20	.10	.06	.03	.01	.00
.0	.316667	.316667	.316667	.316667	.316667	.316667	.316667	.316667	.316667	.316667	.316667	.316667
	.183333	.183333	.183333	.183333	.183333	.183333	.183333	.183333	.183333	.183333	.183333	.183333
.1	.316667	.313244	.309198	.306830	.304126	.300928	.296919	.291223	.287804	.284017	.279569	.269630
	.183333	.182773	.182104	.181708	.181252	.180707	.180014	.179008	.178390	.177690	.176844	.174815
.2	.316667	.305378	.292235	.284661	.276120	.266195	.254055	.237483	.227993	.217967	.206976	.186667
	.183333	.180758	.177691	.175885	.173812	.171346	.168234	.163773	.161077	.158076	.154538	.146667
.3	.316667	.297467	.275438	.262913	.248953	.232958	.213756	.188271	.174104	.159517	.144033	.117037
	.183333	.177572	.170751	.166757	.162193	.156795	.150037	.140455	.134729	.128420	.121080	.105186
.4	.316667	.290148	.260012	.243024	.224225	.202876	.177536	.144449	.126364	.108005	.088844	.056297
	.183333	.173506	.161923	.155168	.147474	.138417	.127133	.111269	.101871	.091598	.079767	.054814
.5	.316667	.283346	.245720	.224633	.201405	.175175	.144262	.104297	.082661	.060861	.038280	.000000
	.183333	.168811	.151761	.141856	.130608	.117415	.101065	.078260	.064863	.050337	.033798	.000000

Tafeln 59 bis 61 *Zahlenwerte (c) der Lösungen aus Tafel 44*

1. Zeile $c_l = \frac{\alpha_l^0}{\gamma\delta}$

2. Zeile $c_r = \frac{\alpha_r^0}{\gamma\delta}$

$M = \bar{M} = l = 1$

$\lambda = v : l$ $n = I_1 : I_2$

Tafel 59 $\gamma = 0{,}2$

λ \ n	1.00	.80	.60	.50	.40	.30	.20	.10	.06	.03	.01	.00
.0	.300000 .200000	.300000 .200000	.300000 .200000	.300000 .200000	.300000 .200000	.300000 .200000	.300000 .200000	.300000 .200000	.300000 .200000	.300000 .200000	.300000 .200000	.300000 .200000
.1	.300000 .200000	.298276 .199484	.296237 .198870	.295045 .198509	.293681 .198094	.292069 .197601	.290047 .196978	.287173 .196082	.285447 .195537	.283533 .194927	.281285 .194198	.276250 .192500
.2	.300000 .200000	.293377 .197662	.285556 .194873	.280986 .193227	.275769 .191332	.269608 .189072	.261897 .186204	.250967 .182053	.244424 .179512	.237195 .176646	.228734 .173197	.210000 .165000
.3	.300000 .200000	.286301 .194323	.270232 .187555	.260903 .183566	.250320 .178983	.237921 .173524	.222584 .166623	.201282 .156698	.188846 .150676	.175472 .143953	.160473 .136005	.131666 .118334
.4	.300000 .200000	.278940 .189865	.254491 .177842	.240437 .170790	.224627 .162718	.206308 .153160	.183989 .141162	.153710 .124116	.136496 .113912	.118432 .102665	.098815 .089594	.063334 .061666
.5	.300000 .200000	.271800 .184651	.239333 .166535	.220815 .155959	.200118 .143903	.176331 .129696	.147657 .111989	.109369 .087097	.087954 .072367	.065790 .056305	.042103 .037905	.000000 .000000

Tafel 60 $\gamma = 0{,}3$

λ \ n	1.00	.80	.60	.50	.40	.30	.20	.10	.06	.03	.01	.00
.0	.283333 .216667	.283333 .216667	.283333 .216667	.283333 .216667	.283333 .216667	.283333 .216667	.283333 .216667	.283333 .216667	.283333 .216667	.283333 .216667	.283333 .216667	.283333 .216667
.1	.283333 .216667	.282173 .216120	.280801 .215471	.279998 .215091	.279079 .214654	.277993 .214136	.276630 .213484	.274692 .212550	.273526 .211985	.272234 .211355	.270714 .210606	.267302 .208889
.2	.283333 .216667	.278832 .214342	.273512 .211577	.270401 .209952	.266848 .208086	.262649 .205869	.257389 .203069	.249922 .199045	.245445 .196601	.240491 .193863	.234681 .190599	.221746 .183016
.3	.283333 .216667	.273516 .211123	.261928 .204522	.255159 .200634	.247434 .196167	.238316 .190849	.226911 .184119	.210759 .174418	.201099 .168505	.190437 .161861	.177975 .153906	.150476 .135238
.4	.283333 .216667	.266727 .206416	.247198 .194214	.235830 .187032	.222901 .178787	.207706 .168980	.188825 .156595	.162388 .138814	.146809 .128040	.129891 .116022	.110643 .101825	.072381 .070476
.5	.283333 .216667	.259506 .200680	.231665 .181723	.215565 .170608	.197355 .157889	.176113 .142829	.149988 .123937	.114023 .097110	.093236 .081066	.071085 .063407	.046526 .042946	.000000 .000000

Tafel 61 $\gamma = 0{,}4$

λ \ n	1.00	.80	.60	.50	.40	.30	.20	.10	.06	.03	.01	.00
.0	.266667 .233333	.266667 .233333	.266667 .233333	.266667 .233333	.266667 .233333	.266667 .233333	.266667 .233333	.266667 .233333	.266667 .233333	.266667 .233333	.266667 .233333	.266667 .233333
.1	.266667 .233333	.265786 .232721	.264743 .231995	.264133 .231569	.263435 .231082	.262609 .230505	.261572 .229778	.260095 .228742	.259207 .228116	.258221 .227419	.257059 .226596	.254444 .224722
.2	.266667 .233333	.263204 .230823	.259108 .227845	.256711 .226098	.253971 .224096	.250730 .221722	.246666 .218734	.240886 .214461	.237413 .211877	.233563 .208997	.229037 .205584	.218889 .197778
.3	.266667 .233333	.259012 .227548	.249963 .220681	.244670 .216649	.238623 .212028	.231476 .206543	.222519 .199631	.209798 .189732	.202165 .183738	.193715 .177046	.183796 .169099	.161667 .150833
.4	.266667 .233333	.253300 .222806	.237510 .210301	.228279 .202954	.217740 .194529	.205290 .184521	.189701 .171900	.167589 .153797	.154342 .142820	.139695 .130546	.122537 .115944	.084444 .082222
.5	.266667 .233333	.246335 .216648	.222361 .196839	.208375 .185208	.192432 .171877	.173644 .156058	.150202 .136141	.117160 .107665	.097527 .090480	.076025 .071379	.051241 .048914	.000000 .000000

Tafel 62

1. Zeile ▽ ▱ $c_l = c_r = 4\alpha_l{}^0$

2. Zeile ▽ ▽

$M = \bar{M} = l = 1$

$\lambda = v : l \qquad n = I_1 : I_2$

λ \ n	1.00	.80	.60	.50	.40	.30	.20	.10	.06	.03	.01	.00
.0	.250000 .333333	.250000 .333333	.250000 .333333	.250000 .333333	.250000 .333333	.250000 .333333	.250000 .333333	.250000 .333333	.250000 .333333	.250000 .333333	.250000 .333333	.250000 .333333
.1	.250000 .333333	.249283 .333188	.248434 .333010	.247937 .332902	.247368 .332776	.246694 .332623	.245848 .332422	.244642 .332120	.243915 .331927	.243107 .331701	.242154 .331416	.240000 .330667
.2	.250000 .333333	.247133 .332170	.243737 .330745	.241748 .329886	.239472 .328879	.236777 .327649	.233392 .326045	.228566 .323625	.225659 .322080	.222429 .320273	.218618 .317996	.210000 .312000
.3	.250000 .333333	.243549 .329406	.235909 .324599	.231433 .321699	.226313 .318299	.220249 .314150	.212632 .308735	.201774 .300567	.195234 .295352	.187965 .289253	.179390 .281569	.160000 .261333
.4	.250000 .333333	.238531 .324023	.224949 .312630	.216992 .305755	.207889 .297695	.197109 .287863	.183569 .275026	.164265 .255664	.152638 .243305	.139716 .228847	.124471 .210632	.090000 .162667
.5	.250000 .333333	.232079 .315150	.210858 .292897	.198425 .279470	.184202 .263728	.167358 .244523	.146201 .219452	.116040 .181636	.097872 .157496	.077681 .129259	.053861 .093682	.000000 .000000

Tafel 63 *Zahlenwerte (c) der Lösungen aus Tafel 45*

1. Zeile $c_l = \alpha_l$
2. Zeile $c_r = \alpha_r$
3. Zeile $c = \bar{\beta}$

$M = \bar{M} = l = 1$

$\lambda = v : l \qquad n = I_1 : I_2$

λ \ n	1.00	.80	.60	.50	.40	.30	.20	.10	.06	.03	.01	.00
.0	.333333	.333333	.333333	.333333	.333333	.333333	.333333	.333333	.333333	.333333	.333333	.333333
	.333333	.333333	.333333	.333333	.333333	.333333	.333333	.333333	.333333	.333333	.333333	.333333
	.166667	.166667	.166667	.166667	.166667	.166667	.166667	.166667	.166667	.166667	.166667	.166667
.1	.333333	.323537	.312599	.306526	.299830	.292429	.283711	.272520	.266480	.260386	.254032	.243000
	.333333	.333315	.333293	.333279	.333264	.333245	.333219	.333182	.333157	.333129	.333094	.333000
	.166667	.166326	.165924	.165689	.165420	.165103	.164705	.164139	.163800	.163424	.162984	.162000
.2	.333333	.315064	.294754	.283521	.271273	.257603	.241710	.221514	.210742	.199999	.188984	.170667
	.333333	.333188	.333010	.332902	.332776	.332623	.332422	.332120	.331927	.331701	.331416	.330667
	.166667	.165378	.163859	.162972	.161960	.160766	.159274	.157163	.155903	.154514	.152893	.149333
.3	.333333	.307808	.279554	.263995	.247095	.228323	.206646	.179404	.165064	.150949	.136752	.114333
	.333333	.332842	.332242	.331879	.331454	.330935	.330259	.329237	.328586	.327823	.326863	.324333
	.166667	.163932	.160713	.158838	.156702	.154189	.151058	.146650	.144031	.141159	.137832	.130667
.4	.333333	.301657	.266758	.247626	.226928	.204055	.177836	.145280	.128392	.112011	.095897	.072000
	.333333	.332170	.330745	.329886	.328879	.327649	.326045	.323625	.322080	.320273	.317996	.312000
	.166667	.162096	.156729	.153610	.150066	.145905	.140739	.133508	.129239	.124585	.119240	.108000
.5	.333333	.296504	.256123	.234091	.210354	.184267	.154597	.118232	.099669	.081961	.064981	.041667
	.333333	.331060	.328279	.326600	.324633	.322232	.319098	.314371	.311354	.307824	.303377	.291667
	.166667	.159979	.152150	.147612	.142468	.136447	.129002	.118649	.112582	.106016	.098554	.083333
.6	.333333	.292239	.247407	.223065	.196955	.168427	.136245	.097350	.077842	.059575	.042567	.021333
	.333333	.329406	.324599	.321699	.318299	.314150	.308735	.300567	.295352	.289253	.281569	.261333
	.166667	.157692	.147219	.141167	.134327	.126348	.116530	.102982	.095115	.086677	.077211	.058667
.7	.333333	.288753	.240366	.214226	.186315	.156000	.122098	.081724	.061855	.043627	.027216	.009000
	.333333	.327096	.319464	.314858	.309459	.302871	.294272	.281301	.273021	.263336	.251133	.219000
	.166667	.155341	.142177	.134599	.126059	.116140	.104005	.087418	.077893	.067791	.056651	.036000
.8	.333333	.285937	.234758	.207251	.178015	.146455	.111471	.070443	.050653	.032893	.017492	.002667
	.333333	.324023	.312630	.305755	.297695	.287863	.275026	.255664	.243305	.228847	.210632	.162667
	.166667	.153038	.137268	.128229	.118083	.106356	.092111	.072867	.061971	.050584	.038310	.017333
.9	.333333	.283681	.230340	.201817	.171638	.139258	.103682	.062598	.043180	.026150	.011955	.000333
	.333333	.320078	.303855	.294067	.282591	.268591	.250314	.222746	.205148	.184563	.158627	.090333
	.166667	.150891	.132735	.122382	.110816	.097530	.081532	.060239	.048404	.036280	.023627	.004667
1.0	.333333	.281878	.226870	.197600	.166767	.133877	.098048	.057278	.038383	.022172	.009168	.000000
	.333333	.315150	.292897	.279470	.263728	.244523	.219452	.181636	.157496	.129259	.093682	.000000
	.166667	.149009	.128819	.117381	.104675	.090193	.072950	.050444	.038247	.026103	.014040	.000000

Tafel 64 *Zahlenwerte (c) der Lösungen aus Tafel 45*

1. Zeile $c_l = \alpha_l + \bar{\beta}$

2. Zeile $c_r = \alpha_r + \bar{\beta}$

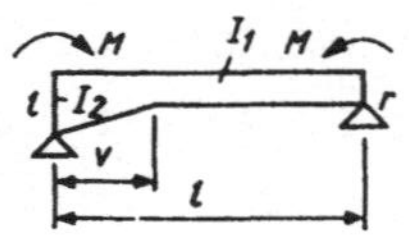

$M = \bar{M} = l = 1$

$\lambda = v : l \qquad n = I_1 : I_2$

λ \ n	1.00	.80	.60	.50	.40	.30	.20	.10	.06	.03	.01	.00
.0	.500000	.500000	.500000	.500000	.500000	.500000	.500000	.500000	.500000	.500000	.500000	.500000
	.500000	.500000	.500000	.500000	.500000	.500000	.500000	.500000	.500000	.500000	.500000	.500000
.1	.500000	.489863	.478523	.472215	.465300	.457532	.448416	.436659	.430280	.423810	.417016	.405000
	.500000	.499642	.499217	.498969	.498684	.498347	.497924	.497321	.496957	.496554	.496077	.495000
.2	.500000	.480443	.458612	.446492	.433233	.418369	.400984	.378677	.366645	.354513	.341877	.320000
	.500000	.498566	.496869	.495874	.494736	.493389	.491696	.489283	.487830	.486214	.484309	.480000
.3	.500000	.471739	.440267	.422833	.403797	.382512	.357704	.326053	.309095	.292108	.274584	.245000
	.500000	.496774	.492954	.490717	.488156	.485124	.481316	.475887	.472617	.468983	.464695	.455000
.4	.500000	.463753	.423488	.401236	.376993	.349960	.318575	.278788	.257631	.236597	.215136	.180000
	.500000	.494265	.487475	.483496	.478945	.473555	.466784	.457133	.451319	.444858	.437235	.420000
.5	.500000	.456483	.408274	.381703	.352822	.320714	.283599	.236881	.212251	.187978	.163534	.125000
	.500000	.491040	.480429	.474213	.467101	.458679	.448100	.433020	.423936	.413840	.401930	.375000
.6	.500000	.449930	.394626	.364232	.331282	.294774	.252775	.200332	.172957	.146251	.119778	.080000
	.500000	.487097	.471818	.462866	.452625	.440498	.425265	.403549	.390468	.375930	.358780	.320000
.7	.500000	.444094	.382543	.348825	.312374	.272140	.226103	.169142	.139748	.111418	.083867	.045000
	.500000	.482438	.461641	.449457	.435518	.419011	.398277	.368719	.350914	.331127	.307784	.255000
.8	.500000	.438975	.372026	.335480	.296098	.252811	.203582	.143310	.112624	.083477	.055802	.020000
	.500000	.477062	.449898	.433984	.415778	.394219	.367137	.328531	.305276	.279431	.248942	.180000
.9	.500000	.434573	.363075	.324199	.282454	.236788	.185214	.122837	.091585	.062430	.035582	.005000
	.500000	.470969	.436590	.416449	.393407	.366120	.331845	.282984	.253552	.220843	.182255	.095000
1.0	.500000	.430887	.355689	.314980	.271442	.224070	.170998	.107722	.076631	.048274	.023208	.000000
	.500000	.464159	.421716	.396850	.368403	.334716	.292402	.232079	.195743	.155362	.107722	.000000

Tafel 65 *Zahlenwerte (c) der Lösungen aus Tafel 45*

1. Zeile $c_l = 8\alpha_l^0$

2. Zeile $c_r = 8\alpha_r^0$

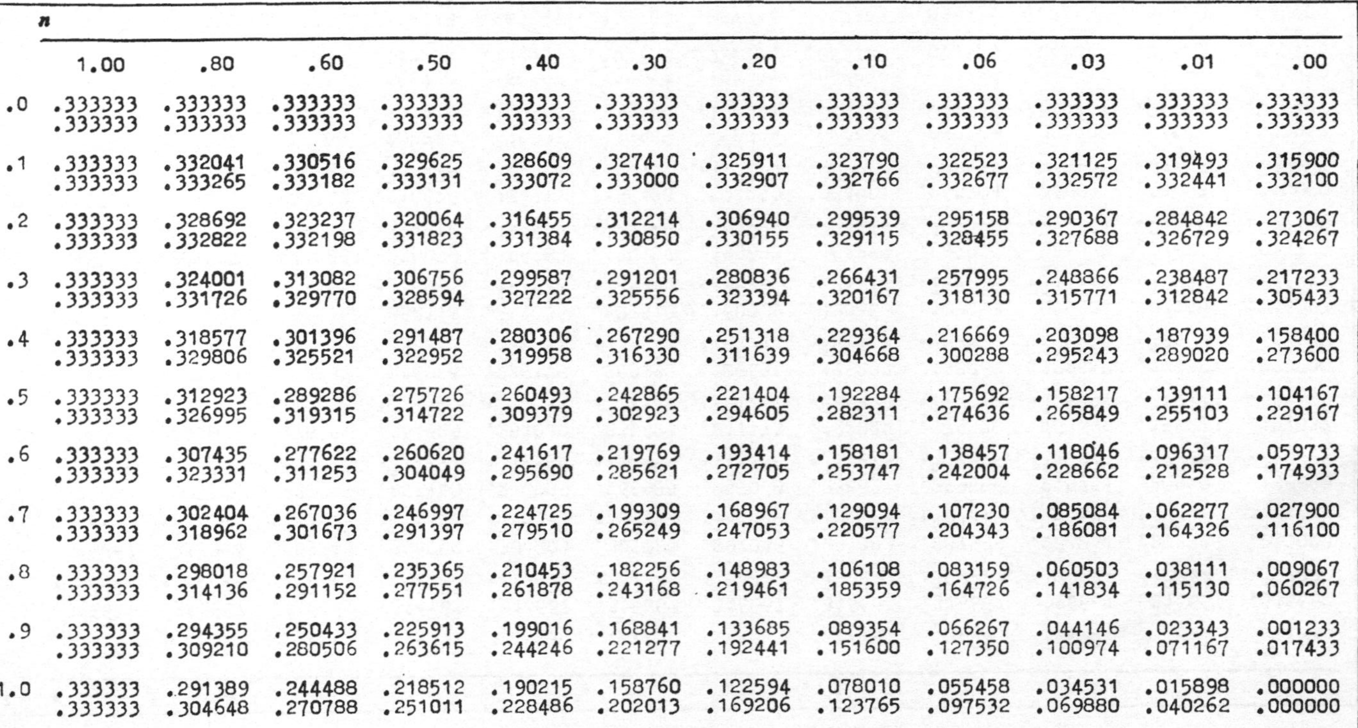

$M = \bar{M} = l = 1$

$\lambda = v : l \qquad n = I_1 : I_2$

λ \ n	1.00	.80	.60	.50	.40	.30	.20	.10	.06	.03	.01	.00
.0	.333333	.333333	.333333	.333333	.333333	.333333	.333333	.333333	.333333	.333333	.333333	.333333
	.333333	.333333	.333333	.333333	.333333	.333333	.333333	.333333	.333333	.333333	.333333	.333333
.1	.333333	.332041	.330516	.329625	.328609	.327410	.325911	.323790	.322523	.321125	.319493	.315900
	.333333	.333265	.333182	.333131	.333072	.333000	.332907	.332766	.332677	.332572	.332441	.332100
.2	.333333	.328692	.323237	.320064	.316455	.312214	.306940	.299539	.295158	.290367	.284842	.273067
	.333333	.332822	.332198	.331823	.331384	.330850	.330155	.329115	.328455	.327688	.326729	.324267
.3	.333333	.324001	.313082	.306756	.299587	.291201	.280836	.266431	.257995	.248866	.238487	.217233
	.333333	.331726	.329770	.328594	.327222	.325556	.323394	.320167	.318130	.315771	.312842	.305433
.4	.333333	.318577	.301396	.291487	.280306	.267290	.251318	.229364	.216669	.203098	.187939	.158400
	.333333	.329806	.325521	.322952	.319958	.316330	.311639	.304668	.300288	.295243	.289020	.273600
.5	.333333	.312923	.289286	.275726	.260493	.242865	.221404	.192284	.175692	.158217	.139111	.104167
	.333333	.326995	.319315	.314722	.309379	.302923	.294605	.282311	.274636	.265849	.255103	.229167
.6	.333333	.307435	.277622	.260620	.241617	.219769	.193414	.158181	.138457	.118046	.096317	.059733
	.333333	.323331	.311253	.304049	.295690	.285621	.272705	.253747	.242004	.228662	.212528	.174933
.7	.333333	.302404	.267036	.246997	.224725	.199309	.168967	.129094	.107230	.085084	.062277	.027900
	.333333	.318962	.301673	.291397	.279510	.265249	.247053	.220577	.204343	.186081	.164326	.116100
.8	.333333	.298018	.257921	.235365	.210453	.182256	.148983	.106108	.083159	.060503	.038111	.009067
	.333333	.314136	.291152	.277551	.261878	.243168	.219461	.185359	.164726	.141834	.115130	.060267
.9	.333333	.294355	.250433	.225913	.199016	.168841	.133685	.089354	.066267	.044146	.023343	.001233
	.333333	.309210	.280506	.263615	.244246	.221277	.192441	.151600	.127350	.100974	.071167	.017433
1.0	.333333	.291389	.244488	.218512	.190215	.158760	.122594	.078010	.055458	.034531	.015898	.000000
	.333333	.304648	.270788	.251011	.228486	.202013	.169206	.123765	.097532	.069880	.040262	.000000

Tafel 66 Zahlenwerte (c) der Lösungen aus Tafel 45

1. Zeile ▽ ▱ $c_l = \frac{\alpha_l^0}{\gamma\delta}$

2. Zeile ▽ ◁ $c_r = \frac{\alpha_r^0}{\gamma\delta}$

$\gamma = 0{,}1$

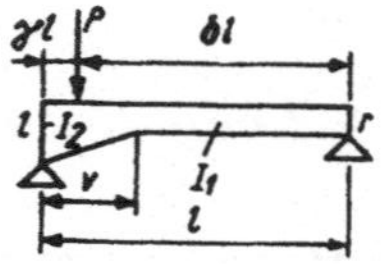

$M = \bar{M} = l = 1$

$\lambda = v : l \qquad n = I_1 : I_2$

λ \ n	1.00	.80	.60	.50	.40	.30	.20	.10	.06	.03	.01	.00
.0	.316667 .183333	.316667 .183333	.316667 .183333	.316667 .183333	.316667 .183333	.316667 .183333	.316667 .183333	.316667 .183333	.316667 .183333	.316667 .183333	.316667 .183333	.316667 .183333
.1	.316667 .183333	.313264 .183151	.309243 .182929	.306890 .182795	.304203 .182637	.301026 .182445	.297046 .182195	.291392 .181816	.287999 .181575	.284244 .181293	.279835 .180937	.270000 .180000
.2	.316667 .183333	.305539 .182189	.292595 .180811	.285140 .179991	.276739 .179042	.266985 .177902	.255068 .176448	.238831 .174332	.229556 .173036	.219781 .171579	.209106 .169843	.189630 .165926
.3	.316667 .183333	.298013 .180611	.276651 .177366	.264529 .175457	.251040 .173264	.235623 .170660	.217173 .167380	.192822 .162696	.179378 .159879	.165639 .156762	.151223 .153118	.127037 .145186
.4	.316667 .183333	.291441 .178584	.262886 .172964	.246854 .169676	.229175 .165920	.209192 .161435	.185634 .155941	.155237 .148113	.138868 .143457	.122517 .138354	.105887 .132463	.080000 .120000
.5	.316667 .183333	.285872 .176241	.251336 .167890	.232114 .163027	.211073 .157495	.187510 .150992	.160079 .142914	.125366 .131613	.107083 .124956	.089204 .117726	.071566 .109481	.046297 .092592
.6	.316667 .183333	.281237 .173705	.241826 .162421	.220059 .155876	.196389 .148460	.170107 .139782	.139858 .129066	.102279 .114212	.082912 .105553	.064378 .096241	.046680 .085767	.023703 .065186
.7	.316667 .183333	.277437 .171097	.234127 .156825	.210376 .148586	.184711 .139281	.156438 .128447	.124259 .115155	.084997 .096923	.065204 .086421	.046691 .075258	.029636 .062923	.010000 .040000
.8	.316667 .183333	.274363 .168541	.227988 .151375	.202729 .141514	.175595 .130425	.145935 .117582	.112538 .101944	.072521 .080758	.052798 .068732	.034788 .056141	.018841 .042545	.002963 .019259
.9	.316667 .183333	.271899 .166157	.223151 .146343	.196770 .135021	.168592 .122354	.138017 .107779	.103951 .090194	.063849 .066729	.044526 .053659	.027313 .040249	.012696 .026231	.000370 .005186
1.0	.316667 .183333	.269930 .164068	.219352 .141995	.192148 .129468	.163245 .115535	.132100 .099630	.097744 .080661	.057973 .055843	.039221 .042375	.022907 .028942	.009605 .015579	.000000 .000000

Tafel 67 **Zahlenwerte (c) der Lösungen aus Tafel 45**

1. Zeile $c_l = \frac{\bar{\alpha}_l^0}{\gamma\delta}$

2. Zeile $c_r = \frac{\bar{\alpha}_r^0}{\gamma\delta}$

$\gamma = 0{,}2$

$M = \bar{M} = l = 1$

$\lambda = v : l \qquad n = I_1 : I_2$

λ \ n	1.00	.80	.60	.50	.40	.30	.20	.10	.06	.03	.01	.00
.0	.300000 .200000	.300000 .200000	.300000 .200000	.300000 .200000	.300000 .200000	.300000 .200000	.300000 .200000	.300000 .200000	.300000 .200000	.300000 .200000	.300000 .200000	.300000 .200000
.1	.300000 .200000	.298299 .199909	.296288 .199798	.295112 .199731	.293768 .199652	.292180 .199556	.290189 .199431	.287362 .199242	.285666 .199121	.283788 .198980	.281584 .198802	.276667 .198333
.2	.300000 .200000	.293559 .199273	.285961 .198383	.281525 .197845	.276465 .197216	.270496 .196448	.263036 .195445	.252484 .193932	.246182 .192967	.239235 .191837	.231130 .190414	.213333 .186667
.3	.300000 .200000	.286915 .197742	.271595 .194998	.262721 .193354	.252668 .191438	.240918 .189121	.226428 .186134	.206402 .181719	.194780 .178969	.182360 .175837	.168562 .172047	.142916 .163334
.4	.300000 .200000	.280395 .195579	.257725 .190264	.244746 .187111	.230196 .183470	.213413 .179111	.193099 .173570	.165846 .165564	.150563 .160696	.134757 .155266	.117987 .148877	.090000 .135000
.5	.300000 .200000	.274642 .193010	.245651 .184680	.229231 .179776	.210994 .174150	.190208 .167471	.165451 .159069	.133071 .147120	.115429 .139972	.097676 .132118	.079550 .123047	.052084 .104166
.6	.300000 .200000	.269763 .190202	.235546 .178606	.216351 .171824	.195208 .164086	.171365 .154960	.143371 .143582	.107586 .127611	.088594 .118194	.069968 .107978	.051646 .096383	.026666 .073334
.7	.300000 .200000	.265727 .187300	.227300 .172367	.205931 .163686	.182574 .153827	.156488 .142276	.126269 .127994	.088462 .108205	.068904 .096702	.050210 .084393	.032530 .070692	.011250 .045000
.8	.300000 .200000	.262446 .184448	.220700 .166277	.197675 .155776	.172687 .143913	.145034 .130101	.113406 .113176	.074653 .090051	.055110 .076825	.036917 .062899	.020425 .047772	.003334 .021666
.9	.300000 .200000	.259812 .181785	.215494 .160646	.191238 .148508	.165089 .134872	.136401 .119111	.103987 .099989	.065065 .074292	.045923 .059884	.028579 .045030	.013541 .029423	.000416 .005834
1.0	.300000 .200000	.257706 .179449	.211407 .155780	.186248 .142288	.159295 .127230	.129961 .109972	.097193 .089290	.058584 .062068	.040046 .047202	.023677 .032317	.010085 .017443	.000000 .000000

Tafel 68 Zahlenwerte (c) der Lösungen aus Tafel 45

1. Zeile $c_l = \frac{\bar{\alpha}_l^0}{\gamma\delta}$

2. Zeile $c_r = \frac{\bar{\alpha}_r^0}{\gamma\delta}$

$\gamma = 0{,}3$

$M = \bar{M} = l = 1$

$\lambda = v : l \qquad n = I_1 : I_2$

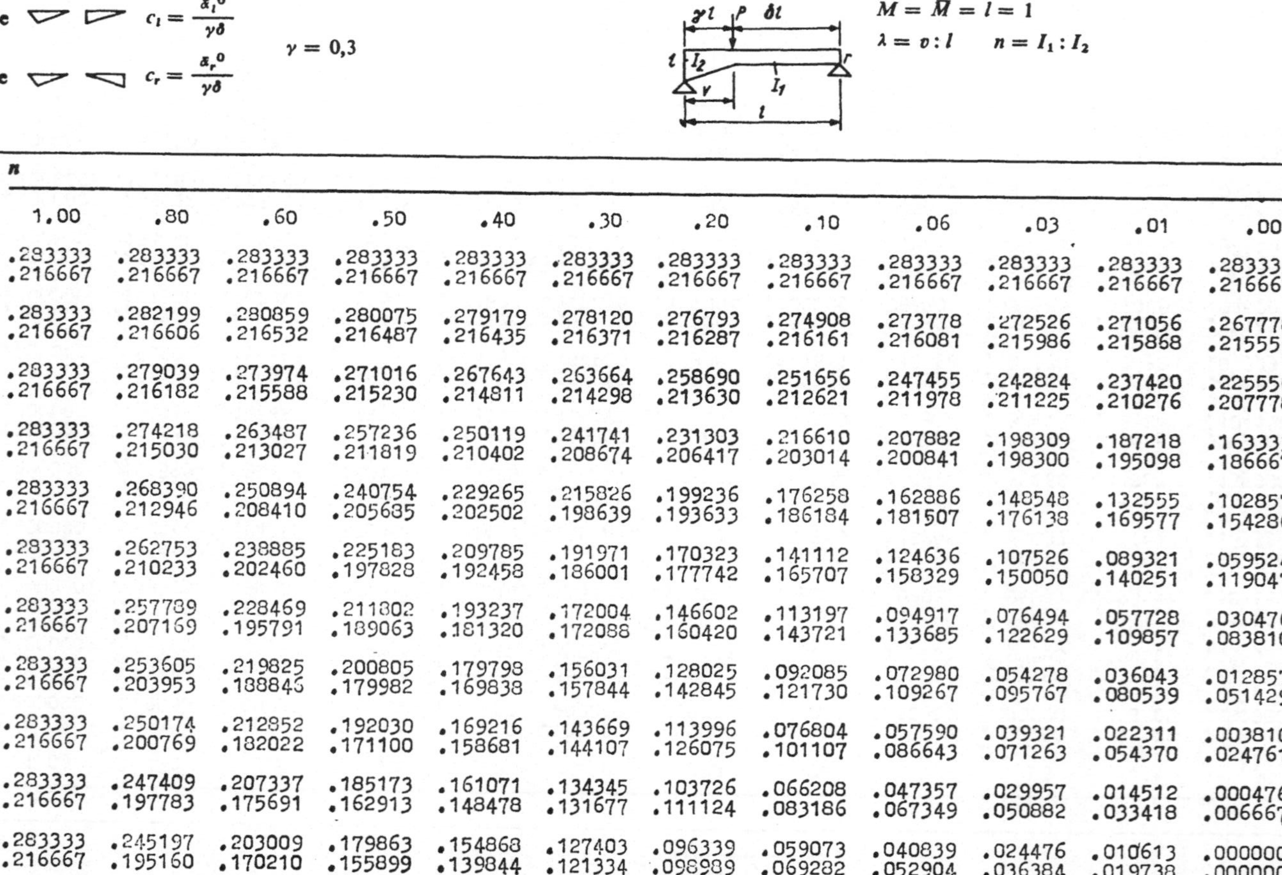

λ \ n	1.00	.80	.60	.50	.40	.30	.20	.10	.06	.03	.01	.00
.0	.283333 .216667	.283333 .216667	.283333 .216667	.283333 .216667	.283333 .216667	.283333 .216667	.283333 .216667	.283333 .216667	.283333 .216667	.283333 .216667	.283333 .216667	.283333 .216667
.1	.283333 .216667	.282199 .216606	.280859 .216532	.280075 .216487	.279179 .216435	.278120 .216371	.276793 .216287	.274908 .216161	.273778 .216081	.272526 .215986	.271056 .215868	.267778 .215556
.2	.283333 .216667	.279039 .216182	.273974 .215588	.271016 .215230	.267643 .214811	.263664 .214298	.258690 .213630	.251656 .212621	.247455 .211978	.242824 .211225	.237420 .210276	.225556 .207778
.3	.283333 .216667	.274218 .215030	.263487 .213027	.257236 .211819	.250119 .210402	.241741 .208674	.231303 .206417	.216610 .203014	.207882 .200841	.198309 .198300	.187218 .195098	.163333 .186667
.4	.283333 .216667	.268390 .212946	.250894 .208410	.240754 .205685	.229265 .202502	.215826 .198639	.199236 .193633	.176258 .186184	.162886 .181507	.148548 .176138	.132555 .169577	.102857 .154286
.5	.283333 .216667	.262753 .210233	.238885 .202460	.225183 .197828	.209785 .192458	.191971 .186001	.170323 .177742	.141112 .165707	.124636 .158329	.107526 .150050	.089321 .140251	.059524 .119047
.6	.283333 .216667	.257789 .207169	.228469 .195791	.211802 .189063	.193237 .181320	.172004 .172088	.146602 .160420	.113197 .143721	.094917 .133685	.076494 .122629	.057728 .109857	.030476 .083810
.7	.283333 .216667	.253605 .203953	.219825 .188843	.200805 .179982	.179798 .169838	.156031 .157844	.128025 .142845	.092085 .121730	.072980 .109267	.054278 .095767	.036043 .080539	.012857 .051429
.8	.283333 .216667	.250174 .200769	.212852 .182022	.192030 .171100	.169216 .158681	.143669 .144107	.113996 .126075	.076804 .101107	.057590 .086643	.039321 .071263	.022311 .054370	.003810 .024761
.9	.283333 .216667	.247409 .197783	.207337 .175691	.185173 .162913	.161071 .148478	.134345 .131677	.103726 .111124	.066208 .083186	.047357 .067349	.029957 .050882	.014512 .033418	.000476 .006667
1.0	.283333 .216667	.245197 .195160	.203009 .170210	.179863 .155899	.154868 .139844	.127403 .121334	.096339 .098989	.059073 .069282	.040839 .052904	.024476 .036384	.010613 .019738	.000000 .000000

Tafel 69 *Zahlenwerte (c) der Lösungen aus Tafel 45*

1\. Zeile $c_l = \frac{\alpha_l^0}{\gamma\delta}$

2\. Zeile $c_r = \frac{\alpha_r^0}{\gamma\delta}$

$\gamma = 0{,}4$

$M = \bar{M} = l = 1$

$\lambda = v : l \qquad n = I_1 : I_2$

λ \ n	1.00	.80	.60	.50	.40	.30	.20	.10	.06	.03	.01	.00
.0	.266667 .233333	.266667 .233333	.266667 .233333	.266667 .233333	.266667 .233333	.266667 .233333	.266667 .233333	.266667 .233333	.266667 .233333	.266667 .233333	.266667 .233333	.266667 .233333
.1	.266667 .233333	.265816 .233288	.264811 .233232	.264223 .233199	.263551 .233159	.262757 .233111	.261761 .233049	.260348 .232954	.259500 .232894	.258561 .232823	.257459 .232734	.255000 .232500
.2	.266667 .233333	.263446 .232970	.259647 .232525	.257429 .232256	.254899 .231941	.251915 .231557	.248184 .231056	.242909 .230299	.239758 .229817	.236284 .229252	.232232 .228540	.223333 .226667
.3	.266667 .233333	.259830 .232106	.251782 .230604	.247094 .229698	.241756 .228635	.235473 .227339	.227644 .225646	.216624 .223094	.210078 .221464	.202898 .219558	.194581 .217157	.176667 .210833
.4	.266667 .233333	.255240 .230424	.241823 .226864	.234025 .224715	.225165 .222196	.214763 .219124	.201848 .215112	.183770 .209062	.173098 .205199	.161463 .200681	.148100 .194989	.120000 .180000
.5	.266667 .233333	.250123 .227793	.230785 .221032	.219597 .216964	.206934 .212207	.192146 .206424	.173927 .198914	.148763 .187695	.134160 .180620	.118540 .172463	.101169 .162437	.069445 .138888
.6	.266667 .233333	.245274 .224561	.220469 .213932	.206230 .207580	.190230 .200200	.171724 .191301	.149232 .179877	.118891 .163137	.101789 .152821	.084052 .141200	.065252 .127390	.035555 .097778
.7	.266667 .233333	.241051 .221049	.211630 .206290	.194894 .197541	.176245 .187442	.154904 .175374	.129364 .160071	.095776 .138083	.077423 .124828	.058987 .110212	.040374 .093362	.015000 .060000
.8	.266667 .233333	.237535 .217511	.204397 .198660	.185724 .187574	.165089 .174870	.141731 .159819	.114203 .140968	.078917 .114401	.060225 .098735	.042043 .081827	.024589 .062929	.004445 .028888
.9	.266667 .233333	.234682 .214163	.198644 .191523	.178524 .178317	.156467 .163293	.131765 .145660	.103084 .123853	.067223 .093752	.048800 .076426	.031452 .058182	.015641 .038544	.000555 .007778
1.0	.266667 .233333	.232397 .211209	.194128 .185324	.172949 .170362	.149910 .153472	.124360 .133852	.095113 .109940	.059391 .077719	.041566 .059717	.025293 .041359	.011196 .022626	.000000 .000000

Tafel 70 Zahlenwerte (c) der Lösungen aus Tafel 45

1. Zeile $c_l = \frac{a_l^0}{\gamma\delta}$

2. Zeile $c_r = \frac{a_r^0}{\gamma\delta}$

$\gamma = 0{,}5$

$M = \overline{M} = l = 1$

$\lambda = v : l \qquad n = I_1 : I_2$

λ	1.00	.80	.60	.50	.40	.30	.20	.10	.06	.03	.01	.00
.0	.250000 .250000	.250000 .250000	.250000 .250000	.250000 .250000	.250000 .250000	.250000 .250000	.250000 .250000	.250000 .250000	.250000 .250000	.250000 .250000	.250000 .250000	.250000 .250000
.1	.250000 .250000	.249320 .249964	.248515 .249919	.248045 .249892	.247507 .249861	.246872 .249822	.246076 .249772	.244945 .249697	.244267 .249643	.243515 .249592	.242634 .249521	.240667 .249333
.2	.250000 .250000	.247424 .249709	.244384 .249353	.242610 .249138	.240586 .248886	.238198 .248579	.235214 .248178	.230994 .247573	.228473 .247187	.225694 .246735	.222452 .246166	.215333 .244667
.3	.250000 .250000	.244531 .249018	.238092 .247816	.234342 .247091	.230071 .246241	.225045 .245204	.218782 .243850	.209966 .241808	.204729 .240505	.198985 .238980	.192331 .237059	.178000 .232000
.4	.250000 .250000	.240858 .247673	.230125 .244824	.223887 .243105	.216798 .241091	.208477 .238632	.198145 .235423	.183683 .230583	.175145 .227493	.165837 .223878	.155146 .219325	.132667 .207333
.5	.250000 .250000	.236625 .245454	.220967 .239891	.211891 .236534	.201603 .232599	.189561 .227797	.174671 .221530	.153964 .212076	.141831 .206041	.128699 .198981	.113774 .190087	.083333 .166667
.6	.250000 .250000	.232165 .242285	.211375 .232862	.199375 .227187	.185824 .220550	.170046 .212472	.150675 .201970	.124077 .186247	.108740 .176310	.092435 .164825	.074456 .150658	.042665 .117334
.7	.250000 .250000	.222040 .238562	.202629 .224682	.188068 .216377	.171734 .206710	.152877 .195037	.130025 .180021	.099332 .157949	.082125 .144306	.064385 .128903	.045777 .110583	.018000 .072000
.8	.250000 .250000	.224513 .234676	.195281 .216230	.178676 .205279	.160195 .192624	.139083 .177478	.113878 .158243	.080883 .130561	.062970 .113866	.045118 .095483	.027387 .074406	.005334 .034666
.9	.250000 .250000	.221620 .230934	.189377 .208193	.171230 .194806	.151198 .179458	.128561 .161270	.101953 .138492	.068029 .106451	.050205 .087641	.033060 .057492	.016966 .045335	.000666 .009334
1.0	.250000 .250000	.219298 .227607	.184735 .201163	.165461 .185748	.144355 .168221	.120754 .147684	.093430 .122367	.059465 .087681	.042178 .067963	.026105 .047556	.011835 .026353	.000000 .000000

Tafel 71 Zahlenwerte (c) der Lösungen aus Tafel 45

1. Zeile ▽ ◁ $c_l = \frac{\alpha_l^0}{\gamma\delta}$

2. Zeile ▽ ◁ $c_r = \frac{\alpha_r^0}{\gamma\delta}$ $\gamma = 0{,}6$

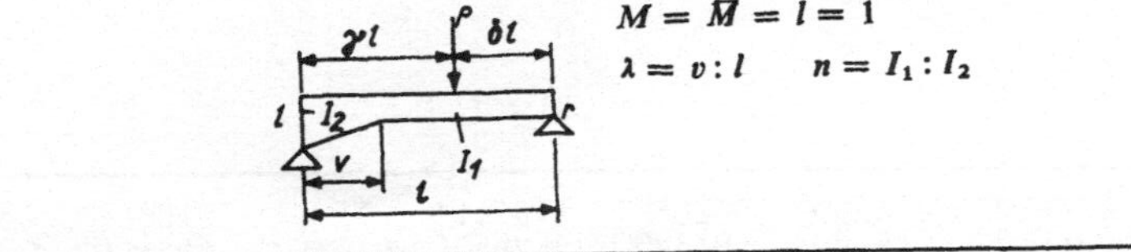

$M = \bar{M} = l = 1$

$\lambda = v : l \quad n = I_1 : I_2$

λ \ n	1.00	.80	.60	.50	.40	.30	.20	.10	.06	.03	.01	.00
.0	.233333 .266667	.233333 .266667	.233333 .266667	.233333 .266667	.233333 .266667	.233333 .266667	.233333 .266667	.233333 .266667	.233333 .266667	.233333 .266667	.233333 .266667	.233333 .266667
.1	.233333 .266667	.232766 .266536	.232096 .266599	.231704 .266577	.231256 .266551	.230727 .266519	.230063 .266477	.229121 .266414	.228555 .266374	.227929 .266327	.227195 .266267	.225556 .266111
.2	.233333 .266667	.231186 .266424	.228654 .266128	.227175 .265948	.225488 .265739	.223499 .265483	.221012 .265148	.217495 .264644	.215394 .264322	.213078 .263946	.210377 .263471	.204444 .262222
.3	.233333 .266667	.228775 .265848	.223410 .264847	.220285 .264243	.216726 .263534	.212537 .262670	.207318 .261542	.199972 .259840	.195608 .258754	.190821 .257483	.185276 .255882	.173333 .251667
.4	.233333 .266667	.225715 .264727	.216771 .262353	.211572 .260921	.205665 .259242	.198731 .257194	.190121 .254519	.178069 .250486	.170954 .247911	.163198 .244399	.154289 .241104	.135556 .231111
.5	.233333 .266667	.222188 .262878	.209139 .258242	.201576 .255445	.193002 .252166	.182967 .248165	.170559 .242941	.153303 .235063	.143193 .230034	.132250 .224151	.119811 .216739	.094444 .197222
.6	.233333 .266667	.218375 .260121	.200920 .252110	.190834 .247276	.179433 .241609	.166135 .234695	.149772 .225669	.127192 .212056	.114081 .203365	.100017 .193200	.084241 .180392	.053333 .146667
.7	.233333 .266667	.214539 .256418	.192707 .243900	.180147 .236361	.166007 .227534	.149601 .216791	.129567 .202814	.102280 .181868	.086696 .168614	.070284 .153275	.052440 .134328	.022500 .090000
.8	.233333 .266667	.211094 .252254	.185443 .234751	.170789 .224269	.154397 .212065	.135542 .197313	.112802 .178321	.082508 .150374	.065694 .133087	.048538 .113574	.030866 .090417	.006668 .043333
.9	.233333 .266667	.208213 .248105	.179492 .225751	.163227 .212472	.145169 .197126	.124612 .178757	.100191 .155433	.068498 .121912	.051483 .101760	.034755 .079690	.018535 .054696	.000833 .011667
1.0	.233333 .266667	.205891 .244361	.174796 .217770	.157347 .202131	.138132 .184213	.116490 .163018	.091179 .136551	.059195 .099571	.042597 .078099	.026872 .055448	.012529 .031320	.000000 .000000

Tafel 72 Zahlenwerte (c) der Lösungen aus Tafel 45

1. Zeile ▽ ◸ $c_l = \frac{\alpha_l^0}{\gamma\delta}$

2. Zeile ▽ ◹ $c_r = \frac{\alpha_r^0}{\gamma\delta}$

$\gamma = 0{,}7$

$M = \bar{M} = l = 1$

$\lambda = v : l \qquad n = I_1 : I_2$

λ \ n	1.00	.80	.60	.50	.40	.30	.20	.10	.06	.03	.01	.00
.0	.216667 .283333	.216667 .283333	.216667 .283333	.216667 .283333	.216667 .283333	.216667 .283333	.216667 .283333	.216667 .283333	.216667 .283333	.216667 .283333	.216667 .283333	.216667 .283333
.1	.216667 .283333	.216181 .283307	.215606 .283276	.215270 .283256	.214886 .283234	.214432 .283206	.213864 .283171	.213056 .283117	.212571 .283082	.212035 .283042	.211405 .282991	.210000 .282857
.2	.216667 .283333	.214826 .283126	.212655 .282871	.211388 .282718	.209942 .282538	.208237 .282318	.206105 .282032	.203091 .281600	.201290 .281324	.199305 .281001	.196990 .280594	.191905 .279524
.3	.216667 .283333	.212760 .282632	.208161 .281774	.205482 .281256	.202432 .280649	.198841 .279908	.194368 .278941	.188071 .277482	.184330 .276551	.180227 .275462	.175475 .274090	.165238 .270476
.4	.216667 .283333	.210137 .281671	.202470 .279636	.198014 .278409	.192951 .276969	.187007 .275214	.179628 .272921	.169297 .269464	.163199 .267257	.156550 .264675	.148914 .261422	.132857 .252857
.5	.216667 .283333	.207113 .280086	.195929 .276113	.189446 .273715	.182097 .270904	.173496 .267474	.162860 .262997	.148070 .256244	.139403 .251934	.130023 .246891	.119362 .240538	.097619 .223810
.6	.216667 .283333	.203845 .277722	.188884 .270856	.180239 .266713	.170467 .261855	.159068 .255929	.145042 .248193	.125688 .236524	.114450 .229075	.102396 .220362	.088873 .209384	.062381 .180476
.7	.216667 .283333	.200488 .274423	.181682 .263520	.170855 .256940	.158656 .249227	.144485 .239816	.127150 .227531	.103454 .209002	.089847 .197173	.075416 .183337	.059501 .165904	.030000 .120000
.8	.216667 .283333	.197256 .270202	.174805 .254161	.161942 .244498	.147514 .233187	.130854 .219414	.110641 .201494	.083412 .174634	.068065 .157632	.052114 .137955	.035137 .113656	.008890 .057777
.9	.216667 .283333	.194451 .265681	.168944 .244244	.154438 .231405	.138269 .216460	.119763 .198398	.097603 .175155	.068430 .140993	.052471 .119909	.036456 .096196	.020393 .068283	.001110 .015557
1.0	.216667 .283333	.192168 .261482	.164275 .235194	.148550 .219597	.131158 .201588	.111455 .180074	.088220 .152840	.058436 .113944	.042701 .090790	.027513 .065772	.013260 .038221	.000000 .000000

Tafel 73 Zahlenwerte (c) der Lösungen aus Tafel 45

1. Zeile $c_l = \frac{\delta_l{}^0}{\gamma \delta}$

2. Zeile $c_r = \frac{\delta_r{}^0}{\gamma \delta}$

$\gamma = 0{,}8$

$M = \bar{M} = l = 1$

$\lambda = v : l \qquad n = I_1 : I_2$

λ \ n	1.00	.80	.60	.50	.40	.30	.20	.10	.06	.03	.01	.00
.0	.200000	.200000	.200000	.200000	.200000	.200000	.200000	.200000	.200000	.200000	.200000	.200000
	.300000	.300000	.300000	.300000	.300000	.300000	.300000	.300000	.300000	.300000	.300000	.300000
.1	.200000	.199575	.199072	.198778	.198442	.198045	.197547	.196841	.196417	.195947	.195396	.194167
	.300000	.299977	.299949	.299933	.299913	.299889	.299858	.299810	.299780	.299745	.299700	.299583
.2	.200000	.198390	.196490	.195381	.194116	.192624	.190759	.188121	.186546	.184809	.182783	.178333
	.300000	.299818	.299596	.299461	.299304	.299112	.298861	.298483	.298242	.297959	.297603	.296667
.3	.200000	.196582	.192558	.190214	.187545	.184403	.180489	.174979	.171706	.168116	.163957	.155000
	.300000	.299386	.298635	.298182	.297651	.297003	.296157	.294880	.294065	.293112	.291912	.288750
.4	.200000	.194286	.187578	.183679	.179249	.174048	.167591	.158552	.153216	.147398	.140716	.126667
	.300000	.298545	.296765	.295691	.294432	.292895	.290889	.287864	.285933	.283674	.280828	.273333
.5	.200000	.191641	.181854	.176182	.169752	.162225	.152920	.139978	.132394	.124187	.114859	.095833
	.300000	.297159	.293682	.291584	.289124	.286123	.282206	.276297	.272525	.268113	.262554	.247917
.6	.200000	.188781	.175690	.168126	.159575	.149601	.137329	.120394	.110561	.100013	.088181	.065000
	.300000	.295090	.289082	.285457	.281207	.276021	.269252	.259042	.252524	.244900	.235294	.210000
.7	.200000	.185844	.169388	.159915	.149240	.136841	.121673	.100939	.089033	.076406	.062480	.036667
	.300000	.292204	.282663	.276906	.270157	.261923	.251173	.234960	.224610	.212503	.197249	.157083
.8	.200000	.182965	.163252	.151953	.139270	.124612	.106806	.082750	.069131	.054897	.039554	.013333
	.300000	.288363	.274121	.265527	.255453	.243161	.227116	.202914	.187464	.169392	.146623	.086667
.9	.200000	.180320	.157680	.144776	.130363	.113821	.093920	.067493	.052853	.037932	.022523	.001665
	.300000	.283654	.263690	.251663	.237589	.220456	.198171	.164792	.143686	.119303	.089296	.023335
1.0	.200000	.178120	.153134	.139005	.123335	.105511	.084369	.056972	.042285	.027874	.013964	.000000
	.300000	.278980	.253485	.238238	.220505	.199118	.171678	.131576	.107033	.079745	.048364	.000000

Tafel 74 **Zahlenwerte (c) der Lösungen aus Tafel 45**

1. Zeile ▽ ▱ $c_l = \frac{\delta_l^0}{\gamma\delta}$

2. Zeile ▽ ◁ $c_r = \frac{\delta_r^0}{\gamma\delta}$

$\gamma = 0{,}9$

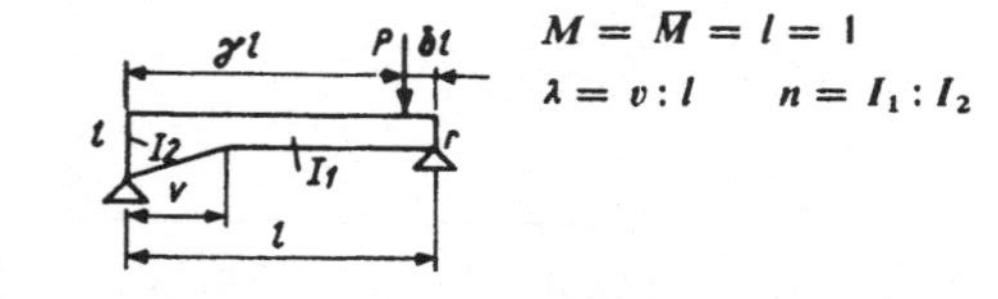

$M = \overline{M} = l = 1$

$\lambda = v : l \qquad n = I_1 : I_2$

λ \ n	1.00	.80	60	.50	.40	.30	.20	.10	.06	.03	.01	.00
.0	.183333 .316667	.183333 .316667	.183333 .316667	.183333 .316667	.183333 .316667	.183333 .316667	.183333 .316667	.183333 .316667	.183333 .316667	.183333 .316667	.183333 .316667	.183333 .316667
.1	.183333 .316667	.182955 .316646	.182508 .316622	.182247 .316607	.181948 .316589	.181596 .316568	.181153 .316540	.180525 .316498	.180148 .316471	.179731 .316440	.179241 .316400	.178148 .316296
.2	.183333 .316667	.181902 .316505	.180213 .316307	.179228 .316188	.178103 .316048	.176777 .315877	.175119 .315654	.172774 .315318	.171374 .315104	.169830 .314853	.168029 .314536	.164074 .313704
.3	.183333 .316667	.180295 .316121	.176718 .315454	.174634 .315051	.172262 .314579	.169469 .314002	.165990 .313250	.161092 .312116	.158183 .311392	.154992 .310544	.151295 .309477	.143333 .306667
.4	.183333 .316667	.178255 .315374	.172292 .313791	.168826 .312836	.164888 .311717	.160265 .310351	.154525 .308568	.146490 .305879	.141747 .304163	.136576 .302155	.130637 .299625	.118148 .292963
.5	.183333 .316667	.175903 .314141	.167204 .311051	.162162 .309186	.156446 .306999	.149756 .304332	.141484 .300850	.129980 .295598	.123239 .292245	.115944 .288323	.107652 .283382	.090741 .270370
.6	.183333 .316667	.173361 .312303	.161725 .306962	.155001 .303739	.147400 .299961	.138534 .295352	.127626 .289335	.112573 .280259	.103832 .274466	.094456 .267689	.083938 .259150	.063333 .236667
.7	.183333 .316667	.170750 .309737	.156123 .301256	.147702 .296139	.138214 .290139	.127192 .282820	.113709 .273265	.095279 .258853	.084696 .249653	.073472 .238892	.061093 .225333	.038148 .189630
.8	.183333 .316667	.168191 .306322	.150669 .293663	.140625 .286024	.129351 .277069	.116321 .266144	.100494 .251881	.079111 .230368	.067005 .216635	.054353 .200571	.040715 .180332	.017407 .127037
.9	.183333 .316667	.165805 .301938	.145631 .283913	.134128 .273037	.121277 .260286	.106514 .244730	.088739 .224423	.065080 .193792	.051931 .174238	.038459 .151366	.024401 .122549	.003333 .046667
1.0	.183333 .316667	.163740 .296863	.141329 .272698	.128644 .258160	.114554 .241146	.098493 .220470	.079388 .193635	.054478 .153585	.041004 .128398	.027639 .099521	.014447 .064518	.000000 .000000

Tafel 75 *Zahlenwerte (c) der Lösungen aus Abschnitt 1.6.2.2. für Stäbe mit Voutenlänge $v = l$ und in den Zehntelpunkten angreifendem Moment M*

1. Zeile $c_l = \alpha_l^0$

2. Zeile $c_r = \alpha_r^0$

$\gamma = 0{,}0 \ldots 1{,}0$

$M = \bar{M} = l = 1$

$\lambda = v : l = 1$ $n = I_1 : I_2$

γ \ n	1.00	.80	.60	.50	.40	.30	.20	.10	.06	.03	.01	.00
.0	.333333	.281878	.226870	.197600	.166767	.133877	.098048	.057278	.038383	.022172	.009168	.000000
	.166667	.149009	.128819	.117381	.104675	.090193	.072950	.050444	.038247	.026103	.014040	.000000
.1	.238333	.205067	.168527	.148615	.127240	.103925	.077818	.046971	.032128	.019003	.008095	.000000
	.161667	.144951	.125723	.114774	.102566	.088589	.071861	.049885	.037907	.025930	.013981	.000000
.2	.153333	.134839	.113777	.101931	.088889	.074235	.057207	.036042	.025330	.015463	.006856	.000000
	.146667	.132540	.116031	.106501	.095762	.083314	.068193	.047935	.036692	.025295	.013759	.000000
.3	.078333	.071508	.063072	.057996	.052113	.045106	.036378	.024497	.017946	.011492	.005410	.000000
	.121667	.111409	.099092	.091814	.083457	.073557	.061207	.044055	.034207	.023957	.013270	.000000
.4	.013333	.015403	.016911	.017327	.017393	.016928	.015570	.012381	.009945	.007025	.003705	.000000
	.086667	.081175	.074191	.069862	.064702	.058322	.049942	.037483	.029862	.021528	.012341	.000000
.5	–.041667	–.033130	–.024151	–.019480	–.014689	–.009795	–.004867	–.000195	.001330	.001997	.001670	.000000
	.041667	.041436	.040538	.039677	.038373	.036372	.033135	.027120	.022753	.017372	.010655	.000000
.6	–.086667	–.073731	–.059496	–.051739	–.043428	–.034407	–.024425	–.013004	–.007830	–.003643	–.000784	.000000
	–.013333	–.008225	–.002737	.000157	.003139	.006167	.009100	.011344	.011454	.010401	.007614	.000000
.7	–.121667	–.106024	–.088442	–.078655	–.067965	–.056057	–.042366	–.025618	–.017318	–.009880	–.003762	.000000
	–.078333	–.068247	–.056596	–.049961	–.042589	–.034225	–.024428	–.012294	–.006362	–.001342	.001985	.000000
.8	–.146667	–.129613	–.110225	–.099308	–.087253	–.073627	–.057614	–.037243	–.026609	–.016506	–.007345	.000000
	–.153333	–.139085	–.122102	–.112122	–.100709	–.087247	–.070543	–.047591	–.034656	–.021606	–.009040	.000000
.9	–.161667	–.144085	–.124000	–.112631	–.100014	–.085653	–.068591	–.046425	–.034502	–.022753	–.011353	.000000
	–.238333	–.221220	–.200434	–.187988	–.173503	–.156011	–.133535	–.100643	–.080515	–.058193	–.032848	.000000
1.0	–.166667	–.149009	–.128819	–.117381	–.104675	–.090193	–.072950	–.050444	–.038247	–.026103	–.014040	.000000
	–.333333	–.315150	–.292897	–.279470	–.263728	–.244523	–.219452	–.181636	–.157496	–.129259	–.093682	.000000

Tafel 76 *Zahlenwerte (c) der Lösungen aus Abschnitt 1.6.2.1.*

1. Zeile $c_l = \alpha_l$
2. Zeile $c_r = \alpha_r$
3. Zeile $c = \bar{\beta}$

$M = \bar{M} = l = 1$

$\lambda = v : l \qquad n = I_1 : I_2$

λ \ n	1.00	.80	.60	.50	.40	.30	.20	.10	.06	.03	.01	.00
.0	.333333 .333333 .166667	.333333 .333333 .166667	.333333 .333333 .166667	.333333 .333333 .166667	.333333 .333333 .166667	.333333 .333333 .166667	.333333 .333333 .166667	.333333 .333333 .166667	.333333 .333333 .166667	.333333 .333333 .166667	.333333 .333333 .166667	.333333 .333333 .166667
.1	.333333 .333333 .166667	.315267 .333267 .165733	.297200 .333200 .164800	.288167 .333167 .164333	.279133 .333133 .163867	.270100 .333100 .163400	.261067 .333067 .162933	.252033 .333033 .162467	.248420 .333020 .162280	.245710 .333010 .162140	.243903 .333003 .162047	.243000 .333000 .162000
.2	.333333 .333333 .166667	.300800 .332800 .163200	.268267 .332267 .159733	.252000 .332000 .158000	.235733 .331733 .156267	.219467 .331467 .154533	.203200 .331200 .152800	.186933 .330933 .151067	.180427 .330827 .150373	.175547 .330747 .149853	.172293 .330693 .149507	.170667 .330667 .149333
.3	.333333 .333333 .166667	.289533 .331533 .159467	.245733 .329733 .152267	.223833 .328833 .148667	.201933 .327933 .145067	.180033 .327033 .141467	.158133 .326133 .137867	.136233 .325233 .134267	.127473 .324873 .132827	.120903 .324603 .131747	.116523 .324423 .131027	.114333 .324333 .130667
.4	.333333 .333333 .166667	.281067 .329067 .154933	.228800 .324800 .143200	.202667 .322667 .137333	.176533 .320533 .131467	.150400 .318400 .125600	.124267 .316267 .119733	.098133 .314133 .113867	.087680 .313280 .111520	.079840 .312640 .109760	.074613 .312213 .108587	.072000 .312000 .108000
.5	.333333 .333333 .166667	.275000 .325000 .150000	.216667 .316667 .133333	.187500 .312500 .125000	.158333 .308333 .116667	.129167 .304167 .108333	.100000 .300000 .100000	.070833 .295833 .091667	.059167 .294167 .088333	.050417 .292917 .085833	.044583 .292083 .084167	.041667 .291667 .083333
.6	.333333 .333333 .166667	.270933 .318933 .145067	.208533 .304533 .123467	.177333 .297333 .112667	.146133 .290133 .101867	.114933 .282933 .091067	.083733 .275733 .080267	.052533 .268533 .069467	.040853 .265653 .065147	.030693 .263493 .061907	.024453 .262053 .059747	.021333 .261333 .058667
.7	.333333 .333333 .166667	.268467 .310467 .140533	.203600 .287600 .114400	.171167 .276167 .101333	.138733 .264733 .088267	.106300 .253300 .075200	.073867 .241867 .062133	.041433 .230433 .049067	.028460 .225860 .043840	.018730 .222430 .039920	.012243 .220143 .037307	.009000 .219000 .036000
.8	.333333 .333333 .166667	.267200 .299200 .136800	.201067 .265067 .106933	.168000 .248000 .092000	.134933 .230933 .077067	.101867 .213867 .062133	.068800 .196800 .047200	.035733 .179733 .032267	.022507 .172907 .026293	.012587 .167787 .021813	.005973 .164373 .018827	.002667 .162667 .017333
.9	.333333 .333333 .166667	.266733 .284733 .134267	.200133 .236133 .101867	.166833 .211833 .085667	.133533 .187533 .069467	.100233 .163233 .053267	.066933 .138933 .037067	.033633 .114633 .020867	.020313 .104913 .014387	.010323 .097623 .009527	.003663 .092763 .006287	.000333 .090333 .004667
1.0	.333333 .333333 .166667	.266667 .266667 .133333	.200000 .200000 .100000	.166667 .166667 .083333	.133333 .133333 .066667	.100000 .100000 .050000	.066667 .066667 .033333	.033333 .033333 .016667	.020000 .020000 .010000	.010000 .010000 .005000	.003333 .003333 .001667	.000000 .000000 .000000

Tafel 77 *Zahlenwerte (c) der Lösungen aus Abschnitt 1.6.2.1.*

1. Zeile $c_l = \bar{\alpha}_l + \bar{\beta}$

2. Zeile $c_r = \bar{\alpha}_r + \bar{\beta}$

$M = \bar{M} = l = 1$ $\lambda = v : l$ $n = I_1 : I_2$

λ \ n	1.00	.80	.60	.50	.40	.30	.20	.10	.06	.03	.01	.00
.0	.500000 .500000	.500000 .500000	.500000 .500000	.500000 .500000	.500000 .500000	.500000 .500000	.500000 .500000	.500000 .500000	.500000 .500000	.500000 .500000	.500000 .500000	.500000 .500000
.1	.500000 .500000	.481000 .499000	.462000 .498000	.452500 .497500	.443000 .497000	.433500 .496500	.424000 .496000	.414500 .495500	.410700 .495300	.407850 .495150	.405950 .495050	.405000 .495000
.2	.500000 .500000	.464000 .496000	.428000 .492000	.410000 .490000	.392000 .488000	.374000 .486000	.356000 .484000	.338000 .482000	.330800 .481200	.325400 .480600	.321800 .480200	.320000 .480000
.3	.500000 .500000	.449000 .491000	.398000 .482000	.372500 .477500	.347000 .473000	.321500 .468500	.296000 .464000	.270500 .459500	.260300 .457700	.252650 .456350	.247550 .455450	.245000 .455000
.4	.500000 .500000	.436000 .484000	.372000 .468000	.340000 .460000	.308000 .452000	.276000 .444000	.244000 .436000	.212000 .428000	.199200 .424800	.189600 .422400	.183200 .420800	.180000 .420000
.5	.500000 .500000	.425000 .475000	.350000 .450000	.312500 .437500	.275000 .425000	.237500 .412500	.200000 .400000	.162500 .387500	.147500 .382500	.136250 .378750	.128750 .376250	.125000 .375000
.6	.500000 .500000	.416000 .464000	.332000 .428000	.290000 .410000	.248000 .392000	.206000 .374000	.164000 .356000	.122000 .338000	.105200 .330800	.092600 .325400	.084200 .321800	.080000 .320000
.7	.500000 .500000	.409000 .451000	.318000 .402000	.272500 .377500	.227000 .353000	.181500 .328500	.136000 .304000	.090500 .279500	.072300 .269700	.058650 .262350	.049550 .257450	.045000 .255000
.8	.500000 .500000	.404000 .436000	.308000 .372000	.260000 .340000	.212000 .308000	.164000 .276000	.116000 .244000	.068000 .212000	.048800 .199200	.034400 .189600	.024800 .183200	.020000 .180000
.9	.500000 .500000	.401000 .419000	.302000 .338000	.252500 .297500	.203000 .257000	.153500 .216500	.104000 .176000	.054500 .135500	.034700 .119300	.019850 .107150	.009950 .099050	.005000 .095000
1.0	.500000 .500000	.400000 .400000	.300000 .300000	.250000 .250000	.200000 .200000	.150000 .150000	.100000 .100000	.050000 .050000	.030000 .030000	.015000 .015000	.005000 .005000	.000000 .000000

Tafel 78 *Zahlenwerte (c) der Lösungen aus Abschnitt 1.6.2.2.*

1. Zeile $c_l = 8a_l^0$

2. Zeile $c_r = 8a_r^0$

$M = \bar{M} = l = 1$

$\lambda = v : l \quad n = I_1 : I_2$

λ \ n	1.00	.80	.60	.50	.40	.30	.20	.10	.06	.03	.01	.00
.0	.333333 .333333	.333333 .333333	.333333 .333333	.333333 .333333	.333333 .333333	.333333 .333333	.333333 .333333	.333333 .333333	.333333 .333333	.333333 .333333	.333333 .333333	.333333 .333333
.1	.333333 .333333	.329847 .333087	.326360 .332840	.324617 .332717	.322873 .332593	.321130 .332470	.319387 .332347	.317643 .332223	.316946 .332174	.316423 .332137	.316074 .332112	.315900 .332100
.2	.333333 .333333	.321280 .331520	.309227 .329707	.303200 .328800	.297173 .327893	.291147 .326987	.285120 .326080	.279093 .325173	.276683 .324811	.274875 .324539	.273669 .324357	.273067 .324267
.3	.333333 .333333	.310113 .327753	.286893 .322173	.275283 .319383	.263673 .316593	.252063 .313803	.240453 .311013	.228843 .308223	.224199 .307107	.220716 .306270	.218394 .305712	.217233 .305433
.4	.333333 .333333	.298347 .321387	.263360 .309440	.245867 .303467	.228373 .297493	.210880 .291520	.193387 .285547	.175893 .279573	.168896 .277184	.163648 .275392	.160149 .274197	.158400 .273600
.5	.333333 .333333	.287500 .312500	.241667 .291667	.218750 .281250	.195833 .270833	.172917 .260417	.150000 .250000	.127083 .239583	.117917 .235417	.111042 .232292	.106458 .230208	.104167 .229167
.6	.333333 .333333	.278613 .301653	.223893 .269973	.196533 .254133	.169173 .238293	.141813 .222453	.114453 .206613	.087093 .190773	.076149 .184437	.067941 .179685	.062469 .176517	.059733 .174933
.7	.333333 .333333	.272247 .289887	.211160 .246440	.180617 .224717	.150073 .202993	.119530 .181270	.088987 .159547	.058443 .137823	.046226 .129134	.037063 .122617	.030954 .118272	.027900 .116100
.8	.333333 .333333	.268480 .278720	.203627 .224107	.171200 .196800	.138773 .169493	.106347 .142187	.073920 .114880	.041493 .087573	.028523 .076651	.018795 .068459	.012309 .062997	.009067 .060267
.9	.333333 .333333	.266913 .270153	.200493 .206973	.167283 .175383	.134073 .143793	.100863 .112203	.067653 .080613	.034443 .049023	.021159 .036387	.011196 .026910	.004554 .020592	.001233 .017433
1.0	.333333 .333333	.266667 .266667	.200000 .200000	.166667 .166667	.133333 .133333	.100000 .100000	.066667 .066667	.033333 .033333	.020000 .020000	.010000 .010000	.003333 .003333	.000000 .000000

Tafel 79 *Zahlenwerte* (c) *der Lösungen aus Abschnitt 1.6.2.2.*

1. Zeile $c_l = 9\sqrt{3} \cdot \varepsilon_l^0$

2. Zeile $c_r = 9\sqrt{3} \cdot \varepsilon_r^0$

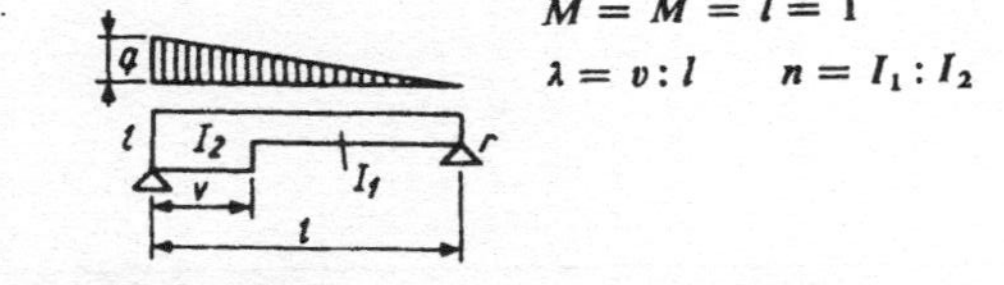

$M = \bar{M} = l = 1$

$\lambda = v : l \qquad n = I_1 : I_2$

λ \ n	1.00	.80	.60	.50	.40	.30	.20	.10	.06	.03	.01	.00
.0	.346410 .303109	.346410 .303109	.346410 .303109	.346410 .303109	.346410 .303109	.346410 .303109	.346410 .303109	.346410 .303109	.346410 .303109	.346410 .303109	.346410 .303109	.346410 .303109
.1	.346410 .303109	.342029 .302800	.337648 .302492	.335458 .302338	.333267 .302183	.331076 .302029	.328886 .301875	.326695 .301721	.325819 .301659	.325162 .301613	.324724 .301582	.324505 .301566
.2	.346410 .303109	.331756 .300928	.317101 .298747	.309774 .297656	.302447 .296566	.295119 .295475	.287792 .294385	.280465 .293294	.277534 .292858	.275336 .292531	.273870 .292313	.273137 .292204
.3	.346410 .303109	.319071 .296660	.291732 .290211	.278063 .286987	.264393 .283762	.250724 .280538	.237054 .277313	.223384 .274089	.217917 .272799	.213816 .271832	.211082 .271187	.209715 .270864
.4	.346410 .303109	.306459 .289851	.266509 .276593	.246533 .269964	.226558 .263335	.206582 .256707	.186607 .250078	.166632 .243449	.158641 .240797	.152649 .238809	.148654 .237483	.146656 .236820
.5	.346410 .303109	.295531 .280917	.244652 .258725	.219213 .247629	.193773 .236533	.168334 .225437	.142894 .214341	.117455 .203245	.107279 .198807	.099647 .195478	.094559 .193259	.092015 .192149
.6	.346410 .303109	.287149 .270710	.227888 .238311	.198257 .222111	.168627 .205912	.138996 .189712	.109366 .173513	.079735 .157313	.067883 .150833	.058994 .145974	.053068 .142734	.050105 .141114
.7	.346410 .303109	.281552 .260394	.216694 .217678	.184265 .196321	.151836 .174963	.119407 .153605	.086978 .132248	.054549 .110890	.041577 .102347	.031849 .095940	.025363 .091668	.022120 .089532
.8	.346410 .303109	.278481 .251319	.210551 .199529	.176586 .173635	.142621 .147740	.108656 .121845	.074692 .095950	.040727 .070055	.027141 .059697	.016951 .051929	.010158 .046750	.006762 .044160
.9	.346410 .303109	.277300 .244900	.208190 .186691	.173635 .157587	.139081 .128482	.104526 .099378	.069971 .070273	.035416 .041169	.021594 .029527	.011227 .020796	.004316 .014975	.000861 .012065
1.0	.346410 .303109	.277128 .242487	.207846 .181865	.173205 .151554	.138564 .121244	.103923 .090933	.069282 .060622	.034641 .030311	.020785 .018187	.010392 .009093	.003464 .003031	.000000 .000000

Tafel 80 *Zahlenwerte (c) der Lösungen aus Abschnitt 1.6.2.2.*

1. Zeile $c_l = \alpha_l^0$

2. Zeile $c_r = \alpha_r^0$

$M = \bar{M} = l = 1 \qquad n = I_1 : I_2$

$\lambda = v : l \qquad v = \gamma l = \lambda l$

λ \ n	1.00	.80	.60	.50	.40	.30	.20	.10	.06	.03	.01	.00
.0	.333333	.333333	.333333	.333333	.333333	.333333	.333333	.333333	.333333	.333333	.333333	.333333
	.166667	.166667	.166667	.166667	.166667	.166667	.166667	.166667	.166667	.166667	.166667	.166667
.1	.238333	.239267	.240200	.240667	.241133	.241600	.242067	.242533	.242720	.242860	.242953	.243000
	.161667	.161733	.161800	.161833	.161867	.161900	.161933	.161967	.161980	.161990	.161997	.162000
.2	.153333	.156800	.160267	.162000	.163733	.165467	.167200	.168933	.169627	.170147	.170493	.170667
	.146667	.147200	.147733	.148000	.148267	.148533	.148800	.149067	.149173	.149253	.149307	.149333
.3	.078333	.085533	.092733	.096333	.099933	.103533	.107133	.110733	.112173	.113253	.113973	.114333
	.121667	.123467	.125267	.126167	.127067	.127967	.128867	.129767	.130127	.130397	.130577	.130667
.4	.013333	.025067	.036800	.042667	.048533	.054400	.060267	.066133	.068480	.070240	.071413	.072000
	.086667	.090933	.095200	.097333	.099467	.101600	.103733	.105867	.106720	.107360	.107787	.108000
.5	−.041667	−.025000	−.008333	.000000	.008333	.016667	.025000	.033333	.036667	.039167	.040833	.041667
	.041667	.050000	.058333	.062500	.066667	.070833	.075000	.079167	.080833	.082083	.082917	.083333
.6	−.086667	−.065067	−.043467	−.032667	−.021867	−.011067	−.000267	.010533	.014853	.018093	.020253	.021333
	−.013333	.001067	.015467	.022667	.029867	.037067	.044267	.051467	.054347	.056507	.057947	.058667
.7	−.121667	−.095533	−.069400	−.056333	−.043267	−.030200	−.017133	−.004067	.001160	.005080	.007693	.009000
	−.078333	−.055467	−.032600	−.021167	−.009733	.001700	.013133	.024567	.029140	.032570	.034857	.036000
.8	−.146667	−.116800	−.086933	−.072000	−.057067	−.042133	−.027200	−.012267	−.006293	−.001813	.001173	.002667
	−.153333	−.119200	−.085067	−.068000	−.050933	−.033867	−.016800	.000267	.007093	.012213	.015627	.017333
.9	−.161667	−.129267	−.096867	−.080667	−.064467	−.048267	−.032067	−.015867	−.009387	−.004527	−.001287	.000333
	−.238333	−.189733	−.141133	−.116833	−.092533	−.068233	−.043933	−.019633	−.009913	−.002623	.002237	.004667
1.0	−.166667	−.133333	−.100000	−.083333	−.066667	−.050000	−.033333	−.016667	−.010000	−.005000	−.001667	.000000
	−.333333	−.266667	−.200000	−.166667	−.133333	−.100000	−.066667	−.033333	−.020000	−.010000	−.003333	.000000

Tafel 81 *Zahlenwerte (c) der Lösungen aus Abschnitt 1.6.2.2.*

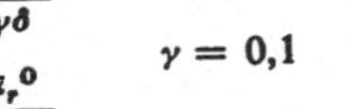

1. Zeile $c_l = \frac{\alpha_l^0}{\gamma\delta}$

2. Zeile $c_r = \frac{\alpha_r^0}{\gamma\delta}$

$\gamma = 0{,}1$

$M = \bar{M} = l = 1$

$\lambda = v : l \qquad n = I_1 : I_2$

λ \ n	1.00	.80	.60	.50	.40	.30	.20	.10	.06	.03	.01	.00
.0	.316667 .183333	.316667 .183333	.316667 .183333	.316667 .183333	.316667 .183333	.316667 .183333	.316667 .183333	.316667 .183333	.316667 .183333	.316667 .183333	.316667 .183333	.316667 .183333
.1	.316667 .183333	.307333 .182667	.298000 .182000	.293333 .181667	.288667 .181333	.284000 .181000	.279333 .180667	.274667 .180333	.272800 .180200	.271400 .180100	.270467 .180033	.270000 .180000
.2	.316667 .183333	.291259 .179852	.265852 .176370	.253148 .174630	.240444 .172889	.227741 .171148	.215037 .169407	.202333 .167667	.197252 .166970	.193441 .166448	.190900 .166100	.189630 .165926
.3	.316667 .183333	.278741 .175704	.240815 .168074	.221852 .164259	.202889 .160444	.183926 .156630	.164963 .152815	.146000 .149000	.138415 .147474	.132726 .146330	.128933 .145567	.127037 .145185
.4	.316667 .183333	.269333 .170667	.222000 .158000	.198333 .151667	.174667 .145333	.151000 .139000	.127333 .132667	.103667 .126333	.094200 .123800	.087100 .121900	.082367 .120633	.080000 .120000
.5	.316667 .183333	.262593 .165185	.208519 .147037	.181481 .137963	.154444 .128889	.127407 .119815	.100370 .110741	.073333 .101667	.062519 .098037	.054407 .095315	.049000 .093500	.046296 .092593
.6	.316667 .183333	.258074 .159704	.199481 .136074	.170185 .124259	.140889 .112444	.111593 .100630	.082296 .088815	.053000 .077000	.041281 .072274	.032493 .068730	.026633 .066367	.023704 .065185
.7	.316667 .183333	.255333 .154667	.194000 .126000	.163333 .111667	.132667 .097333	.102000 .083000	.071333 .068667	.040667 .054333	.028400 .048600	.019200 .044300	.013067 .041433	.010000 .040000
.8	.316667 .183333	.253926 .150519	.191185 .117704	.159815 .101296	.128444 .084889	.097074 .068481	.065704 .052074	.034333 .035667	.021785 .029104	.012374 .024181	.006100 .020900	.002963 .019259
.9	.316667 .183333	.253407 .147704	.190148 .112074	.158519 .094259	.126889 .076444	.095259 .058630	.063630 .040815	.032000 .023000	.019348 .015874	.009859 .010530	.003533 .006967	.000370 .005185
1.0	.316667 .183333	.253333 .146667	.190000 .110000	.158333 .091667	.126667 .073333	.095000 .055000	.063333 .036667	.031667 .018333	.019000 .011000	.009500 .005500	.003167 .001833	.000000 .000000

Tafel 82 *Zahlenwerte (c) der Lösungen aus Abschnitt 1.6.2.2.*

1. Zeile ▽ ▷ $c_l = \frac{\bar{\alpha}_l^0}{\gamma\delta}$

2. Zeile ▽ ◁ $c_r = \frac{\bar{\alpha}_r^0}{\gamma\delta}$

$\gamma = 0{,}2$

$M = \bar{M} = l = 1$

$\lambda = v : l \qquad n = I_1 : I_2$

λ \ n	1.00	.80	.60	.50	.40	.30	.20	.10	.06	.03	.01	.00
.0	.300000 .200000	.300000 .200000	.300000 .200000	.300000 .200000	.300000 .200000	.300000 .200000	.300000 .200000	.300000 .200000	.300000 .200000	.300000 .200000	.300000 .200000	.300000 .200000
.1	.300000 .200000	.295333 .199667	.290667 .199333	.288333 .199167	.286000 .199000	.283667 .198833	.281333 .198667	.279000 .198500	.278067 .198433	.277367 .198383	.276900 .198350	.276667 .198333
.2	.300000 .200000	.282667 .197333	.265333 .194667	.256667 .193333	.248000 .192000	.239333 .190667	.230667 .189333	.222000 .188000	.218533 .187467	.215933 .187067	.214200 .186800	.213333 .186667
.3	.300000 .200000	.268583 .192667	.237167 .185333	.221458 .181667	.205750 .178000	.190042 .174333	.174333 .170667	.158625 .167000	.152342 .165533	.147629 .164433	.144488 .163700	.142917 .163333
.4	.300000 .200000	.258000 .187000	.216000 .174000	.195000 .167500	.174000 .161000	.153000 .154500	.132000 .148000	.111000 .141500	.102600 .138900	.096300 .136950	.092100 .135650	.090000 .135000
.5	.300000 .200000	.250417 .180833	.200833 .161667	.176042 .152083	.151250 .142500	.126458 .132917	.101667 .123333	.076875 .113750	.066958 .109917	.059521 .107042	.054563 .105125	.052083 .104167
.6	.300000 .200000	.245333 .174667	.190667 .149333	.163333 .136667	.136000 .124000	.108667 .111333	.081333 .098667	.054000 .086000	.043067 .080933	.034867 .077133	.029400 .074600	.026667 .073333
.7	.300000 .200000	.242250 .169000	.184500 .138000	.155625 .122500	.126750 .107000	.097875 .091500	.069000 .076000	.040125 .060500	.028575 .054300	.019913 .049650	.014138 .046550	.011250 .045000
.8	.300000 .200000	.240667 .164333	.181333 .128667	.151667 .110833	.122000 .093000	.092333 .075167	.062667 .057333	.033000 .039500	.021133 .032367	.012233 .027017	.006300 .023450	.003333 .021667
.9	.300000 .200000	.240083 .161167	.180167 .122333	.150208 .102917	.120250 .083500	.090292 .064083	.060333 .044667	.030375 .025250	.018392 .017483	.009404 .011658	.003413 .007775	.000417 .005833
1.0	.300000 .200000	.240000 .160000	.180000 .120000	.150000 .100000	.120000 .080000	.090000 .060000	.060000 .040000	.030000 .020000	.018000 .012000	.009000 .006000	.003000 .002000	.000000 .000000

Tafel 83 **Zahlenwerte (c) der Lösungen aus Abschnitt 1.6.2.2.**

1. Zeile $c_l = \frac{\alpha_l^0}{\gamma\delta}$

2. Zeile $c_r = \frac{\alpha_r^0}{\gamma\delta}$

$\gamma = 0{,}3$

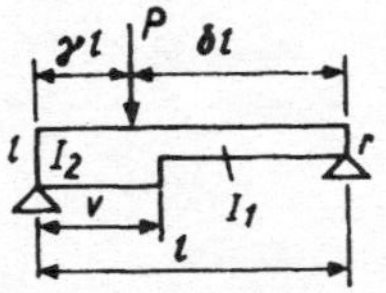

$M = \bar{M} = l = 1$

$\lambda = v : l \qquad n = I_1 : I_2$

λ \ n	1.00	.80	.60	.50	.40	.30	.20	.10	.06	.03	.01	.00
.0	.283333 .216667	.283333 .216667	.283333 .216667	.283333 .216667	.283333 .216667	.283333 .216667	.283333 .216667	.283333 .216667	.283333 .216667	.283333 .216667	.283333 .216667	.283333 .216667
.1	.283333 .216667	.280222 .216444	.277111 .216222	.275556 .216111	.274000 .216000	.272444 .215889	.270889 .215778	.269333 .215667	.268711 .215622	.268244 .215589	.267933 .215567	.267778 .215556
.2	.283333 .216667	.271778 .214889	.260222 .213111	.254444 .212222	.248667 .211333	.242889 .210444	.237111 .209556	.231333 .208667	.229022 .208311	.227289 .208044	.226133 .207867	.225556 .207778
.3	.283333 .216667	.259333 .210667	.235333 .204667	.223333 .201667	.211333 .198667	.199333 .195667	.187333 .192667	.175333 .189667	.170533 .188467	.166933 .187567	.164533 .186967	.163333 .186667
.4	.283333 .216667	.247238 .204190	.211143 .191714	.193095 .185476	.175048 .179238	.157000 .173000	.138952 .166762	.120905 .160524	.113686 .158029	.108271 .156157	.104662 .154910	.102857 .154286
.5	.283333 .216667	.238571 .197143	.193810 .177619	.171429 .167857	.149048 .158095	.126667 .148333	.104286 .138571	.081905 .128810	.072952 .124905	.066238 .121976	.061762 .120024	.059524 .119048
.6	.283333 .216667	.232762 .190095	.182190 .163524	.156905 .150238	.131619 .136952	.106333 .123667	.081048 .110381	.055762 .097095	.045648 .091781	.038062 .087795	.033005 .085138	.030476 .083810
.7	.283333 .216667	.229238 .183619	.175143 .150571	.148095 .134048	.121048 .117524	.094000 .101000	.066952 .084476	.039905 .067952	.029086 .061343	.020971 .056386	.015562 .053081	.012857 .051429
.8	.283333 .216667	.227429 .178286	.171524 .139905	.143571 .120714	.115619 .101524	.087667 .082333	.059714 .063143	.031762 .043952	.020581 .036276	.012195 .030519	.006605 .026681	.003810 .024762
.9	.283333 .216667	.226762 .174667	.170190 .132667	.141905 .111667	.113619 .090667	.085333 .069667	.057048 .048667	.028762 .027667	.017448 .019267	.008962 .012967	.003305 .008767	.000476 .006667
1.0	.283333 .216667	.226667 .173333	.170000 .130000	.141667 .108333	.113333 .086667	.085000 .065000	.056667 .043333	.028333 .021667	.017000 .013000	.008500 .006500	.002833 .002167	.000000 .000000

Tafel 84 *Zahlenwerte (c) der Lösungen aus Abschnitt 1.6.2.2.*

1. Zeile $c_l = \frac{\alpha_l^0}{\gamma\delta}$

2. Zeile $c_r = \frac{\alpha_r^0}{\gamma\delta}$

$\gamma = 0,4$

$M = \bar{M} = l = 1$

$\lambda = v : l \qquad n = I_1 : I_2$

λ \ n	1.00	.80	.60	.50	.40	.30	.20	.10	.06	.03	.01	.00
.0	.266667 .233333	.266667 .233333	.266667 .233333	.266667 .233333	.266667 .233333	.266667 .233333	.266667 .233333	.266667 .233333	.266667 .233333	.266667 .233333	.266667 .233333	.266667 .233333
.1	.266667 .233333	.264333 .233167	.262000 .233000	.260833 .232917	.259667 .232833	.258500 .232750	.257333 .232667	.256167 .232583	.255700 .232550	.255350 .232525	.255117 .232508	.255000 .232500
.2	.266667 .233333	.258000 .232000	.249333 .230667	.245000 .230000	.240667 .229333	.236333 .228667	.232000 .228000	.227667 .227333	.225933 .227067	.224633 .226867	.223767 .226733	.223333 .226667
.3	.266667 .233333	.248667 .228833	.230667 .224333	.221667 .222083	.212667 .219833	.203667 .217583	.194667 .215333	.185667 .213083	.182067 .212183	.179367 .211508	.177567 .211058	.176667 .210833
.4	.266667 .233333	.237333 .222667	.208000 .212000	.193333 .206667	.178667 .201333	.164000 .196000	.149333 .190667	.134667 .185333	.128800 .183200	.124400 .181600	.121467 .180533	.120000 .180000
.5	.266667 .233333	.227222 .214444	.187778 .195556	.168056 .186111	.148333 .176667	.128611 .167222	.108889 .157778	.089167 .148333	.081278 .144556	.075361 .141722	.071417 .139833	.069444 .138889
.6	.266667 .233333	.220444 .206222	.174222 .179111	.151111 .165556	.128000 .152000	.104889 .138444	.081778 .124889	.058667 .111333	.049422 .105911	.042489 .101844	.037867 .099133	.035556 .097778
.7	.266667 .233333	.216333 .198667	.166000 .164000	.140833 .146667	.115667 .129333	.090500 .112000	.065333 .094667	.040167 .077333	.030100 .070400	.022550 .065200	.017517 .061733	.015000 .060000
.8	.266667 .233333	.214222 .192444	.161778 .151556	.135556 .131111	.109333 .110667	.083111 .090222	.056889 .069778	.030667 .049333	.020178 .041156	.012311 .035022	.007067 .030933	.004444 .028889
.9	.266667 .233333	.213444 .188222	.160222 .143111	.133611 .120556	.107000 .098000	.080389 .075444	.053778 .052889	.027167 .030333	.016522 .021311	.008539 .014544	.003217 .010033	.000556 .007778
1.0	.266667 .233333	.213333 .186667	.160000 .140000	.133333 .116667	.106667 .093333	.080000 .070000	.053333 .046667	.026667 .023333	.016000 .014000	.008000 .007000	.002667 .002333	.000000 .000000

Tafel 85 Zahlenwerte (c) der Lösungen aus Abschnitt 1.6.2.2.

1. Zeile $c_l = \frac{a_l^0}{\gamma\delta}$

2. Zeile $c_r = -\frac{a_r^0}{\gamma\delta}$

$\gamma = 0{,}5$

$M = \bar{M} = l = 1$

$\lambda = v : l \qquad n = I_1 : I_2$

λ \ n	1.00	.80	.60	.50	.40	.30	.20	.10	.06	.03	.01	.00
.0	.250000 .250000	.250000 .250000	.250000 .250000	.250000 .250000	.250000 .250000	.250000 .250000	.250000 .250000	.250000 .250000	.250000 .250000	.250000 .250000	.250000 .250000	.250000 .250000
.1	.250000 .250000	.248133 .249867	.246267 .249733	.245333 .249667	.244400 .249600	.243467 .249533	.242533 .249467	.241600 .249400	.241227 .249373	.240947 .249353	.240760 .249340	.240667 .249333
.2	.250000 .250000	.243067 .248933	.236133 .247867	.232667 .247333	.229200 .246800	.225733 .246267	.222267 .245733	.218800 .245200	.217413 .244987	.216373 .244827	.215680 .244720	.215333 .244667
.3	.250000 .250000	.235600 .246400	.221200 .242800	.214000 .241000	.206800 .239200	.199600 .237400	.192400 .235600	.185200 .233800	.182320 .233080	.180160 .232540	.178720 .232180	.178000 .232000
.4	.250000 .250000	.226533 .241467	.203067 .232933	.191333 .228667	.179600 .224400	.167867 .220133	.156133 .215867	.144400 .211600	.139707 .209893	.136187 .208613	.133840 .207760	.132667 .207333
.5	.250000 .250000	.216667 .233333	.183333 .216667	.166667 .208333	.150000 .200000	.133333 .191667	.116667 .183333	.100000 .175000	.093333 .171667	.088333 .169167	.085000 .167500	.083333 .166667
.6	.250000 .250000	.208533 .223467	.167067 .196933	.146333 .183667	.125600 .170400	.104867 .157133	.084133 .143867	.063400 .130600	.055107 .125293	.048887 .121313	.044740 .118660	.042667 .117333
.7	.250000 .250000	.203600 .214400	.157200 .178800	.134000 .161000	.110800 .143200	.087600 .125400	.064400 .107600	.041200 .089800	.031920 .082680	.024960 .077340	.020320 .073780	.018000 .072000
.8	.250000 .250000	.201067 .206933	.152133 .163867	.127667 .142333	.103200 .120800	.078733 .099267	.054267 .077733	.029800 .056200	.020013 .047587	.012673 .041127	.007780 .036820	.005333 .034667
.9	.250000 .250000	.200133 .201867	.150267 .153733	.125333 .129667	.100400 .105600	.075467 .081533	.050533 .057467	.025600 .033400	.015627 .023773	.008147 .016553	.003160 .011740	.000667 .009333
1.0	.250000 .250000	.200000 .200000	.150000 .150000	.125000 .125000	.100000 .100000	.075000 .075000	.050000 .050000	.025000 .025000	.015000 .015000	.007500 .007500	.002500 .002500	.000000 .000000

Tafel 86 *Zahlenwerte (c) der Lösungen aus Abschnitt 1.6.2.2.*

1. Zeile $c_l = \frac{\delta_l^0}{\gamma\delta}$

2. Zeile $c_r = \frac{\delta_r^0}{\gamma\delta}$

$\gamma = 0{,}6$

$M = \bar{M} = l = 1$

$\lambda = v : l \qquad n = I_1 : I_2$

λ \ n	1.00	.80	.60	.50	.40	.30	.20	.10	.06	.03	.01	.00
.0	.233333 .266667	.233333 .266667	.233333 .266667	.233333 .266667	.233333 .266667	.233333 .266667	.233333 .266667	.233333 .266667	.233333 .266667	.233333 .266667	.233333 .266667	.233333 .266667
.1	.233333 .266667	.231778 .266556	.230222 .266444	.229444 .266389	.228667 .266333	.227889 .266278	.227111 .266222	.226333 .266167	.226022 .266144	.225789 .266128	.225633 .266117	.225556 .266111
.2	.233333 .266667	.227556 .265778	.221778 .264889	.218889 .264444	.216000 .264000	.213111 .263556	.210222 .263111	.207333 .262667	.206178 .262489	.205311 .262356	.204733 .262267	.204444 .262222
.3	.233333 .266667	.221333 .263667	.209333 .260667	.203333 .259167	.197333 .257667	.191333 .256167	.185333 .254667	.179333 .253167	.176933 .252567	.175133 .252117	.173933 .251817	.173333 .251667
.4	.233333 .266667	.213778 .259556	.194222 .252444	.184444 .248889	.174667 .245333	.164889 .241778	.155111 .238222	.145333 .234667	.141422 .233244	.138489 .232178	.136533 .231467	.135556 .231111
.5	.233333 .266667	.205556 .252778	.177778 .238889	.163889 .231944	.150000 .225000	.136111 .218056	.122222 .211111	.108333 .204167	.102778 .201389	.098611 .199306	.095833 .197917	.094444 .197222
.6	.233333 .266667	.197333 .242667	.161333 .218667	.143333 .206667	.125333 .194667	.107333 .182667	.089333 .170667	.071333 .158667	.064133 .153867	.058733 .150267	.055133 .147867	.053333 .146667
.7	.233333 .266667	.191167 .231333	.149000 .196000	.127917 .178333	.106833 .160667	.085750 .143000	.064667 .125333	.043583 .107667	.035150 .100600	.028825 .095300	.024608 .091767	.022500 .090000
.8	.233333 .266667	.188000 .222000	.142667 .177333	.120000 .155000	.097333 .132667	.074667 .110333	.052000 .088000	.029333 .065667	.020267 .056733	.013467 .050033	.008933 .045567	.006667 .043333
.9	.233333 .266667	.186833 .215667	.140333 .164667	.117083 .139167	.093833 .113667	.070583 .088167	.047333 .062667	.024083 .037167	.014783 .026967	.007808 .019317	.003158 .014217	.000833 .011667
1.0	.233333 .266667	.186667 .213333	.140000 .160000	.116667 .133333	.093333 .106667	.070000 .080000	.046667 .053333	.023333 .026667	.014000 .016000	.007000 .008000	.002333 .002667	.000000 .000000

Tafel 87 *Zahlenwerte (c) der Lösungen aus Abschnitt 1.6.2.2.*

1. Zeile $c_l = \frac{\bar{\alpha}_l^0}{\gamma\delta}$ $\gamma = 0{,}7$ $M = \bar{M} = l = 1$

2. Zeile $c_r = \frac{\bar{\alpha}_r^0}{\gamma\delta}$ $\lambda = v : l$ $n = I_1 : I_2$

λ \ n	1.00	.80	.60	.50	.40	.30	.20	.10	.06	.03	.01	.00
.0	.216667 .283333	.216667 .283333	.216667 .283333	.216667 .283333	.216667 .283333	.216667 .283333	.216667 .283333	.216667 .283333	.216667 .283333	.216667 .283333	.216667 .283333	.216667 .283333
.1	.216667 .283333	.215333 .283238	.214000 .283143	.213333 .283095	.212667 .283048	.212000 .283000	.211333 .282952	.210667 .282905	.210400 .282886	.210200 .282871	.210067 .282862	.210000 .282857
.2	.216667 .283333	.211714 .282571	.206762 .281810	.204286 .281429	.201810 .281048	.199333 .280667	.196857 .280286	.194381 .279905	.193390 .279752	.192648 .279638	.192152 .279562	.191905 .279524
.3	.216667 .283333	.206381 .280762	.196095 .278190	.190952 .276905	.185810 .275619	.180667 .274333	.175524 .273048	.170381 .271762	.168324 .271248	.166781 .270862	.165752 .270605	.165238 .270476
.4	.216667 .283333	.199905 .277238	.183143 .271143	.174762 .268095	.166381 .265048	.158000 .262000	.149619 .258952	.141238 .255905	.137886 .254686	.135371 .253771	.133695 .253162	.132857 .252857
.5	.216667 .283333	.192857 .271429	.169048 .259524	.157143 .253571	.145238 .247619	.133333 .241667	.121429 .235714	.109524 .229762	.104762 .227381	.101190 .225595	.098810 .224405	.097619 .223810
.6	.216667 .283333	.185810 .262762	.154952 .242190	.139524 .231905	.124095 .221619	.108667 .211333	.093238 .201048	.077810 .190762	.071638 .186648	.067010 .183562	.063924 .181505	.062381 .180476
.7	.216667 .283333	.179333 .250667	.142000 .218000	.123333 .201667	.104667 .185333	.086000 .169000	.067333 .152667	.048667 .136333	.041200 .129800	.035600 .124900	.031867 .121633	.030000 .120000
.8	.216667 .283333	.175111 .238222	.133556 .193111	.112778 .170556	.092000 .148000	.071222 .125444	.050444 .102889	.029667 .080333	.021356 .071311	.015122 .064544	.010967 .060033	.008889 .057778
.9	.216667 .283333	.173556 .229778	.130444 .176222	.108889 .149444	.087333 .122667	.065778 .095889	.044222 .069111	.022667 .042333	.014044 .031622	.007578 .023589	.003267 .018233	.001111 .015556
1.0	.216667 .283333	.173333 .226667	.130000 .170000	.108333 .141667	.086667 .113333	.065000 .085000	.043333 .056667	.021667 .028333	.013000 .017000	.006500 .008500	.002167 .002833	.000000 .000000

Tafel 88 ***Zahlenwerte (c) der Lösungen aus Abschnitt 1.6.2.2.***

1. Zeile $c_l = \frac{\alpha_l^0}{\gamma\delta}$

2. Zeile $c_r = \frac{\alpha_r^0}{\gamma\delta}$

$\gamma = 0{,}8$

$M = \bar{M} = l = 1$

$\lambda = v : l \qquad n = I_1 : I_2$

λ \ n	1.00	.80	.60	.50	.40	.30	.20	.10	.06	.03	.01	.00
.0	.200000 .300000	.200000 .300000	.200000 .300000	.200000 .300000	.200000 .300000	.200000 .300000	.200000 .300000	.200000 .300000	.200000 .300000	.200000 .300000	.200000 .300000	.200000 .300000
.1	.200000 .300000	.198833 .299917	.197667 .299833	.197083 .299792	.196500 .299750	.195917 .299708	.195333 .299667	.194750 .299625	.194517 .299608	.194342 .299596	.194225 .299587	.194167 .299583
.2	.200000 .300000	.195667 .299333	.191333 .298667	.189167 .298333	.187000 .298000	.184833 .297667	.182667 .297333	.180500 .297000	.179633 .296867	.178983 .296767	.178550 .296700	.178333 .296667
.3	.200000 .300000	.191000 .297750	.182000 .295500	.177500 .294375	.173000 .293250	.168500 .292125	.164000 .291000	.159500 .289875	.157700 .289425	.156350 .289088	.155450 .288863	.155000 .288750
.4	.200000 .300000	.185333 .294667	.170667 .289333	.163333 .286667	.156000 .284000	.148667 .281333	.141333 .278667	.134000 .276000	.131067 .274933	.128867 .274133	.127400 .273600	.126667 .273333
.5	.200000 .300000	.179167 .289583	.158333 .279167	.147917 .273958	.137500 .268750	.127083 .263542	.116667 .258333	.106250 .253125	.102083 .251042	.098958 .249479	.096875 .248438	.095833 .247917
.6	.200000 .300000	.173000 .282000	.146000 .264000	.132500 .255000	.119000 .246000	.105500 .237000	.092000 .228000	.078500 .219000	.073100 .215400	.069050 .212700	.066350 .210900	.065000 .210000
.7	.200000 .300000	.167333 .271417	.134667 .242833	.118333 .228542	.102000 .214250	.085667 .199958	.069333 .185667	.053000 .171375	.046467 .165658	.041567 .161371	.038300 .158513	.036667 .157083
.8	.200000 .300000	.162667 .257333	.125333 .214667	.106667 .193333	.088000 .172000	.069333 .150667	.050667 .129333	.032000 .108000	.024533 .099467	.018933 .093067	.015200 .088300	.013333 .086667
.9	.200000 .300000	.160333 .244667	.120667 .189333	.100833 .161667	.081000 .134000	.061167 .106333	.041333 .078667	.021500 .051000	.013567 .039933	.007617 .031633	.003650 .026100	.001667 .023333
1.0	.200000 .300000	.160000 .240000	.120000 .180000	.100000 .150000	.080000 .120000	.060000 .090000	.040000 .060000	.020000 .030000	.012000 .018000	.006000 .009000	.002000 .003000	.000000 .000000

Tafel 89 *Zahlenwerte (c) der Lösungen aus Abschnitt 1.6.2.2.*

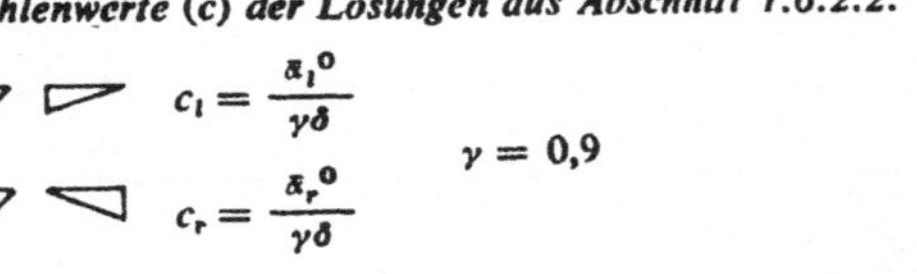

1. Zeile $c_l = \frac{\bar{\alpha}_l^0}{\gamma\delta}$

2. Zeile $c_r = \frac{\bar{\alpha}_r^0}{\gamma\delta}$

$\gamma = 0{,}9$

$M = \bar{M} = l = 1$

$\lambda = v : l \qquad n = I_1 : I_2$

λ \ n	1.00	.80	.60	.50	.40	.30	.20	.10	.06	.03	.01	.00
.0	.183333 .316667	.183333 .316667	.183333 .316667	.183333 .316667	.183333 .316667	.183333 .316667	.183333 .316667	.183333 .316667	.183333 .316667	.183333 .316667	.183333 .316667	.183333 .316667
.1	.183333 .316667	.182296 .316593	.181259 .316519	.180741 .316481	.180222 .316444	.179704 .316407	.179185 .316370	.178667 .316333	.178459 .316319	.178304 .316307	.178200 .316300	.178148 .316296
.2	.183333 .316667	.179481 .316074	.175630 .315481	.173704 .315185	.171778 .314889	.169852 .314593	.167926 .314296	.166000 .314000	.165230 .313881	.164652 .313793	.164267 .313733	.164074 .313704
.3	.183333 .316667	.175333 .314667	.167333 .312667	.163333 .311667	.159333 .310667	.155333 .309667	.151333 .308667	.147333 .307667	.145733 .307267	.144533 .306967	.143733 .306767	.143333 .306667
.4	.183333 .316667	.170296 .311926	.157259 .307185	.150741 .304815	.144222 .302444	.137704 .300074	.131185 .297704	.124667 .295333	.122059 .294385	.120104 .293674	.118800 .293200	.118148 .292963
.5	.183333 .316667	.164815 .307407	.146296 .298148	.137037 .293519	.127778 .288889	.118519 .284259	.109259 .279630	.100000 .275000	.096296 .273148	.093519 .271759	.091667 .270833	.090741 .270370
.6	.183333 .316667	.159333 .300667	.135333 .284667	.123333 .276667	.111333 .268667	.099333 .260667	.087333 .252667	.075333 .244667	.070533 .241467	.066933 .239067	.064533 .237467	.063333 .236667
.7	.183333 .316667	.154296 .291259	.125259 .265852	.110741 .253148	.096222 .240444	.081704 .227741	.067185 .215037	.052667 .202333	.046859 .197252	.042504 .193441	.039600 .190900	.038148 .189630
.8	.183333 .316667	.150148 .278741	.116963 .240815	.100370 .221852	.083778 .202889	.067185 .183926	.050593 .164963	.034000 .146000	.027363 .138415	.022385 .132726	.019067 .128933	.017407 .127037
.9	.183333 .316667	.147333 .262667	.111333 .208667	.093333 .181667	.075333 .154667	.057333 .127667	.039333 .100667	.021333 .073667	.014133 .062867	.008733 .054767	.005133 .049367	.003333 .046667
1.0	.183333 .316667	.146667 .253333	.110000 .190000	.091667 .158333	.073333 .126667	.055000 .095000	.036667 .063333	.018333 .031667	.011000 .019000	.005500 .009500	.001833 .003167	.000000 .000000

Tafel 90

Lösungen der Integrale $EI_c\delta = \int_0^l M\bar{M}l \frac{I_c}{I_{(x)}}\,dx = (c)\,M\bar{M}l\frac{I_c}{I_1} = \text{Tafelwert}\cdot M\bar{M}l\frac{I_c}{I_1}$; $n = \frac{I_1}{I_2}$; $\lambda = \frac{v}{l}$;

Tafelwerte gelten für den Sonderfall des rechteckigen Stabes mit zweiseitig sprunghaft veränderlicher Stabhöhe; M und $\bar{M}$ vertauschbar; I_c beliebig wählbares Bezugsträgheitsmoment; o = Parabelscheitel

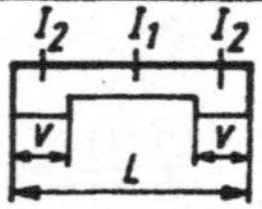 I_2 I_1 I_2; v, v, L	 $\bar{M}$ (Rechteck) $\bar{M}$	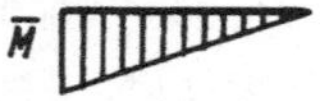 $\bar{M}$ (Dreieck)	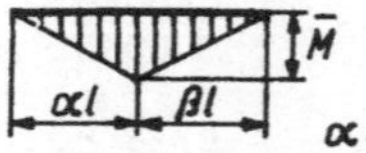 $\bar{M}$; αl, βl; $\alpha = \beta = 0{,}5$
 M (Rechteck) M	$1 - 2(1-n)\lambda$	$\frac{1}{2} - (1-n)\lambda$	$\frac{1}{2} - 2(1-n)\lambda^2$
 M (Dreieck)	$\frac{1}{2} - (1-n)\lambda$	$\frac{1}{3} - (1-n)\left(\lambda - \lambda^2 + \frac{2}{3}\lambda^3\right)$	$\frac{1}{4} - (1-n)\lambda^2$
 (Dreieck) M	$\frac{1}{2} - (1-n)\lambda$	$\frac{1}{6} - (1-n)\left(\lambda^2 - \frac{2}{3}\lambda^3\right)$	$\frac{1}{4} - (1-n)\lambda^2$
 M; quadrat. Parabel	$\frac{2}{3} - (1-n)\left(4\lambda^2 - \frac{8}{3}\lambda^3\right)$	$\frac{1}{3} - (1-n)\left(2\lambda^2 - \frac{4}{3}\lambda^3\right)$	$\frac{5}{12} - 4(1-n)\left(\frac{4}{3}\lambda^3 - \lambda^4\right)$
 M; kub. Parabel	$1{,}5\sqrt{3}\left[\frac{1}{4} - (1-n)\left(\frac{3}{2}\lambda^2 - \lambda^3\right)\right]$	$1{,}5\sqrt{3}\left[\frac{2}{15} - (1-n)\left(\lambda^2 - \frac{4}{3}\lambda^3 + \lambda^4 - \frac{2}{5}\lambda^5\right)\right]$	$1{,}5\sqrt{3}\left[\frac{25}{160} - \frac{1-n}{0{,}5}\left(\lambda^3 - \frac{3}{4}\lambda^4\right)\right]$
 M; kub. Parabel	$1{,}5\sqrt{3}\left[\frac{1}{4} - (1-n)\left(\frac{3}{2}\lambda^2 - \lambda^3\right)\right]$	$1{,}5\sqrt{3}\left[\frac{7}{60} - (1-n)\left(\frac{\lambda^2}{2} + \frac{\lambda^3}{3} - \lambda^4 + \frac{2}{5}\lambda^5\right)\right]$	$1{,}5\sqrt{3}\left[\frac{25}{160} - \frac{1-n}{0{,}5}\left(\lambda^3 - \frac{3}{4}\lambda^4\right)\right]$
$\lambda \leqq \gamma \leqq (1-\lambda)$; 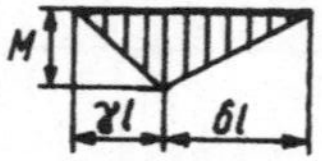 M; γl, δl	$\frac{1}{2} - \frac{(1-n)\lambda^2}{2\gamma\delta}$	$\frac{1+\delta}{6} - \frac{(1-n)\lambda^2}{6}\left(\frac{2\lambda}{\delta} + \frac{3-2\lambda}{\gamma}\right)$	$\frac{1}{3} - \frac{(\delta - 0{,}5)^2}{3\delta} - \frac{2(1-n)\lambda^3}{3\gamma\delta}$
$\lambda \geqq \gamma \geqq (1-\lambda)$	$\frac{1}{2} - \frac{1-n}{2}\left[\gamma + \frac{\lambda^2}{\delta} + (\lambda-\gamma)\left(1 + \frac{1-\lambda}{\delta}\right)\right]$	$\frac{1+\delta}{6} - \frac{1-n}{6}\left[\gamma + 2\gamma\delta + \frac{2\lambda^3}{\delta} + 2(\lambda-\gamma)\left(1 - \lambda + \delta + \frac{1}{\delta} - \frac{2\lambda}{\delta} + \frac{\lambda^2}{\delta}\right)\right]$	$\left[\frac{1}{2} - 2\lambda^2(1-n) - \frac{2}{3}n\gamma^2\right]\frac{1}{2\delta}$
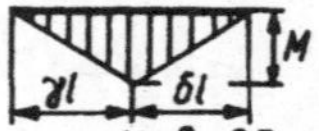 M; γl, δl; $\gamma = \delta = 0{,}5$	$\frac{1}{2} - 2(1-n)\lambda^2$	$\frac{1}{4} - (1-n)\lambda^2$	$\frac{1}{3} - \frac{8}{3}(1-n)\lambda^3$

Tafel 91

Lösungen der Integrale $EI_c\delta = \int\limits_0^l M\bar{M}l \frac{I_c}{I_{(x)}}\,dx = (c)\, M\bar{M}l \frac{I_c}{I_1} = \text{Tafelwert} \cdot M\bar{M}l \frac{I_c}{I_1}$; $n = \frac{I_1}{I_2}$; $\lambda = \frac{v}{l}$;

Tafelwerte gelten für den Sonderfall des rechteckigen Stabes mit einseitig sprunghaft veränderlicher Stabhöhe; *M* und $\bar{M}$ vertauschbar; I_c beliebig wählbares Bezugsträgheitsmoment; o = Parabelscheitel

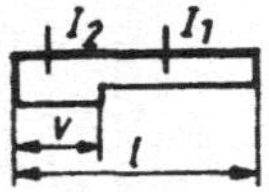 I_2, I_1, v, l	 $\bar{M}$	 $\bar{M}$	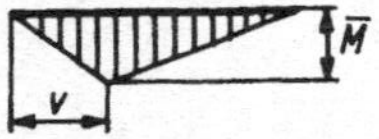 v, $\bar{M}$
 M M	$\frac{1}{2} - (1-n)\left(\lambda - \frac{\lambda^2}{2}\right)$	$\frac{1}{2} - (1-n)\frac{\lambda^2}{2}$	$\frac{1}{2} - (1-n)\frac{\lambda}{2}$
 M	$\frac{n}{3} + \frac{1-n}{3}(1-\lambda)^3$	$\frac{1}{6} - (1-n)\left(\frac{\lambda^2}{2} - \frac{\lambda^3}{3}\right)$	$\frac{1}{3} - \frac{\lambda}{6} - (1-n)\left(\frac{\lambda}{2} - \frac{\lambda^2}{3}\right)$
 M	$\frac{1}{6} - (1-n)\left(\frac{\lambda^2}{2} - \frac{\lambda^3}{3}\right)$	$\frac{1}{3} - \frac{1-n}{3}\lambda^3$	$\frac{1+\lambda}{6} - (1-n)\frac{\lambda^2}{3}$
 M quadrat. Parabel	$\frac{1}{3} - (1-n)\left(2\lambda^2 - \frac{8}{3}\lambda^3 + \lambda^4\right)$	$\frac{1}{3} - (1-n)\left(\frac{4}{3}\lambda^3 - \lambda^4\right)$	$\frac{1+\lambda(1-\lambda)}{3} - (1-n)\left(\frac{4}{3}\lambda^2 - \lambda^3\right)$
 M kub. Parabel	$1{,}5\sqrt{3}\left[\frac{2}{15} - (1-n)\left(\lambda^2 - \frac{5}{3}\lambda^3 + \lambda^4 - \frac{\lambda^5}{5}\right)\right]$	$1{,}5\sqrt{3}\left[\frac{7}{60} - (1-n)\left(\frac{2}{3}\lambda^3 - \frac{3}{4}\lambda^4 + \frac{\lambda^5}{5}\right)\right]$	$1{,}5\sqrt{3}\left\{\frac{2-\lambda}{20}\left[\frac{7}{3} - (1-\lambda)^2\right] - (1-n)\left(\frac{2}{3}\lambda^2 - \frac{3}{4}\lambda^3 + \frac{\lambda^4}{5}\right)\right\}$
 M kub. Parabel	$1{,}5\sqrt{3}\left[\frac{7}{60} - (1-n)\left(\frac{\lambda^2}{2} - \frac{\lambda^3}{3} - \frac{\lambda^4}{4} + \frac{\lambda^5}{5}\right)\right]$	$1{,}5\sqrt{3}\left[\frac{2}{15} - (1-n)\left(\frac{\lambda^3}{3} - \frac{\lambda^5}{5}\right)\right]$	$1{,}5\sqrt{3}\left[\frac{1+\lambda}{20}\left(\frac{7}{3} - \lambda^2\right) - (1-n)\left(\frac{\lambda^2}{3} - \frac{\lambda^4}{5}\right)\right]$
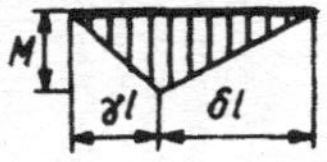 $\lambda \leqq \gamma$ M, γl, δl	$\frac{1+\delta}{6} - \frac{(1-n)\lambda^2}{\gamma}\left(\frac{1}{2} - \frac{\lambda}{3}\right)$	$\frac{1+\gamma}{6} - \frac{(1-n)\lambda^3}{3\gamma}$	$\frac{1}{3} - \frac{(\beta-\delta)^2}{6\beta\gamma} - \frac{(1-n)\lambda^2}{3\gamma}$
$\lambda \geqq \gamma$	$\frac{n}{3\delta}\left(1 - \frac{3}{2}\gamma + \frac{1}{2}\gamma^2\right) + \frac{1-n}{3\delta}(1-\lambda)^3$	$\frac{n}{6\delta}(1-\gamma^2) + \frac{1-n}{6\delta}(1 - 3\lambda^2 + 2\lambda^3)$	$\frac{1}{3} - \frac{(\delta-\beta)^2}{6\lambda\delta} - \frac{1-n}{3}\left\{\frac{\gamma^2}{\lambda} + \frac{\lambda-\gamma}{2}\left[1 + \frac{2\gamma}{\lambda} + \frac{\beta}{\delta}\left(2 + \frac{\gamma}{\lambda}\right)\right]\right\}$
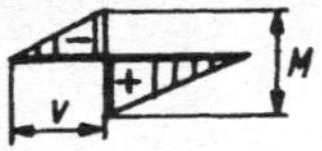 −, +, v, M	$-\frac{n\lambda^2}{2} + \frac{n\lambda^3}{3} + \frac{(1-\lambda)^3}{3}$	$\frac{1}{6} - \frac{\lambda^2}{2} + (1-n)\frac{\lambda^3}{3}$	$\frac{1}{3}\left[(1-\lambda)^2 - n\lambda^2\right]$

Schrifttum

[1] *Ahrens, H.:* Verringerung der Zahl der Iterationsschritte beim Kani-Verfahren. Die Bautechnik 11/1973

[2] *Anger, G.:* Zehnteilige Einflußlinien für durchlaufende Träger Bd. 3. 9. Aufl. Berlin: Ernst und Sohn 1959

[3] *Baldauf, H.:* Hochgradig statisch unbestimmte Tragwerke. 2. Aufl. Leipzig: Hirzel 1962

[4] *Balint, G. S.:* A Method for the Analysis of Frames and without Sidesway. Der Stahlbau 7/1972

[5] *Barth, R.:* Grundwerte für das Cross-Verfahren. 2. Aufl. Berlin: Ernst und Sohn 1964

[6] *Bechert, H.:* Bemerkungen zur Berechnung seitenverschieblicher Rahmen mit dem Momentenausgleichsverfahren. Die Bautechnik 10/1958

[7] *Becker, G.:* Praktische Berechnung elastischer Einspannungen in starren Fundamentkörpern. Die Bautechnik 5/1979

[8] *Behr, A.:* Das Momentenausgleichsverfahren zur schrittweisen Berechnung der Rahmensysteme mit zurückgesetztem Obergeschoß oder unterbrochenem Riegel. Die Bautechnik 5/1963

[9] *Bergter, H.:* Tragsicherheitsnachweis für Stockwerkrahmen nach dem Momentenausgleichverfahren. Bauplanung – Bautechnik 4/1958

[10] *Beyer, K.:* Die Statik im Stahlbetonbau. 2. Aufl. Berlin: Springer 1956

[11] *Biermann, W.:* Ein Festwertverfahren. Leipzig: Fachbuchverlag 1954

[12] *Biermann, W.:* Über periodische Iterationsfolgen bei der Berechnung statisch unbestimmter Stabsysteme. Die Bautechnik 1958, S. 432 u. 477

[13] *Blaszkowiak, S.; Kaczkowski, Z.:* Metoda Crossa. Warszawa: Panstwowe Wydawnictwo Naukowe 1963

[14] *Bochmann, F.:* Statik im Bauwesen Bd. I. 17. Aufl. Berlin: VEB Verlag für Bauwesen 1988

[15] *Bochmann, F.:* Statik im Bauwesen Bd. II, Festigkeitslehre. Leipzig: Fachbuchverlag 1958

[16] *Bosshammer, E.:* Zur Anwendung des Kani-Ausgleichsverfahrens bei der Berechnung verschieblicher Systeme nach der Spannungstheorie I. und II. Ordnung. Die Bautechnik 11/1979

[17] *Brand, E.:* Tabellen für durchlaufende Träger. Band 3. Träger über 3 Felder. Wiesbaden–Berlin: Bauverlag GmbH 1972

[18] *Brandes, R.:* $\int M\bar{M}\ I_c/I_x\ dx$ für sich einseitig und für sich beidseitig gradlinig stetig ändernde Querschnitte. Bauingenieur 1/1977

[19] *Chwalla, E.:* Die neuen Hilfstafeln zur Berechnung von Spannungsproblemen der Theorie zweiter Ordnung und von Knickproblemen. Der Bauingenieur 34 (1959) S. 128

[20] *Csonka, P.:* Berechnung verschieblicher Rahmentragwerke. Die Bautechnik 12/1954

[21] *Csonka, P.:* Über proportionierte Rahmen. Die Bautechnik 1/1956

[22] *Dernedde, W.; Barbré, R.:* Das Cross'sche Verfahren. 4. Aufl. Berlin: Ernst und Sohn 1961

[23] Deutscher Stahlbau-Verband: Hilfstafeln zur Be-Berechnung von Spannungsproblemen der Theorie zweiter Ordnung und von Knickproblemen mit Beilage; Sonderdruck des Aufsatzes *E. Chwalla* [19], Köln: Stahlbauverlag GMBH 1959

[24] *Drennig, R.:* (M_iM_k)-Tafeln für Biegestäbe mit einseitigen und symmetrischen Vouten mit beliebig stetig veränderlichem Trägheitsmoment. Beton- und Stahlbetonbau 8/1976

[25] *Drennig, R.:* Hilfsfunktionen für rechteckige Biegestäbe mit gebräuchlichen Voutenformen. Beton- und Stahlbetonbau 4/1977

[26] *Drennig, R.; Tschöp, F.:* Zur Berechnung des Formänderungsintegrals für rechteckige Biegestäbe mit Vouten unter Verwendung von Hilfsfunktionen. Veröffentlichungen des Instituts für Baustatik, Universität für Bodenkultur Wien, H. 10, 1977

[27] *Dreszer, I.:* Mathematik-Handbuch für Technik und Naturwissenschaft. Leipzig: Fachbuchverlag 1975

[28] *Duddek, H.:* Statik der Stabtragwerke, Beton-Kalender Teil I ab 1969. Berlin: Ernst und Sohn

[29] *Ehlers, G.:* Die Berechnung von Stockwerkrahmen für Windlast. Beton- u. Stahlbetonbau 1/1957

[30] *Falk, S.:* Die Berechnung des beliebig gestützten Durchlaufträgers nach dem Reduktionsverfahren. Ingenieur-Archiv 1956, S. 216

[31] *Fischer, H.:* Iterationsverfahren für Durchlaufträger auf elastischen Stützen. Der Bauingenieur 7/1961

[32] *Friedrich, R.:* Formeln und Tafeln für die Berechnung des symmetrischen Einfeldrahmens. Der Bauingenieur 2/1970

[33] *Glatz, R.:* Allgemeines Iterationsverfahren für verschiebliche Stabwerke. Berlin: Ernst und Sohn 1958

[34] *Graudenz, H.:* Momenten-Einflußzahlen für Durchlaufträger mit beliebigen Stützweiten. 6. Aufl. Berlin: Springer 1971

[35] *Grasshoff, H.:* Die Berechnung durchlaufender Balken nach dem Momenten-Ausgleichsverfahren von Cross. Bremen: Horn 1947

[36] *Guldan, R.:* Die Cross-Methode und ihre praktische Anwendung. Wien: Springer 1955

[37] *Guldan, R.:* Rahmentragwerke und Durchlaufträger. 6. Aufl. Wien: Springer 1959

[38] *Habel, A.:* Knickberechnung freistehender schrägstieliger Rahmen mit dem Cross-Ausgleich. Der Bauingenieur 5/1962

[39] *Hahn, G.:* Das Crossverfahren bei innerhalb der Felder sprunghaft veränderlichem Trägheitsmoment. Die Bautechnik 7/1961

[40] *Hahn, I.:* Durchlaufträger, Rahmen, Platten und Balken auf elastischer Bettung. 14. Aufl. Düsseldorf: Werner-Verlag 1985

[41] *Hahn, V.; Holz, R.:* Berechnung des Einflusses von Kriechen und Schwinden bei statisch unbestimmten Betontragwerken mit Hilfe des Momentenausgleichsverfahrens von Kani. Beton- und Stahlbetonbau 1960, S. 274 und 1961, S. 201

[42] *Halasz, R.:* Anschauliche Verfahren zur Berechnung von Durchlaufbalken und Rahmen. Berlin: Ernst und Sohn 1951

[43] *Hanzahl, A.:* Momentenausgleich nach Cross bei veränderlicher Drillsteifigkeit. Die Bautechnik 7/1971

[44] *Herber, K.-H.:* Berechnung von Rahmen mit veränderlichen Trägheitsmomenten nach dem Verfahren von Kani. Die Bautechnik 1956, S. 276

[45] *Herber, K.-H.:* Vereinfachung der Rahmenberechnung nach Kani und Verbesserung der Konvergenz. Die Bautechnik 9/1955

[46] *Holdaway, M.:* Ein einfaches Verfahren zur genauen Berechnung von Balken mit veränderlichem Querschnitt. Die Bautechnik 3/1963

[47] *Kapferer, W.:* Tabellen der Maximalquerkräfte und Maximalmomente durchlaufender Träger. 4. Aufl. Berlin: Ernst und Sohn 1950

[48] *Kani, G.:* Die Berechnung mehrstöckiger Rahmen. 11. Aufl. Stuttgart: Wittwer 1965

[49] *Keresztury, G.:* Rahmenriegel mit dachförmigem Längsschnitt. Die Bautechnik 12/1956

[50] *Kersten, R.:* Das Reduktionsverfahren der Baustatik. Berlin: Springer 1962

[51] *Kleinlogel, A.; Haselbach, A.:* Belastungsglieder 9. Aufl. Berlin: Ernst und Sohn 1966

[52] *Kürkchübasche, R.:* Zur Berechnung symmetrischer Rechteckrahmen mit veränderlichem Trägheitsmoment der Stiele. Beton- und Stahlbetonbau 6/1959

[53] *Kürkcübast, R.:* Ermittlung der Einspannmomente des beidseitig eingespannten Balkens mit veränderlichem Trägheitsmoment infolge Momentenbelastung. Die Bautechnik 11/1958

[54] *Likar, O.:* Stäbe konstanter Breite und linear veränderlicher Dicke; ihre Verformungswerte. Die Bautechnik 2/1968

[55] *Likar, O.:* Stäbe konstanter Dicke und linear veränderlicher Breite; ihre Elastizitätsgleichungen und Verformungen. Die Bautechnik 3/1968

[56] *Lindner, H.:* Berechnung gekrümmter Rahmenstäbe nach dem Momentenausgleichsverfahren. Die Bautechnik 5/1954

[57] *Lindner, H.:* Dachförmige Stahlbetonträger. Beton- und Stahlbetonbau 8/1956

[58] *Magyar, A.:* Grundwerte für Rahmenberechnungen – Satteldachbinder. Die Bautechnik 4/1962

[59] *Magyar, A.:* Rahmenberechnung mit elastisch gelagerten Fundamenten. Die Bautechnik 12/1959

[60] *Mandl, I.:* Erweiterung der Methode Csonka, Stockwerkrahmen mit geschoßweise ungleich langen Stielen. Die Bautechnik 10/1957

[61] *Medicus, G.:* Zur Berechnung dachförmiger I-Träger. Die Bautechnik 6/1980

[62] *Mesterom, K.-L.:* Einfluß der Normalkraftverformung auf die Schnittkräfte mehrfach statisch unbestimmter Rahmentragwerke – am Beispiel des eingeschossigen symmetrischen dreistieligen Rahmens. Die Bautechnik 12/1975

[63] *Müllenhoff, A.; Heilig, R.:* Neue Verfahren zur Berechnung durchlaufender Träger und steifer Rahmen. Der Stahlbau 7/1952

[64] *Nachtigall, E.:* Berechnung von Systemen mit linear- und parabelförmig veränderlichen Querschnitten. Bauplanung – Bautechnik 11/1966

[65] *Nehse, H.:* Momentenausgleich nach Kani bei Stäben mit innerem Gelenk. Beton- und Stahlbetonbau 1956, S. 234

[66] *Oheim, B.:* Cross-Verfahren bei Stäben mit einmal sprunghaft veränderlichem Trägheitsmoment. Wiss. Z. Hochsch. für Bauwesen Leipzig 1962, S. 111

[67] *Opladen, K.:* Rahmenformeln für symmetrische Rechteckrahmen mit elastisch eingespannten Stielfüßen. Deutsche Bauzeitschrift 12/1959

[68] *Opladen, K.:* Über den Einspanngrad einer Stütze im Fundament. Beton- und Stahlbetonbau 2/1960

[69] *Oswald, E.:* Berechnung verschieblicher Rahmentragwerke nach dem Momentenausgleichverfahren. Die Bautechnik 2/1953

[70] *Oswald, E.:* Momentenausgleichverfahren bei schlechten Konvergenzverhältnissen. Die Bautechnik 2/1957

[71] *Petersen, C.:* Statik und Stabilität der Baukonstruktionen. 2. Aufl. Braunschweig: Friedrich Vieweg und Sohn 1982

[72] *Pörschmann, H.* (Hrsg.): Bautechnische Berechnungstafeln für Ingenieure. 22. Aufl. Leipzig: B. G. Teubner 1988

[73] *Prenzlow, C.:* Tragwerksberechnung nach Cross. 6. Aufl. Düsseldorf: Werner 1963

[74] *Raczat, G.:* Das vervollständigte Cross-Verfahren in der Rahmenberechnung. 3. Aufl. Berlin: Springer 1962

[75] *Raczat, G.:* Umgehung der Iteration beim Cross'schen Verfahren. Der Bauingenieur 1952, S. 49, 311 u. 452

[76] *Resinger, F.:* Der Momentenausgleich nach Cross bei Berücksichtigung der Schubverformung. Der Bauingenieur 7/1959

[77] *Rothe, A.:* Stabstatik für Bauingenieure. Berlin: VEB Verlag für Bauwesen 1984

[78] *Römhild, K.-T.:* Beitrag zur statischen Berechnung des Durchlaufträgers mit Berücksichtigung des Einflusses aus Querkraftverformung. Landau i. d. Pfalz: unveröffentl. Manuskript 1986

[79] *Rubin, H.:* Das Drehwinkelverfahren zur Berechnung biegesteifer Stabwerke nach Elastizitäts- oder Fließgelenktheorie I. und II. Ordnung unter Berücksichtigung von Vorverformungen. Bauingenieur 3/1980

[80] *Rubin, H.:* Beispiele für die Berechnung biegesteifer Stabwerke nach der Fließgelenktheorie II. Ordnung auf der Grundlage des Drehwinkelverfahrens. Bauingenieur 4/1980

[81] *Sahmel, P.:* Beschleunigung der Konvergenz bei Berechnung von Rahmentragwerken nach Kani. Der Stahlbau 11/1954

[82] *Sahmel, P.:* Die Berechnung elastisch eingespannter parallel- und schrägstieliger Rahmen nach Kani. Der Stahlbau 1957, S. 140

[83] *Sahmel, P.:* Die Berechnung von Rahmen mit elastischem Zugband nach dem erweiterten Iterationsverfahren von Kani. Der Bauingenieur 7/1960 und 6/1961

[84] *Sahmel, P.:* Die Berechnung von Rahmen mit geknickten Riegeln sowie Polygonrahmen nach dem erweiterten Iterationsverfahren von Kani. Beton- und Stahlbetonbau 1961, S. 191

[85] *Schineis, M.:* Verkantung des starren Rechteckfundamentes bei Momentenbeanspruchung und elastisch isotropem Baugrund. Die Bautechnik 2/1965

[86] *Schineis, M.:* Biegestäbe mit Federgelenken (geschraubte Rahmenecken, Stirnplattenstöße) und ihre Behandlung bei den Momentenausgleichsverfahren. Der Bauingenieur 7/1967

[87] *Schineis, M.:* Momentenausgleichsverfahren. Bauingenieur-Praxis H. 10, Berlin: Ernst und Sohn 1968

[88] *Schlechte, E.:* Festigkeitslehre für Bauingenieure. 4. Aufl. Berlin: VEB Verlag für Bauwesen 1981

[89] *Schoppe, I.:* Abkürzung des Momentenausgleichs nach Kani im Falle schlechter Konvergenz. Beton- und Stahlbetonbau 1962, S. 151

[90] *Schreyer, C.; Enke, P.:* Praktische Baustatik Teil 2, 10. Aufl. Leipzig: B. G. Teubner 1965

[91] *Simons, H.-J.:* Ein Hinweis zur Berechnung von Vierendeelträgern. Die Bautechnik 9/1967

[92] *Strassner, A.:* Neuere Methoden zur Statik der Rahmentragwerke und der elastischen Bogenträger mit besonderer Berücksichtigung der Anwendung in der Praxis des Beton- und Stahlbetonbaues. 5. Aufl. Berlin: Ernst und Sohn 1951

[93] *Suter/Traub:* Die Methode der Festpunkte. 3. Aufl. Berlin: Springer 1951

[94] *Takabeya, F.:* Mehrstöckige Rahmen, Berechnung und Momententabellen. Verfahren nach Cross, Kani und Takabeya. Berlin: Ernst und Sohn 1967

[95] *Toderow, M.:* Iterationsverfahren mit beschleunigter Konvergenz zur Berechnung von Stockwerkrahmen. Die Bautechnik 1/1960

[96] *Wallmannsberger, G.:* Momententafeln spiegelungleicher Dreifeldbalken. Wien: Deuticke 1942

[97] *Weiß, H.:* Berechnungsformeln für Trapez- und Dreiecklasten. Bauplanung-Bautechnik 9/1987

[98] *Wendehorst, R.; Muth, H.:* Bautechnische Zahlentafeln. 18. Aufl. Stuttgart: B. G. Teubner 1976

[99] *Wernick, H.:* Rahmenberechnung nach Kani bei unterbrochenen Riegeln. Beton- und Stahlbetonbau 5/1956

[100] *Wetzell, O.:* Ein neues Iterationsverfahren für Durchlaufträger. Beton- und Stahlbetonbau 1/1979

[101] *Wieders, R.:* Berücksichtigung der elastischen Fußeinspannung bei den Verfahren von Cross und Kani. Bauplanung – Bautechnik 7/1964

[102] *Zellerer, E.:* Durchlaufträger – Schnittgrößen. Berlin: Ernst und Sohn 1967

[103] *Zellerer, E.:* Durchlaufträger – Schnittgrößen für Kragarmbelastung. München: Ernst und Sohn 1969

[104] *Zurmühl, R.:* Praktische Mathematik für Ingenieure und Physiker. Berlin: Springer 1965

Bezeichnungen

$A, B, C \dots I, K$ Tragwerksknoten
①, ②, ③ ... Positionsnummern der Stäbe

$l, \Delta l$	Stablänge bzw. Längenänderung
A	Querschnittsfläche
A'	Querschnittsfläche des Steges von I, [...-Profilen
C	Bettungszahl
E	Elastizitätsmodul
I	Flächenmoment 2. Grades (Trägheitsmoment)
G	Eigenlast, ständige Last, Gleitmodul
P	Verkehrslast
H	Horizontallast
$Q_0, \Delta Q$	Querkraft ohne bzw. aus Durchlaufwirkung
F	Festhaltekraft am unverschieblichen System
V	Verschiebungskraft am unverschieblichen System
V_0, V_1	Verschiebungskraft aus Belastung bzw. aus Hilfsbelastung
M	Moment
M_0	Moment aus Belastung am unverschieblichen System
M_1	Moment aus Hilfsbelastung
M_{AB}	Stabendmoment am Knoten A des Stabes AB
M_{BA}	Stabendmoment am Knoten B des Stabes AB
M'_{AB}, M'_{BA}	desgl. wie vor, als Stabendmomente für volle Einspannung
ΔM	Differenzmoment als algebraische Summe der Momente (Festhaltemoment)
A, B	Auflagerdrücke eines Trägers infolge Belastung durch die Momentenfläche
L, R	Belastungsglieder
g, p	Eigen- bzw. Verkehrslast je Länge
q	Eigen- und Verkehrslast je Länge
h	Querschnittshöhe, Stielhöhe
$c, (c)$	Faktor, Lösungen des Formänderungsintegrals $M\bar{M}$ für $M = \bar{M} = l = 1$
v	Verteilungszahl, Voutenlänge
k	Steifigkeit, ungekoppelte Steifigkeit des Steinman-Verfahrens
k'	Verdrehungswiderstand, gekoppelte Steifigkeit des Steinman-Verfahrens
$t, \Delta t$	Temperatur bzw. Temperaturdifferenz
α	Temperaturdehnkoeffizient
α, β	Endtangentenwinkel
γ	Übertragungsfaktor
δ	Verschiebung, Durchbiegung
$\alpha, \beta, \gamma, \delta$	Lastabstände auf Stablänge $l = 1$ bezogen
$\varkappa$	Schubverteilungszahl
ϱ	Schubkorrekturwert
φ	Drehwinkel, gekoppelte Steifigkeit des Steinman-Verfahrens

Stab mit voll eingespannten Enden

Stab mit gelenkig gelagerten Enden

60% 60% Stab mit teilweise eingespannten Enden (z.B. 60%)

Symmetrieachse des Tragwerkes